R.G.E

MULTILINGUAL DICTIONARY OF FISH AND FISH PRODUCTS

DICTIONNAIRE MULTILINGUE DES POISSONS ET PRODUITS DE LA PÊCHE

MULTILINGUAL DICTIONARY OF FISH AND FISH PRODUCTS

DICTIONNAIRE MULTILINGUE DES POISSONS ET PRODUITS DE LA PÊCHE

Danish, Dutch, English, French, German, Greek,
Icelandic, Italian, Japanese, Norwegian, Portuguese, Serbo-Croat,
Spanish, Swedish, Turkish, and scientific names

Allemand, anglais, danois, espagnol, français, grec,
islandais, italien, japonais, néerlandais, norvégien,
portugais, serbo-croate, suédois, turc, et noms scientifiques

prepared by the **Organisation for Economic Co-operation and Development**	préparé par **l'Organisation de Coopération et de Développement Economiques**

Paris, XVIe

Published by **Fishing News Books Limited**, Farnham, Surrey, England

© O.E.C.D./O.C.D.E. 1968

First printed 1968
Second edition 1978

Printed in Great Britain by The Whitefriars Press Ltd., London and Tonbridge

INTRODUCTION

This work has been compiled and published with a definite objective of promoting and facilitating international trade in fish and fish products by making available a comprehensive source of information for the names of those fish and fish products that are in commercial use internationally.

The work originated from a list of fish names and fishery products prepared by Mr. J. J. Waterman, Torry Research Station, Aberdeen, Scotland. The list was circulated to all O.E.C.D. Member countries for observations and completion, particularly as regards the translation of main entries into the relevant languages.

A panel of experts, consisting of Mlle. F. Soudan (France), Messrs. F. Bramsnæs (Denmark), D. Rémy (France) and J. J. Waterman (United Kingdom) scrutinised a first draft taking into account the suggestions submitted by correspondents in Member countries. The results of the expert panel, as well as advice from fishery biologists concerning names of fish species, were taken into account when compiling a second draft which was then circulated to country correspondents for final checking. Although these preliminary steps were taken to secure the views and knowledge of experts in various countries, the ultimate editorial responsibility lies entirely with the Fisheries Division of O.E.C.D. They, and not the experts or correspondents, are accountable for any errors of omission or commission.

It can be assumed that there is general international consent on the nomenclature used for most items, although for a limited number further standardisation may be called for in the future. It should therefore be stressed that, however desirable it would be to discourage the use of a number of confusing names, no attempt has been made here either to harmonise existing nomenclatures where discrepancies exist or to indicate preferences, or to make recommendations for commercial practice.

The point just made refers to product designations and definitions but even more so to the names of fish species. It is commonly known that fish names employed for certain species are not always the same in different countries or regions even where the same language is spoken. Reference is made, for example, to items such as: POMFRET/BUTTERFISH or PICKEREL/PIKE/PIKE-PERCH or SEA BREAM/PORGY, which have different meanings in Europe and North America. In other instances, the same fish name might be used for two or more different species, either belonging to the same family (cf. for example, the items LEMON SOLE, SEA TROUT, etc.), or to quite different families (cf. ANGELFISH, HARDHEAD, ROCK SALMON, SMELT, etc.). Sometimes a certain fish name might be used to designate a definite species, but also as an alternative to one or more other species (e.g. MOONFISH, SEA BREAM, TOMCOD, YELLOWTAIL, etc.). Furthermore, in some cases, one out of a number of equally wellknown names had to be selected as the main heading for an entry, but the choice does not denote any priority.

Here it should be mentioned that in various international bodies, particularly the Food and Agriculture Organization of the United Nations and the International Commission for Zoological Nomenclature, steps have been taken towards harmonisation of fish names. The results have been taken into account and the nomenclature used in the "F.A.O. Yearbook of Fishery Statistics", the "ICES Bulletin Statistique des Pêches Maritimes" and the "ICNAF Statistical Bulletin" has been adopted in this dictionary. In the few cases where differences exist these have been recorded (e.g. SAITHE or COALFISH in ICES;

INTRODUCTION

Ce dictionnaire a été préparé dans le but de promouvoir et de faciliter les échanges internationaux de poissons et produits de la mer en mettant à la disposition de tous une information complète sur les noms de poissons et de produits de la mer qui font l'objet d'un commerce international.

Le présent dictionnaire a été préparé à partir d'une liste de noms de poissons et produits de la pêche établie par M. J. J. Waterman, Torry Research Station, Aberdeen (Ecosse). La liste avait été adressée à tous les pays Membres de l'O.C.D.E. qui étaient invités à présenter des observations et des addenda, en particulier pour ce qui concerne la traduction des principaux articles dans les langues respectives.

Un groupe d'experts, composé de Mlle. F. Soudan (France), MM. F. Bramsnæs (Danemark), D. Rémy (France) et J. J. Waterman (Royaume-Uni) a examiné attentivement un premier projet en tenant compte des suggestions soumises par les correspondants dans les pays Membres. Il a été tenu compte des résultats des travaux de ce groupe ainsi que de l'avis des spécialistes de la biologie marine relatif aux noms des espèces de poissons lors de l'établissement d'un deuxième projet qui a été ensuite distribué aux correspondants nationaux pour une dernière vérification. C'est cependant la Division des Pêcheries de l'O.C.D.E. qui a seule assuré la mise au point finale. Les experts ou correspondants ne peuvent donc être tenus pour responsables de toute erreur ou omission.

On peut assurer qu'il existe un accord international général pour la plus grande partie de la nomenclature utilisée, encore que pour un petit nombre d'articles, il serait nécessaire de promouvoir une meilleure harmonisation. Il convient donc de souligner que si souhaitable qu'il soit de déconseiller l'emploi d'un certain nombre de termes qui sont une source de confusion, on ne s'est attaché ni à harmoniser les nomenclatures existantes en cas de désaccord, ni à indiquer des préférences, ni à formuler des recommandations relatives à l'usage commercial.

Ces remarques concernent les désignations et définitions des produits, mais surtout les noms des espèces de poissons. Il est avéré que les noms employés pour certaines espèces ne sont pas toujours les mêmes dans différents pays ou différentes régions où l'on parle la même langue. On peut citer par exemple les termes "POMFRET/BUTTERFISH" ou "PICKEREL/PIKE/PIKE-PERCH" ou "SEA BREAM/PORGY", qui ont des sens différents en Europe et en Amérique du Nord. Dans d'autres cas, le même nom de poisson peut être employé pour deux espèces différentes ou plus, appartenant à la même famille (cf. par exemple, les articles "LEMON SOLE", "SEA TROUT", etc.), ou à des familles totalement différentes (cf. "ANGELFISH", "HARDHEAD", "ROCK SALMON", "SMELT", etc.). Quelquefois, un certain nom de poisson désigne une espèce précise, et peut aussi être utilisé comme appellation secondaire d'une ou plusieurs autres espèces (par exemple "MOONFISH", "SEA BREAM", "TOMCOD", "YELLOWTAIL", etc.). De plus, dans certains cas, il a fallu choisir comme titre de rubrique un seul parmi plusieurs noms également répandus ; un tel choix n'indique aucune priorité.

Il serait bon de mentionner que dans diverses organisations internationales, en particulier l'Organisation des Nations Unies pour l'Alimentation et l'Agriculture et la Commission Internationale de Nomenclature Zoologique, des dispositions ont été prises pour harmoniser les noms de poissons. Il a été tenu compte des résultats obtenus, et la nomenclature adoptée dans l' "Annuaire Statistique des Pêches" de la FAO, le "Bulletin Statistique des

POLLOCK in ICNAF). Thus, the reader will find all the fish names appearing in the international fishery statistics as separate items in this dictionary. Reference is also made to F.A.O. Bulletin of Fishery Statistics, No. 12, North Atlantic Species Names, Rome 1966.

The following publications have also served as valuable references:

American Fisheries Society, List of Common and Scientific Names of Fishes from the United States and Canada, 2nd Edition, Michigan 1960.
Service de la Faune du Québec, French and English Names of the Canadian–Atlantic Fishes, 1964.
Current Bibliography for Aquatic Sciences and Fisheries, London.
F.A.O. General Fisheries Council of the Mediterranean, Catalogue of the names of fishes of commercial importance in the Mediterranean, Rome 1960. F.A.O., General Fisheries Council of the Mediterranean, Catalogue of molluscs and crustaceans, 1967. Some special studies have also been consulted, e.g. List of species of shrimps and prawns of economic value, F.A.O. Fish. Tech. Pap. (52) ; F.A.O., Trilingual Dictionary of Fisheries Technological Terms – Curing, Rome 1960.

It is realised that a reference book of this type is open to enlargement and amendment. Readers are therefore requested to submit any suggestions for additions or modifications to:

**O.E.C.D., Fisheries Division,
2 rue André-Pascal,
PARIS 75775 CEDEX 16**

so that these can be taken into consideration in any future editions.

This dictionary could not have been prepared were it not for the excellent co-operation received from authorities and correspondents in O.E.C.D. Member countries. The painstaking efforts of all concerned are hereby acknowledged with gratitude.

Particular mention is made of the following who have organised or carried out the work in their respective countries:

Pêches Maritimes" de l'ICES et le "Bulletin Statistique" de l'ICNAF, a été reprise dans le présent dictionnaire. Dans les rares cas où il existe des différences, celles-ci ont été signalées (par exemple "SAITHE" ou "COALFISH" dans ICES, "POLLOCK" dans ICNAF). Le lecteur trouvera donc dans le présent dictionnaire comme articles séparés, tous les noms de poissons figurant dans les statistiques internationales des pêcheries. Il convient de se reporter aussi au Bulletin des Statistiques des Pêcheries de la F.A.O., No. 12, Noms des Espèces de l'Atlantique Nord, Rome, 1966.

Les publications suivantes ont également fourni des références précieuses pour les noms de poissons :

>American Fisheries Society, List of Common and Scientific Names of Fishes from the United States and Canada, 2nd Edition, Michigan 1960.
>
>Service de la Faune de Québec, Noms français et anglais des poissons de l'Atlantique canadien, 1964.
>
>Current Bibliography for Aquatic Sciences and Fisheries, Londres.
>
>F.A.O. Conseil général des Pêches pour la Méditerranée, Catalogue des noms de poissons ayant une importance commerciale dans la Méditerranée, Rome, 1960.
>
>F.A.O. Conseil général des Pêches pour la Méditerranée, Catalogue des noms de mollusques et crustacés 1967.
>
>Quelques études spéciales ont également été consultées : par exemple une liste des espèces de crevettes commercialisables, F.A.O. Fish. Tech. Pap. (52). F.A.O. Dictionnaire trilingue de termes technologiques des pêcheries — Salage, Séchage, Fumage, Rome, 1960.

On comprend qu'un ouvrage de référence de ce genre puisse être revu et augmenté. Les lecteurs sont donc invités à soumettre toute suggestion d'additions ou modifications à :

>**Division des Pêcheries de l'O.C.D.E.,**
>**2 rue André-Pascal,**
>**PARIS 75775 CEDEX 16**

afin qu'il puisse en être tenu compte en cas de nouvelle édition.

Finalement, sans la précieuse coopération des correspondants et des autorités des pays Membres de l'O.C.D.E., le présent dictionnaire n'aurait pu être préparé. Que tous les intéressés soient ici vivement remerciés des travaux minutieux qui ont été nécessaires.

On mentionnera particulièrement les personnalités suivantes qui ont organisé ou effectué le travail dans leurs pays respectifs :

Belgium/Belgique
Dr. P. HOVART — Station de Recherches pour la Pêche Maritime, OSTENDE.

Canada
Mr. J. N. LEWIS — Economic Intelligence Branch, Economic Service, Department of Fisheries, OTTAWA.
Dr. W. B. SCOTT — Royal Ontario Museum, TORONTO.
Mr. G. G. ANDERSON — Inspection Service, Department of Fisheries, OTTAWA.

Denmark/Danemark
Prof. F. BRAMSNÆS — Laboratoriet for Levnedsmiddelkonservering, Danmarks Tekniske Høiskole, KØBENHAVN.,
Mr. E. POULSEN — Danmarks Fiskeri — og Havundersøgelser, CHARLOTTENLUND.

France
M. D. RÉMY — Confédération des Industries de Traitement des Produits des Pêches Maritimes, PARIS.
Mlle. F. SOUDAN
M. J. MORICE — Institut Scientifique et Technique des Pêches Maritimes, PARIS.

Germany/Allemagne
Dr. N. ANTONACOPOULOS — Institut für Biochemie und Technologie, Bundesforschungsanstalt für Fischerei, HAMBURG.
Dr. G. KREFFT — Institut für Seefischerei, Bundesforschungsanstalt für Fischerei, HAMBURG.
Dr. K. SEUMENICHT — Bundesverband der Deutschen Fischindustrie, e.V., HAMBURG.

Greece/Grèce
Mr. C. D. SERBETIS — Ministry of Industry, ATHINAE.

Iceland/Islande
Mr. M. ELÍSSON — Fiskifélag Íslands, REYKJAVÍK.
Mr. JON JONSSON — Hafrannsóknarstofnunin, REYKJAVÍK.
Dr. S. PETURSSON — Rannsóknarstofnun Fiskidnarins, REYKJAVÍK
Mr. V. 'OLAFSSON — Valgarð 'Olafsson H.F., REYKJAVÍK.

Ireland/Irlande
Mr. J. POWER — Fisheries Division, Department of Agriculture and Fisheries, DUBLIN.

Italy/Italie
Prof. G. BINI — Laboratorio Centrale di Idrobiologie, ROMA.

Japan/Japon
Dr. T. INO — South-West Regional Fisheries Research Laboratory, Fishery Agency, HIROSHIMA.

Netherlands/Pays–Bas

Dr. D. TIELENIUS KRUYTHOFF	Ministerie van Landbouw en Visserij, 's-GRAVENHAGE.
Mr. J. J. ROLFES	Produktschap voor Vis- en Visprodukten, 's-GRAVENHAGE.
Dr. P. KUIPER	Bedrijfschap voor de Groothandel in Vis en Aanverwante Bedrijven, DE BILT.
Ir. J. van MAMEREN	Instituut voor Visserijproducten T.N.O., YMUIDEN.

Norway/Norvège

Mr. H. ANGERMAN — Fiskeridirektoratet, BERGEN.

Portugal

Dr. J. M. OSÓRIO de CASTRO
Mme. M. A. WANDERLY
} Gabinete de Estudos das Pescas, LISBOA.

Spain/Espagne

Capt. DAMASO BERENGUER
Dr. D. J. CUESTA URCELAY
Dr. D. F. LOZANO CABO
} Instituto Español de Oceanografia, MADRID.

Sweden/Suède

Mr. A. Å. FOLKVING
Dr. N. ROSÉN
Mr. I. STÅHL
} Statens Jordbruksnämnd, STOCKHOLM.

Mr. K-E. BERNTSSON — Kungl. Fiskeristyrelsen, GÖTEBORG.

Turkey/Turquie

Prof. Dr. M. DEMIR
Dr. F. AKÇIRAY
Mr. I. ERTÜZÜN
} Hidrobiyoloji Araştirma Enstitüsü, Emirgan, ISTANBUL.

United Kingdom/Royaume–Uni

Mr. J. J. WATERMAN — Torry Research Station, ABERDEEN.

United States/Etats–Unis

Mr. J. A. PETERS	Technological Laboratory, Bureau of Commercial Fisheries, GLOUCESTER. Massachusetts.
MR. JOHN D. KAYLOR	Northeast Utilization Research Center, National Marine Fisheries Service, National Oceanic and Atmospheric Administration, Gloucester, Massachusetts.
Mr. JOHN A. DASSOW	Pacific Utilization Research Center, National Marine Fisheries Service, National Oceanic and Atmospheric Administration, Seattle, Washington.

Yugoslavia/Yougoslavie

Mr. V. PEROVIĆ
Mr. V. HERCIG
Mr. K. ŠEPIĆ
} Institut za tehnologiju ribe (Institute for Fish Preservation Technology), ZADAR.

Mr. D. MOROVIĆ — Institut za oceanografiju i ribarstvo (Institute for Oceanography and Fisheries), SPLIT.

NOTE TO THE SECOND EDITION

Since compiling the original Multilingual Dictionary, the Fisheries Division of O.E.C.D. has benefited from substantial and valuable advice provided by numerous correspondents giving freely of their time and expertise. Most of the many changes in contents and presentation incorporated in this second edition are the result of that advice which the compilers gratefully acknowledge.

Once again it is emphasised that any suggested additions and amendments which could make the Dictionary more useful or more accurate will be fully considered if sent to the Fisheries Division at the address shown in the Introduction.

Paris, 1977

NOTE SUR LA DEUXIÈME ÉDITION

Après avoir mis au point la première édition du Dictionnaire Multilingue, la Division des Pêcheries de l'O.C.D.E. a bénéficié d'avis et commentaires fournis par de nombreux correspondants bénévoles. La plupart des changements introduits dans le contenu et la présentation de cette seconde édition sont le résultat de telles aides, ce qu'il faut souligner avec reconnaissance.

A nouveau, il est fait appel à tous les experts qui pourraient songer à des additions ou corrections destinées à rendre ce dictionnaire plus utile et plus exact. Toutes les suggestions seront examinées par la Division des Pêcheries de l'O.C.D.E. à laquelle elles doivent être envoyées à l'adresse indiquée dans l'Introduction.

Paris, 1977

HOW TO USE THE DICTIONARY

The dictionary consists of two parts:

A main part of numbered items with descriptions in English and French and the equivalents for the main headings in further languages.

Separate indexes for each of sixteen languages (including one of scientific names for species of fish, shellfish, etc.).

FOR ALL USERS:

(1) **FIND THE KNOWN NAME IN THE INDEX OF THE RELEVANT LANGUAGE**
(2) **TURN TO ITEM NUMBER INDICATED IN THE INDEX**

STYLE, ABBREVIATIONS AND SYMBOLS

Languages — The international code letters for automobiles have been used to specify the thirteen languages used in addition to English and French thus:

```
D   = German
DK  = Danish
E   = Spanish
GR  = Greek
I   = Italian
IS  = Icelandic
J   = Japanese
N   = Norwegian
NL  = Dutch
P   = Portuguese
S   = Swedish
TR  = Turkish
YU  = Serbo-Croat (for Yugoslavia)
```

The equivalents in these languages appear at the end of the item to which they refer.

Cross references to main items are in capitals preceded by a "+"; thus "+ SHARK".

At the end of most items, therefore, readers will find the appropriate term in the languages covered by this dictionary. These terms are given in the regular order that follows:

D	DK	E
GR	I	IS
J	N	NL
P	S	TR
YU		

The purpose of this is that readers concerned with a particular language will find the term they seek in a uniform place so that their search is simplified. Where readers know of missing names, these can be written into the blank space provided and so progressively increase the value of the book.

COMMENT UTILISER LE DICTIONNAIRE

Le dictionnaire comprend deux parties :

Une partie principale d'articles numérotés comportant des descriptions en anglais et en français et les équivalents dans d'autres langues pour les rubriques principales.

Des index séparés pour chacune des seize langues (dont un pour les noms scientifiques des espèces de poissons, mollusques et crustacés, etc.).

POUR TOUS LES UTILISATEURS :

(1) **TROUVER LE NOM CONNU DANS L'INDEX DE LA LANGUE CONSIDÉRÉE**
(2) **SE REPORTER À L'ARTICLE DONT LE NUMERO FIGURE DANS L'INDEX**

ABRÉVIATIONS ET SYMBOLES

Langues — Les lettres du code international servant pour les automobiles ont été utilisées pour indiquer les treize langues employées en plus de l'anglais et du français à savoir :

D	=	allemand
DK	=	danois
E	=	espagnol
GR	=	grec
I	=	italien
IS	=	islandais
J	=	japonais
N	=	norvégien
NL	=	néerlandais
P	=	portugais
S	=	suédois
TR	=	turc
YU	=	serbo-croate (pour la Yougoslavie)

Ces lettres figurent à la fin de l'article auquel elles se réfèrent.

Les renvois aux principaux articles sont indiqués en lettres majuscules précédées d'un "+"; ainsi "+ SHARK".

A la fin de la plupart des rubriques, le lecteur trouvera donc le terme correspondant dans les langues couvertes par le dictionnaire. Les termes sont donnés dans l'ordre qui suit :

D	DK	E
GR	I	IS
J	N	NL
P	S	TR
YU		

De cette manière le lecteur intéressé par l'une des langues trouvera toujours à la même place le terme qu'il cherche. Si le lecteur connaît un nom susceptible de remplir une case laissée en blanc, il pourra l'inscrire, ce qui permettra d'améliorer peu à peu la valeur du dictionnaire.

Names in indexes

English All main items, plus all terms in capitals appearing in the English column in the dictionary.

> *NOTE* The English reader should also always refer to the index first; alternative terms for main headings can only be found this way.

French All main items plus all terms in capitals appearing in the French column in the dictionary

Other languages All terms listed in the main part in the language concerned.

Scientific names appear in italic print without the refinement of quoting the source (families are given in italic capitals). If more than one scientific name is quoted for the same species, the first one listed is the most favoured scientifically.

If the main heading refers to species and/or genera of *different* families, this is indicated by numbers (i), (ii), (iii) . . .

If the main heading refers to species and/or genera of the *same* family, this is indicated by letters (a), (b), (c) . . .

Alphabetical order in the country indexes follows the national custom in each country (e.g. in Swedish Å, Ä and Ö are the last three letters of the alphabet).

> *NOTE* In a number of languages, names of fish and fish products might be spelt, indiscriminately, as one word or as two (or hyphenated); it has therefore been found advisable to use a "strict alphabetical order"; i.e. regardless of a space (or hyphen) between two words, the letter following the space determines the ordering (e.g. Bluefin Tuna follows Blue Dog; Seals follows Sea Lamprey but comes before Sea Luce).

Multilingual equivalents

Equivalents given in the multilingual section generally refer to the main heading.

> *NOTE* If, for example, further species are mentioned under one item, these might not necessarily be covered by the multilingual names. For those species where a separate entry exists (indicated by a cross reference "+"), more specific equivalents are likely to be found there. Also, alternative English or French names and, possibly, synonymously used scientific names, appear under these separate entries. Sometimes, when the amount of information available did not warrant a separate entry for a specific species, an equivalent for these might be given for some languages in the multilingual part. The letter (a), (b), (c) etc. preceding the word then indicates to which particular species this name refers.

Names in singular

As a rule, English and French fish names appear in the singular.

Appellations figurant dans les index

Anglais Tous les titres d'articles et tous les termes en majuscules figurant dans la colonne anglaise dans le dictionnaire.

NOTE Le lecteur anglais devra donc toujours se reporter à l'index, seul moyen de trouver trace des termes qui ne sont pas repris comme titres d'articles.

Français Tous les titres d'articles et tous les termes en majuscules figurant dans la colonne française dans le dictionnaire.

Autres langues Tous les termes de la langue considérée figurant dans la partie principale.

Les *noms scientifiques* sont indiqués en italique sans mention de la source (les familles sont indiquées en majuscules italiques). Quand le dictionnaire donne plus d'un nom scientifique pour la même espèce, le premier mentionné est à préférer du point de vue scientifique.

Quand l'article principal se réfère à des espèces et/ou à des genres appartenant à des familles *différentes,* l'indication en est donnée par des nombres (i), (ii), (iii) . . .

Quand l'article principal se réfère à des espèces et/ou à des genres appartenant à la *même* famille, l'indication en est donnée par des lettres (a), (b), (c) . . .

L'ordre alphabétique suivi dans les index des pays est conforme à la coutume nationale dans chacun d'eux (en suédois, par exemple, Å, Ä et Ö sont les trois dernières lettres de l'alphabet).

NOTE Dans certaines langues, les noms de poissons et de produits de la mer pouvant s'écrire indifféremment en un mot ou en deux (ou être reliés par un tiret), on a jugé préférable de s'en tenir à "un ordre alphabétique rigoureux", c'est à-dire ne pas tenir compte d'un espace (ou tiret) entre les deux mots ; c'est la lettre qui suit l'espace qui détermine l'ordre (par exemple, "Bluefin Tuna" suit "Blue Dog" ; "Seals" suit "Sea Lamprey", mais précède "Sea Luce").

Equivalents multilingues

Les équivalents indiqués dans la partie multilingue se réfèrent généralement à l'article principal.

NOTE Quand, par exemple, des espèces particulières sont mentionnées dans une rubrique générale, ces espèces particulières ne sont pas nécessairement désignées par les équivalents multilingues correspondant au titre de la rubrique générale. Dans le cas d'espèces pour lesquelles il existe un article séparé (indiqué par un renvoi "+"), on pourra y trouver des équivalents plus précis. De même, d'autres noms en anglais ou en francais et éventuellement des termes scientifiques utilisés comme synonymes, figurent dans ces articles séparés. Parfois, quand la quantité des informations disponibles ne justifie pas une rubrique particulière pour une espèce déterminée, un équivalent peut être donné pour quelques langues dans l'espace réservé à cet effet. Les lettres (a), (b), (c), etc., précédant cet équivalent indiquent alors à quelle espèce particulière il se réfère.

Noms au singulier

En règle générale, les noms de poissons en anglais et en français ont été mis au singulier.

1 AALPRICKEN (Germany)

Gutted small eel, fried and packed in fine edible oil.
See + BRATFISCHWAREN.

AALPRICKEN (Allemagne) 1

Petite anguille vidée, frite et conservée dans de l'huile comestible.
Voir + BRATFISCHWAREN.

2 ABALONE

HALIOTIDAE

Mollusc
(Pacific/Atlantic)
+ ORMER

ORMEAU 2

Mollusque
(Pacifique/Atlantique)
+ OREILLE DE MER

Haliotis tuberculata

(Channel Islands)   (Iles anglo-normandes)

Haliotis iris

PAUA
(New Zealand)

Marketed:
Fresh: meats, shelled and sliced, cooked and eaten locally (U.S.A.).
Dried: meats, prepared by a combination of brining, cooking, smoking and then sun-drying for several weeks; reduced to 10% of original weight; can be shredded, or ground to a powder; exported from Japan to China (called KAIHÔ or MEIHÔ).
Canned: meats, either minced or in cubes, after brining.
Shells: valuable source of mother-of-pearl and blister pearls.

Commercialisé:
Frais: chair de l'ormeau coupée en tranches et cuite; consommation locale (E.U).
Séché: chair saumurée, cuite, fumée puis séchée au soleil pendant plusieurs semaines jusqu' à réduction à 10% du poids d'origine; peut être coupé en tranches ou réduit en poudre; exporté du Japon vers la Chine (appelé KAIHÔ ou MEIHÔ).
Conserve: chair coupée en tranches ou en dés, après saumurage.
Coquilles: source appréciable de nacre et de perles baroques.

D	Seeohr	**DK**	Søøre	**E**	Oreja de mar
GR	Haliotis, aftí thálassis	**I**	Orecchia marina	**IS**	Sæeyra, gliteyra
J	Awabi, tokobushi	**N**		**NL**	Zee-oor
P	Orelha	**S**	Havsöra	**TR**	Deniz kulağı
YU	Petrovo uho				

Notohaliotis ruber

BLACKLIP ABALONE
(Australia)

Schismotis laevigata

GREEN LIP ABALONE
(Australia)

Marinauris roei

ROE'S ABALONE
(Australia)

Marketed:
Live: airfreighted for export.
Frozen: whole, in shell or shucked meats or steaks.
Canned: whole meats and soups.
Also dried.

Commercialisé:
Vivant: expedié par avion pour l'exportation.
Congelé: entier, avec ou sans coquille ou en tranches.
Conserve: entier et en potages.
Également séché.

3 ABBOT   3

(i) Name used for
    + ANGEL SHARK (*Squatina squatina*).
(ii) Name also used for
    + ANGLERFISH (*Lophius piscatorius*).

Le terme "ABBOT" (anglais) s'applique à deux espèces:
(i) + ANGE DE MER.
(ii) + BAUDROIE.

4 ACID CURED FISH / POISSON À LA MARINADE 4

Fish and seafoods preserved in acidified brine or jelly with or without spices or other flavouring agents; in certain instances, salt is not essential.

Marketed: semi-preserved also with other food additives.

See also + MARINADE + VINEGAR CURED FISH.

Poisson et autres animaux marins conservés dans une saumure ou une gelée acide avec ou sans épices ou autres ingrédients aromatisants; dans certain cas, le sel n'est pas indispensable.

Commercialisé: semi-conserves avec aussi d'autres ingredients.

Voir: + MARINADE, + POISSON AU VINAIGRE.

D	Marinade	**DK**	Syrnet fisk	**E**	Escabeche
GR	Marináta	**I**	Pesce marinato	**IS**	Sursaður fiskur
J	Suzuke	**N**	Syrebehandlet fisk (Marinert fisk)	**NL**	Vis in gelei
P	Peixe curado em molho ácido	**S**	Marinerad fisk	**TR**	Asitlerle oldurulmus balık
YU	Kiselinom obradjena riba marinada				

5 AGAR / AGAR 5

Colloidal extract from RED ALGAE, particularly from *Chondrus, Gelidium, Gigartina* and *Gracilaria* spp; a solution in hot water sets to a firm jelly which is used as a base for culture media for growing bacteria, and as a gelling agent in food manufacture, also used in the textile and medical industries.

Also called AGAR-AGAR.

Extrait colloïdal tiré des ALGUES ROUGES, surtout de *Chondrus, Gelidium, Gigartina* et *Gracilaria*; en solution dans l'eau chaude, se tranforme en un gel ferme, utilisé comme support des milieux de culture de bactéries et comme agent gélifiant dans les industries alimentaires, médicales et textiles.

Appelé aussi AGAR-AGAR.

D	Agar	**DK**	Agar	**E**	Agar
GR	Agar-agar	**I**	Agar-agar	**IS**	Agar
J	Kanten	**N**	Agar	**NL**	Agar
P	Ágar	**S**	Agar, agar-agar	**TR**	Agar
YU	Agar				

6 ALASKA POLLACK / MORUE DU PACIFIQUE OCCIDENTAL 6

Theragra chalcogramma

(Pacific – N. America/Korea/Japan)

(Pacifique – Amérique du Nord/Corée/Japon)

Belonging to the family *Gadidae*. In America also called WALLEYE POLLACK.

De la famille des *Gadidae*.

Marketed:

Fresh:

Frozen: round, dressed, fillets or minced in blocks; also used for + RENSEI-HIN (Japan).

Salted: various ways, similar to cod.

Dried: after curing in brine or dry salt (HIRAKI-SUKESO-DARA Japan); also by repeated freezing and thawing (+ TÔKAN-HIN).

Spice cured: fish fillets or slices pickled with salt and rice-wine-lees.

Liver and viscera: important source of vitamin oil.

Roe: cured with salt, often mixed with red pigment; usually packed in barrels or boxes (TARAKO, MOMIJIKO-Japan).

Commercialisé:

Frais:

Congelé: entier, paré, en filets ou haché en blocs; sert aussi à la préparation du + RENSEI-HIN (Japon).

Salé: méthodes variées, semblables à celles utilisées pour le cabillaud.

Séché: après saumurage ou salage à sec (HIRAKI-SUKESO-DARA-Japon); ou par congélations et décongélations répétées (+ TOKAN-HIN).

Epicé: filets ou tranches de poisson saumurés avec du sel et de la lie de vin de riz.

Foie et viscères: source importante d'huile vitaminée.

Rogue: traitée au sel, souvent mélangée à du piment rouge; habituellement mise en barils ou en boîtes (TARAKO, MOMIJIKO, Japon).

D	Pazif, Pollack	**DK**		**E**	Abadejo de alasca
GR		**I**	Merluzzo dell'alaska	**IS**	
J	Suketôdara, sukesôdara, sukesô	**N**		**NL**	Alaska koolvis
P	Escamudo-do-alasca	**S**		**TR**	

7 ALASKA SCOTCH CURED HERRING 7

+ PACIFIC HERRING (*Clupea harengus pallasii*) preserved by slightly modified version of Scotch cure method of salting; made in Alaska and British Columbia.

See also + SCOTCH CURED HERRING.

+ HARENG DU PACIFIQUE (*Clupea harengus pallasii*) traité par une méthode voisine de celle du salage écossais (Scotch cure); se fait en Alaska et en Colombie britannique.

Voir + HARENG SALÉ À L'ÉCOSSAISE.

8 ALBACORE   GERMON 8
Thunnus alalunga or/ou *Germo alalunga*

(Warm seas, mainly northern hemisphere)

Considered to be the best of the tunas for canning, the only species whose flesh may be labelled "WHITE MEAT TUNA" in U.S.A.; the fish average about 20 lb.

(Mers chaudes, surtout hémisphère nord)

Appelé aussi THON BLANC. Considéré comme le meilleur des thons pour la conserve, la seule espèce qui peut être étiquetée "WHITE MEAT TUNA" (Chair de thon blanc) aux Etats-Unis.

Le poids moyen du germon est d'environ 10 kg

Also called LONG FINNED TUNA, WHITE TUNA, PACIFIC ALBACORE, LONG FINNED ALBACORE; it should be noted that in French 'ALBACORE" refers to *Thunnus albacares* (see + YELLOWFIN TUNA).

See also + TUNA.

Voir aussi + THON.

D	Weisser Thun	**DK**	Albacore	**E**	Albacora, atun blanco
GR	Tónnos macrýpteros	**I**	Tonno bianco, alalonga	**IS**	
J	Binnagamaguro, binnaga, bincho, tombo	**N**	Albakor	**NL**	Witte tonijn
P	Voador	**S**	Vit tonfisk, albacora	**TR**	
YU	Dugoperajni tunj, bijeli tunj, šilac				

9 ALEWIFE   GASPAREAU 9
Alosa pseudoharengus

(Atlantic/Freshwater – N. America)

Also called RIVER HERRING.
In U.K. ALEWIFE refers to + ALLIS SHAD (*Alosa alosa*).

(Eaux douces/Atlantique – Amérique du Nord)

S'écrit parfois GASPAROT (Canada).
Au Royaume-Uni "ALEWIFE" (anglais) s'applique à *Alosa alosa* (+ ALOSE).

Marketed:

Salted: lightly salted in a mixture of salt and brine after gutting and washing, then packed in barrels; known as + CORNED ALEWIVES;
– heavily salted in barrels, ungutted;
– heavily salted in strong brine after gutting and washing; then tightly packed in barrels in salt; known as + TIGHT PACK;
-similarly salted in Canada, known as PICKLED ALEWIVES – sold in three grades: gross (entire fish), split or cut (head and guts removed), roes (head and guts removed, but roes left in).
Salted alewives are sometimes indiscriminately referred to as "salted herring".

Vinegar cured: either whole gutted, or as fillets, in barrels.

Smoked: cold smoked, ungutted, for several days, for local consumption.

Roe: salted and coloured to make caviar substitute, packed in glass jars; also canned in brine.

See also + SHAD.

Commercialisé:

Salé: légèrement salé dans un mélange de sel et de saumure après avoir été vidé et lavé, puis mis en barils;
– fortement salé, non vidé et mis en barils;
– fortement salé dans une saumure concentrée après avoir été vidé et lavé; puis serré en baril avec du sel; voir + "TIGHT PACK";
– Salage semblable au Canada: "PICKLED ALEWIVES" vendus en 3 qualités: brut (poisson entier); tranché (sans tête ni viscères); avec rogues (sans tête ni viscères mais en y laissant les rogues).
Le gaspareau salé est parfois désigné comme "hareng salé".

Au vinaigre: soit entier et vidé, soit en filets, en barils.

Fumé: fumé à froid (non vidé) pendant plusieurs jours, pour la consommation locale.

Rogue: œufs salés et colorés pour en faire un succédané de caviar, mis en bocaux; également mis en conserve au naturel.

Voir aussi + ALOSE.

D		**DK**		**E**	Pinchagua
GR		**I**	Falsa-aringa atlantica	**IS**	
J		**N**		**NL**	Rivierharing
P		**S**		**TR**	
YU					

10 ALGINIC ACID

Organic compound, related to carbohydrates, extracted from + BROWN ALGAE, particularly *Laminaria* spp, used in the food industry as a stabilizer and a thickener; its salts, the ALGINATES, are also used in industrial processes.

ACIDE ALGINIQUE 10

Composé organique voisin des hydrates de carbone, extrait des + ALGUES BRUNES, en particulier de l'espèce *Laminaria*, utilisé dans les industries alimentaires comme stabilisateur et épaississant; ses sels, ALGINATES, sont également utilisés pour d'autres usages industriels.

D Alginate
GR Algin
J Arugin-san
P Alginato
YU Alginat

DK Alginat
I Algina
N Alginat
S Alginat

E Alginato
IS Alginat
NL Alginaat
TR Alinik asit

11 ALLIS SHAD

ALOSE 11

Alosa alosa or/ou *Clupea alosa*

(N. Atlantic – Europe)

Also called ALLICE SHAD, + ALEWIFE, ROCK HERRING.

Marketed canned in France.

See also + SHAD.

(Atlantique Nord – Europe)

Commercialisée en conserve, en France.

Voir aussi + ALOSE.

D Alse, Maifisch
GR Fríssa, sardellomána
J
P Sável
YU Atlantska lojka, čepa

DK Majsild, stamsild
I Alaccia
N Maisild
S Stamsill, majfisk

E Sábalo
IS
NL Elft
TR Tirsi

12 AMARELO CURE (Portugal)

Portuguese salt cod from which some of the salt has been removed between the stages of washing and drying, by soaking the product in water; final salt content is about 18% and the product has a characteristic yellow appearance.

Also called YELLOW CURE.

AMARELO CURE (Portugal) 12

Morue salée portugaise dont une partie du sel a été éliminée par différents lavages et séchages; la teneur en sel est finalement d'environ 18% et le produit a une couleur jaune caractéristique.

D
GR
J
P Cura amarela
YU

DK
I Baccalà portoghese giallo
N
S

E Bacalao salado amarillo
IS
NL
TR

13 AMBERGRIS

Waxy substances, varying in colour from white to almost black, which accumulate in the intestine of the SPERM WHALE. AMBREINE and EPICOPROSTANOL are two important typical chemicals in these complex substances. Used mainly as a fixative in the perfume industry, the demand for the natural product has been much reduced by the manufacture of synthetic substitutes.

AMBRE GRIS 13

Substances de la consistance de la cire d'une couleur variant du blanc au gris foncé, qui s'accumulent dans les intestins du CACHALOT.

L'AMBRÉINE et l'ÉPICOPROSTANOL sont deux composants chimiques importants et typiques de ces substances complexes.

Utilisé surtout comme fixateur en parfumerie; la demande a beaucoup réduit, du fait de la fabrication de produits synthétiques de substitution.

D Ambra
GR
J Ryûzenkô
P Âmbar cinzento
YU Ambra

DK Ambra
I Ambra grigia
N Ambra
S Ambra

E Ambar gris
IS Hvalsauki (ambra)
NL Amber
TR

14 AMERICAN EEL — ANGUILLE AMÉRICAINE 14
Anguilla rostrata

(Atlantic/Freshwater – N. America)
Ways of marketing, see + EEL.

(Eaux douces/Atlantique – Amérique du Nord)
Voir + ANGUILLE.

D Amerik. Aal	**DK**	**E** Anguila americana
GR	**I** Anguilla americana	**IS**
J	**N**	**NL** Amerikaanse aal
P Enguia-americana	**S** Amerikansk sötvattensål	**TR** Yılanbalığı (Amerika)
YU		

15 AMERICAN PLAICE — BALAI 15
Hippoglossoides platessoides

(N. Atlantic – Europe/North America)
Belonging to the *Pleuronectidae* (see + FLOUNDER).
In ICES statistics called + LONG ROUGH DAB.
Also called DAB, SAND DAB, PLAICE.

(Atlantique Nord – Europe/Amérique du Nord)
Aussi appelé FAUX FLÉTAN, PLIE CANADIENNE.
De la famille des *Pleuronectidae*.

(Voir + FLET).

D Rauhe Scharbe, Doggerscharbe	**DK** Håising	**E** Platija americana
GR Glossáki-chomatída	**I** Passera canadese	**IS** Skarkoli
J	**N** Gapeflyndre	**NL** Schol
P Solha	**S** Lerskädda, ler flundra, glipskädda	**TR**
YU Iverak		

16 AMERICAN SHAD — ALOSE CANADIENNE 16
Alosa sapidissima

(Atlantic/Pacific – N. America)

(Atlantique/Pacifique – Amérique du Nord)
Aussi appelé ALOSE SAVOUREUSE (Canada).

Marketed:
Fresh:
Smoked: headed, split, cold or hot smoked.
Canned: headed, tailed, gutted and packed in pieces; cold-smoked pieces packed in brine, own juice or oil.
Roe: fresh or canned.
See also + SHAD.

Commercialisé:
Frais:
Fumé: étêté, tranché, fumé à froid ou à chaud.
Conserve: étêté, équeuté, vidé, en morceaux; les morceaux fumés à froid sont conservés en saumure, au naturel ou dans de l'huile.
Rogue: frais ou en conserve.
Voir aussi + ALOSE.

D Amerikanischer Maifisch	**DK**	**E** Sabalo americano
GR	**I** Alaccia americana	**IS** Augnasíld
J	**N**	**NL** Amerikaanse meivis, amerikaanse elft
P Sável-americano	**S** Shad	**TR**
YU Američka lojka		

17 ANCHOSEN (Germany) — ANCHOSEN (Allemagne) 17

Sprat and herring (mostly small) preserved with a mixture of salt and sugar or starched sugar products with or without spices, saltpetre or other flavouring agents. As raw material often + MATJE CURED HERRING (ii). SEMI-PRESERVE, also with preserving additives.

Sprats ou harengs (de petite taille) traités avec un mélange de sel et de sucre, ou d'un produit sucré, avec ou sans épices, du salpêtre ou autres substances aromatiques. Utilisés aussi comme matière première pour le + MATJE CURED HERRING (ii).
Commercialisés en SEMI-CONSERVE, parfois avec des agents conservateurs.

See also + SPICED CURED FISH, + DELICATESSEN FISH PRODUCTS, + APPETITSILD.

Voir aussi + SPICED CURED FISH, + DELICATESSEN + APPETITSILD.

18 ANCHOVETA

(Pacific – S. America)
Basis for Peruvian fish meal industry.

See + ANCHOVY.

D Peru-Sardelle
GR
J
P Anchoveta
YU

DK
I Acciuga del cile
N Anchoveta
S Chileansjovis

ANCHOVETA ou ANCHOIS PÉRUVIEN 18

Engraulis ringens
(Pacifique – Amérique du Sud)
Base de la fabrication industrielle de farine de poisson au Pérou.

Voir + ANCHOIS.

E
IS
NL Peruaanse ansjovis
TR

19 ANCHOVY

(Cosmopolitan)

(a) N. Atlantic

(b) + NORTHERN ANCHOVY
(N. Pacific)
Also referred to as
NORTH PACIFIC ANCHOVY

(c) + ANCHOVETA
(Pacific – S. America)

(d) JAPANESE ANCHOVY

(e) Australia,/New Zealand

(f) Atlantic/Pacific, for example

BAY ANCHOVY
(N. Atlantic – America)

STRIPED ANCHOVY
(Atlantic – Canada)

Marketed: Fresh or frozen.
Salted: headless gutted or whole ungutted anchovies packed in salt in barrels and allowed to ripen for about four months at temperatures up to 30 °C until the flesh has reddened right through;
as semi-preserves, sold whole (+ CARNE A CARNE), filleted in oil or sauce, flat or rolled with or without capers; packed in cans, glass jars, etc.; also as paste, see + ANCHOVY PASTE, + ANCHOVY BUTTER, + ANCHOVY CREAM.
Canned: fresh anchovies may be canned.
Smoked: hot-smoked whole fish; may be frozen afterwards (U.S.S.R.).
Meal and oil: + ANCHOVETA.
Dried: NIBOSHI-IWASHI (Japan), see + NIBOSHI.
Bait: United States and Japan.

Similar preparations from sprats: see + ANCHOVIS (Germany).

ANCHOIS 19

ENGRAULIDAE
(Cosmopolite)

Engraulis encrasicolus
(a) Atlantique Nord

Engraulis mordax
(b) + ANCHOIS DU NORD
(Pacifique Nord)
ou ANCHOIS DU
PACIFIQUE NORD

Engraulis ringens
(c) + ANCHOVETA
(Pacifique – Amérique du Sud)

Engraulis japonica
(d) ANCHOIS JAPONAIS

Engraulis australis
(e) Australie/Nouvelle-Zélande

ANCHOA spp.
(f) Atlantique/Pacifique, par exemple

Anchoa mitchilli
ANCHOIS AMÉRICAIN
(Atlantique Nord – Amérique)

Anchoa hepsetus
PIQUITINGA
(Atlantique – Canada)

Commercialisé: Frais ou congelé.
Salé: anchois étêtés et vidés, ou entiers, non vidés, mis en barils avec du sel jusqu'à maturation (environ 4 mois) à une température allant jusqu'à 30 °C; la chair prend alors une teinte rougeâtre; en semi-conserve, présentés entiers (+ CARNE À CARNE), en filets à l'huile ou en sauce, à plat ou enroulés avec ou sans câpres; vendus en boîtes ou en bocaux;
en pâte, voir + PÂTE D'ANCHOIS, + BEURRE D'ANCHOIS, + CRÈME D'ANCHOIS.
Conserve: parfois anchois frais.
Fumé: entier, fumé à chaud; peut être congelé ensuite (U.R.S.S.).
Farine et huile: + ANCHOVETA.
Séché: + NIBOSHI (Japon).
Appât: pêche aux E.U. et Japon.

Préparations semblables à base de sprats: + ANCHOVIS (Allemagne).

[CONTD.

19 ANCHOVY (Contd.) / ANCHOIS (Suite) 19

- **D** Sardelle
- **GR** Antjúga, gíavros
- **J** Katakuchiiwashi
- **P** Anchova, biqueirão
- **YU** Brgljun, inćun
- **DK** Ansjos
- **I** Acciuga, alice (f) ancioa
- **N** Ansjos
- **S** Ansjovis(fisk)
- **E** Anchoa, boquerón
- **IS** Ansjósa
- **NL** Ansjovis, tri (Sme.)
- **TR** Hamsi

For (b) and (c) see under these entries.

Pour (b) et (c) voir les rubriques individuelles.

20 ANCHOVIS (Germany) / ANCHOVIS (Allemagne) 20

Similar products in Scandinavia: SCANDINAVIAN ANCHOVY, CHRISTIANIA ANCHOVIES (Norway) prepared similarly to + ANCHOVY; Sprats or small herring gutted or ungutted also as fillets, spice cured in brine also with other flavouring agents, packed in barrels, sometimes repacked in cans or glass jars with brine or salt or edible oil.

Semi-preserves, also with preservative additives.

See + ANCHOSEN, + APPETITSILD.

In Sweden the term "SARDELL" is used for anchovies of *Engraulis encrasicolus* in cans and the term "ANSJOVIS" for spice cured sprats in cans.

Produits similaires en Scandinavie: SCANDINAVIAN ANCHOVY, CHRISTIANIA ANCHOVIES (Norvège) préparés de la même façon que les ANCHOIS. Les sprats ou les petits harengs, vidés ou non, ou en filets, sont traités dans une saumure épicée, et avec des aromates, mis en barils et parfois, ensuite, en boîtes ou en bocaux, salés, ou en saumure ou dans de l'huile.

SEMI-CONSERVE, également avec adjonction de produits de conservation.

Voir + ANCHOSEN, + APPETITSILD.

En Suède, le terme "SARDELL" désigne les anchois en boîte de l'espèce *Engraulis encrasicolus* et le terme "ANSJOVIS" les sprats marinés avec des épices, en boîte.

- **D** Anchovis
- **GR**
- **J**
- **P** Anchova
- **YU**
- **DK**
- **I**
- **N**
- **S** Ansjovis
- **E** Espadines o arenques anchoados
- **IS**
- **NL**
- **TR** Hamsi

21 ANCHOVY BUTTER / BEURRE D'ANCHOIS 21

+ ANCHOVY PASTE mixed with butter. In Germany the product (SARDELLEN-BUTTER) contains at least 33% clarified butter, in France 10%. Similar product prepared from shrimps.

+ PÂTE D'ANCHOIS mélangée à du beurre. En Allemagne, le produit (SARDELLEN-BUTTER) contient un minimum de 33% de beurre clarifié, en France, 10%. Produit similaire préparé à base de crevettes.

- **D** Sardellenbutter
- **GR**
- **J**
- **P** Manteiga de anchova
- **YU** Pasta inćuna s maslacem, srdelna pasta s maslacem
- **DK**
- **I** Burro d'acciughe, pasta d'acciughe con burro
- **N** Ansjossmør
- **S**
- **E** Crema de anchoas
- **IS**
- **NL** Ansjovis boter
- **TR** Hamsi yağı

22 ANCHOVY CREAM / CRÈME D'ANCHOIS 22

+ ANCHOVY PASTE mixed with vegetable oil to give creamy consistency (Europe); in France at least 10% oil.

+ PÂTE D'ANCHOIS mélangée à de l'huile végétale pour donner une consistance de crème (Europe); en France, minimum 10% d'huile.

- **D** Sardellencreme
- **GR**
- **J**
- **P** Creme de anchova
- **YU** Pasta inćuna s uljem
- **DK**
- **I** Crema di acciughe all' olio
- **N** Ansjoskrem
- **S**
- **E** Pasta de anchoas
- **IS**
- **NL** Ansjovis pasta
- **TR** Hamsi kremi

23 ANCHOVY ESSENCE ESSENCE D'ANCHOIS 23

Flavouring extract made from pounded anchovies and herbs etc., may be canned.

Aromatisant fait à base d'anchois pilés et de fines herbes; peut être mis en conserve.

D Sardellenessenz
GR
J
P Essência de anchova
YU

DK
I Essenza di acciughe alle erbe
N Ansjosessens
S Ansjovisextrakt

E Esencia de anchoas
IS
NL Ansjovis essence (extract)
TR Hamsi esansı

24 ANCHOVY PASTE PÂTE D'ANCHOIS 24

Ground ANCHOVY packed in stone jars, covered with a mixture of common salt, saltpetre, bay salt, sal prunella, and a few grains of cochineal; allowed to ripen for six months (Europe); ground and packed in jars or cans. SMOKED ANCHOVY PASTE prepared from hot smoked anchovies.

In some countries the raw material may be SPRAT; see + ANCHOVIS (Germany). In Germany salt content not more than 20% on weight basis.

Anchois hachés mis dans des jarres de terre et recouverts d'un mélange de sel commun, de salpêtre, de sel gemme et de quelques grains de cochenille; laissés mûrir pendant six mois (Europe); hachés et mis en jarres ou en boîtes. La PÂTE D'ANCHOIS FUMÉS est préparée à base d'anchois fumés à chaud.

Dans certains pays, la pâte est faite à base de SPRAT; voir + ANCHOVIS (Allemagne). En Allemagne, la teneur en sel ne doit pas dépasser 20% du poids d'origine.

D Sardellenpaste
GR Pásta anchoúia
J Anchobi pêsuto
P Pasta de anchova
YU Slana pasta od inćuna

DK Ansjospasta
I Pasta d'acciughe, pasta d'acciughe affumicate
N Ansjospostei
S Ansjovispastej

E Pasta fermentada de anchoas
IS
NL Ansjovis pastei
TR Hamsi macunu

25 ANGEL 25

Trade name in U.K. for frozen turtle.

Tortue verte congelée.

26 ANGELFISH 26

(i) In U.K. recommended trade name for + ANGEL SHARK (*Squatina squatina*).
(ii) In U.K. also used for + RAY'S BREAM (*Brama brama*).
(iii) In America refers to *Holacanthus* and *Pomacanthus* spp. (belonging to the family *Chaetodontidae*); see + BUTTERFLY FISH.
(iv) Might also apply to + SPADEFISH (*Ephippidae*).

Le terme "ANGELFISH" (anglais) s'applique aux espèces suivantes:
(i) + ANGE DE MER (*Squatina squatina*);
(ii) + GRANDE CASTAGNOLE (*Brama brama*).
(iii) + PAPILLON (*Chaetodontidae*).
(iv) + FORGERON (*Ephippidae*).

27 ANGEL SHARK ANGE DE MER 27

SQUATINIDAE

(Cosmopolitan) (Cosmopolite)

Squatina squatina
or/ou
Squatina angelus

(a) ANGEL SHARK
(Atlantic/Mediterranean – Europe)
Also called + MONKFISH, FIDDLE FISH, SHARK RAY + ABBOT + ANGELFISH.

(a) ANGE DE MER
(Atlantique/Méditerranée – Europe)

Squatina armata

(b) (Pacific – Peru)

(b) (Pacifique – Pérou)

Squatina californica

(c) PACIFIC ANGEL SHARK
(N. America)

(c) ANGE DU PACIFIQUE
(Amérique du Nord)

[CONTD.

27 ANGEL SHARK (Contd.)   ANGE DE MER (Suite) 27

Squatina dumerili

(d) ATLANTIC ANGEL SHARK   (d) ANGE DE L'ATLANTIQUE
    (N. America)   (Amérique du Nord)

Squatina nebulosa
Squatina japonica

(e) JAPANESE ANGEL SHARK   (e) (Japon)

D Meerengel, Engelhai	DK Havengel	E Angelote
GR Ángelos, rína, vióli, lýra	I Squadro, pesce angelo	IS Barðaháfur
J Korozame, kasuzame	N Havengel	NL Zeeëngel
P Anjo	S Havsängel	TR Keler
YU Sklat		

28 ANGLERFISH   BAUDROIE 28

LOPHIUS spp.

(Cosmopolitan)   (Cosmopolite)

Also known as + MONKFISH or GOOSEFISH.   Aussi appelé + LOTTE.

Lophius piscatorius

(a) ANGLERFISH (N. Atlantic/N. Sea).   (a) BAUDROIE (Atlantique Nord/Mer du Nord).
Also known as ABBOT, ALLMOUTH, FISHING FROG, FROG-FISH, MONK, SEA DEVIL.

Lophius litulon

(b) (Japan).   (b) (Japon).

Lophius americanus

(c) AMERICAN GOOSEFISH   (c) BAUDROIE D'AMÉRIQUE
    (Atlantic – N. America).   (Atlantique – Amérique du Nord).

Marketed: **Commercialisé:**

Fresh: tails, the unusually large head having been discarded, or as fillets from the tails; in Sweden marketed (headed and skinned) under the name KOTLETTFISK.
Frozen: fillets.
Smoked: hot-smoked pieces of fillet.

Frais: queues ou filets pris dans la queue; la tête, extrêmement grosse, est toujours enlevée; en Suède, commercialisé (étêté et dépouillé) sous le nom KOTLETTFISK.
Congelé: filets.
Fumé: morceaux de filet fumés à chaud.

D Seeteufel, Angler	DK Havtaske, bredflab	E Rape
GR Vatrochópsaro	I Rana pescatrice, rospo, martino	IS Skötuselur
J Anko	N Breiflabb	NL Zeeduivel, hozemond
P Tamboril	S Marulk	TR Fener balığı
YU Grdobina		

29 ANIMAL FEEDING STUFFS   ALIMENTS SIMPLES POUR ANIMAUX 29

The four main outlets for fish-based animal feeding stuffs are as farm animal foods, pet foods, fur-bearing animal foods and fish hatchery food. The more important raw materials are + FISH SILAGE, FISH SOLUBLES, + FISH MEAL, + FISH WASTE, FISH EGGS AND + SEAWEED MEAL.
In Japan "YOGYO-JIRYO" refers to feeding stuffs for fish culture.

Les quatre principaux débouchés des aliments simples du bétail à base de poisson sont la nourriture des animaux de ferme, des animaux à fourrure, des animaux d'agrément et des poissons de pisciculture. Les principales matières premières d'origine marine sont les ensilages, les autolysats, les farines, les déchets, les œufs de poissons et la farine d'algues. Au Japon, le terme "YOGYO-JIRYO" s'applique uniquement à la nouriture pour la pisciculture.

D Futtermittel	DK Dyrefoder	E Materias primas, marinas y susderivados, destinados a piensos
GR	I Alimenti zootecnici	IS Dýrafóður
J Shiryô, jiryô	N Dyrefor	NL Diervoedsel
P Alimentação de animais	S Djurföda	TR
YU Hrana za životinje		

30 ANTIBIOTICS

The most important antibiotics for fish preservation are AUREOMYCIN (CTC, chlortetracycline), TERRAMYCIN (OTC, oxytetracycline) and TETRACYCLINE. In some countries, regulations do not permit antibiotics to be used for preservation.

ANTIBIOTIQUES 30

Les principaux antibiotiques pour la conservation du poisson sont l'AURÉOMYCINE (CTC, chlortétracycline), la TERRAMYCINE (OTC, oxytétracycline) et la TÉTRACYCLINE. Dans certains pays, les règlements interdisent l'usage des antibiotiques pour la conservation.

D Antibiotika
GR Antiviotícá
J Kôseibusshitsu
P Antibióticos
YU Antibiotici
DK Antibiotika
I Antibiotici
N Antibiotika
S Antibiotika
E Antibióticos
IS Fúkalyf
NL Antibiotica
TR Antibiyotikler

31 APPERTISATION

Term sometimes used by specialists for + CANNED FISH in order to avoid confusion with + SEMI-PRESERVES.

APPERTISATION 31

Terme utilisé parfois par les spécialistes au lieu de "en conserve" afin d'éviter la confusion avec + SEMI-CONSERVES.

32 APPETITSILD

Skinned fillets of spice cured sprats packed in solutions of vinegar, salt, sugar and spices or other flavouring agents.

See also + ANCHOVIS (Germany), + ANCHOSEN.

In Norway also small herring (13 to 16 cm) might be used.
In Sweden no vinegar is added.

APPETITSILD 32

Filets de sprats sans peau, salés en saumure dans une solution de vinaigre, sel, sucre et épices, ou autres aromates.

Voir aussi + ANCHOVIS (Allemagne), + ANCHOSEN.

En Norvège, les petits harengs (de 13 à 16 cm) peuvent être également utilisés.
En Suède aucun vinaigre n'est ajouté.

D Appetitsild
GR
J
P Filete de espadilha com especiarias
YU
DK Appetitsild
I Filetti di papalina marinati
N Appetittsild
S Aptitsill (skinn-och benfri ansjovis)
E Filetes anchoados de espadin
IS
NL Appetitsild
TR

33 ARAPAIMA
OSTEOGLOSSIDAE
ARAPAIMA 33

(Fresh water – S. America).

Specimens up to 230 kg weight; caught in Orinoco and other rivers. Also called PIRARUKU (Brazil), PIRAYA, PAICHE (Peru).

(Faux douces – Amérique du Sud).

On trouve des spécimens pesant jusqu'à 230 kg pris dans l'Orénoque et autres rivières. Appelé aussi PIRAROUCOU (Brésil), PAICHE (Pérou).

D Knochenzüngler
GR
J
P Arapaema
YU
DK Arapaima
I Arapaima
N
S Usteoglossider
E Arapaima
IS
NL Arapaima
TR

34 ARBROATH SMOKIE (Scotland) 34

Haddock, gutted, headed and cleaned but not split; dry salted or pickled in 80% brine for up to one hour, then smoked for several hours, first in cold smoke, then in hot smoke. Also known as AUCHMITHIE CURE, CLOSE FISH, PINWIDDIE.

See also + SMOKIE.

Eglefin vidé, étêté et nettoyé mais non tranché; salé à sec ou en saumure saturée à 80% pendant une heure, puis fumé pendant plusieurs heures, d'abord à froid, ensuite à chaud.

Voir aussi + SMOKIE.

35 ARCTIC CHAR — OMBLE CHEVALIER 35
Salvelinus alpinus

(Freshwater/Atlantic/Pacific) (Eaux douces/Atlantique/Pacifique)
Also known as ILKALUPIK (Eskimo).
Also called SALMON TROUT, MOUNTAIN TROUT.

See also + CHAR and + TROUT. Voir aussi + OMBLE et + TRUITE.

- **D** Saibling, Seesaibling
- **GR**
- **J**
- **P**
- **YU**
- **DK** Fjældørred
- **I** Salmerino artico
- **N** Arktisk røye, røyr
- **S** Röding
- **E** Salvelino
- **IS** Bleikja
- **NL** Beekridder
- **TR**

36 ARCTIC FLOUNDER — FLET 36
Liopsetta glacialis

(Bering Sea) (Mer de Bering)

Belonging to the family *Pleuronectidae*; see also + FLOUNDER.
Also called POLAR PLAICE.

De la famille des *Pleuronectidae*; voir aussi + FLET.

- **D**
- **GR**
- **J**
- **P** Solhão
- **YU**
- **DK**
- **I** Passera artica
- **N**
- **S**
- **E**
- **IS**
- **NL** Poolbot
- **TR**

37 ARGENTINE — ARGENTINE 37
ARGENTINIDAE

(Atlantic/Pacific) (Atlantique/Pacifique)
Also called SILVER SMELT.

Argentina sphyraena

(a) LESSER SILVER SMELT
(Atlantic/N. Sea)

(a) ARGENTINE
(Atlantique/Mer du Nord)

Argentina silus

(b) GREAT SILVER SMELT
(N. Atlantic)
Also called SMELT, HERRING SMELT, ATLANTIC ARGENTINE
(North America)

(b) GRANDE ARGENTINE
(Atlantique Nord)
Aussi appelé SAUMON DORÉ

Argentina semifasciata
Argentina kagoshimae

(c) DEEP SEA SMELT
(Pacific – Japan)
In N. America the name DEEP SEA SMELT refers to *Bathylagidae*.

(c)
(Pacifique – Japon)

Argentina sialis

(d) PACIFIC ARGENTINE
(Pacific – America)
Marketed fresh in South America.
The scales and swimming bladder are used to make + PEARL ESSENCE.

(d)
(Pacifique – Amérique)
Commercialisé frais en Amérique du Sud.
Les écailles et la vessie natatoire servent à la préparation d' + ESSENCE D'ORIENT.

- **D** (a) Glasauge,
  (b) Goldlachs
- **GR** Gourlomátis
- **J** Nigisu
- **P** Biqueirão-branco
- **YU** Srebrenica
- **DK** (a) Strømsild
  (b) guldlaks
- **I** Argentina
- **N** (a) Strømsild
  (b) vassild
- **S** Silverfisk
  (a-b) strømsill
  (a) silverfisk
  (b) guldlax
- **E** Pejerrey, pez de plata
- **IS** Gull-lax
- **NL** Zilvervis
- **TR**

38 ARKSHELL — ARCHE 38

ARCIDAE
Arca noae

(a) NOAH'S ARK (Atlantic/Mediterranean) — (a) ARCHE DE NOÉ (Atlantique/Méditerranée)

Arca barbata

(b) (Atlantic/Mediterranean) — (b) (Atlantique/Méditerranée)

Glycymeris glycymeris

(c) DOG COCKLE (Atlantic/Mediterranean) — (c) (Atlantique/Méditerranée)
Also called COMB SHELL.

Anadara broughtoni
Anadara subcrenata

(d) (Japan) — (d) (Japon)

D Archenmuschel	**DK**	**E** Pepitona (a) arca de noé	
GR Calognómi	**I** (a) Arca di noè, (b) arca pelosa, (c) piè d'asino	**IS**	
J Akagai, mogai sarubo	**N**	**NL** Arkschelp	
P Castanhola	**S**	**TR**	
YU Papak, mušala			

39 ARMED GURNARD — MALLARMAT 39

Peristedion cataphractum

(Atlantic) — (Atlantique)
Also called MAILED GURNARD; Marketed as + GURNARD. — Pour la commercialisation, voir + GRONDIN.

D Panzerhahn	**DK** Panserulk	**E** Rubio armado
GR Kapóni, keratás	**I** Pesce forca	**IS** Urrari
J Kihôbô	**N** Panserulke	**NL** Poon
P (Ruivo)	**S** Pansarnane	**TR** Dikenli oksüz
YU Kokot turčin (lastavica)		

40 ARROWTOOTH FLOUNDER — FLÉTAN DU PACIFIQUE 40

Atheresthes stomias

(Pacific – N. America) — (Pacifique – Amérique du Nord)
Belonging to the family *Pleuronectidae*. — De la famille des *Pleuronectidae*.
See also + FLOUNDER. — Voir aussi + FLET.

41 ARROWTOOTH HALIBUT — FLÉTAN DU PACIFIQUE 41
Better known as KAMCHATKA FLOUNDER.

Atheresthes evermanni

(Pacific – Japan) — (Pacifique – Japon)
Belonging to the family *Pleuronectidae*. — De la famille des *Pleuronectidae*.

D Pfeilzahn-Heilbutt	**DK**	**E**
GR	**I**	**IS**
J Aburagarei	**N**	**NL** Piiltandheilbot
P (Solhão)	**S**	**TR**
YU		

42 ATHERINE — PRÊTRE 42

Atherina presbyter

(N. Atlantic/Mediterranean) (Atlantique Nord/Méditerranée)

Atherina boyeri

(Atlantic/Mediterranean) (Atlantique/Méditerranée)

Belonging to the family of + SILVERSIDE (*Atherinidae*).
De la famille des *Atherinidae* (+ PRÊTRE).

Also called + SMELT, SAND SMELT, SEA SMELT, SILVERSIDE, BRIT (young).
Aussi appelé + JÖEL.

D Ährenfisch	**DK** Stribefisk	**E** Pejerrey, cabezuda	
GR Atherina	**I** Lattarino	**IS**	
J	**N**	**NL** Koornaarvis, noorse spiering, schrapper	
P Peixe-rei	**S** Prästfisk	**TR** Gümüs, aterina	
YU Gavuni, zeleniši			

43 ATKA MACKEREL 43

Pleurogrammus azonus

(a) (Pacific – Japan)
One of the most important species in Japan; marketed fresh, frozen or salted (hard or medium salted).

(a) (Pacifique – Japon)
Espèce des plus importantes au Japon; commercialisée fraîche congelée ou salée.

Pleurogrammus monopterygius

(b) (Pacific – N. America)
Belonging to the family *Hexagrammidae* (see + GREENLING).

(b) (Pacifique – Amérique du Nord).
De la famille *Hexagrammidae* (voir + GREENLING).

J (a) Hokke (b) kitanohokke

44 ATLANTIC BONITO — BONITE À DOS RAYÉ 44

Sarda sarda

(Atlantic/Mediterranean) (Atlantique/Méditerranée)

Also called PELAMID, BELTED BONITO, BONITO, SHORT FINNED TUNNY; in North America also HORSE MACKEREL.
Appelé aussi PÉLAMIDE, SARDE.

For products see + TUNA.
Pour les formes de commercialisation, voir + THON.

D Pelamide	**DK** Rygstribet pelamide	**E** Bonito
GR Palamida	**I** Palamita	**IS** Rákungur
J	**N** Stripet pelamide	**NL** Atlantische boniter, boniet
P Serrajão	**S** Ryggstrimmig pelamid	**TR** Palamut-torik
YU Pastirica, palamida, polanda		

45 ATLANTIC CROAKER 45

Micropogon undulatus

(Atlantic – N. and S. America) (Atlantique – Amérique du Nord et du Sud)

Also called CROCUS, HARDHEAD.

Marketed:
Fresh: whole or fillets.
Frozen: whole or fillets.
Smoked: headed, gutted and split, then brined, dried and cold-smoked for a few hours (U.S.A.).

See also + CROAKER.

Commercialisé:
Frais: entier ou en filets.
Congelé: entier ou en filets.
Fumé: étêté, vidé et tranché, puis saumuré, séché et fumé à froid pendant quelques heures (E.U.)

Voir aussi + TAMBOUR.

46 ATLANTIC SALMON
SAUMON DE L'ATLANTIQUE 46
Salmo salar

(Atlantic)

The various stages of growth in the salmon are termed:

PARR: young salmon before it leaves fresh water.
SMOLT: young salmon when it leaves fresh water for the sea for the first time.
GRILSE: salmon returning from the sea to fresh water for the first time.
KELT: salmon that has spawned.

Marketed:

Fresh: whole ungutted; steaks, fillets.

Frozen: whole ungutted; fillets, steaks.

Smoked: whole gutted fish, split down the back (kippered salmon), or fillets, brined or dry-salted, dried and cold-smoked for several hours to give a mild cure; the smoked fish is usually sliced for retail sale; slices may be sold fresh, frozen, semi-preserved or canned in oil; also the waste from cutting is packed in oil or mixed with mayonnaise as SALAD.

Salted: headed, gutted, split salmon, or fillets, are cured in a mixture of salt, sugar and spices, for 2 or 3 days, then air-dried for a week or so (Canada); hard-salted split fish (method similar to that for Pacific spp. below) (Canada).
Paste: salmon alone, or with prawn or shrimp; smoked salmon; potted salmon; any of these pastes may have butter added; in tins or jars.
In Germany, salmon cuttings are mixed with good quality oil and filled into tubes, mixed with fat, designed as "LACHSBUTTER".
Fish cakes: cooked, frozen.
Roe: + RED CAVIAR (caviar substitute).

See also + SALMON.

(Atlantique)

Le jeune saumon ou TACON commence sa croissance en eau douce et l'achève en mer.

Il remontera plus tard les fleuves et rivières pour venir frayer en eau douce.

PARR: jeune saumon avant qu'il ne quitte l'eau douce pour la mer.
SMOLT: jeune saumon quand il quitte l'eau douce pour la première fois.
GRILSE: saumon retournant pour la première fois de la mer vers l'eau douce.
KELT: saumon ayant frayé.

Commercialisé:

Frais: entier, non vidé; en tranches ou en filets.

Congelé: entier, non vidé; en tranches ou en filets.

Fumé: poisson entier et vidé, fendu le long du dos; ou en filets saumurés ou salés à sec, séchés et fumés à froid pendant plusieurs heures; le poisson fumé est généralement découpé en tranches minces pour la vente au détail; les tranches peuvent être vendues fraîches, congelées, en conserve ou semi-conserve; les chutes provenant du découpage, mélangées à de l'huile ou de la mayonnaise, servent pour la SALADE de saumon.

Salé: le saumon étêté, vidé, tranché, ou les filets, sont macérés dans un mélange de sel, sucre et épices pendant 2 à 3 jours puis séchés à l'air pendant environ une semaine (Canada); poisson fortement salé, tranché (méthode semblable à celle des espèces du Pacifique) (Canada).
Pâte: saumon seul ou avec des crevettes; fumé ou non; peut être additionné de beurre; présenté en boîtes ou en bocaux; en Allemagne, les chutes sont mélangées à de l'huile ou du beurre et mises en tube ("LACHSBUTTER").
Pains de poisson cuits, congelés.
Œufs: + CAVIAR ROUGE (succédané de caviar).

Voir aussi + SAUMON.

D Lachs, Salm, Echter Lachs	**DK** Laks		**E** Salmón
GR Solomós	**I** Salmone del reno		**IS** Lax
J	**N** Laks (atlantisk)		**NL** Atlantische zalm
P Salmão-do-atlântico	**S** Lax		**TR** Alabalık atlantik
YU Losos, salmon			

47 AUSTRALIAN SALMON
SAUMON AUSTRALIEN 47
Arripis trutta

(Australia)

Belongs to the family *Arripidae*, which is related to + REDFISH, + SEA BASS, etc.

Marketed: Canned cutlets and fish cake mix.

(Australie)

De la famille des *Arripidae*, apparenté aux + SEBASTE, + BAR, etc.

Commercialisé: Tranches en conserve et pâté de poisson.

Arripis georgianus

AUSTRALIAN HERRING
(Australia)

Marketed as fresh fish and bait.

(Australie)

Commercialisé frais et comme appât.

48 AXILLARY BREAM

Pagellus acarne

(Atlantic)
See + SEA BREAM.

D	DK	E Aligote
GR	I Pagello bastardo	IS
J	N	NL Zeebrasem
P Besugo	S Pagell	TR
YU		

(Atlantique)
Voir + DORADE

---

49 AYU SWEETFISH

Plecoglossus altivelis

(Japan/Korea/China/Taiwan)

One of the most pa'atable freshwater fishes of Japan, also artificial rearing in Japan.

Marketed:
Fresh or alive:
Dried: see + YAKIBOSHI.
Fermented: see + SUSHI.

J Ayu

(Japon/Corée/Chine/Formose)

L'un des poissons d'eau douce les plus appréciés au Japon ; élevage en bassins (Japon).

Commercialisé :
Frais ou vivant :
Séché : voir + YAKIBOSHI.
Fermenté : voir + SUSHI.

---

50 BACALAO (Spain)

(i) Spanish word for cod.
(ii) Generally dried salted cod; in countries other than Spain may also include other species (see + KLIPFISH).

See also + COD.

BACALAO (Espagne) 50

(i) Mot espagnol pour cabillaud.
(ii) Désigne généralement la morue salée ; dans les pays autres que l'Espagne, se rapporte aussi à d'autres espèces (voir + KLIPFISH).

Voir aussi + CABILLAUD.

D Klippfisch	DK Klipfisk	E Bacalao
GR Bakaliáros	I Baccalà	IS Saltifiskur (fullverkadur)
J	N Klippfisk	NL Klipvis
P Bacalhau	S Kabeljo	TR
YU Suhi bakalar – bakalar		

---

51 BAGOONG (Philippines)

Fermented salted fish paste usually made from dilis, an anchovy type fish (*Stolephorus indicus*) or from young herring; packed in cans or bottles.

See + SHIOKARA (Japan).

BAGOONG (Philippines) 51

Pâte de poisson salé et fermenté, généralement faite à base de dilis, poisson de la famille des anchois (*Stolephorus indicus*) ; mise en boîtes ou en bocaux de verre.

Voir + SHIOKARA (Japon).

---

52 BAGOONG TULINGAN (Philippines)

Salted fish product made from tuna (*Euthynnus affinis* and *Auxis thazard*); head and guts removed, each side slashed and then flattened with the pressure of the hand.

BAGOONG TULINGAN (Philippines) 52

Produit fait à base de thon salé (*Euthynnus affinis* et *Auxis thazard*) ; étêté et vidé, coupé en deux, puis aplati par la pression de la main.

---

53 BAKASANG (Indonesia)

Fermented fish product. Similar product in Japan + SHIOKARA.

BAKASANG (Indonésie) 53

Produit à base de poisson fermenté. Produit semblable au Japon, le + SHIOKARA.

54 BAKED HERRING / HARENG AU FOUR 54

(i) Generally: herring cooked by baking in the oven without vinegar.
(ii) Other name used for +SOUSED HERRING.

(i) Généralement, hareng cuit au four, sans vinaigre.

D Gebackener Hering	**DK**	**E** Arenque cocido
GR	**I** Aringa arrostita	**IS**
J	**N** Bakt sild (ovnsbakt)	**NL** Gestoofde haring, gebakken haring
P Arenque cozido	**S** Ungstekt sill	**TR** Fırında ringa
YU Pečena heringa		

For (ii) see separate entry.

Pour (ii) voir la rubrique individuelle.

55 BALACHONG (Malaya) / BALACHONG (Malaisie) 55

Fermented paste made from fish or shrimps.

Pâte fermentée faite à base de poisson ou de crevettes.

Similar product in Japan + SHIOKARA.

Produit semblable au Japon + SHIOKARA.

56 BALBAKWA (Philippines) / BALBAKWA (Philippines) 56

Salted fish product, usually a whole large fish. Approximately 20% by weight of salt is added to allow controlled bacterial action during the six to eight months' ageing process; usually warmed in vinegar before serving.

Poisson salé, généralement un grand poisson entier additionné de sel, environ 20% de son poids, afin de limiter l'action bactérienne pendant les six à huit mois nécessaires au vieillissement; servi habituellement chauffé dans du vinaigre.

57 BALIK (Turkey) / BALIK (Turquie) 57

(i) Balık is the Turkish name for fish.
(ii) Dried salted dark flesh of sturgeon, lightly salted and sun dried; also called BALYK (U.S.S.R.).

See also + DJIRIM (U.S.S.R.).

(i) En Turquie, désigne le poisson en général.
(ii) Muscles rouges d'esturgeon, légèrement salés et séchés au soleil; appelé aussi BALYK en U.R.S.S.

Voir aussi + DJIRIM (U.R.S.S.).

58 BALLAN WRASSE / VIELLE (Commune) 58

Labrus bergylta

(Atlantic/Medit.)
Belongs to the family *Labridae* (see + WRASSE).
Also called + BERGHILT.

(Atlantique/Méditerranée)
De la famille Labridae (voir + LABRE).

D Gefleckter Lippfisch	**DK** Berggylt	**E** Maragota
GR Chilóu (Papagállos)	**I** Tordo marvizzo	**IS**
J	**N** Berggylt	**NL** Gevlekte lipvis
P Bodião	**S** Berggylta	**TR** Kikla
YU Vrana atlantska		

59 BALTIC HERRING / HARENG "DE LA BALTIQUE" 59

(i) Herring caught in the Baltic Sea; in Scandinavia (STRÖMMING) often marketed as block fillets or exported as + "KRONSARDINER".

(i) Hareng pêché dans la Mer Baltique; en Scandinavie (STRÖMMING) commercialisé surtout en filets doubles ou exporté sous forme de + "KRONSARDINER".

D Ostseehering	**DK** Sild	**E** Arenque del baltico
GR	**I** Aringa del baltico	**IS**
J	**N** Strømming	**NL** Oostzee haring
P Arenque-do-báltico	**S** Strömming	**TR** Baltık ringası
YU Baltička heringa		

(ii) Term also used to designate a product: herring (not necessarily from the Baltic Sea) marinated in brine containing sugar to give a characteristic flavour.
Cured in weak brine and fermented called SURSTRÖMMING in Scandinavia.

(ii) Désigne aussi un produit: hareng (pas nécessairement de la Mer Baltique) mariné dans une saumure sucrée lui donnant un goût caractéristique.
Mariné dans une saumure légère et fermenté, appelé SURSTRÖMMING en Scandinavie.

60 BARBECUED FISH

(i) Fish roasted or grilled over an open charcoal fire and served hot (e.g. STECKERLFISCH, Bavarian speciality).

D	Gegrillter Fisch
GR	
J	Yaki-zakana
P	Peixe grelhado
DK	
I	Pesce alla brace
N	Grillet fisk
S	Halstrad fisk, grillad fisk
YU	Pečena riba – riba s gradela

(ii) Other term for + HOT SMOKED FISH, particularly species so treated in U.S.A.: most important are salmon, sablefish, ling cod, shad and sturgeon on the Pacific coast, whitefish in Great Lakes, and a variety of fish in tropical Africa, and eels in North Atlantic.

POISSON SUR BARBECUE 60

(i) Poisson plus ou moins grillé à l'air libre sur un feu de charbon et servi chaud (ex. STECKERLFISCH, spécialité Bavaroise).

E	Pescado asado
IS	Glódarsteiktur fiskur
NL	Geroosterde vis
TR	Izgara balık

(ii) Le terme "BARBECUED FISH" (anglais) s'applique aussi à + POISSON FUMÉ À CHAUD, en particulier aux Etats-Unis: les principales espèces ainsi traitées sont le saumon, la lingue, l'alose et l'esturgeon sur la côte Pacifique; le corégon dans les Grands Lacs, ainsi qu'une variété de poisson en Afrique tropicale, et les anguilles dans l'Atlantique Nord.

61 BARNACLE   BERNICLE/BALANE 61

BALANUS spp.

Crustacean (Cosmopolitan)   Crustacé (Cosmopolite)

Pollicipes cornucopia

GOOSE BARNACLE (Europe)   POUCE-PIED (Europe)
Very popular in Spain and Portugal. Très apprécié en Espagne et au Portugal.

Megabalanus psittacus

PICO (Chile)   PICO (Chili)
Very large barnacle, marketed fresh or canned.   BALANE de très grande taille, commercialisée fraîche ou en conserve.

D	Seepocke	DK	Rur	E	Bellota de mar, percebe
GR	Stidóna	I	Balano, pico	IS	Hrúðurkarl
J	Fujitsubo	N	Rur	NL	Zeepok, eendenmossel
P	Craca, perceve	S	Rankfoting, havstulpan	TR	Balanus
YU					

62 BARRACOUTA   THYRSITE 62

THYRSITES spp.

(a) (Cosmopolitan/Southern oceans). Belong to the family *Gempylidae* (see + SNAKE MACKEREL.)

(a) (Cosmopolite/Mers du Sud) De la famille des *Gempylidae* (voir + ESCOLAR.)

Thyrsites atun

+ SNOEK
(Atlantic – S. Africa)
(Pacific – New Zealand)
Marketed salted, smoked or canned (S. Africa).

(Atlantique – Afrique du Sud)
(Pacifique – Nouvelle-Zélande)
Commercialisés salés, fumés ou en conserve (Afrique du Sud).

Thyrsitops lepidopodea

+ SIERRA
(Pacific/S. Atlantic–Chile/Argentine)

(Pacifique/Atlantique Sud – Chili/Argentine)

Also called + SNAKE MACKEREL.

LEIONURA spp.
Leionura atun

(b) + SNOEK
(Australia)
Marketed canned.

(b)
(Australie)
Commercialisé en conserve.

D	Snoek	DK		E	
GR		I		IS	
J		N		NL	Barracouta
P	Senuca	S		TR	
YU	Ljuskotrn				

63 BARRACUDA — BÉCUNE 63

SPHYRAENIDAE

(Cosmopolitan)   (Cosmopolite)
Also known as SEA PIKE, GIANT PIKE.   Appelés aussi BRISURE.

Sphyraena sphyraena

BARRACUDA   BROCHET DE MER
(Atlantic/Med.)   (Atlantique/Med)

Sphyraena jello

GIANT SEA PIKE   BÉCUNE
(Indo-Pacific)   (Indo-Pacifique)

Sphyraena argentea

PACIFIC BARRACUDA   (Pacifique)

Marketed: **Commercialisé:**
Fresh: Pacific U.S.A.   **Frais:** Côte Pacifique des E.U.
Salted: for local consumption by removing the head and splitting the fish to remove the backbone; dry-salted for 48 hours and then dried in the open air for several days (Southern U.S.A. and Central America).   **Salé:** pour la consommation locale; poisson étêté et tranché de manière à enlever la colonne vertébrale, salé à sec pendant 48 heures, puis séché en plein air pendant plusieurs jours (Sud des Etats-Unis et Amérique Centrale).

- **D** Pfeilhecht, Barracuda
- **GR** Loútsos
- **J** Kamasu, ôkamasu
- **DK** Barrakuda
- **I** Luccio marino, barracuda
- **N** Barrakuda
- **E** Barracuda, espetón
- **IS**
- **NL** Barrakoeda, zeesnoek, pikoe (Ant.), europese barrakoeda
- **P** Bicuda
- **YU** Barakuda škaram
- **S** Barracuda, pilgädda
- **TR** Iskarmoz

64 BARRAMUNDI — BARRAMUNDI 64

Lates calcarifer

(Australia)   (Australie)

Also called GIANT PERCH; belongs to the family *Latidae* (see + SNOOK).   De la famille des *Latidae* (voir + BROCHET DE MER).

Marketed: fresh and frozen fillets.   Commercialisé frais et en filets congelés.

- **J** Akame

65 BASKING SHARK — PÈLERIN 65

CETORHINIDAE
Cetorhinus maximus
or/ou
Selache maxima

(Cosmopolitan)   (Cosmopolite)

Captured for the extraction of shark liver oil; limited industrial uses, not rich in vitamin A. Also called HOMER.   Pêché pour l'extraction de l'huile du foie; usages industriels limités car il est peu riche en vitamines A.

See + SHARK.   Voir + REQUIN.

- **D** Riesenhai
- **GR** Skylópsaro
- **J** Ubazame, bakazame, tenguzame
- **DK** Brugde
- **I** Squalo elefante
- **N** Brugde
- **E** Peregrino
- **IS** Beinhákarl
- **NL** Reuzenhaai, apikal
- **P** Peixe-frade, frade
- **YU** Psina golema
- **S** Brugd
- **TR** Büyük camgöz

66 BASS — BAR COMMUN 66
Dicentrarchus labrax

(Mediterranean to North Sea)   (de la Méditerranée à la Mer du Nord)
Also called SEA PERCH, WHITE SEA PERCH.   Appelé aussi LOUBINE ou LOUP; nom commercial recommandé: BAR.
See also + SEA BASS.   Voir aussi + SERRANIDÉ.

D	Wolfsbarsch, Seebarsch	**DK** Bars	**E**	Lubina
GR	Lavráki	**I** Spigola	**IS**	Vartari
J		**N** Havåbor, havabbor	**NL**	Zeebaars
P	Robalo	**S** Havsaborre	**TR**	Levrek
YU	Lubin, smudut			

67 BASTARD HALIBUT — HIRAME 67
Paralichthys olivaceus

(Japan)   (Japon)
Also named by its Japanese name HIRAME; highly prized as food in Japan.   Le "HIRAME" (nom japonais du poisson) est très apprécié au Japon.
Marketed fresh or alive.   Commercialisé frais ou vivant.

J Hirame, tekkui

68 BAY SCALLOP — PECTEN 68
PECTEN spp.

Name used for different *Pecten* spp.   Désigne différentes espèces *Pecten*

Argopecten irradians
or/ou
Aequipecten irradians

(W. Atlantic)   (Atlantique Ouest)
Also called CAPE COD SCALLOP

Pecten aequisulcatus

(Pacific – N. America)   (Pacifique – Amérique du Nord)
Also called PACIFIC BAY SCALLOP

Pecten laqueatus

(Pacific – Japan)   (Pacifique – Japon)
For further details, see + SCALLOP.   Pour de plus amples détails, voir + COQUILLE St. JACQUES.

D	Kamm-Muschel, Pilger-Muschel	**DK** Kammusling	**E**	Vieira
GR	Cténi	**I** Ventaglio	**IS**	Hörpudiskur
J	Itayagai	**N** Kamskjell	**NL**	Kamschelp, kammossel
P	Vieira	**S** Kammussla	**TR**	Körfezde midye türü
YU	Kapica			

69 BEAKED WHALE — BERARDIDÉ 69
ZIPHIAS MESOPLODON & BERARDIUS spp.

Unimportant commercially.   Sans importance commerciale.

D	Spitzschnauzen-Delphin	**DK**	**E**	Zifido
GR		**I** Zifio	**IS**	
J		**N** Nebbhval	**NL**	
P	Roaz	**S** Näbbval	**TR**	
YU				

70 BEKKÔ — BEKKÔ 70

(Japan)   (Japon)
Tortoise shell used for ornaments such as necklaces, pins, rings, pipes, cases, combs, etc.   Ecaille de tortue servant à la fabrication d'ornements tels que colliers, épingles, bagues, pipes, boîtes, peignes, etc.
See also + SHELL.   Voir aussi + COQUILLE ET CARAPACE.

71 BELUGA

Huso huso

(Caspian Sea)

Belonging to the family *Acipenseridae*; see + STURGEON.

D Hausen	**DK**	**E** Esturión
GR	**I** Storione ladando	**IS**
J	**N**	**NL** Huso, kaspische zeesteur, beloega
P	**S** Husen, husblosstör, belugastör	**TR** Mersin morinasi
YU Moruna		

BELUGA 71

(Mer Caspienne)

Aussi appelé GRAND ESTURGEON; de la famille *Acipenseridae*; voir + ESTURGEON.

72 BELUGA WHALE / DAUPHIN BLANC (Beluga) 72

Delphinapterus leucas

(Arctic)

Also called WHITE WHALE. Used for oil production and for food for fur-bearing animals (Canada). Skin used for leather manufacture; source of the so-called PORPOISE LEATHER.

See + DOLPHIN.

(Arctique)

Utilisé pour son huile et comme nourriture des animaux à fourrure (Canada). Sa peau est utilisée pour la fabrication de cuirs; origine du cuir dit "PORPOISE LEATHER".

Voir + DAUPHIN.

D Weisswal	**DK** Hvidhval	**E** Ballena blanca
GR	**I** Beluga	**IS** Mjaldur
J Shiroiruka	**N** Hvithval	**NL** Witte walvis
P Golfinho-branco-do-árctico	**S** Vitval, belugaval	**TR**
YU		

73 BERGHILT 73

Also spelt BERGHYLT or BERGYLT.

(i) Name used for
 + BALLAN WRASSE (*Labrus bergylta*) of the family *Labridae*
 (see + WRASSE).

(ii) Also used for
 + REDFISH (*Sebastes* spp.).

Le nom "BERGHILT" (Anglais) est employé pour:

(i) + VIELLE (*Labrus bergylta*) de la famille *Labridae* (voir + LABRE).

(ii) + SÉBASTE
 (*Sebastes* spp.).

74 BERNFISK (Norway, Sweden) / BERNFISK (Norvège, Suède) 74

Name used for special type of dried cod or dried ling, used for preparing + "LUTEFISK".

Nom employé pour un type spécial de morue ou de lingue séchée, utilisé pour la préparation du + "LUTEFISK".

75 BICHIR / BICHIR 75

Polypterus bichii

(Freshwater – Africa)

(Eaux douces – Afrique)

D Flösselhecht	**DK** Bikir	**E**
GR	**I**	**IS**
J	**N**	**NL** Kongowimpelaal, kwastsnoek
P	**S** Nilfengädda	**TR**
YU		

76 BIGEYE

PRIACANTHIDAE

JUIF 76

(Atlantic/Pacific – N./America)
Particularly refers to *Priacanthus arenatus* (Atlantic).

(Atlantique/Pacifique – Amérique du Nord)
Se réfère en particulier à l'espèce *Priacanthus arenatus* (Atlantique).

D
GR
J Kintokidai
P Alfonsim-de-rolo
YU

DK
I
N
S

E
IS
NL Grootoogbaars
TR

77 BIGEYE TUNA

Thunnus obesus
or/ou
Parathunnus obesus

THON OBÈSE 77

(Cosmopolitan, warm seas)
Also called PATUDO, FALSE ALBACORE. Marketed fresh (Spain) or canned.

See + TUNA.

(Cosmopolite, mers chaudes)
Aussi appelé PATUDO. Commercialisé frais (Espagne) ou en conserve.

Voir + THON.

D Grossaugen Thun, Grossäugiger Thun
GR Tonnos
J Mebachi
P Patudo
YU Žutoperajni tunj

DK
I Tonno obeso
N
S

E Patudo
IS
NL Storje, grootoogtonijn
TR

78 BIG SKATE

Raja binoculata

RAIE 78

(Pacific – N. America)
See also + SKATE.

(Pacifique – Amérique du Nord)
Voir + RAIE.

79 BILLFISH

ISTIOPHORIDAE

VOILIER & MARLIN 79

(i) (Cosmopolitan)
The main species are:

(i) (Cosmopolite)
Les principales espèces sont:

ISTIOPHORUS spp.

(a) + SAILFISH
(Cosmopolitan)

(a) + VOILIER
(Cosmopolite)

TETRAPTURUS spp.

(b) + SPEARFISH
(Cosmopolitan)

(b) + MARLIN
(Cosmopolite)

MAKAIRA spp.

(c) + MARLIN
(Cosmopolitan)
See under these individual species.

(c) + MAKAIRE
(Cosmopolite)
Voir espèces individuelles.

(ii) Name might also refer to + GARFISH (*Belone belone*), belonging to the family *Belonidae*.

(ii) S'applique aussi aux *Belone belone* (voir + ORPHIE).

(iii) The name is also used for ATLANTIC SAURY (*Scomberesox saurus*), see + SAURY.

(iii) Et aux *Scomberesox saurus* (voir + ORPHIE et + BALAOU).

80 BINORO (Philippines)

BINORO (Philippines) 80

Mackerel, sardine or other small fish, brined, drained and packed in dry salt.

Maquereau, sardine ou autre petit poisson, saumuré, égoutté et mis dans du sel sec.

81 BISMARK HERRING

Herring block fillets or whole herring, headed and gutted, cured in acidified brine usually in barrels or other containers; after finished curing packed with acidified brine of a lower vinegar and salt content, also with slices of onions, cucumbers, carrots and spices, also with sugar added.

Marketed semi-preserved.

See also + ACID CURED FISH, + VINEGAR CURED FISH, + MARINADE, + ROLLMOPS.

HARENG BISMARK 81

Filets de hareng ou hareng entier, étêté, vidé et macéré dans une saumure vinaigrée, habituellement en barils ou autres récipients; après ce traitement, recouvert d'une saumure acidifiée d'une teneur inférieure en vinaigre et en sel; parfois avec des tranches d'oignon, concombre, carotte, des épices et du sucre.

Commercialisé en semi-conserve.

Voir aussi + MARINADE, + ROLLMOPS.

D Bismarckhering
GR
J
P
YU Bizmark heringa
DK Bismarck sild
I Aringhe alla bismarck
N Bismarksild
S
E
IS Bismarksild
NL Bismarck haring
TR Bismark ringası

82 BISQUE   BISQUE 82

A puree or thick soup made from crustaceans; in France the term is confined to lobster and crayfish as basic material.

Soupe épaisse faite à base de crustacés; en France, les crustacés utilisés dans cette préparation se limitent au homard, à la langouste et aux écrevisses.

D
GR
J
P Sopa de mariscos
YU
DK Bisque
I Crema di crostacei
N
S Skaldjurssoppa
E
IS
NL Bisque
TR Istakoz çorbası

83 BLACK BASS   83

(i) *Micropterus* spp.

(Freshwater – N. America).

Belonging to the family *Centrarchidae* (see + SUNFISH).

Game fish, sometimes eaten.

D Schwarzbarsch, Forellenbarsch
GR
J
P Achigã
YU
DK
I Persico trota
N Lakseabbor
S Svartabborre
E
IS
NL Forelbaars
TR

(ii) Might also refer to PACIFIC OCEAN PERCH (see + ROCKFISH (ii) (a)).

84 BLACK COD   84

(i) Name used for + SAITHE (*Pollachius virens*).

(ii) Name also used for + SABLEFISH (*Anopoploma fimbria*).

Le nom "BLACK COD" (anglais) s'applique aux:

(i) *Pollachius virens* (voir + LIEU NOIR).

(ii) *Anopoploma fimbria* (voir + MORUE CHARBONNIÈRE).

85 BLACK CROAKER   85

Designates two species, both belonging to the family *Sciaenidae* (see + CROAKER).

Désigne deux espèces, toutes deux de la famille des *Sciaenidae* (voir + TAMBOUR).

Argyrosomus nibe

(a) (Pacific – Japan)

Highly esteemed as food in Japan; marketed fresh; also raw material for + KAMABOKO.

(a) (Pacifique – Japon)

Très apprécié au Japon; commercialisé frais; + KAMABOKO.

Cheilotrema saturnum

(b) (Pacific – N. America)

J Kuroguchi

(b) (Pacifique – Amérique du Nord)

86 BLACK DRUM — GRAND TAMBOUR 86
Pogonias cromis

(Atlantic – America)
Also called SEA DRUM, OYSTER DRUM, OYSTER CRACKER, or DRUMMER (S. America).
See also + DRUM.

(Atlantique – Amérique)
Appelé aussi GRONDEUR NOIR.

Voir aussi + TAMBOUR.

D	**DK**	**E**
GR	**I**	**IS**
J	**N**	**NL** Tamboer, trommelvis
P	**S** Trumfisk	**TR**
YU		

87 BLACK MARLIN — MAKAIRE BLEU 87
Makaira indica

(Pacific/Indian Ocean)
This species might also be called + BLUE MARLIN in Japan.
Marketed fresh or frozen; also used for fish sausage.
See + MARLIN.

(Pacifique/Océan Indien)
Ce nom s'applique aussi à *Makaira nigricans*.
Commercialisé frais ou congelé; sert aussi dans la préparation des saucisses de poisson.
Voir + MAKAIRE.

D Schwarzer Marlin	**DK**	**E**
GR	**I** Marlin nero	**IS**
J Shirokawa, shirokajiki	**N**	**NL** Zwarte marlijn
P Espadim-negro	**S**	**TR**
YU		

88 BLACK-MOUTHED DOGFISH — CHIEN ESPAGNOL 88
Galeus melastomus
or/ou
Pristiurus melanostomus

(Atlantic/Mediterranean)
Belongs to the family *Scyliorhinidae* (see also + DOGFISH).

(Atlantique/Méditerranée)
De la famille des *Scyliorhinidae* (voir aussi + AIGUILLAT).

D Fleckhai	**DK** Ringhaj	**E** Golayo
GR Galéos	**I** Boccanegra	**IS**
J	**N** Hågjel	**NL** Spaanse hondshaai
P Leitão	**S** Hågäl	**TR** Lekeli kedi balığı
YU Mačka padečka		

89 BLACK SEA BASS 89
Centropristis striata

(Atlantic – N. America)
Also called SEA BASS (ICNAF Statistics); marketed fresh (whole or gutted, or as fillets).
See also + SEA BASS.

(Atlantique – Amérique du Nord)
Commercialisé frais (entier ou vidé, ou en filets).
Voir aussi + BAR.

D Schwarzer Zackenbarsch	**DK**	**E**
GR	**I** Perchia striata	**IS**
J	**N**	**NL** Zwarte zeebaars
P	**S** Svart havsabborre	**TR**
YU		

90 BLACK SEA BREAM — GRISET 90
Spondyliosoma cantharus

(i) (a) (Atlantic).
　Also called OLD WIFE, SEA BREAM; family *Sparidae* (see + SEA BREAM).

(a) (Atlantique).
　Appelé aussi CANTHARE; voir + DORADE.

[CONTD.

90 BLACK SEA BREAM (Contd.)   GRISET (Suite) 90

Mylio macrocephalus

(b) (Japan)
    Marketed fresh (very common near the coast of Japan).

(b) (Japon)
    Commercialisé frais (abondant sur les côtes du Japon).

D Streifenbrasse (a)	**DK** Havrude	**E** Chopa	
GR Skathári	**I** Tanuta	**IS**	
J Kurodai	**N** Havkaruss	**NL** Zeekarper, schoensmeer	
P Choupa	**S** Havsruda (a)	**TR** Sarigöz	
YU Kantar			

(ii) Name used for + RAY'S BREAM (*Brama raii*) of the *Bramidae* family.

91 BLACKTIP SHARK   91

Carcharhinus limbatus

(Atlantic – N. America)   (Atlantique – Amérique du Nord)
Also called SPOTFIN SHARK.
See also + REQUIEM SHARK.   Voir aussi + MANGEUR D'HOMMES.

D	**DK**	**E**	
GR	**I** Squalo pinne nere	**IS**	
J	**N**	**NL** Vlekvinhaai	
P Marracho	**S**	**TR**	
YU Psina ljudozder			

92 BLEAK   ABLETTE 92

Alburnus alburnus

(Freshwater – Europe)   (Eaux douces – Europe)
Occasionally eaten.   Parfois consommé frais.

D Ukelei, Laube	**DK** Løje	**E**	
GR Tsironi sirko	**I** Alborella	**IS**	
J	**N** Laue	**NL** Alver	
P Ruivaca	**S** Löja	**TR** Inci balığı	
YU Ukljeva			

93 BLOATER   CRAQUELOT ou BOUFFI 93

(i) Large fat salted herring, generally whole ungutted, hot-smoked to get a straw colour (cold-smoked in U.K.).

(i) Gros hareng gras, salé, généralement entier, non vidé, fumé à chaud jusqu'à l'obtention d'une couleur paille (fumé à froid en Grande Bretagne).

Marketed whole or boned, also frozen, semi-preserved as paste, sometimes canned.

Commercialisé entier ou sans arête, surgelé, en semi-conserve, en pâte, parfois en conserve.

D	**DK**	**E**	
GR	**I** Aringa grassa preparata	**IS**	
J	**N** Bloater	**NL** Warmgerookte gezouten haring	
P	**S**	**TR**	
YU Blouter			

(ii) In Canada the term is used for + GOLDEN CURE.
(iii) Name employed for freshwater species *Coregonus hoyi* (see + WHITEFISH).

(ii) Au Canada le terme est aussi employé pour + GOLDEN CURE.
(iii) "BLOATER" (anglais) est aussi employé pour une espèce d'eau douce, *Coregonus hoyi* (voir + CORÉGONE).

94 BLOATER PASTE   PÂTE DE HARENG 94

FISH PASTE containing ground meat from + BLOATER, made from mildly smoked salted herring or red herring, as principal constituent.

Pâte de poisson faite essentiellement à base de chair de + CRAQUELOT, hareng légèrement fumé et salé.

[CONTD.]

94 BLOATER PASTE (Contd.)   **PÂTE DE HARENG** (Suite) **94**

D	**DK**	**E** Pasta de arenque ahumado
GR	**I** Pasta d'aringa grassa	**IS**
J	**N**	**NL** Bokkingpastei
P Pasta de arenque	**S**	**TR**
YU Blouter pasta		

95 BLOATER STOCK   **HARENG BRAILLÉ 95**

Herring salted for subsequent smoking as + BLOATER.

Hareng salé, préparé pour un fumage ultérieur, en + CRAQUELOT par exemple.

D Kantjespackung	**DK**	**E** Salados a bordo
GR	**I** Presalaggio	**IS**
J	**N**	**NL** Steurharing
P Arenque salgado	**S**	**TR**
YU		

96 BLONDE   **RAIE LISSE 96**

Raja brachyura

(Mediterranean to North Sea)
See also + RAY + SKATE.

(de la Méditerranée à la Mer du Nord)
Voir aussi + RAIE.

D Blonde	**DK**	**E** Raya boca de rosa
GR Saláhi	**I** Razza a coda corta	**IS** Skata
J	**N**	**NL** Blonde rog
P Raia-pintada	**S** Ljusa rockan	**TR**
YU Raža		

97 BLUBBER   **LARD DE BALEINE 97**

Unrendered subcutaneous body fat of whales or other aquatic mammals.

   Blubber might be soured in vinegar or sour milk in Iceland; served as cold dish (RENGI).

Tissu graisseux sous-cutané de la baleine ou d'autres mammifères marins.

   Le lard de baleine peut être mariné dans du vinaigre ou du lait aigre en Islande; servi comme plat froid (RENGI).

D Speck, Walspeck	**DK**	**E**
GR	**I** Grasso di balena	**IS** Hvalspik
J Shiniku, abura-mi	**N** Spekk	**NL** Walvisspek
P Toucinho de baleia	**S** Valspäck	**TR**
YU		

98 BLUDGER   **CARANGUE 98**

Carangoides gymnostethoides

(Australia)
   Belongs to the family *Carangidae* (see + JACK and + POMPANO).

(Australie)
   De la famille des *Carangidae* (voir + CARANGUE et + POMPANO).

99 BLUE COD   **99**

Le nom BLUE COD (anglais) désigne:

(i) In New Zealand:
   Parapercis colias.

(ii) Name used for + LING COD (*Ophiodon elongatus*), belonging to the family *Hexagrammidae* (see + GREENLING).

(iii) Name also used for + SABLEFISH (*Anopoploma fimbria*) belonging to the family *Anopoplomatidae*.

(i) Nouvelle-Zélande:
   Parapercis colias.

(ii) Aussi: *Ophiodon elongatus* de la famille *Hexagrammidae*.

(iii) Aussi: *Anopoploma fimbria* (voir + MORUE CHARBONNIÈRE).

100 BLUE CRAB — CRABE BLEU 100
Callinectes sapidus

(a) (Atlantic – Europe/N. America).
The most valuable species of crab in North America (U.S.A. East Coast and Gulf of Mexico).
(b) In Japan BLUE CRAB refers to *Neptunus* and *Charybdis* spp.

(a) (Atlantique – Europe/Amérique N.)
Espèce des plus recherchées en Amérique du Nord (Etats-Unis, Côte orientale et Golfe du Mexique).
(b) Au Japon désigne les espèces *Neptunus* et *Charybdis*.

D	Blaukrabbe	**DK**		**E**	Cangrejo azul
GR	Galázios kávouras	**I**	Granchio nuotatore	**IS**	
J	Gazami (b)	**N**	Blåkrabbe	**NL**	Blauwe krab, zwenkrab
P	Navalheira-azul	**S**	Blåkrabba	**TR**	Mavi yengeç
YU					

101 BLUE DOG — 101

(i) Name used in N. America for + PORBEAGLE (*Lamna nasus*), belonging to the family *Lamnidae*.
(ii) Name also used for + PICKED DOGFISH (*Squalus acanthias*), belonging to the family *Squalidae*.

Le nom "BLUE DOG" (anglais) designe:
(i) L'espèce *Lamna nasus* de la famille des *Lamnidae* (voir + TAUPE).
(ii) L'espèce *Squalus acanthias* de la famille des *Squalidae* (voir + AIGUILLAT).

102 BLUEFIN TUNA — THON ROUGE 102
Thunnus thynnus

(Cosmopolitan)
Largest of the tuna family; together with + SKIPJACK AND + YELLOWFIN make up the light meat pack for canning.
Also called TUNNY, TUNA, ATLANTIC TUNA, SOUTHERN BLUEFIN, CALIFORNIAN BLUEFIN; in N. America also called + HORSE MACKEREL;
Marketed fresh or canned.
See + TUNA.

(Cosmopolite)
Le plus gros des thons; sa chair, comme celle du + LISTAO et de + L'ALBACORE, est utilisée principalement pour les conserves.

Commercialisé frais ou en conserve.
Voir + THON.

D	Roter Thun	**DK**	Tunfisk	**E**	Atún (rojo)
GR	Tónnos	**I**	Tonno	**IS**	Túnfiskur
J	Honmaguro, kuro-maguro	**N**	Makrellstjørje, stjorje	**NL**	Tonijn
P	Atun, rabilo	**S**	Tonfisk (röd tonfisk)	**TR**	Orkinoz (ton)
YU	Tunj crveni				

103 BLUEFISH — TASSERGAL 103
POMATOMIDAE

(i) (Cosmopolitan).
(a) Atlantic – N. & S. America.

(Cosmopolite).
(a) Atlantique – Amérique Nord et Sud.

Pomatomus saltatrix

Marketed:
Fresh: whole gutted.
Frozen: whole gutted.
Smoked: by a combination of cold and hot smoking (U.S.A.); hot smoked (Africa).

Commercialisé:
Frais: entier et vidé.
Congelé: entier et vidé.
Fumé: par une combinaison de fumage à froid et à chaud (E.U.); fumé à chaud (Afrique).

Pomatomus saltator

(b) TAILOR (Australia).
Marketed smoked

(b) (Australie).
Commercialisé fumé.

[CONTD.

103　BLUEFISH (Contd.)　　　　　　　　　　**TASSERGAL** (Suite)　**103**

D Blaufisch	**DK**	**E** Anjova
GR Gofári	**I** Pesce serra	**IS**
J Amikiri	**N**	**NL** (a) Blauwvis, blauwbaars
P Anchova	**S**	**TR** Lüfer
YU Strijelka skakuša, plitica		

(ii) BLUEFISH is also an alternative term for
+ SABLEFISH.

104　BLUE LING　　　　　　　　　　　　　　　　　LINGUE BLEUE　104
Molva dypterygia
or/ou
Molva byrkelange

(North Atlantic)　　　　　　　　　　　　　(Atlantique Nord)
　Also called TRADE LING, LESSER LING.
　For marketing forms, see + LING.　　　　Pour la commercialisation, voir + LINGUE.

D Blauleng	**DK** Byrkelange	**E**
GR	**I** Molva azzurra	**IS** Blálanga
J	**N** Blålange	**NL** Blauwe leng
P Donzela-azul	**S** Blålånga, birkelånga	**TR**
YU		

105　BLUE MARLIN　　　　　　　　　　　　　　　MAKAIRE BLEU　105
Makaira nigricans

(Atlantic – N. America)　　　　　　　　　　(Atlantique – Amérique du Nord)
　In Japan the name BLUE MARLIN might　Ce nom s'applique aussi à *Mahaira indica*
also refer to *Makaira indica* (see + BLACK
MARLIN).
　See also + MARLIN.　　　　　　　　　　Voir + MAKAIRE.

D Blauer Marlin	**DK**	**E**
GR	**I** Marlin azzurro	**IS**
J	**N**	**NL** Blauwe marlijn
P Espadim-azul	**S**	**TR**
YU		

106　BLUE MUSSEL　　　　　　　　　　　　　　MOULE COMMUNE　106
Mytilus edulis

(N. Atlantic – Europe)　　　　　　　　　　(Atlantique Nord – Europe)
(Pacific – New Zealand)　　　　　　　　　(Pacifique – Nouvelle-Zélande)
　Also called COMMON MUSSEL.　　　　　Pour de plus amples détails,
　For details see + MUSSEL.　　　　　　　voir + MOULE.

D Miesmuschel, Pfahlmuschel	**DK** Blåmusling	**E** Mejillón
GR Mýdi	**I** Mitilo	**IS** Kræklingur
J Murasakiigai	**N** Blåskjell	**NL** Mossel
P Mexilhão	**S** Blåmussla	**TR**
YU Dagnje		

107　BLUE POINT OYSTER　　　　　　　　　　　　　　HUÎTRE　107
Crassostrea virginica

(Atlantic – U.S.A.)　　　　　　　　　　　(Atlantique – États-Unis)
　Also called EASTERN OYSTER.
　Similar in appearance to the Portuguese oyster,　D'aspect semblable aux huîtres portugaises
but more regular in shape.　　　　　　　　mais de forme plus régulière.
　See also + OYSTER.　　　　　　　　　Voir aussi + HUÎTRE.

D Amerikanische Auster	**DK** Amerikansk østers	**E** Ostra virginiana
GR	**I** Ostrica della virginia	**IS** Ostra
J	**N**	**NL** Amerikaanse atlantische oester
P Ostra	**S** Amerikanskt ostron	**TR** Mavi midye türü
YU Kamenica portugalska		

108 BLUE SEA CAT   LOUP GÉLATINEUX 108

Anarhichas denticulatus
or/ou
Anarhichas latifrons

(N. Atlantic – Europe/America)   (Atlantique Nord – Europe/Amérique)

In N. America called NORTHERN WOLFFISH
For more details see + CATFISH.   Pour de plus amples détails, voir + POISSON-LOUP.

D Wasserkatze	**DK** Bredpandet havkat	**E** Lobo
GR	**I** Bavosa lupa	**IS** Blágóma
J	**N** Blåsteinbit	**NL** Blauwe zeewolf
P Gata	**S** Blå havkatt	**TR** Mavi deniz kedisi
YU		

109 BLUE SHARK   REQUIN BLEU 109

Prionace glauca

(Cosmopolitan)   (Cosmopolite)

Also called GREAT BLUE SHARK, BLUE WHALER.

Belongs to the family *Carcharhinidae* (see + REQUIEM SHARK); the name BLUE SHARK might also be generally applied to this family.

Of great importance in Japan; marketed fresh or sometimes frozen; also used extensively for + HAMPEN and + KAMABOKO.

Appelé aussi "PEAU BLEUE".

De la famille des *Carcharhinidae* (voir + MANGEUR D'HOMMES), le nom REQUIN BLEU peut aussi s'appliquer d'une façon générale à cette famille.

Très important au Japon; commercialisé frais, parfois surgelé; fréquemment utilisé dans la préparation du + HAMPEN et du + KAMABOKO.

For further processing methods, see + SHARK.   Les formes de commercialisation sont détaillées sous + REQUIN.

D Grosser Blauhai	**DK** Blåhaj	**E** Tintorera
GR Karcharias	**I** Verdesca	**IS**
J Yoshikirizame	**N** Blåhai	**NL** Tribon blauw (Ant.), blauwe haai, bijthaai
P Guelha	**S** Blåhaj	**TR** Pamuk balığı, canavar balık
YU Pas modrulj		

110 BLUE SPOTTED BREAM   BOGARAVELLE 110

Pagellus bogaraveo

(Mediterranean)   (Méditerranée)

Also called SPANISH BREAM.
See also + SEA BREAM.   Voir aussi + DORADE.

D	**DK** Blankesten	**E** Bogarrabella, goraz
GR Lethríni	**I** Rovello	**IS**
J	**N** Pagell	**NL** Spaanse brasem, zeebrasem
P Besugo	**S** Pagell	**TR**
YU Rumenac okan		

111 BLUE WHALE   BALEINE BLEUE 111

Balaenoptera musculus

(Cosmopolitan)   (Cosmopolite)

Also called SIBBALD'S RORQUAL, SULPHUR BOTTOM, GREAT NORTHERN RORQUAL; largest of the whales.

La plus grande des baleines.

For products, see + WHALES.   Voir + BALEINES, ses produits.

D Blauwal	**DK** Blåhval	**E** Rorcual, ballena azul
GR	**I** Balenottera azzurra	**IS** Steypireyður
J Shironagasukujira	**N** Blåhval	**NL** Blauwe vinvis
P Rorqual-azul	**S** Blåval	**TR** Mavi balina
YU Plavi kit		

111.1 BLUE WHITING
See + POUTASSOU.

MERLAN BLEU 111.1
Voir + POUTASSOU.

112 BODARA (Japan)
Pandressed and split cod, sometimes pollock, washed, then dried in the sun. Salt is not added.

BODARA (Japon) 112
Cabillaud, parfois lieu, tranché, paré, lavé puis séché au soleil. Sans addition de sel.

113 BOETTE (France)
Bait used for fishing, made mainly from marine animals, pieces of fish or molluscs, waste, small live fish, eggs, etc.

BOETTE (France) 113
Appât servant pour la pêche, principalement fait d'animaux marins : morceaux de poissons ou de mollusques, déchets, œufs de poisson, parfois petits poissons vivants.

114 BOGUE

Boops boops

BOGUE 114

(Atlantic/Mediterranean)
See + SEA BREAM.

(Atlantique/Méditerranée)
Voir + DORADE.

- **D** Gelbstriemen
- **GR** Gópa
- **J**
- **P** Boga-do-mar
- **YU** Bukva
- **DK** Okseøjefisk
- **I** Boga
- **N** Okseøyefisk
- **S** Oxögonfisk
- **E** Boga
- **IS**
- **NL** Bokvis
- **TR** Kupes, lopa

115 BOKKEM (S. Africa)
Dried, salted MAASBANKER (*Trachurus trachurus*).
See + HORSE MACKEREL.

BOKKEM (Afrique du Sud) 115
+ CHINCHARD (*Trachurus trachurus*), salé puis séché.

116 BOMBAY DUCK (India)
(i) Fish species : *Harpodon nehereus*.
(ii) Also used for a product : split, boned and dried without salting.

Also called BUMALO or BUMMALOW.

J Tenagamizutengu

BOMBAY DUCK (Inde) 116
(i) Poisson de l'espèce *Harpodon nehereus*.
(ii) Désigne aussi une préparation : poisson tranché, désarêté et séché sans salage préalable.
Appelé aussi BUMALO ou BUMMALOW.

117 BONED FISH
Fish from which the principal bones have been removed.
Distinguish from + BONELESS FISH. Both terms very often used indiscriminately.

POISSON DÉSARÊTÉ 117
Dont les principales arêtes ont été enlevées.
A ne pas confondre avec + POISSON SANS ARÊTE.
Les deux termes sont souvent employés l'un pour l'autre.

- **D** Entgräteter Fisch
- **GR**
- **J** Sukimi
- **P** Peixe sem espinhas
- **YU** Riba očišćena od kostiju
- **DK** Udbenet fisk
- **I** Pesce spinato
- **N** Benfri fisk
- **S** Benad fisk
- **E**
- **IS** Beinhreinsaður fiskur
- **NL** Ontgrate vis
- **TR** Kılçıklı balık

118 BONEFISH

ALBULIDAE

BANANE (DE MER) 118

(Atlantic/Pacific – N. America)
 Particularly *Albula vulpes*. *Albulidae* might also be termed+LADYFISH, e.g. in international statistics.

(Atlantique/Pacifique – Amérique du Nord)
 Plus particulièrement l'espèce *Albula vulpes*; voir aussi + TARPON.

D Damenfisch	**DK**	**E** Alburno
GR	**I**	**IS**
J Sotoiwashi	**N**	**NL** Gratenvis
P Flecha	**S** Albulider	**TR**
YU		

119 BONELESS COD

MORUE SANS ARÊTE 119

Superior grade of salted cod from which bones and skin have been removed; when some of the smaller bones are left in called SEMI-BONELESS COD.
 See also + BONED FISH.

Qualité supérieure de morue salée dont les arêtes et la peau ont été enlevées; quelques unes des plus petites arêtes y sont parfois laissées.
 Voir aussi + POISSON DÉSARÊTÉ ou SANS ARÊTE.

D Kabeljau ohne Gräten	**DK** Udbenet saltfisk, udbenet klipfisk	**E** Bacalao sin espinas
GR	**I** Baccalà spinato	**IS** Beinlaus saltfiskur
J Sukimidara	**N**	**NL** Gezouten kabeljauw zonder graat
P Bacalhau sem espinhas	**S** Benfri salttorsk	**TR** Kılçıksız morina
YU Bakalar bez kože i kosti		

120 BONELESS FISH

POISSON SANS ARÊTE 120

Fish containing no bones at all. Distinguish from + BONED FISH. Both terms very often used indiscriminately, e.g. + BONELESS KIPPER, + BONELESS SALT COD FILLET.

Poisson totalement débarrassé de ses arêtes. A ne pas confondre avec +POISSON DÉSARÊTÉ.
 Les deux termes sont souvent employés sans discernement, ex. + HARENG FUMÉ SANS ARÊTE, + FILET DE MORUE SANS ARÊTE.

D Fisch ohne Gräten	**DK**	**E** Pescado sin espinas
GR	**I** Pesce senza spine	**IS** Beinlaus fiskur
J Sukimi	**N** Benløs fisk	**NL** Vis zonder graat
P Peixe sem espinhas	**S** Benfri fisk	**TR** Kılçıksız balık
YU		

121 BONELESS KIPPER

KIPPER SANS ARÊTE 121

Herring split down the belly after cutting away a thin strip of belly skin. Headed, boned, brined and cold smoked; sold fresh, frozen, canned.
 See also + BRADO + BONED FISH, + KIPPER.

Hareng fendu le long du ventre après enlèvement d'une mince bande de la peau du ventre. Etêté, désarêté, passé en saumure et fumé à froid; vendu frais, congelé ou en conserve.
 Voir aussi + BRADO, + POISSON DÉSARÊTÉ ou SANS ARÊTE, et + KIPPER.

D Kipper ohne Gräten	**DK**	**E** Arenque sin espinas
GR	**I** Aringa affumicata senza spine	**IS** Beinlaus kipper
J	**N**	**NL** Ontgrate kipper
P Arenque sem espinhas	**S** Benfri kipper	**TR**
YU		

122 BONELESS SALT COD FILLET

(North America)

Salted dried fillet of cod from which bones have been removed.

See + BONED FISH.

FILET DE MORUE SANS ARÊTE 122

(Amérique du Nord)

Filet de morue salée et séchée, dont les arêtes ont été enlevées.

Voir + POISSON DÉSARÊTÉ ou SANS ARÊTE.

D
GR
J
P Filete de bacalhau salgado sem espinhas
YU

DK Benfri filet
I Filetti di baccalà
N Benløs saltet torskefilet
S Benfri salt torskfile

E Filete de bacalao salado sin espinas
IS Beinlaus saltfiskflök
NL Gedroogde gezouten kabeljauw zonder graat
TR Kılçıksız tuzlu morina filatosu

123 BONELESS SMOKED HERRING

Hot smoked herring from which head, belly, tail and most bones have been removed.

See also + BONELESS KIPPER.

HARENG FUMÉ SANS ARÊTE 123

Hareng fumé à chaud, dont la tête, l'abdomen, la queue et la plupart des arêtes ont été enlevés.

Voir aussi + KIPPER SANS ARÊTE.

D Geräucherter Hering ohne Gräten
GR
J
P Arenque fumado sem espinhas
YU

DK Benfri røget sild
I Aringa affumicata spinata
N
S Benfri rökt sill

E Arenque ahumado y sin espinas
IS Beinlaus reykt sild
NL Warm gerookte haring zonder graat
TR

124 BONGA

Ethmalosa fimbriata

(West Africa)

Marketed: dried, heavily smoked.

BONGA 124

(Afrique Occidentale)

Commercialisé: séché, fortement fumé.

D
GR
J
P Sável-africano
YU

DK
I
N
S

E
IS
NL
TR

125 BONITO

SARDA spp.

(i) (Cosmopolitan)

The most important are:

BONITE 125

(i) (Cosmopolite)

Les principales espèces sont:

Sarda sarda

(a) + ATLANTIC BONITO
   (Atlantic/Mediterranean)

(a) + BONITE À DOS RAYÉ
   (Atlantique/Méditerranée)

Sarda chiliensis

(b) + PACIFIC BONITO
   (Pacific)

(b) + BONITE DU PACIFIQUE

Sarda orientalis

(c) + ORIENTAL BONITO
   (Tropical Atlantic/Pacific/ Indian Ocean)

(c) + BONITE ORIENTALE
   (Atlantique tropical/Pacifique/ Océan indien)

[CONTD.

125 BONITO (Contd.)

D Bonito, Pelamiden	**DK** Pelamide	**E** Bonito
GR Palamída	**I** Palamita	**IS** Rákungur
J Hagatsuo, kitsungegatsuo	**N** Pelamide	**NL** Atlantische boniter, boniet
P Bonito, serrajão	**S** Pelamida	**TR** Palamut – torik
YU Pastirica		

(ii) Name also used for other *Scombridae*, e.g.,
+ FRIGATE MACKEREL (*Auxis thazard*),
+ SKIPJACK, + LITTLE TUNA (both
Euthynnus spp.), + PLAIN BONITO
(*Orcynopsis unicolor*) or + ELEGANT
BONITO (*Gymnosarda elegans*).
See also + TUNA.

125 BONITE (Suite)

Voir aussi + THON.

126 BONITO SHARK

Alternative name for + MAKO (SHARK), *Isurus oxyrinchus* or synonymously *Isurus glaucus*; see under this entry.

Voir + MAKO.

127 BOSTON MACKEREL (U.S.A.)

Salted mackerel.
See + MACKEREL.

Maquereau salé.
Voir + MAQUEREAU.

D	**DK**	**E** Caballa salada
GR	**I** Sgombro salato	**IS**
J Shio-saba	**N** Saltet makrell	**NL** Gezouten makreel
P	**S** Saltad makrill av bostontyp	**TR** Boston uskumrusu
YU		

128 BOTTARGA (Italy) — BOTTARGA (Italie)

Roe from mullet, tuna or other fish, lightly salted, pressed and dried; also called BOTARGO (North Africa).

Œufs de muge, de thon ou d'autre espèce, légèrement salés, fortement pressés, puis séchés; produit appelé BOTARGO en Afrique du Nord.

Similar product in Japan is KARASUMI (from mullet; but desalted by soaking in fresh water before drying).
See also + CAVIAR SUBSTITUTES.

Le KARASUMI (Japon) est un produit semblable, à base d'œufs de muge dessalés par trempage en eau claire avant séchage.
Voir aussi + SUCCÉDANÉS DE CAVIAR.

D	**DK**	**E**
GR Avotáracho	**I** Bottarga	**IS**
J Karasumi	**N**	**NL**
P Ovas secas	**S**	**TR**
YU Ikra, butarga		

129 BOTTLENOSED DOLPHIN — DAUPHIN À GROS NEZ
Tursiops truncatus

(Cosmopolitan)
Also called COMMON PORPOISE (U.S.A.).
See also + DOLPHIN.

(Cosmopolite)
Voir aussi + DAUPHIN.

D Grosser Tümmler	**DK** Øresvin	**E** Pez mular
GR	**I** Tursione	**IS**
J Bandoiruka	**N** Tumler	**NL** Tuimelaar
P Roaz-corvineiro	**S** Öresvin	**TR** Afalina
YU Pliskavica (vrst)		

130 BOTTLENOSED WHALE — HYPEROODON 130
Hyperoodon rostratus

(N. Atlantic)   (Atlantique Nord)

- **D** Entenwal
- **GR**
- **J** Kitatokkurikujira
- **P** Bico-de-garrafa
- **YU**
- **DK** Døgling
- **I** Iperodonte
- **N** Bottlenose
- **S** Näbbval, dögling, andval
- **E** Ballena hocico de botella
- **IS** Andarnefja
- **NL** Butskop
- **TR**

---

131 BOUILLABAISSE (France) — BOUILLABAISSE (France) 131

Provençal fish soup prepared with many fish species: rockfish (scorpionfish), streaked weever, conger eel, etc.; addition of white wine, olive oil, garlic, pepper and saffron, usually served with fried bread, and all mixed ingredients consumed.

Also marketed in cans.

Soupe de poisson, spécialité provençale, préparée avec plusieurs espèces de poissons tels que rascasse, vive, congre, etc., additionnée de vin blanc, d'huile d'olive, d'ail, de poivre et de safran; servie habituellement avec des croûtons frits et consommée tous ingrédients mélangés.

Existe en conserve.

---

132 BOW FIN — AMIE 132
Amia calva

(Freshwater – U.S.A.)   (Eaux douces – E.U.)

Also called FRESHWATER DOGFISH or GRINDLE.

Appelé aussi POISSON-CASTOR.

- **D** Kahlhecht
- **GR**
- **J**
- **P** Alcaraz
- **YU**
- **DK**
- **I**
- **N**
- **S** Bågfena, hundfisk
- **E**
- **IS**
- **NL** Amia, amerikaanse moddersnoek
- **TR**

---

133 BOXED STOWAGE — STOCKAGE EN CAISSES 133

Stowage at sea in boxes, white fish mixed with ice, and in good practice, additional ice is placed above and below the fish in the box. Herring, when boxed at sea, are not always mixed with ice.

See also + BULK STOWAGE, + SHELF STOWAGE.

Stockage, en mer, du poisson mélangé à la glace dans des caisses dites "caisse d'origine"; une couche de glace au fond de la caisse sous le poisson et une couche supplémentaire au-dessus. Le hareng, en cas de stockage en mer, n'est pas toujours mélangé à de la glace.

Voir aussi + STOCKAGE EN VRAC, + STOCKAGE SUR ÉTAGÈRES.

- **D** Kistenware
- **GR**
- **J** Hakozume hyōzō
- **P** Armazenagem em caixas
- **YU**
- **DK** Isning i kasser
- **I** Stivaggio in cassette
- **N** Kassepakket fisk
- **S** Stuvning i lådor ombord
- **E** Conservación en cajas
- **IS** Kassaður fiskur
- **NL** Vis in kisten aangevoerd
- **TR**

---

134 BRADO (Netherlands) — BRADO (Pays-Bas) 134

Block fillet of prime herring, lightly brine salted and then smoked until reddish brown.

Similar to + BONELESS KIPPER.

Filet de hareng nouveau, légèrement salé en saumure et fumé ensuite jusqu'à obtention d'une couleur brun rouge.

Semblable au + KIPPER SANS ARÊTE.

135 BRAN (U.S.A.)

Waste parts of shrimps dried for use as animal food.

Déchets du décorticage des crevettes, séchés, servant à l'alimentation des animaux.

- **D** Garnelenschrot
- **GR**
- **J**
- **P**
- **YU**
- **DK**
- **I**
- **N**
- **S** Torkat räkavfall
- **E**
- **IS** þurrkaður rækjuúrgangur
- **NL** Gedroogde garnalen doppen
- **TR**

136 BRANCO CURE (Portugal)

Portuguese salt cod that have been made whiter by stacking in piles (water hosed) for several days after washing; final salt content is about 20%.

Morue salée portugaise qui a été blanchie par stockage en tas pendant plusieurs jours après lavage; la teneur finale en sel est d'environ 20%.

- **D**
- **GR**
- **J**
- **P** Cura branca
- **YU**
- **DK** Hvidvirket klipfisk
- **I** Baccalà bianco portoghese
- **N**
- **S**
- **E**
- **IS**
- **NL**
- **TR**

137 BRANDADE (France)

Flesh of salted cod, cooked, mashed with garlic and olive oil, in order to get a paste; lemon juice, parsley and pepper usually added.

Chair de morue salée cuite, pilée avec de l'ail et de l'huile d'olive de manière à former une pâte; fréquemment additionnée de jus de citron, de persil et de poivre.

138 BRANDED HERRING

Formerly pickled herring in barrels packed in Scotland and N.E. England that carried a Government brand of quality; Crown Branding no longer practised.

See also + CROWN BRAND.

Autrefois, harengs marinés, mis en barils en Ecosse et au Nord-Est de l'Angleterre, avec un label de qualité délivré par le Gouvernement.

Voir aussi + CROWN BRAND.

139 BRATBÜCKLING (Germany)

Small herring, lightly cured in brine, cold-smoked; fried before eating.

Petits harengs, passés dans une saumure légère et fumés à froid; frits pour la consommation.

NL Gebakken bokking, monikendammer

140 BRATFISCHWAREN (Germany)

Fish fried, grilled or heated in edible oil or fat, packed in acidified brine, with spices or other ingredients, also with sauces: known as FRIED MARINADE; prepared from all spp. particularly herring (+ BRATHERING).

Marketed as semi-preserves, also with other preserving additives, pasteurized or canned.

Also called BRATMARINADEN (obsolete term).

See also + ESCABECHE (Spain).

In the East of France the term "Bratfischware" is used for fried herring with vinegar.

BRATFISCHWAREN (Allemagne) 140

Poisson frit, grillé ou cuit dans une huile comestible ou de la graisse, couvert d'une saumure acidifiée, avec des épices et autres ingrédients, ainsi que des sauces; désigné aussi sous le nom de MARINADE FRITE; préparé avec toutes espèces de poisson, en particulier du hareng (+ BRATHERING).

Commercialisé comme semi-conserve, également avec des agents conservateurs, pasteurisé ou mis en conserve.

Appelé aussi BRATMARINADEN (terme désuet).

Voir aussi + ESCABECHE (Espagne).

Dans l'Est de la France (Alsace) le terme "Bratfischware" est utilisé pour des préparations de hareng au vinaigre.

D	Bratfischwaren	**DK**	Stegt fisk i marinade	**E**	
GR		**I**	Marinata fritta	**IS**	
J		**N**		**NL**	Gemarineerde gebakken vis
P	Marinada frita	**S**	Marinerad stekt fisk	**TR**	
YU	Pržena marinada, pečena marinada				

141 BRATHERING (Germany)

Beheaded and gutted fried herring, with vinegar-acidified brine; packed also as fillets or bits (BRATHERINGSFILET, BRATHERING-SHAPPEN).

Mostly semi-preserved, but also pasteurized or canned.

BRATHERING (Allemagne) 141

(HARENGS FRITS AU VINAIGRE)

Hareng étêté et éviscéré, frit, puis recouvert d'une saumure vinaigrée (entier, en filets ou en morceaux) (BRATHERINGSFILET, BRATHER-INGSHAPPEN).

Commercialisé surtout en semi-conserve quelquefois pasteurisé ou mis en conserve.

D	Brathering	**DK**	Stegt sild i marinade	**E**	Escabeche frito
GR		**I**	Aringa fritta marinata	**IS**	Steikt síld
J		**N**		**NL**	Gebakken gemarineerde haring
P	Arenque em marinada	**S**	Marinerad stekt sill	**TR**	
YU	Pržena marinada ⎱ od pečena marinada ⎰ heringe				

142 BRATROLLMOPS (Germany)

Rolled fried herring or herring fillet, without tail and bones wrapped with pickles, slices of onions etc., and fastened with small sticks or cloves; packed with vinegar-acidified brine, semi-preserved or pasteurized.

See + BRATHERING (Germany) + ROLLMOPS.

BRATROLLMOPS (Allemagne) 142

Hareng ou filets de hareng, frits, sans queue ni arête, enroulés avec des condiments, tranches d'oignon, etc. et fixés par un bâtonnet ou un clou de girofle; recouverts d'une saumure vinaigrée; commercialisés en semi-conserve ou pasteurisés.

Voir + BRATHERING (Allemagne) et + ROLLMOPS.

143 BREAM

(i) (Freshwater – Europe).

BRÈME 143

(i) (Eaux douces – Europe).

ABRAMIS spp.

Abramis brama

COMMON BREAM

Belongs to the family *Cyprinidae* (see + CARP).

Marketed fresh (whole, gutted); eggs used for making a form of caviar (Greece).

BRÈME COMMUNE

De la famille *Cyprinidae* (voir + CARPE).

Commercialisée fraîche (entière et vidée); ses œufs sont utilisés pour faire un succédané de caviar (Grèce).

[CONTD

143 BREAM (Contd.)   BRÈME (Suite) 143

Fluvialosa richardsoni

BONY BREAM
(Australia)   (Australie)

- **D** Brachse, Brasse
- **GR** Lestia
- **J**
- **P** Sargo
- **YU** Deverika
- **DK** Brasen
- **I** Brama, abramide
- **N** Brasme
- **S** Braxen
- **E**
- **IS**
- **NL** Brasem
- **TR** Tahta balığı

(ii) Name also employed for + SEA BREAM (*Sparidae*), especially + PINFISH (*Lagodon rhomboides*) in North America.
(iii) Name also used for + REDFISH (*Sebastes* spp.).

144 BRILL   BARBUE 144

Scophthalmus rhombus

(i) (North Sea to Mediterranean).
Also called BRETT, BRIT, KITE, PEARL.
Belonging to the family *Bothidae* (see + FLOUNDER (ii)).
Marketed fresh, whole or gutted, and as steaks and fillets.

(i) (De la Mer du Nord à la Méditerranée).
De la famille des *Bothidae* (voir + FLET (ii)).
Commercialisée fraîche (entière ou vidée) en tranches ou en filets.

- **D** Glattbutt, Kleist
- **GR** Pissí, rómvos
- **J**
- **P** Rodovalho
- **YU** Oblić
- **DK** Slethvarre
- **I** Rombo liscio
- **N** Slettvar
- **S** Slätvar
- **E** Rémol
- **IS** Slétthverfa
- **NL** Griet
- **TR** Çivisiz kalkan, dişi kalkan

(ii) Name also used for + PETRALE SOLE (*Eopsetta jordani*) belonging to the family *Pleuronectidae* (see + FLOUNDER (ii)).
(iii) New Zealand:
Colistium ammotretis guntheri.

(ii) Le nom "BRILL" (anglais) s'applique aussi aux *Eopsetta jordani* (+ SOLE DE CALIFORNIE) et
(iii) *Colistium ammotretis guntheri* (Nouvelle-Zélande).

145 BRINE   SAUMURE 145

Solution of salt in water.
See + BRINED FISH, + BRINE CURED FISH.

Solution de sel et d'eau.
Voir + POISSON SAUMURÉ, + POISSON EN SAUMURE.

- **D** Lake, Salzlake
- **GR** Salamoúra, almí
- **J** Shio-miru, en-sui
- **P** Salmoira
- **YU** Salamura
- **DK** Lage
- **I** Salamoia
- **N** Lake
- **S** Saltlake
- **E** Salmuera
- **IS** Pækill
- **NL** Pekel
- **TR**

146 BRINED FISH   POISSON SAUMURÉ 146

Fish that have been immersed in + BRINE as a pretreatment to further processing.

Poisson qui a été trempé dans une + SAUMURE en vue d'un traitement ultérieur.

- **D** Entblutebad
- **GR** Ihthís en almí
- **J** Tateshio
- **P** Peixe em salmoira
- **YU** Salamurena riba
- **DK** Forsaltet fisk
- **I** Pesce previamente trattato in salamoia
- **N** Forlaket fisk
- **S** Försaltad fisk
- **E**
- **IS** Pæklaður fiskur
- **NL** Voorgepekelde vis
- **TR**

147 BRISLING

Sprattus sprattus sprattus

Scandinavian name for + SPRAT.

CANNED BRISLING is the commercially canned product prepared from young brisling, lightly hot-smoked or unsmoked, then headed and packed in edible oil, tomato sauce or other sauce (e.g. sherry, chili, mustard), with or without added spices or other flavouring agents.
In some countries sold as "BRISLING SARDINE" or "SARDINE". Also marketed as paste, with tomato.

See also + SPRAT.

Nom scandinave du + SPRAT.

Le brisling en conserve est préparé avec des sprats non fumés ou légèrement fumés à chaud, puis étêtés et recouverts d'huile, de sauce tomate ou de sauce piquante (au sherry, à la moutarde, etc.), avec ou sans épices ou autres aromates.
Dans certains pays, vendu comme "BRISLING SARDINE" ou "SARDINE". Commercialisé encore sous forme de pâte (mélangée avec de la sauce tomate).

Voir aussi + SPRAT.

D Sprotte	DK Brisling	E Espadin
GR Sardella	I Papalina	IS Brislingur
J	N Brisling	NL Sprot, sardijn
P Espadilha	S Skarpsill, vassbuk	TR Çaça-platika
YU Papalina		

148 BRIT

(i) Name used for young + ATHERINE (*Atherina presbyter*).

(ii) Name also used for + BRILL (*Scophthalmus rhombus*).

(i) Voir + PRÊTRE.

(ii) Voir + BARBUE.

149 BRONZE WHALER

Carcharhinus brachyurus

(New Zealand)
See + REQUIEM SHARK.

(Nouvelle-Zélande)
Voir + MANGEUR D'HOMMES.

150 BROOK TROUT — OMBLE DE FONTAINE

Salvelinus fontinalis

(Freshwater/Atlantic – Europe/N. America)
Also called BROOK CHAR, SPECKLED TROUT, RED TROUT, SALMON TROUT, SQUARETAIL; the name SALMON TROUT may also refer to + DOLLY VARDEN (*Salvelinus malma*).
See + CHAR and + TROUT.

(Eaux douces/Atlantique – Europe/Amérique du Nord)
Aussi appelé OMBLE MOUCHETÉ, TRUITE MOUCHETÉE, TRUITE SAUMONÉE, TRUITE DE LAC, TRUITE ROUGE, TRUITE DE RUISSEAU; le terme TRUITE DE LAC s'applique aussi à TOULADI (*Salvelinus namaycush*).

D Bachsaibling	DK Kildeørred	E
GR	I Salmerino di fontana	IS Lindableikja
J Kawamasu	N Bekkeror, bekkeøyr	NL Bronforel
P Truta-das-fontes	S Amerikansk bäckröding	TR Alabalık türü
YU Kanadska pastrva, barjaktarica		

151 BROWN ALGAE — ALGUE BRUNE

Important group of seaweeds, some of which are harvested and dried. *Laminaria* spp. are a valuable source of certain carbohydrates such as + ALGINIC ACID, + LAMINARIN and + MANNITOL. *Ascophyllum nodosum* is used for seaweed meal; some brown algae are used for animal feeding stuffs and as human food.

Important groupe d'algues marines dont certaines sont cueillies et séchées. Les espèces *Laminaria* sont une source intéressante de certains hydrates de carbone tels que l' + ACIDE ALGINIQUE, la + LAMINARINE et le + MANNITOL. L'espèce *Ascophyllum nodosum* est utilisée pour faire la farine d'algues; certaines algues brunes sont employées pour la nourriture du bétail et pour l'alimentation humaine.

[CONTD.

151 BROWN ALGAE (Contd.)   ALGUE BRUNE (Suite) 151

- **D** Braunalge
- **GR** Phýcos phýcia
- **J** Kassorui
- **P** Alga castanha
- **YU** Smedja alga laminaria
- **DK** Brunalge
- **I** Alga bruna
- **N** Brunalge
- **S** Bladtång
- **E** Alga parda
- **IS** Brúnþörungur
- **NL** Bruin zeewier
- **TR** Kahverengi alga

152 BROWN CAT SHARK   ROUSSETTE 152
Apristurus brunneus

(Pacific – N. America)
Belongs to the family *Scyliorhinidae*, which in Europe are usually designated as + DOG-FISH.
See also + SHARK.

(Pacifique – Amérique du Nord)
De la famille des *Scyliorhinidae* qui, en Europe sont généralement appelés + AIGUILLAT.
Voir aussi + REQUIN.

- **D**
- **GR**
- **J**
- **P** Tubarão-castanho
- **YU**
- **DK**
- **I** Gattuccio bruno
- **N**
- **S**
- **E**
- **IS**
- **NL** Bruine hondsaai
- **TR**

153 BROWN SHRIMP   CREVETTE GRISE 153

The name BROWN SHRIMP refers to several species in different waters:

Il existe plusieurs espèces:

Crangon crangon
or/ou
Crangon vulgaris

(a) (Atlantic/Mediterranean – Europe/Africa).
Also designated as + COMMON SHRIMP (e.g. in international statistics).

(a) (Atlantique/Méditerranée – Europe/Afrique).

Penaeus aztecus

(b) (S.W. Atlantic/Mexican Gulf – America)

(b) (Atlantique S.O./Golfe du Mexique – Amérique)

Penaeus californiensis

(c) (E. Pacific – America)

(c) (Pacifique Est – Amérique)

Penaeus canaliculatus

(d) (Indian Ocean/Indo-Pacific)
See also + SHRIMP.

(d) (Océan indien/Indo-Pacifique)
Voir aussi + CREVETTE.

- **D** Garnele, Granat, Nordseekrabbe, Speisekrabbe
- **GR** Garída
- **J**
- **P** Camarão-negro, camarão-mouro
- **YU** Kozice
- **DK** Hestereje, sandhest
- **I** Gamberetto grigio
- **N** Hestereke
- **S** Sandräka, hästräka
- **E** Quisquilla
- **IS** Hrossaraekja
- **NL** Garnaal
- **TR** Kahverengi karides

154 BÜCKLING   BÜCKLING 154

Large fat herring, sometimes HEADED, or NOBBED (G.B.), lightly salted and hot smoked; also called PICKLING (U.S.A.).
In Sweden "Böckling" refers to smoked Baltic herring.

Gros hareng gras, parfois étêté ou éviscéré, légèrement salé et fumé à chaud; aux Etats-Unis appelé PICKLING.
En Suède, "Böckling" désigne le hareng de le Baltique fumé.

- **D** Bückling
- **GR**
- **J**
- **P**
- **YU**
- **DK**
- **I** Aringa grassa intera dorata
- **N** Bøkling
- **S** Böckling
- **E**
- **IS**
- **NL** Warmgerookte haring strobokking, harderwijker
- **TR**

155 BÜCKLINGSFILET (Germany)

(i) Fillets from + BÜCKLING, also packed in edible oil and marketed canned.

(ii) Single or block fillets of herring, lightly salted, then hot-smoked like + BÜCKLING. Marketed smoked or canned in edible oil ("GERÄUCHERTE HERINGSFILET IN OEL").

BÜCKLINGSFILET (Allemagne) 155

(i) Filets de + BÜCKLING; peuvent être recouverts d'huile comestible et commercialisés en conserve.

(ii) Filets de hareng, légèrement salés puis fumés à chaud; voir + BÜCKLING. Commercialisés fumés ou en conserve à l'huile ("GERÄUCHERTE HERINGSFILET IN ÖL").

156 BUDDHA'S EAR 156
Iridea laminaroides

(Japan)
Edible seaweed.

J Kurobaginnansô

(Japon)
Algue comestible.

157 BULK STOWAGE — STOCKAGE EN VRAC 157

Stowage at sea of fish mixed with ice in layers about 18 inches (45 cm) deep; each layer additionally protected by several inches of ice top and bottom. Herring are sometimes stowed in bulk at sea for short periods without ice.

See also + SHELF STOWAGE, + BOXED STOWAGE.

Entreposage à bord du poisson mêlé à de la glace, par couches de 45 cm environ; chaque couche est en outre protégée par quelques centimètres de glace au-dessus et en-dessous. La glace est parfois omise pour le hareng stocké pour une courte durée.

Voir aussi + STOCKAGE SUR ÉTAGÈRES + STOCKAGE EN CAISSES.

D Hocken-Lagerung, Hocken-Stauung
GR
J Bara zumi hyôzó
P Armazenagem a granel
YU

DK Ispakett løst i lasten
I Stivaggio a bordo
N
S Stuvning i bulk

E
IS Hillulagning
NL Los gestort, in bulk aangevoerd
TR

158 BULL FROG — GRENOUILLE JAPONAISE 158
Rana catesbeiana

Sold commercially in Japan; legs also exported frozen.

See also + FROG (*Ranidae*).

Commercialisée au Japon; cuisses exportées surgelées.

Voir aussi + GRENOUILLE (*Ranidae*).

D Amerikanisher Ochsenfrosch
GR
J Shokuyô-gaeru
P Rã
YU

DK
I Rana toro
N
S Oxgroda

E
IS
NL Brulkikvors
TR Kurbağa türü

159 BULL SHARK 159
Carcharhinus leucas

(Atlantic – N. America)
Also called CUB SHARK.
See also + REQUIEM SHARK.

(Atlantique – Amérique du Nord)

Voir aussi + MANGEUR D'HOMMES

D Stierhai
GR
J

P Perna-de-moça
YU Pas trupan

DK Blåhaj
I
N

S

E Lamia
IS
NL Stierhaai, atlantische grondhaai
TR Köpek balığı türü

160 BURBOT — LOTTE 160

Lota lota
or/ou
Lota lacustris
or/ou
Lota maculosa

(i) (Freshwater – Europe/N. America). In U.S. sold fresh in large quantities.

(i) (Eaux douces – Europe/Amérique du Nord). Aussi appelée LOTTE DE RIVIÈRE. Voir aussi + BAUDROIE.

D Quappe, Rutte, Aalrutte	**DK** Ferskvandskvabbe, knude	**E**	
GR	**I** Bottatrice	**IS**	
J	**N** Lake	**NL** Kwabaal	
P Donzela	**S** Lake	**TR**	
YU Manić			

(ii) The French term "LOTTE" is also generally used to designate *Lophius piscatorius* (see + ANGLER FISH).

(ii) LOTTE est aussi communément employé pour + BAUDROIE (*Lophius piscatorius*).

161 BURO (Philippines)

Dry salted split freshwater fish, repacked with rice, salt and fermenting agent.
Similar product in Japan is + SUSHI (i).

Poisson d'eau douce, tranché et salé à sec, conditionné avec du riz, du sel et un ferment.
Produit semblable au Japon, le + SUSHI (i).

162 BUTT

Name is used for various flatfishes, e.g. + FLOUNDER (i), + HALIBUT, + TURBOT.

Le nom "BUTT" (Anglais) s'applique à divers poissons plats, ex. + FLET, + FLÉTAN, + TURBOT.

163 BUTTERFISH — STROMATÉE 163

STROMATEIDAE

(Cosmopolitan)

(Cosmopolite)

In N. America also known as + HARVEST-FISH.
In Europe the name + POMFRET is more applied to this family; see also that entry.

Peprilus triacanthus

(a) AMERICAN BUTTERFISH (Atlantic).
Also called DOLLAR FISH, SHEEPSHEAD, PUMPKIN SCAD, + STARFISH.

Marketed:
Frozen: whole gutted.
Smoked: washed, brined whole ungutted fish are first cold-smoked for 4 or 5 hours and then hot-smoked for an hour (U.S.A.).

(a) STROMATÉE À FOSSETTES (Atlantique).

Commercialisé:
Congelé: entier et vidé.
Fumé: poisson entier, non vidé, lavé, saumuré, d'abord fumé à froid pendant 4 ou 5 heures, puis fumé à chaud pendant une heure (E.U.).

Psenopsis anomala

(b) (Japan – Pacific).

(b) (Japon – Pacifique).

Selenotoca multifasciata

(c) (Australia).

(c) (Australie).

Coridodax pullus

(d) (New Zealand).
See also + POMFRET (ii).

(d) (Nouvelle-Zélande).

[CONTD.]

163 BUTTERFISH (Contd.) — STROMATÉE (Suite) 163

- D
- GR
- J Ibodai
- P Peixe-manteiga, pampo
- YU
- DK
- I Fieto
- N
- S Smörfisk
- E Pampano
- IS
- NL Botervis
- TR Tereyağı balığı

164 BUTTERFLYFISH — PAPILLON 164
CHAETODONTIDAE

(Cosmopolitan in warm seas) (Cosmopolite, mers chaudes)
Also known as + ANGELFISH, particularly *Holacanthus* and *Pomacanthus* spp.

- D Schmetterlingsfisch, Kaiserfisch
- GR
- J Kinchakudai
- P Peixe-bokboleta, lebre
- YU Sklat
- DK
- I Pesce angelo
- N
- S Fjärilsfisk
- E
- IS
- NL Engelvis
- TR Kelebek balıkları

165 CALIFORNIA HALIBUT — FLÉTAN DE CALIFORNIE 165
Paralichthys sagax

(Pacific – U.S.A.) (Pacifique – E.U.)
Belonging to the family *Bothidae*; see + FLOUNDER. De la famille des *Bothidae*; voir + FLET.

166 CALIFORNIAN PILCHARD — SARDINE DU PACIFIQUE 166
Sardinops cærulea

(Pacific – N. America) (Pacifique – Amérique du Nord)
Also called PACIFIC SARDINE.
See + PILCHARD and + SARDINE. Voir + PILCHARD et + SARDINE.

- D Kalifornische Sardine, Pazifische Sardine
- GR Sardella
- J Iwashi
- P Sardinopa
- YU Srdela
- DK Sardin
- I Sardina di california
- N Sardin
- S Kalifornisk sardin
- E Pilchard california
- IS Sardina
- NL Pilchard
- TR

167 CALIPASH — CALIPASH 167

The fatty greenish flesh from the carapace of the green turtle; the meat is also dried and, more rarely, smoked.

CALIPEE is a fatty, gelatinous, light yellow substance obtained from the plastron of turtles. Esteemed as a delicacy.
See + TURTLE.

Chair grasse verdâtre de la carapace des tortues vertes; peut être séchée et, plus rarement, fumée.

Le CALIPEE est une substance jaune pâle, grasse et gélatineuse provenant du ventre des tortues. Estimé des gourmets.
Voir + TORTUE.

- D
- GR
- J
- P Carne de tartaruga
- YU
- DK
- I
- N
- S
- E
- IS
- NL Schildpad
- TR

168 CANNED FISH

Fish packed in containers which have been hermetically sealed and sufficiently heated to destroy or inactivate all micro-organisms that will grow at any temperature at which the product is likely to be held and that will cause spoilage or that might be harmful.

Distinguish from + SEMI-PRESERVES.

Wide variety of products, packed in tins, glass jars or other containers. See under individual fish species.

See also + APPERTISATION.

POISSON EN CONSERVE 168

Poissons mis dans des récipients qui ont été hermétiquement scellés et suffisamment chauffés pour détruire ou rendre inactifs les micro-organismes qui se développeraient à la température à laquelle le produit est normalement entreposé, causeraient son altération ou pourraient être nocifs.

A différencier des + SEMI-CONSERVES.

Pour la grande variété de produits mis en boîte, en bocaux de verre ou autres récipients, se rapporter aux différentes espèces de poisson.

Voir aussi + APPERTISATION.

- **D** Fischdauerkonserven, Fischvollkonserven
- **GR** Konsérva ihthiós
- **J** Gyorui kanzume
- **P** Conserva de peixe
- **YU** Konzervirana riba, riba u konzervi
- **DK** Helkonserves af fisk
- **I** Pesce in scatola
- **N** Varmesterilisert fisk, helkonserve
- **S** Helkonserv av fisk
- **E** Pescado en conserva
- **IS** Niðursoðinn fiskur
- **NL** Visvolconserven
- **TR** Konserve balık

169 CAPE HAKE — MERLU DU CAP 169
Merluccius capensis

(S.E. Atlantic/S.W. Indian Ocean)
Also called + STOCKFISH.

Marketed:
Frozen: fillet, blocks.
Dried: salted and dried.
Meal: fish flour manufacture.
See also + HAKE.

(Atlantique Sud-Est/Océan indien Sud-Ouest)
Appelé aussi + STOCKFISH.

Commercialisé:
Congelé: en filets, en blocs.
Séché: salé et séché.
Farine: industrie de farine de poisson.
Voir aussi + MERLU.

- **D** Kaphecht
- **GR**
- **J** Merulûsa
- **P** Pescada-da-África-do-sul
- **YU** Oslić
- **DK**
- **I** Nasello del capo
- **N**
- **S**
- **E** Merluza del cabo
- **IS**
- **NL** Kaapsnoek, kaapse heek
- **TR** Merlu du Cap

170 CAPELIN — CAPELAN 170
Mallotus villosus

(Atlantic/N. Pacific)

Belonging to the family *Osmeridae* (see + SMELT).

Also called CAPLIN.

Marketed:
fresh, frozen, lightly smoked, salted and dried for local consumption (Canada); important source of fishmeal and oil (Norway), and as fertilizer (Canada); also used for bait.

(Atlantique/Pacifique Nord)

De la famille des *Osmeridae* (voir + EPERLAN).

Aussi appelé CAPELAN DE TERRE-NEUVE.

Commercialisé:
frais, surgelé, légèrement fumé, salé et séché pour la consommation locale (Canada); source importante de farine de poisson et d'huile (Norvège); utilisé aussi comme engrais (Canada), et comme appât pour la pêche.

- **D** Lodde
- **GR**
- **J**
- **P** Capelim
- **YU**
- **DK** Lodde
- **I**
- **N** Lodde
- **S** Lodda
- **E** Capelan
- **IS** Loðna
- **NL** Lodde
- **TR**

171 CAQUÉS (France)

Applied only to herring which usually are stacked in barrels with salt after removal of viscera by means of a cut below the gills.

CAQUÉS 171

S'applique uniquement aux harengs habituellement mis en barils avec du sel, et dont on a enlevé les branchies et viscères par une incision en-dessous des ouïes.

172 CARDINALFISH

APOGONIDAE

APOGON 172

(Atlantic – Europe/N. America)
Various species in North America.

(Atlantique – Europe/Amérique du Nord)
Plusieurs espèces en Amérique du Nord.

Apogon imberbis

CARDINALFISH (Mediterranean).

COQ (Méditerranée).

D Kardinalfisch	DK	E
GR Kromídi tsiboúki	I Ré di triglie	IS
J	N	NL Kardinaalvis
P	S	TR
YU Matulić		

173 CARNE A CARNE (France)

Preparation of salted anchovies from which the excess surface salt added in the first preparation has been removed; the anchovies are laid out flat in regular layers, sprinkled with salt and then pressed.

See also + ANCHOVY.

CARNE À CARNE (France) 173

Préparation d'anchois salés débarrassés de l'excès de sel de surface de la première préparation; les anchois sont disposés à plat en couches régulières, saupoudrés de sel, puis pressés.

Voir aussi + ANCHOIS.

D	DK	E Carne con carne
GR	I Alla carne	IS
J	N	NL
P Carne-a-carne	S	TR
YU Soljenje ribe "a carne"		

174 CARPET SHELL

TAPES or/ou VENERUPIS spp.

CLOVISSE/PALOURDE 174

(Europe/N. America)
Edible bivalve molluscs.

(Europe/Amérique du Nord)
Mollusques bivalves, comestibles.

Tapes decussatus

(a) + GROOVED CARPET SHELL
(Atlantic – Europe)

(a) + PALOURDE
(Atlantique – Europe)

Tapes virginea

(b) CLOVIS
(Atlantic)

(b) CLOVISSE
(Atlantique)

Tapes aureus

(c) GOLDEN CARPET SHELL
(Atlantic/Mediterranean)

(c) CLOVISSE JAUNE
(Atlantique/Méditerranée)

Tapes japonica
Tapes variegata

(d) SHORT-NECKED CLAM
(Pacific – Japan)

(d) PALOURDE JAPONAISE

See also + CLAM.

Voir aussi + CLAM.

D Teppichmuschel	DK Toppimusling	E Almeja
		(a) almeja margarita
GR Chávaro, achivada	I Vongole	IS
J Asari	N Gullskjell	NL Tapijtschelp
P Amêijoa	S Tapesmusslor	TR
YU Kučica, kopančica		

For (a) see under this entry.

Pour (a) voir la rubrique individuelle.

175 CARP / CARPE 175
CYPRINIDAE

(Freshwater – Cosmopolitan)
Great part of the production is cultivated in ponds.

(Eaux douces – Cosmopolite)
Une grande partie de la production est élevée en étangs.

Cyprinus carpio
(a) CARP (Europe/N. America)
(a) CARPE (Europe/Amérique du Nord)

Carassius carassius
(b) + CRUCIAN CARP (Europe/Asia)
(b) + CYPRIN (Europe/Asie)

Carassius auratus
(c) + GOLDFISH (originally Japan, now cultivated in many countries)
And various other species.

(c) + CYPRIN DORÉ (originaire du Japon, maintenant élevé dans de nombreux pays)
Et autres espèces.

Marketed:
Live:
Fresh: whole, gutted; a variety SPIEGEL CARP also sold; also fermented (Japan, see + SUSHI (i)).
Smoked: brined steaks or chunks are hot-smoked for about three hours, sometimes with spices (U.S.A.).
Canned: KOIKOKU: sliced, seasoned with soya bean paste (Japan).
To the family *Cyprinidae* also belong other species, see e.g. + TENCH, + BREAM (i), + SQUAWFISH, + SPLITTAIL, etc.

Commercialisé:
Vivant:
Frais: entier, vidé; fermenté (Japon, voir + SUSHI (i)).
Fumé: les tranches ou tronçons saumurés sont fumés à chaud pendant environ trois heures, parfois épicés (E.U.).
Conserve: KOIKOKU: en tranches, assaisonné avec une pâte de graines de soja (Japon).
D'autres espèces appartiennent aussi à la famille des *Cyprinidae*, voir + TANCHE, + BRÈME COMMUNE, + CYPRINOIDE, etc.

D Weissfisch		**DK** (a) Karpe	**E** Carpa	
GR (a) Kyprínos		**I** (a) Carpa	**IS** Karpar	
J (a) Koi		**N** (a) Karpe	**NL** (a) Karper	
			(b) kroeskarper, steenkarper (c) goudvis	
P Carpa		**S** Karp	**TR** Sazan, adi pullu	
YU Šaran				

For (b) and (c) see under separate entries.
Pour (b) et (c) voir les rubriques individuelles.

176 CARRAGEENIN / CARRAGHEENE 176

Water-soluble, edible colloidal extract from RED ALGAE (CARRAGÉEN or + IRISH MOSS).
Colloïde hydrosoluble comestible extrait d'une algue rouge (CARRAGHÉEN).

D Carrageen	**DK** Carragenin	**E** Carragahen, carragahenina	
GR	**I** Carragenina	**IS**	
J	**N** Caragenin	**NL** Carragenine	
P Carragenina	**S** Karagenin	**TR**	
YU			

177 CATFISH / LOUP 177
ANARHICHAS spp.

(i) MARINE CATFISH
(Atlantic/Pacific – Europe/N. America)

(i) ESPÈCES MARINES
(Atlantique/Pacifique – Europe/Amérique du Nord)

In N. America these species are more commonly known as + WOLFFISH which is also used in ICNAF Statistics (+ SEA CATFISH in N. America refers to *Ariidae*). In U.K. the recommended trade name for these species is + ROCKFISH. Also called OCEAN CATFISH, ROCK TURBOT, ROCK SALMON, SEA CAT, SEA WOLF, SAND SCAR, SWINE FISH, WOLF, WOOF.

Aussi appelé POISSON-LOUP ou LOUP DE MER.

[CONTD.

177 CATFISH (Contd.)   **LOUP** (Suite) **177**

Anarhichas lupus

(a) ATLANTIC CATFISH   (a) LOUP ATLANTIQUE
 (N. America/Europe)   (Amérique du Nord/Europe)

Anarhichas denticulatus

(b) + BLUE SEA CAT or NORTHERN WOLFFISH (North Atlantic – Europe/ N. America)   (b) + LOUP GÉLATINEUX ou LOUP À TÊTE LARGE (Atlantique – Europe/ Amérique du Nord).

Anarhichas minor

(c) + SPOTTED SEA CAT (CATFISH) (N. Atlantic/Arctic)   (c) + LOUP TACHETÉ (Atlantique Nord/Arctique)

Anarhichas orientalis

(d) BERING WOLFFISH (Pacific – N. America)   (d) (Pacifique – Amérique N.)

Marketed:
Fresh: as fillets, steaks (cutlets).
Frozen: fillets, with or without skin on.
Smoked: hot-smoked pieces, steaks or cutlets (in Germany called STEINBEISSER).
Dried: boned (Iceland, called RIKLINGUR).

Commercialisé:
Frais: en filets ou tranches.
Congelé: en filets avec ou sans peau.
Fumé: morceaux, tranches ou filets fumés à chaud (appelés STEINBEISSER en Allemagne).
Séché: désarêté (Islande, appelé RIKLINGUR).

D Katfisch, (a) Gestreifter Katfisch   **DK** Havkat   **E** Perro del norte, lobo
GR   **I** Lupadi mare, bavosa lupa   **IS** (a) Steinbítur
J   **N** Steinbit, (a) gråsteinbit (b) flekksteinbit   **NL** (a) Zeewolf (b) blauwe zeewolf, (c) gevlekte zeewolf
P Gata   **S** Havkattfisk, (a) havkatt   **TR**
YU

For (b) and (c) see separate entries.   Pour (b) et (c) voir les rubriques individuelles

ICTALURIDAE

(ii) FRESHWATER CATFISH (Europe/N. America)   (ii) ESPÈCES D'EAU DOUCE (Europe/Amérique du Nord)

Important production in U.S.A. especially of *Ictalurus* spp.; most widely distributed species is CHANNEL CATFISH (*Ictalurus punctatus*).
In Australia refers to *Tandanus tandanus*.

Appelé + POISSON CHAT.
Très importantes aux Etats-Unis, en particulier les espèces *Ictalurus* dont l'*Ictalurus punctatus* est la plus commercialisée (frais, surgelé ou fumé).
En Australie s'applique à *Tandanus tandanus*.

Marketed: fresh, frozen or smoked.

D Welse   **DK** Dværgmalle   **E**
GR   **I**   **IS**
J Namazu   **N**   **NL** Meerval
P   **S** Ictalurider, (kanalmal)   **TR** Yayın, bıyıklı balık
YU

(iii) See also + SEA CATFISH (*Ariidae*).   (iii) Voir aussi + POISSON CHAT (*Ariidae*).

178 CAVEACHED FISH (W. Indies)   **CAVEACHED FISH (Caraïbes) 178**

Fish cut into pieces, fried in oil, laid in large earthenware container and pickled in vinegar, salt, spices, onion, etc.   Poisson découpé en morceaux, frit à l'huile, disposé dans de grands récipients en terre-cuite et mariné dans du vinaigre, du sel, des épices, oignons, etc.

179 CAVIAR, CAVIARE

Sturgeon eggs very carefully detached from the roe, sorted and washed in cold water, then salted with fine salt; after a certain time of ripening consumed as hors d'oeuvre.

Also called BLACK CAVIAR.

Marketed in small containers of glass or other material, with tight fitting lids, or in barrels for bulk shipment. SEMI-PRESERVE sometimes pasteurised, see + PASTEURIZED GRAIN CAVIAR.

Two ways of marketing are used, as GRAINY CAVIAR, where eggs are easily separated (also called DRY CAVIAR, see also + PICKLED GRAINY CAVIAR), or as PRESSED CAVIAR, where the eggs are pressed to remove excess liquid or to reduce liquid to required consistency (longer keeping time).

BELUGA-CAVIAR, OSETR-CAVIAR, and SEVRUGA-CAVIAR refer to large, medium and small size sturgeon respectively (U.S.S.R.), see + STURGEON.

Best quality caviar is made during the winter and has 3 to 4% salt content, called MALOSSOL CAVIAR. In some countries the term caviar is also used for preparation of other species, particularly salmon: + RED CAVIAR (N. America). The name of the species has to appear on the label, e.g. SALMON CAVIAR (U.K.).

See also + CAVIAR SUBSTITUTES.

CAVIAR 179

Œufs d'esturgeon soigneusement détachés de la rogue, passés au crible et lavés à l'eau froide, puis salés avec du sel fin; après une certaine maturation, consommés comme hors-d'œuvre.

Appelé aussi CAVIAR NOIR.

Commercialisé en petits récipients en verre munis de couvercles hermétiques ou en barils pour le transport en gros. SEMI-CONSERVE, parfois pasteurisé, voir+ CAVIAR EN GRAINS PASTEURISÉ.

Il existe deux formes de commercialisation :
– CAVIAR EN GRAINS, où les œufs se séparent facilement (voir aussi + CAVIAR EN GRAINS SAUMURÉ).
– CAVIAR PRESSÉ, où les œufs ont été pressés pour évacuer tout liquide excédent et obtenir la consistance désirée pour une conservation prolongée.

BELUGA-CAVIAR, OSETR-CAVIAR et SEVRUGA-CAVIAR désignent respectivement les œufs d'esturgeon de grande taille, moyen et petit (U.R.S.S.) ; voir + ESTURGEON.

La meilleure qualité de caviar est faite en hiver et a une teneur en sel de 3 à 4% (MALOSSOL CAVIAR). Dans certains pays l'emploi du terme CAVIAR a été étendu à d'autres espèces, dont le saumon en particulier : + CAVIAR ROUGE (Amérique du Nord) ; le nom de l'espèce doit figurer sur l'étiquette : CAVIAR DE SAUMON (Grande-Bretagne).

Voir aussi + SUCCÉDANÉS DE CAVIAR.

D Kaviar	**DK** Kaviar	**E** Caviar
GR Chaviári	**I** Caviale	**IS** Kaviar
J Kyabia	**N** Kaviar	**NL** Kaviaar
P Caviar	**S** Rysk kaviar, svart rysk kaviar	**TR** Havyar
YU Kavijar		

180 CAVIAR SUBSTITUTES

Fish roe prepared like + CAVIAR, sometimes dyed; the final salt content usually 6% or more; principal species used are lumpsucker, bream, coalfish, cod, carp, herring, mullet, pike, tuna. The designation usually is preceded by the name of the fish, e.g. COD CAVIAR, LUMPSUCKER CAVIAR; in some countries the country of origin is indicated, e.g. GERMAN CAVIAR (Deutscher Kaviar). Packed and marketed like + CAVIAR.

Similar product in Japan: "TARAKO" or 'MOMIJIKO" (salted, usually dyed roe of + ALASKA POLLOCK), "HON-TARAKO" (salted, usually dyed cod roe) or "KARASUMI" (from mullet roe).

See also + BOTTARGA.

SUCCÉDANÉS DE CAVIAR 180

Œufs de poisson préparés comme le + CAVIAR, au besoin colorés; la teneur finale en sel est généralement d'environ 6%; les principales espèces utilisées sont: le lompe, le pagre, le lieu, le cabillaud, la carpe, le hareng, la muge, le brochet, le thon; elles doivent figurer sur l'étiquette, ex. CAVIAR DE CABILLAUD, CAVIAR DE LOMPE, etc; certains pays indiquent la contrée d'origine: CAVIAR ALLEMAND (Deutscher Kaviar). Commercialisé comme le + CAVIAR.

Produits semblables au Japon: "TARAKO" ou "MOMIJIKO" (œufs salés, généralement colorés de l'espèce *Theragra chalcogramma*), "HON-TARAKO" (œufs salés, généralement colorés, du cabillaud), ou "KARASUMI" (de muge).

Voir aussi + BOTTARGA (Italie).

D Deutscher Kaviar (Kaviar-Ersatz)	**DK** Kaviarerstatning	**E** Sucedáneos de caviar
GR Haviári	**I** Surrogati di caviale	**IS** Kavíar
J Momijiko, tarako, karasumi	**N** Kaviarerstatning	**NL** Kaviaarsurrogaat
P Substitutos de caviar	**S** Kaviar	**TR** Havyar benzerleri
YU Nadomjestak za kavijar		

181 CERO — THAZARD 181

Name used for some of *Scomberomorus* spp.; but more particularly refers to *Scomberomorus regalis* (Atlantic – U.S. Gulf Coast).
Also called PINTADO, PAINTED MACKEREL.
See + KINGMACKEREL.

Voir + THAZARD.

182 CHAR — OMBLE 182
SALVELINUS spp.

(Pacific/Atlantic/Freshwater – Europe/N. America)
Belonging to the family *Salmonidae*; superficially similar to true trouts.
Main species listed under individual names, e.g.

(Pacifique/Atlantique/Eaux douces – Europe/Amérique du Nord)
De la famille des *Salmonidae*; assez semblables aux truites. Les principales espèces sont répertoriées individuellement, ex.:

Salvelinus alpinus

(a) + ARCTIC CHAR
(Freshwater/Atlantic/Pacific)

(a) + OMBLE CHEVALIER
(Eaux douces/Atlantique/Pacifique)

Salvelinus fontinalis

(b) + BROOK TROUT
(Freshwater/Atlantic – Europe/N. America)

(b) + OMBLE DE FONTAINE
(Eaux douces/Atlantique – Europe/Amérique du Nord)

Salvelinus malma

(c) + DOLLY VARDEN
(Freshwater/Pacific)

(c) + DOLLY VARDEN
(Eaux douces/Pacifique)

Salvelinus namaycush

(d) + LAKE TROUT
(Freshwater/Great Lakes)

(d) + TOULADI
(Eaux douces/Grands Lacs)

Salvelinus willoughbii

(e)
Usually marketed fresh or frozen; see also + TROUT.

(e)
Généralement commercialisés frais ou surgelés; voir aussi + TRUITE.

D Saiblinge
GR
J Iwana
P Truta-das-fontes
YU Pastrve, barjaktarica

DK Fjældørred, kildeørred
I Salmerino
N Røye, røyr
S Röding

E Salvelino
IS Bleikja
NL Beekridder, bronforel
TR

See also individual entries.

Voir aussi les rubriques individuelles.

183 CHAT HADDOCK — 183

Small haddock: also called PINGER or PING PONG; in New England (U.S.) called SNAPPER HADDOCK or + SNAPPER.
See also + SCROD (U.S.A.).

Petit églefin.

D Kleiner Schellfisch, Bratschellfisch
GR
J
P Arinca pequena
YU Mala ugotica

DK
I Piccolo asinello
N Småhyse
S Småkolja

E Pequeño eglefino
IS Smáýsa
NL Kleine schelvis, braadschelvis
TR

184 CHERRY SALMON   SAUMON JAPONAIS 184
Oncorhynchus masou

(Japan)	(Japon)
Also called JAPANESE SALMON, or MASU SALMON.	Appelé aussi SAUMON MASOU.
Highly prized as food in Japan.	Très apprécié au Japon.
Marketed:	**Commercialisé:**
Fresh: main outlet; also fermented, like + SUSHI.	**Frais:** ventes importantes ; également fermenté, comme le + SUSHI.

- **D** Masu-Lachs
- **GR**
- **J** Sakuramasu, honmasu
- **P** Salmão-japonês
- **YU**
- **DK**
- **I** Salmone giapponese
- **N**
- **S** Japansk lax
- **E**
- **IS**
- **NL** Japanse zalm, masonzalm
- **TR**

185 CHIKUWA (Japan)   CHIKUWA (Japon) 185

Fish jelly product of a cylindrical shape made by wrapping kneaded fish meat around a stick then baking it in a very hot oven.

Gelée de poisson présentée en forme de cylindres ; préparée à base de chair de poisson pétrie, fixée sur un bâtonnet et cuite au four très chaud.

Similar product (made from cheaper fish) YAKI-CHIKUWA.

Produit semblable (avec du poisson meilleur marché), le YAKI-CHIKUWA.

186 CHILEAN HAKE   186
Merluccius gayi

Also called PERUVIAN HAKE.	
(E. Pacific)	(Est du Pacifique)
For marketing forms, see + HAKE.	Pour la commercialisation, voir + MERLU.

- **D** Chilenischer Seehecht
- **GR** Bakaliáros
- **J**
- **P** Pescada
- **YU** Oslic
- **DK** Kulmule
- **I** Nasello del cile
- **N** Lysing
- **S**
- **E** Merluza
- **IS** Lýsingur
- **NL** Chileense heek
- **TR**

187 CHILEAN PILCHARD   SARDINE CHILIENNE 187
Sardinops sagax

Also called PERUVIAN SARDINE.	Aussi appelée SARDINE PÉRUVIENNE
(Pacific – S. America)	(Pacifique – Amérique du Sud)
For marketing forms, see + PILCHARD.	Pour la commercialisation, voir + PILCHARD

- **D** Südamerikanische Sardine
- **GR** Sardélla
- **J** Iwashi
- **P** Sardinopa-da-África-do-sul
- **YU** Srdela
- **DK**
- **I** Sardina del cile
- **N** Sardin
- **S** Chilesardin
- **E** Pilchard chileña
- **IS**
- **NL** Pacific sardien, chileense sardien
- **TR**

188 CHILLED FISH

Fish kept at, or close to the temperature of melting ice 0 °C, 32 °F), but not frozen.

Also called WET FISH or FRESH FISH (most common designation in U.S.A.).
See also + SUPERCHILLING, + CHILL STORAGE.

D Gekühlter Fisch (in Eis)
GR Psár ipagoméno
J Hyôhzô-gyo
P Peixe refrigerado
YU Ohladjena riba
DK Kølet fisk (iset fisk)
I Pesce refrigerato
N Kjølt fisk
S Kyld fisk
E Pescado refrigerado
IS Ísaður fiskur
NL Gekoelde vis
TR Soğutulmuş balık

POISSON RÉFRIGÉRÉ 188

Poisson maintenu à une température proche de celle de la glace fondante (0 °C, 32 °F), mais non congelé.

Egalement appelé POISSON FRAIS.

Voir aussi + SUR-RÉFRIGÉRATION, + STOCKAGE RÉFRIGÉRÉ.

189 CHILL STORAGE

Storage at temperature of melting ice (0 °C, 32 °F).
Distinguish from + COLD STORAGE.
See also + CHILLED FISH, + SUPERCHILLING.

D Kühlauslagerung
GR
J Hyôhzô
P Armazenagem refrigerada
YU
DK Kølelagring
I
N
S Kyllagring
E
IS Isun, kæling
NL Gekoelde opslag
TR Soğutulmus muhafaza

STOCKAGE RÉFRIGÉRÉ 189

Stockage à la température de la glace fondante (0 °C, 32 °F). A distinguer de ENTREPOSAGE FRIGORIFIQUE.

Voir aussi + POISSON RÉFRIGÉRÉ, + SUR-RÉFRIGÉRATION.

190 CHIMAERA

CHIMAERIDAE

(Cosmopolitan)

Chimaera monstrosa

(a) + RABBITFISH
(N.E. Atlantic)

Hydrolagus colliei

(b) + RATFISH
(Pacific – N. America)

D Seeratte, Spöke
GR Himera, gátos
J Ginzame

P Peixe-rato
YU Himera
DK Havmus
I Chimera
N (a) Havmus

S Havsmus
E Quimera
IS Geirnyt
NL Chimera,
 (a) draakvis, zeekat
 (b) ratvis, zeerat
TR

For (a) and (b) see under separate entries.

CHIMÈRE 190

(Cosmopolite)

(a) + CHIMÈRE
(Atlantique Nord-Est)

(b) + CHIMÈRE D'AMÉRIQUE
(Pacifique – Amérique du Nord)

191 CHINOOK

Oncorhynchus tschawytscha

(Pacific – N. America)

Largest of the five main species of PACIFIC SALMON. See + SALMON.

Also called KING SALMON or SPRING SALMON; names also used: BLACK SALMON, CHUB SALMON, TYEE.

Also called QUINNAT SALMON in New Zealand.

Flesh may be red (see + RED SPRING SALMON) or pink or white.

SAUMON ROYAL 191

(Pacifique – Amérique du Nord)

La plus grande des cinq espèces principales de SAUMON du Pacifique.

Voir + SAUMON.

Sa chair peut être rouge, rose ou blanche.

[CONTD.

191 CHINOOK (Contd.)

Marketed:
Fresh: whole gutted.
Frozen: fillets, steaks.
Smoked: split fish, sides or pieces of fillet brined, dyed, dried and hot-smoked (+ KIPPERED SALMON).
Dried: air-dried (Alaska).
Salted: sides pickle-cured in barrels (mild salted).
Canned: recommended trade name in U.K.: SPRING SALMON.
Roe: see + RED CAVIAR, also smoked, salted for bait.
Skins: may be used for leather making.

SAUMON ROYAL (Suite) 191

Commercialisé:
Frais: entier et vidé.
Congelé: en filets, en tranches.
Fumé: poisson tranché, côtés ou morceaux de filet saumurés, colorés, séchés, puis fumés à chaud.
Séché: en plein air (Alaska).
Salé: côtés mis en saumure en barils (salage léger).
Conserve: en Grande-Bretagne vendu sous l'appellation de SPRING SALMON.
Œufs: voir + CAVIAR ROUGE; également fumés, salés (appât pour la pêche).
Peaux: peuvent être utilisées comme cuir.

D	Königslachs	**DK**		**E**	Salmon chinook
GR		**I**	Salmone reale	**IS**	
J	Masunosuke	**N**		**NL**	Koningszalm, quinat
P	Salmão-do-pacífico	**S**	Kungslax	**TR**	
YU	Vrsta lososa				

192 CHUB MACKEREL

Scomber japonicus

MAQUEREAU ESPAGNOL 192

(Cosmopolitan, in warm seas)

Also known as + SPANISH MACKEREL (e.g., in international statistics), which name might, however, also refer to various *Scomberomorus* spp. (see + KING MACKEREL); CHUB MACKEREL is identical with + PACIFIC MACKEREL.

Might also be called THIMBLE-EYED MACKEREL, SOUTHERN MACKEREL.

See also + MACKEREL.

(Cosmopolite, mers chaudes)

Aussi appelé MAQUEREAU BLANC (Canada).

Voir aussi + MAQUEREAU.

D	Spanische Makrele	**DK**	Spansk makrel	**E**	Estornino
GR	Koliós	**I**	Lanzardo, sgombro cavallo	**IS**	Spánskur makrill
J	Honsaba, hirasaba, masaba	**N**	Spansk makrell	**NL**	Spaanse makreel
P	Cavala-do-pacifico	**S**	Spansk och japansk makrill	**TR**	Kolyoz
YU	Lokarda, plavica				

193 CHUM

Oncorhynchus keta

SAUMON KETA 193

(Pacific – N. America)

One of the five species of PACIFIC SALMON (see + SALMON).

Also called DOG SALMON or KETA SALMON; also known as QUALLA, CALICO SALMON or FALL SALMON.

(Pacifique – Amérique du Nord)

L'une des cinq espèces de SAUMON du PACIFIQUE (voir + SAUMON).

Appelé encore SAUMON CHIEN.

[CONTD.

193 CHUM (Contd.)

Marketed:
Fresh: whole gutted, fillets.
Frozen: whole gutted, headed, fillets, steaks.
Salted: headed, split, washed fish, dry-salted in stacks and packed in boxes.
Smoked: small quantities for local use.
Dried: air-dried (Alaska).
Fermented: + SUSHI (Japan).
Canned: main outlet.
Roe: SALMON CAVIAR, KETA KAVIAR (see + RED CAVIAR, + CAVIAR).

Skins: may be used for leather making.

SAUMON KETA (Suite) 193

Commercialisé:
Frais: entier et vidé; filets.
Congelé: entier, vidé, étêté; en filets, en tranches.
Salé: poisson étêté, tranché, lavé, salé à sec en tas, puis mis en caisses.
Fumé: en petites quantités pour la consommation locale.
Séché: en plein air (Alaska).
Fermenté: + SUSHI (Japon).
Conserve: principales ressources.
Œufs: CAVIAR DE SAUMON, KETA KAVIAR (voir + CAVIAR ROUGE, + CAVIAR).

Peaux: peuvent être utilisées comme cuir.

D	Hundslachs, Keta-lachs	**DK**		**E**	Salmon "chum"
GR		**I**	Salmone keta	**IS**	
J	Sake, shake, shirozake, akiaji, tokishirazu	**N**	Ketalaks	**NL**	Pacifische zalm, hondszalm
P	Salmão	**S**	Keta	**TR**	
YU	Vrsta lososa				

194 CLAM   CLAM 194

Different types of clams: Il existe différentes sortes:

Mya arenaria

(a) + SOFT (SHELL) CLAM   (a) + MYE
(Atlantic/Pacific – N. America)   (Atlantique/Pacifique – Amérique du Nord)

(b) + HARD CLAM   (b) +
Also used for + QUAHAUG.

Saxidomus nuttali
Venus mortoni

(Pacific – N. America)   (Pacifique – Amérique du Nord)

Protothaca thaca

(Pacific – S. America)   (Pacifique – Amérique du Sud)

MERETRIX spp.

(Pacific – Japan)   (Pacifique – Japon)

Mercenaria mercenaria
or/ou
Venus mercenaria

(c) + QUAHAUG (QHAHOG)   (c) + PRAIRE
(Atlantic – N. America/Europe); also known as + HARD CLAM and HARD SHELL CLAM.   (Atlantique – Amérique/Europe)

DONAX spp.

(d) + COQUINA CLAM   (d) +
(Atlantic – Europe/N. America)   (Atlantique – Europe/Amérique du Nord)

Saxidomus giganteus

(e) BUTTER CLAM   (e)
(Atlantic/Pacific – N. America)   (Atlantique/Pacifique – Amérique du Nord)
Also called WASHINGTON CLAM.

Mactra sachalinensis

(f) HEN CLAM (Japan)   (f) (Japon)

Anadara subcrenata

(g) MOGAI CLAM (Japan)   (g) (Japon)

[CONTD.

194 CLAM (Contd.)   **CLAM** (Suite) **194**

Protothaca staminea
or/ou
Paphia staminea

(h) LITTLENECK CLAM (h)
(Pacific – N. America). Also called (Pacifique – Amérique du Nord)
ROCK COCKLE; PACIFIC LITTLENECK.

Titaria cordata

(j) GULF CLAM (j)
(Gulf of Mexico) (Golfe du Mexique)

Tivela stuttorum

(k) PISMO CLAM (k)
(Pacific – N. America) (Pacifique – Amérique du Nord)

Spisula solidissima

(l) SURF CLAM (l)
(Atlantic – N. America) (Atlantique – Amérique du Nord)
Also called BAR CLAM.

CORBICULA spp.

(m) FRESHWATER CLAM (Japan) (m) (Eaux douces – Japon)
In Scotland the designation CLAM is also
used for + SCALLOP.

Marketed: | **Commercialisé:**

Live: in shells. | **Vivant:** en coquilles.
Fresh: in shell, or shelled meats. | **Frais:** en coquilles, ou décoquillé.
Frozen: in shell, or shelled meats. | **Congelé:** en coquilles, ou décoquillé.
Smoked: meats; after precooking and brining, the meats are smoked and packed in oil in cans or jars. | **Fumé:** après cuisson et saumurage, les chairs sont fumées et mises en boîtes ou en bocaux, recouvertes d'huile.
Dried: HOSHIGAI (Japan): shelled meat, skewered with bamboo sticks, sun-dried. | **Séché:** HOSHIGAI (Japon): décoquillé, transpercé de petits bâtonnets de bambou, séché au soleil.

Canned: clams are steamed open and the meats removed from the shells; washed, trimmed and packed, either whole or minced, in cans with either brine or clam liquor, then heat-processed; smoked meats are also canned. Canned soups include + CLAM CHOWDER and CLAM MADRILENE (clear soup garnished with tomato, sorrel and vermicelli) + CLAM LIQUOR itself may also be canned.

(a) to (d) see under separate entries.

See also + CARPET SHELL *Tapes* spp.), + RAZOR SHELL (*Solenidae*.) + OCEAN QUAHAUG (*Cyprina islandica*).

Conserve: les clams sont passés à la vapeur, puis décoquillés, lavés parés et mis en boîtes entiers ou hachés, couverts d'une saumure ou de leur propre jus, enfin stérilisés; peuvent être fumés avant la mise en conserve. La + SOUPE DE CLAM et la + LIQUEUR DE CLAM peuvent également être mises en boîtes.

(a) à (d) voir rubriques individuelles.

Voir aussi + CLOVISSE/PALOURDE (*Tapes* sp.), + COUTEAU (*Solenidae*), + (*Cyprina islandica*).

D Sandklaffmuschel	**DK** Sandmusling	**E** Almeja
GR Achiváda	**I** Vongole	**IS** Smyrslingur
J Nimaigai	**N** Sandskjell	**NL** Strandgaper
P Faca	**S** Sandmussla	**TR** Midye türü
YU Školjke		

195 CLAM CHOWDER   **SOUPE DE CLAM 195**

New England: fried salt pork or bacon and onions, then clams and + CLAM LIQUOR added, also potatoes, and seasoning; cooked with either vegetables and tomato juice or milk added afterwards; may be canned.

Nouvelle-Angleterre: porc salé ou bacon frit avec de l'oignon, auquel on ajoute les clams et la + LIQUEUR DE CLAM, des pommes de terre et un assaisonnement; cuite soit avec des légumes et du jus de tomates, soit en y ajoutant du lait; peut être mise en conserve.
[CONTD.

195 CLAM CHOWDER (Contd.)   **SOUPE DE CLAM (Suite) 195**

D	DK	E Sopa de almejas
GR	I Minestra con vongole	IS
J	N	NL Haché met schelpdiervlees
P Sopa de clame	S	TR Midye çorbası
YU Gusta juha od školjkasa		

---

196 CLAM LIQUOR   **LIQUEUR DE CLAM 196**

Liquid extracted during the cooking and opening of clams; also called CLAM EXTRACT; undiluted it is called CLAM JUICE, diluted it is called CLAM BROTH, and when concentrated by evaporation is called CLAM NECTAR; may be canned in all these forms or used to fill up canned clam meat.

Liquide extrait durant la cuisson et l'ouverture des clams; appelé encore EXTRAIT DE CLAM; non dilué : JUS DE CLAM
dilué : BOUILLON DE CLAM
concentré : (par évaporation) NECTAR DE CLAM;
peut être mis en conserve sous toutes ces formes, ou pour recouvrir les conserves de chair de clam.

D	DK	E Extracto de almejas
GR	I Essenza di vongole	IS
J Kai-no-nijiru	N	NL Schelpdiervocht
P Licor de clame	S Musselextrakt	TR Midye suyu
YU		

---

197 CLEANPLATE HERRING   197
(Germany)   **(Allemagne)**

Herring, filleted by a special herring filleting machine, which removes part of the belly wall, also the black belly wall skin, fins and bone (CLEAN PLATE CUT).

Hareng fileté par une machine spéciale qui enlève une partie de la paroi ventrale ainsi que le péritoine, les nageoires et les arêtes.

---

198 CLEANSED SHELLFISH   **COQUILLAGE ÉPURÉ 198**

Live molluscs such as mussels, oysters, from which polluting bacteria have been removed by immersion in sterile sea water.
See also + STERILIZED SHELLFISH.

Mollusques (moules, huîtres, etc.) vivants, dont les pollutions microbiennes ont été éliminées par un séjour en eau de mer stérile.
Voir aussi + COQUILLAGE STÉRILISÉ.

---

199 CLIPPED ROE FISH (U.S.A.)   **GASPAREAUX À ROGUE 199**

Headed gutted alewives with roe left inside.

Gaspareaux étêtés et vidés auxquels on a laissé la rogue.

---

200 COALFISH   200

Le terme "COALFISH" (anglais) s'applique aux :

(i) Name used for + SAITHE (*Pollachius virens*), belonging to the family *Gadidae*.

(ii) Name also used for + SABLEFISH (*Anopoploma fimbria*), belonging to the family *Anopoplomatidae*.

(i) *Pollachius virens* (voir + LIEU NOIR), de la famille des *Gadidae*.

(ii) *Anopoploma fimbria* (voir + MORUE CHARBONNIÈRE), de la famille des *Anopoplomatidae*.

201 COBIA   CABILO (Guyanes) 201
Rachycentron canadum

(Cosmopolitan in warm seas)   (Cosmopolite, eaux chaudes)
Also called CABIO, BLACK BONITO.

D	DK	E
GR	I	IS
J Sugi	N	NL Sergeantvis, koningvis
P Fogueteiro-galego	S	TR
YU		

201.1 COBBLER   201.1
Cnidoglanis macrocephalus

(Australia)   (Australie)
Marketed as fresh fish.   Commercialisé frais.
In New Zealand refers to *Scorpaena cardinalis*.   En Nouvelle-Zélande s'applique à *Scorpaena cardinalis*. Voir + RASCASSE/SCORPÈNE.
See + SCORPIONFISH.

202 COCKLE   COQUE 202
CARDIDAE

(Cosmopolitan)   (Cosmopolite)
In N. America *Cardidae* might also be designated + WINKLE.

(a) + COMMON COCKLE   (a) + COQUE (COMMUNE)

Cardium edule

(N. Atlantic — Europe/N. Africa.)   (Atlantique Nord — Europe/Afrique du Nord)

Cardium corbis

(Pacific — N. America)   (Pacifique — Amérique du Nord)

Cardium aculeatum

(b) + SPINY COCKLE   (b) + SOURDON
(Atlantic/Mediterranean)   (Atlantique/Méditerranée)

Cardium tuberculatum

(c) KNOTTED COCKLE   (c)
(Atlantic/Mediterranean)   (Atlantique/Mediterranée)

Marketed: **Commercialisé:**
Live: in shell.   **Vivant:** en coquilles.
Fresh: meats removed from the shell by boiling.   **Frais:** décoquillée après cuisson.
Salted: meats, either lightly or heavily dry-salted, depending on length of journey; also bottled in brine.   **Salé:** chair, légèrement ou fortement salée à sec, selon la durée de conservation envisagée; également mis en bocal avec une saumure.
Vinegar cured: bottled in malt vinegar after brining.   **Au vinaigre:** après saumurage, mis en bocal avec du vinaigre de malt.
Canned: in brine.   **Conserve:** au naturel.

D Herzmuschel	DK Hjertemusling	E Berberecho, croque
GR Kidónia	I Cuore edule, (c) cuore spinoso	IS Báruskeljar
J Torigai	N Hjerteskjell	NL Kokhaan, kokkel
P Berbigão	S Hjärtmussla	TR
YU Srčanka		

203 COD

The French term MORUE properly refers to salted cod.

(i) Various *Gadidae* spp., the principal being:

Gadus morhua or/ou *Gadus callarias*

(a) COD (Atlantic)

Most important food fish in N. Europe.

U.S. size classifications are in pounds; approximate equivalents are as follows:
Scrod: 1.5 to 2.5 lb.
 less than 50 cm
Market: 2.5 to 10 lb.
 50 cm to 75 cm
Large: 10 to 25 lb.
 75 cm to 100 cm
Whole: over 25 lb.
 over 100 cm

Other countries employ numerical gradings.

Gadus macrocephalus

(b) + PACIFIC COD
(Pacific)

Eleginus navaga

(c) + WACHNA COD
(N. Atlantic)

Eleginus gracilis

(N. Pacific)

Trisopterus minutus

(d) + POOR COD
(Mediterranean)

Boreogadus saida

(e) + POLAR COD
(Atlantic/Pacific – North America)

Gadus ogac

(f) GREENLAND COD
(Atlantic – America)
Also called FJORD COD
(Greenland)

To the *Gadidae* spp. belong also + POUT, + POUTASSOU, + WHITING, + SAITHE, + POLLACK, etc.

Marketed:

Fresh: as whole gutted fish, heads on or headless; fillets, skinned or unskinned; steaks (cutlets).

Frozen: as whole gutted fish, heads on or headless; fillets, skinned or unskinned; minced, breaded, uncooked or precooked sticks or portions.

Smoked: fillets, pieces or steaks (cutlets), skinned or unskinned, brined, often dyed, and hot or cold-smoked.

Dried: fillets (mechanically dried); whole fish, split or unsplit, dried naturally or mechanically; e.g. + STOCKFISH (ii).

CABILLAUD/MORUE 203

Le nom "MORUE" s'applique au "Cabillaud salé".

(i) Les principales espèces *Gadidae* sont:

(a) MORUE FRAÎCHE (Atlantique)

Le plus important des poissons comestibles de l'Europe du Nord.

Aux Etats-Unis, la classification se fait sur le poids des poissons:
Scrod: 1.5 à 2.5 lb.
 inférieur à 50 cm
Market: 2.5 à 10 lb.
 de 50 à 75 cm
Large: 10 à 25 lb.
 de 75 à 100 cm
Whole: plus de 25 lb.
 à partir de 100 cm

(b) + MORUE DU PACIFIQUE
(Pacifique)

(c) + MORUE ARCTIQUE
(Atlantique N.)

(Pacifique N.)

(d) + CAPELAN DE FRANCE
(Méditerranée)

(e) + SAÏDA
(Atlantique/Pacifique – Amérique du Nord)

(f) OGAC
(Atlantique – Amérique)

Les + TACAUD, + POUTASSOU, + MERLAN, + LIEU NOIR, etc. appartiennent aussi aux espèces *Gadidae*.

Commercialisé:

Frais: entier et vidé, avec ou sans tête; filets avec ou sans peau; tranches.

Congelé: entier et vidé, avec ou sans tête; filets avec ou sans peau; haché, "bâtonnets" ou portions panées, crues ou précuites.

Fumé: filets, morceaux ou tranches, avec ou sans peau, saumurés, souvent teints, et fumés à chaud ou à froid.

Séché: filets (déshydratés artificiellement); poisson entier, tranché ou non, séché naturellement ou artificiellement; ex. + STOCKFISH (ii).

[CONTD.

203 COD (Contd.)

Salted: as split fish or as fillets, with few or no bones present, in brine or in dry salt, and dried to varying degrees; saltiness and dryness to suit a particular market; numerous cures are mentioned under specific names, e.g. + KLIPFISH, + BACALAO.

Canned: pieces of fillets or flakes of flesh in own juice, also with sauce (Canada); pieces of smoked fillet (Canada).

Livers: mostly rendered down to extract cod liver oil; may be transported fresh in ice, frozen or salted (+ FISH LIVER); salted and canned, sauces and spices may be added; also as paste (COD LIVER PASTE); + COD LIVER MEAL may also be made.

Roe: marketed fresh, boiled, frozen, salted, smoked, canned, and as cod caviar and cod roe sausage; also sold fried, hot or cold.

Pressed roe: canned or frozen cod roe, mixed with edible oil.

Skins: may be tanned for leather manufacture; extracted for glue.

Tongues: fresh or salted.
Cheeks: fresh.

Roe liver paste: Norwegian canned product from fresh cod liver and cod roe, minced and mixed, salt and spices added.

CABILLAUD/MORUE (Suite) 203

Salé: poisson tranché ou en filets désarêtés; en saumure, ou avec du sel sec; puis plus ou moins séché; les degrés de salage et de séchage varient suivant les demandes des marchés; de nombreuses manières de salage donnent des produits particuliers; voir + KLIPFISH, + BACALAO, etc.

Conserve: morceaux de filets ou chair en flocons au naturel ou en sauce (Canada); morceaux de filet fumé (Canada).

Foies: surtout utilisés pour en extraire l'huile; peuvent être transportés frais, dans de la glace, congelés ou salés (+ FOIE DE POISSON); salés et mis en conserve, avec ou sans addition de sauces et d'épices; également en pâte (PÂTE DE FOIE DE MORUE); on en fait encore de la + FARINE DE FOIE DE MORUE.

Œufs: commercialisés frais, cuits à l'eau congelés, salés, fumés, en conserve, sous forme de caviar de morue et de saucisse de rogue de morue; vendus aussi frits, chauds ou froids.

Rogue pressée: mélangée avec de l'huile, en conserve ou congelée.

Peaux: peuvent être tannées pour la fabrication du cuir; on en extrait de la colle.

Langues: fraîches ou salées.
Joues: fraîches.

Pâte de foie et d'œufs: produit norvégien en conserve, fait de foie et de rogue de morue frais, hachés et mélangés avec du sel et des épices.

D Kabeljau, Dorsch, (f) Ogac	**DK** Torsk, (f) uvak	**E** Bacalao
GR Gádos, bakaliáros	**I** Merluzzo bianco	**IS** Þorskur
J Tara, madara	**N** Torsk, skrei	**NL** Kabeljauw, (e) Poolkabeljauw (f) groenlandse kabeljauw
P Bacalhau	**S** Torsk, (f) uvak	**TR** Morina
YU Bakalar, ugotica		

For (b) to (e) see separate entries.

(ii) In Australia also *Serranidae* (see + SEA BASS) are called COD.

Pour (b) à (e) voir les rubriques individuelles.

(ii) En Australie, le nom COD (anglais) s'applique aussi aux *Serranidae*.

204 COD CHEEKS

Edible portion from head of large cod.

JOUES DE MORUE 204

Partie comestible de la tête de la morue.

D	**DK**	**E** Carrilleras de bacalao
GR	**I** Guance di merluzzo	**IS** Kinnar
J	**N**	**NL** Lippen en kelen
P Caras de bacalhau	**S**	**TR**
YU		

205 CODFISH BRICK (U.S.A.)

Pieces of salted dried cod compressed by mould into solid brick of about 1 to 2 lb. weight (New England).

BRIQUE DE MORUE (E.U.) 205

Morceaux de morue salée et séchée pressés dans des moules en blocs solides pesant de 1 à 2 livres (Nouvelle-Angleterre).

D
GR
J
P Pedaços de bacalhau em forma de tijolos
YU

DK
I Mattonelle di baccalá
N
S

E Briquetas de bacalao
IS
NL
TR

206 CODLING 206

Small cod under 63 cm in length; also called JOSSER.

The German term "DORSCH" is mainly used for catches from the Baltic sea.

"ÞYRSKLINGUR" in Icelandic refers to *small* codling (less than 54 cm).

Cabillaud de moins de 63 cm de longueur.

Le mot allemand "DORSCH" indique généralement les morues capturées dans la mer Baltique.

"ÞYRSKLINGUR" en Islandais se réfère aux *petites* moruettes (moins de 54 cm).

D Dorsch
GR
J
P Bacalhau pequeno
YU

DK Småtorsk
I Piccolo merluzzo bianco
N Småtorsk
S

E Bacaladito
IS Smáþorskur, þyrsklingur
NL Gul
TR

207 COD LIVER MEAL

Made on a very small scale in some areas by drying the residues from cod liver oil manufacture. Used as animal feedingstuff; in Japan also made from other species than cod (KANZO MATSU).

FARINE DE FOIE DE MORUE 207

Fabriquée sur une très petite échelle dans certaines régions en séchant les résidus de la fabrication d'huile de foie de morue. Sert dans l'alimentation du bétail; au Japon, fabriquée aussi avec des espèces autres que la morue (KANZO-MATSU).

D Dorschlebermehl

GR

J Kanzô matsu
P Farinha de fígado de bacalhau
YU Bakalerevo jetreno brašno

DK Torskelevermel

I Farina di fegato di merluzzo
N Torskelevermel
S Torsklevermjöl

E Harina de higado de bacalao
IS Lifrarmjöl

NL Kabeljauwlevermeel
TR

208 COD LIVER OIL

Oil extracted from livers of cod and sometimes other suitable gadoids, such as haddock; in Britain either the crude oil is extracted by boiling the livers at sea, and then further refined ashore, or the livers are landed for complete processing ashore, depending upon the size of vessel and length of fishing trip.

HUILE DE FOIE DE MORUE 208

Huile extraite des foies de morues et parfois de certains autres gadidés tel que l'églefin; on extrait l'huile brute en faisant bouillir les foies en mer en vue d'un raffinage ultérieur à terre; ou encore, les foies sont ramenés à terre pour un traitement complet, le choix dépendant de la taille des navires et de la longueur des voyages.

D Dorschleberöl, Dorschlebertran
GR Mourounélaion

J Tara kanyu
P Óleo de fígado de bacalhau
YU Bakalarevo jetreno ulje

DK Torskeleverolie

I Olio di fegato di merluzzo
N Torskelevertran
S Torskleverolja

E Aceite de higado de bacalao
IS Þorskalýsi

NL Levertraan
TR Tibbî balık yağı

209 COD LIVER PASTE

Edible paste made from cod livers, with spices and other flavouring ingredients.

Marketed canned; also as sausages.

- **D** Dorschleberpaste
- **GR**
- **J**
- **P** Pasta de fígado de bacalhau
- **YU** Bakalareva jetrena pašteta
- **DK** Torskeleverpostej
- **I** Pasta di fegato di merluzzo
- **N** Torskeleverpostei
- **S** Torskleverpastej
- **E** Pasta de higado de bacalao
- **IS** þorska-lifrarkæfa
- **NL** Kabeljauwleverpastei
- **TR**

PÂTE DE FOIE DE MORUE 209

Pâte comestible à base de foies de morues additionnée d'épices ou autres aromates.

Commercialisée en conserve; également en saucisses.

210 COHO
Oncorhynchus kisutch

(Pacific – N. America)

One of the five species of PACIFIC SALMON (see + SALMON).

Also called SILVER SALMON; also known as BLUEBACK, MEDIUM RED SALMON, JACK SALMON or + SILVERSIDE.

Marketed:

Fresh: whole gutted, fillets.

Frozen: whole gutted, headed; fillets (fresh and frozen; main outlets).

Salted: headed split fish or fillets, washed, pickled for about ten days in barrels (hard salted) then repacked in barrels in brine.

Dried: headed, split, air dried (Alaska).

Smoked: see + INDIAN CURE SALMON.

Canned in some countries as MEDIUM RED SALMON.

- **D** Silberlachs
- **GR**
- **J** Ginzake, ginmâsu
- **P** Salmão
- **YU** Vrsta pacifičkog lososa
- **DK**
- **I** Salmonè argentato
- **N**
- **S**
- **E** Salmon "coho"
- **IS**
- **NL** Zilverzalm
- **TR**

SAUMON ARGENTÉ 210

(Pacifique – Amérique du Nord)

L'une des cinq espèces de SAUMON du PACIFIQUE (voir + SAUMON).

Commercialisé:

Frais: entier et vidé; en filets.

Congelé: entier, vidé et étêté; en filets (frais et congelé: débouchés principaux).

Salé: poisson étêté et tranché ou filets lavés, salé en barils pendant environ dix jours (salage intense) puis remis en barils avec une saumure.

Séché: poisson étêté, tranché et salé en plein air (Alaska).

Fumé: voir + INDIAN CURE SALMON.

Conserve: dans certains pays, commercialisé avec l'étiquette: MEDIUM RED SALMON.

211 COLD SMOKED FISH

Fish cured by smoking at air temperatures not higher than 30 °C (86 °F) – in some countries 90 °F – to avoid cooking the flesh or coagulating the proteins; tropical species may be smoked at slightly higher temperatures; various products e.g. + FINNAN HADDOCK, + GOLDEN CURE, + KIPPER, + LACHSHERING (Germany).

- **D** Kaltgeräucherter Fisch
- **GR**
- **J** Reikun-gyo
- **P** Peixe fumado frio
- **YU** Hladno dimljena riba
- **DK** Koldrøget fisk
- **I** Affumicato a freddo
- **N** Kaldrøkt fisk
- **S** Kallrökt fisk
- **I** Pescado ahumado en frío
- **IS** Kaldreyktur fiskur
- **NL** Koudgerookte vis
- **TR**

POISSON FUMÉ À FROID 211

Poisson préparé par fumage à des températures ne dépassant pas 30 °C (86°F) – 90°F dans certains pays – afin d'éviter de cuire le poisson et d'en coaguler les protéines; certaines espèces tropicales peuvent être fumées à des températures légèrement supérieures; ex.: + HADDOCK, + HARENG ROUGE, + HARENG FUMÉ, + LACHSHERING (Allemagne).

212 COLD STORAGE

Storage at temperatures below freezing point; generally below —18 °C (0 °F); in many countries recommended temperature is below —30 °C.

Distinguish from + CHILL STORAGE.

See also + FROZEN FISH.

- **D** Tiefkühllagerung
- **GR** Psigía
- **J** Reizô
- **P** Armazenagem de congelados
- **YU**
- **DK** Frostlagring
- **I** Conservazione al freddo
- **N** Fryselagring
- **S** Fryslagring
- **E** Almacenamiento frigorífico
- **IS** Frystigeymd
- **NL** Diepvriesopslag
- **TR** Soğuk muhafaza

ENTREPOSAGE FRIGORIFIQUE 212

Entreposage à des températures inférieures au point de congélation commerciale; généralement en dessous de —18 °C (0 °F); dans de nombreux pays on recommande une température inférieure à —30 °C.

A distinguer de + ENTREPOSAGE RÉFRIGÉRÉ.

Voir aussi + POISSON CONGELÉ.

213 COLOMBO CURE

+ INDIAN MACKEREL (*Rastrelliger canagurta*) gutted and cured in wooden barrels with salt and Malabar tamarind.

SALÉ COLOMBO 213

Maquereau du Pacifique (*Rastrelliger canagurta*) vidé et conditionné dans des barils en bois avec du sel et du tamarinier de Malabar.

214 COMBER

Serranus cabrilla

(Red Sea/Mediterranean/Atlantic)

Belonging to the family *Serranidae* (see + SEA BASS).

Also called GAPER.

- **D** Ziegenbarsch
- **GR** Xános
- **J**
- **P** Garoupa
- **YU** Kanjac
- **DK** Havaborre
- **I** Perchia
- **N**
- **S**
- **E** Cabrilla
- **IS**
- **NL** Geitenbaars
- **TR** Asil hani

SERRAN 214

(Mer Rouge/Méditerranée/Atlantique)

De la famille des *Serranidae* (voir + BAR).

215 COMMON COCKLE

Cardium edule

(N. Atlantic – Europe/N. Africa)

Cardium corbis

(Pacific – N. America)

For further details see + COCKLE.

- **D** Essbare Herzmuschel
- **GR** Kydóni
- **J** Torigai
- **P** Berbigão
- **YU** Srčanka
- **DK** Hjertemusling
- **I** Cuore edule
- **N** Hjerteskjell, saueskjell
- **S** Hjärtmussla
- **E** Berberecho, croque
- **IS** Hjartaskel
- **NL** Kokkel, kokhaan
- **TR**

COQUE COMMUNE 215

(Atlantique Nord – Europe/Afrique du Nord)

(Pacifique – Amérique du Nord)

Pour de plus amples détails, voir + COQUE.

216 COMMON DOLPHIN

Delphinus delphis delphis

(Cosmopolitan)

See also + DOLPHIN.

- **D** Gemeiner Delphin
- **GR** Delphini
- **J** Bandoiruka
- **P** Golfinho
- **YU** Pliskavica, dupin
- **DK** Delfin
- **I** Delfino
- **N** Delfin
- **S** Springare, vanlig delfin
- **E** Delfin
- **IS** Höfrungur
- **NL** Dolfijn
- **TR**

DAUPHIN COMMUN 216

(Cosmopolite)

Voir aussi + DAUPHIN.

217 COMMON OYSTER — HUÎTRE PLATE 217
Ostrea edulis

(Europe)
Also called FLAT OYSTER, EUROPEAN OYSTER; in U.K. commonly referred to as + NATIVE OYSTER (see that entry).
For further details see + OYSTER.

(Europe)
En Grande-Bretagne appelée couramment huître de pays (voir + HUÎTRE INDIGÈNE).
Pour de plus amples détails, voir + HUÎTRE.

- **D** Auster
- **GR** Strídia
- **J** Kaki
- **P** Ostra-plana, ostra-redonda
- **YU** Kamenica
- **DK** Østers
- **I** Ostrica europea piatta
- **N** Østers
- **S** (Europeiskt) ostron
- **E** Ostra (plana)
- **IS** Ostra
- **NL** Oester
- **TR**

218 COMMON PRAWN — CREVETTE 218
Palaemon serratus or/ou *Leander serratus*

(N. Atlantic/Mediterranean — Europe/N. Africa)

See also + PRAWN.

(Atlantique Nord/Méditerranée — Europe/Afrique du Nord)
Aussi appelée CREVETTE ROSE.
Voir aussi + CREVETTE.

- **D** Sägegarnele
- **GR** Garida
- **J**
- **P** Camarão-do-rio
- **YU** Kozica obična
- **DK** Roskildereje
- **I** Gamberello
- **N** Strandreke
- **S** Tångräka
- **E** Camarón gámba
- **IS** Rækja
- **NL** Steurkrab, steurgarnaal
- **TR** Teke

219 COMMON SHORE CRAB — CRABE VERT 219
Carcinus maenas or/ou *Carcinus mediterraneus*

(Atlantic/Mediterranean)
Also called GREEN SHORE CRAB.
For marketing forms see + CRAB.

(Atlantique/Méditerranée)

Pour les formes de commercialisation, voir + CRABE.

- **D** Strandkrabbe
- **GR** Kavouras
- **J**
- **P** Caranguejo-morraceiro
- **YU** Rak, obična zakovica
- **DK** Strandkrabbe
- **I** Granchio comune, granchio ripario
- **N** Strandkrabbe
- **S** Strandkrabba
- **E** Cangrejo de mar
- **IS** Krabbi
- **NL** Strandkrab
- **TR** Çingene pavuryasi

220 COMMON SHRIMP — CREVETTE GRISE 220

The name COMMON SHRIMP is very often used to designate *Crangon crangon* (N.E. Atlantic — Europe) especially in international statistics; in U.K. trade, it is usually called + BROWN SHRIMP.
See also + SHRIMP.

Voir + CREVETTE

- **D** Nordseekrabbe, Granat, Garnele
- **GR** Garída
- **J**
- **P** Camarão-negro, camarão-mouro
- **YU** Kozice
- **DK** Hestereje, sandhest
- **I** Gamberetto grigio
- **N** Hestereke
- **S** Sandräka, hästräka
- **E** Quisquilla
- **IS** Hrossarækya
- **NL** Garnaal
- **TR** Karides

221 COMMON SOLE — SOLE COMMUNE 221
Solea vulgaris vulgaris

(Atlantic/North Sea)   (Atlantique/Mer du Nord)

Also called BLACK SOLE, + DOVER SOLE, PARKGATE SOLE, RIVER SOLE; SEA PARTRIDGE, SLIP (often small ones), SOUTHPORT SOLE, TRUE SOLE, TONGUE or + SOLE.

Marketed:
Fresh: whole, gutted; fillets.
Frozen: whole, gutted; fillets.
Canned: precooked fillets in various fine sauces.
See also + SOLE.

Commercialisé:
Frais: entier et vidé; en filets.
Congelé: entier et vidé; en filets.
Conserve: filets cuisinés en sauces variées.

Voir aussi + SOLE.

D Seezunge, Zunge	**DK** Tunge, søtunge	**E** Lenguado
GR Glóssa	**I** Sogliola	**IS** Sölflúra
J	**N** Tunge	**NL** Tong, (Keinetong = slips)
P Linguado	**S** Sjötunga, äkta tunga	**TR** Dil
YU List		

222 CONCH — LAMBIS 222
STROMBUS spp.
BUSYCON spp.

(Atlantic – N. America)   (Atlantique – Amérique du Nord)

Mollusc, similar to + WINKLE.   Mollusque, semblable au + BIGORNEAU.

D	**DK**	**E**
GR	**I** Buccina	**IS**
J Sodegai	**N**	**NL**
P	**S** Vingsnäcka	**TR** Migri
YU		

223 CONDENSED FISH SOLUBLES — SOLUBLES DE POISSON 223

The aqueous portion of the press liquor produced during manufacture of fish meal (stickwater) from which some of the moisture has been evaporated to give a thick syrup containing usually 40–50% of solids; may be marketed as such or may be added back to press cake before drying to give a WHOLE FISH MEAL or FULL FISH MEAL. See also + WHOLE MEAL.

Partie aqueuse du liquide exprimé par pression pendant la fabrication de la farine de poisson, qui après évaporation de l'eau donne un sirop épais contenant de 40 à 50% de solides; peut être commercialisé tel quel, ou ajouté au gâteau de presse, avant séchage, pour obtenir une FARINE DE POISSON ENTIÈRE ou COMPLÈTE.
Voir aussi + FARINE COMPLÈTE.

D Eingedickte Fisch-solubles	**DK** Fish-solubles, limvandskoncentrat	**E** Solubles de pescado
GR	**I** Solubili condensati di pesce	**IS** Soðkjarni
J Nôshuku fuisshu soryûburu	**N** Limvannskonsentrat	**NL** Persvocht concentraat
P Solutos condensados de peixe	**S** Limvattenkoncentrat	**TR**
YU Koncentrat otpadne vode		

224 CONGER — CONGRE 224
CONGRIDAE

(Cosmopolitan)   (Cosmopolite)

Also known as CONGER EEL, which particularly refer to:

Et plus particulièrement les espèces:

Conger conger

(Atlantic – Europe)   (Atlantique – Europe)   [CONTD.

224 CONGER (Contd.) / CONGRE (Suite) 224

Conger oceanicus

(Atlantic – N. America) / (Atlantique – Amérique du Nord)

Marketed: / **Commercialisé:**
Fresh: / **Frais:**
Smoked: hot-smoked, mostly in pieces. / **Fumé:** principalement en morceaux, fumés à chaud.

Semi-preserved: e.g. in jelly; see + KOCHFISCHWAREN. / **Semi-conserve:** par ex. en gelée; voir + KOCHFISCHWAREN.

D Congeraal, Meeraal, Conger	**DK** Havål	**E** Côngrio
GR Mougrí (dógros)	**I** Grongo	**IS** Hafáll
J Anago	**N** Havål	**NL** Zeepaling, kommeraal, congeraal
P Congro, safio	**S** Havsål	**TR** Miğri
YU Ugor		

225 COQUINA CLAM 225

Donax variabilis

(a) COQUINA CLAM
(Atlantic – N. America)
Also called WEDGE SHELL.

(a)
(Atlantique – Amérique du Nord)

Donax trunculus

(b) WEDGE SHELL
(Atlantic/Mediterranean)

(b) OLIVE DE MER
(Atlantique/Méditerranée)

D (a) Trogmuschel (b) Stumpfmuschel	**DK**	**E** Coquina
GR Kohíli	**I** Tellina	**IS**
J Fujinohanagai	**N**	**NL** Zaagje
P Cadelinha	**S**	**TR**
YU Kunjka		

226 CORAL / CORAIL 226

(i) Soft greenish-black ovary of ripe female lobster; turns red when cooked; used for making sauce.

(i) Ovaire gris sombre de homard femelle, devenant rouge après cuisson; utilisé dans la préparation de sauces.

(ii) In France, "corail" also refers to the orangey parts (gonads) of coquilles Saint-Jacques and other scallops (*Pecten* spp).

(ii) En France, le "corail" désigne les gonades, couleur orange, des coquilles St-Jacques et d'autres espèces *Pecten*.

(iii) In Spain, "corales" also generally refers to cooked eggs of all edible crustaceans.

(iii) En Espagne, "corales" désigne généralement les œufs cuits de tout crustacé comestible.

D	**DK**	**E** Coral
GR	**I** Corallo	**IS**
J	**N**	**NL** Koraal
P Coral	**S**	**TR**
YU		

227 CORNED ALEWIVES (U.S.A.) 227

Alewives lightly salted in a mixture of salt and brine, after gutting and washing, then packed in salt in barrels.

Gaspareaux légèrement salés dans un mélange de sel et de saumure, après avoir été vidés et lavés, puis mis en barils recouverts de sel.

See also + ALEWIFE.

Voir aussi + GASPAREAU.

227.1 CORVINA — CORVINA 227.1

Name used in many countries and languages but for different species.

Ce terme utilisé dans de nombreux pays s'applique à des espèces différentes.

See + DRUM + CROAKER.

Voir + TAMBOUR.

228 COUCH'S SEA BREAM — PAGRE 228
Sparus pagrus

Also called BRAIZE; + SCUP (Argentina). Voir + DORADE.

- **D** Sackbrasse
- **GR** Phágri, Mertzáni
- **J**
- **P** Pargo-legítimo
- **YU** Pagar crvenac
- **DK**
- **I** Pagro
- **N**
- **S**
- **E** Pargo
- **IS**
- **NL** Zakbaars
- **TR** Mercan, kirma

229 COUNT — MOULE 229

Number of fish or shellfish per unit of weight.

In France the term "moule" refers to the number of fish per kilogram and is only used for *clupeidae*.

Nombre de poissons ou coquillages par unité de poids.

En France, le terme "moule" se réfère au nombre de poissons par kilogramme et s'emploie uniquement pour les *Clupéidae*.

- **D** Anzahl Fische im Kilo
- **GR**
- **J**
- **P** Múle: numero de peixes por quilograma
- **YU** Broj riba u 1 kg pecatura
- **DK** Antal fisk pr kg
- **I** Numero dei pesci per chilogramma
- **N** Antal fisk pr kg
- **S** Antal fisk per kg
- **E** Numero de peces por kilo
- **IS** Fjöldi fiska i vogeiningu
- **NL** Aantal vissen in een kilo
- **TR**

230 COURT-BOUILLON (France) — COURT-BOUILLON (France) 230

Stock consisting of salt water, spices, vegetables, vinegar and sometimes white wine, used for cooking fish.

Bouillon composé d'eau salée, d'épices, de légumes, de vinaigre, éventuellement de vin blanc, servant à la cuisson du poisson.

- **D** Fischbrühe, Fischbouillon
- **GR**
- **J**
- **P** Caldo de peixes
- **U**
- **DK**
- **I** Court-bouillon
- **N**
- **S**
- **E**
- **IS**
- **NL** Court-bouillon
- **TR**

231 CRAB — CRABE 231

The name crab is used in connection with a great number of decapod crustaceans of the families *Cancridae* (including *Cancer* spp.), *Portunidae* (including *Callinectes* spp.): *Majidae*, *Xanthidae*, etc.

On appelle crabe un grand nombre de crustacés décapodes de la famille des *Cancridae* (comprenant les espèces *Cancer*), des *Portunidae* (comprenant les espèces *Callinectes*), des *Majidae*, des *Xanthidae*, etc.

The most important species are listed under their individual names:

Les espèces principales sont répertoriées individuellement:

Callinectes sapidus

(a) + BLUE CRAB
(Atlantic – U.S.A.)

(a) + CRABE BLEU
(Atlantique – E.U.)

NEPTUNUS spp.
CHARYBDIS spp.

(Pacific – Japan)

(Pacifique – Japon)

[CONTD.

231 CRAB (Contd.)   CRABE (Suite) 231

Carcinus maenas

(b) + COMMON SHORE CRAB   (b) + CRABE VERT
(Atlantic/Mediterranean)   (Atlantique/Méditerranée)
Also called GREEN SHORE CRAB.

Cancer magister

(c) + DUNGENESS CRAB   (c) + DORMEUR DU PACIFIQUE
(Pacific)   (Pacifique)
Also called MARKET CRAB in California.

Cancer pagurus

(d) + EDIBLE CRAB   (d) + TOURTEAU
(Europe)   (Europe)

Paralithodes camchaticus

(e) + KING CRAB   (e) + CRABE ROYAL
(Pacific – N. America/   (Pacifique– Amérique du Nord)
Japan/U.S.S.R.)   Japon/U.R.S.S.)

Maia squinado

(f) + SPINOUS SPIDER CRAB   (f) + ARAIGNÉE DE MER
(Europe)   (Europe)

Portunus puber

(g) + SWIMMING CRAB   (g) + ÉTRILLE
(Europe)   (Europe)

Portunus pelagicus

(h) SAND CRAB   (h)
(Australia)   (Australie)

Scylla serrata

(j) MUD CRAB   (j)
(Australia/New Zealand)   (Australie/Nouvelle-Zélande)

LIMULUS spp.

(k) HORSESHOE CRAB   (k) LIMULE
(N. America)   (Amérique du Nord)
Might also be called + KING CRAB.

Cancer borealis

(l) JONAH CRAB   (l) CRABE
(N. America)   (Amérique du Nord)

Erimacrus isenbeckii

(m) KEGANI (Japan)   (m) (Japon)

Cancer irroratus

(n) ROCK CRAB   (n) CRABE
(Atlantic – N. America)   (Atlantique – Amérique du Nord)

Menippi mercenaria

(o) STONE CRAB   (o)
(Atlantic – N. America)   (Atlantique – Amérique du Nord)

CHIONOECETES Spp
Chioncecetes opilio
Chionoecetes bairdii
Chionoecetes tanneri

(p) SNOW CRAB   (p)
(Pacific – Japan)   (Pacifique – Japon)
Also called TANNER CRAB, QUEEN CRAB (*Chionoecetes tanneri*).
  TANNER CRAB is called ZUWA!GANI in Japan where it is one of the important species for the production of crab meat.   TANNER CRAB est appelé ZUWAIGANI au Japon où il représente l'une des principales espèces utilisées pour la production de chair de crabe.

[CONTD.

231 CRAB (Contd.)   CRABE (Suite) 231
Geryon quinquedens

(q) RED CRAB

Main forms of marketing:
Live:
Fresh: cooked whole crab; cooked meat; picked meat in iced container; dressed crab (white meat, brown meat with bread or cereal filler, and seasoning).
Frozen: cooked whole crab; cooked meat.
Canned: white meat, sometimes with butter; and prepared dishes, e.g. CRAB NEWBURG, and smoked crab legs (U.S.A.); cooked crab meat is also packed unprocessed in sealed cans.
Pastes: from fresh or smoked meat, in cans or jars, sometimes mixed with other spp., e.g. lobster; pastes may also be described as pâtes or spreads, depending on composition of mixture.
Soup: canned.
Shells: used for fish meal manufacture.

Note: Distinction should be made between white meat (muscle) and brown meat (liver and gonads).
See also + CRAB MEAT, + DRESSED CRAB.

Principales formes de commercialisation:
Vivant:
Frais: crabe entier cuit; chair cuite; chair dans de la glace; crabe paré (chair blanche et brune avec une garniture à base de céréales et assaisonée).
Congelé: crabe entier cuit; chair cuite.
Conserve: chair blanche, parfois avec du beurre; plats cuisinés, ex.: CRABE NEWBURG, et pattes de crabe fumées (E.U.); la chair du crabe cuite peut être mise en boîte au naturel.
Pâtes: à base de chair fraîche ou fumée, en boîtes ou en bocaux, parfois mélangée, avec du homard par exemple; la consistance des pâtes dépend de la composition du mélange.
Soupe: en conserve.
Carapaces: servent à la fabrication de farine de poisson.

Note: Il faut distinguer la chair blanche (muscles) de la chair brune (foie et gonades).
Voir aussi + CHAIR DE CRABE, + CRABE PARÉ.

D Kurzschwanz-Krebs	**DK** Krabbe		**E** Cangrejo	
GR Kávouras	**I** Granchio		**IS** Krabbi	
J Kani	**N** Krabbe		**NL** Krab	
P Caranguejo	**S** Krabba		**TR** Yengeç, ćağanoz	
YU Rak			(b) pavurya	

For (a) to (g) see under these items.

Pour (a) à (g) voir les rubriques individuelles.

231 (k)

D Pfeilschwanz-Krebs	**DK**	**E**
GR	**I** Ferro di cacallo	**IS**
J	**N**	**NL**
P	**S** Dolksvans	**TR**
YU		

232 CRAB CAKES   BEIGNETS DE CRABE 232

Fish cakes prepared from crab meat, bread crumbs, butter, eggs, seasoning, etc. and fried in deep fat (U.S.A.).

Préparés avec la chair du crabe, de la chapelure des œufs, un assaisonnement, etc. et frits à la grande friture (E.U.).

D	**DK**	**E** Pastelillos de cangrejo
GR	**I** Focacce di granchi	**IS**
J	**N**	**NL**
P Bolos de caranguejos	**S** Krabbkaka	**TR** Böcek
YU Kolači od raka		

233 CRAB MEAT

In international trade, the term CRAB MEAT designates canned white meat. (The colour is usually white except for red pigmented muscle meat from legs and chelae.)

The most important species used are: + EDIBLE CRAB, + DUNGENESS CRAB, + KING CRAB, + BLUE CRAB, + TANNER CRAB.

In U.K. both white and brown meat are marketed, the latter being used especially as raw material by crab paste manufacturers.

Distinguish from + DRESSED CRAB.

See also + CRAB.

CHAIR DE CRABE 233

Dans le commerce international, le terme CHAIR DE CRABE désigne la chair blanche en boîte (chair généralement blanche, sauf celle des pattes pigmentée de rouge).

Les principales espèces utilisées sont le + TOURTEAU, le crabe + DORMEUR, le + CRABE ROYAL, le + CRABE BLEU.

En Grande-Bretagne, les chairs blanches et brunes sont toutes deux commercialisées, la dernière surtout comme matière première pour la fabrication de pâte de crabe.

Ne pas confondre avec + CRABE PARÉ.

Voir aussi + CRABE.

D Krabbenfleisch, Crabmeat
DK Krabbekød
E
GR
I Carne di granchi
IS
J Kani-niku
N
NL Krabbenvlees
P Carne de caranguejo
S Krabbkött
TR Yengeç eti
YU

234 CRAPPIE

(Freshwater – N. America)

Belonging to the family *Centrarchidae* (see + SUNFISH).

CRAPET 234

(Eaux douces – Amérique du Nord)

De la famille des *Centrarchidae*.

Pomoxis annularis

(a) WHITE CRAPPIE
Also called CALICO BASS.

(a) CRAPET CALICOT

Pomoxis nigromaculatus

(b) BLACK CRAPPIE
(b)

235 CRAWFISH

The name CRAWFISH properly refers to *Palinurus*, *Panulirus* and *Jasus* spp. (seawater species), and is synonymously used to + SPINY LOBSTER and + ROCK LOBSTER; these species might, however, also be designated by + CRAYFISH, which should properly refer to *Cambarus* and *Astacus* spp. (freshwater species).

In international statistics, the following terminology has been adopted:

LANGOUSTE 235

Le terme LANGOUSTE s'applique aux espèces *Palinurus*, *Panulirus* et *Jasus* (espèces marines), alors que les ÉCREVISSE (espèces d'eau douce) désignent les espèces *Cambarus* et *Astacus*.

PALINURUS spp.
PANULIRUS spp.

+ SPINY LOBSTER
+ LANGOUSTE

JASUS spp.

TROPICAL ROCK LOBSTER
+ LANGOUSTE
(Australia)
ROCK LOBSTER

These species might also be called SPRING LOBSTER or LANGOUSTE.

The most important are listed below:
Ci-dessous, les principales espèces:

(a) + SPINY LOBSTER
(a) + LANGOUSTE

Palinurus vulgaris

(Europe)
(Europe)

[CONTD.

235 CRAWFISH (Contd.)

(N. and S. America –
Atlantic)

Panulirus argus

(N. America – Pacific)

Panulirus interruptus

(Africa)

Palinurus mauretanicus

(Japan)

Panulirus regius
Panulirus japonicus

(Australia)
(known as WESTERN CRAYFISH)

Panulirus longipes cygnus
Panulirus versicolor

(known as PAINTED CRAYFISH)

Panulirus ornatus

(b) + ROCK LOBSTER

Jasus lalandii

(South Africa –
Atlantic/Indian Ocean)

(Australia/New Zealand)
(known as EASTERN ROCK LOBSTER
in Australia and PACKHORSE, ROCK
LOBSTER in New Zealand.)

Jasus verreauxi

(Australia)
(known as SOUTHERN ROCK LOBSTER)

Jasus novaehollandiae

(New Zealand)
(known as SPINY ROCK LOBSTER)

Jasus edwardii

LANGOUSTE (Suite) 235

(Amérique du Nord et du Sud –
Atlantique)

(Amérique du Nord – Pacifique)

(Afrique)

(Japon)

(Australie)

(b) + LANGOUSTE

(Afrique du Sud –
Atlantique/Océan indien)

(Australie/Nouvelle-Zélande)

(Australie)

(Nouvelle-Zélande)

Marketed:
Live: whole.
Fresh: whole, or tails, or shelled meats, raw or cooked; see also + CRAWFISH SOUP.
Frozen: tails or shelled meats.
Canned: meats.
Pastes: see + CRAWFISH BUTTER.
Meal: see + CRAWFISH MEAL.

Commercialisé:
Vivant: entier.
Frais: entier, ou queues, ou chair décortiquée crue ou cuite; voir aussi + SOUPE DE LANGOUSTE.
Congelé: queues ou chair décortiquée.
Conserve: chair.
Pâtes: voir + BEURRE DE LANGOUSTE.
Farine: voir + FARINE DE LANGOUSTE.

D Languste		**DK** Languster	**E** Langosta	
GR Astakos		**I** Aragosta	**IS** Humar	
J Iseebi		**N** Languster	**NL** Langoesten	
P Lagosta		**S** Languster	**TR** Böcek	
YU Jastog				

236 CRAWFISH BUTTER

Precooked crawfish meat or meal mixed with butter fat; sterilized (in cans or jars; similar to + ANCHOVY BUTTER).

BEURRE DE LANGOUSTE 236

Chair ou farine de langouste cuite et mélangée avec du beurre; stérilisée (en boîtes ou en bocaux; préparation semblable à celle du + BEURRE D'ANCHOIS).

D	**D**	**E**	
GR	**I** Burro d'aragosta	**IS**	
J	**N**	**NL** Langoesten-boter	
P Pasta de lagosta	**S**	**TR**	
YU			

237 CRAWFISH MEAL

Dried and ground crawfish waste (shells, claws, meat); mixed with salt and spices to CRAWFISH SOUP POWDER or CRAWFISH FLOUR (finely ground).

FARINE DE LANGOUSTE 237

Déchets de langouste (carapaces, pattes, miettes de chair) séchés, broyés et mélangés, avec du sel et des épices, à la POUDRE DE SOUPE DE LANGOUSTE ou à la POUDRE DE LANGOUSTE (finement broyée).

- **D** Krebsmehl
- **GR**
- **J**
- **P** Farinha de lagosta
- **YU** Brašno od jastoga
- **DK**
- **I** Farina di aragoste per mangime
- **N**
- **S** Langustmjöl
- **E** Harina de langosta
- **IS** Humarmjöl
- **NL** Langoestenboter
- **TR**

238 CRAWFISH SOUP

Prepared from meat or from ground claws etc., may be canned; also dehydrated and marketed as powder.

See + CRAWFISH MEAL.

SOUPE DE LANGOUSTE 238

Préparée avec la chair de la langouste ou avec les pattes broyées; peut être mise en conserve; déshydratée, elle est commercialisée sous forme de poudre.

Voir + FARINE DE LANGOUSTE.

- **D** Krebs-suppe
- **GR**
- **J**
- **P** Sopa de lagosta
- **YU** Juha od rakova
- **DK**
- **I** Zuppa di aragosta
- **N**
- **S** Langustsoppa
- **E** Sopa de langosta
- **IS** Humarsúpa
- **NL** Langoestensoep
- **TR**

239 CRAWFISH SOUP EXTRACT

CRAWFISH BUTTER mixed with lard, flour, salt and spices.

EXTRAIT DE SOUPE 239 DE LANGOUSTE

BEURRE DE LANGOUSTE mélangé avec du saindoux, de la farine, du sel et des épices.

- **D** Krebs-suppenextrakt
- **GR**
- **J**
- **P** Extracto de sopa de lagosta
- **YU** Ekstrakt juhe rakova
- **DK**
- **I** Estratto di zuppa di aragoste
- **N**
- **S** Langustsoppsextrakt
- **E** Extracto de sopa de langosta
- **IS**
- **NL** Langoestensoep extract
- **TR**

240 CRAYFISH BISQUE

Canned, prepared from freshwater sp., using crayfish meat, butter and flour together with a variety of seasoning.

See + BISQUE.

BISQUE D'ÉCREVISSES 240

Préparée avec de la chair d'écrevisses (espèces d'eau douce), du beurre, de la farine ainsi que des assaisonnements variés.
Commercialisée en conserve.

Voir + BISQUE.

- **D**
- **GR**
- **J**
- **P** Guizado de lagostim
- **YU** Konzervirani riječni rak
- **DK**
- **I** Crema di gamberidi fiume
- **N**
- **S** Kräftsoppa
- **E** Sopa de cangrejos de rio
- **IS**
- **NL** Kreeftensoep
- **TR**

241 CRAYFISH / ÉCREVISSE 241

The name CRAYFISH properly refers to various freshwater lobsters of *Cambarus* and *Astacus* spp.; it should not be confused with seawater species (see + CRAWFISH).

Le mot désigne différents crustacés d'eau douce des espèces *Cambarus* et *Astacus*.

CAMBARUS spp.

(a) Freshwater — N. America (Eastern part)   (a) Eaux douces — Amérique (Nord-Est)

ASTACUS spp.

(b) Freshwater — N. America (Western part)   (b) Eaux douces — Amérique (Nord-Ouest)

Astacus astacus or/ou *Astacus fluviatilis*

(c) Freshwater — Europe   (c) Eaux douces — Europe

Euastacus armatus

(d) MURRAY CRAYFISH
   (Freshwater — Australia)   (d) (Eaux douces — Australie)

Cherax destructor

(e) YABBIE
   (Freshwater — Australia)   (e) (Eaux douces — Australie)

Cherax tenuimanus

(f) MARRON
   (Freshwater — Australia)   (f) (Eaux douces — Australie)

(g) FRESHWATER CRAYFISH
   In New Zealand, refers to *Paranephrops* species.

(g) En Nouvelle-Zélande s'applique aux espèces *Paranephrops*.

Marketed alive or fresh, also frozen, dried to powder; canned as + CRAYFISH BISQUE.

Commercialisée vivante ou fraîche, congelée, séchée en poudre; + BISQUE D'ÉCREVISSES en conserve.

D (a) Flusskrebs
    Amerikanischer Flusskrebs
    (c) Edelkrebs, Flusskrebs
DK (c) Krebs, flodkrebs
E Camarón (South America)
    Cangrejo de rio
GR Karavída
I Gambero di fiume
IS Fljótakrabbi
J Zarigani
N Ferskvannskreps
NL Rivierkreeft, zoetwaterkreeft
P Lagostim-do-rio
S Kräftor,
    (c) flodkräfta (kräftor)
TR Kerevit
YU Potočni (riječni)

242 CREVALLE JACK / CARANGUE CREVALLE 242

Caranx hippos

(Atlantic — N. America)   (Atlantique — Amérique du Nord)

Also called CREVALLE; which name might also refer to *Caranx crysos*.
See + JACK.

Voir aussi + CARANGUE.

243 CRIMSON SEA BREAM 243

EVYNNIS spp.

(Japan)   (Japon)

Belongs to the family *Sparidae* (see + SEA BREAM).

De la famille des *Sparidae* (voir + DORADE).

Important food fish in Japan.
Marketed fresh, sometimes frozen.

Très important au Japon.
Commercialisé frais, parfois surgelé.

J Chidai, hirekodai

244 CROAKER

SCIAENIDAE

(Cosmopolitan)
Sciaenidae are also referred to as + DRUM.

(a) + ATLANTIC CROAKER
(N. and S. America)

(b) + BLACK CROAKER
(Pacific – Japan/N. America)

(c) + WHITE CROAKER
(Pacific – Japan/N. America)

(d) YELLOW CROAKER
(Japan)

(e) CORB
(Atlantic/Mediterranean)

(f) YELLOWFIN CROAKER
(Pacific – N. America)

(g) (Atlantic – W. Africa)

(h) (Pacific – S. America)

To this family belong also the *Menticirrhus* spp. (see + KING WHITING) and *Cynoscion* spp. (see + WEAKFISH).

244 TAMBOUR

(Cosmopolite)
Aussi appelé MAIGRE.

Micropogon undulatus
(a) +
(Amérique Nord et Sud)

Argyrosomus nibe
Cheilotrema saturnum
(b) +
(Pacifique – Japon/Amérique du Nord)

Argyrosomus argentatus
Genyonemus lineatus
(c) +
(Pacifique – Japon/Amérique du Nord)

Pseudosciaena manchurica
(d) +
(Japon)

Umbrina cirrosa
(e) OMBRINE
(Atlantique/Méditerranée)

Umbrina oncador
(f)
(Pacifique – Amérique du Nord)

Otholitus nebulosus
(g) (Atlantique – Afrique Ouest)

Paralonchurus peruanus
(h) (Pacifique – Amérique du Sud)

Les genres *Menticirrhus* et *Cynoscion* appartiennent également à la famille des Sciaenidae.

D Adlerfisch		**DK** Ørnefisk		**E** Corbina	
GR Kránios		**I** Scienidi		**IS**	
J Guchi, ishimochi, nibe		**N**		**NL** Ombervis	
P Corvina, roncador		**S** Havsgös		**TR** Iskine, mavrusgil balığı	
YU					

245 CROWN BRAND

Official mark applied to barrels of pickle cured herring packed in Scotland and N.E. England to indicate that contents conformed to regulations governing size, condition and cure. Although Crown Branding is no longer practised, the terms used for individual brands are still sometimes used to designate the nature of the product. The specifications were:

LA FULL: Full of milt or roe and not less than 11¼ inches long.
FULL: Full of milt or roe and not less than 10¼ inches long.
MATFULL: Full of milt or roe and not less than 9¼ inches long.
MEDIUM: Maturing or filling fish not less than 9¼ inches long and with the long gut removed.
MATTIE: Not less than 9 inches long and with the long gut removed.
See + HARD SALTED HERRING.

245

Marque officielle s'appliquant aux barils contenant des harengs préparés en Ecosse et dans le Nord-Est de l'Angleterre, pour indiquer que le contenu est conforme aux règlementations fixant la taille, le conditionnement et le traitement. Quoique ce marquage ne soit plus en vigueur, les termes utilisés pour les différentes marques le sont encore pour désigner la nature du produit. Les spécifications étaient les suivantes :

LA FULL: Harengs avec laitance ou rogue, d'au moins 11¼ pouces de long.
FULL: Harengs avec laitance ou rogue, d'au moins 10¼ pouces de long.
MATFULL: Harengs avec laitance ou rogue, d'au moins 9¼ pouces de long.
MEDIUM: Jeune hareng plein, d'au moins 9¼ pouces de long, éviscéré.
MATTIE: Hareng d'au moins 9 pouces de long, éviscéré.
Voir + HARENG FORTEMENT SALÉ.

246 CRUCIAN CARP

Carassius carassius

(Freshwater – Europe/Asia)
  Belonging to the family *Cyprinidae* (see + CARP).
  One of the most important freshwater fishes in Japan.
  For marketing forms see + CARP.

D Karausche	**DK** Karudse	**E** Carpin
GR Petaloúda	**I** Carossio	**IS**
J Funa	**N** Karuss	**NL** Kroeskarper
P Pimpão	**S** Ruda	**TR** Kırmızı balık
YU Karas		

CYPRIN 246

(Eaux douces – Europe/Asie)
  De la famille des *Cyprinidae* (voir + CARPE).
  Parmi les plus importants poissons d'eau douce, au Japon.
  Pour la commercialisation, voir + CARPE.

247 CUCKOO RAY

Raja naevus

(North Sea/Irish Sea)
  Also called BUTTERFLY SKATE.
  See also + RAY and + SKATE.

D Kuckucks-rochen	**DK** Pletrokke	**E** Raya santiaguesa
GR Sálahi, raía	**I** Razza fiorita	**IS**
J	**N**	**NL** Koekoeksrog
P Raia-de-dois-olhos	**S** Blomrocka, fläckrocka	**TR** Vatoz
YU Raža smedja		

RAIE FLEURIE 247

(Mer du Nord/M. d'Irlande)

Voir aussi + RAIE.

248 CUMMALMUM (India)

Sundried BONITO.

CUMMALMUM (Inde) 248

BONITE séché au soleil.

249 CUNNER

Tautogolabrus adspersus

(Atlantic – U.S.A.)
  Belonging to the family *Labridae* (see + WRASSE).
  Also called PERCH, SEA PERCH, BLUE PERCH, CHOGSET.

TANCHE-TAUTOGUE 249

(Atlantique – E.U.)
  De la famille des *Labridae* (voir + LABRE).

250 CUSK

Name used in N. America and in ICNAF Statistics for + TUSK (*Brosme brosme*): for more details, see there.

250

Voir + BROSME.

251 CUSK EEL

OPHIDIIDAE

(Cosmopolitan)

D	**DK**	**E** Doncella
GR	**I** Gallettos	**IS**
J	**N**	**NL**
P Cobra-do-mar	**S**	**TR** Kayiş
YU Hujke		

DONSELLE 251

(Cosmopolite)

252 CUT HERRING

Headless pickle cured and spice cured herring: also called CLIPPED HERRING.
See + NOBBING.

Hareng étêté, salé à sec et conditionné en saumure épicée.
Voir + ÉVISCÉRATION.

- **D**
- **GR**
- **J**
- **P** Arenque cortado
- **YU**
- **DK** Hovedskåret sild
- **I** Aringhe decapitate in salamoia
- **N** Hodekappet sild
- **S** Huvudskuren sill
- **E** Arenque descabezado en salmuera
- **IS** Cutsíld, (hausskorin síld)
- **NL** Gepekelde en gekruide ontkopte haring
- **TR** Ayıklanmış ringa

253 CUTLASSFISH — POISSON-SABRE

General name for the family *Trichiuridae* (Cosmopolitan), but particularly refers to *Trichiurus* spp.

Désigne de façon générale la famille des *Trichiuridae* (Cosmopolite), mais plus particulièrement les espèces *Trichiurus*.

Trichiurus lepturus

(a) ATLANTIC CUTLASSFISH
(N. America)

(a)
(Amérique du Nord)

Trichiurus nitens

(b) PACIFIC CUTLASSFISH
(N. America/Japan)
Also called HAIRTAIL or SILVER EEL.
Marketed fresh in Japan, also used as raw material for + PEARL ESSENCE.

(b)
(Amérique du Nord/Japon)

Commercialisés frais au Japon; constituent la matière première pour la fabrication d' + ESSENCE D'ORIENT.

To this family belong also:

De la même famille:

Lepidopus xantusi

(c) + SCABBARDFISH
(Pacific — N. America)

(c) + JARRETIÈRE
(Pacifique — Amérique du Nord)

Lepidopus caudatus

(d) + FROSTFISH
(Cosmopolitan in warm seas)

(d) + COUTELAS
(Cosmopolite, mers chaudes)

- **D** Haarschwanz
- **GR** Spathópsaro, ílios
- **J** Tachiuo, tachi-no-uo
- **P** Lírio (a)
- **YU** Zmijičnjak (a)
- **DK** Hårhale
- **I** Pesce coltello
- **N** Trådstjert
- **S** Hårstjärt (a)
- **E** Pez sable
- **IS**
- **NL** (a) Zilverbandvis (Sme.)
- **TR** Kılkuyruk

254 CUTLET

(i) Term used for BLOCK FILLET: see + FILLETS.
(ii) Other term for + STEAK.

Le terme "CUTLET" (anglais) s'applique aux:
(i) FILET DOUBLE et
(ii) + TRANCHE.

255 CUT LUNCH HERRING

Marinated split herring, with skin on and bone left in, cut into small "bite-size" pieces and packed with vinegar or wine sauces.
    SEMI-PRESERVED, also with preserving additives.

Hareng tranché et mariné, avec la peau et les arêtes, coupé en "bouchées" et couvert de vinaigre ou de sauces au vin.
    SEMI-CONSERVE, parfois avec adjonction d'antiseptiques.

[CONTD.

255 CUT LUNCH HERRING (Contd.) (Suite) 255

- **D** Delikatess-herings-happen
- **DK**
- **E**
- **GR**
- **I** Aringhe al vino
- **IS**
- **J**
- **N**
- **NL** Gemarineerde sneedjes haring
- **P** Arenque cortado
- **S**
- **TR**
- **YU**

256 CUT SPICED HERRING 256

Small slices of filleted and skinned herring, cured in salt, sugar and spices like + ANCHOSEN, and packed in brine with vinegar, sugar and spices.

SEMI-PRESERVE, also with preserving additives.

See also + GAFFELBIDDER.

Petites tranches de hareng fileté et sans peau, macérées dans du sel, du sucre et des épices, comme les + ANCHOSEN, puis recouvertes de saumure vinaigrée, sucrée et épicée.

SEMI-CONSERVE, parfois avec adjonction d'antiseptiques.

Voir aussi + GAFFELBIDDER.

- **D** Gabelbissen
- **DK** Gaffelbidder
- **E**
- **GR**
- **I** Aringhe alle spezie
- **IS**
- **J**
- **N** Gaffel biter
- **NL** Gekruide sneedjes haringfilet
- **P** Arenque cortado com especiarias
- **S** Skivsill
- **TR**
- **YU**

257 CUTTLEFISH SÈCHE 257

SEPIA spp.
SEPIOLA spp.

(Cosmopolitan) (Cosmopolite)

Sepia officinalis

(a) CUTTLEFISH (a) SÈCHE (ou SEICHE)
(Atlantic/Mediterranean) (Atlantique/Méditerranée)

Sepiola rondeleti

(b) LITTLE or LESSER CUTTLEFISH (b) SÉPIOLE
(Atlantic/Mediterranean) (Atlantique/Méditerranée)

Rossia macrosoma

(c) ROSS CUTTLE (c)
(Mediterranean) (Méditerranée)

Used commercially in much the same manner as the + SQUID.

Commercialisée de façon analogue au + CALMAR.

- **D** Sepia,
  (a) Gemeiner Tintenfisch
  (b) Zwerg-sepia
- **DK** Blæksprutte
- **E** Jibia
  (b) globito, chopo
- **GR** Soupiá
  (b) soupítsa
- **I** Seppia (b) seppiola
  (c) seppiola grossa
- **IS** Smokkfiskur, kolkrabbi
- **J** Ko-ika, Ma-ika
- **N** Blekksprut
- **NL** Inktvis
- **P** Choco
- **S** Bläckfisk,
  (b) liten bläckfisk
- **TR** Sübye, sepya, mürekkep balığı
- **YU** Sipa, (b) sipica, bobica

258 DAB / LIMANDE 258

Limanda limanda

(a) (a) COMMON DAB
(N. Atlantic/North Sea)
Also called GARVE, GARVE FLUKE, SAND DAB, DAB SOLE.

Marketed:
Fresh: whole gutted.
Frozen: whole gutted.
Smoked: whole gutted and headed fish, salted and hot-smoked.

(a) (a) LIMANDE COMMUNE
(Atlantique Nord/Mer du Nord)

Commercialisé:
Frais: entier vidé.
Congelé: entier, vidé.
Fumé: poisson entier, êtêté et vidé, salé et fumé à chaud.

Limanda herzensteini

(b) MAGAREI (Japan)   (b) MAGAREI (Japon)

Limanda ferruginea

(c) + YELLOWTAIL FLOUNDER
(Atlantic – N. America)

(c) + LIMANDE À QUEUE JAUNE
(Atlantique – Amérique du Nord)

D Scharbe, Kliesche	**DK** Ising, slette	**E** Limanda, limanda nordica
GR Chromatida	**I** Limanda	**IS** Sandkoli
J Karei	**N** Sandflyndre	**NL** Schar
P Solhão	**S** Sandskädda	**TR** Pisi balığı
YU Iverak		

(b) Name also used for + AMERICAN PLAICE (*Hippoglossoides platessoides*)

(b) Le nom "DAB" (anglais) s'applique aussi au + BALAI (*Hippoglossoides platessoides*).

259 DAENG (Philippines)

Gutted, split MILKFISH (*Chanidae*) or + INDIAN MACKEREL (*Rastrelliger* spp.) brined and sun-dried.

DAENG (Philippines) 259

CHANIDÉ (*Chanidae*) ou + MAQUEREAU DU PACIFIQUE (espèce *Rastrelliger*) tranché, vidé, saumuré puis séché au soleil.

J Saba hiraki boshi

260 DANUBE SALMON / HUCHON ou SAUMON DU DANUBE 260

Hucho hucho

(Danube and tributaries)   (Danube et ses affluents)

Hucho taimen

(East Russia and Siberia)   (Russie orientale et Sibérie)

D Huchen, Sibirischer Huchen	**DK**	**E**
GR	**I** Salmone del danubio	**IS**
J	**N**	**NL** Donauzalm
P	**S** Danube	**TR** Alabalık türü
YU		

261 DATE SHELL / DATTE DE MER 261

Lithophaga lithophaga

(Atlantic/Mediterranean)   (Atlantique/Méditerranée)

D Meerdattel	**DK**	**E** Dátil de mar
GR Lithóphagos, daktíli	**I** Dattero di mare	**IS**
J Ishimate	**N**	**NL** Zeedadel
P Mixilhão-africano	**S**	**TR**
YU Prstać, kamenotoč		

262 DEEP-WATER PRAWN   CREVETTE NORDIQUE 262
Pandalus borealis

(N. Atlantic/Pacific – Europe/N. America/Japan/U.S.S.R.)

In North America, this species is mainly designated as + PINK SHRIMP; also called DEEP-WATER RED SHRIMP.

See also + PRAWN, + SHRIMP, + PINK SHRIMP.

(Atlantique Nord/Pacifique – Europe/Amérique du Nord/Japon/U.R.S.S.)

En Amérique du Nord, cette espèce est appelée communément + CREVETTE ROSE.

Voir aussi + CREVETTE, + CREVETTE ROSE.

- **D** Tiefseegarnele
- **GR** Garída
- **J** Hokkokuakaebi
- **P** (Camarão)
- **YU** Kozica
- **DK** Dybhavsreje
- **I** Gamberello boreale
- **N** Dypvanns reke, dyphavs reke, reke
- **S** Nordhavsräka
- **E** Camarón
- **IS** Kampalampi
- **NL** Noorse garnaal
- **TR**

263 DEHYDRATED FISH   POISSON DÉSHYDRATÉ 263

Originally fish that had been dried under controlled conditions to a predetermined moisture content as opposed to fish that had been dried by exposure to natural climatic conditions or (in Canada) by use of mechanical drying equipment.

The term is now generally synonymous with + DRIED FISH. In France the term "déshydraté" is used for dried fish of low water content.

See also + FREEZE DRYING.

Poisson partiellement séché, sous contrôle.

A distinguer du poisson séché par exposition au soleil ou au vent, ou dans des séchoirs mécaniques (au Canada).

Le terme est souvent employé comme synonyme de + POISSON SÉCHÉ. En France, le terme "déshydraté" s'applique au poisson séché dont la teneur en eau est faible.

Voir aussi + CRYODESSICATION.

- **D**
- **GR**
- **J** Dassui-gyo, jinkô-kansô-gyo
- **P** Peixe desidratado
- **YU** Osušena riba, dehidrirana riba
- **DK** Kungstigt tørret fisk
- **I** Pesce disidratato
- **N** Kunstig tørket fisk
- **S** Artificiellt torkad fisk
- **E** Pescado deshidratado
- **IS** Hús-þurrkaður fiskur
- **NL** Kunstmatig gedroogde vis
- **TR** Susuz balık

264 DELICATESSEN FISH PRODUCTS   DELICATESSEN 264

Fish products prepared usually with salt, vinegar and spices, having a limited storage life and usually ready for consumption without further preparation.

E.g. From herring:
DELICATESSILD (Norway)
DELIKATESILL (Sweden)
DELIKATESSILD (Germany).
SEMI-PRESERVES. also with preserving additives.

See also + ANCHOSEN (Germany).

The term may also apply to any smoked or salted fish product that is ready-to-eat.

In Germany Delicatessen fish products with special flavouring agents (mayonnaise, rémoulades or special spiced brine) are called FEINMARINADEN, raw material often + MATJE CURED HERRING (ii).

Produits à base de poisson, préparés d'habitude avec du sel, du vinaigre et des épices, ayant une durée de conservation limitée et géneralement prêts à être consommés sans autre préparation.

Ex. : À base de hareng :
DELICATESSILD (Norvège)
DELIKATESILL (Suède)
DELIKATESSILD (Allemagne).
SEMI-CONSERVES, avec parfois addition d'antiseptiques.

Voir aussi + ANCHOSEN (Allemagne).

Le terme peut s'appliquer à tout produit de pêche fumé ou salé prêt à la consommation.

En Allemagne, les Delicatessen préparés avec de la mayonnaise, en rémoulade ou en saumure aromatisée sont appelés FEINMARINADEN ; le produit cru + MATJE CURED HERRING (ii).

- **D** Fischfeinkost-Erzeugnisse
- **GR**
- **J**
- **P** Semi-conserva de peixe
- **YU** Delikatesni proizvod
- **DK**
- **I** Semi-conserve di pesce
- **N**
- **S** Fiskinläggningar
- **E**
- **IS**
- **NL** Visdelikatessen
- **TR**

265 DESCARGAMENTO (Spain)

Lean meat from area of backbone of unspawned tuna, or any portions of flesh of spawned tuna, except belly flesh.

See + MOJAMA (Spain).

DESCARGAMENTO (Espagne) 265

Chair maigre autour de la colonne vertébrale du thon avant la fraie, ou toute partie de la chair du thon, après la fraie, à l'exception de la paroi abdominale.

Voir + MOJAMA (Espagne).

266 DEVILFISH   MANTE 266

(i) *Mobula mobular*
(Atlantic/Mediterranean)
belonging to the *Mobulidae* which also generally might be called DEVILFISH (see + MANTA).

D	Kleiner Teufels-Rochen	DK	Djævlerokke
GR	Seláhi kephalóptero	I	Diavolo di mare
J		N	
P	Diabo-do-mar	S	
YU	Golub uhan		
E	Manta		
IS			
NL	Kleine duivelsrog		
TR			

(ii) Name used for + ANGLERFISH (*Lophius* spp.).

(iii) Name also used for + OCTOPUS (*Polypus* spp.).

(i) *Mobula mobular*
(Atlantique/Méditerranée)
de la famille des *Mobulidae*; aussi appelée DIABLE DE MER (voir + MANTE).

(ii) Le terme "DEVILFISH" (anglais) s'applique aussi aux *Lophius* sp. (voir + BAUDROIE) et

(iii) *Polypus* sp. (voir + POULPE).

267 DICED FISH   POISSON EN CUBES 267

Fish flesh cut into small cubes.

Chair de poisson coupée en petits cubes.

D	In Würfeln zerteilter Fisch	DK	Fisk i terninger
GR		I	Filetti di pesce a dadi
J	Kakugiri	N	
P	Carne de peixe em cubos	S	Fisktärningar
YU	Kocke od mesa ribe		
E			
IS	Bita-skorinn fiskur		
NL	Visblokjes		
TR			

268 DIGBY CHICK   268

+ RED HERRING prepared at Digby, Nova Scotia. Herring less than 8 inches (20 cm) in length.

+ HARENG ROUGE, préparé à Digby Nouvelle-Ecosse. Hareng d'une longueur inférieure à 8 pouces (20 cm).

269 DINAILAN (Philippines)   DINAILAN (Philippines) 269

SHRIMP PASTE made from very small crustaceans, sun-dried for one day, ground and pounded for two more days, then formed into cylinders or cubes.

PÂTE DE CREVETTES faite avec de très petits crustacés, séchée au soleil pendant une journée; et deux jours encore après avoir été broyée et pilée; ensuite moulée en forme de cylindres ou de cubes.

270 DJIRIM (U.S.S.R.)   DJIRIM (U.R.S.S.) 270

Heavily salted and dried flesh of sturgeon: inferior form of + BALIK.

Chair d'esturgeon fortement salée et séchée; qualité inférieure du + BALIK.

271 DOGFISH — AIGUILLAT 271

The name DOGFISH applies to a number of different families and species of the order *Squaliformes* (*Selachii*), which are generally referred to as + SHARK: dogfish particularly applies to the families *Squalidae* and *Scyliorhinidae* and to the *Mustelus* spp. of the family *Trichidae*, but some of these might also be called SHARK.

Le terme CHIEN DE MER désigne un certain nombre de familles et espèces différentes, de l'ordre des *Squaliformes* (*Selachii*) généralement appelés + REQUIN; "aiguillat" s'applique particulièrement aux familles des *Squalidae*.

SQUALIDAE

The most important species are listed below;
(i) (in N. America these are generally referred to as DOGFISH SHARK);

Principales espèces ci-dessous:
(i) (En Amérique du Nord, généralement appelés CHIEN DE MER):

Squalus acanthias

(a) + PICKED DOGFISH
(Atlantic/Pacific – Europe/N. America)

In New Zealand commonly named SPIKY DOGFISH.

In N. America commonly named SPINY or SPRING DOGFISH.

(a) + AIGUILLAT COMMUN
(Atlantique/Pacifique – Europe/Amérique du Nord)

Squalus cubensis

(b) CUBAN DOGFISH
(Atlantic – N. America)

(b)
(Atlantique – Amérique du Nord)

Squalus blainvillei

(c) NORTHERN DOGFISH
(Cosmopolitan in temperate and warm seas)

(c)
(Cosmopolite, eaux chaudes ou tempérées)

Centroscyllium fabricii

(d) BLACK DOGFISH
(Atlantic – N. America)

(d) AIGUILLAT NOIR
(Atlantique – Amérique du Nord)

(e) Other species of the family *Squalidae* are referred to as sharks: see + SPINY SHARK, + GREENLAND SHARK, + HUMANTIN.

(e) D'autres espèces de la famille des *Squalidae* sont appelées requins; voir + CHENILLE, + LAIMARGUE, + CENTRINE.

D Dornhai, Dornfisch
GR Skylópsaro
J Same
P Galhudo
YU Psi, kostelj

DK Pighaj
I Gattuccio
N Pigghå
S Haj, (a) pigghaj

E Galludo, mielga
IS Háfur
NL Doornhaai (a)
TR Köpek balığı

See under the individual entries.

Voir les rubriques individuelles.

(ii) (in N. America these are generally referred to as CAT SHARK);

(ii) (En Amérique du Nord généralement appelés REQUIN-TAPIS):

Galeus melastomus

(a) + BLACK-MOUTHED DOGFISH
(Atlantic/Mediterranean)

(a) + CHIEN ESPAGNOL
(Atlantique/Méditerranée)

Scyliorhinus stellaris

(b) + LARGER SPOTTED DOGFISH
(Atlantic/Mediterranean)

(b) + GRANDE ROUSSETTE
(Atlantique/Méditerranée)

Scyliorhinus canicula

(c) + LESSER SPOTTED DOGFISH
(N. Atlantic/North Sea)

(c) + PETITE ROUSSETTE
(Atlantique Nord/Mer du Nord)

[CONTD.

271 DOGFISH (Contd.) **AIGUILLAT** (Suite) **271**

Scyliorhinus retifer

(d) CHAIN DOGFISH (d)
  (Atlantic – N. America)   (Atlantique – Amérique du Nord)
  Other species of this family might be
  referred to as sharks, see e.g. + BROWN
  CAT SHARK.

D Katzenhai	**DK** Rødhaj	**E** Gata
GR	**I**	**IS**
J	**N** Rødhå	**NL** Hondshaai
P Pata roxa	**S** Rödhaj	**TR** Kedi
YU Mačke		

See under the individual entries.   Voir les rubriques individuelles.

MUSTELUS spp.

(iii) + SMOOTH HOUND (iii) + EMISSOLE
  (Atlantic/Mediterranean/Pacific –   (Atlantique/Méditerranée/Pacifique –
  Europe/N. America)   Europe/Amérique du Nord)
  See under this entry.

272 DOLLY VARDEN **DOLLY VARDEN 272**

Salvelinus malma

(Pacific/Freshwater – N. America)   (Eaux douces/Pacifique – Amérique du Nord)
  Also called DOLLY VARDEN TROUT   Appelé aussi OMBLE DU PACIFIQUE.
(CHAR), SALMON TROUT, BULL TROUT.
  The name SALMON TROUT may, however,
also refer to + BROOK TROUT (*Salvelinus
fontinalis*).
  See also + CHAR.   Voir aussi + OMBLE.

273 DOLPHINFISH **DORADE TROPICALE 273**

CORYPHAENIDAE

(Tropical and subtropical water)   (Eaux tropicales et subtropicales)
  Also known as DORADO.   Aussi appelée CORYPHÈNE.

Coryphaena hippurus

(a) (a) CORYPHÈNE
  (Atlantic/Mediterranean/Pacific –   (Atlantique/Méditerranée/Pacifique –
  Europe/America)   Europe/Amérique)

Coryphaena equisetis

(b) POMPANO DOLPHIN (b)
  (Atlantic – America)   (Atlantique – Amérique)

D Goldmakrele	**DK** Guldmakrel	**E** Lampuga, dorado
GR Kynygós	**I** Lampuga	**IS**
J Shiira	**N**	**NL** Haangstaartvis,
		dolfijnvis (Sme.),
		(a) goudmakreel
P Doirada	**S** Guldmakrill	**TR**
YU Pučinka skakavica,		
lampuga		

274 DOLPHIN **DAUPHIN 274**

DELPHINIDAE
DELPHINAPTERIDAE

(Cosmopolitan)   (Cosmopolite)

Delphinus delphis delphis

(a) + COMMON DOLPHIN (a) + DAUPHIN COMMUN
  (Cosmopolitan)   (Cosmopolite)

Tursiops truncatus

(b) + BOTTLE-NOSED DOLPHIN (b) + DAUPHIN À GROS NEZ
  (Cosmopolitan)   (Cosmopolite)

[CONTD.

274 DOLPHIN (Contd.)

Cephalorhynchus heavisidei

(c) HEAVISIDE'S DOLPHIN
(Southern Seas)

Grampus griseus

(d) + RISSO'S DOLPHIN
(Cosmopolitan)

Lagenorhynchus albirostris

(e) + WHITE BEAKED DOLPHIN
(N. Atlantic)

Lagenorhynchus acutus

(f) + WHITE-SIDED DOLPHIN
(N. Atlantic)

Lagenorhynchus obscurus

(g) + DUSKY DOLPHIN
(S. Atlantic)

Delphinapterus leucas

(h) + BELUGA WHALE
(Arctic)

The possibilities of commercial exploitation of the dolphins have been examined: they are a possible source of meat, of leather and of body oils.

Salted and dried, see + MUSCIAM.

274 DAUPHIN (Suite)

(c)
(Mers du Sud)

(d) + DAUPHIN GRIS
(Cosmopolite)

(e) + DAUPHIN À NEZ BLANC
(Atlantique Nord)

(f) + DAUPHIN À FLANCS BLANCS
(Atlantique Nord)

(g) +
(Atlantique Sud)

(h) + DAUPHIN BLANC
(Arctique)

Les possibilités commerciales d'exploitation des dauphins ont été essayées; ils sont une source possible de viande, de cuir et d'huile.

Salé et séché, voir + MUSCIAM (Italie).

D Delphin
GR Delphíni
J I ru ka
P Golfinho
YU Pliskavica, dupin, pliskavica dobra

DK Delfin
I Delfino
N Delfin
S Delfin

E Delfine
IS Höfrungur
NL Dolfijn
TR Yunus

275 DORADE

DORADE in French designates species of the family *Sparidae* (+ SEA BREAM): the name might also be used in English for various species of this family, e.g. COMMON SEA BREAM and + GILT HEAD BREAM.

DORADE 275

Terme recommandé en France pour les *Sparidae* (voir + DORADE); aussi employé au Royaume-Uni, pour ces espèces, ex. PAGRE COMMUN (DORADE) et DORADE (ROYALE).

276 DOUBLE-LINED MACKEREL

Grammatorcynus bicarinatus

(Indo-Pacific)
Used as MACKEREL.

J Nijôsaba

(Indo-Pacifique)
Commercialisé comme le MAQUEREAU.

277 DOVER SOLE

(i) In U.K. one of the recommended trade names for + COMMON SOLE (*Solea vulgaris vulgaris*), belonging to the family *Soleidae* (see + SOLE).
(ii) In North America refers to *Microstomus pacificus* (Pacific), belonging to the family *Pleuronectidae* (see + FLOUNDER).
This species is also called SLIPPERY SOLE, SLIME SOLE; SHORT-FINNED SOLE.

Marketed fresh or frozen (whole and fillets).

SOLE 277

(i) *Solea vulgaris vulgaris* de la famille des *Soleidae* (voir + SOLE).

(ii) En Amérique du Nord s'applique au *Microstomus pacificus* (Pacifique) qui appartient à la famille des *Pleuronectidae* voir + FLET.

Commercialisée fraîche ou congelée (entière ou en filets).

D (ii) Pazifische Limande

278 DRESSED CRAB

White and brown meat extracted from the cooked whole crab (the latter mixed with bread crumbs or cereal filler), seasoned and laid out attractively in the cleaned carapace shell, marketed fresh or frozen; also canned (in Norway for canned dressed crab, minimum crab content is 90% of weight).

Similar preparation of other crustacean, e.g. DRESSED LOBSTER.

In U.S. dressed crab is usually whole-cooked crab with viscera and gills removed.

See also + CRAB MEAT.

CRABE PARÉ 278

Chair blanche et brune extraite du crabe, après cuisson (mélangée avec de la chapelure ou des céréales) assaisonnée, puis remise dans la carapace nettoyée. Produit commercialisé frais, congelé ou en conserve (en Norvège, le contenu minimum en crabe du produit en conserve, est de 90% du poids).

Préparation analogue pour tout autre crustacé, ex. HOMARD PARÉ.

Aux E.U. le crabe paré est généralement cuit après avoir été vidé et éviscéré.

Voir aussi + CHAIR DE CRABE.

279 DRESSED FISH

(i) Fish ready prepared for cooking, or special preparation for good presentation (France). Also called PAN-READY, KITCHEN READY FISH.

(ii) In U.S.; dressed fish usually scaled, gutted, headed, with tail and fins removed: might also be used synonymously for gutted or eviscerated fish.

(iii) The term "dressed" is also used in connection with crab, etc.

See + DRESSED CRAB.

POISSON PARÉ 279

(i) Poisson déjà préparé pour la cuisson, ou préparation pour une belle présentation (France).

(ii) Aux Etats-Unis le poisson paré est généralement écaillé, vidé, débarrassé de la tête, de la queue et des nageoires; aux Etats-Unis, le terme "DRESSED FISH" peut aussi être synonyme de poisson vidé ou éviscéré.

(iii) Le terme "paré" s'applique également au crabe, au homard, etc.

Voir + CRABE PARÉ.

D Bearbeiteter Fisch
GR
J Doressu
P Peixe amanhado
YU Očišćena riba, dresirana riba

DK Køkkenklar fisk
I Pesce pulito
N Renset fisk
S Fisk färdig för kokning eller stekning

E
IS Snyrtur fiskur
NL Panklare vis
TR

280 DRESSED GREEN FISH
(North America)

Split fish ready for washing and salting. Also called GREEN FISH FROM THE KNIFE.

See also + SPLIT FISH.

POISSON TRANCHÉ 280

Poisson déjà vidé, fendu, prêt à être lavé et salé.

Voir aussi + SPLIT FISH (anglais)

D Aufgeschnittener Fisch
GR Petáli
J Hiraki
P Peixe amanhado em verde
YU

DK Flækket fisk
I Pesce sventrato
N Flekket fisk
S Fläkt fisk

E Pescado abierto
IS Flattur fiskur
NL Opengesneden vis voor de zouterij
TR

281 DRIED FISH

Fish preserved by removal of sufficient moisture to retard or prevent the growth of bacteria and moulds. Bacterial activity ceases when the water content is less than about 25%. Moulds cannot grow when the water content is below about 15% (e.g. + SUN-DRIED, + WIND-DRIED FISH).

See also + DEHYDRATED FISH, + FREEZE DRYING.

POISSON SÉCHÉ 281

Poisson dont la teneur en eau a été abaissée pour retarder ou empêcher la contamination par les bactéries et les moisissures. L'activité bactériologique s'arrête quand la teneur en eau est inférieure à 25% environ. Les moisissures ne peuvent se développer quand la teneur en eau est inférieure à 15% environ (ex.: + POISSON SÉCHÉ AU SOLEIL, + ... AU VENT).

Voir aussi + POISSON DÉSHYDRATÉ, + CRYODESSICATION.

[CONTD.

281 DRIED FISH (Contd.)

In Japan the term "KANSEI-HIN" applies to dried products including fish. NAMABOSHI (Japan) is a half dried product, usually salted, with a moisture of about 65% (see e.g. + NAMARIBUSHI).

POISSON SÉCHÉ (Suite) 281

Au Japon, le terme "KANSEI-HIN" s'applique à tout produit séché, y compris le poisson. NAMABOSHI (Japon) est un produit demi-séché, habituellement salé, avec une teneur en eau de 65% (voir par exemple + NAMARIBUSHI).

- **D** Trockenfisch
- **GR**
- **J** Gyorui kansei-hin, sakana no himono
- **P** Peixe seco
- **YU** Prosušena riba, sušena riba
- **DK** Tørret fisk
- **I** Pesce secco
- **N** Tørrfisk
- **S** Torkad fisk, torrfisk
- **E** Pescado secado
- **IS** Harðfiskur, skreið, þurrfiskur
- **NL** Gedroogde vis
- **TR** Kurutulmuş balık

282 DRIED SALTED FISH

Fish preserved by a combination of salting and drying: applies mostly to non-fatty fish, particularly cod, ling, coalfish, haddock, hake and tusk: e.g. + KLIPFISH or + BACALAO (Spain).

The Japanese term applies to fatty and non-fatty fish (see + SHIOBOSHI).

POISSON SALÉ SÉCHÉ 282

Poisson conservé par association du salage et du séchage; s'applique surtout aux poissons maigres, morue, lingue, lieu noir, églefin, merlu: ex. + KLIPFISCH ou + BACALAO (Espagne).

Le terme japonais s'applique aux poissons gras et maigres (voir + SHIOBOSHI).

- **D** Trockenfisch
- **GR** Apexiraméno alatisméno psári
- **J** Shioboshi, enkan-gyo
- **P** Peixe salgado e seco
- **YU** Sušena i soljena riba
- **DK** Saltet, tørret fisk
- **I** Pesce salato e seccato
- **N** Tørket saltfisk
- **S** Klippfisk, kabeljo, saltlånga
- **E** Pescado salado y seco
- **IS** Þurrkaður saltfiskur
- **NL** Gedroogde gezouten vis
- **TR** Tuzla kurutulmuş balık

283 DRUM

SCIAENIDAE

(Cosmopolitan)

Sciaenidae are also referred to as + CROAKER.

TAMBOUR 283

(Cosmopolite)

Aussi appelé MAIGRE.

Pogonias cromis

(a) + BLACK DRUM
(Atlantic – N. America)

(a) + GRAND TAMBOUR
(Atlantique – Amérique du Nord)

Sciaenops ocellatus

(b) + RED DRUM
(Atlantic – N. America)

(b) +
(Atlantique – Amérique du Nord)

Argyrosomus regius

(c) + MEAGRE
(Cosmopolitan)

(c) + MAIGRE
(Cosmopolite)

Aplodinotus grunniens

(d) + SHEEPSHEAD
(Freshwater – N. America)

(d) + MALACHIGAN
(Eaux douces – Amérique du Nord)

Argyrosomus hololepidotus

(e) + KABELJOU
(S. Africa)

(e) +
(Afrique du Sud)

[CONTD.

283 DRUM (Contd.)   TAMBOUR (Suite) 283

Sciaena gilberti

(f) + CORVINA   (f)
(Pacific – Peru/Korea)   (Pacifique – Pérou/Corée)

Sciaena antarctica

(g) MULLOWAY   (g)
(Australia)   (Australie)

Marketed as fresh fish.   Commercialisé frais.

The *Sciaenidae* also include *Cynoscion* spp. (see + WEAKFISH) and *Menticirrhus* spp. (see + KING WHITING).   La famille des *Sciaenidae* comprend aussi les espèces *Cynoscion* et *Menticirrhus*.

- **D** Adlerfisch
- **GR** Kránios
- **J** Ishimochi, guchi, nibe
- **DK** Ørnefisk
- **I** Scienidi
- **N**
- **E** Corbina
- **IS**
- **NL** Ombervis
  - (b) rode trommelvis
  - (c) noordelijke koningvis
  - (d) zoetwater trommelvis
- **P** Corvina roncádor
- **YU**
- **S** Havsgös
- **TR** Işkine

---

284 DRY SALTED FISH   POISSON SALÉ À SEC 284

Fish that have been cured by stacking split fish and dry salt in alternate layers so that the pickle which is formed can drain off freely (to be distinguished from + DRIED SALTED FISH); applies to both fatty and non-fatty fish. Process called DRY CURE or DRY SALT. If applied to non-fatty fish, also called + KENCH CURE.

See also + SALT CURED FISH, which is a more general term for fish cured by salt.

Poisson qu'on a fait macérer en plaçant des couches alternées de poisson tranché et de sel sec de telle façon que la saumure formée puisse s'écouler (ne pas confondre avec + POISSON SALÉ SÉCHÉ); s'applique aussi bien aux poissons gras que maigres.

Voir aussi + POISSON SALÉ.

- **D** Trockensalzung
- **GR**
- **J** Maki-shio-zuke, Furi-shiozuke
- **P** Peixe salgado a seco
- **YU** Suho soljena riba
- **DK** Tørsaltet fisk
- **I** Pesce salato a secco
- **N** Tørrsaltet fisk
- **S** Torrsaltad fisk
- **E** Pescado seco salado
- **IS** Þurrsaltaður fiskur
- **NL** Drooggezouten vis
- **TR** Tuzlu kuru balık

---

285 DRY SALTED HERRING   HARENG SALÉ À SEC 285

Herring cured with dry salt in watertight tanks for at least six days, drained of pickle for 24 hours, firmly packed in boxes and thoroughly sprinkled with dry salt.

Hareng salé avec du sel sec dans des récipients étanches pendant au moins six jours, égoutté pendant 24 heures, puis pressé dans des caisses après avoir été abondamment saupoudré de sel sec.

- **D** Salzhering aus Landsalzung
- **GR**
- **J** Shio-nishin, enzô-nishin
- **P** Arenque seco salgado
- **YU** Suho soljena heringa
- **DK**
- **I** Aringa secca salata
- **N** Tørrsaltet sild
- **S** Lakefri saltsill
- **E** Arenque seco salado
- **IS**
- **NL** Droog. nagezouten, steurharing
- **TR** Tuzlu kuru ringa

286 DULSE

Rhodymenia palmata

(Atlantic)
One of the RED ALGAE, washed and dried and eaten as a delicacy; also used for animal feeding stuffs (Scandinavia).

(Atlantique)
ALGUE ROUGE, lavée et séchée; consommée en hors-d'oeuvre; également utilisée pour la nourriture du bétail (Scandinavie).

- **D**
- **GR**
- **J**
- **P** Alga vermelha
- **YU** Vrsta crvene alge
- **DK** Rødalge
- **I** Alga rossa
- **N** Søl
- **S** Rödsallat
- **E** Alga roja
- **IS** Söl
- **NL**
- **TR**

287 DUNGENESS CRAB — DORMEUR DU PACIFIQUE 287

Cancer magister

(Pacific)
Also called PACIFIC EDIBLE CRAB. For marketing details see + CRAB. Also called MARKET CRAB in California.

(Pacifique)
Crabe comestible dont les formes de commercialisation sont détaillées sous + CRABE. Aussi appelé MARKET CRAB en Californie.

- **D** Pazifischer Taschenkrebs
- **GR**
- **J**
- **P**
- **YU**
- **DK**
- **I**
- **N**
- **S**
- **E** Cangrejo dungeness
- **IS**
- **NL**
- **TR**

288 DUSKY DOLPHIN

Lagenorhynchus obscurus

(S. Atlantic)
See also + DOLPHIN.

(Atlantique Sud)
Voir aussi + DAUPHIN.

- **D** Dunkler Delphin

289 DUSKY SEA PERCH — MÉROU 289

Epinephelus gigas or/ou *Epinephelus guaza*

(Atlantic/Mediterranean)
Commercially important in Spain.
See + SEA PERCH and + GROUPER.

(Atlantique/Méditerranée)
Commercialement important en Espagne.
Voir + MÉROU.

- **D** Riesen-Zackenbarsch
- **GR** Rophós
- **J**
- **P** Mero
- **YU** Kirnja
- **DK**
- **I** Cernia
- **N**
- **S**
- **E** Mero
- **IS**
- **NL** Tandbaars
- **TR** Sari hani orfoz

290 DUSKY SHARK — REQUIN OBSCUR 290

Carcharhinus obscurus

(Atlantic – N. America)
See + REQUIEM SHARK.

(Atlantique – Amérique du Nord)
Voir + MANGEUR D'HOMMES.

291 DUTCH CURED HERRING

Herring gibbed and salted at sea and repacked ashore: method used in several other countries, see e.g. + MILKER HERRING (U.S.A.), BRAILLES (France).

See also + SALTED ON BOARD.

- **D** Salzhering
- **GR**
- **J**
- **P** Arenque de cura holandesa
- **YU** Heringa soljena holandskim načinom
- **DK** Søsaltet sild
- **I** Aringhe all'olandese
- **N** Hollandsk-behandlet sild
- **S** Sjösaltad sill
- **E** Arenque salado
- **IS** Skúfflud sild
- **NL** Hollandse pekelharing
- **TR**

HARENG SALÉ À LA HOLLANDAISE 291

Hareng vidé et étêté, salé en mer et conditionné à terre ; méthode employée dans certains autres pays, voir par ex. + MILKER HERRING (E.U.), BRAILLES (France).

Voir aussi + SALÉ À BORD.

292 EAGLE RAY

MYLIOBATIDAE

(Cosmopolitan) (Cosmopolite)

Examples are ;

Myliobatis aquila

(a) EAGLE RAY (European) (a) AIGLE DE MER
(Atlantic/Mediterranean) (Atlantique/Méditerranée – Europe)

Myliobatis goodei

(b) SOUTHERN EAGLE RAY (b)
(Atlantic – N. America) (Atlantique – Amérique du Nord)

Aetobatus narinari

(c) SPOTTED EAGLE RAY (c)
(Atlantic – N. America) (Atlantique – Amérique du Nord)

Pteromylaeus bovinus

(d) BULL RAY (d) MOURINE VACHETTE
(Atlantic/Mediterranean) (Atlantique/Méditerranée)

Myliobatis freminvillei

(e) BULLNOSE RAY (e)
(Atlantic – N. and S. America) (Atlantique – Amérique du Nord et du Sud)

See also + RAY. Voir aussi + RAIE.

AIGLE DE MER 292

- **D** Adlerrochen
- **GR** Aetós, helidóna
- **J** Tobiei
- **P** Ratão
- **YU** Golub
- **DK** Ørnerokke
- **I** Aquila di mare
  (d) vaccarella
- **N** Ørneskater
- **S** (a) Örnrocka
  (b) leopardrocka
- **E** Aguila de mar,
  (a) chucho
- **IS**
- **NL** Duivelsrog
  (a) arendskoprog,
  chuchu aquila (Ant.)
- **TR** Folya, fulya

293 EDIBLE CRAB

Cancer pagurus

(Europe) (Europe)

For marketing details see + CRAB. Pour les formes de commercialisation, voir + CRABE.

- **D** Taschenkrebs
- **GR**
- **J**
- **P** Sapateira
- **YU**
- **DK** Taskekrabbe
- **I** Granciporro
- **N** Krabbe, taskekrabbe
- **S** Krabba, krabbtaska
- **E** Buey
- **IS** Töskukrabbi
- **NL** Noordzeekrab, hoofdkrab
- **TR** Asil pavurya, yengeç

TOURTEAU 293

294 EEL / ANGUILLE 294
ANGUILLIDAE

(Seas and Freshwater – Cosmopolitan)   (Eaux de mer et eaux douces – Cosmopolite)

Anguilla anguilla

(a) + EUROPEAN EEL   (a) + ANGUILLE D'EUROPE
     (Mediterranean to Arctic)   (de la Méditerranée à l'Arctique)

Anguilla rostrata

(b) + AMERICAN EEL   (b) ANGUILLE D'AMÉRIQUE
     (Atlantic/Freshwater – N. America)   (Atlantique/Eaux douces – Amérique du Nord)

Anguilla japonica

(c) + JAPANESE EEL   (c) + ANGUILLE DU JAPON
     (Japan)   (Japon)

Anguilla australis

(d) SHORT-FINNED EEL   (d)
     (Australia/New Zealand)   (Australie/Nouvelle-Zélande)

Anguilla dieffenbachii

(e) LONG-FINNED EEL   (e)
     (New Zealand)   (Nouvelle-Zélande)

Variation in appearance at different times has led to a number of popular names; the LARGER YELLOW EEL is also known as BROAD-NOSED EEL, FROG-MOUTHED EEL; the SILVER EEL (breeding dress) is also called SHARP-NOSED EEL. Recommended trade name: EEL.

Young eel called: + ELVER.

Les changements d'aspect, suivant les saisons, ont valu à l'anguille de nombreaux noms populaires.

+ CIVELLE est le nom du jeune de l'anguille d'Europe.

Marketed:

Live:
Fresh: whole or as fillets.
Frozen: whole or as fillets.
Smoked: whole gutted hot-smoked, after preliminary salting and drying, larger eels are sometimes sliced into small steaks before hot-smoking on trays; also hot-smoked fillets.
Jellied: small steaks are boiled in a solution of vinegar, salt and spices, and packed after cooling into jelly with a little vinegar, sometimes with other flavouring ingredients. Sometimes pieces are cooked in salt water and gelatin, then packed in aspic, without addition of vinegar.
Fried and vinegar cured: small skinned pieces are washed, dredged in salt and cooked in butter or edible oil, then covered by a vinegar sauce with spices and seasoning, or edible oil; e.g. see + AALBRICKEN.
Canned: smoked, jellied and vinegar cured eels may be canned, but usually are SEMI-PRESERVES; broiled, seasoned and canned (Japan), see + KABAYAKI.

For similar spp. + CONGER and + MORAY.

Commercialisé:

Vivant:
Frais: entier ou en filets.
Congelé: entier ou en filets.
Fumé: entier, vidé et fumé à chaud après salage et séchage préliminaires; les plus grosses anguilles sont parfois découpées en tranches avant d'être fumées à chaud sur claies; également en filets fumés à chaud.
En gelée: les tranches sont cuites au court-bouillon et, après refroidissement, mises en gelée avec un peu de vinaigre et autres aromates; parfois cuites dans de l'eau salée avec de la gélatine, puis mises en aspic sans addition de vinaigre.
Frit et préparé au vinaigre: de petits morceaux sans peau sont lavés, saupoudrés de sel et frits au beurre ou à l'huile, puis couverts de sauce vinaigrée, épicée et assaisonnée; ex. voir + AALBRICKEN.
Conserve: les anguilles fumées, en gelée, au vinaigre, peuvent être mises en conserve, mais généralement SEMI-CONSERVES; grillées, assaisonnées, et mises en conserve (Japon), voir + KABAYAKI.

+ CONGRE et + MURÈNE sont des espèces semblables.

D Aal, Flussaal		**DK** Ål		**E** Anguila
GR Chéli		**I** Anguilla		**IS** Áll
J Unagi		**N** Ål		**NL** Paling, aal
P Eiró		**S** Ål		**TR** Yılan balığı
YU Jegulja				

295 EELPOUT
ZOARCIDAE
LYCODE 295

General name for the family.
(Cosmopolitan) (Cosmopolite)

Zoarces viviparus

(a) EELPOUT (a) LOQUETTE
   (Europe) (Europe)
   Also called GUFFER EEL

Macrozoarces americanus

(b) OCEAN POUT (b) LOQUETTE D'AMÉRIQUE
   (Atlantic – N. America) (Atlantique – Amérique du Nord)
   Also called SEA POUT, MUTTONFISH.

D (a) Aalmutter	**DK** Ålekvabbe	**E**
GR	**I**	**IS** Mjósi
J	**N** (b) Ålekone	**NL** (a) Puitaal, magge
P	**S** Tånglake, ålkusa	**TR**
YU Živorodac		

296 ELECTRIC RAY
TORPEDINIDAE
TORPILLE 296

(Cosmopolitan) (Cosmopolite)
Belonging to the *Rajiformes*. De la famille des *Rajiformes*.

Torpedo torpedo or/ou *Torpedo ocellata* or/ou *Torpedo narke*

(a) EYED ELECTRIC RAY (a) TORPILLE TACHETÉE
   (Atlantic/Mediterranean) (Atlantique/Méditerranée)

Torpedo marmorata

(b) MARBLED ELECTRIC RAY (b) TORPILLE MARBRÉE
   (Atlantic/Mediterranean) (Atlantique/Méditerranée)

Torpedo nobiliana

(c) DARK ELECTRIC RAY (c) TORPILLE NOIRE
   (Atlantic/Mediterranean – (Atlantique/Méditerranée –
   Europe/N. America) Europe/Amérique du Nord)
   In North America called
   ATLANTIC TORPEDO or DARK TORPEDO

Narcine brasiliensis

(d) LESSER ELECTRIC RAY (d)
   (Atlantic – N. America) (Atlantique – Amérique du Nord)

Torpedo californica

(e) PACIFIC ELECTRIC RAY (e)
   (Pacific – N. America) (Pacifique – Amérique du Nord)
   See also + RAY. Voir aussi + RAIE.

D Zitterrochen	**DK** Elektrisk rokke	**E** Tremielga
GR Moudiástra, narki	**I** Torpedine	**IS** Hrökkviskata
J Shibire-ei	**N**	**NL** Sidderrog
P Tremelga	**S** Darrocka, elektriskrocka	**TR** Uyuşturan, elektrik balığı
YU Drhtulja		

297 ELEGANT BONITO
Gymnosarda elegans
297

(Australia) (Australie)
   Also called WATSON'S BONITO,
WATSON'S LEAPING BONITO.
   See + TUNA. Voir + THON.

P Atum-dente-de-cão

298 ELEPHANTFISH
Callorhynchus callorhynchus

(Atlantic/Pacific – S. America) (Atlantique/Pacifique – Amérique du Sud)

In New Zealand refers to *Callorhynchus millii*.

- **D** Elephantfisch
- **E** Foca

299 ELVER
CIVELLE

Young + EEL; used for food. Marketed alive or canned (cooked in hot brine and covered with oil).

Jeune de l' + ANGUILLE; aussi appelé PIBALLE. Commercialisée vivante ou en conserve (cuite au court-bouillon et couverte d'huile).

- **D** Glasaal
- **GR**
- **J** Meso, mesoko, mosokko, mekko
- **P** Angulha
- **YU**
- **DK** Glasål
- **I** Cieche
- **N** Gulål
- **S** Glasål
- **E** Angula
- **IS** Gleráll
- **NL** Glasaal
- **TR**

300 EMPEROR
LETHRINUS spp.

(Indian Ocean – Australia) (Océan indien – Australie)

- **J** Kuchibi-dai
- **P** Passarinho

301 ENGLISH SOLE
Parophrys vetulus

(Pacific – N. America) (Pacifique – Amérique du Nord)

Belonging to the family *Pleuronectidae*.

Might also be called + LEMON SOLE, COMMON SOLE, CALIFORNIA SOLE.

Marketed: fresh and frozen.

In New Zealand, the term ENGLISH SOLE refers to *Peltorhamphus novaezealandiae*.

See also + SOLE.

De la famille des *Pleuronectidae*.

Commercialisée fraîche ou surgelée.

Voir aussi + SOLE.

- **I** Sogiola limanda del pacifico

302 ENSHÔ-HIN (Japan)
ENSHÔ-HIN (Japon)

Fermented products such as + SHIOKARA.

Produits fermentés, tels que le + SHIOKARA.

303 ESCABECHE (Spain)
ESCABÈCHE (Espagne)

(i) Sauce prepared from vinegar, oil, wine and various spices and flavouring ingredients: used especially in Spanish speaking countries. Very similar to + MARINADE (France).

(ii) Small fish fried and covered with ESCABECHE (Spain).

(i) Sauce à base de vinaigre, d'huile, de vin, d'épices et d'aromates variés; en usage surtout dans les pays de civilisation espagnole. Très semblable à la + MARINADE.

(ii) Petits poissons frits et recouverts de sauce ESCABÈCHE (Espagne).

- **D** Marinade
- **GR**
- **J**
- **P** Escabeche
- **YU**
- **DK** Marinade
- **I** Scabeccio
- **N** Marinade
- **S** Marinad
- **E** Escabeche
- **IS**
- **NL** Marinade
- **TR**

304 EULACHON
EULACHON 304

Thaleichthys pacificus

(Pacific/Freshwater – N. America)
Marketed locally fresh, smoked, and as food for fur-bearing animals.

Also called CANDLEFISH, SMELT.
See + SMELT.

S Eulachonen

(Pacifique/Eaux douces – Amérique du Nord)
Commercialisé pour la consommation locale: frais, fumé et pour la nourriture des animaux à fourrure.

Voir + EPERLAN.

305 EUROPEAN EEL
ANGUILLE D'EUROPE 305

Anguilla anguilla

(Arctic to Mediterranean)
Also called RIVER EEL.
Ways of marketing: see + EEL.

(De l'Arctique à la Méditerranée)
Aussi appelée ANGUILLE DE RIVIÈRE.
Pour la commercialisation, voir + ANGUILLE.

D Europäischer Aal
GR Chéli
J
P Enguia, eiró
YU Jegulja

DK Ål
I Anguilla
N Ål
S Ål, europeisk sötvattenål

E Anguila
IS Áll
NL Paling, aal
TR

306 EUROPEAN LOBSTER
HOMARD EUROPÉEN 306

Homarus gammarus or/ou *Homarus vulgaris*

(Atlantic – Europe)
For marketing, see + LOBSTER.

(Atlantique – Europe)
Pour la commercialisation, voir + HOMARD.

D Hummer
GR Astakós
J
P Lavagante
YU Rarog, hlap

DK Hummer
I Astice
N Hummer
S Hummer

E Bogavante
IS Humar
NL Kreeft, zeekreeft
TR Istakoz

307 EYEMOUTH CURE
HADDOCK "EYEMOUTH" 307
(Scotland)
(Écosse)

Haddock headed and split so that the bone is on the right hand side of the fish, brined for up to 30 minutes and lightly smoked, a lighter cure than the + FINNAN HADDOCK.

Eglefin étêté et tranché de telle sorte que la colonne vertébrale reste sur le côté droit du poisson, saumuré pendant 30 minutes, puis légèrement fumé; préparation moins poussée que pour le + FINNAN HADDOCK.

308 FAIR-MAID (U.K.)
308

Dried pilchard product, S.W. England; similar to FUMADOES (Spanish).
See + PRESSED PILCHARD.

Pilchard séché, Angleterre du Sud-Ouest; semblable aux FUMADOS (Espagnols).
Voir + PILCHARDS PRESSÉS.

D Getrockneter Pilchard
GR
J
P Sardinela seoa
YU Sušena srdela

DK
I Sardine seccate
N
S

E Fumados
IS
NL Gedroogde pilchard
TR

309 FALL CURE (Canada)
FALL CURE (Canada) 309

Light salted, pickle cured cod, containing more moisture (45 to 48%) than the + GASPÉ CURE; prepared late in the year in the Gaspé and New Brunswick.

Morue légèrement salée avec du sel sec, contenant plus d'eau (de 45 à 48%) que le + GASPÉ CURE; préparée vers la fin de l'année dans le Gaspé et le Nouveau-Brunswick.

310 FATTY FISH

Fish in which the main reserves of fat are in the body tissues (e.g. *Clupeidae, Thunnidae* etc.).

As distinguished from + WHITE FISH.

- **D** Fettfisch
- **GR**
- **J** Tashibô-gyo
- **P** Peixe gordo
- **YU** Masna riba
- **DK** Fed fisk
- **I** Pesce azzuro, pesce grasso
- **N** Fet fisk
- **S** Feta fiskslag

POISSON GRAS 310

Poisson qui constitue ses réserves graisseuses principales dans les muscles (ex. *Clupeidae, Thunnidae,* etc.

Par opposition à + POISSON MAIGRE.

- **E** Pescado graso
- **IS** Feitfiskur
- **NL** Vette vis
- **TR** Yağlı balık

311 FAZEEQ (Egypt, Sudan)

Light salted fish product prepared by brine curing.

Also called FESSIKH.

FAZEEQ (Egypt, Soudan) 311

Préparation de poisson légèrement salé par saumurage.

Appelé aussi FESSIKH.

312 FERMENTED FISH PASTE
(Far East)

Paste prepared from salted fish that has been macerated, sometimes to a smooth consistency, and allowed to ferment or ripen.

Spices and colouring may be added. E.g. + TRASSI IKAN (Indonesia) + SHIOKARA, + GYOMISO or + UOMISO (all Japan).

See also + FISH PASTE.

PÂTE DE POISSON FERMENTÉ 312
(Extrême-Orient)

Pâte préparée à partir de poisson salé qui a macéré quelque temps et pris une consistance lisse et qu'on laisse jusqu'à la fermentation ou maturation.

On peut y ajouter des épices ou des colorants. Ex. + TRASSI IKAN (Indonésie), + SHIOKARA, + GYOMISO ou + UOMISO (tous trois au Japon).

Voir aussi + PÂTE DE POISSON.

- **D**
- **GR** Antjougópasta
- **J** Shiokara
- **P** Pasta de peixe fermentado
- **YU** Fermentirana riblja pasta
- **DK**
- **I** Pasta di pesci fermentati
- **N**
- **S** Jäst fiskpastej
- **E** Pasta de pescado fermentado
- **IS**
- **NL** Gefermenteerde vispasta
- **TR** Fermante balık macunu

313 FERMENTED FISH SAUCE
(Far East)

Liquid made through the fermenting of whole fish by their own enzymes (e.g. the gastric juices) and by certain micro-organisms in presence of salt; for example: + NAM PLA (Thailand) + NUOC-MAM (Vietnam, Cambodia) + SHOTTSURU (Japan).

SAUCE DE POISSON FERMENTÉ 313
(Extrême-Orient)

Liquide obtenu par la fermentation des poissons sous l'action de leurs propres enzymes (ex. sucs gastriques) et certains micro-organismes en présence de sel. Exemples: + NAM PLA (Thaïlande), + NUOC-MAM (Vietnam, Cambodge), + SHOTTSURU (Japon).

- **D**
- **GR**
- **J** Uo-shôyu
- **P** Molho de peixe fermentado
- **YU** Fermentirani riblji umak, fermentirani riblji sos
- **DK**
- **I** Salsa di pesci fermentati
- **N**
- **S** Jäst fiskås
- **E** Salsa de pescado fermentado
- **IS**
- **NL** Gefermenteerde vissaus
- **TR** Fermante balık sosu

314 FILEFISH — ALUTÈRE 314

Generally refers to *Balistidae* (N. America), which also are named + TRIGGERFISH. Various species, e.g.:

Désigne généralement la famille des *Balistidae* (Amérique du Nord) appelés aussi + BALISTE ou POISSON – LIME (Canada).

Alutera schoepfi
(a) ORANGE FILEFISH (Atlantic)
(a) ALUTÈRE ORANGE (Atlantique)

Alutera ventralis
(b) DOTTERED FILEFISH (Atlantic)
(b) (Atlantique)

Monacanthus tuckeri
(c) SLENDER FILEFISH (Atlantic)
(c) (Atlantique)

Monacanthus cirrhifer
(d) (Japan)
(d) (Japon)

See also + TRIGGERFISH.
Voir aussi + BALISTE.

D	Drückerfisch	**DK**		**E**	Pez ballesta
GR	Gourounópsaro	**I**	Pesce balestra	**IS**	
J	Kawahagi	**N**		**NL**	Trekkervis
P	Peixe-porco-galhudo	**S**	Tryckarfisk, filfisk	**TR**	Çütre balığı
YU	Mihača				

315 FILLET — FILET 315

Strips of flesh cut parallel to the central bone of the fish and from which fins, main bones and sometimes belly flap have been removed; presented without or with skin.

Bande de chair coupée parallèlement à la colonne vertébrale du poisson débarrassé des nageoires, des arêtes principales et de la paroi inférieure de l'abdomen; présenté écaillé ou sans peau.

D	Filet	**DK**	Filet	**E**	Filete
GR	Filléto	**I**	Filetto	**IS**	Fiskflak
J	Fjiré	**N**	Filet	**NL**	Filet
P	Filete	**S**	Filé	**TR**	
YU	Filet				

(i) SINGLE FILLET or SIDE is the flesh removed from one side of a + ROUND FISH, e.g. cod; two such fillets are obtained from each fish; the belly wall, though trimmed, is sometimes left on; term SIDE particularly used for single fillets of salmon.
The Japanese term "KATAMI" means that the one half of the fish is with bone.

(i) Le FILET SIMPLE est la chair d'une moitié de + POISSON ROND, comme le cabillaud, le saumon. Deux filets sont ainsi obtenus dans chaque poisson; la paroi abdominale, parée, y est quelquefois laissée.
Le terme japonais "KATAMI" signifie que l'une des deux moitiés du poisson contient l'arête centrale.

D	Seite	**DK**	Side	**E**	Mitad de pescado
GR		**I**	Filetto singolo	**IS**	Fiskflak
J	Katami	**N**	Side	**NL**	Enkele filet
P	Metade de peixe	**S**	Filé	**TR**	
YU	Filet				

(ii) FULL NAPE FILLET (U.S.A.): a single fillet which includes belly flap and often rib bones. COMMERCIAL or QUARTER NAPE FILLET: belly flap removed, essentially boneless.

(ii) FULL NAPE FILLET (E.U.): filet simple qui comprend la partie ventrale et parfois quelques arêtes. "COMMERCIAL" ou "QUARTER NAPE FILLET": dont on a enlevé la partie ventrale et sans arête.

[CONTD.

315 FILLET (Contd.)

(iii) BLOCK FILLET is the flesh cut from both sides of a same fish, the two pieces remaining joined together along the back; usually made from the smaller sizes of fish, e.g. small haddock, whiting, herring (Denmark, Germany, Sweden); one block fillet is obtained from each fish; also called ANGEL FILLET (for haddock in U.K.) and BUTTERFLY FILLET; may also be called CUTLET (particularly when smoked). In some species fillet is left joined along belly flap, e.g. MACKEREL BLOCK FILLET.

FILET (Suite) 315

(iii) FILET DOUBLE désigne les deux filets d'un même poisson restant attachés par le dos; généralement fait avec des poissons de petite taille, tels que l'églefin, le merlan, le hareng (Danemark, Allemagne, Suède); un seul de ces filets est obtenu par poisson.
Pour certaines espèces comme le maquereau, le "Block Fillet" reste uni par la partie abdominale.

D Doppel-filet	**DK** Dobbeltfilet	**E**
GR Petáli	**I** Filetto doppio	**IS** Flattur fiskur
J	**N** Dobbeltfilet	**NL** Blokfilet
P Filete inteiro	**S** Dubbelfilé	**TR**
YU Rasplaćena riba		

(iv) CROSSCUT FILLET (G.B.) is the designation used for fillets of flat fishes; they may include the belly flap; two such fillets are obtained from each fish. If each of these fillets is taken off in two pieces, they are known as QUARTER-CUT FILLETS; four such fillets are obtained from each flat fish.

(iv) CROSSCUT FILLET (G.B.) désigne les filets de poissons plats qui peuvent comprendre la partie ventrale; on obtient deux filets par poisson. Si chacun de ces filets est partagé en deux, on obtient quatre "QUARTER-CUT FILLETS" par poisson plat.

D	**DK**	**E**
GR	**I**	**IS**
J Wagiri	**N**	**NL** Dubbele filet
P	**S**	**TR** Kılçığı alınmış balık filotosu
YU		

316 FINING COMPOUND

Type of isinglass formerly used in clarification of beer; see + ISINGLASS.

Ichtyocolle utilisée autrefois pour la clarification de la bière; voir + ICHTYOCOLLE.

D	**DK**	**E** Ictiocola
GR	**I** Ittiocolla	**IS**
J	**N** Klareskinn	**NL** Visgelatine
P Ictiocola	**S**	**TR**
YU		

317 FINNAN HADDOCK

Headed and gutted haddock, split and lightly salted in brine, cold smoked for a few hours; may be sold trimmed, i.e. with inedible parts such as flaps and tail cut off; heavier smoke than for + PALE CURE; also called FINNAN, FINNAN HADDIE, FINDON HADDOCK.

Pieces of cooked finnan flesh may be canned (N. America).

See also + SMOKIE (hot-smoked small haddock).

(FINNAN) HADDOCK 317

Eglefin étêté, vidé, tranché et légèrement salé en saumure, fumé à froid pendant quelques heures; peut être vendu paré (débarrassé des parties non comestibles); plus fortement fumé que le + PALE CURE.

Les morceaux de chair du finnan haddock cuit peuvent être mis en conserve (Amérique du Nord).

Voir aussi + SMOKIE (G.B.) (petit églefin fumé à chaud).

D Kaltgeräucherter Schellfisch	**DK** Koldrøget kullerfilet	**E** Eglefino ahumado
GR	**I** Asinello affumicato	**IS** Reykt ýsa
J	**N** Røkt hyse	**NL** Koudgerookte schelvis
P Arinca fumada	**S** Kallrökt koljafilé	**TR**
YU		

318 FIN-WHALE / RORQUAL COMMUN 318
Balaenoptera physalus

(Cosmopolitan)

Also commonly referred to as + RORQUAL or COMMON RORQUAL; also called FINNER, COMMON FINBACK, HERRING WHALE, RAZORBACK; commercially important; makes up bulk of Antarctic catch.

See also + RORQUAL and + WHALE.

(Cosmopolite)

Appelé encore BALEINE À TOQUET.

De grande importance commerciale; constitue le gros des prises de l'Antarctique.

Voir + RORQUAL et + BALEINE.

D	Finwal	**DK**	Finhval	**E**	Rorcual, ballena de aleta
GR		**I**	Balenottera comune	**IS**	Langreyður
J	Nagasukuzira	**N**	Finnhval	**NL**	Vinvis
P	Rorqual-comun	**S**	Fenval	**TR**	Fin balinası
YU	Plavi kit				

319 FISCHFRIKADELLEN (Germany) / FISCHFRIKADELLEN (Allemagne) 319

Flesh of cod, coalfish or other white fish made into rissoles by mixing with binding materials and spices, then roasted, fried or hot-smoked, after cooling. Also packed in cans or glass jars usually with vinegar and spices.

Marketed as semi-preserve or canned.

Also called BRISOLETTEN.

See also + FISH BALL, + FISH CAKE, + FISH PUDDING.

Chair de cabillaud, lieu noir ou autre poisson maigre, préparée en boulettes avec des ingrédients de liaison et des épices, qui seront grillées, frites ou fumées, après refroidissement. Egalement mis en conserve ou en bocaux de verre, généralement avec du vinaigre et des épices.

Commercialisé en semi-conserve, ou en conserve.

Voir aussi + BOULETTE DE POISSON, + PATÉ DE POISSON.

320 FISCHSÜLZE (Germany) / FISCHSÜLZE (Allemagne) 320

Flesh of cooked fish, minced and mixed with cucumbers, onion, spices and other ingredients, packed in jelly, dissolved by heat. Product similar to corned beef. Minimum fish content 60%.

See also + FISH IN JELLY.

Chair de poisson cuite, hachée et mélangée avec des concombres, oignons, épices et autres ingrédients, mise en gelée et recuite. Produit semblable au "Corned Beef". Le contenu minimum en poisson est de 60%.

Voir aussi + POISSON EN GELÉE.

321 FISH "AU NATUREL" / POISSON "AU NATUREL" 321

(i) In U.K. the term "au naturel" designates a canned product prepared by cooking fish in its own juice.

(ii) In French, the term "au naturel" refers to canned fish in light brine, sometimes vinegar and flavouring agents added.

(i) En Grande-Bretagne, le terme "au naturel" désigne un produit en conserve où le poisson est cuit dans son propre jus.

(ii) En France, "au naturel" s'applique aux conserves où le poisson est couvert d'une saumure légère parfois vinaigrée et faiblement aromatisée.

D	Fischvollkonserve Naturell (in eigenem Saft)	**DK**	Fisk naturel, fisk i egen kraft	**E**	
GR		**I**	Pesce, al naturale	**IS**	
J		**N**		**NL**	Vis in eigen bouillon (i)
P	Conserva de peixe ao natural	**S**		**TR**	
YU					

322 FISH BALL

Flesh of white fish such as cod or haddock added to a mixture of milk, fish broth, flour or other binding ingredients and seasoning, made into balls and cooked.

Marketed as semi-preserves, canned (topped up with fish broth or sauces) or frozen.

Also called FISH DUMPLING.

In Norway particularly from coal-fish (called "SIDE BOLLER").

See also + FISH CAKE, + FISCH-FRIKADELLEN (Germany), + FISH PUDDING.

D Fischklops, Fischklöss
GR
J Gyodan, uo-dango
P Almôndega de peixe
YU Riblji valjušci
DK Fiskeboller
I Pesce lesso in pallette
N Fiskeboller
S Fiskbullar
E Albondiga de pescado
IS Fiskibollur
NL Visballen, visballetjes
TR Balık köftesi

BOULETTE DE POISSON 322

Chair de poisson maigre, morue ou églefin, additionnée d'un mélange de lait, de bouillon de poisson, de farine ou autre liaison, assaisonnée, présentée en boulettes et cuites.

Commercialisée en semi-conserve, en conserve (couverte de bouillon de poisson ou de sauces) ou congelée.

En Norvège, on utilise particulièrement le lieu noir.

Voir ausi + PÂTÉ DE POISSON, + FISCHFRIKADELLEN (Allemagne).

323 FISH CAKE

Cooked fish product made from fresh or salted fish, mixed with potatoes, seasoning and sometimes egg and butter; onions are also sometimes added; the cooked fish, mixed with cooked potato and minced, is made into small cakes; sometimes dipped into egg and bread crumbs and fried in deep fat. Fish content may range from 35% to 50% by weight.

Most spp. of white fish are used, e.g. cod, haddock, coalfish and sometimes salmon; shellfish meat, such as crab, is also used to make crab cakes in a similar way; various other flavours may be added, e.g. tomato.

Marketed cooked, cooked and frozen, or frozen ready for frying, also canned.

See also + FISH BALL, + FISCH-FRIKADELLEN (Germany), + FISH PUDDING.

D Fischkuchen
GR
J Neriseihin
P Bolo de peixe
YU Riblji kolač
DK Fiskekage
I Polpettone di fesce
N Fiskekake
S Fiskkaka
E Pastel de pescado
IS
NL Viscake
TR Balık keki

PÂTÉ DE POISSON 323

Produit cuit fait avec du poisson frais ou salé, mélangé à des pommes de terre, parfois des œufs et du beurre, et assaisonné; le mélange obtenu, haché, est préparé en petits pâtés; cuits au four souvent trempés dans de l'œuf, panés et frits. La quantité de poisson peut varier de 35% à 50% du poids.

Les principales espèces de poissons maigres sont utilisées: cabillaud, églefin, lieu noir, saumon; la chair de crustacés, comme le crabe, peut être utilisée pour faire des pâtés de crabe; on peut encore ajouter différents aromes, ex. la tomate.

Commercialisé cuit, cuit et congelé ou congelé prêt à être frit. Egalement en conserve.

Voir aussi + BOULETTE DE POISSON, + FISCHFRIKADELLEN (Allemagne).

324 FISH CHOWDER

In North America a mixture of cooked fish or shellfish and potatoes in a broth made from pork, flour, seasoning and fish stock, e.g. + CLAM CHOWDER, + HADDOCK CHOWDER, similar to + FISH SOUP, but usually thicker.

Marketed canned or dehydrated.

D Fischsuppe
GR
J
P Ensopado de peixe com carne de porco
YU
DK
I Minestrone di pesce
N
S Fiskstuvning
E
IS Fisksúpa
NL Vissoep
TR Balık çorbası

POTAGE AU POISSON 324

En Amérique du Nord, mélange de poisson cuit ou crustacés avec des pommes de terre dans un bouillon à base de porc, de farine, d'assaisonnement et de bouillon de poisson, ex. + SOUPE DE CLAM, + SOUPE D'ÉGLEFIN; analogue à la + SOUPE DE POISSON, mais généralement plus épais.

Commercialisé en conserve ou déshydraté.

325 FISH FLAKES

Product prepared in U.S.A.: Headed and gutted white fish, such as cod and haddock, washed, brined and steamed: the bones removed and the cooked flesh broken up into flakes and canned.

FLOCONS DE POISSON 325

Produit préparé aux Etats-Unis: Poisson maigre (morue, églefin) étêté, vidé, lavé, saumuré et cuit à la vapeur; débarrassée de ses arêtes, la chair cuite est divisée en flocons et mise en conserve.

- **D** Fischflocken
- **GR**
- **J** Furêku
- **P** Flocos de peixe
- **YU** Mrvice od riba
- **DK**
- **I** Fiocchi di pesce
- **N**
- **S** Fiskflingor
- **E**
- **IS**
- **NL** Visvlokken
- **TR**

326 FISH FLOUR

+ FISH MEAL prepared for human consumption; also called FISH PROTEIN CONCENTRATE.

If the product is required to be tasteless and odourless, or nearly so, quite elaborate extracting processes must be employed on the raw fish, or the finished meal, to remove all oil and most trace constituents.

FARINE DE POISSON COMESTIBLE 326

Préparée pour la consommation humaine; également appelée CONCENTRÉ DE PROTÉINES DE POISSON.

Pour obtenir un produit presque inodore et sans saveur, on doit extraire minutieusement toute trace d'huile de la matière première ou du produit fini.

- **D** Fischmehl für menschliche Ernährung
- **GR**
- **J** Shokuyô—gyofun, shokuryô—gyofun
- **P** Farinha de peixe para o consumo humano
- **YU** Riblje brašno za ljudsku hranu, riblji bjelančevinasti koncentrat
- **DK** Spiseligt fiskemel
- **I** Farina di pesce per alimentazione umana
- **N** Spiselig fiskemel (fiskeprotein konsentrat)
- **S** Fiskmjöl till människoföda, fiskproteinkoncentrat
- **E** Harina de pescado para el consumo humano
- **IS** Fiskmjöl, einkum manneldismjöl
- **NL** Visbloem
- **TR** Balık unu

327 FISH GLUE

Gelatinous liquid glue prepared from + FISH WASTE, e.g. skin, bones, etc.; the skins of fish are the most useful source of glue, particularly those of white fish spp.

COLLE DE POISSON 327

Colle liquide gélatineuse préparée à partir de déchets de poisson (peau, arêtes, etc.); les peaux de poisson sont la meilleure matière première, en particulier celles des poissons maigres.

- **D** Fischleim
- **GR** Psarócolla
- **J** Gyokô
- **P** Cola de peixe
- **YU** Riblje ljepilo
- **DK** Fiskelim
- **I** Colla liquida di pesce
- **N** Fiskelim
- **S** Fisklim
- **E** Cola de pescado
- **IS** Fiskilím
- **NL** Vislijm
- **TR** Balik tutkalı

328 FISH IN JELLY

Pieces of fish or minced fish cooked or heated in acidified brine or with vinegar or fried or smoked and packed in gelatin or gelatin and pectin or aspic (dissolved by heat); in Germany usually with cucumbers, onions and spices and must contain 50% fish.

See also + KOCHFISCHWAREN (Germany), + FISCHSULZE (Germany).

POISSON EN GELÉE 328

Morceaux de poisson ou poisson émincé, cuits (ou frits) dans une saumure acidifiée ou avec du vinaigre; présenté dans la gélatine ou dans un mélange de gélatine et pectine ou en aspic (dissous par la chaleur); en Allemagne, généralement préparé avec des concombres, des oignons et des épices, pour une proportion de 50% de poisson.

Voir aussi + KOCHFISCHWAREN, + FISCHSÜLZE (Allemagne).

- **D** Fisch in Gelee
- **GR**
- **J**
- **P** Peixe em geleia
- **YU** Ribe u želeu, riblja hladetina
- **DK** Fisk i gele
- **I** Pesce in gelatina
- **N** Fisk i gelé
- **S** Fisk i gelé
- **E** Pescado en gelatina
- **IS** Fiskur í hlaupi
- **NL** Vis in gelei
- **TR** Jelâtinli balık

329 FISH LIVER

Certain fish livers are used for preparation of medicinal products (high vitamin A and D content) and sometimes as food; e.g. livers from cod and allied spp., halibut, tunas, certain sharks (blue shark, porbeagle) also mackerel.

Livers of lower vitamin A and D content such as those from rays, spotted dogfish and basking shark can be used for industrial products.

Livers can be handled:

Fresh: in ice, for a few days.

Frozen:

Salted: heavily, in airtight containers for one or two months.

Canned: whole livers or as a paste, also with spices, mostly cod liver oil or other edible oil added; sometimes smoked.

Semi-preserved:

See also + FISH LIVER OIL, and under individual spp.

FOIE DE POISSON 329

Certains foies de poisson sont employés pour préparer des produits médicinaux (haute teneur en vitamines A et D) ou parfois comme aliment; ex. foies de morue, de flétan, de thon, de certains requins et de maquereau.

Les foies de certains poissons dont la teneur en vitamines A et D est minime (raie, aiguillat, etc.), sont utilisés comme produits industriels.

Les foies peuvent être traités:

Frais: dans de la glace, pendant quelques jours.

Congelés:

Salés: fortement salés, dans des récipients hermétiques pendant un ou deux mois.

En conserve: Entier ou en pâte, avec des épices et couvert d'huile de foie de morue ou autre huile comestible; quelquefois fumé.

En semi-conserve:

Voir aussi + HUILE DE FOIE DE POISSON.

D Fischleber	**DK** Fiskelever	**E** Higado de pescado	
GR Ípar íhthios	**I** Fegato di pesce	**IS** Fisklifur	
J Gyo-kanzô, gyorui kanzô	**N** Fiskelever	**NL** Vislever	
P Fígado de peixe	**S** Fisklever	**TR** Balık karaciğeri	
YU Riblja jetra			

330 FISH LIVER OIL

Oil extracted from + FISH LIVERS (mostly + WHITE FISH), and used for various industrial purposes, some have valuable content of vitamins A and D; e.g. + COD LIVER OIL, + HALIBUT LIVER OIL.

HUILE DE FOIE DE POISSON 330

Huile extraite de + FOIES DE POISSON (principalement de + POISSON MAIGRE) et utilisée pour différents usages industriels.

Certaines huiles ont une haute teneur en vitamines A et D; ex. + HUILE DE FOIE DE MORUE, + HUILE DE FOIE DE FLÉTAN.

D Fischleberöl	**DK** Fiskeleverolie	**E** Aceite de higado de pescado	
GR Mourounélaion	**I** Olio di fegato di pesce	**IS** Lýsi	
J Kanyu	**N** Tran	**NL** Levertraan	
P Óleo de fígado de peixe	**S** Fisklevertran, fiskleverolja	**TR** Balík karaciğer yağı (balık yağı)	
YU Riblje jetreno ulje			

331 FISH LIVER PASTE

Fish liver mixed with salt, spices or other flavouring ingredients and ground.

Marketed canned.

See also + FISH LIVER.

PÂTE DE FOIE DE POISSON 331

Foie de poisson additionné de sel d'épices ou autres aromates et broyé.

Commercialisée en conserve.

Voir aussi + FOIE DE POISSON.

D Fischleberpaste	**DK** Fiskeleverpostej	**E** Pasta de higado de pescado	
GR	**I** Pasta di fegato di pesce	**IS** Fisklifrarkæfa	
J	**N** Fiskeleverpostei	**NL** Visleverpastei	
P Pasta de fígado de peixe	**S** Fiskleverpastej	**TR** Balık karaciğeri macunu	
YU Riblja jetrena pasta			

332 FISH MEAL   FARINE DE POISSON 332

Fish and fish-processing offal dried, often after cooking and pressing (for fatty fish), and ground to give a dry, easily stored product that is a valuable ingredient of animal feeding stuffs.

In Europe, mainly capelin, sandeel, mackerel and Norway pout are used for fish meal production. In Japan principal species are sauries, mackerels, sardines; in Peru anchoveta, in the U.S.A. menhaden.

Various types are distinguished commercially, such as WHITE FISH MEAL, + HERRING MEAL, COD MEAL, + WHOLE OR FULL MEAL, etc. Some high grade meal is used for human consumption, and small quantities of meal are used for fertilisers.

See also + FISH FLOUR.

Produit pulvérulent obtenu à partir de poissons et déchets de poisson séché après cuisson, essoré (poisson gras) et broyé en un produit sec, facile a stocker, destiné à la nourriture des animaux.

En Europe, pour la production de farine de poisson, on utilise principalement le capelan, les lançons, le maquereau et le tacaud norvégien; au Japon, les espèces les plus utilisées sont les orphies, maquereaux, sardines; au Pérou les anchois, aux E.U. le menhaden.

Commercialement, on distingue plusieurs farines: FARINE DE POISSON MAIGRE + FARINE DE HARENG, DE MORUE, + FARINE ENTIÈRE OU COMPLÈTE, etc. Certaines farines de haute qualité sont utilisées pour la consommation humaine; d'autres, en moindre quantité sont utilisées comme engrais.

Voir aussi + FARINE DE POISSON COMESTIBLE.

- **D** Fischmehl
- **GR** Ichthyálevron
- **J** Gyo-fun
- **P** Farinha de peixe
- **YU** Riblje brašno
- **DK** Fiskemel
- **I** Farina di pesce
- **N** Fiskemel
- **S** Fiskfodermjöl, fiskmjöl till djurföda
- **E** Harina de pescado
- **IS** Fiskmjöl
- **NL** Vismeel
- **TR** Balık unu

333 FISH OILS   HUILES DE POISSON 333

Oils of the drying and semi-drying types extracted from all parts of the body of fish (+ FISH LIVER OILS from the liver only); they are extracted mainly from + FATTY FISH, such as herring, where the oil content is mainly in the body and not in the liver: may also be extracted from + FISH WASTE. Fish oils are used in the manufacture of edible fats, soaps and paints, for leather dressing and linoleum manufacture, also + FISH STEARIN.

On distingue des huiles de deux types: siccative et semi-siccative, extraites de toutes les parties du corps des poissons (+ HUILE DE FOIE extraite seulement du foie); elles sont extraites principalement des poissons gras (hareng) où la plus grande partie de l'huile se trouve dans le corps et non dans le foie; elles peuvent être également extraites de déchets de poissons. Les huiles de poisson sont utilisées pour la fabrication de graisses comestibles, savon et peinture, pour le traitement des cuirs et la fabrication du linoléum.

Voir aussi + STÉARINE DE POISSON.

- **D** Fischöle
- **GR** Ichthyélaia
- **J** Gyo-yu
- **P** Óleo de peixe
- **YU** Riblja ulja— riblji trani
- **DK** Fiskeolie
- **I** Olio di pesce
- **N** Fiskeolje
- **S** Fiskolja
- **E** Aceites de pescado
- **IS** Búklýsi
- **NL** Visoliën
- **TR** Balık yağı

334 FISH PASTE   PÂTE DE POISSON 334

Fish mixed with salt, with or without spices or other flavouring ingredients, ground to fine consistency, of lowered moisture content, often with added fat; used as sandwich spread (FISH SPREAD).

Fish used may be pretreated (salted, smoked); also prepared from ROE.

Poisson mélangé à du sel, avec ou sans assaisonnement, et broyé en une pâte de consistance lisse, dont le contenu en eau est minime et à laquelle on ajoute souvent des matières grasses; utilisée pour tartiner.

Le poisson (dans certains cas la rogue) employé peut avoir subi un traitement préalable (salaison, fumage).

[CONTD.

334 FISH PASTE (Contd.)

Marketed mainly semi-preserved, but also canned.

See also + FERMENTED FISH PASTE, + QUENELLES, + SHELLFISH PASTE.

- **D** Fischpaste
- **GR** Antjougópasta
- **J** Fisshu pêsuto
- **P** Pasta de peixe
- **YU** Riblja pasta
- **DK** Fiskepasta
- **I** Pasta di pesce
- **N** Fiskepasta
- **S** Fiskpastej
- **E** Pasta de pescado
- **IS** Fiskkæfa
- **NL** Vispasta
- **TR** Balık ezmesi

334 PÂTE DE POISSON (Suite)

Commercialisée principalement en semi-conserve, parfois en conserve.

Voir aussi + PÂTE DE POISSON FERMENTÉ, + QUENELLES, + PÂTE DE MOLLUSQUES ET CRUSTACÉS.

335 FISH PIE

Fish, often minced and sometimes mixed with vegetables, particularly potato, and baked; may have pastry casing.

Marketed fresh or frozen.

- **D** Fischpastete
- **GR**
- **J**
- **P** Pasta de peixe cozida
- **YU** Riblja pita
- **DK** Fiskepie
- **I** Terrina di pesce
- **N** Fiskepai
- **S** Fiskpudding
- **E** Pastel de pascado
- **IS** Fiskbúðingur
- **NL** Vispastei
- **TR** Balık böreği

335 TOURTE DE POISSON

Poisson coupé et parfois mélangé avec des légumes, surtout des pommes de terre, et cuit au four; peut être présenté en croûte.

Commercialisé frais ou congelé.

336 FISH PORTION

(i) A piece of fish cut to reasonable size for the individual for retail sale; may be all or part of a + FILLET, or + STEAK; may be fresh, fried or frozen.

- **D**
- **GR**
- **J** Kirimi
- **P** Porção de peixe
- **YU** Riblji odrezak, riblja porcija
- **DK**
- **I** Porzione di pesce
- **N** Fiskestykke
- **S** Fiskportion
- **E** Porción de pescado
- **IS** Fisk-skammtur
- **NL** Vismoot
- **TR** Balık porsiyonu

(ii) In U.S.A. portions are rectangular-shaped unglazed masses of cohering pieces (not ground) of fish flesh, cut from frozen fish blocks. Portions weigh not less than 1½ oz. (about 40 g) and are at least ⅜ in. (1 cm) thick.

336 PORTION DE POISSON

(i) Morceau de poisson correspondant à une ration individuelle, pour la vente au détail. Peut être frais, frit ou congelé.

(ii) Aux E.U. les portions sont des morceaux rectangulaires coupés dans des blocs de poisson congelé. Ces portions pèsent au moins 40 g et ont une épaisseur de 1 cm au moins.

337 FISH PUDDING

Composition as + FISH BALL.

Marketed fresh (for local consumption) canned or deep frozen. Canned fish pudding is normally pre-cooked in cans before sealing and heat processing.

See also + FISH CAKE, + FISCH-FRIKADELLEN (Germany).

- **D**
- **GR**
- **J**
- **P** Pudim de peixe
- **YU**
- **DK**
- **I** Pasticcio di pesce
- **N** Fiskepudding
- **S**
- **E**
- **IS** Fiskbúðingur
- **NL** Vispudding
- **TR** Balıktan puding

337

Même préparation que pour les + BOULETTE DE POISSON.

Commercialisé frais, pour la consommation locale, en conserve ou surgelé. Le produit en conserve est prélablement cuit dans les boîtes avant sertissage et stérilisé par la chaleur.

Voir aussi + PÂTÉ DE POISSON, + FISCHFRIKADELLEN (Allemagne).

338 FISH SALAD

Cooked, salted or marinated fish, diced, with spices, diced onions, cucumbers and vegetables mentioned for the type of salad, mixed with vinegar and edible oil or mayonnaise. Minimum fish contents are fixed for various special types.

See + HERRING SALAD, + TUNA SALAD, also made from Crustacea, e.g. KRABBEN-SALAT (Germany).

- **D** Fischsalat
- **GR**
- **J**
- **P** Salada de peixe
- **YU**
- **DK** Fiskesalat
- **I** Insalata di pesce
- **N** Fiskesalat
- **S** Fisksallad

SALADE DE POISSON 338

Poisson cuit, salé ou mariné, coupé en petits cubes, avec addition d'épices, d'oignon émincé, de concombre et de légumes variés suivant le genre de salade, assaisonné de vinaigre et d'huile comestible ou de mayonnaise. Le contenu minimum en poisson varie suivant les salades.

Voir + SALADE DE HARENG, + DE THON. Peut être faite avec des crustacés: ex. + SALADE DE CRABE (Allemagne).

- **E** Salpicón de pescado
- **IS** Fisksalat
- **NL** Vis salade
- **TR** Balık salatası

339 FISH SAUSAGE

Fish flesh ground with a small amount of fat, seasoning and sometimes a cereal filler; packed into sausage casing, sometimes cooked; the contents may be smoked before filling the case, or the whole sausage smoked afterwards; may be sold skinless or with skin on. Tuna meat is much used for sausage manufacture, e.g + TUNA LINKS.

Marketed fresh, semi-preserved, pasteurised or canned.

See also + FISH WIENER.

- **D** Fischwurst
- **GR**
- **J** Fisshu sôsêji, gyoniku soseji
- **P** Salsicha de peixe
- **YU** Riblje kobasice
- **DK** Fiskepølse
- **I** Salsiccia di pesce
- **N** Fiskepølse
- **S** Fiskkorv

SAUCISSE DE POISSON 339

Chair de poisson broyée avec une petite quantité de graisse, éventuellement des matières amylacées de complément, assaisonnée et mise dans un boyau à saucisse, parfois cuite; la saucisse terminée, ou son contenu avant boudinage, peut être fumée; commercialisée avec ou sans peau. La chair du thon est fréquemment utilisée pour la fabrication des saucisses de poisson (ex.: + TUNA LINKS).

Commercialisé frais, en semi-conserve, en conserve ou pasteurisé.

Voir aussi + FISH WIENER (E.U.).

- **E** Embutido de pescado
- **IS** Fiskpylsa
- **NL** Visworst
- **TR** Balık sosisi

340 FISH SCALES

Scales from fish such as herring and allied spp. are used for the preparation of pearl essence and for coating imitation pearls.

See also + GUANIN, + PEARL ESSENCE.

- **D** Fischschuppe
- **GR** Lépia psarioú
- **J** Sakana-no-uroko, gyorin
- **P** Escamas de peixe
- **YU** Riblje ljuske
- **DK** Fiskeskæl
- **I** Scaglie di pesce
- **N** Fiskeskjell, (risp)
- **S** Fiskfjäll

ÉCAILLES DE POISSON 340

Les écailles de poisson (notamment du hareng et espèces voisines) servent à la préparation de l'essence d'Orient pour le revêtement des fausses perles.

Voir aussi + GUANINE, + ESSENCE D'ORIENT.

- **E** Escamas de pescado
- **IS** Hreistur
- **NL** Visschubben
- **TR** Balık pulu

341 FISH SCRAP (U.S.A.)

(i) Other term for + FISH WASTE.

(ii) Unground fish meal as it leaves the dryer (U.S.A.).

341

(i) + DÉCHETS DE POISSON.

(ii) Chair du poisson après dessication, prête pour le broyage (E.U.).

342 FISH SILAGE — POISSON ENSILÉ 342

Liquefied fish or fish waste produced as a result of self-digestion after the addition of acid, or as a result of fermentation of the waste mixed with molasses and yeast; the liquid silage can be concentrated to bring the water content down from about 80% to 50%; used for animal feeding, usually in areas close to the point of manufacture.

See + ANIMAL FEEDING STUFF.

Produit plus ou moins liquéfié résultant de la digestion par voie enzymatique ou chimique (acides) de déchets de poisson mélangés à des mélasses et levures; le liquide peut être concentré de façon à réduire la teneur en eau de 80% à 50%; sert pour l'alimentation des animaux, habituellement dans des régions proches des points de fabrication.

Voir + ALIMENTS SIMPLES POUR ANIMAUX.

- **D** Fischsilage
- **GR**
- **J**
- **P** Peixe ensilado
- **YU** Riblja pulpa
- **DK** Fiskeensilage
- **I** Residui di pesce idrolizzati
- **N** Fiskeensilage
- **S** Fiskensilage
- **E** Pescado "ensilado"
- **IS**
- **NL** Vissilage
- **TR**

343 FISH SKIN — PEAU DE POISSON 343

Used for the manufacture of glue, and of leather; e.g. from sharks, but also other spp.

Sert à la fabrication de colles et de cuirs; ex. requins et autres espèces.

- **D** Fischhaut
- **GR** Dérmata ixthíos
- **J** Gyo-hi, sakana no kawa
- **P** Pele de peixe
- **YU** Riblja koža
- **DK** Fiskeskind
- **I** Pelle di pesce
- **N** Fiskeskinn
- **S** Fiskskinn
- **E** Pieles de pescado
- **IS** Fiskroð
- **NL** Vishuiden
- **TR** Balık derisi

344 FISH SOUP — SOUPE DE POISSON 344

Soup made from fish or other marine animals, seasoning added and eventually served with flavouring vegetables, sometimes containing pieces of fish.

Marketed canned, dried or bottled (Netherlands).

See also + FISH CHOWDER, + BOUILLABAISSE.

Soupe à base de poissons ou autres animaux marins, assaisonnée et éventuellement accompagnée de légumes aromatiques; contient parfois des morceaux des poissons de préparation.

Commercialisée en conserve, déshydratée ou en bocal (Pays-Bas).

Voir aussi + POTAGE AU POISSON, + BOUILLABAISSE.

- **D** Fischsuppe
- **GR** Psarosoupa
- **J** Fisshu sûpu, uo-jiru
- **P** Sopa de peixe
- **YU** Riblja juha
- **DK** Fiskesuppe
- **I** Brodo di pesce in scatola
- **N** Fiskesuppe
- **S** Fisksoppa
- **E** Sopa de pescado
- **IS** Fisksúpa
- **NL** Vissoep
- **TR** Balık çorbası

345 FISH STEARIN — STÉARINE DE POISSON 345

A solid produced by separating chilled + FISH OILS; used mainly for manufacture of lubricants and low grade soaps.

Solide produit par décantation des + HUILES DE POISSON réfrigérées; sert surtout à la fabrication de lubrifiants et de savons de basse qualité.

- **D**
- **GR**
- **J** Gyo-rô, gyo-shi
- **P** Estearina de peixe
- **YU** Riblji stearin
- **DK** Fiskestearin
- **I** Stearina di pesce
- **N** Fiskestearin
- **S** Fiskstearin
- **E** Estearina de pescado
- **IS** Fisk-sterin
- **NL** Visstearine
- **TR** Balık stearini

346 FISH STICKS

Uniform rectangular sticks of fish cut from a block of frozen white fish fillets, breaded, fried in fat or left uncooked; after packing quick frozen.

Also called FISH FINGERS.

In Canada minimum weight is one ounce (about 28 g) and the largest dimension must be at least three times that of the next largest dimension.

"BATONNETS" DE POISSON 346

Morceaux rectangulaires de poisson coupés dans un block de filets de poisson maigre congelé, puis panés et frits dans une matière grasse ou laissés crus; congelés après l'empaquetage.

Au Canada, le poids net minimum est une once (environ 28 g) et la longueur du morceau doit être au moins trois fois sa largeur ou sa hauteur.

D Fischsticks, Fischfinger	**DK** Fish sticks	**E** Tacos de pescado
GR	**I** Pesce fritto a bastoncini	**IS** Fiskstautar
J Fisshu suchikku	**N** Fish sticks	**NL** Visvingers, fishsticks
P Palitos de peixe	**S** Fiskpinnar, fiskstänger	**TR**
YU		

347 FISH TONGUES

Sometimes with cheeks; marketed fresh, frozen or cured.

LANGUES DE POISSON 347

Commercialisées, quelquefois avec les joues de poisson, fraîches, congelées ou préparées.

D Fischzunge	**DK** Fisketunger	**E** Lenguas de pescado
GR Psaróglosses	**I** Linque di pesce	**IS** Gellur
J Uo no shita	**N** Fisketunger	**NL** Vistongen
P Línguas de peixe	**S** Fisktungor	**TR** Balık dili
YU Riblji jezik		

348 FISH WASTE

All parts of the fish discarded during processing for human consumption; also called + FISH SCRAP, FISH OFFAL; filleted offal also called GURRY (U.S.A.).

Used for the manufacture of fish meal and oil, for feeding to pets, fur-bearing animals and hatchery fish, and for the manufacture of a variety of by-products, including + PEARL ESSENCE, + ISINGLASS, + GLUE, PROTEINS, VITAMINS.

In various countries the equivalent to fish waste is also used synonymously to + TRASH FISH and + INDUSTRIAL FISH.

See also + ANIMAL FEEDING STUFF.

DÉCHETS DE POISSON 348

Toutes les parties de poisson enlevées pendant le parage pour la consommation humaine.

Servent à la fabrication de farines de poisson et d'huiles destinées à l'alimentation des animaux domestiques, des animaux à fourrure ou des piscicultures; servent également à la fabrication de sous-produits dont + l'ESSENCE D'ORIENT, + l'ICHTHYOCOLLE, + la COLLE, PROTÉINES, VITAMINES.

Voir aussi + ALIMENTS SIMPLES POUR ANIMAUX.

D Fischabfälle	**DK** Fiskeaffald	**E** Desperdicios de pescado
GR Aporrímata psarioú	**I** Residui di pesce	**IS** Fiskúrgangur
J Gyokasu, gyorui – no – – haikibutsu	**N** Fiskeavfall	**NL** Visafval
P Desperdícios de peixe	**S** Fiskavfall	**TR** Balık artlkları
YU Riblji otpaci		

349 FISH WIENER (U.S.A.) 349

Term used in U.S.A. for smoked + FISH SAUSAGE.

Terme employé aux Etats-Unis pour désigner la + SAUCISSE DE POISSON fumée.

D Geräucherte Fischwurst	**DK**	**E** Salchichas de pescado ahumado
GR	**I** Salsicce affumicate di pesce	**IS** Reyktar fiskpylsur
J	**N** Wienerpølse av fisk	**NL** Gerookte visworst
P Salsicha de peixe fumado	**S** Rökt fiskkorv	**TR**
YU Dimljena riblja kobasica		

350 FIVEBEARD ROCKLING   MOTELLE À CINQ BARBILLONS 350

Ciliata mustela or/ou *Onos mustela*

Belonging to the family *Gadidae*.   De la famille des *Gadidae*.
See also + ROCKLING.   Voir aussi + MOTELLE.

- **D** Fünfbärtelige Seequappe
- **GR** Gaïdourópsaro
- **J**
- **P** Laibeque
- **YU** Ugorova mater
- **DK** Femtrådet havkvabbe
- **I** Motella
- **N** Femtrådet tangbrosme
- **S** Femtömmad skärlånga
- **E** Mollareta
- **IS**
- **NL** Meun
- **TR** Gelincik

351 FLAKE   351

One of the recommended trade names for + DOGFISH in U.K.; may also be called + HUSS or + RIGG.

Nom recommandé pour + CHIEN au Royaume-Uni.

352 FLAKED CODFISH   FLOCONS DE MORUE 352

(i) Other term used for + SHREDDED COD; see this entry.

(ii) May also refer to salted cod that has been dried on flakes (raised platforms for natural air drying).

Similar product in Japan is + SOBORO.

(i) Terme synonyme de + RETAILLES DE MORUE; voir cette rubrique.

(ii) Peut également désigner la morue salée, séchée sur claies (plateformes dressées pour le séchage à l'air).

Produit semblable au Japon, le + SOBORO.

353 FLAPPER SKATE   POCHETEAU GRIS 353

Raja batis or/ou *Raja macrorhynchus*

(Atlantic/Mediterranean)

Also called TRUE SKATE, BLUE SKATE, GRAY SKATE, BLUET.

See also + SKATE and + RAY.

(Atlantique/Méditerranée)

Appelé encore RAIE GRISE, POCHETEAU BLANC.

Voir aussi + RAIE.

- **D** Glattrochen
- **GR** Sélahi-vathí
- **J**
- **P** Raia-oirega
- **YU** Raža velika, volina
- **DK** Skade
- **I** Razza bavosa
- **N** Storskate, glattrokke
- **S** Slätrocka
- **E** Raya noruega
- **IS** Skata
- **NL** Vleet
- **TR** Vatoz

354 FLATFISH   POISSON PLAT 354

Any fish of the order *Heterosomata*, e.g. halibut, turbot, plaice, sole, flounder, etc.

Tout poisson de l'ordre des *Heterosomata*, ex.: flétan, turbot, plie, sole, flet, etc.

- **D** Plattfisch
- **GR** Glossoïdí
- **J** Hirame-karei-rui
- **P** Peixe chato
- **YU**
- **DK** Fladfisk, flynderfisk
- **I** Pleuronettiformi pesci ossei piatti
- **N** Flyndrefisk, (flatfisk)
- **S** Flundrefisk, flatfisk, plattfisk
- **E** Pez plano
- **IS** Flatfiskur
- **NL** Platvis
- **TR** Yassı balık

355 FLATHEAD FLOUNDER

Hippoglossoides dubius

(Japan)

Belonging to the *Pleuronectidae*; see + FLOUNDER; same genus as + AMERICAN PLAICE.

One of the best species of flatfish in northern Japan.

Marketed fresh.

J Akagarei

BALAI JAPONAIS 355

(Japon)

De la famille des *Pleuronectidae*; voir + FLET; du même genre que la + PLIE CANADIENNE.

L'une des meilleures espèces de poisson plat dans le nord du Japon.

Commercialisé frais.

Hippoglossoides elassodon

FLATHEAD SOLE

(North Pacific)

356 FLATHEAD

(i) (Cosmopolitan)

    (a) DUCKBILL FLATHEAD
        (Atlantic – N. America)

    (b) GOBY FLATHEAD
        (Atlantic – N. America)

(ii) (Indo-Pacific/E. Atlantic/Mediterranean)

    (a) BARTAILED FLATHEAD
        (Indo-Pacific/E. Mediterranean)

    (b) In Australia, refers to *Neoplatycephalus* spp. and *Trudis* spp.; SAND FLATHEAD (*Trudis bassensis*) and LONGNOSE FLATHEAD (*Trudis caeruleopunctatus*).

Marketed fresh whole fish and fillets.

356

PERCOPHIDIDAE

(i) (Cosmopolite)

Bembros anatirostris

(a)
        (Atlantique – Amérique du Nord)

Bembros gobioides

(b)
        (Atlantique – Amérique du Nord)

PLATYCEPHALIDAE

(ii) (Indo-Pacifique/Atlantique E./Méditerranée)

Platycephalus indicus

(a)
        (Indo-Pacifique/Méditerranée orientale)

(b) En Australie, s'applique aux espèces *Neoplatycephalus* et *Trudis* (ex. *Trudis bassensis* et *Trudis caeruleopunctatus*).

Commercialisé entier et en filets.

D Krokodilfisch		**DK**		**E**
GR		**I**		**IS**
J Kochi		**N**		**NL**
P		**S**		**TR**
YU				

357 FLATHEAD SKATE

Raja rosispinis

(Pacific – N. America/Siberia)

See also + SKATE.

357

(Pacifique – Amérique du Nord/Sibérie)

Voir aussi + RAIE.

358 FLECKHERING (Germany)

Herring split down the back like kippered herring and hot-smoked.

Also called "KIPPER AUF NORWEGISCHE ART".

HARENG FLAQUÉ (Allemagne) 358

Hareng ouvert le long du dos comme le kipper, et fumé à chaud.

Egalement appelé "KIPPER AUF NORWEGISCHE ART".

D Fleckhering		**DK** Flækket røget sild		**E**
GR		**I**		**IS**
J		**N**		**NL** Goudharing
P		**S**		**TR**
YU				

359 FLETCH (N. America)

Any of the four longitudinal segments or portions of flesh, which has been removed from a halibut carcass by knife cuts made parallel to the backbone of the fish.

Also called FLITCH.

359 FLETCH

Désigne un des quatre morceaux ou portions de chair de flétan, coupés parallèlement à l'arête dorsale.

Appelé aussi FLITCH.

360 FLOUNDER / FLET 360

Platichthys flesus

(i) (Atlantic/North Sea)

Should be referred to as EUROPEAN FLOUNDER.

Also called BUTT, MUD FLOUNDER, WHITE FLUKE or FLUKE.

Marketed:
Fresh: whole gutted, or as fillets, with or without skin.
Frozen: whole gutted, or as fillets, with or without skin.
Smoked: whole, headed and gutted fish, salted and hot-smoked.

(i) (Atlantique/Mer du Nord).

Commercialisé:
Frais: étêté et vidé; en filets avec ou sans peau.
Congelé: entier et vidé; en filets avec ou sans peau.
Fumé: entier, étêté et vidé, puis salé et fumé à chaud.

D Flunder, Butt, Struffbutt	**DK** Skrubbe, flynder	**E** Platija
GR Chematída	**I** Passera pianuzza	**IS** Flundra
J Karei	**N** Skrubbe	**NL** Bot
P Petruça, solha-de-pedras	**S** Skrubba, skrubbskädda, Skrubb-flundra, flundra	**TR** Derepisisi
YU Iverak, jandroga		

(ii) Flounder is also used as a general name for various flatfishes, especially *Pleuronectidae* (in N. America called RIGHTEYE FLOUNDER) and *Bothidae* (in N. America called LEFTEYE FLOUNDER); these are all listed under individual names e.g.:
+ ARCTIC FLOUNDER, + ARROWTOOTH FLOUNDER, + FLUKE, + SMOOTH FLOUNDER + STARRY FLOUNDER, + WINTER FLOUNDER, + YELLOWTAIL FLOUNDER.

For example, in ICNAF statistics the group "FLOUNDER" comprises the following species:
+ AMERICAN PLAICE, + GREENLAND HALIBUT, + SUMMER FLOUNDER, + WINTER FLOUNDER, + WITCH and + YELLOWTAIL FLOUNDER.

Other species also belong to the *Pleuronectidae*, e.g.
+ HALIBUT, + PLAICE, + SOLE, + WITCH, + REX SOLE, etc.
In U.S. many flounders also referred to as + SOLE.

In New Zealand FLOUNDER refers to *Rhombosolea* species.

(ii) Il existe une grande variété de poissons plats, dont les *Pleuronectidae* et les *Bothidae* (quelquefois désignés comme PLIE) répertoriés sous leur nom individuel, par exemple:
+ FLÉTAN DU PACIFIQUE, + CARDEAU, + PLIE LISSE, + PLIE DU PACIFIQUE, + PLIE ROUGE, + LIMANDE À QUEUE JAUNE.

Par exemple, dans les statistiques de l'ICNAF, le groupe "FLOUNDER" (anglais) comprend les espèces suivantes:
+ BALAI, + FLÉTAN NOIR, + CARDEAU D'ÉTÉ, + PLIE ROUGE, + PLIE GRISE et + LIMANDE À QUEUE JAUNE.

D'autres espèces appartiennent également à la famille des *Pleuronectidae*, par ex. le + FLÉTAN, le + CARRELET, la + SOLE, la + PLIE GRISE, etc.

S'applique en Nouvelle-Zélande aux espèces *Rhombosolea*.

361 FLUKE / CARDEAU 361

PARALICHTHYS spp.

(Atlantic – N. America)
(i) Belonging to the family *Pleuronectidae*:

(Atlantique – Amérique du Nord)
(i) De la famille des *Pleuronectidae*:

Paralichthys albigutta

(a) GULF FLOUNDER

(a)

[CONTD.

361 FLUKE (Contd.)   CARDEAU (Suite) 361

Paralichthys oblongus

(b) FOURSPOT FLOUNDER (b) CARDEAU À QUATRE OCELLES

Paralichthys dentatus

(c) + SUMMER FLOUNDER (c) + CARDEAU D'ÉTÉ

Paralichthys lethostigma

(d) SOUTHERN FLOUNDER (d)

Other *Paralichthys* spp. might be referred to as halibut, e.g. + CALIFORNIA HALIBUT, + BASTARD HALIBUT.

See also + FLOUNDER.

D'autres espèces *Paralichthys* sont appelées flétans, ex.: + FLÉTAN DE CALIFORNIE, + HIRAME (Flétan japonais).

NL (c) Zomervogel

362 FLYING FISH   EXOCET (POISSON VOLANT) 362

EXOCOETIDAE

(Cosmopolitan, in tropical seas) (Cosmopolite, eaux tropicales)

Exocoetus volitans

(a) TROPICAL TWO-WING FLYINGFISH (a)
 (N. America) (Amérique du Nord)

Exocoetus obtusirostris

(b) OCEANIC TWO-WING FLYINGFISH (b)
 (N. America) (Amérique du Nord)

CYPSELURUS spp.

(c) (N. America/Japan) (c) (Amérique du Nord/Japon)

PROGNICHTHYS spp.

(d) (Japan) (d) (Japon)

Marketed fresh or dried in Japan. Commercialisés frais ou séchés au Japon.

D Fliegender Fisch	**DK** Flyvefisk	**E** Pez volador
GR Chelidonópsaro	**I** Pesce volante, esoceto volante	**IS** Flugfiskur
J Tobiuo	**N** Flygefisk	**NL** Vliegende vis, (a) gewone vliegende vis
P Peixe-voador	**S** Flygfisk (a) Större flygfisk	**TR** Uçan balık
YU Poletuša		

363 FLYING GURNARDS   DACTYLOPTÈRE 363

DACTYLOPTERIDAE

(Atlantic – Europe/N. America) (Atlantique – Europe/Amérique du Nord)

(Especially *Dactylopterus volitans* (Europe) and *Cephalacantus volitans* (N. America).

Notamment *Dactylopterus volitans*, (Europe) et *Cephalacantus volitans* (Amérique du Nord).

Souvent appelé: POULE DE MER et parfois HIRONDELLE.

D Flughahn	**DK** Flyveknurhane	**E**
GR Chelidonópsaro	**I** Civetta di mare	**IS**
J Semi hôbô	**N**	**NL** Zeehaan, vliegende poon
P Cabrinha-de-leque	**S** Flygsimpa	**TR** Uçan
YU Kokot letač		

364 FLYING SQUID   CALMAR 364

Todarodes sagittatus

(Atlantic – Europe)   (Atlantique – Europe)

Also called by its French name CALMAR.

Marketed:
Fresh: whole, ungutted; split or gutted.
Frozen: whole, ungutted or gutted, split.

Dried: sun-dried (Mediterranean).
Canned: precooked, put in cans with edible oil or in its own ink.

Commercialisé:
Frais: entier et non vidé; tranché ou vidé.
Congelé: entier et non vidé; ou vidé et tranché.
Séché: au soleil (Méditerranée)
Conserve: précuit, mis en boîtes avec de l'huile comestible, ou recouvert de l'encre même du calmar.

D Pfeilkalmar	**DK** Blæksprutte	**E** Volador, tota	
GR Thrápsalo	**I** Totano	**IS** Smokkfiskur, kolkrabbi	
J	**N**	**NL**	
P Pota	**S**	**TR**	
YU Lignjun, totan			

365 FOOTS

Liquor remaining from steamed cod livers after removal of oil; may be concentrated for use as animal food, manufacture of cod liver meal.

Also liquor remaining after cooked fish is pressed in fish meal manufacture.

Résidu liquide, après l'extraction de l'huile des foies de morue passés à la vapeur; peut être concentré pour l'alimentation du bétail ou ajouté dans la fabrication de la farine de foie de morue.

Aussi résidu liquide de poisson cuit au cours de la fabrication de farine de poisson.

D	**DK**	**E**	
GR	**I**	**IS** Grútur	
J Kanyu no niziru	**N** Fot	**NL**	
P Sedimentos	**S**	**TR**	
YU			

366 FORKBEARD   PHYCIS 366

Two species belonging to the family *Gadidae:*   Deux espèces de la famille des *Gadidae*:

Urophycis blennioides or/ou *Phycis blennioides*

(a) GREATER FORKBEARD   (a) MOSTELLE DE ROCHE
(N. Atlantic)   (Atlantique Nord)

Also called FORKED HAKE.

Raniceps raninus

(b) LESSER FORKBEARD   (b)
(Atlantic)   (Atlantique)

Also called TADPOLE FISH, TRIFURCATED HAKE.

D (a) Gabeldorsch (b) Froschquappe	**DK** (a) Skælbrosme (b) sortvels	**E** Brótola de fango brótola de roca	
GR Pentikós	**I** Musdea bianca, mustella	**IS** Litla brosma	
J	**N** (a) Skjellbrosme (b) paddetorsk	**NL** (a) Gaffelkabeljauw, kleineleng (b) Vorskwab	
P (a) Abrótia-do-alto (b) rainúnculo-negro	**S** (a) Fjällbrosme (b) paddtorsk	**TR**	
YU Tabinja			

367 FOURBEARD ROCKLING — MOTELLE À QUATRE BARBILLONS 367

Enchelyopus cimbrius or/ou *Onos cimbrius*

(Atlantic — Europe/N. America)
Belongs to the family *Gadidae*.
See also + ROCKLING.

(Atlantique — Europe/Amérique du Nord)
De la famille des *Gadidae*.
Voir aussi + MOTELLE.

- **D** Vierbärtelige Seequappe
- **GR**
- **J**
- **P** Laibeque
- **YU**
- **DK** Firtrådet havkvabbe
- **I**
- **N** Firskjegget tangbrosme
- **S** Fyrtömmad skärlånga
- **E**
- **IS** Blákjafta
- **NL** Vierdradige meun
- **TR**

368 FREEZE DRYING — CRYODESSICATION 368

A process of dehydration under vacuum starting from the frozen state. The frozen substance having been placed under reduced pressure, the existing ice is sublimated (directly transformed to vapour), leaving a fine, porous structure favourable to re-hydration.

Aussi appelé LYOPHILISATION. Procédé de déshydratation sous vide à partir de l'état congelé. La matière congelée étant placée sous pression réduite, la glace formée se sublime (passe directement à l'état de vapeur) en laissant une structure finement poreuse favorisant la réhydratation.

See also + DRIED FISH, + DEHYDRATED FISH.

Voir aussi + POISSON SÉCHÉ, + POISSON DÉSHYDRATÉ.

- **D** Gefriertrocknung
- **GR**
- **J** Tôketsu-kansô
- **P** Secagem por meio de refrigeraçao
- **YU** Mršava riba
- **DK** Frysetørring
- **I** Essiccazione per refrigerazione accelerata
- **N** Frysetörking
- **S** Frystorkning
- **E** Criodesecación
- **IS** Frostþurrkun
- **NL** Vriesdrogen
- **TR** Dondurup kurutma

369 FRESH FISH — POISSON FRAIS 369

(i) In terms of quality, fish that has spoiled little or not at all.
(ii) As marketing term, fish that is preserved by chilling.
(iii) Fish or parts of fish in their natural state (as opposed to + FROZEN FISH, etc.).
(iv) In Germany the term "Frischfisch" is also used synonymously with + WHITE FISH.
(v) In U.S. may refer to thawed fish packaged for sale as fresh fish.

(i) Sur le plan de la qualité, poisson qui n'a subi aucune détérioration.
(ii) Commercialement, poisson conservé par réfrigération.
(iii) Poisson ou parties de poisson à l'état naturel, par opposition à + POISSON CONGELÉ, etc.
(iv) En Allemagne, le terme "Frischfisch" est utilisé pour + POISSON MAIGRE.
(v) Aux E.U. peut s'appliquer au poisson décongelé vendu empaqueté comme poisson frais.

- **D** Frischfisch
- **GR** Nopí ihthís
- **J** Sengyo
- **P** Peixe fresco
- **YU** Svježa riba
- **DK** Fersk fisk
- **I** Pesce fresco
- **N** Fersk fisk
- **S** Färsk fisk
- **E** Pescado fresco
- **IS** Ferskur fiskur
- **NL** Verse vis
- **TR** Taze balık

370 FRESHWATER PRAWN — CREVETTE D'EAU DOUCE 370

Macrobachium carcinus

(Freshwater/Atlantic/Pacific — N. America)

(Eaux douces/Atlantique/Pacifique — Amérique du Nord)

Belongs to the family *Palaemonidae* (see + PRAWN and + SHRIMP).

De la famille des *Palaemonidae* (voir + CREVETTE).

- **D**
- **GR**
- **J**
- **P** Camarão
- **YU**
- **DK**
- **I** Gambero americano d'aequa solce
- **N**
- **S**
- **E**
- **IS**
- **NL** Zoetwatergarnaal, ston sara-sara (Sme.)
- **TR** Tatlı su midye türü

371 FRIED FISH — POISSON FRIT 371

Fish or pieces of fish dipped in batter or breaded and fried in oil or in edible deep fat, sold hot or cold (either chilled or frozen); the pieces may be whole fillets or pieces of fillet, steaks, or small fish that have been headed and cleaned.

Poissons ou morceaux de poisson trempés dans une pâte, ou panés, et frits dans de l'huile comestible, vendus chauds ou froids (réfrigérés ou congelés), existant sous forme de filets, de morceaux de filet, de tranches ou de petits poissons étêtés et nettoyés.

- **D** Bratfisch
- **GR** Psári tiganitó
- **J** Sakana-no-furai, sakana-no-tempura
- **P** Peixe frito
- **YU** Pržena riba
- **DK** Stegt fisk
- **I** Pesce fritto
- **N** Stekt fisk
- **S** Stekt fisk
- **E** Pescado frito
- **IS** Steiktur fiskur
- **NL** Gebakken vis
- **TR** Tavada balık kızartması

372 FRIGATE MACKEREL — AUXIDE 372

Auxis thazard or/ou *Auxis rochet*

(Cosmopolitan) (Cosmopolite)

Also called PLAIN BONITO, LEADENALL, BULLET MACKEREL, MARU FRIGATE MACKEREL; used in some tuna industries; see also + TUNA.

Aussi appelé MELVA (Espagnol). Utilisé dans l'industrie du thon; voir aussi + THON.

- **D** Fregattmakrele
- **GR** Kopáni-Varelàki
- **J** Hirosoda, soda-gatsuo
- **P** Judeu
- **YU** Trup, rumbac
- **DK** Auxide
- **I** Tombarello
- **N** Auxid
- **S** Auxid
- **E** Melva
- **IS**
- **NL** Valse bonito
- **TR** Gobene, tombile

373 FRILL SHARK

Chlamydoselachus anguineus

(Pacific – N. America) (Pacifique – Amérique du Nord)

See also + SHARK. Voir aussi + REQUIN.

- **D** Kragenhai, Krausenhai
- **GR**
- **J** Rabuka
- **P** Tubarão, cobra-da-fundura
- **YU**
- **DK** Kravehaj
- **I** Squalo serpente
- **N** Kragehai
- **S** Kråshaj
- **E**
- **IS**
- **NL** Franjehaai
- **TR**

374 FROG FLOUNDER

Pleuronichthys cornutus

(Japan) (Japon)

Belonging to the family *Pleuronectidae*.
Marketed fresh or alive.
See also + FLOUNDER.

De la famille des *Pleuronectidae*.
Commercialisé frais ou vivant.
Voir aussi + FLET.

- **J** Meitagarei

375 FROG — GRENOUILLE 375

RANIDAE

(Cosmopolitan) (Cosmopolite)

Skinned frog legs are marketed fresh or frozen.

Les cuisses dépouillées sont commercialisées fraîches ou congelées.

- **D** Frosch
- **GR** Vátrahi
- **J** Kaeru
- **P** Rã
- **YU**
- **DK** Frø
- **I** Rana
- **N** Frosk
- **S** Groda
- **E** Rana
- **IS** Froskur
- **NL** Kikvorsen
- **TR** Kurbağa

376 FROSTFISH
Lepidopus caudatus
COUTELAS 376

(Cosmopolitan in warm seas)

(Cosmopolite, eaux chaudes)
Aussi appelé SABRE D'ARGENT.

Belongs to the family *Trichiuridae* (see + CUTLASSFISH).
See also + SCABBARDFISH.

Famille des *Trichiuridae* (voir aussi + POISSON SABRE).
Voir aussi + JARRETIÈRE.

D	Degenfisch	**DK**	Strømpe båndsfisk	**E**	Espadilla
GR	Spathópsaro-ilios	**I**	Pesce sciabola	**IS**	
J		**N**	Reimfisk	**NL**	Kousebandvis
P	Peixe-espada	**S**	Strumpebandsfisk	**TR**	
YU	Zmiječnjak repaš, sablja				

377 FROZEN FISH
POISSON CONGELÉ 377

Fish that has been subjected to freezing in a manner to preserve the inherent quality of the fish by reducing their average temperature to −18°C (0°F) or lower, and which are then kept at a temperature of −18°C (0°F) or lower (IIR/OECD Code of Practice for frozen fish).

The reduction of temperature in the fish has to be achieved in a sufficiently short time to give the product best quality; this depends on the type of product (fillets, whole fish, pre-cooked fish, etc.).

Regulations with regard to maximum time have been laid down in various countries, e.g. in U.K. the temperature of the whole fish is to be lowered from 32°F to 23°F (0°C to −5C°) or lower in not more than two hours and the fish be kept in the freezer until the temperature of the warmest part of the fish has been reduced to −5°F (−20°C) or lower (U.K. definition of QUICK FROZEN FISH); according to U.S. recommendations the temperature should be lowered to 0°F (−18°C) in 36 hours or less.

The term "frozen fish" is synonymously used with DEEP FROZEN FISH and QUICK FROZEN FISH.

Poisson traité par congélation de manière à conserver les qualités inhérentes au poisson dont la température moyenne a été abaissée à −18°C (0°F) ou moins, et maintenue à −18°C ou moins (Institut International du Froid/OCDE Code de Pratiques pour le poisson congelé).

L'abaissement de température du poisson doit être effectué dans un temps suffisamment court pour donner au produit la meilleure qualité, temps qui varie suivant le genre de produit (filets, poisson entier, poisson précuit, etc.).

Des règlementations relatives à cette limite maximum de temps ont été prises dans différents pays: en Grande-Bretagne, par exemple, la température du poisson entier doit être abaissée de 32°F à 23°F (0°C à −5°C) ou moins, en moins de deux heures et le poisson doit être maintenu dans un congélateur jusqu'à ce que la température de la partie la plus chaude du poisson soit ramenée à −5°F (−20°C) ou moins (Définition de la CONGÉLATION RAPIDE en Grande-Bretagne); aux Etats-Unis, on recommande d'abaisser la température à 0°F (−18°C) en 36 heures ou moins.

Le terme "poisson congelé" est synonyme de POISSON SURGELÉ et de POISSON RAPIDEMENT CONGELÉ.

D	Gefrierfisch Gefrorener Fisch	**DK**	Frossen fisk	**E**	Pescado congelado
GR	Katepsigméni ihthís	**I**	Pesce congelato	**IS**	Freðfiskur, frystur fiskur
J	Reitô-gyo	**N**	Frossen fisk	**NL**	Bevroren vis
P	Peixe congelado	**S**	Fryst fisk	**TR**	Donmuş balık
YU	Smrznuta riba				

377.1 FUNORI
FUNORI 377.1

Name employed in Japan for *Gloiopeltis* spp. Seaweeds utilised for adhesive.

Terme employé au Japon pour désigner les espèces *Gloiopeltis*. Algues utilisées dans la fabrication des adhésifs.

378 FURIKAKE (Japan)
FURIKAKE (Japon) 378

+ FISH FLOUR dried after cooking with seasonings and then mixed with spices or other ingredients.

+ FARINE DE POISSON comestible, séchée après cuisson avec assaisonnement, puis mélangée à des épices ou autres ingrédients.

379 FUSHI-RUI (Japan)

Dried strips of fish produced by repeated smouldering and drying after boiling; used as condiment or seasoning for various soups.

The term is usually preceded by the name of the fish, e.g. from mackerel, SABA-BUSHI (phonetic assimilation) or + KATSUOBUSHI (from skipjack).

See also + NAMARIBUSHI.

FUSHI-RUI (Japon) 379

Lanières de poisson séchées, préparées en les faisant mijoter et sécher à plusieurs reprises; servent de condiment ou d'assaisonnement pour différents potages.

Le terme est généralement précédé du nom du poisson utilisé, par ex: avec du maquereau : SABA-BUSHI (orthographe phonétique); avec de la Listao: + KATSUOBUSHI.

Voir aussi + NAMARIBUSHI.

380 GABELROLLMOPS (Germany)

Small + ROLLMOPS from fillets of small Baltic herring, with or without skin, usually prepared without added vegetables, etc., in a light vinegar brine also with wine or in sauces, mayonnaise, remoulade.

See + DELICATESSEN FISH PRODUCT.

GABELROLLMOPS (Allemagne) 380

Petits + ROLLMOPS préparés avec les filets de petits harengs de la Baltique avec ou sans peau, généralement sans adjonction de légumes, dans une saumure légère de vinaigre ou de vin, ou en sauce mayonnaise, rémoulade, etc.

Voir + DELICATESSEN FISH PRODUCT.

D Gabelrollmops	**DK**	**E**
GR	**I**	**IS**
J	**N**	**NL** Rolmopsjes
P	**S**	**TR**
YU		

381 GAFFELBIDDER

Different spelling used: GAFFELBITAR, GAFFELBITER, GAFFALBITAR.

Semi-preserved product prepared from fat herring gilled or headless, mildly cured with salt and sugar, most often also spices, ripened in barrels at moderate temperature; then filleted, skinned and cut into "tid bit" pieces, packed with spiced brine, also with vinegar, or with sauces in cans or glass jars.

Also called TIDBITS, HERRING TIDBITS or FORK TIDBITS.

See also + ANCHOSEN, + SPICED HERRING, + CUT SPICED HERRING, + HERRING CUTLETS.

In Iceland "Gaffalbitar" might also refer to a newly developed product: smoked herring packed in spiced soya-bean sauce.

GAFFELBIDDER 381

Peut s'appeler indifféremment: GAFFEL-BITAR, GAFFELBITER, GAFFALBITAR.

Semi-conserve préparée à base de harengs gras vidés ou sans tête, macérés en barils, à une température modérée, dans une saumure légère, sucrée, fréquemment avec des épices; les harengs sont ensuite filetés, dépouillés et découpés en "tid bits" (bouchées) recouverts d'une saumure épicée, avec ou sans vinaigre, ou de sauces, et mis en boîtes ou en bocaux.

Appelés aussi TIDBITS, HERRING TIDBITS ou FORK TIDBITS.

Voir aussi + ANCHOSEN, + HARENG EPICÉ, + CUT SPICED HERRING, + FILETS DE HARENG.

En Islande, "Gaffalbitar" désigne aussi un nouveau produit: hareng, fumé recouvert de sauce de soja épicée.

D Gabelbissen	**DK** Gaffelbidder	**E**
GR	**I**	**IS** Gaffalbitar
J	**N** Gaffelbiter	**NL** Gaffelbitter
P	**S** Gaffelbitar	**TR**
YU		

382 GAPER

(i) Name used for + SOFT SHELL CLAM (*Mya arenaria*).
(ii) Name also used for + COMBER (*Serranus cabrilla*) belonging to the family *Serranidae* (see + SEA BASS).

382

Le terme "GAPER" (anglais) est utilisé pour:
(i) *Mya arenaria* (voir + MYE).
(ii) *Serranus cabrilla* (voir + SERRAN).

383 GARFISH

Belone belone

(i) (N. Atlantic – Europe)

Belongs to the family *Belonidae* which are generally designated as + NEEDLEFISH. Also called BILLFISH, GARPIKE, GREENBONE, MACKEREL GUIDE, SEA NEEDLE, GAR, SEA GAR; sold fresh.

ORPHIE 383

(i) (Atlantique Nord – Europe)

Aussi appelé AIGUILLE ou AIGUILLETTE. De la famille des *Belonidae*; généralement appelés + ORPHIE ou + AIGUILLE DE MER. Commercialisé frais.

D	Hornhecht	DK	Hornfisk	E	Aguja
GR	Zargána	I	Aguglia	IS	Hornfiskur
J		N	Horngjel	NL	Geep
P	Piexe agulha	S	Horngädda, hornfisk, näbbgädda	TR	Zargana
YU	Iglica				

(ii) In Australia refers to *Hemiramphus* spp. (see + HALFBEAK) which belong to the same order as *Belonidae*.

(iii) In U.S. might also refer to the family *Lepisosteidae* (freshwater species), but these are mainly termed GAR.

(iv) In U.K. refers to *Raniceps raninus*.

(ii) Le nom ORPHIE se réfère aussi au *Scomberesox torsten* (voir + ORPHIE/ BALAOU), qui fait partie du même ordre que (i).

D	Knochenhecht	DK		E	
GR		I		IS	
J		N		NL	
P		S	Bengädda	TR	
YU					

384 GÁROS (Greece)

Enzymatic preparation from hydrolysed livers of mackerel; used in Greece to accelerate maturing of freshly salted sardine and anchovy.

GÁROS (Grèce) 384

Préparation enzymatique de foies de maquereaux; utilisée en Grèce pour accélérer la maturation de sardines ou d'anchois fraîchement salés.

D		DK		E	
GR	Gáros	I	Colatura	IS	
J		N		NL	
P	Garo	S		TR	
YU					

385 GARUM

Sauce produced in the Mediterranean regions by mixing whole ungutted fish with concentrated brine and exposing the mixture in jars for long periods to the sun.

For similar products see also + FERMENTED FISH SAUCE.

See also + PISSALA (France).

GARUM 385

Sauce préparée dans certaines régions méditerranéennes en mélangeant du poisson entier, non vidé, avec une saumure concentrée, et en exposant le mélange en bocaux au soleil pendant une longue période.

Produit semblable: + SAUCE DE POISSON FERMENTÉ.

Voir aussi + PISSALA.

D		DK		E	
GR	Gáros	I	Garum	IS	
J		N		NL	
P	Garo	S		TR	
YU	Garum				

386 GASPÉ CURE (Canada)

Light salted, pickle cured cod that has been dried to a moisture content of 34 to 36%; amber-coloured and translucent product of the Gaspé area.

See also + FALL CURE.

D
GR
J
P Cura do gaspé
YU

DK Gaspévirket klipfisk
I Baccalà san giovanni
N
S

GASPÉ CURE (Canada) 386

Morue légèrement salée, saumurée et séchée à une teneur en eau de 34 à 36%; le produit transparent et couleur ambrée se fait dans la région du Gaspé.

Voir aussi + FALL CURE.

E
IS
NL
TR

387 GEELBECK

Atractoscion aequidens

(S. Africa) (Afrique du Sud)

P Cangueira

388 GELATIN(E) — GÉLATINE 388

Soluble protein that can be prepared from the skins and swim bladders of fish but largely produced from animal skins; used in the food and other industries.

See also + ISINGLASS.

Protéine hydrosoluble qui peut être préparée à partir de peaux et de vessies natatoires de poissons mais qui est généralement obtenue à partir de peaux et d'os d'animaux terrestres; utilisée dans l'industrie alimentaire.

Voir aussi + ICHTHYOCOLLE.

DK Gelatine
GR Zelatína
J Zeratchin
P Gelatina
YU Želatina, hladetina

DK Gelatine
I Gelatina
N Gelatin
S Gelatin

E Gelatina
IS Gelatini
NL Gelatine
TR

388.1 GHOST SHARK

Hydrolagus novaezealandiae

(New Zealand) (Nouvelle-Zélande)

389 GIANT SEA BASS

Stereolepis gigas

(Pacific – N. America) (Pacifique – Amérique du Nord)

Also called PACIFIC BLACK SEA BASS, BLACK JEWFISH, PACIFIC JEWFISH.

See also + SEA BASS. Voir aussi + BAR.

D
GR
J Ishinagi
P
YU

DK
I Cernia gigante
N
S

E
IS
NL Californische jodenvis
TR

390 GIBBING

The process of removing the gills, long gut and stomach from a fish such as the herring by inserting a knife at the gills; the milt or roe and some of the pyloric caeca are left in the fish. Also called GIPPING: e.g. + GIBBED HERRING.

See also + GUTTED FISH.

Procédé par lequel on enlève les branchies et les viscères d'un poisson, le hareng par exemple, en insérant un couteau dans les ouïes; la laitance ou la rogue et une partie du caecum pylorique restent dans le poisson.

Voir aussi + POISSON VIDÉ.

D Kehlen
GR Apenteromeni ihthis

J Tsubonuki
P Evisceração

YU Liofilizacija

DK Mavedragning
I Eviscerazione dagli opercoli
N Fullganing
S Ganing, gälning, fullganing nypning

E
IS Slógdráttur

NL Kaken
TR

391 GILT HEAD BREAM — DORADE 391
Sparus aurata

(E. Atlantic/Mediterranean)
Also called DORADE. Recommended trade name: SEA BREAM.
See also + SEA BREAM.

(Atlantique Est/Méditerranée)
Aussi appelée DORADE ROYALE.
Voir aussi + DORADE.

- **D** Goldbrasse
- **GR** Tsipoúra
- **J**
- **P** Doirada
- **YU** Komarča
- **DK**
- **I** Orata
- **N**
- **S** Guldbraxen
- **E** Dorada
- **IS**
- **NL** Goudbrasem
- **TR** Çipura

392 GILT SARDINE — ALLACHE 392
Sardinella aurita

(Mediterranean)
See + SARDINELLA.

(Méditerranée)
Voir + SARDINELLE.

- **D** Sardinelle
- **GR** Fríssa trichiós
- **J**
- **P** Sardinela
- **YU** Srdela golema
- **DK**
- **I** Alaccia
- **N**
- **S**
- **E** Alacha
- **IS**
- **NL** Oorsardientje
- **TR** Sardalya

393 GISUKENI (Japan) — GISUKENI (Japon) 393

Small fish such as goby, pond smelt, young porgy, young horse mackerel, anchovy, shrimp, etc., dried simply or after baking or boiling, then soaked in a seasoning made from sugar, soy bean sauce etc., and dried again by smouldering.

Petits poissons tels que jeunes spares, jeunes chinchards, anchois, crevettes etc. simplement séchés, ou, après cuisson, trempés dans une sauce de soja sucrée et assaisonnée, séchés à l'étouffée.

394 GIZZARD SHAD — ALOSE À GÉSIER 394
Dorosoma cepedianum

(Atlantic/Freshwater – N. America)
Also called NANNY SHAD, MUD SHAD, WINTER SHAD.
See also + SHAD.

(Eaux douces/Atlantique – Amérique du Nord)
Aussi appelée ALOSE AMÉRICAINE.
Voir aussi + ALOSE.

395 GLASGOW PALE (Scotland) 395

Variety of + EYEMOUTH CURE haddock that is smoked so lightly that it has the barest detectable smoky flavour and almost no colour.

Variante du + EYEMOUTH CURE: églefin si légèrement fumé qu'il a à peine le goût de fumé et n'a pratiquement aucune couleur.

396 GLAZING — GIVRAGE 396

The process of protecting unwrapped + FROZEN FISH against drying in cold storage, by dipping in cold water, or by brushing or spraying with cold water, immediately after freezing to form a thin protective skin of ice.

Traitement par l'eau du + POISSON CONGELÉ (aspersion ou trempage) en vue de former à sa surface une mince couche de glace et d'empêcher la déshydratation.

- **D** Glasieren
- **GR** Glasarísma
- **J** Gureizu
- **P** Vidragem
- **YU** Glaziranje
- **DK** Glasering
- **I** Glassaggio
- **N** Glasering
- **S** Glasering
- **E** Glaseado
- **IS** Íshúþun
- **NL** Glaceren
- **TR**

397 GOATFISH — ROUGET 397

MULLIDAE

(Cosmopolitan) (Cosmopolite)

Aussi appelé MULLET.

Mullus surmuletus

(a) + SURMULLET (a) + ROUGET DE ROCHE
(Atlantic/Mediterranean) (Atlantique/Méditerranée)

Mullus auratus

(b) RED GOATFISH (b) ROUGET DORÉ
(Atlantic – N. America) (Atlantique – Amérique du Nord)

Mullus barbatus

(c) STRIPED MULLET (c) ROUGET BARBET
(Atlantic/Mediterranean) (Atlantique/Méditerranée)

Upeneus parvus

(d) DWARF GOATFISH (d)
(Atlantic – N. America) (Atlantique – Amérique du Nord)

Not to be confused with *Mugilidae* (see + MULLET). A ne pas confondre avec les *Mugilidae* (voir + MUGE).

D Meerbarbe	**DK** Mulle	**E** Salmonete
GR Barboúni, koutsomoúra	**I** Triglia	**IS** Sæskeggur
J Himeji	**N** Mulle	**NL** (a) Koning van de poon, mul
		(b) Gestreepte zeebarbeel
P Salmonete	**S** Mullus	**TR** Tekir, barbunya, Nil barbunyası
YU Trlje, trlje odkamena		

398 GOBY — GOBIE 398

GOBIIDAE

(Atlantic/Pacific/Freshwater – Cosmopolitan) (Eaux douces/Atlantique/Pacifique – Cosmopolite)

Various species in different waters. Les espèces varient suivant les eaux où on les trouve.

Marketed fresh or alive (Japan, Spain); in Japan also dried like + YAKIBOSHI. Commercialisées fraîches ou vivantes (au Japon et en Espagne); au Japon, également séchées comme pour le + YAKIBOSHI.

D Grundeln	**DK** Kutling	**E** Góbido
GR Govil	**I** Gobido, ghiozzo	**IS** Kytlingur
J Haze	**N** Kutlinger	**NL** Grondels
P Caboz	**S** Smörbult	**TR** Büyük kaya balığı
YU Glavoči		

399 GOLDEN CURE — 399

Milder sort of + RED HERRING that is smoked only for five or six days instead of several weeks. Forme douce du + HARENG ROUGE, fumé pendant cinq ou six jours au lieu de plusieurs semaines.

Also called MEDITERRANEAN CURE. In Canada also called + BLOATER.

See also + RED HERRING. Voir aussi + HARENG ROUGE, + CRAQUELOT (ou BOUFFI).

D	**DK**	**E**
GR	**I** Aringhe dorate	**IS**
J	**N**	**NL** Dubbel gerookte steurharing
P Arenque doirado	**S**	**TR**
YU		

400 GOLDEN CUTLET 400

Cold smoked BLOCK FILLET of small haddock or whiting, sometimes dyed; available chilled or frozen.

See + FILLET.

Filet entier, fumé à froid, de petit églefin ou de merlan; quelquefois coloré; commercialisé réfrigéré ou congelé.

Voir + FILET.

D	DK	E
GR	I Filetti affumicati	IS
J	N	NL Koudgerookte vlinders
P Filete fumado	S	TR
YU		

401 GOLDFISH CYPRIN DORÉ 401
Carassius auratus

(Freshwater)

Originally Japan, introduced in many countries.

(Eaux douces)

D'origine japonaise, a été introduit dans de nombreaux pays.

D Goldfisch	DK Guldfisk	E
GR	I Ciprino dorato	IS
J Kingyo	N Gullfisk	NL Goudvis
P	S Guldfisk	TR
YU		

402 GOLDLINE SAUPE 402
Sarpa salpa

(Atlantic/Mediterranean)

Belonging to the family *Sparidae*

(see + SEA BREAM).

(Atlantique/Méditerranée)

De la famille des *Sparidae*

(voir + DORADE).

D Goldstrieme	DK Okseøjefisk	E Salema
GR Sálpa-sárpa	I Salpa	IS
J	N Okseøyefisk	NL Gestreepte bokvis
P Salema	S Oxögonfisk	TR Sarpan, çıtari
YU Salpa		

403 GONADS GONADES 403

Female gonads: see + ROE.

Male gonads: see + MILT.

Gonades femelles: voir + ROGUE.

Gonades mâles: voir + LAITANCE.

D Gonaden	DK Kønsorganer	E Gonadas
GR Genitiká proïónda	I Gonadi	IS
J Seishokusen	N Kjønnsorganer	NL Gonaden
P Gónadas	S Gonader	TR
YU		

404 GOURAMI GOURAMI 404
Osphyronemus gourami

(Freshwater – India/Malaya/Réunion)

Food fish, weighing up to 20 lb. or more.

(Eaux douces – Inde/Malaya/Réunion)

Poisson comestible pesant jusqu'à 10 kg et plus.

D Knurrender Gurami	DK Guarami	E
GR	I Gurami	IS
J Guurami	N	NL Goerami
P	S	TR
YU		

405 GRAVLAX (Sweden)

Fillets of salmon rubbed in with a mixture of coarse salt, sugar and white pepper, placed meat-side against meat-side with dill, and pressed in a chilly place. Considered to be best after 24 hours.

GRAVLAX (Suède) 405

Filets de saumon macérés dans un mélange de gros sel, de sucre et de poivre blanc, placés côté chair contre côté chair avec de l'aneth et pressés dans un endroit frais, pendant 24 heures.

- **D**
- **GR**
- **J**
- **P** Filetes de salmão à sueca
- **YU**

- **DK** Gravlaks
- **I** Filetti di salmone svedesi
- **N** Gravlaks
- **S** Gravlax

- **E** Filetes de salmón con sal, azucar y especias
- **IS** Graflax
- **NL** Drooggezouten gekruide zalm
- **TR**

406 GRAYFISH / 406

(i) Name used for some sharks, particularly + THRESHER SHARK (*Alopias vulpinus*).
(ii) Name is also used for + PACIFIC COD (*Gadus macrocephalus*).
(iii) In U.S.A. GRAYFISH might also be used as collective term for two + DOGFISH: PICKED (SPRING) DOGFISH (*Squalus acanthias*) and SMOOTH DOGFISH (*Mustelus canis*) (see + SMOOTH HOUND).

Le terme "GRAYFISH" (anglais) est utilisé pour les espèces suivantes:
(i) *Alopias vulpinus* (voir + RENARD).
(ii) *Gadus macrocephalus* (+ MORUE DU PACIFIQUE).
(iii) Aux Etats-Unis: *Squalus acanthias* (voir + AIGUILLAT) et *Mustelus canis* (voir + ÉMISSOLE).

407 GRAYLING / OMBRE 407

Thymallus arcticus

(Freshwater – Europe) / (Eaux douces – Europe)

- **D** Äsche
- **GR**
- **J**
- **P**
- **YU** Lipen

- **DK** Stalling
- **I** Temolo
- **N** Harr
- **S** Harr

- **E**
- **IS**
- **NL** Vlagzalm
- **TR**

408 GREATER SANDEEL / GRAND LANÇON 408

Hyperoplus lanceolatus

(N. Atlantic) / (Atlantique Nord)

Also called SAND LANCE, LAUNCE, LANCE.
See + SANDEEL.

Voir + LANÇON.

- **D** Grosser Sandaal
- **GR** Aminodýtes
- **J**
- **P** Galeota
- **YU** Hujka

- **DK** Tobiskonge
- **I** Cicerello
- **N** Storsil, stortobis
- **S** Tobiskung

- **E** Pión
- **IS** Trönusíli
- **NL** Zandspiering, zandaal, smelt
- **TR** Kum balığı

409 GREATER WEEVER

Trachinus draco

GRANDE VIVE 409

(Atlantic/Mediterranean)

(Atlantique/Méditerranée)

Also called GREATER WEAVER or STING-FISH.

Landed commercially Belgium, Germany.

See also + WEEVER.

Commercialisée en Belgique et en Allemagne.

Voir aussi + VIVE.

D Petermann, Petermännchen	**DK** Fjæsing	**E** Araña, escorpión
GR Drákena	**I** Tracina drago	**IS** Fjörsungur
J	**N** Fjesing	**NL** Grote Pieterman
P Peixe-aranha	**S** Fjärsing	**TR** Trakonya
YU Pauk bijeli		

410 GREEN FISH

POISSON SALÉ EN VERT 410

(i) Salted white fish that, having been stacked for two or three days to press out as much pickle as possible, are ready for drying; also called GREEN CURE, GREEN SALTED FISH.

In France "SALÉ EN VERT" is also used for skins destined for tanning.

(i) Poisson maigre salé qui, après avoir été entassé pendant deux à trois jours pour en extraire le plus de saumure possible, est prêt pour le séchage.

En France, "SALÉ EN VERT" s'applique aussi aux peaux destinées au tannage.

D	**DK** Grønsaltet fisk	**E** Pescado en verde
GR Psári hygrálato	**I** Pesce salinato e sgocciolato	**IS** Staðinn fiskur
J	**N**	**NL** Lichtgezouten magere vis
P Peixe verde	**S** Grönsaltad fisk	**TR**
YU		

(ii) GREENFISH (one word) is also an alternative name for + POLLACK.

(ii) GREENFISH (anglais) est aussi un terme alternatif pour + POLLACK (LIEU JAUNE).

411 GREENLAND HALIBUT

Reinhardtius hippoglossoides

FLÉTAN NOIR 411

(N. Atlantic)

(Atlantique Nord)

Also called BLACK HALIBUT, BLUE HALIBUT, LESSER HALIBUT, MOCK HALIBUT, usually sold as MOCK HALIBUT (U.K.).

In U.S.A. and Canada also called GREENLAND TURBOT or NEWFOUNDLAND TURBOT.

Aussi appelé FLÉTAN DU GROËNLAND.

Marketed:
Fresh: steaks or fillets.
Salted: in brine or in dry salt.
Smoked: hot smoked pieces, also sliced salt fish.
Liver: oil + HALIBUT LIVER OIL.

Commercialisé:
Frais: tranches ou filets.
Salé: en saumure ou au sel sec.
Fumé: morceaux fumés à chaud, ou également tranches de flétan salé.
Foie: + HUILE DE FOIE DE FLÉTAN.

D Schwarzer Heilbutt	**DK** Hellefisk	**E** Hipogloso negro
GR	**I** Halibut di groenlandia	**IS** Grálúþa
J Karasu-garei	**N** Blåkveite	**NL** Kleine heilbot, zwarte heilbot
P Alabote-da-gronelândia	**S** Lilla hälleflundran, lilla helgeflundran	**TR**
YU		

412 GREENLAND RIGHT WHALE — BALEINE FRANCHE 412

Balaena mysticetus

(Arctic) (Arctique)

Also called GREENLAND WHALE, RIGHT WHALE, BOWHEAD, ARCTIC RIGHT WHALE, GREAT POLAR WHALE.

Protected, not hunted commercially.   Espèce protégée dont la chasse est règlementée

See + RIGHT WHALE.

D Grönlandwal	**DK** Grønlandshval	**E**
GR	**I** Balena di groenlandia	**IS** Norðhvalur, sléttbakur
J Hokkyokukujira	**N** Grønlandshval	**NL** Groenlandse walvis
P Baleia-franca-boreal	**S** Grönlandsval, nordval	**TR**
YU Kit		

413 GREENLAND SHARK — LAIMARGUE 413

Somniosus microcephalus

(N. Atlantic/Arctic) (Atlantique Nord/Arctique)

Belongs to the family *Squalidae* (see + DOGFISH).

Famille des *Squalidae* (voir + AIGUILLAT).

Also called GROUND SHARK, OAKETTLE, OKETTLE.

Aussi appelé APOCALLE, REQUIN DU GROENLAND.

Consumed fermented (Iceland); liver for oil extraction (Iceland).

Consommé fermenté (Islande); extraction de l'huile du foie.

D Eishai	**DK** Havkal	**E** Tiburón boreal
GR	**I** Squalo di groenlandia, lemargo	**IS** Hákarl
J	**N** Håkjerring	**NL** Groenlandse haai, ijshaai
P Pailona, galhudo	**S** Håkäring	**TR**
YU		

414 GREEN LAVER 414

Enteromorpha linza

(Japan) (Japon)

Edible seaweed; see + LAVERBREAD.   Algue comestible; voir + LAVERBREAD.

D	**DK**	**E** Alga marina
GR	**I** Alga commestibile	**IS**
J Usubaaonori	**N**	**NL** Etbaar zeewier
P	**S** Platt tarmtång	**TR**
YU		

415 GREENLING 415

HEXAGRAMMIDAE

(Pacific — N. America) (Pacifique — Amérique du Nord)

Most important species being + LING COD   Dont l'espèce la plus importante est:

Ophiodon elongatus

(Pacific — N. America) (Pacifique — Amérique du Nord)

To the family of *Hexagrammidae* belongs also + ATKA MACKEREL.

+ ATKA MACKEREL appartient aussi à la famille des *Hexagrammidae*.

D	**DK**	**E**
GR	**I**	**IS**
J Ainame	**N**	**NL** Groenlingen
P	**S** Grönfisk	**TR**
YU		

415.1 GREEN MUSSEL 415.1

Perna canaliculus

(New Zealand) (Nouvelle-Zélande)

416 GREY GURNARD — GRONDIN GRIS 416
Eutrigla gurnardus

(N. Atlantic/North Sea)   (Atlantique Nord/Mer du Nord)

Also called CROONER, GUNNARD, HARDHEAD, KNOWD, GOWDY; recommended trade name + GURNARD.
See also + GURNARD.

Appelé aussi GOURNAUD.

Voir aussi + GRONDIN.

D Grauer Knurrhahn	**DK** Grå knurhane	**E** Borracho, perlon
GR Kapóni	**I** Capone gorno	**IS** Urrari
J	**N** Knurr	**NL** Grauwe poon
P Ruivo	**S** Knorrhane, gnoding, knot	**TR** Benekli kırlangıç
YU Trilja (Prasica), kokot		

---

417 GRILSE 417

Salmon returning from the sea to fresh water for the first time.
See + SALMON.

Jeune saumon à sa première migration de la mer en eau douce.
Voir + SAUMON.

D	**DK**	**E**
GR	**I**	**IS**
J	**N**	**NL** Jacobzalm
P	**S**	**TR**
YU		

---

418 GROOVED CARPET SHELL — PALOURDE 418
Tapes decussatus or/ou *Venerupis decussatus*

(Atlantic – Europe)   (Atlantique – Europe)

Also called + CARPET SHELL or CLAM. Very important in Spain; marketed fresh (in shells, raw or cooked) and canned (in its own uice).
See also + CARPET SHELL.

Appelée aussi CLOVISSE, FLIE ou BLANCHET. Consommation importante en Espagne; commercialisée fraîche (en coquille, crue ou cuite) en conserve (dans son propre jus).
Voir aussi + CLOVISSE/PALOURDE.

D Teppichmuschel	**DK**	**E** Almeja fina
GR Chávaro	**I** Vongola nera	**IS**
J	**N** Gullskjell	**NL** Tapijtschelp
P Amêijoa	**S** Tapesmussla	**TR**
YU Kučica		

---

419 GROUPER — MÉROU 419

General name for family of *Serranidae* (which also are termed + SEA BASS or + SEA PERCH), but more particularly refers to *Epinephelus* and *Mycteroperca* spp., important food fishes in U.S.A.

Désigne globalement la famille des *Serranidae* (+ BAR) mais de façon particulière les espèces *Epinephelus* et *Mycteroperca*, commerce important aux Etats-Unis.

Species in the Atlantic (N. America):   Espèces de l'Atlantique (Amérique du Nord):

Epinephelus itajara

(a) + JEWFISH   (a) + TÉTARDE

Epinephelus morio

(b) RED GROUPER   (b) MÉROU NÈGRE

Epinephelus striatus

(c) NASSAU GROUPER   (c)

Epinephelus nigritus

(d) WARSOW GROUPER   (d) + TÉTARDE
Also called BLACK JEWFISH.

[CONTD.]

419 GROUPER (Contd.)

(e) YELLOWFIN GROUPER
Mycteroperca venenosa (e)

(f) BLACK GROUPER
Mycteroperca bonaci (f)

(g) GAG
Mycteroperca microlepis (g)

Pacific:
Epinephelus analogus
Pacifique:
(h) CABRILLA (h)

Also called SPOTTED CABRILLA, ROCK BASS.
(j) In Australia *Epinephelus* spp. known as cod.
Marketed: as fresh fish.

(j) En Australie, le terme cod désigne les espéces *Epinephelus*.
Commercialisé frais.

419 MÉROU (Suite)

D Zackenbarsch
GR Rophós
J Hata

DK Havaborre
I Cernia, sciarrano
N Havabbor

E Mero, cherna, cherne
IS Vartari
NL Kroro (Sme.)
(b) djampao (Ant.), zwarte koraalbaars,
(c) jacoepepoe (Ant.), nassau koraalbaars.

P Garoupa, mero
YU Epinephelus, kirnja, scorpeana, bodeljka

S Havsabborre, grouper

TR Orfoz

420 GRUNT

General name for fishes of the family *Pomadasyidae* (Atlantic, Pacific – America, Europe); also designated as GRUNTER.
This family includes among others *Pomadasys, Parapristipoma, Bathystoma* and *Haemulon* spp.
See for example + SARGO (i), + PORKFISH, + PIGFISH.

420 GRONDEUR

Désigne de façon générale les poissons de la famille des *Pomadasyidae* (Atlantique, Pacifique – Amérique, Europe).
Cette famille comprend entre autres les espèces *Pomadasys, Parapristipoma, Bathystoma* et *Haemulon*.
Voir par exemple + SARGUE (i) + DAURADE AMÉRICAINE, + PIGFISH.

D
GR
J Isaki
P Roncador
YU

DK Gryntefisk
I Burro
N
S Grunt

E Roncador, burro
IS
NL Knorvis
TR

421 GUANIN

Also spelt GUANINE; extracted from scales of fish such as herring, for manufacture of PEARL ESSENCE; has also been used for conversion to CAFFEINE.

421 GUANINE

Produit extrait des écailles de poissons tels que le hareng, pour la fabrication d'ESSENCE D'ORIENT; utilisé également pour la synthèse de la CAFÉINE.

D Guanin
GR
J Guanin
P Guanina
YU Guanin

DK Guanin
I Guanina
N Guanin
S Guanin

E Guanina
IS Guanin
NL Guanine
TR Guanin

422 GUINAMOS ALAMANG (Philippines)

Shrimp paste, similar to + DINAILAN, but salt is added after first drying period; mixture is dried for only one day after it is made into paste.

422 GUINAMOS ALAMANG (Philippines)

Pâte de crevettes, semblable au + DINAILAN, mais salée après le premier temps de séchage; le mélange est séché pendant un jour seulement, après la mise en pâte.

423 GUITARFISH   GUITARE 423
RHINOBATIDAE

(Cosmopolitan)   (Cosmopolite)
   Belong to the order *Rajiformes*   Appartiennent à l'ordre des *Rajiformes*
   (see + RAY).   (voir + RAIE).

Rhinobatus lentiginosus

(a) ATLANTIC GUITARFISH   (a)
   (Atlantic – N. America)   (Atlantique – Amérique du Nord)

Zapteryx exasperata

(b) BANDED GUITARFISH   (b)
   (Pacific – N. America)   (Pacifique – Amérique du Nord)

D Geigenrochen   **DK** Hvalhaj   **E** Guitarra
GR Rína   **I** Pesce violino   **IS**
J Sakatazame   **N**   **NL** Vioolrog
P Viola   **S** Hajrocka   **TR** Iğnelikeler
YU Ražopas, pasiraža

424 GUMMY SHARK   424
Mustelus antarcticus

(Australia/New Zealand)   (Australie/Nouvelle-Zélande)
   Also called RIG, SPOTTED GUMMY SHARK.
   See also + SMOOTH HOUND and   Voir aussi + ÉMISSOLE et +
   + DOGFISH.   AIGUILLAT.

D Australischer Glatthai   **DK**   **E**
GR   **I** Palombo antartico   **IS**
J   **N**   **NL** Zuidelijke gladde haai, stomkophaai
P Caneja   **S**   **TR** Köpek balığı
YU

425 GURNARD   GRONDIN ou TRIGLE 425
TRIGLA spp.

(Atlantic – Europe)   (Atlantique – Europe)

Eutrigla gurnardus

(a) + GREY GURNARD   (a) + GRONDIN GRIS
   (N. Atlantic/N. Sea)   (Atlantique Nord/Mer du Nord)

Trigla lyra

(b) + PIPER   (b) + GRONDIN LYRE
   (Atlantic)   (Atlantique)

Eutrigla cuculus

(c) + RED GURNARD   (c) + GRONDIN ROUGE
   (N. Atlantic)   (Atlantique Nord)

Eutrigla obscura

(d) + SHINING GURNARD   (d) + GRONDIN
   (Atlantic/Mediterranean)   (Atlantique/Méditerranée)

Trigloporus lastoviza

(e) + STREAKED GURNARD   (e) + GRONDIN IMBRIAGO
   (Atlantic/Mediterranean)   (Atlantique/Méditerranée)

[CONTD.

425 GURNARD (Contd.)

(f) + YELLOW GURNARD
(Atlantic/Mediterranean)
Trigla lucerna

Marketed fresh and frozen (whole or fillet), also canned (in own juice).

The name Gurnard is also used for some other species of the family *Triglidae* (see e.g. + KANAGASHIRA GURNARD, + ARMED GURNARD).

In North America fish of the family *Triglidae* are commonly named + SEA ROBIN.

See also + FLYING GURNARD and + HOBO GURNARD.

D Knurrhahn	DK Knurhane
GR Kapóni	I Pesce capone
J Hôbô, kanagashira	N Knurrfisk
P Ruivo, emprenhador, cabra	S Knorrhane, knot
YU Lastavica, lastavica prasica	

See also under the individual entries.

In New Zealand the name GURNARD refers to *Chelodonichthys kumu*.

GRONDIN ou TRIGLE (Suite) 425

(f) + GRONDIN PERLON
(Atlantique/Méditerranée)

Commercialisé frais et surgelé (entier ou en filets) ; également en conserve dans son jus.

Certaines autres espèces de la famille des *Triglidae* sont appelées Grondins (voir par exemple + "KANAGASHIRA GURNARD", + MALLARMAT).

Voir aussi + TRIGLE + DACTYLOPTÈRE, et + GRONDIN JAPONAIS.

E Rubios	
IS Urrari	
NL Poon (a) grauwe poon, (b) engelse poon, triglalucerna, rode poon	
TR Kırlangıç	

Voir aussi les rubriques individuelles.

En Nouvelle-Zélande le terme GURNARD s'applique à *Chelodonichthys kumu*.

426 GUTS

The word guts in this nomenclature is synonymous with ENTRAILS, INTESTINES or VISCERA ; guts is the term generally used in the trade.

See also + GUTTED FISH.

D Gedärme	DK Indvolde
GR Endósthia	I Interiora
J Wata, naizô, zômotsu	N Slo
P Vísceras	S Avrens, inälvor
YU	

VISCÈRES 426

Dans cette nomenclature, le terme est synonyme de ENTRAILLES ou INTESTINS ; viscères est le mot généralement employé.

Voir aussi + POISSON VIDÉ.

E Visceras	
IS Slóg	
NL Ingewanden	
TR	

427 GUTTED FISH

Fish from which the guts have been removed ; alternative term is EVISCERATED FISH. In U.S.A. the term DRAWN FISH is mainly used ; various special types of gutting, e.g. + GIBBING, + NOBBING.

D Ausgenommener Fisch	DK Renset fisk
GR Apenteroméni ihthís	I Pesce sventrato
J Wata-nuki, tsubo-nuki	N Sløyd fisk
P Peixe eviscerado	S Rensad fisk
YU Riba kojoj je izvadjena utroba	

POISSON VIDÉ 427

Poisson dont les viscères ont été enlevés ; terme alternatif : POISSON ÉVISCÉRÉ.

Voir + VISCÈRES, et différentes méthodes d' + ÉVISCÉRATION.

E Pescado eviscerado	
IS Slægður fiskur	
NL Gestripte vis, gelubde vis	
TR Ayıklanmış balık	

428 GYOMISO (Japan)

Fermented fish paste prepared from mixture of macerated fish flesh, salt and wheat bran, inoculated with a fungus called *Aspergillus oryzae*, formerly produced in industrial scale ; more common similar product + UOMISO.

GYOMISO (Japon) 428

Pâte de poisson fermentée préparée avec un mélange de chair de poisson macérée, de sel, de son, mélange auquel on ajoute un champignon, l'*Aspergillus oryzae* ; autrefois fabriquée à l'échelle industrielle. Produit semblable plus commun : le + UOMISO.

429 HABERDINE

Name sometimes given to large cod used for salting.

Nom donné parfois au cabillaud de grande taille destiné au salage.

- **D**
- **GR**
- **J**
- **P** Bacalhau graúdo
- **YU**

- **DJ**
- **I**
- **N** Stortorsk
- **S**

- **E**
- **IS** Stórþorskur
- **NL** Labberdaan
- **TR**

430 HADDOCK — AIGLEFIN ou ÉGLEFIN

Melanogrammus aeglefinus or/ou *Gadus aeglefinus*

(N. Atlantic/Arctic) (Atlantique Nord/Arctique)

Also called GIBBER, + CHAT or PINGER (small haddock); + JUMBO (large haddock).
Boston Fish Exchange: U.S.A.
Large: over $2\frac{1}{2}$ lb.
Scrod: $1\frac{1}{2}$ to $2\frac{1}{2}$ lb.
Snapper: under $1\frac{1}{2}$ lb.

Aussi appelé ÂNON.

Marketed:

Fresh: whole, gutted, with or without heads; single fillets with or without skin; block fillets, with or without skin (small fish); steaks.

Frozen: whole, gutted, with or without heads; single fillets with or without skin; block fillets, with or without skin (small fish) breaded cooked or uncooked, sticks and portions; smoked varieties.

Smoked: headed split finnans, boneless finnans, trimmed finnans (+ FINNAN HADDOCK); single fillets, usually with skin on; block fillets, usually with skin off (+ GOLDEN CUTLET); all cold smoked. E.g. + EYEMOUTH CURE, + GLASGOW PALE, + LONDON CUT CURE, BERVIE CURE, BODDAM CURE, SMOKIE etc. Headed and gutted, whole small haddock or pieces or steaks (cutlets); hot smoked (+ ARBROATH SMOKIE); smoked haddock products are marketed chilled and frozen.

Salted: dried salted products made in same way as salted cod.

Rizzared haddock: made by lightly salting overnight, partially drying and then broiling.

Vinegar cured: fillets brined, cooked in vinegar solution with onion and spices and packed in sealed glass containers with vinegar sauce and spices.

Canned: cooked flakes or pieces of flesh also in sauces (e.g. + ESCABECHE).

Roe: fresh; boiled; smoked, canned.

Liver: used indiscriminately with cod livers for oil extraction, etc.
See + COD LIVER, + FISH LIVER.

In France, "HADDOCK" designates smoked haddock.

Commercialisé:

Frais: entier, vidé, avec ou sans tête; filets simples avec ou sans peau; filets entiers avec ou sans peau (petit églefin); tranches.

Congelé: entier, vidé, avec ou sans tête; filets simples avec ou sans peau; filets entiers avec ou sans peau (petit églefin), panés, cuits ou crus; bâtonnets et portions; produits fumés.

Fumé: tranché et étêté; sans arête; paré (+ FINNAN HADDOCK); filets simples généralement avec la peau; filets entiers, généralement sans peau (+ GOLDEN CUTLET); tous les produits sont fumés à froid. Ex + EYEMOUTH CURE, + GLASGOW PALE, + LONDON CUT CURE, BERVIE CURE, BODDAM CURE, + SMOKIE, étêté et vidé; petit poisson entier, morceaux ou tranches; fumés à chaud (+ ARBROATH SMOKIE); tous produits vendus réfrigérés et surgelés.

Salé: mêmes préparations que la morue salée.

Rizzard: salé légèrement pendant une nuit, partiellement séché, puis grillé.

Au vinaigre: filets saumurés cuits au court-bouillon et mis en bocaux avec une sauce vinaigrée et des épices.

Conserve: flocons cuits ou morceaux en sauces (ex: + ESCABÈCHE).

Œufs: frais; cuits; fumés; en conserve.

Foies: assimilés aux foies de morue pour l'extraction de l'huile; voir + FOIE DE MORUE, + FOIE DE POISSON.

En France, "HADDOCK" désigne l'églefin fumé.

- **D** Schellfisch
- **GR** Gádos sp, bakaliaros
- **J**
- **P** Arinca
- **YU** Ugotica

- **DK** Kuller, hvilling
- **I** Asinello
- **N** Hyse, kolje
- **S** Kolja

- **E** Eglefino
- **IS** Ýsa
- **NL** Schelvis
- **TR**

431 HADDOCK CHOWDER   SOUPE D'ÉGLEFIN 431

Steamed flakes of haddock flesh packed with potato in cans with broth made from salt pork, flour, onion, fish broth and seasoning; heat processed (N. America).

Flocons de chair d'églefin cuit à la vapeur, mis en conserve avec des pommes de terre et un bouillon à base de porc salé, farine, oignon, bouillon de poisson et assaisonnement; traité à la chaleur (Amérique du Nord).

D Schellfisch-suppe
GR
J
P Sopa de arinca
YU
DK
I Zuppa di asinello
N
S Koljestuvning
E Sopa de eglefino
IS
NL Schelvis hutspot in blik
TR

432 HAKE   MERLU 432

(i) Various *Merluccius* and *Urophycis* spp. the most important being:

Il existe différentes espèces *Merluccius* et *Urophycis* dont les plus importantes sont:

Merluccius merluccius

(a) HAKE (EUROPE)
(N.E. Atlantic/North Sea)

Also called MERLUCE, SEA LUCE, SEA PIKE.

(a) MERLU (EUROPE)
(Atlantique N.E./Mer du Nord), quelquefois appelé à tort COLIN (voir + LIEU NOIR, COLIN NOIR).

Appelé aussi MERLUCHE, MERLUCHON ou COLINET (petit).

Merluccius hubbsi

(b) + SOUTHWEST ATLANTIC HAKE
(S.W. Atlantic)

(b) +
(Atlantique S.O.)

Merluccius bilinearis

(c) + SILVER HAKE
(N.W. Atlantic)
Also called WHITING.

(c) + MERLU ARGENTÉ
(Atlantique N.O.)

Merluccius capensis

(d) + CAPE HAKE
(S.E. Atlantic/S.W. Indian Ocean)
Also called STOCKFISH.

(d) +
(Atlantique S.E./Océan indien S.O.)
Appelé STOCKFISH.

Merluccius gayi

(e) + CHILEAN HAKE
(S.E. Pacific)

(e) +
(Pacifique S.E.)

Merluccius senegalensis

(f) BLACK HAKE
(E. Atlantic – N.W. & N. Africa)

(f) MERLU NOIR
(Atlantique Est – Afrique Nord & N.O.)

Merluccius productus

(g) + PACIFIC HAKE
(N.E. Pacific)

(g) + MERLU DU PACIFIQUE
(Pacifique N.E.)

Merluccius mediterraneus

(h) (Mediterranean)

(h) (Méditerranée)

Merluccius polli

(j) (E. Atlantic – W. Africa)

(j) (Atlantique E. – Afrique O).

Urophycis chuss

(k) + RED HAKE
(Atlantic)

(k) + MERLUCHE-ÉCUREUIL
(Atlantique)

[CONTD.

432   HAKE (Contd.)   MERLU (Suite)   432
Urophycis tenuis

(I)   + WHITE HAKE   (I)   + MERLUCHE BLANCHE
     (Atlantic)   (Atlantique)

Main marketing methods are:
Fresh: fillets and steaks.
Frozen: whole (headed or gutted); fillets and steaks.
Smoked: fillets and hot-smoked pieces (steaks).
Salted: dry salted and dried split headless fish; may be canned (Canada).

Principales formes de commercialisation:
Frais: filets et tranches.
Congelé: entier (étêté ou vidé); filets et tranches.
Fumé: filets et morceaux (tranches) fumés à chaud.
Salé: poisson tranché étêté, salé à sec et séché; peut être mis en conserve (Canada).

D (a-j) Seehecht   **DK** (a-g) Kulmule   **E** Merluza
                                  (k-l) skægbrosmer
GR Bakaliáros   **I** Nasello   **IS** Lýsingur
J   **N** Lysing   **NL** (a) Heek, mooie meid
P Pescada,   **S** Kummelsläktet   **TR** Berlâm
    pescada-branca,   (a) kummel
    pescada-marmota,
    pescadinha
YU Oslić

(ii) Name also used for + SOUTHERN KINGFISH (*Jordanidia solandrii* – New Zealand).

433   HALFBEAK   DEMI-BEC   433
HEMIRAMPHIDAE

(Atlantic/Pacific – N. America)   (Atlantique/Pacifique – Amérique du Nord)

                                                       Appelé + BALAOU (Antilles); ce nom en Europe désigne *Scomberesox* sp.

Hyporhamphus unifasciatus

(a) (Atlantic/Pacific)   (a) (Atlantique/Pacifique)

Hemiramphus balao

(b) BALAO (Atlantic)   (b) (Atlantique)

Hemiramphus brasiliensis

(c) BALLYHOO   (c)
    (Atlantic)   (Atlantique)

Hemiramphus saltator

(d) LONGFIN HALFBEAK   (d)
    (Pacific – N. America)   (Pacifique – Amérique du Nord)

Hemiramphus far.

(e) BLACK-BARRED GARFISH   (e)
    (Australia)   (Australie)

Hemiramphus australis

(f) SEA-GARFISH   (f)
    (Australia)   (Australie)

Arrhamphus sclerolepis

(g) SNUBNOSED GARFISH   (g)
    (Australia)   (Australie)

D Halbschnabel-hecht   **DK**   **E**
GR   **I** Mezzo-becco   **IS**
J Sayori   **N**   **NL** (a) Bastaardgeep,
                                                                           (b) balao di flambeeuw
                                                                           (Ant.), nanaifisi (Sme.),
                                                                           (c) halfbek
P Meia-agulha   **S** Halvnäbb   **TR**
YU

434 HALFMOON

(Pacific)

SCORPIDAE

(Pacifique)

Medialuna californiensis

(a) (Pacific – N. America) (a) (Pacifique – Amérique du Nord)

Scorpis aequipinnis

(b) BLUE MAOMAO (b)
(Australia/New Zealand) (Australie/Nouvelle-Zélande)
Also called SWEEP.

D	DK	E
GR	I	IS
J	N	NL
P Escorpião	S	TR Yarım ay
YU		

435 HALF-SALTED FISH   POISSON DEMI-SEL 435

(i) Fish removed from brine before it is fully cured; also called HALF-FRESH FISH.

(i) Poisson retiré de la saumure avant salage complet.

D	DK Letsaltet fisk	E Pescado semi-salado
GR Psári elafrá alatisméno	I Pesce semi-salato	IS Halfsaltaður fiskur, nætursaltaður fiskur
J Usujio	N Lettsaltet fisk	NL Matig gezouten vis
P Peixe semi-salgado	S	TR Yari tuzlu balık
YU Polu-soljena riba		

(ii) Also synonymously used to + MEDIUM SALTED FISH.

(ii) Synonyme de + POISSON MOYENNEMENT SALÉ.

436 HALIBUT   FLÉTAN 436

Hippoglossus hippoglossus

(i) (a) ATLANTIC HALIBUT
(N. Atlantic/Arctic)

(i) (a) FLÉTAN DE L'ATLANTIQUE
(Atlantique Nord/Arctique)

Hippoglossus stenolepis

(b) PACIFIC HALIBUT
(Pacific – Canada)

(b) FLÉTAN DU PACIFIQUE
(Pacifique – Canada)

Also called BUTT; small halibut sometimes called CHICKEN HALIBUT.

Marketed:

Fresh: whole, headed or not, and gutted; + FLETCH (N. America) or fillets; steaks.

Frozen: whole, gutted with or without heads; fillets with skin; steaks; fletches; portions; cheeks (meaty portions from the sides of large heads) (North America).

Dried: strips of meat air-dried for some weeks after brining, called + RACKLING (Norway, Pacific, U.S.A.).

Smoked: small pieces of meat heavily smoked for several days after dry-salting and drying (East coast U.S.A.); also hot-smoked pieces, with or without skin (Germany).

Skins: some used for leather manufacture.

Liver: valuable source of vitamin-rich liver oil.

Commercialisé:

Frais: entier, avec ou sans tête; + FLETCH (Amérique du Nord) ou filets; tranches.

Congelé: entier, vidé, avec ou sans tête; filets avec la peau; tranches; fletches; portions; joues (parties charnues du côté de la tête du gros flétan) (Amérique du Nord).

Séché: bandes de chair séchées à l'air pendant plusieurs semaines, après saumurage, appelées + RACKLING (Norvège, Pacifique, E.U.).

Fumé: petits morceaux de chair fortement fumés pendant plusieurs jours après salage à sec et séchage (côte est des E.U.); morceaux fumés à chaud, avec ou sans peau (Allemagne).

Peaux: certaines sont utilisées pour la fabrication du cuir.

Foie: source importante d'huile de foie riche en vitamines.

[CONTD.

436 HALIBUT (Contd.)

- **D** Heilbutt
- **GR** Hippóglossa
- **J** Ohyô
- **P** Alabote
- **YU** Koniski jezik
- **DK** Helleflynder
- **I** Halibut
- **N** Kveite
- **S** Hälleflundra, helgeflundra
- **E** Halibut, fletan, hipogloso
- **IS** Flyðra, lúða, heilagfiski
- **NL** Heilbot
- **TR**

(ii) The name halibut is also used in connection with other flatfish species, e.g. see: + GREENLAND HALIBUT, + CALIFORNIA HALIBUT, + BASTARD HALIBUT, + ARROWTOOTH HALIBUT, etc.

FLÉTAN (Suite) 436

(ii) On appelle encore flétans certains poissons plats: + FLÉTAN NOIR + FLÉTAN DE CALIFORNIE, etc.

437 HALIBUT LIVER OIL

Oil extracted from halibut livers, very rich in vitamins A and D.

Oil also extracted from GREENLAND HALIBUT.

In Japan arrow toothed flatfish is used for the production of high potency vitamin oil.

HUILE DE FOIE DE FLÉTAN 437

Huile extraite des foies de flétans, très riche en vitamines A et D.

On extrait également l'huile du + FLÉTAN DU GROËNLAND.

Au Japon, les poissons plats de la famille du flétan sont exploités pour la production d'huile très riche en vitamines.

- **D** Heilbuttleberöl, Heilbuttlebertran
- **GR**
- **J** Ohyô kanyu
- **P** Óleo de fígado de alabote
- **YU**
- **DK** Helleflynderleverolie
- **I**
- **N** Kveitetran
- **S** Helgeflundreleverolja
- **E** Aceite de higado de halibut
- **IS** Lúðulýsi
- **NL** Heilbot levertraan
- **TR**

438 HAMAYAKI-DAI (Japan)

Small porgy, sometimes eviscerated, skewered with bamboo pins, then dried after being toasted on fire.

Also dried in heated solid salt.

HAMAYAKI-DAI (Japon) 438

Petits spares, parfois éviscérés, accompagnés de pousses de bambou, puis séchés après avoir été grillés au feu.

Aussi séché dans du sel chaud.

439 HAMMERHEAD SHARK

SPHYRNIDAE

(Cosmopolitan)

REQUIN-MARTEAU 439

(Cosmopolite)

Sphyrna zygaena

(a) Atlantic/Mediterranean/Pacific – Europe/N. America/Japan)

Also called COMMON HAMMERHEAD (Europe) or SMOOTH HAMMERHEAD (N. America).

(a) Atlantique/Méditerranée/Pacifique – Europe/Amérique du Nord/Japon)

Appelé en Europe REQUIN-MARTEAU COMMUN et, en Amérique du Nord REQUIN-MARTEAU LISSE.

Sphyrna mokarran

(b) GREAT HAMMERHEAD

(Cosmopolitan in warm seas)

For ways of marketing, see + SHARK.

(b) GRAND REQUIN-MARTEAU

(Cosmopolite, mers chaudes)

Pour la commercialisation, voir + REQUIN.

- **D** Hammerhai
- **GR** Paterítsa, zýgaina
- **J** Shiroshumoku, shumokuzame
- **P** Martelo
- **YU** Mlat, jaram
- **DK** Hammerhaj
- **I** Pesce martello
- **N** Hammerhai
- **S** Hammarhaj
- **E** Pez martillo
- **IS**
- **NL** (a) Hamerhaai
- **TR** Çekiç

440 HAMPEN (Japan)

Fish jelly product made by putting kneaded shark meat mixed with ground yam potato into boiling water. As it has a sponge-like texture, it floats when put into soup.

See + KAMABOKO (Japan).

HAMPEN (Japon) 440

Gelée de poisson faite à base de chair de requin mélangée avec des pommes de terre, cuite à l'eau bouillante. Sa texture étant spongieuse, elle reste à la surface des soupes auxquelles elle est ajoutée.

Voir + KAMABOKO (Japon).

441 HARD CLAM 441

Name used for various species of clams: S'applique à différentes espèces de clams:

Mercenaria mercenaria

Atlantic – N. America Atlantique – Amérique du Nord
(see + QUAHAUG) (voir + PRAIRE)

Saxidomus nuttali
Venus mortoni

Pacific – N. America Pacifique – Amérique du Nord

Protothaca thaca
Mesodesma donacium

Pacific – S. America Pacifique – Amérique du Sud

MERETRIX spp.
Meretrix lusoria
Meretrix lamareki

Pacific – Japan Pacifique – Japon
See also + CLAM. Voir aussi + CLAM.

- **D** Venusmuschel
- **GR** Ahiváda
- **J** Hamaguri, hokkigai
- **P** Clame
- **YU**

- **DK**
- **I** Vongole dure
- **N**
- **S**

- **E**
- **IS**
- **NL** Venusschelp
- **TR** Midye türü

442 HARD CURE 442

White fish, particularly cod, that have been dry-salted and dried to a moisture content of 40% or less; also called FULL CURED FISH, FULL PICKLE FISH.

(Compare with + SOFT CURE.)

Less precisely, the term HARD CURE may refer to white or fatty fish that have been subjected to prolonged salting (see + HEAVY SALTED FISH) or smoking (see + HARD SMOKED FISH).

In Germany the term "HARTSALZUNG" (hard cure) refers to white fish that have been dry-salted to a salt content of more than 13% within the tissue or more than 20% in the tissue water.

See also + HARD SALTED HERRING.

Poisson, généralement morue, qui a été salé à sec et séché à un degré d'humidité de 40% ou moins; peut désigner, d'une façon plus vague, du poisson maigre ou gras qui a subi un salage ou un fumage prolongé.

(Comparer avec + SOFT CURE.)

(Voir + HEAVY SALTED FISH et HARD SMOKED FISH.)

En Allemagne, le terme "HARTSALZUNG" s'applique au poisson maigre salé à 13% à l'intérieur des tissus et à 20% dans les humeurs.

Voir aussi + HARD SALTED HERRING.

- **D** Hartsalzung
- **GR** Psári xeró alatisméno
- **J** Karajio, kowajio, katashio
- **P** Cura carregada
- **YU** Jako obradjena riba-jako soljena ili dimljena riba

- **DK** Hårdtsaltet fisk
- **I** Pesce salato a secco e asciugato
- **N** Skarpsaltet og tørket fisk
- **S** Hårdsaltad och torkad fisk

- **E**
- **IS** Fullþurrkaður fiskur
- **NL** Zwaar gezouten en/of gerookte vis
- **TR** Lakerda veya tuzlu balık

443 HARDHEAD

Name employed for various species of different families:
(i) *Orthodon microlepidotus* (Freshwater – N. America) Belonging to the family *Cyprinidae* (see + CARP). Also called BLACKFISH, SACRAMENTO ROCKFISH.
(ii) Also used for + ATLANTIC CROAKER (*Micropogon undulatus*), belonging to the family *Sciaenidae*.
(iii) Also used for + GREY GURNARD (*Eutrigla gurnadus*), belonging to the family *Triglidae*.
(iv) Also used for + PACIFIC GREY WHALE.

HARENG 443

Le terme "HARDHEAD" (anglais) est utilisé pour les espèces suivantes:
(i) *Orthodon microlepidotus* (eaux douces – Amérique du Nord) de la famille *Cyprinidae* (voir + CARPE).
(ii) *Micropogon undulatus* (voir + TAMBOUR), de la famille *Sciaenidae*.
(iii) *Eutrigla gurnadus* (+ GRONDIN GRIS), de la famille *Triglidae*.
(iv) *Eschrichtius glaucus* (+ BALEINE GRISE DE CALIFORNIE).

444 HARD SALTED HERRING

Herring, whole gibbed or gutted, salted in barrels, also in watertight containers (basins) with 25 to 33% of its weight of salt (salt content within the tissue about 24%).

In Germany different trade designations are used:

"FETTHERING" from fat herring with gonads only slightly or not developed. "VOLLHERING" filled with gonads; if not assorted, "VOLLFETTHERING"; "IHLENHERING" (or "YHLENHERING") are also hard salt cured herring, but spawned and of low fat content. "WRACKHERING" are assorted hard salted herring, which may be lightly damaged but not broken in pieces; all products marketed in barrels of 102 litre capacity and assorted in sizes of herring (e.g. below 600, 601 to 700 herring per barrel, etc.).

See + MATTIE, + CROWN BRAND.

HARENG FORTEMENT SALÉ 444

Hareng entier et vidé, salé en barils ou en récipients étanches avec une proportion de 25 à 33% de son poids de sel (teneur en sel à l'intérieur des tissus, environ 24%).

En Allemagne, cette préparation s'appelle:

"FETTHERING" quand elle est faite avec des harengs gras dont les gonades sont peu ou pas développées. "VOLLHERING", avec des harengs pleins. "VOLLFETTHERING" non triés "IHLENHERING" (or YHLENHERING) sont des harengs pris après la fraie et dont la teneur en graisse est faible, également fortement salés. "WRACKHERING" sont des harengs assortis, fortement salés, mais qui ont été légèrement endommagés pendant la préparation. Tous ces produits sont commercialisés en barils de 102 litres et triés par taille (ex: jusqu'à 600 harengs par baril, de 601 à 700 harengs par baril, etc.).

Voir + MATTIE, + CROWN BRAND.

D	Hartgesalzener Hering	DK	Hårdtsaltet sild	E	
GR		I	Aringhe sursalate	IS	Harðsöltuð síld
J	Katashio nishin	N	Skarpsaltet sild	NL	Zwaar gezouten haring
P	Arenque muito salgado	S	Hårdsaltad sill	TR	Sert tuzlu ringa
YU	Jako soljena heringa				

445 HARD SALTED SALMON

Split salmon or salmon sides pickle-salted in vats and packed in brine in barrels; salted until thoroughly impregnated; usually Pacific salmon spp. (U.S.A.); also called PICKLED SALMON.

SAUMON FORTEMENT SALÉ 445

Saumon tranché ou demi-saumons salés à sec en cuves puis mis en barils avec une saumure jusqu'à imprégnation complète; préparation faite généralement avec des espèces du Pacifique (E.U.); appelée aussi + PICKLED SALMON (SAUMON SALÉ À SEC).

D	Hartgesalzener Lachs	DK	Hårdtsaltet laks	E	Salmon en salmuera
GR		I	Salmone in salamoia	IS	Harðsaltaður lax
J	Shio-zake	N	Spekelaks	NL	Zwaar gezouten zalm
P	Salmão muito salgado	S	Hårdsaltad lax	TR	Sert tuzlu alabalık
YU	Jako soljeni losos				

446 HARD SMOKED FISH

Fish subjected to prolonged periods of cold smoke until hard; e.g. + GOLDEN CURE (hard smoked herring), or + RED HERRING.

POISSON FORTEMENT FUMÉ 446

Poisson traité par fumage à froid prolongé jusqu'à durcissement; ex: + GOLDEN CURE (hareng fortement fumé), ou + HARENG ROUGE.

- **D** Hartgeräucherter Fisch
- **DK** Stærktrøget, koldrøget fisk
- **E** Pescado ahumado en frío
- **GR** Psári kapnistó
- **I** Pesce affumicato duro
- **IS** Reyktur fiskur
- **J** Kunsei, reikun-hin
- **N** Hardrøkt fisk
- **NL** Dubbelgerookte vis
- **P** Peixe fortemente fumado
- **S** Hårdrökt fisk
- **TR**
- **YU** Jako hladno dimljena riba

447 HARENG SAUR (France)

Salted herring, partially desalted and cold-smoked, whole ungutted or gibbed; also heads and gut removed; curing time with salt is 2 to 3 weeks; called "DEMI-SEL" when subject to prolonged desalting for more than 48 hours and lightly cold-smoked. Also called familiarly "GENDARME".

Similar products in Germany: LACHS-HERING (whole), LACHSBÜCKLING (headed).

HARENG SAUR (France) 447

Hareng salé, partiellement dessalé et fumé à froid, entier, non vidé, ou vidé, aussi étêté; le salage dure 2 à 3 semaines; appelé "DEMI-SEL" quand il a été soumis à un dessalage prolongé pendant plus de 48 heures et légèrement fumé à froid. Aussi appelé familièrement "GENDARME".

Produits semblables en Allemagne: LACHS-HERING (entier), LACHSBÜCKLING (étêté).

- **D** Lachshering, Lachsbückling
- **DK**
- **E**
- **GR**
- **I** Aringa affumicata
- **IS**
- **J**
- **N**
- **NL** Spekbokking, engelse bokking, zalm-bokking
- **P** Arenque salgado e fumado
- **S**
- **TR**
- **YU**

448 HARVESTFISH 448
PEPRILUS spp.

Name applied to *Stromateidae* (see + BUTTERFISH and + POMFRET) more particularly refers to:

Nom employé pour les *Stromateidae* (voir + STROMATÉE et + CASTAGNOLE); et particulièrement pour:

Peprilus alepidotus

(a) SOUTHERN HARVESTFISH (a)
(Atlantic – N. America) (Atlantique – Amérique du Nord)
Also called STARFISH.

Peprilus triacanthus

(b) NORTHERN HARVESTFISH (b)
(Atlantic – N. America) (Atlantique – Amérique du Nord)

- **D**
- **DK**
- **E**
- **GR**
- **I**
- **IS**
- **J**
- **N**
- **NL** Grootbek
- **P** Castanhola
- **S** Smörfisk
- **TR**
- **YU**

449 HEADED FISH

Fish from which the heads have been cut or broken off; other terms employed are BEHEADED FISH, HEADLESS FISH, HEAD-OFF FISH, HEADED FISH WITH BONE.

POISSON ÉTÊTÉ 449

Poisson dont la tête a été coupée ou décollée.

- **D** Geköpfter Fisch
- **DK** Hovedskåret fisk
- **E** Pescado descabezado
- **GR** Psári aképhalo
- **I** Pesce decapitato
- **IS** Hausaður fiskur
- **J** Mutô-gyo, kashira otoshi
- **N** Hodekappet fisk
- **NL** Ontkopte vis
- **P** Peixe descabeçado
- **S** Huvudskuren fisk
- **TR** Başı kesilmiş balık
- **YU** Obrezana riba, postrižena riba

450 HEAVY SALTED FISH

Fish cured by adding salt so that product contains approximately 40% salt on dry weight basis. Moisture content for heavy salted cod is as follows:
(Canada)
EXTRA HARD DRIED, not over 35%
HARD DRIED, not over 40%
DRY, 40% to 42%
SEMI-DRY, 42% to 44%
ORDINARY CURE, 44% to 50%
SOFT DRIED, over 50% but not exceeding 54%.

See also + HARD SALTED SALMON, + HARD SALTED HERRING.

POISSON FORTEMENT SALÉ 450

Poisson traité au sel de façon à ce que sa teneur en sel soit d'environ 40% du poids sec. La teneur en eau de la morue fortement salée varie comme suit:
(Canada)
EXTRA-SEC, pas plus de 35%
TRÈS SEC, pas plus de 40%
SEC, de 40% à 42%
DEMI-SEC, de 42% à 44%
SÉCHAGE ORDINAIRE, de 44% à 50%
SÉCHAGE FAIBLE, plus de 50% sans dépasser 54%.

Voir aussi + HARD SALTED SALMON, + HARD SALTED HERRING.

D Hartgesalzener Fisch	**DK** Fudsaltet og tørret fisk	**E** Pescado sobresalado
GR Psári xeró alatisméno	**I** Pesce fortemente salato	**IS** Harðsaltur fiskur
J Katashio, kowajio, karashio	**N** Skarpsaltet fisk	**NL** Zwaar gezouten vis
P Peixe fortemente salgado	**S** Hårdsaltad fisk	**TR** Çok tuzlu balık
YU Jako soljena riba		

451 HEAVY SALTED SOFT CURE (North America) 451

Product obtained by heavy salting but without hard drying, so that salt content averages about 17% on weight basis and moisture content about 47%.

Produit obtenu après un fort salage, mais sans séchage, de sorte que la teneur en sel s'établit à environ 17% et la teneur en eau environ 47%.

D	**DK** Fudsaltet og lettøret fisk	**E**
GR	**I** Pesce fortemente salato e asciugato	**IS** Blautsaltaður, fullstaðinn fiskur
J	**N**	**NL** Zwaar gezouten, licht gedroogde vis
P Cura lenta de peixe de salga carregada	**S** Hårdsaltad fisk	**TR**
YU		

452 HENFISH

(i) Name used for + LUMPFISH (*Cyclopterus lumpus*, belonging to the family *Cyclopteridae*.
(ii) Name also used for + PLAICE (Europe) (*Pleuronectes platessa*).

POULE DE MER 452

(i) Nom employé pour désigner l'espèce *Cyclopterus lumpus* (+ LOMPE) de la famille des *Cyclopteridae*.
(ii) "HENFISH" (anglais) s'applique aussi au *Pleuronectes platessa* (+ CARRELET).

453 HERLING 453

Young + SEA TROUT.

Jeune + TRUITE DE MER.

D	**DK**	**E**
GR	**I** Trotella	**IS**
J	**N**	**NL** Zeeforel
P Truta	**S**	**TR**
YU		

454 HERRING — HARENG 454

Clupea harengus harengus

(i) (a) (Atlantic)   (a) (Atlantique)

Also called DIGBY, MATTIE, SILD or YAWLING (young); SEA-HERRING (U.S.A.).

Clupea harengus pallasii

(b) + PACIFIC or NORTH PACIFIC HERRING   (b) + HARENG DU PACIFIQUE (Pacifique Nord)

Marketed:

Fresh: whole ungutted; whole gutted, head and tail removed; boned (block fillet with backbone and principal bones removed).

Frozen: whole ungutted; whole gutted, head and tail removed; boned (block fillet with backbone and principal bones removed); single fillets.

Smoked: cold or hot-smoked: + KIPPER, + BONELESS KIPPER, + KIPPER FILLET, + KIPPER SNACK, + BLOATER, + RED HERRING, + BUCKLING, + HARENG SAUR.

Salted: + SCOTCH CURED HERRING, + MATJE CURED HERRING, + HARD SALTED HERRING, + MATTIE + KLONDYKED HERRING, + DRY SALTED HERRING, pickled, headless, split or filleted, + DUTCH CURED HERRING, + ALASKA SCOTCH CURED HERRING, + NORWEGIAN CURED HERRING, + CUT HERRING, etc.

Dried: minced flesh.

VARIOUS SEMI-PRESERVES:

Vinegar cured: whole or gutted; fillets; e.g. + BISMARCK HERRING, + ROLLMOPS, + SOUSED HERRING, + KRONSARDINER, etc.

Spice-cured: e.g. + APPETITSILD, + CUT SPICED HERRING, + GAFFEL-BIDDER, ANCHOVIS.

Jellied: e.g. + HERRING in JELLY (+ KOCHFISCHWAREN).

Fried: + BRATHERING. Most of the semi-preserved herring products are marketed in cans, glass jars or other containers, e.g. plastics, also with preserving additives.

Canned: gutted, headed and tailed herring or sild, also fillets, bits, etc., partly pre-cooked, in oil, in own juice, in brine, and in a large variety of sauces and creams, including mustard, beer, lemon, wine etc. but particularly tomato sauce; also with vegetables, fruit or other ingredients; also smoked as + KIPPERS, + KIPPER FILLETS, + KIPPER SNACKS in edible oil; also fried, packed in vinegar-acidified brine or sauces; in some countries, CANNED HERRING of certain size are called CANNED SARDINE; the term CANNED SILD is in some cases restricted to herring of a certain length.

Commercialisé:

Frais: entier, non vidé; entier et vidé, sans tête ni queue; sans arête (filet entier dépourvu d'arête centrale et des plus grosses arêtes).

Congelé: entier, non vidé; entier et vidé, sans tête ni queue; désarêté (filet entier dépourvu d'arête centrale et des plus grosses arêtes); filets simples.

Fumé: à froid ou à chaud: + KIPPER, + KIPPER DÉSARÊTÉ, + FILET DE KIPPER, + KIPPER SNACK, + CRAQUELOT, + HARENG ROUGE, + BUCKLING, + HARENG SAUR.

Salé: + SCOTCH CURED HERRING, + MATJE CURED HERRING, + HARENG FORTEMENT SALÉ, + MATTIE, + KLONDYKED HERRING, + HARENG SALÉ À SEC, saumuré et étêté, tranché ou fileté; + DUTCH CURED HERRING, + ALASKA SCOTCH CURED HERRING, + NORWEGIAN CURED HERRING, + CUT HERRING, etc.

Séché: chair hachée.

SEMI-CONSERVES:

Au vinaigre: hareng entier ou vidé; filets, ex: + HARENG BISMARCK, + ROLLMOPS, + HARENG MARINÉ, + KRONSARDINER, etc.

Aux épices: ex: + APPETITSILD, + CUT SPICED HERRING, + GAFFELBIDDER, + ANCHOVIS.

En gelée: ex: + HARENG EN GELÉE (+ KOCHFISCHWAREN).

Frit: + BRATHERING. La plupart des semi-conserves de hareng sont commercialisées en boîtes, en bocaux ou autres emballages, dont la matière plastique, également avec adjonction d'antiseptiques.

Conserve: hareng vidé, sans tête ni queue; filets, bouchées, etc., partiellement précuisinés, avec de l'huile, dans son jus au naturel, ou avec de nombreuses sauces et crèmes, y compris la moutarde, la bière, le citron, le vin, etc. mais tout particulièrement avec de la sauce tomate; ou encore avec des légumes, des fruits ou autres ingrédients; également fumé, comme les + KIPPER, + FILETS DE KIPPER, + KIPPER SNACKS dans de l'huile; également frit, recouvert d'une saumure vinaigrée ou de sauces; dans certains pays, le HARENG EN CONSERVE d'une certaine taille s'appelle SARDINE EN CONSERVE; le terme CANNED SILD est parfois limité aux harengs d'une certaine taille.

[CONTD.

454 HERRING (Contd.)

Roe: fresh, frozen, salted, also used for + CAVIAR SUBSTITUTE, also smoked and canned; in Japan also dried in the sun.

Milt: fresh, frozen, e.g. for + HERRING MILT SAUCE; canned.

By-products: herring are a valuable source of raw material for meal and oil manufacture; also used as bait for fishing; pearl essence from scales.

Note: Herring are referred to under numerous headings throughout this dictionary.

HARENG (Suite) **454**

Œufs: frais, surgelés, salés; utilisés aussi comme + SUCCÉDANÉ DE CAVIAR; également fumés et en conserve; au Japon, séchés au soleil.

Laitance: fraîche, surgelée, ex: + SAUCE DE LAITANCE DE HARENG; en conserve.

Sous-produits: le hareng est une source importante de matière première dans la fabrication de farine et d'huile de poisson; appât pour la pêche; les écailles fournissent l'essence d'Orient.

Note: Dans cette nomenclature, de nombreux paragraphes se rapportent aux harengs.

D Hering	**DK** Sild	**E** Arenque
GR Régha	**I** Aringa	**IS** Síld
J Nishin, kadoiwashi	**N** Sild	**NL** Haring
P Arenque	**S** Sill	**TR** Ringa
YU Heringa, sledy		

(ii) The name "herring" might also be used in connection with other species of the family *Clupeidae*, e.g. *Ethmidium maculatus* (Pacific − S. America) (related to + MACHETE); *Etrumeus* spp. (see + ROUND HERRING); or *Alosa* spp. (see + SHAD).

(iii) In Australia the name PERTH HERRING refers to *Fluvialosa vlaminghi*.

---

455 HERRING CUTLETS

Small pieces of boneless skinless fillets of herring packed in various sauces (wine, sour cream or tomato cocktail).

In Germany also with skin and bones as + MARINADE or + KOCHFISCHWAREN; in Norway the term is used for canned small pieces of young herring packed in oil or sauces.

See also + GAFFELBIDDER.

FILETS DE HARENG 455

Petits morceaux de filets de hareng sans arête ni peau, préparés avec des sauces variées (vin, crème, tomate).

En Allemagne, on y laisse la peau et les arêtes, voir + MARINADE ou + KOCH-FISCHWAREN; en Norvège, le terme s'applique pour des morceaux de harengs jeunes, en conserve, à l'huile ou en sauces.

Voir aussi + GAFFELBIDDER.

D Heringsbissen	**DK**	**E** Trocitos de filetes de arenque
GR	**I** Cotolette di aringa	**IS**
J	**N**	**NL** Stukjes haring in saus
P Filetes de arenque	**S** Skivsill	**TR** Parçalanmış ringa
YU		

---

456 HERRING IN JELLY

Cooked fish product prepared with herring, packed in jelly, also slices of cucumber, carrots and spices added.

Also called ASPIC HERRING, JELLY HERRING, + KOCHFISCHWAREN.

HARENG EN GELÉE 456

Produit cuit préparé avec du hareng recouvert de gelée; se fait aussi avec des tranches de concombre, carotte, et des épices.

Appelé encore HARENG EN ASPIC, JELLY HERRING, + KOCHFISCHWAREN.

D Hering in Gelee	**DK** Sild i gele	**E** Arenque a la gelatina
GR	**I** Aringa in gelatina	**IS** Síld í hlaupi
J	**N**	**NL** Haring in gelei
P Arenque em geleia	**S** Sill i gele	**TR** Jöle içinde ringa
YU Heringa u želeu, heringa u aspiku		

457 HERRING IN SOUR CREAM SAUCE

Fillets of salted herring, partly desalted and marinated with vinegar or marinated herring fillets prepared with different supplements, like wine, spices, sour cream, sweet cream, sieved herring milt, onions, cucumbers etc.

In Germany also called "EINGELEGTE HERINGE NACH HAUSFRAUENART"; (pickled herring in housewife's manner).

Marketed SEMI-PRESERVED; also packed in cans or glass jars.

HARENG À LA CRÈME 457

Filets de harengs salés, partiellement dessalés, et marinés avec du vinaigre, ou filets de harengs marinés, et préparés avec différents ingrédients comme le vin, les épices, crème sure, crème sucrée, de laitances de hareng passées, oignons, concombres, etc.

En Allemagne appelés aussi "EINGELEGTE HERINGE NACH HAUSFRAUENART" (hareng mariné à la ménagère).

Commercialisés en SEMI-CONSERVE également mis en boîtes ou en bocaux.

- **D** Hering in saurer Sahne
- **DK**
- **E** Arenque en salsa a la crema
- **GR**
- **I** Aringhe alla crema acida
- **IS**
- **J**
- **N**
- **NL** Haring in zure roomsaus
- **P** Arenque em creme ácido
- **S** Sill i sur gräddsås
- **TR** Ringa (ekşi krema içinde)
- **YU** Heringa u kiselom umaku i dodatcima

458 HERRING IN WINE SAUCE

Vinegar-cured herring fillets packed in a sauce made from white wine, vinegar, onions, sugar and spices.

Marketed SEMI-PRESERVED.

Also canned: precooked herring fillets; packed in liquid wine sauce or with binding material, thickened sauces, with wine as flavouring ingredient; sometimes named according to the kind of wine, e.g. in Malaga wine sauce.

HARENG MARINÉ AU VIN 458

Filets de hareng macérés dans du vinaigre et recouverts d'une sauce à base de vin blanc, vinaigre, oignon, sucre et épices.

Commercialisés en SEMI-CONSERVE.

Egalement en conserve: filets de harengs cuits recouverts d'une sauce au vin liquide ou liée, ou de sauces liées dont le vin est l'arôme dominant, sauces appelées parfois d'après le vin utilisé, ex. sauce au Malaga.

- **D** Hering in Weinsosse
- **DK**
- **E** Arenques en salsa de vino
- **GR**
- **I** Aringhe al vino bianco
- **IS** Síld í vínsósu
- **J**
- **N**
- **NL** Haring in wijnsaus
- **P** Arenque em molho de vinho
- **S** Sill i vinsås
- **TR** Şarap soslu ringa
- **YU** Heringa u umaku od vina

459 HERRING MEAL

Fish meal prepared from herring and herring waste; see + FISH MEAL.

In Japan, oriental saury, mackerel, sardines etc., are mainly used for the production of fish meal.

FARINE DE HARENG 459

Farine préparée avec des harengs et déchets de hareng; voir + FARINE DE POISSON.

Au Japon, on utilise principalement pour la production de farine de poisson, les orphies, maquereaux, sardines, etc.

- **D** Heringsmehl
- **DK** Sildemel
- **E** Harina de arenque
- **GR**
- **I** Farina di aringhe
- **IS** Síldarmjöl
- **J** Nishin gyofun
- **N** Sildemel
- **NL** Haringmeel
- **P** Farinha de arenque
- **S** Sillmjöl
- **TR**
- **YU** Riblje brašno od heringe

460 HERRING MILT SAUCE

Herring milts mixed with vinegar sauce and strained through a sieve to remove membranes; used for packing vinegar cured herring products.

SAUCE DE LAITANCE DE HARENG 460

Laitances de harengs assaisonnées de sauce vinaigrée et passées pour en éliminer les membranes; sauce utilisée pour accompagner les harengs préparés au vinaigre.

- **D** Milchnersosse, Milchnertunke
- **GR**
- **J**
- **P** Molho de lácteas de arenque
- **YU**
- **DK**
- **I** Salsa di latte di aringhe
- **N**
- **S** Sillmjölkesås
- **E** Salsa de criadillas de arenque
- **IS** Sviljasósa
- **NL** Haringhomsaus
- **TR**

461 HERRING OIL

Fish body oil extracted from herring, usually by cooking and pressing.

HUILE DE HARENG 461

Huile extraite du hareng, d'ordinaire par cuisson et pression.

- **D** Heringsöl
- **GR**
- **J** Nishin yu
- **P** Óleo de arenque
- **YU** Riblje ulje od heringe
- **DK** Sildeolie
- **I** Olio de aringhe
- **N** Sildolje
- **S** Sillolja
- **E** Aceite de arenque
- **IS** Síldarlýsi
- **NL** Haringolie
- **TR** Ringa yağı

462 HERRING SALAD

Delicatessen products made from vinegar cured, mostly diced, herring fillets, e.g. + SAUERLAPPEN; also from salt herring, e.g. + MATJE CURED HERRING (ii), + SPICE CURED HERRING, mixed together with diced cucumbers, onions, vegetables, spices and mayonnaise; may be packed unprocessed in not tight closed containers; also in glass jars or cans. Recipes vary from country to country, but many originate from Germany; typical are WHITE HERRING SALAD, and RED HERRING SALAD (from added pickled red beetroot); also DRY HERRING SALAD (Trockener Heringssalat) only prepared with some oil, also with vinegar.

SALADE DE HARENG 462

Hors d'œuvre à base de filets de hareng préparés au vinaigre, généralement coupés en dés, ex. + SAUERLAPPEN; se fait également avec du hareng salé, ex. + MATJE CURED HERRING (ii), + HARENG AUX ÉPICES, mélangés avec des concombres, oignons, légumes coupés en dés, des épices et de la mayonnaise; cette préparation peut être mise telle quelle, non stérilisée, dans des récipients non-étanches; également en bocaux ou en boîtes. Les recettes varient suivant les pays d'origine, mais la plupart viennent d'Allemagne: SALADE DE HARENG BLANC, SALADE DE HARENG ROUGE (avec addition de betterave rouge); ou encore SALADE DE HARENG SEC (Trockener Heringssalat) à l'huile et au vinaigre.

- **D** Heringssalat
- **GR**
- **J**
- **P** Salada de arenque
- **YU** Salata od heringe
- **DK** Sildesalat
- **I** Insalata di aringhe
- **N** Sildesalat
- **S** Sillsallad
- **E** Ensalada de arenques
- **IS** Síldarsalat
- **NL** Haringsalade
- **TR** Ringa salatası

463 HERINGSSTIP (Germany)

Pieces of marinated herring fillets, also from salt herring, with sliced or diced onions, cucumbers, also celery, spices and mayonnaise; also with herring milt sauce added.

HERINGSSTIP (Allemagne) 463

Morceaux de filets de harengs marinés, ou de harengs salés, accompagnés de tranches ou dés d'oignon, de concombre, de céleri, d'épices et de mayonnaise; peuvent également être assaisonnés de sauce de laitance de harengs.

Minimum herring content: 50%

Contenu minimum en hareng: 50%.

464 HILSA 464
Clupea ilisha

(Freshwater — India)   (Eaux douces — Inde)
Also spelt HILSAH.

P Hilsa

465 HOBO GURNARD GRONDIN JAPONAIS 465
CHELIDONICHTHYS & PETRYGOTRIGLA spp.

(Japan)   (Japon)

Several species are fished commercially in Japanese waters; marketed fresh, sometimes alive.

Pêche commerciale de plusieurs espèces au Japon, commercialisées fraîches, parfois vivantes.

J Hôbô

466 HOGCHOKER 466
Trinectes maculatus

(Atlantic — U.S.A.)   (Atlantique — E.U.)

Belongs to the family *Soleidae* (see + SOLE).

In Eastern U.S.A. the name HOGCHOKER refers to *Achitus fasciatus* (similar to + LINED SOLE).

De la famille des *Soleidae* (voir + SOLE).

467 HOMOGENISED CONDENSED FISH HYDROLYSAT 467

A liquid product from whole fish or offal containing about 50% of moisture, prepared as an alternative to fish meal (U.S.A.).

Sorte d'autolysat à base de poisson entier ou de déchets, contenant environ 50% d'eau; produit préparé à la place de la farine de poisson (Etats-Unis).

The term LIQUID FISH is synonymously used.

Terme synonyme de POISSON LIQUIDE.

Should not be confused with + CONDENSED FISH SOLUBLES.

Ne pas confondre avec + SOLUBLES DE POISSON.

D
GR
J
P Peixe condensado homogeneizado
YU

DK
I Pesce omogeinizzato condensato
N
S

E
IS
NL Ingedampte vis
TR

468 HORSE MACKEREL CHINCHARD 468
TRACHURUS spp.
DECAPTERUS spp.

Also known as + JACK MACKEREL or + SCAD; also called BUCK MACKEREL, MAASBANKER (S. Africa).

Appelé aussi + SAUREL, CARANGUE.

Belonging to the family *Carangidae* (see + JACK).

De la famille des *Carangidae* (voir + CARANGUE).

Trachurus trachurus

(a) HORSE MACKEREL
 (Atlantic — Europe)

(a) CHINCHARD
 (Atlantique — Europe)

[CONTD.

468 HORSE MACKEREL (Contd.)   CHINCHARD (Suite) 468

Trachurus symmetricus

(b) JACK MACKEREL
(Pacific – N. America)
MAASBANKER (S. Africa)

(b)
(Pacifique – Amérique du Nord)
MAASBANKER (Afrique du Sud)

Trachurus japonicus

(c) (Pacific – Japan)

(c) (Pacifique – Japon)

Trachurus mediterraneus

(d) SCAD
(Mediterranean)

(d) SAUREL
(Méditerranée)

Trachurus picturatus

(e) (Mediterranean)

(e) (Méditerranée)

Trachurus declivis

(f) JACK MACKEREL
(Indo-Pacific – Australia/New Zealand)

(f)
(Indo-Pacifique – Australie/Nouvelle-Zélande)

Decapterus macarellus

(g) MACKEREL SCAD
(Atlantic – N. America)

(g) FAUX MAQUEREAU
(Atlantique – Amérique du Nord)

Decapterus punctatus

(h) ROUND SCAD
(Atlantic – N. America)
Also called CIGARFISH, ROUND ROBIN.

(h)
(Atlantique – Amérique du Nord)

Important food fish in Japan, Spain and South Africa.

Très important pour la consommation au Japon, en Espagne et en Afrique du Sud.

Marketed:
Fresh:
Frozen: Japan.
Dried-salted: Africa (+ BOKKEM), Japan (+ SHIOBOSHI and + KUSAYA).
Smoked: similar manner to kipper.
Canned: whole or fillets, in own juice or with oil; in South Africa processed like herring.
   Used as raw material for fish meal manufacture (S. Africa).

Commercialisé:
Frais:
Congelé: Japon
Séché-salé: Afrique (+ BOKKEM) Japon (+ SHIOBOSHI et + KUSAYA).
Fumé: même méthode que pour le kipper.
Conserve: entier ou en **filets**; au naturel ou avec de l'huile; en Afrique du Sud, traité comme le hareng.
   Utilisé comme matière première pour la fabrication de farine de poisson (Afrique du Sud).

D Bastardmakrele, Holzmakrele, Stöcker
GR Savrídi
J Muroaji, maaji, aji
P Chicharro, carapau
YU Trnobok, Šnjur, Šarun

DK Hestemakrel
I Suro, sugarello
N Taggmakrell
S Taggmakrill

E Jurel, chicharro
IS Brynstirtla
NL Horsmakreel, marsbanker
TR Istavrit

469 HORSETAIL TANG 469

Sargassum enerve

(Japan)
Seaweed.

(Japon)
Algue.

D
GR
J Hondawara
P Alga
YU

DK
I Sargasso
N
S

E
IS
NL
TR

470 HOT MARINATED FISH — POISSON MARINÉ À CHAUD 470

Fish that have been marinated in hot vinegar.

See also + KOCHFISCHWAREN (Germany).

Poisson qui a été mariné dans du vinaigre chaud.

Voir aussi + KOCHFISCHWAREN (Allemagne).

- **D**
- **DK**
- **E** Pescado escabechado en caliente
- **GR**
- **I** Pesce marinato a caldo
- **IS**
- **J**
- **N**
- **NL** Vis, ingelegd in hete azijn
- **P** Peixe em vinagre quente
- **S** Varmmarinerad fisk
- **TR** Sıcak marinasyon
- **YU** Toplo marinirana riba

471 HOT SMOKED FISH — POISSON FUMÉ À CHAUD 471

Fish cured in hot smoke at temperature up to 250°F (about 120°C) so that the protein is coagulated and the product can be eaten without further cooking. Temperature in the fish must reach at least 140°F (60°C); various products, e.g. + BUCKLING, + FLECKHERING (Germany, + KIELER SPROTTEN (Germany), + BLOATER (i), + SMOKIE.

Poisson traité par fumage à une température maximum de 250°F (environ 120°C) de sorte que, les protéines étant coagulées, le produit est prêt à la consommation sans cuisson préalable. La température du poisson doit atteindre un minimum de 140°F (60°C); différents produits de fumage à chaud: + BUCKLING, + FLECKHERING (Allemagne) + KIELER SPROTTEN (Allemagne), + CRAQUELOT, + SMOKIE.

- **D** Heissgeräucherter Fisch
- **DK** Varmrøget fisk
- **E** Pescado ahumado en caliente
- **GR** Psári kapnistó
- **I** Pesce affumicato a caldo
- **IS** Heitreyktur fiskur
- **J** Onkun
- **N** Varmrøkt fisk
- **NL** Warm gerookte vis, gestoomde vis
- **P** Peixe fumado quente
- **S** Varmrökt fisk
- **TR**
- **YU** Toplo dimljena riba

472 HOUTING — CORÉGONE 472

Coregonus oxyrhynchus

(Atlantic/North Sea)

(Atlantique/Mer du Nord)

Marketed: fresh, whole gutted.

Commercialisé: frais, entier et vidé.

See also + WHITEFISH.

Voir aussi + CORÉGONE.

- **D** Schnepel, Schnäpel
- **DK** Snæbel
- **E**
- **GR** Korégonos
- **I** Coregone musino
- **IS**
- **J**
- **N** Sik, nebbsik
- **NL** Houting
- **P**
- **S** Sik, älvsik, näbbsik
- **TR**
- **YU** Ozimica

473 HUMANTIN — CENTRINE 473

Oxynotus centrina

(Atlantic/Mediterranean − Europe)

(Atlantique/Méditerranée − Europe)

Belongs to the family *Squalidae* (see + DOGFISH).

De la famille des *Squalidae* (voir + AIGUILLAT).

Also called ANGULAR ROUGH SHARK.

- **D** Meersau
- **DK**
- **E** Cerdo marino
- **GR** Gourounópsara
- **I** Pesce porco
- **IS**
- **J**
- **N**
- **NL** Zeevarken
- **P** Porco
- **S**
- **TR** Domuz baiği
- **YU** Morski prasac

474 HUMPBACK WHALE   JUBARTE 474

Megaptera novaeanglia or/ou *Megaptera nodosa*

(Cosmopolitan)   (Cosmopolite)

Also called HUNCHBACKED WHALE.

See + WHALES.   Voir + BALEINES.

- **D** Buckelwal
- **DK** Pukkelhval
- **E** Ballena nudosa, ballena jorobada
- **GR**
- **I** Megattera, balenottera gobba
- **IS** Hnúfubakur
- **J** Zatôkujira
- **N** Knølhval
- **NL** Bultrug
- **P** Baleia-de-bossas
- **S** Knölval, puckelval
- **TR**
- **YU** Vrsta kita

475 HUSS   475

One of the recommended trade names for + DOGFISH in U.K.; may also be called + FLAKE or + RIGG.

Nom recommandé pour les + CHIEN en Grande Bretagne.

476 IDE   VÉRON 476

Leuciscus idus

(Freshwater – Europe)   (Eaux douces – Europe)

- **D** Aland
- **DK** Rimte
- **E** Cacho, cachuelo
- **GR** Leukískos-tsiróni
- **I** Ido
- **IS**
- **J**
- **N** Vederbuk
- **NL** Winde
- **P** Escalo
- **S** Id
- **TR**
- **YU** Jeź

477 INASAL (Philippines)   INASAL (Philippines) 477

Broiled product made from sardine or herring.

Produit obtenu à partir de sardine ou de hareng grillé.

478 INCONNU   INCONNU 478

Stenodus leucichthys nelma

(Freshwater – N. America)   (Eaux douces – Amérique du Nord)

Belonging to the family *Coregonidae*.   De la famille des *Coregonidae*.

Marketed locally, fresh, dried or smoked.   Commercialisé localement, frais, séché ou fumé.

- **D** Weisslachs

479 INDIAN CURE SALMON (U.S.A.)   SAUMON À L'INDIENNE (E.U.) 479

Brined salmon sides or strips of meat, hard smoked for about two weeks at temperatures not higher than 70° to 80°F; also called BELEKE, HARD SMOKED SALMON, INDIAN HARD CURED SALMON, INDIAN STYLE SALMON.

Moitiés de saumon ou tranches de chair de saumon saumurées, fortement fumées pendant environ deux semaines à des températures ne dépassant pas 21° à 36°C; appelé aussi BELEKE, SAUMON FORTEMENT FUMÉ, INDIAN HARD CURED SALMON.

480 INDIAN MACKEREL

(Indian and Pacific Oceans)

SHORT MACKEREL
(Asia)
Used in similar ways to + MACKEREL.

See also + COLOMBO CURE, and +
DAENG (Philippines).

D Indische Makrele
GR
J
P Cavala-do-Índico
YU

MAQUEREAU DU PACIFIQUE 480

RASTRELLIGER spp.

(Océans indien et pacifique)

Rastrelliger brachysoma

(Asie)
Utilisé de la même manière que le + MAQUEREAU.

Voir aussi + SALÉ COLOMBO et + DAENG (Philippines).

DK
I Sgombro indiano
N
S

E
IS
NL Indische makreel
TR

481 INDIAN PORPOISE 481

Neomeris phocaenoides

(Indo-Pacific)
See + PORPOISE.

(Indo-Pacifique)
Voir + MARSOUIN.

D Indischer Tümmler
GR
J
P Toninha
YU

DK
I
N
S

E
IS
NL Indische bruinvis
TR

482 INDUSTRIAL FISH 482

Usually fish caught specifically for reduction into meal and oil; in some countries it might also refer to fish used for other processing (e.g. canning).

Also used synonymously to + TRASH FISH.
See also + FISH WASTE.

Habituellement poisson destiné spécifiquement à la réduction en farine et en huile; dans certains pays, peut se référer également au poisson utilisé à d'autres fins industrielles (par exemple conserves).

Synonyme de + POISSON DE REBUT.
Voir aussi + DÉCHETS DE POISSON.

D Futterfisch, Gammelfisch
GR
J
P Peixe para farinha
YU

DK Industrifisk
I
N Industrifisk
S Industrifisk

E
IS
NL Voedervis, industrievis
TR Endüstriel balık

483 INK ENCRE 483

Blackish-coloured liquid released by *Cephalopoda* into the surrounding water when danger threatens; sometimes used in the sauce when canning *Cephalopoda*.

Liquide noirâtre que les *Cephalopoda* émettent dans leur environnement lorsqu'ils se sentent menacés; utilisé parfois dans la sauce lors de la mise en conserve de ces *Cephalopoda*.

D Tinte
GR Meláni

J Sumi, bokujû
P Tinta
YU Crnilo glavonozaca

DK
I Nero di seppia, inchiostro
N Blekk fra blekksprut
S Bläck

E Tinta
IS Blek (úr smokkfisk)

NL Inkt
TR Mürekkep

484 IRISH MOSS — CARRAGHÉEN 484

Chondrus crispus
Gigartina stellata

+ RED ALGAE harvested and dried as a source of + CARRAGEENIN; also called CARRAGEEN or CARRAGEEN MOSS.

+ ALGUE ROUGE recueillie et séchée, utilisée comme matière première pour l'obtention de carragheene; appelée aussi MOUSSE D'IRLANDE.

D Irisches Moos	**DK** Irsk mos	**E** Carragahen
GR	**I** Muschio irlandese	**IS** Fjörugrös
J Tsunomata, sugi-nori, shikinnori	**N** Krusflik, vorteflik	**NL** Iers mos
P Carragenina	**S** Irländsk mossa	**TR**
YU		

485 IRRADIATION — IRRADIATION 485

A method for preserving fish by exposure to ionising radiation from radioactive isotopes or an electron source. At pasteurisation doses of 150,000 to 450,000 rads over 90% of the spoilage bacteria are killed and the shelf life of the fish at 0° to 20°C is extended by about 2 weeks.

See also + PASTEURISED FISH.

Méthode de conservation du poisson par exposition aux radiations ionisées provenant d'isotopes radio-actifs ou d'une source d'électrons. Aux doses de pasteurisation 150,000 à 450,000 rads plus de 90% des bactéries sont détruites et le stockage du poissont de 0° à 20°C peut être prolongé d'environ deux semaines.

Voir aussi + POISSON PASTEURISÉ.

D Bestrahlung, Bestrahlungskonservierung	**DK** Bestråling	**E** Irradiación
GR	**I** Irradiazione	**IS** Geislun
J Shôsha	**N** Bestråling	**NL** Bestraling
P Irradiação	**S** Strålkonservering	**TR** Irradiyasyon
YU Radijacija		

486 ISINGLASS — ICHTYOCOLLE 486

Gelatin product from the collagen in the outer layer of the wall of the swim bladder; the best grade is reputed to be made from sturgeon swim bladders, but those from cod, hake, ling and other spp. give a good product; used for clarification of wine and beer, and to a lesser extent for edible jelly and adhesive manufacture.

Grades include LYRE, HEART-SHAPED, LEAF and BOOK.

See also + GELATIN.

Produit gélatineux tiré du collagène de la paroi extérieure des vessies natatoires, dont celles de l'esturgeon sont reconnues comme donnant la meilleure qualité; les vessies natatoires de la morue, du merlu, de la lingue et espèces voisines donnent également un bon produit.
Utilisé pour clarifier le vin et la bière et pour la fabrication de gelées comestibles ou d'adhésifs.

Il existe plusieurs qualités: EN LYRE, EN CŒUR, EN FEUILLE ET EN LIVRE.

Voir aussi + GÉLATINE.

D Hausenblase	**DK** Husblas	**E** Cola de pescado
GR Ihthiókolla	**I** Colla di pesce	**IS** Sundmaga-hlaup
J Gyokô	**N** Husblas	**NL** Visgelatine
P Cola de peixe	**S** Husbloss	**TR**
YU		

487 ITALIAN SARDEL — ANCHOIS ITALIEN 487

Heavily salted anchovy allowed to mature over a long period.

Anchois fortement salé, et laissé pendant une longue période jusqu'à maturation.

D	**DK**	**E**
GR	**I** Acciughe alla carne	**IS**
J	**N**	**NL** Gezouten ansjovis
P Anchova à italiana	**S** Sardell	**TR**
YU Slani incún		

488 IVORY

Marine sources of ivory are the toothed whales and the walrus.

IVOIRE 488

On trouve l'ivoire chez les denticètes et les morses.

- **D** Elfenbein
- **GR** Elephantostoún
- **J** Kujira no ha, sei-uchi no ha
- **P** Marfim
- **YU** Slonovača morskih zivotinja
- **DK** Hvaltand
- **I** Avorio
- **N** Elfenben
- **S** Elfenben
- **E** Marfil
- **IS** Hvaltennur, rostungstennur
- **NL** Ivoor
- **TR**

489 JACK MACKEREL

(a) Other name used for + HORSE MACKEREL (*Trachurus* and *Decapterus* spp.) which belong to the family *Carangidae*.
(b) In North America also more generally employed for this family, especially *Caranx* spp. (see + JACK).
(c) In Australia and New Zealand refers to *Trachurus declivis*.

See also + SCAD.

489

Le nom "JACK MACKEREL" (anglais) désigne :
(a) Les espèces *Trachurus* et *Decapterus* (voir + CHINCHARD).
(b) En Amérique du Nord, généralement les poissons de la famille des *Carangidae*, dont font partie les espèces *Trachurus* et *Decapterus*.
(c) En Australie et Nouvelle-Zélande, s'applique à *Trachurus declivis*.

Voir + CARANGUE.

TR Karagöz istavrit

490 JACK

Name employed for *Carangidae* (also designated as + SCAD or + POMPANO) ; especially refers to the following species :

CARANGUE 490

Désigne de façon générale les espèces de la famille des *Carangidae* (qui comprend aussi les + POMPANO et les + SAUREL).

CARANX spp.

(a) (Atlantic/Pacific — Cosmopolitan)
For example :

(a) (Atlantique/Pacifique — Cosmopolite)
Par exemple :

Caranx crysos

BLUE RUNNER
(Atlantic — N. America)
Also called RUNNER, HARDTAIL, CREVALLE.

CARANGUE
(Atlantique — Amérique du Nord)

Caranx hippos

+ CREVALLE JACK
(Atlantic — N. America)
Also called CREVALLE.

CARANGUE CREVALLE
(Atlantique — Amérique du Nord)

In Australia and New Zealand *Caranx* spp. are generally called + TREVALLY.

HEMICARANX spp.

(b) (Atlantic)

(b) (Atlantique)

SERIOLA spp.

(c) + YELLOWTAIL
(Cosmopolitan)

(c) + SÉRIOLE
(Cosmopolite)

[CONTD.

490 JACK (Contd.)   **CARANGUE** (Suite)   **490**

SERIOLELLA spp.

(d) (Pacific – S. America)   (d) (Pacifique – Amérique du Sud)

(e) In U.S.A. the name JACK also refers to *Trachurus* and *Decapterus* spp. (see + HORSE MACKEREL, + JACK MACKEREL), which also belong to the family *Carangidae*.

(f) + WAREHOU
(New Zealand)

D	Bastardmakrele	**DK**	Hestemakrel	**E**	
GR	Kocáli	**I**	Carangidi	**IS**	
J	Hiraaji	**N**	Taggmakrell	**NL**	Kromvis
P	Xareu	**S**	Taggmakrill, pompano	**TR**	
YU	Trnobokan				

491 JACOPEVER   **491**

Sebastichthys capensis

(S. Africa)   (Afrique du Sud)

D Kap-Rotbarsch

492 JAPANESE CANNED FISH PUDDING   **PÂTÉ DE POISSON EN CONSERVE** (Japon)   **492**

Fish flesh ground and seasoned with salt, sugar and + MIRIN, boiled, steamed or broiled; in some cases the surface is baked and then canned.

See + KAMABOKO.

Chair de poisson broyée et assaisonnée de sel, sucre et + MIRIN, puis cuite à l'eau ou à la vapeur ou grillée; dans certains cas, cuite en surface puis mise en boîtes.

Voir + KAMABOKO.

J Kamaboko kanzume

493 JAPANESE EEL   **ANGUILLE DU JAPON**   **493**

Anguilla japonica

(Japan)   (Japon)

Ways of marketing, see + EEL.   Pour la commercialisation, voir + ANGUILLE.

D	Japanischer Aal	**DK**		**E**	Anguila
GR	Chéli	**I**	Anguilla giapponese	**IS**	
J	Unagi	**N**	Ål	**NL**	Japanse paling
P	Eiró-do-japão	**S**	Japansk ål	**TR**	
YU	Jegulja japanska				

494 JAPANESE PILCHARD   **PILCHARD DU JAPON**   **494**

Sardinops melanosticta

(Japan)   (Japon)

Also called SARDINE.   Appelé aussi SARDINE.
See + PILCHARD and + SARDINE.   Voir + PILCHARD et + SARDINE.

D	Japanische Sardine	**DK**		**E**	
GR		**I**	Sardina giapponese	**IS**	
J	Iwashi	**N**		**NL**	Japanse pilchard
P	Sardinopa-do-japão	**S**	Japansk sardin	**TR**	
YU					

495 JAPAN SEA BASS
Lateolabrax japonicus

(Pacific – Japan)
One of the best food fish in Japan; marketed alive or fresh.
See also + SEA BASS.

(Pacifique – Japon)
L'un des poissons les plus appréciés au Japon; commercialisé vivant ou frais.
Voir aussi + BAR.

D	**DK**	**E**
GR	**I** Spigola giapponese	**IS**
J Suzuki, fukko	**N**	**NL**
P	**S**	**TR**
YU		

496 JELLIED EELS / ANGUILLES EN GELÉE

Pieces or steaks of small eels, precooked in light brine or vinegar and salt solution; packed when cool into gelatin solution or aspic in cans or glass jars; SEMI-PRESERVE (cooked fish product); also canned.

See + EEL.

Morceaux ou tranches de petites anguilles, pré-cuits dans une saumure légère ou dans un court-bouillon; après refroidissement, recouverts de gélatine ou en aspic et mis en boîtes ou en bocaux: SEMI-CONSERVE (produit cuisiné); également en conserve.

Voir + ANGUILLE.

D Aal in Gelee	**DK** Ål i gele	**E** Anguilas en gelatina
GR	**I** Anguille in gelatina	**IS** Áll í hlaupi
J	**N**	**NL** Paling in gelei
P Eiró em geleia	**S** Ål i gelé, inlagd ål	**TR**
YU Jegulja u želeu, jegulja u aspiku		

497 JELLY FISH / MÉDUSE
RHOPILEMA spp.
Rhopilema esculenta

(Japan)
Dehydrated with salt and alum, mostly used for Chinese dishes (Japan).

(Japon)
Déshydratée avec du sel et de l'alun; surtout utilisée pour les plats chinois (Japon).

D Quallen
J Kurage

498 JEWFISH / TÉTARDE
Epinephelus itajara or/ou *Promicrops itajara*

(i) (Atlantic – N. America)
Belongs to the family *Serranidae* (see + GROUPER).

(i) (Atlantique – Amérique du Nord)
De la famille des *Serranidae* (voir + MÉROU).

D Judenfisch	**DK**	**E**
GR	**I** Cernia gigante	**IS**
J	**N** Jødefisk	**NL** Graumurg, granmorgoe (Sme.)
P Garoupa	**S** Fläckig judefisk	**TR**
YU		

(ii) Name also used for + MEAGRE (*Argyrosomus regius*) belonging to the family *Sciaenidae* (see + CROAKER and + DRUM).

(iii) In Australia the name WESTRALIAN JEWFISH refers to *Glaucosoma hebraicum*. Marketed as fresh fish.

499 JOEY

Small mackerel.   Petit maquereau.

- **D**
- **GR**
- **J** Kosaba
- **P**
- **YU**

- **DK**
- **I** Piccolo sgombro
- **N** Liten makrell, pir
- **S** Pir

- **E** Pequeña caballa
- **IS**
- **NL** Paapje
- **TR**

500 JOHN DORY   ZÉE ou SAINT-PIERRE

ZEIDAE

(Cosmopolitan)   (Cosmopolite)

Also called DORY, PETER-FISH.   Appelé encore JEAN DORÉ.

Zeus faber

(a) JOHN DORY   (a) SAINT-PIERRE
(Atlantic/Mediterranean/   (Atlantique/Méditerranée/
Indo-pacific – Australia)   Indo-Pacifique – Australie)

Zeus capensis

(b) (Africa)   (b) (Afrique)

Zeus japonicus

(c) (New Zealand)   (c) (Nouvelle-Zélande)

Zenopsis ocellata

(d) AMERICAN JOHN DORY   (d) ZÉE BOUCLÉE D'AMÉRIQUE
(Atlantic – N. America)   (Atlantique – Amérique du Nord)

Marketed fresh and hot-smoked (pieces).   Commercialisé frais et fumé à chaud (morceaux).

- **D** Heringskönig, Petersfisch
- **GR** Christópsaro
- **J** Matôdai
- **P** Peixe-galo
- **YU** Kovač

- **DK** St. Petersfisk
- **I** Pesce san Pietro
- **N** St. Petersfisk
- **S** St. Persfisk

- **E** Pez de san Pedro
- **IS** Pétursfiskur
- **NL** Zonnevis
  - (a) sint pietervis
- **TR** Dülger balığı

501 JUMBO   JUMBO

Name applied to large specimens of several spp., but particularly haddock and skate; in the United States to shrimps.

Nom appliqué aux grosses crevettes (Guyane).

502 KABAYAKI (Japan)   KABAYAKI (Japon)

Eel, split, boned, steamed; then broiled with frequent dipping in TARE (thick sauce made from soy sauce, sugar, + MIRIN etc.); other fish (e.g. saury) may be processed in the same way (SAMMA KABAYAKI); this product is often canned.

Anguille tranchée, désarêtée, cuite à la vapeur; puis grillée avec trempage répété dans le TARE (sauce épaisse à base de sauce de soja, de sucre et de + MIRIN, etc.); d'autres poissons (l'orphie par ex.) peuvent être utilisés de la même manière; (SAMMA KABAYAKI); ce dernier produit est souvent mis en conserve.

503 KABELJOU

Argyrosomus hololepidotus

(West and South Africa)   (Afrique du Sud et de l'Ouest)

Belonging to the family *Sciaenidae*.   De la famille des *Sciaenidae*.

See + DRUM and + CROAKER.   Voir + TAMBOUR.

- **D** Adlerfisch
- **GR**
- **J**
- **P** Corvina
- **YU**

- **DK**
- **I** Bocca d'oro
- **N**
- **S** Havsgös

- **E** Corbina
- **IS**
- **NL**
- **TR**

504 KAHAWAI   **504**
Arripis trutta

(Australia/New Zealand)   (Australie/Nouvelle-Zélande)

Also called SEA SALMON.

Known as + AUSTRALIAN SALMON in Australia.

---

505 KALBFISCH (Germany)   **KALBFISCH (Allemagne) 505**

Trade name for hot-smoked pieces of + PORBEAGLE in Germany.

See also + SPECKFISCH.

Nom commercial donné aux morceaux de + MARAICHE fumés à chaud.

Voir aussi + SPECKFISCH.

---

506 KAMABOKO (Japan)   **KAMABOKO (Japon) 506**

(i) Jelly product made by heating fish meat kneaded with salt; ingredients such as sugar, + MIRIN, egg albumin, and starch is usually added. Various kinds of kamaboko are produced and classified into several categories by heating method, shape or kinds of ingredients.

Fried Kamaboko (usually with starch and vegetable such as carrots or burdock added) is called SATSUMA-AGE, AGE-KAMABOKO or TEMPURA.

(ii) Also used as inclusive term meaning the products made from kneaded fish meat, e.g. kamaboko or + HAMPEN; in this case synonym to + RENSEI-HIN or NERISEIHIN.

(i) Produit gélatineux fait en chauffant de la chair de poisson pétrie avec du sel; on y ajoute généralement des ingrédients tels que sucre, + MIRIN, blanc d'œuf et amidon. Il existe plusieurs sortes de kamaboko, classées en catégories, suivant la méthode de cuisson, la forme ou les ingrédients qui le composent.

Le kamaboko frit (généralement additionné d'amidon et de légumes tels que carottes ou bardane) est appelé SATSUMA-AGE, AGE-KAMABOKO ou TEMPURA.

(ii) Ce terme s'applique aussi aux produits à base de chair de poisson pétrie, ex: kamaboko ou + HAMPEN; dans ce cas, il est synonyme de + RENSEI-HIN ou NERISEIHIN.

---

507 KANAGASHIRA (GURNARD)   **507**

Name employed in Japan for *Lepidotrigla* spp. (cosmopolitan); marketed fresh in Japan.

See also + GURNARD.

Nom employé au Japon pour *Lepidotrigla* spp (cosmopolite); commercialisé frais (Japon).

Voir aussi + GRONDIN.

D	**DK**	**E** Cabete	
GR	**I** Caviglione	**IS**	
J Kanagashira	**N**	**NL**	
P Ruivo	**S**	**TR** Kirlangiç	
YU Cepurljica			

---

508 KAPI (Thailand)   **KAPI (Thaïlande) 508**

Fermented fish paste product; similar product in Japan, + SHIOKARA.

Pâte de poisson fermentée; produit semblable au Japon, le + SHIOKARA.

---

509 KARAVALA (Sri Lanka)   **KARAVALA (Sri Lanka) 509**

Whole or gutted fish, washed, salted and sun-dried.

Poisson entier ou vidé, lavé, salé, puis séché au soleil.

---

510 KATSUO-BUSHI (Japan)   **KATSUO-BUSHI (Japon) 510**

Dried meat of skip-jack (JAPANESE TUNA STICKS). Fish is cut longitudinally into four, boned, boiled, smouldered, then dried, shape adjusted, and defatted by enzymatic action of moulds; used as condiment.

As general term see + FUSHI-RUI.

Chair séchée de thonine (BÂTONNETS DE THON DU JAPON). Le poisson est découpé longitudinalement en quatre, désarêté, cuit à l'eau puis à l'étouffée, ensuite séché et calibré, enfin dégraissé par l'action enzymatique de moisissures; sert de condiment.

Voir + FUSHI-RUI, désignation générale.

511 KAZUNOKO (Japan)

Herring roe:
(a) Immersed in sea water, washed, then dried (HOSHI-KAZUNOKO).
(b) Immersed in sea water, washed, then drained and salted in brine or in dry salt (SHIO-KAZUNOKO).

KAZUNOKO (Japon) 511

Rogue de hareng:
(a) Plongé dans de l'eau de mer, lavé et ensuite séché (HOSHI-KAZUNOKO).
(b) Plongé dans de l'eau de mer, lavé puis égoutté et salé en saumure ou avec du sel sec (SHIO-KAZUNOKO).

512 KEDGEREE

Dish made from boiled rice, fish or meat, egg, cream or butter, herbs, etc., sold canned.

KEDGEREE 512

Plat préparé à base de riz cuit à l'eau, de poisson ou de viande, d'œufs, de crème ou de beurre, fines herbes, etc., vendu en conserve.

513 KELP

+ BROWN ALGAE of *Laminaria* spp., harvested and dried as a source of + ALGINIC ACID; also for manufacture into meal for ANIMAL FEEDING STUFFS. Also called TANGLE, + SEA CABBAGE.
See also + KOMBU.

VARECH 513

+ ALGUE BRUNE de l'espèce *Laminaria* recueillie et séchée pour la production d' + ACIDE ALGINIQUE; sert également à la fabrication de farine pour l'ALIMENTATION DES ANIMAUX.
Voir aussi + KOMBU.

D	Braunalge, Kelp	**DK**	Brunalge	**E**	Alga parda
GR	Laminária	**I**	Lamináría	**IS**	Þari
J	Kombu	**N**	Tare, brunalge	**NL**	Bruin zeewier, loogkruid
P	Alga vermelha	**S**	Bladtång	**TR**	
YU					

514 KELT 514

Salmon after spawning; see + ATLANTIC SALMON.

Saumon ayant frayé; voir + SAUMON DE L'ATLANTIQUE.

D		**DK**	Nedfaldslaks	**E**	
GR		**I**		**IS**	Hoplax
J	Hotchare, hotchari	**N**		**NL**	Hengst, ijle zalm
P		**S**	Vraklax	**TR**	
YU					

515 KENCH CURE

White fish, particularly cod and allied spp. (in Germany especially saithe) and salmon, that have been salted by stacking split fish and salt in alternate layers so that the pickle that is formed can drain off freely; also called BULK CURE, BULK SALTED FISH, SALT BULK.
See also + DRY SALTED FISH + SHORE CURE (ii), + LABRADOR CURE.

SALAGE À SEC 515

Se fait en entassant du poisson tranché (particulièrement morue et espèces voisines, et saumon) et du sel en couches alternées, de telle sorte que la saumure qui se forme peut s'écouler librement.
Egalement appelé SALAGE EN VRAC.
Voir aussi + POISSON SALÉ À SEC + SALAGE À TERRE (ii), + LABRADOR CURE.

D	Trockensalzung	**DK**	Forsaltning	**E**	Salazonado en verde
GR		**I**	Pesce salinato	**IS**	Þurrsaltaður fiskur
J	Yamazumi enzô-gyo	**N**		**NL**	In lagen droog gezouten vis
P	Salga a seco	**S**	Torrsaltning i stapel	**TR**	
YU					

516 KICHIJI ROCKFISH 516

Sebastolobus macrochir

(Japan)

Marketed: fresh (Northern Japan).
See also + ROCKFISH.

(Japon)

Commercialisé: frais (Nord du Japon).
Voir aussi + SCORPÈNE.

J Kichiji

517 KIELER SPROTTEN (Germany)

Hot smoked ungutted fat sprats; the designation "ORIGINAL KIELER SPROTTEN" (or "ECHTE KIELER SPROTTEN") only from catches in the area of the Kiel bay and processed in or near Kiel! (Eckernförde).

KIELER SPROTTEN (Allemagne) 517

Sprats gras, non vidés, fumés à chaud; la désignation "ORIGINAL KIELER SPROTTEN" (ou "ECHTE KIELER SPROTTEN") s'applique uniquement au poisson pêché dans la baie de Kiel et traité à Kiel ou ses environs (Eckernförde).

D Kieler Sprotten
GR
J
P Espadilha fumada
YU Toplo dimljena masna papalina
DK Kielersprot
I Papaline di kiel affumicate
N
S Sprotten
E Espadines
IS
NL Kieler sprot
TR

518 KILKA   KILKA 518

(i) Name for fish species: *Clupeonella delicatula*.

Also called BLACK SEA SPRAT.

(ii) Preserved product, similar to + ANCHOVIS, made from Kilka. Also called KILLO (U.S.S.R.).

(i) Désigne une espèce: *Clupeonella delicatula*; apparentée au sprat.

(ii) Produit conservé, semblable aux + ANCHOVIS, à base de Kilka. Appelé aussi KILLO en U.R.S.S.

D
GR
J
P
YU Kiljka
DK
I Papaline del caspio
N
S
E
IS
NL Zwarte zeesprot
TR

519 KILLER WHALE   ORQUE 519
Orcinus orca or/ou *Orca gladiator*

(Cosmopolitan)

Usually too small to be of commercial value.

Also called GRAMPUS.

(Cosmopolite)

Habituellement trop petite pour avoir une valeur commerciale.

Aussi appelée ÉPAULARD.

D Schwertwal
GR
J Sakamata, shachi
P Roaz-de-bandeira
YU Kit ubica
DK Spækhugger
I Orca
N Spekkhogger
S Späckhuggare
E Espadarte, orca
IS Háhyrna
NL Orka, ork
TR

520 KILLIFISH   FONDULE 520
CYPRINODONTIDAE

(Atlantic/Freshwater/Pacific — N. America)

Include *Cyprinodon, Fundulus* and other species.

(Atlantique/Eaux douces/Pacifique — Amérique du Nord)

Comprennent les espèces *Cyprinodon, Fundulus* et autres.

D Zahnkarpfen
GR
J
P
YU
DK
I Ciprinodonti
N
S Egentliga tandkarpar
E
IS
NL Tandkarper, koetai (Sme.).
TR

521 KING CRAB / CRABE ROYAL 521

Paralithodes camchatica

(Pacific) (Pacifique)

Also called JAPANESE CRAB, ALASKA DEEP SEA CRAB.

Most important species for production of + CRAB MEAT.

For further marketing details, see + CRAB.

In U.S.A. the name KING CRAB might also refer to *Limulus* spp.

La plus importante des espèces dans la production de + CHAIR DE CRABE.

Pour de plus amples détails, voir + CRABE.

D Kamschatka-Krabbe	**DK** Japan-krabbe	**E** Cangrejo ruso
GR Vassilikós kávouras	**I** Granchio reale, grancevola del kamciatka	**IS**
J Tarabagani	**N** Russisk krabbe	**NL** Kamsjatka krab
P Caranguejo-real	**S** Japansk jättekrabba	**TR** Iri Yengeç, kerevit
YU Kraljevski rak		

522 KINGFISH / THAZARD 522

(i) The name KINGFISH properly refers to a definite species of the + KING-MACKEREL:

(i) Le mot THAZARD désigne une espèce définie de *Scomberomorus* sp. (voir + THAZARD).

Scomberomorus cavalla

(Atlantic – U.S.A. Gulf Coast)

Also called + SIERRA, + KING-MACKEREL, + CERO.

(Atlantique – États-Unis, Côte du Golfe du Mexique)

Marketed:

Dried: split, washed, dry-salted and dried naturally (U.S.A.).

Smoked: sides are washed, brined, dredged in dry salt, air-dried and cold-smoked for several hours.

Commercialisé:

Séché: tranché, lavé, salé à sec et séché à l'air (E.U.).

Fumé: moitiés de poisson lavées, saumurées, saupoudrées de sel sec, séchées à l'air et fumées à froid pendant plusieurs heures.

D Königsmakrele	**DK**	**E** Carita
GR	**I** Sgombro reale	**IS**
J	**N**	**NL** Koningsvis konevees (Ant.)
P Cavala-ireal	**S**	**TR**
YU		

(ii) In N. America the name KINGFISH refers mainly to some species of the family *Sciaenidae* (see + CROAKER and + DRUM, especially + KING WHITING (*Menticirrhus* spp.) and + WHITE CROAKER (*Genyonemus lineatus*).

(iii) The name is also used for + OPAH (*Lampris guttatus*), belonging to the family *Lamprididae*.

523 KINGKLIP 523

Genypterus capensis

(South Africa) (Afrique du Sud)

Caught by freezer trawlers and marketed mainly frozen.

Pêché par les chalutiers congélateurs et commercialisé surtout congelé.

D Kingclip

524 KINGMACKEREL   **THAZARD 524**

SCOMBEROMORUS spp. or/ou *CYBIUM* spp.

(Cosmopolitan)   (Cosmopolite)

Also designated as + SPANISH   Aussi appelé MAQUEREAU-BONITE.
MACKEREL or SEERFISH.

Scomberomorus cavalla

(a) + KINGFISH   (a) + THAZARD
    (Atlantic)   (Atlantique)

Scomberomorus sierra

(b) + SIERRA   (b) +
    (Pacific – U.S.A.)   (Pacifique – E.U.)

Scomberomorus commersoni

(c) + SEER   (c) +
    (Indo-Pacific)   (Indo-Pacifique)
    AUSTRALIAN SPANISH MACKEREL.

Scomberomorus regalis

(d) + CERO   (d) +
    (Atlantic – U.S. Gulf Coast)   (Atlantique – E.U. Côte du golfe du
                                                             Mexique)

Scomberomorus maculatus

(e) + SPANISH MACKEREL   (e) +
    (Atlantic)   (Atlantique)

Scomberomorus concolor

(f) MONTEREY SPANISH MACKEREL   (f)
    (Pacific – N. America)   (Pacifique – Amérique du Nord)

Scomberomorus tritor

(g) W. AFRICAN SPANISH MACKEREL   (g)
    (Atlantic)   (Atlantique)

Scomberomorus niphonius

(h) JAPANESE SPANISH MACKEREL   (h)
    (China/Japan)   (Chine/Japon)

Scomberomorus semifasciatus

(i) KOREAN MACKEREL   (i)
    (China/Japan)   (Chine/Japon)
    Known as BROAD BARRED MACKEREL
    in Australia.

Scomberomorus guttatus

(j) INDIAN SPANISH MACKEREL   (j)
    (Indian Ocean)   (Océan indien)

Scomberomorus queenslandicus

(k) SCHOOL MACKEREL   (k)
    (Australia)   (Australie)

KINGMACKEREL are marketed in similar   Commercialisé de façon analogue
ways to + MACKEREL.   au + MAQUEREAU.

D Königsmakrele	**DK**		**E** Carita, sierra	
GR	**I** Sgombro reale		**IS**	
J Sawara	**N**		**NL** (d) Koningsmakreel,	
			(e) spaanse makreel	
P Cavala	**S**		**TR**	
YU				

For (a) to (e) see under the separate entries.   Pour (a) à (e) voir les rubriques individuelles.

149

525 KING OF THE HERRING

(i) In Europe name used for + OARFISH (*Regalecus glesne*).

(ii) General name employed for + SHAD (*Alosa* spp.) belonging to the family *Clupeidae*.

(iii) Name also used for + RABBITFISH (*Chimaera monstrosa*); see + CHIMAERA.

525

(i) En Europe "ROI DES HARENGS" s'applique au *Regalecus glesne* (famille des *Regalecidae*).

(ii) Le nom "KING OF THE HERRING" (anglais) s'applique aussi aux *Alosa* sp. (voir + ALOSE).

(iii) Voir + CHIMÈRE.

NL (i) Haringkoning

526 KING WHITING

MENTICIRRHUS spp.

(Cosmopolitan)

In N. America also called + KINGFISH.

The king whiting is of great food importance; belongs to the family *Sciaenidae* (see + GROUPER and + DRUM).

526

(Cosmopolite)

Poisson de grande importance pour la consommation; de la famille des *Sciaenidae* (voir + TAMBOUR).

Menticirrhus americanus

(a) SOUTHERN KING WHITING
(Atlantic – N. America)
Also called SOUTHERN KINGFISH.

(a)
(Atlantique – Amérique du Nord)

Menticirrhus undulatus

(b) CALIFORNIA CORBINA
(Pacific – N. America)

(b)
(Pacifique – Amérique du Nord)

Menticirrhus saxatilis

(c) NORTHERN KING WHITING
(Atlantic – N. America)
Also called NORTHERN KINGFISH.

(c)
(Atlantique – Amérique du Nord)

NL (c) Noordelijke koningvis

527 KIPPER

Fat herring, split down the back from head to tail, lightly brined and cold smoked; may be artificially coloured; also called KIPPER HERRING, NEWCASTLE KIPPER, see also + HERRING, + KIPPER FILLET, + BONELESS KIPPER; marketed chilled, frozen or canned (sometimes packed in edible oil – Germany); ground meat made into kipper paste.

KIPPER 527

Hareng gras fendu le long du dos, de la tête à la queue, légèrement saumuré et fumé à froid; peut être coloré artificiellement; également appelé HARENG KIPPER, NEWCASTLE KIPPER, voir aussi + HARENG, + FILET DE KIPPER, + KIPPER SANS ARÊTE; commercialisé réfrigéré, surgelé ou en conserve (parfois à l'huile, en Allemagne); avec la chair hachée, on fait la pâte de kipper.

D Kipper	**DK** Kipper	**E** Kipper
GR	**I** Aringhe kipper	**IS** Kipper
J	**N** Kippers	**NL** Kipper
P Arenque fumado	**S** Kipper	**TR**
YU		

528 KIPPERED PRODUCTS (U.S.A.)

In U.S.A. the term "kippered" is also used in connection with hot-smoked products; the raw fish (fresh or frozen, also fillets or pieces of fillets) are brined, dyed and afterwards hot-smoked on trays, e.g. KIPPERED BLACK COD (from sablefish), KIPPERED LING COD, KIPPERED SHAD or KIPPERED STURGEON.

See also + KIPPERED SALMON.

528

Aux États-Unis, le terme "kippered" désigne des produits fumés à chaud; le poisson cru (frais ou surgelé, entier, en filets ou en morceaux de filet) est saumuré, coloré, puis fumé à chaud sur claies; ex: KIPPERED BLACK COD (avec la morue charbonnière), KIPPERED LING COD, KIPPERED SHAD ou KIPPERED STURGEON.

Voir aussi + SAUMON FUMÉ.

529 KIPPERED SALMON

(i) Cold-smoked salmon (U.K.), whole, headed and split down the back; see + ATLANTIC SALMON.
(ii) Hot-smoked salmon (U.S.A.) usually fillets of white-fleshed chinook; may be artificially dyed before smoking; see + CHINOOK.

SAUMON FUMÉ 529

(i) En Grande-Bretagne, saumon fumé à froid, après avoir été étêté et fendu le long du dos; voir + SAUMON DE L'ATLANTIQUE.
(ii) Aux États-Unis, saumon fumé à chaud, généralement filets de saumon royal à chair blanche; peut être coloré artificiellement avant fumage; voir par exemple + SAUMON ROYAL.

D	**DK** Koldrøget laks	**E** Salmon ahumado
GR	**I** Salmone kipper	**IS** Reyktur lax
J	**N** Røkelaks	**NL** Gerookte zalm
P Salmão fumado	**S**	**TR**
YU Dimljeni losos		

530 KIPPER FILLETS

Fillets of herring brined and cold-smoked; may be artificially coloured; marketed fresh, frozen or canned in oil; may also be produced by cutting fillets from boneless kippers.

FILETS DE KIPPER 530

Filets de hareng saumurés et fumés à froid; peuvent être colorés artificiellement; commercialisés frais, surgelés ou en conserve à l'huile; peuvent être également faits en levant les filets de kippers sans arête.

D Kipperfilets	**DK** Kipperfilet	**E** Filetes de arenque ahumado
GR	**I** Filetti di aringhe kipper	**IS** Reykt síldarflök
J	**N** Kippersfilet	**NL** Filets van kipper
P Filetes de arenque	**S** Kipperfiléer	**TR**
YU		

531 KIPPER SNACKS 531

Pieces of + KIPPER FILLETS packed in cans.

In Norway; canned kippered herring fillets packed in ¼ or smaller cans.

Morceaux de + FILETS DE KIPPER mis en boîtes.

En Norvège: les filets de hareng fumés sont mis dans des boîtes d'¼ de livre ou moins.

D	**DK** Kippersnacks	**E** Trozos de filetes de kipper envasados
GR	**I** Filetti di aringhe kipper in scatola	**IS**
J	**N** Kipper snacks	**NL** Kippersnacks
P Bocados de arenque enlatados	**S**	**TR**
YU		

532 KLIPFISH

Also spelt KLIPPFISH.

Split salted fish from cod species, that has been spread on rocks or special platforms for sun-drying, or, more usually, that has been artificially dried.

In Norway also canned (precooked, with layers of sliced potatoes and onions, in a sauce made from tomato paste, edible oil and spices).

See + COD, + BACALAO.

KLIPFISH 532

Ou KLIPPFISH.

Poisson, de l'espèce du cabillaud, tranché, salé, qu'on a étendu sur des rochers ou sur claies spéciales pour séchage au soleil ou, plus généralement, séché artificiellement.

En Norvège, également commercialisé en conserve (poisson précuit, avec des couches de rondelles de pommes de terre et d'oignons, dans une sauce à base de concentré de tomates, d'huile et d'épices).

Voir + CABILLAUD, + BACALAO.

D Klippfisch	**DK** Klipfisk	**E**
GR	**I** Baccalà secco	**IS** Þurrkaður saltfiskur (fullverkaður)
J	**N** Klippfisk	**NL** Klipvis
P Peixe salgado e seco	**S** Klippfisk	**TR**
YU		

533 KLONDYKED HERRING (U.K.)

Fresh ungutted herring preserved for a few days by sprinkling with ice and salt.

Hareng frais, non vidé, saupoudré de glace et de sel, pour une conservation limitée à quelques jours.

D Transportsalzung	**DK**	**E**
GR	**I**	**IS**
J	**N**	**NL** Met zout besprenkelde verse haring
P Arenque fresco	**S** Strösaltad sill	**TR**
YU		

534 KOCHFISCHWAREN (Germany) — KOCHFISCHWAREN (Allemagne)

Fish or seafood heated in acidified brine (80°C – 90°C; 175° – 195°F), packed in jelly or sauces; known as COOKED MARINADE or + HOT MARINATED FISH.

Produit de poisson ou autres animaux marins, cuit dans une saumure acidifiée (80° à 90°C; 175° à 195°F) couvert de gelée ou de sauces; connu comme POISSON CUIT MARINÉ ou + POISSON MARINÉ À CHAUD.

Products, e.g. ASPIC HERRING, + HERRING IN JELLY (Hering in Gelee – Germany), + JELLIED EELS.

Voir aussi + ASPIC HERRING, + HARENG EN GELÉE (Hering in Gelee – Allemagne), + ANGUILLES EN GELÉE.

Also called KOCHMARINADE (obsolete term).

Appelé aussi KOCHMARINADE (terme désuet).

Semi-preserves, also with preserving additives.

Semi-conserves, avec parfois addition d'agents conservateurs.

D Kochfischwaren	**DK**	**E**
GR	**I** Pesce marinato a caldo	**IS**
J	**N**	**NL** Gekookte gemarineerde vis
P Peixe cozido em molho	**S**	**TR**
YU Kuhana marinada		

535 KOMBU (Japan) — KOMBU (Japon)

(i) Japanese name for seaweeds of *Laminaria* spp. and others; see + KELP.

(i) Nom japonais d'algues de l'espèce *Laminaria* et autres; voir + VARECH.

D Zuckertang	**DK** Bladtang	**E** Alga parda
GR	**I** Laminaria	**IS**
J Kombu	**N** Sukkertare, tare	**NL**
P Alga castanha	**S** Bladtång	**TR**
YU		

(ii) Edible dried seaweed product made from *Laminaria* spp. of brown algae; called SAIKUKOMBU; various kinds are consumed in Japan.
E.g. ORI-KOMBU (tangle stretched, dried, then folded in a uniform length); OBORO-KOMBU (dried tangle placed into long ribbons after being dipped in vinegar); KOBUMAKI (dried tangle rolled around a piece of fish, then cooked in seasonings); TORORO-KOMBU (dried tangle cut into long, fine linear pieces after being dipped in vinegar); FUNMATSU-KOMBU (pulverised dried tangle); AOITA-KOMBU (tangle dipped in vinegar, boiled in salt water often coloured with blue pigment, and dried); or SUKOMBU (dried strip of tangle after being soaked in a sweetened vinegar).

(ii) Produit comestible à base d'algues brunes de l'espèce *Laminaria* séchées; appelé SAIKU-KOMBU; plusieurs sortes sont consommées au Japon.
Ex: ORI-KOMBU (algue étirée, séchée, puis repliée à une longueur uniforme); OBORO-KOMBU (algue séchée mise en longs rubans après avoir été trempée dans du vinaigre); KOBUMAKI (algue séchée, enroulée autour d'un morceau de poisson, puis cuite dans un assaisonnement; TORORO-KOMBU (algue séchée coupée en lanières fines et longues, séchée après avoir été trempée dans du vinaigre); FUNMATSU-KOMBU (algue séchée pulvérisée); AOITA-KOMBU (algue trempée dans du vinaigre, cuite à l'eau bouillante salée souvent colorée de bleu, et séchée); ou SU-KOMBU (lanières d'algue séchée après avoir été trempée dans du vinaigre doux).

536 KRABBENSALAT (Germany)

Cooked shrimps (mostly *Crangon crangon*) with mayonnaise, also packed in cans or other containers.
Marketed semi-preserved.

See + FISH SALAD.

KRABBENSALAT (Allemagne) 536

Crevettes cuites, principalement de l'espèce *Crangon crangon*, accompagnées de mayonnaise; commercialisées également en boîtes ou autres récipients, comme semi-conserves.

Voir + SALADE DE POISSON.

D	Krabbensalat	DK		E	Ensalada de cangrejo
GR		I	Insalata di granchio	IS	
J		N		NL	Garnalen salade
P	Camarão em maionese	S		TR	
YU					

536.1 KRILL   KRILL 536.1

(i) *Meganyctiphanes norvegica*

(Atlantic)

KRILL look like small shrimp but do not have the characteristically abrupt "shrimp-bend". They have large black eyes and under the abdomen are rows of light organs which can be lit up or extinguished. They can reach 5 cm. long and live for 2–3 years. Krill are caught with special trawls and fine-mesh dip nets allied with lights.
Various uses, e.g. to make a protein rich meal or, because of organoleptic and pigmenting properties, as a component of wet feed when farming salmonoids.

(Atlantique)

Les KRILL ressemblent à de petites crevettes mais n'en ont pas la courbure dorsale caractéristique. Ils ont de grands yeux noirs et sur l'abdomen, des raies pouvant être luminescentes. Leur longueur peut atteindre 5 cm et ils vivent de 2 à 3 ans. Les Krill sont capturés au moyen de chaluts spéciaux ou de filets levés combinés avec un dispositif de pêche à la lumière.
Utilisés notamment pour la fabrication de farine riche en protéines ou, en raison de leurs propriétés organoleptiques et pigmentées, pour l'alimentation des salmonidés d'élevage.

(ii) *Thysandoessa inermis*

(North Atlantic)

Found in Norwegian coastal water. Reach a length of 30 mm.

(Atlantique Nord)

On le trouve dans les eaux côtières norvégiennes. Il peut atteindre une longueur de 30 mm.

(iii) *Euphausia superba*

(a) See + KRILL, ANTARCTIC   (a) + KRILL, ANTARCTIQUE

D	Nordatlantischer Krill	DK	Lyskrebs	E	Krill
GR		I	Eufausiacei	IS	
J		N	(i) Storkrill	NL	Krielgarnaal
			(ii) Småkrill		
P		S	Krill	TR	
YU	Račić svjetlar				

536.2 KRILL, ANTARCTIC   KRILL, ANTARCTIQUE 536.2

The name *Antarctic Krill* is commonly applied to large populations of small shrimp-like crustaceans in Antarctic waters composed of up to 80 species of which about 30 are euphausiids. Prominent among the latter are *Euphausia superba*.
Various methods of treatment include freezing in fresh state or after cooking, making paste and for soups, etc.

Le nom *Krill de l'Antarctique* est ordinairement appliqué à d'importantes populations de crustacés semblables à des crevettes et vivant dans les eaux antarctiques. Elles comprennent jusqu'à 80 espèces dont 30 environ sont des euphausiides. Parmi ces dernières les plus importantes sont les *Euphausia superba*.
Les différentes formes de traitement comprennent:
—la congélation en frais ou après cuisson,
—la fabrication de pâtes,
—la préparation de soupes, etc.

D	Antarktischer Krill	DK	Antarktiske lyskrebs	E	Krill antartico
GR		I	Eufausiacei	IS	
J	Okiami	N	Antarktisk Krill	NL	Krielgarnaal
P		S	Antarktisk Krill	TR	
YU	Antarktički svjetlar				

537 KRONSARDINER

(i) In Sweden:
Small deep-frozen herring or Baltic herring used as raw material for preserves, mostly in cans. The herring is eviscerated and headed, thoroughly washed and then frozen.

(ii) In Norway:
Small herring eviscerated, headed and vinegar cured; for export.

(iii) In Germany:
The term KRONSARDINEN (better KRONSILD) is only used to designate marinated small herring or sprat, mostly from the Baltic sea, also with spices, sugar and other flavouring agents.

Also called: RUSSISCHE SARDINEN, RUSSIAN SARDINE, RUSSLET.

Marketed semi-preserved.

KRONSARDINER 537

(i) En Suède:
Petit hareng surgelé ou hareng de la Baltique utilisé comme matière première pour les conserves, surtout en boîtes. Le hareng est éviscéré, étêté, bien lavé, puis congelé.

(ii) En Norvège:
Petit hareng, étêté et traité au vinaigre; pour l'exportation.

(iii) En Allemagne:
Le terme KRONSARDINEN (ou mieux KRONSILD) sert uniquement à désigner des petits harengs ou sprats marinés provenant surtout de la mer Baltique, et préparés avec des épices, du sucre et autres arômes.

Appelé aussi SARDINE RUSSE, RUSSLET.

Commercialisé en semi-conserve.

D	Kronsardinen, Kronsild	**DK**	Kronsardiner	**E**	
GR		**I**		**IS**	
J		**N**	Kronsardiner	**NL**	
P		**S**	Kronsardiner	**TR**	
YU	Kronsardine				

538 KRUPUK (Indonesia)

Ground shrimp (sometimes other fish) mixed with tapioca flour, salt and seasoning, kneaded with water and steamed in moulds; then cooled, cut into slices and sun-dried; swells and becomes crisp when fried in deep fat.

Also called KHAO KRIAB (Thailand).

KRUPUK (Indonésie) 538

Crevettes broyées (ou autres crustacés) mélangées avec de la farine de tapioca, sel et assaisonnement, pétries avec de l'eau, mises en moules et cuites à la vapeur; après refroidissement, le produit est découpé en tranches et séché au soleil; en grande friture, gonfle et devient croustillant.

Appelé aussi KHAO KRIAB (Thaïlande).

539 KUSAYA (Japan)

Horse mackerel (*Decapterus* spp.) dried after soaking in special salt water, preserved for years.

KUSAYA (Japon) 539

Chinchard (de l'espèce *Decapterus*) séché après trempage dans une eau salée spéciale, et conservé pendant des années.

540 LABERDAN (Germany)

Beheaded and gutted salt cured cod.

NL Labberdaan

LABERDAN (Allemagne) 540

Morue salée étêtée et vidée.

541 LABRADOR CURE (Canada)

Heavy-salted Kench-cured cod; containing 42 to 50% moisture and 17 to 18% salt; also called LABRADOR FISH, LABRADOR SOFT CURE.

LABRADOR CURE (Canada) 541

Morue fortement salée à sec dont la teneur en eau est de 42 à 50% et la teneur en sel de 17 à 18%; appelé aussi POISSON LABRADOR, LABRADOR SOFT CURE.

[CONTD.

541 LABRADOR CURE (Canada) (Contd.)   LABRADOR CURE (Canada) (Suite) 541

D
DK Labrador-tilvirket fisk
E Bacalao fuertemente salado
GR
I Baccalà labrador
IS Labri
J
N Labradorbehandlet torsk
NL
P Cura do labrador
S Labradorsaltning
TR
YU

---

542 LADY FISH   TARPON 542
Elops saurus

(i) (Atlantic – North America)

Family of *Elopidae* (see + TARPON); also called TENPOUNDER.

Of little value as food fish, but highly prized in Florida by sportsmen.

(i) (Atlantique – Amérique du Nord)

De la famille *Elopidae* (voir + TARPON); aussi appelé + BANANE (Antilles).

Sans importance dans l'alimentation, mais très apprécié, en Floride, pour la pêche sportive.

D
DK
E
GR
I
IS
J Karaiwashi
N
NL Tienponder, tienponni (Ant.), dagoeboi (Sme.)

P Fateixa
S Elopid
TR
YU

(ii) The name LADY FISH might also refer to *Albulidae* (see + BONEFISH); e.g. in international statistics.

(ii) Le terme + BANANE (Antilles) s'applique aussi aux *Albulidae*.

---

543 LAKE HERRING   CISCO DE L'EST 543
Coregonus artedii

(Freshwater – N. America)

Also called CISCO (N. America), TULLIBEE, CHUB, LAKEFISH.

Marketed:

Frozen: whole gutted.
Smoked: whole gutted fish, either fresh or thawed frozen, are washed, drained, dry-salted or brined, and hot-smoked (U.S.A.).
Salted: headed, gutted and pickled in barrels (U.S.A.).
Pet foods:

See also + WHITEFISH.

(Eaux douces – Amérique du Nord)

Appelé aussi HARENG DE LAC.

Commercialisé:

Congelé: entier et vidé.
Fumé: poisson entier et vidé, soit frais, soit décongelé, lavé, égoutté, salé à sec ou saumuré, puis fumé à chaud (E.U.).
Salé: étêté, vidé et salé à sec en barils (E.U.)
Alimentation des animaux domestiques.

Voir aussi + CORÉGONE.

P Arenque-de-lago
I Agone americano
E Arenque de lago
TR Göl ringası

---

544 LAKERDA (Greece, Turkey)   LAKERDA (Grèce, Turquie) 544

Product prepared in Greece and Turkey: + ATLANTIC BONITO (*Sarda sarda*) cut in slices and salted in barrels or boxes of 10 kg.

Produit préparé en Grèce et Turquie, à base de + BONITE À DOS RAYÉ (*Sarda sarda*) coupé en tranches et salé dans des barils ou caisses de 10 kg.

GR Lakérda

545 LAKE TROUT — TOULADI 545

Salvelinus namaycush

(Freshwater/Great Lakes) — (Eaux douces/Grands Lacs)

Also called TOGUE, TOULADI, GREY TROUT, NAMAYCUSH, GREAT LAKE TROUT.

Appelé aussi TRUITE GRISE ou TRUITE DE LAC; mais le nom truite de lac est aussi appliqué à *Salvelinus fontinalis* + OMBLE DE FONTAINE.

Marketed fresh, frozen or smoked.

Commercialisé frais, surgelé ou fumé.

The term LAKE TROUT may also include other *Salmonidae*; see + TROUT and + SEA TROUT.

De la famille des *Salmonidae*, ainsi que la + TRUITE et la + TRUITE BRUNE.

See also + CHAR.

Voir aussi + OMBLE.

D	**DK**	**E** Trucha lacustre
GR	**I** Trota di lago americana	**IS** Murta
J	**N**	**NL** Amerikaanse meerforel
P Truta-do-lago	**S** Kanadaröding	**TR**
YU Pastrva		

546 LAMAYO (Philippines) — LAMAYO (Philippines) 546

Fish product consisting of salted partially dried, macerated shrimp.

Produit fait avec des crevettes salées, macérées et partiellement séchées.

547 LAMINARIN — LAMINARINE 547

Carbohydrate extract, roughly equivalent to the starch in land plants, obtained from + BROWN ALGAE (*Laminaria* spp.).

Polysaccharide extrait des algues brunes, en particulier de l'espèce *Laminaria* (+ ALGUE BRUNE), équivalant approximativement à l'amidon des plantes terrestres.

D	**DK**	**E**
GR	**I** Laminarina	**IS**
J	**N** Laminarin	**NL**
P Laminarina	**S** Laminarin	**TR**
YU Laminarin		

548 LAMPREY — LAMPROIE FLUVIALE 548

PETROMYZONTIDAE

(Freshwater/Atlantic/Pacific) — (Eaux douces/Atlantique/Pacifique)

Similar to + EEL; young fish is usually called PRIDE.

Semblable à + ANGUILLE.

Lampetra fluviatilis

(a) LAMPERN

    Also called RIVER LAMPREY, STONE EEL.

(a) PETITE LAMPROIE DE MER

Lampetra ayresi

(b) RIVER LAMPREY

    (Pacific/Freshwater – N. America)

(b) LAMPROIE DE RIVIÈRE

    (Pacifique/Eaux douces – Amérique du Nord)

Lampetra japonica

(c) ARCTIC LAMPREY

    (Pacific/Freshwater – N. America)

(c)

    (Pacifique/Eaux douces – Amérique du Nord)

Lampetra planeri

(d) BROOK LAMPREY

    (Freshwater – Europe/N. America)

(d) LAMPROIE DE RIVIÈRE

    (Eaux douces – Europe/Amérique du Nord)

[CONTD.

548 LAMPREY (Contd.)   LAMPROIE FLUVIALE (Suite) 548

Petromyzon marinus

(e) + SEA LAMPREY   (e) + GRANDE LAMPROIE MARINE
(Atlantic/Freshwater)   (Atlantique/Eaux douces)

- **D** Neunauge,
  (a) Flussneunauge,
  Lamprete
- **GR**
- **J** Yatsumeunagi

- **DK** Niøje, lampret
  (a) flodniøje
- **I** (a) Lampreda di fiume
- **N** (a) Elveniøye

- **E** Lamprea de rio
- **IS** (a) Fisksuga
- **NL** Negenoog,
  (a) rivierprik,
  (d) beekprik,
  (e) zeeprik

- **P** (a) Lampreia-do-rio
- **YU** (a) Paklara riječna

- **S** Nejonöga
  (a) flodnejonöga

- **TR**

For (e) see separate entry.   Pour (e) voir la rubrique individuelle.

549 LARGE EYED DENTEX   DENTÉ AUX GROS YEUX 549

Dentex macrophthalmus

Also called DOG'S TEETH.
See + SEA BREAM.

Voir + DORADE.

- **D** Grossaugen-Zahnbrasse
- **GR** Bálas
- **J**
- **P** Gachucho
- **YU** Zubataç, zubačić, rumeni

- **DK**
- **I** Dentice occhione
- **N**
- **S**

- **E** Cachucho
- **IS**
- **NL** Grootoog tandbrasem
- **TR** Irigöz sinagrit, sinarit

550 LARGER SPOTTED DOGFISH   GRANDE ROUSSETTE 550

Scyliorhinus stellaris

(Atlantic/Mediterranean)   (Atlantique/Méditerranée)

Also called BULL HUSS, FLAKE, GREATER SPOTTED DOGFISH, NURSE, NURSEHOUND, and RIGG.

Marketed: fresh (beheaded and skinned) in France and Spain.

See also + DOGFISH.

Commercialisé: frais (étêté et dépouillé) en France et en Espagne.

Voir aussi + AIGUILLAT.

- **D** Grosser Katzenhai
- **GR** Skyllopsaro, skylláki, gatos
- **J**
- **P** Patarroxa
- **YU** Morska mačka, mačka mrkulja

- **DK** Storplettet rødhaj
- **I** Gattopardo
- **N** Storflekket rødhai
- **S** Storfläckig rödhaj

- **E** Alitán, gata,
- **IS**
- **NL** Grootgevlekte hondshaai
- **TR** Kedi balığı

551 LASCAR   SOLE 551

Pegusa lascaris or/ou *Solea lascaris*

(Atlantic/Mediterranean)   (Atlantique/Méditerranée)

Also called FRENCH SOLE, SAND SOLE.

Marketed: fresh.   **Commercialisé:** frais.

In North America the name SAND SOLE refers to *Psettichthys melanostictus* belonging to the family *Pleuronectidae*.

See also + SOLE.   Voir aussi + SOLE.

[CONTD.

551 LASCAR (Contd.) SOLE (Suite) 551

D Sandzunge	**DK** Sandtunge	**E**
GR Glóssa	**I** Sogliola del porro	**IS**
J	**N**	**NL** Franse tong, zandtong
P Linguado	**S**	**TR** Dil balığı
YU List bradavkar		

551.1 LATCHET 551.1
Pterygotrigla polyommata

(Indo-Pacific – Australia) (Indo-Pacifique – Australie)

Marketed: as fresh fish, skinned and filleted. **Commercialisé:** frais, sans peau et en filets.

See also + YELLOW GURNARD. Voir aussi + GRONDIN PERLON.

552 LAVERBREAD (Wales) 552

Foodstuff prepared from + RED ALGAE, *Porphyra* spp., by boiling in salt water, cooling, mincing and dyeing; often fried before eating.

Aliment fait à base d'algues rouges, de l'espèce *Porphyra*, cuites à l'eau bouillante salée, refroidies puis découpées et teintes; souvent préparées en friture.

Similar to + NORI (Japan). Produit semblable au + NORI (Japon).

J Amanori **S** Algbröd **NL** Zeewierbrood

553 LEATHER CUIR 553

Skins from seals, walrus, shark, beluga whale, and some food fish such as cod and salmon, can be processed to make satisfactory leather; size of individual skins of most food fish limits their use for leather making.

Les peaux de phoques, morses, requins, beluga et de quelques poissons comestibles tels que la morue et le saumon, peuvent être traitées pour faire un cuir satisfaisant; la taille des peaux de la plupart des poissons comestibles en limite l'utilisation.

D Leder	**DK** Læder	**E** Cuero
GR Dérma	**I** Cuoio	**IS** Skinn, roð
J Suisan hikaku	**N** Lær	**NL** Visleer, visleder, leder
P Coiro	**S** Läder	**TR** Deri
YU Koža morskih sisavaca i riba		

554 LEATHERJACKET 554
TETRAODONTIDAE and/et *ALUTERIDAE*

(i) (Cosmopolitan) (i) (Cosmopolite)

General name used for the families. Désigne globalement les espèces de la famille.

Tetraodontidae are referred to as + PUFFER in N. America.

Les *Tetraodontidae* sont appelés + POISSON-ARMÉ en Amérique du Nord.

See + PUFFER. Voir + POISSON-ARMÉ.

(ii) In North America the name LEATHER-JACKET more specifically **refers to** *Oligoplites saurus* (Atlantic/Pacific), belonging to the family *Carangidae* (see + JACK, + SCAD and + POMPANO).

(ii)

555 LEMON SHARK 555
Megaprion brevirostris

(Atlantic – N. America) (Atlantique – Amérique du Nord)

Belongs to the family *Carcharhinidae* (see + REQUIEM SHARK). De la famille des *Carcharhinidae* (voir + MANGEUR D'HOMMES).

D	DK	E
GR	I Squalo limone	IS
J	N	NL Groengele haai
P Tubarão-limão	S	TR
YU		

556 LEMON SOLE LIMANDE SOLE 556
Microstomus kitt

(a) (N.E. Atlantic/North Sea) (a) (Atlantique N.E./Mer du Nord)

Also called LEMON DAB, LEMON FISH, MARY SOLE, MERRY SOLE, SMEAR DAB, SWEET FLUKE.

Marketed:
Fresh: whole, gutted; fillets with or without skin.
Frozen: whole, gutted; fillets with or without skin, but usually skin on.
Smoked: whole, hot-smoked (Germany – "RÄUCHERFLUNDER").

Commercialisé:
Frais: entier et vidé; en filets avec ou sans peau.
Congelé: entier et vidé; en filets avec ou sans peau, mais généralement avec la peau.
Fumé: entier, fumé à chaud (Allemagne – "RÄUCHERFLUNDER").

D Limande, Echte Rotzunge	DK Rødtunge	E Mendo limón lengua lisa
GR	I Sogliola limanda	IS Þykkvalúra
J	N Lomre	NL Tongschar
P Azevia, rodovalho	S Bergtunga, bergskädda	TR
YU		

(b) Name is also used for + WINTER FLOUNDER (*Pseudopleuronectes americanus*).
(c) Name is also used for + ENGLISH SOLE (*Parophrys vetulus*).
(d) In New Zealand refers to *Pelotreis flavilatus*.

All are belonging to the family *Pleuronectidae* (see + FLOUNDER).

(b-c) Le nom "LEMON SOLE" (anglais) est aussi utilisé pour *Pseudopleuronectes americanus* (+ PLIE ROUGE) et *Parophrys vetulus* (voir + ENGLISH SOLE).
(d) En Nouvelle-Zélande, s'applique à *Pelotreis flavilatus*.

De la famille des *Pleuronectidae* (voir + FLET).

557 LESSER CACHALOT PETIT CACHALOT 557
Kogia breviceps

(Indo-Pacific/Atlantic) (Indo-Pacifique/Atlantique)

Small species of SPERM WHALE; + WHALES. Petit cétacé de l'espèce du CACHALOT; voir + BALEINES.

D Zwergpottwal	DK Dvægkaskelot	E
GR	I Capodoglio pigmeo	IS
J Komakkô	N Dvergspermhval	NL Dwergpotvis
P Cachalote-anão	S Dvärgkaskelot	TR
YU		

558 LESSER SPOTTED DOGFISH PETITE ROUSSETTE 558
Scyliorhinus canicula

(N. Atlantic/North Sea) (Atlantique/Mer du Nord)

Also called FAY DOG, ROUGH DOG, ROUGH HOUND, SMALL SPOTTED DOG, FLAKE, HUSS or RIGG.

See also + DOGFISH. Voir aussi + AIGUILLAT.

[CONTD.

558 LESSER SPOTTED DOGFISH (Contd.)   PETITE ROUSSETTE (Suite) 558

- **D** Kleiner Katzenhai
- **GR** Skylopsaro, skylláki, gátos
- **J**
- **P** Pintarroxa, gata
- **YU** Morska mačka, mačka bjelica
- **DK** Småplettet rødhaj
- **I** Gattuccio
- **N** Småflekket rødhai
- **S** Småfläckig rodhaj
- **E** Pintarroja, gato marino
- **IS**
- **NL** Kleine hondshaai
- **TR** Kedi balığı

559 LIGHT CURE   SALAGE LÉGER 559

Fish treated with only small quantities of salt (e.g. 16 to 20 parts per 100 of fish) or left in salt for a short time only (e.g. 3 to 5 days in pickle); product contains 20% to 30% salt on a dry basis; cod and other white fish salted this way.

Also called LIGHT SALTED FISH, SLACK SALTED FISH.

See also + MILD CURED FISH as a more general term applying to both light salting and mild smoking.

In Germany ("MILDSALZUNG") the salt content in the tissue may not be higher than 13%. The flesh must be thoroughly coagulated; see + MATJE CURED HERRING (ii).

Examples for light curing are: + GASPÉ CURE (Canada), + SHORE CURE (ii) (N. America), + FALL CURE (Canada).

Poisson traité avec de petites quantités de sel (de 16 à 20 parties pour 100 parties de poisson) ou laissé dans le sel pendant une courte période (de 3 à 5 jours dans une saumure); la teneur en sel du produit est de 20% à 30% du poids sec; salage recommandé pour la morue et autres poissons maigres.

Voir aussi + MILD CURED FISH, qui s'applique plus généralement pour un salage et un fumage légers.

En Allemagne ("MILDSALZUNG") la proportion de sel dans les tissus ne doit pas être supérieure à 13%. La chair du poisson doit être complètement coagulée; voir + MATJE CURED HERRING (ii).

Exemples de salage léger: + GASPÉ CURE (Canada), + SALAGE À TERRE (ii) (Amérique du Nord), + FALL CURE (Canada).

- **D** Mildsalzung
- **GR**
- **J** Usujio, amajio
- **P** Cura leve
- **YU** Lagano obradjena riba, lagano soljena riba
- **DK** Letsaltet fisk
- **I** Pesce in salamoia leggera
- **N** Lettsaltet fisk
- **S** Lättsaltad fisk
- **E** Salazon ligera
- **IS** Léttsaltaður fiskur, linsaltaður fiskur
- **NL** Licht zouten vis
- **TR**

560 LIMPET   PATELLE 560

Patella caerulea

(a) (Atlantic – Europe)   (a) (Atlantique – Europe)

Acmea testitudinalis

(b) (Atlantic – N. America)   (b) (Atlantique – Amérique du Nord)

- **D** Napfschnecke
- **GR** Petallída
- **J** Yomegakasa
- **P** Lapa
- **YU** Priljepak, lupar
- **DK** Albueskæl
- **I** Patella
- **N** Albuskjell
- **S**
- **E** Lapa
- **IS**
- **NL** Puntkokkel, napslak
- **TR**

561 LINED SOLE   SOLE AMÉRICAINE 561

Achirus lineatus

(Atlantic – N. America)   (Atlantique – Amérique du Nord)

Belongs to the family *Soleidae* (see + SOLE).

De la famille des *Soleidae* (voir + SOLE).

562 LING / LINGUE 562

MOLVA spp.

(i) Generally

But refers especially to *Molva molva* N. E. Atlantic).

Also called DRIZZLE; recommended trade name: LING.

See also + BLUE LING (*Molva dypterygia*) and + MEDITERRANEAN LING (*Molva dypterygia macrophthalma*).

Marketed:

Fresh: fillets with or without skin; steaks.
Smoked: cold-smoked fillets, with or without skin, also hot-smoked pieces or steaks (cutlets).
Salted: split fish, wet salted or dried salted; pieces cut from the dried salted split fish, known as cutlets.

(i) En général.

En particulier; *Molva molva*.

Appelée aussi JULIENNE.

Voir aussi + LINGUE BLEUE (*Molva dypterygia*) et + MEDITERRANEAN LING (*Molva dypterygia macrophthalma*).

Commercialisé:

Frais: filets avec ou sans peau; tranches.
Fumé: filets avec ou sans peau fumés à froid; morceaux ou tranches fumés à chaud.
Salé: poisson tranché salé en saumure ou à sec. ou tranches de poisson salé à sec.

D	Leng, Lengfisch	**DK**	Lange	**E**	Maruca
GR	Pentiki	**I**	Molva	**IS**	Langa
J		**N**	Lange	**NL**	Leng
P	Donzela	**S**	Långa	**TR**	Gelincik
YU	Manjič morski				

Genypterus blacodes

(ii) (New Zealand) (ii) (Nouvelle-Zélande)

563 LINGCOD

Ophiodon elongatus

(Pacific – N. America)

Belonging to the family *Hexagrammidae* (see + GREENLING).

Also called + BLUE COD, BUFFALO COD, GREEN COD, GREENLING, LEOPARD COD, CULTUS COD.

Marketed:

Fresh: whole gutted; fillets (Canada).
Frozen: whole gutted; fillets (Canada).
Smoked: pieces of fillet hot-smoked (U.S.A.) (see + KIPPERED PRODUCTS).

(Pacifique – Amérique du Nord)

De la famille des *Hexagrammidae* (voir + GREENLING).

Commercialisé:

Frais: entier et vidé; filets (Canada).
Congelé: entier et vidé; filets (Canada).
Fumé: morceaux de filets fumés à chaud (E.U.) (voir + KIPPERED PRODUCTS).

564 LITTLE SKATE / RAIE HÉRISSON 564

Raja erinacea

(Atlantic – N. America) (Atlantique – Amérique du Nord)
See also + SKATE. Voir aussi + RAIE.

565 LITTLE TUNA / THONINE 565

Also known as MACKEREL TUNA.

Euthynnus alletteratus

(a) ATLANTIC LITTLE TUNNY (a)
(Atlantic/Mediterranean) (Atlantique/Méditerranée)
Also called FALSE ALBACORE, BONITO (U.S.A.).

[CONTD.

565 LITTLE TUNA (Contd.)   THONINE (Suite) 565

Euthynnus affinis

(b) EASTERN LITTLE TUNA   (b)
    (Indo-Pacific)   (Indo-Pacifique)
    Also called BLACK SKIPJACK.

See also + TUNA.   Voir aussi + THON.

D	Falscher Bonito	**DK** Thunnin	**E**	Bonito del Pacífico, bacoreta
GR	Karvoúni	**I** Tonnetto, alletterato	**IS**	
J	Taiwan yaito	**N** (a) Tunnin	**NL**	Dwergtonijn
P	(a) Merma	**S** (a) Tunnina	**TR**	Yazili orkinos
		(b) östlig liten bonit		
YU	Luc			

566 LIZARDFISH   ANOLI DE MER 566

SYNODONTIDAE

(Cosmopolitan, in warm seas)   (Cosmopolite, eaux chaudes)

                                       Aussi appelé LERYARD.

A few species are fished commercially in Japan, and marketed fresh; also used for + KAMABOKO.

Quelques espèces sont pêchées au Japon pour être commercialisées fraîches; utilisées aussi dans la préparation du + KAMABOKO.

D	Eidechsenfisch	**DK**	**E**	Lagarto
GR	Scarmós	**I** Pesce ramarro	**IS**	
J	Eso	**N**	**NL**	Zeeleguaan
P	Lagarto-do-mar	**S**	**TR**	Zurna
YU	Zelembac			

567 LOBSTER   HOMARD 567

HOMARUS spp.

(Atlantic)   (Atlantique)

Homarus gammarus

(a) + EUROPEAN LOBSTER   (a) + HOMARD EUROPÉEN
    (Europe)   (Europe)

Homarus americanus

(b) + NORTHERN LOBSTER, AMERICAN LOBSTER   (b) + HOMARD AMÉRICAIN

    (N. America)   (Amérique du Nord)

Marketed:

Live: in wooden or cardboard boxes which may contain insulating materials and ice; lobster remains alive for up to 36 hours depending on conditions.
Fresh: whole boiled; cooked meat.
Frozen: raw or cooked; whole or tails.
Canned: cooked meat in own juice, in jelly, mayonnaise or cream sauce; lobster thermidor; salted meat.
Paste: lobster paste, or mixed with crab: in cans or jars. In Canada LOBSTER PASTE means a ready-to-use edible canned by-product of lobster which may contain maximum 2% cereal filler by weight of the finished paste.
Soup: cream of lobster; LOBSTER BISQUE, LOBSTER CHOWDER; LOBSTER DIP; all usually canned; + BISQUE.

Commonly prepared like + CRAWFISH, also to meal, soup powder, etc.

Commercialisé:

Vivant: dans des caisses pouvant contenir des matériaux isolants et de la glace; le homard reste en vie jusqu'à 36 heures suivant le conditionnement.
Frais: entier et cuit; chair cuite.
Congelé: cru ou cuit; entier ou queues.
Conserve: chair cuite, au naturel, en gelée, avec de la mayonnaise ou de la crème; homard thermidor; chair salée.
Pâte: pâte de homard; peut être mélangée avec de la chair de crabe; en boîtes ou en bocaux. Au Canada, la PÂTE DE HOMARD est un sous-produit en conserve pouvant contenir jusqu'à 2% de son poids du produit fini en céréales.
Soupe: crème de homard; BISQUE DE HOMARD, SOUPE DE HOMARD; tous produits généralement en conserve; + BISQUE.

Préparé comme la + LANGOUSTE, également en farine et en soupe déshydratée, etc.

[CONTD.]

567 LOBSTER (Contd.)

- **D** Hummer
- **GR** Astakós
- **J** (Iseebi)
- **P** Lavagante
- **YU** Rarog, hlap
- **DK** Hummer
- **I** Astice
- **N** Hummer
- **S** Hummer

HOMARD (Suite) 567

- **E** Bogavante, lubrigante
- **IS** Humar
- **BL** Kreeft, zeekreeft
- **TR** Istakoz

568 LOCKS (U.S.A.)

Mild cured sides, especially of king salmon, cold smoked for one to three days; also frequently called LOX.

LOCKS (E.U.) 568

Moitiés de saumon, notamment de saumon royal, légèrement salées, fumées à froid pendant un à trois jours.

569 LONDON CUT CURE (U.K.)

Split, smoked haddock prepared chiefly in Grimsby for London market, characterised by leaving backbone on left hand side of fish.

HADDOCK COUPÉ DE LONDRES 569

Églefin tranché et fumé; préparé principalement à Grimsby pour le marché de Londres; caractérisé par l'arête centrale laissée sur le côté gauche du poisson.

570 LONGNOSE SKATE

POCHETEAU NOIR 570

Raja oxyrhinchus

(Atlantic/North Sea/Mediterranean)   (Atlantique/Mer du Nord/Méditerranée)

In North America LONGNOSE SKATE refers to *Raja rhina* (Pacific).

See also + SKATE and + RAY.   Voir aussi + RAIE.

- **D** Spitzschnauzenrochen
- **GR** Sálahi
- **J**
- **P** Raia-bicuda
- **YU** Raža klinka, nosatica
- **DK** Plovjernsrokke
- **I** Razza monaca
- **N** Spisskate
- **S** Plogjärnsrocka
- **E** Picón, raya picuda
- **IS** Plógskata
- **NL** Scherpsnuit
- **TR** Sivriburun vatoz

571 LONG ROUGH DAB 571

Designation in ICES Statistics of + AMERICAN PLAICE (*Hippoglossoides platessoides*); for more details see there.

Voir + BALAI.

572 LONG-TAILED TUNA 572

Thunnus tonggol or/ou *Kishinoella tonggol*

(a) INDIAN LONG-TAILED TUNA   (a)
     (Indian Ocean)   (Océan indien)

     Also called NORTHERN BLUEFIN (Australia)

Thunnus zacalles or/ou *Kishinoella zacalles*

(b) PACIFIC LONG-TAILED TUNA   (b)
     (Pacific)   (Pacifique)

     See also + TUNA.   Voir aussi + THON.

- **D**
- **GR**
- **J** Koshinaga
- **P** Atum-do-índico
- **YU** Vrsta tunja
- **DK**
- **I** Tonno indiano
- **N**
- **S**
- **E**
- **IS**
- **NL** Langstaarttonijn
- **TR**

573 LUMPFISH
Cyclopterus lumpus
LOMPE 573

(N. Atlantic/Arctic)

Also called LUMPSUCKER, HENFISH, SEA-HEN, PADDLE-COCK.

Marketed:

Smoked: hot-smoked in pieces or steaks (cutlets).
Roe: Salted, marketed as + CAVIAR SUBSTITUTE.

More generally refers also to the family *Cyclopteridae* which are also named LUMPFISH or LUMPSUCKER; in America also called + SNAILFISH.

(Atlantique Nord/Arctique)

Appelée aussi POULE DE MER.

Commercialisé:

Fumé: morceaux ou tranches fumés à chaud.
Œufs: salés, vendus comme + SUCCÉDANÉ DE CAVIAR.

Désigne de façon générale les espèces de la famille des *Cyclopteridae* appelées encore POULE DE MER et + LIMACE DE MER (Amérique du Nord).

D	Seehase	**DK**	Stenbider, kulso (♀)	**E**	
GR		**I**	Ciclottero	**IS**	Hrognkelsi, rauðmagi, grásleppa
J	Dango-uo	**N**	Rognkjeks ♀, rognkall ♂	**NL**	Snotdolf
P	Galinha-do-mar	**S**	Sjurygg, stenbit, kvabbso	**TR**	
YU					

574 LUTEFISK (Scandinavia)
LUTEFISK (Scandinavie) 574

Product prepared by soaking stockfish for several days in solution of soda and lime (LUTE) and then for several days in water to remove chemicals; also called ALKALINE CURED FISH.

See also + BERNFISK (Norway/Sweden).

Produit préparé en trempant du stockfish pendant plusieurs jours dans une solution de soude et de chaux (LUTE), puis pendant plusieurs jours encore dans de l'eau jusqu'à élimination des produits chimiques. Appelé aussi ALKALINE CURED FISH.

Voir aussi + BERNFISK (Norvège/Suède).

D	Gewässerter Stockfisch	**DK**		**E**	
GR		**I**		**IS**	Lútfiskur
J		**N**	Lutefisk	**NL**	Geweekte stokvis
P		**S**	Lutfisk	**TR**	
YU					

575 LYRE
LYRE 575

A grade of + ISINGLASS.

Une des qualités d' + ICHTYOCOLLE.

D	Hausenblase	**DK**	Husblas	**E**	Cola de pescado
GR		**I**	Ittiocolla	**IS**	
J		**N**		**NL**	Gelatine
P	Gelatina de peixe	**S**		**TR**	
YU					

576 MACHETE
576

Le nom "MACHETE" (anglais) s'applique aux:

(i) In North America refers to *Elops affinis*, belonging to the family *Elopidae* (see + TARPON).

(ii) In South America (Peru) refers to *Ethmidium chilcae*, related to SHAD; also called MACHUELO; marketed fresh or canned (in tomato sauce).

(i) Amérique du Nord: *Elops affinis* de la famille *Elopidae* (voir + TARPON).

(ii) Amérique du Sud; *Ethmidium chilcae*.

577 MACKEREL — MAQUEREAU 577

SCOMBER spp. or/ou *PNEUMATOPHORUS* spp.

(Cosmopolitan)   (Cosmopolite)

Scomber scombrus

(a) MACKEREL (Atlantic)   (a) MAQUEREAU BLEU (Atlantique)

Scomber japonicus

(b) + CHUB MACKEREL or   (b) + MAQUEREAU ESPAGNOL
    + PACIFIC MACKEREL   (Cosmopolite)
    (Cosmopolitan)

Scomber australasicus

(c) BLUE MACKEREL   (c) MAQUEREAU D'AUSTRALIE
    (New Zealand)   (Nouvelle-Zélande)

Amblygaster postera

(d) SCALY MACKEREL   (d)
    (Australia)   (Australie)

Marketed:
Fresh: whole ungutted; whole gutted; fillets.
Frozen: whole ungutted; fillets.
Smoked: whole gutted, hot-smoked; gutted, split down the back, washed, brined and cold-smoked as for kippers (German: FLECKMAKRELE, also hot-smoked); slices of cold-smoked fillets in edible oil (semi-preserve).
Salted: whole gutted, pickle-salted (U.K.); gutted, split down the back and pickle-salted (BOSTON MACKEREL) (U.S.A.); fillets pickle-salted (Canada); headed, gutted, pickle-salted in barrels for 2 to 3 months (Medit.); small mackerel are cured in this way rather like anchovies.
Dried: tunnel dried (S. Africa); in Japan: + SHIOBOSHI, + FUSHI RUI.
Canned: headed, gutted and split, but mostly filleted, in tomato purée, oil or white wine; also in other sauces, jelly, like herring products; pandressed or seasoned meat in Japan.
Semi-preserve: pieces of fillet, salted, cooked in vinegar-acidified brine and packed in glass jars with spices.
Roe: hard roes and soft roes canned (Norway).
Bait:
Meal and oil:

Commercialisé:
Frais: entier non vidé; entier et vidé; filets.
Congelé: entier non vidé; filets.
Fumé: entier et vidé, fumé à chaud; vidé, fendu le long du dos, lavé, saumuré et fumé à froid comme les kippers (en Allemagne: FLECKMAKRELE sont aussi fumés à chaud); tranches de filets fumés à froid, avec de l'huile (semi-conserve).
Salé: entier et vidé, salé à sec(Grande-Bretagne); vidé, fendu et salé à sec (BOSTON MACKEREL) (E.U.); filets salés à sec (Canada); étêté, vidé et salé à sec en barils pendant 2 à 3 mois (Méditer.); les maquereaux de petite taille sont traités presque comme les anchois.
Séché: en tunnels (Afrique du Sud); au Japon: + SHIOBOSHI, + FUSHI-RUI.
Conserve: poisson étêté, vidé et tranché, mais principalement fileté, en sauce tomate, à l'huile ou au vin blanc; également avec d'autres sauces, en gelée, comme les produits du hareng; chair panée ou assaisonnée au Japon.
Semi-conserve: morceaux de filets salés cuits dans une saumure vinaigrée et mis en bocaux avec des épices.
Œufs: rogues et laitances mises en conserve (Norvège).
Appât:
Farine et huile:

D Makrele	**DK** Makrel		**E** Caballa
GR Scoumbri	**I** Maccerello, sgombro		**IS** Makríll
J Saba, hirasaba, marusaba	**N** Makrell		**NL** (a) Makree
P Sarda	**S** Makrill		**TR** Uskumru
YU Skuša			

For (b) see separate entry.   Pour (b) voir cette rubrique.
See also + SPANISH MACKEREL.

578 MACKEREL SHARK — REQUIN-MAQUEREAU 578
LAMNIDAE

(Cosmopolitan)

The name MACKEREL SHARK has been generally applied to species of the family *Lamnidae*; these include interalia *Isurus* and *Lamna* spp.; in international statistics *Lamna* spp. are generally referred to as + PORBEAGLE.

Main species are:

(Cosmopolite)

Le nom est généralement appliqué aux espèces de la famille *Lamnidae* qui comprennent entre autres les espèces *Isurus* et *Lamna*; dans les statistiques internationales, les espèces *Lamna* se réfèrent généralement aux + TAUPE.

Espèces principales:

Lamna nasus

(a) + PORBEAGLE (N. Atlantic – Europe/ North America)

(a) + TAUPE (Atlantique Nord – Europe/ Amérique du Nord)

Lamna ditropis

(b) + SALMON SHARK

(Pacific)

(b) +

(Pacifique)

Isurus oxyrinchus

(c) + MAKO (SHARK)

(Cosmopolitan, in warm seas)

In Europe also referred to as MACKEREL SHARK. Pacific species referred to as + BONITO SHARK.

(c) + MAKO

(Cosmopolite, eaux chaudes)

Carcharodon carcharias

(d) + WHITE SHARK

(Cosmopolitan)

See under these individual species and + SHARK.

(d) + REQUIN BLANC

(Cosmopolite)

Voir ces espèces individuelles et + REQUIN.

D Heringshai	**DK** Sildehaj	**E** Marrajo
GR Skylopsaro, karharías	**I** Smeriglio	**IS** Hámeri
J Môka-zame	**N** (a) Håbrann (c) makrellhai	**NL** Makreelhaai (c) Spitssnuitharinghaai, (d) witte haai
P Anequim **YU** Psina	**S** Håbrandshaj	**TR**

579 MACKEREL STYLE SPLIT FISH 579

Fish that have been split along the back, leaving in the backbone.

Also called KIPPER-SPLIT.

Poisson qui a été ouvert par le dos et dont on a laissé l'arête centrale.

D Gefleckter Fisch	**DK** Flækket makrel	**E**
GR	**I** Pesce aperto dal dorso	**IS**
J Sebiraki	**N** Kippersflekking	**NL** Langs de rug opengesneden vis
P Cavala escalada	**S** Dubbelfilé sammanhängande í buken	**TR**
YU Rasplaćena riba vrste skuše		

580 MAKASSAR FISH
(Indonesia)

Anchovies, headed, salted for several days and then mixed with rice, yeast and spices; packed in bottles in the resultant red pickle.

Similar product in Japan is + SUSHI (i).

Anchois étêtés, salés pendant plusieurs jours, puis mélangés à du riz, de la levure et des épices; mis en bocaux dans la marinade d'origine.

Produit semblable au Japon: + SUSHI (i).

581 MAKO (SHARK) — MAKO 581

Isurus oxyrinchus or/ou *Isurus glaucus*

(Cosmopolitan, in warm seas) (Cosmopolite, eaux chaudes)

Belongs to the *Lamnidae* (see + MACKEREL SHARK).

Also called ATLANTIC MAKO, SHARPNOSE MACKEREL SHARK; in Europe, also referred to as MACKEREL SHARK; the Pacific species referred to as + BONITO SHARK.

For ways of marketing, see + SHARK.

De la famille des *Lamnidae* (voir + REQUIN-MAQUEREAU).

Pour la commercialisation, voir + REQUIN.

- **D** Mako, Makrelenhai
- **GR** Karhariás
- **J** Aozame
- **P** Anequim
- **YU** Psina du gonasa, kučina
- **DK** Sildehaj
- **I** Squalo mako, ossirina
- **N** Makrellhai
- **S** Makrillhaj
- **E** Marrajo
- **IS**
- **NL** Haringhaai, tribon mula (Ant.)
- **TR** Dikburun

582 MAM-RUOT (Viet-Nam) — MAM-RUOT (Vietnam) 582

Fermented fish paste made from flesh and entrails; other kinds of fermented fish paste or MAM are also made in the area.

Similar product in Japan is + SHIOKARA.

L'une des pâtes de poisson fermenté, ou MAM, à base de chair et de viscères.

Produit semblable au Japon: + SHIOKARA.

583 MANNITOL — MANNITOL 583

Carbohydrate extracted from + BROWN ALGAE; roughly the equivalent of sugars in land plants.

Polyalcool extrait des + ALGUE BRUNE, équivalant approximativement au sucre des plantes terrestres.

- **D**
- **GR**
- **J** Mannitto
- **P** Manitol
- **YU** Manit
- **DK** Mannitol
- **I** Mannitolo
- **N** Mannitol
- **S** Mannitol
- **E** Manitol
- **IS** Manitol
- **NL** Mannitol
- **TR** Marinitol

584 MANTA — MANTE 584

MOBULIDAE

(Atlantic/Pacific – N. America) (Atlantique/Pacifique – Amérique du Nord)

Belong to the order *Rajiformes* (see + RAY).

Also commonly known as + DEVILFISH.

Appartiennent à l'ordre des *Rajiformes* (voir + RAIE).

Manta birostris

(a) ATLANTIC MANTA (a) MANTE ATLANTIQUE

Manta hamiltoni

(b) PACIFIC MANTA (b) MANTE DU PACIFIQUE

Mobula hypostoma

(c) DEVIL RAY (c)
(Atlantic) (Atlantique)

Mobula mobular

(d) + DEVILFISH (d) + MANTE
(Atlantic/Mediterranean) (Atlantique/Méditerranée)

- **D** Teufelsrochen
- **GR** Salahi
- **J**
- **P** Diabo-do-mar
- **YU** Golub uhan
- **DK** Djævlerokke
- **I** Manta, diavolo di mare
- **N** Djevlerokke
- **S** Jättemanta, djävulsrocka
- **E** Manta
- **IS**
- **NL** (a) Duivelsrog, (d) kleine duivelsrog
- **TR**

585 MARINADE

Fish, especially herring, cured in acidified brine with or without spices, in special containers or barrels; after curing, packed in mild acidified brine, also with spices, vegetable or other flavouring agents; e.g. + ROLLMOPS, BISMARCK HERRING.

Marketed semi-preserved, also with preserving additives; also with sauces, mayonnaise, rémoulades (e.g. FEINMARINADEN, + DELICATESSEN PRODUCTS).

In Germany also called "KALTMARINADEN", but antiquated term.

Other terms have been replaced too: BRATMARINADEN: + BRATFISCHWAREN KOCHMARINADEN: + KOCHFISCHWAREN.

See also: + ACID CURED FISH, + VINEGAR CURED FISH.

POISSON MARINÉ 585

Poisson, particulièrement hareng, traité dans une saumure acidifiée, avec ou sans épices, dans des récipients spéciaux ou des barils; recouvert ensuite d'une saumure plus douce, avec addition d'épices, légumes ou autres aromates; ex. + ROLLMOPS, + HARENG BISMARCK.

Commercialisé en semi-conserves, avec adjonction d'antiseptiques, ou en sauce, mayonnaise, rémoulade (FEINMARINADEN, + DELICATESSEN PRODUCTS).

En Allemagne appelé encore "KALT-MARINADEN" (terme désuet).

Les termes BRATMARINADEN et KOCH-MARINADEN, ont été remplacés respectivement par + BRATFISCHWAREN et + KOCHFISCHWAREN.

Voir aussi + ACID CURED FISH, +POISSON AU VINAIGRE.

D	Marinade	DK	Marineret fisk	E	Escabeche
GR		I	Ammarinato	IS	Kryddsúrsaður fiskur
J		N	Marinert fisk	NL	Marinade, gemarineerde vis
P	Peixe em escabeche	S	Marinerad fisk	TR	Balık turşusu
YU	Marinada				

586 MARINADE (France)

Acidified brine, also with spices, sugar, sometimes wine and/or oil, and other flavouring ingredients.

Used to prepare + MARINADE.

The term is also used in other countries.

Very similar to + ESCABECHE.

MARINADE 586

Saumure acidifiée, avec ou sans épices, additionnée de sucre, parfois de vin et/ou d'huile, et autres aromates.

Sert à préparer les + MARINADE.

Terme adopté dans différents pays.

Très semblable à + ESCABÈCHE.

D	Marinade	DK	Marinade	E	Escabeche
GR		I	Marinata, scabeccio	IS	
J		N	Marinade	NL	Marinade
P	Escabeche	S	Marinad	TR	
YU					

587 MARLIN

(Cosmopolitan)

Sometimes is used synonymously with:

MAKAIRE 587

MAKAIRA spp.

(Cosmopolite)

Aussi appelé VARE ou VAREY (Antilles) ou MARLIN, nom réservé, en français pour les espèces:

TETRAPTURUS spp.

(See + SPEARFISH); both belonging to the family *Istiophoridae* (see + BILLFISH).

Tous deux genres de la famille des *Istiophoridae* (voir + VOILIER & MARLIN).

Makaira indica

(a) + BLACK MARLIN
    (Pacific/Indian Ocean)

(a) + MAKAIRE BLEU
    (Pacifique/Océan indien)

Makaira nigricans

(b) + BLUE MARLIN
    (Atlantic – N. America)

(b) + MAKAIRE BLEU
    (Atlantique – Amérique du Nord)

Tetrapturus audax

(c) + STRIPED MARLIN
    (Pacific)

(c) + MAKAIRE
    (Pacifique)

[CONTD.

587 MARLIN (Contd.)   MAKAIRE (Suite) 587

Tetrapturus albidus
Makaira marlina

(d) + WHITE MARLIN
(Atlantic – N. America)
(Pacific – Japan)

Marketed fresh or frozen, also for fish sausage (Japan); spice-cured (Japan); occasionally smoked (U.S.A.).

(d) + MAKAIRE BLANC
(Atlantique – Amérique du Nord)
(Pacifique – Japon)

Commercialisé frais ou congelé; sert aussi dans la fabrication des saucisses de poisson (Japon); traité aux épices (Japon); parfois fumé (E.U.).

D Marlin; Speerfisch
GR
J Kajiki, makajiki, shirokawa, kurokawa

DK Marlin
I Pesce lancia (marlin)
N

E Marlin
IS
NL Marlijn
  (a) zwarte marlijn,
  (b) blauwe marlijn,
  (c) gestreepte marlijn
  (d) witte marlijn

P Espadim
YU Marlin

S Spjutfisk

TR

588 MATJE CURED HERRING   588

(i) Young fat herring (+ MATJE HERRING), gutted, roused, mild cured and packed in barrels which are filled up with blood pickle maintained at 80° brine strength; usually made from herring caught early in the season.
SCOTCH MATJES are packed in half-barrels, according to size:
Large matjes: not less than 11¼ in. long, about 250 to half-barrel.
Selected: not less than 10¼ in. long. 325 to 350 to half-barrel.
Medium: not less than 9½ in. long. 400 to 430 to half-barrel.
Matjes: not less than 9¼ in. long. 450 to 475 to half-barrel.

(ii) In Germany the term "MATJES GESALZENER HERING" refers to gibbed fat herring, light cured with a mixture of salt, sugar, and sometimes saltpetre, packed in barrels; marketed mainly as raw material for manufacture of MATJES FILLETS (e.g. MATJESFILET AUF NORDISCHE ART), + ANCHOSEN and + DELICATESSEN PRODUCTS.

(iii) In Sweden the terms "MATJESFILÉER" and "MATJESSILL" are also used to design fillets and tidbits (respectively) of sugar cured Icelandic herring; mostly in cans.

(i) Jeune hareng gras (+ MATJE HERRING) vidé, mélangé à du sel sec, légèrement macéré et mis en barils avec une saumure maintenue à 80% de saturation; préparé habituellement avec les premiers harengs de la saison.
Les SCOTCH MATJES sont conditionnés en demi-barils, suivant leur taille:
Gros matjes: pas moins de 11¼ pouces, env. 250 par demi-baril.
Sélectionnés: pas moins de 10¼ pouces, 325 à 350 par demi-baril.
Moyens: pas moins de 9½ pouces, 400 à 430 par demi-baril.
Matjes: pas moins de 9¼ pouces, 450 à 475 par demi-baril.

(ii) En Allemagne, le terme "MATJES GESALZENER HERING" s'applique au hareng gras éviscéré, légèrement traité avec un mélange de sel, de sucre, quelquefois du salpêtre et mis en barils; commercialisé surtout comme matière première pour la fabrication de MATJES FILLETS (MATJESFILET AUF NORDISCHE ART), + ANCHOSEN et + DELICATESSEN.

(iii) En Suède, les termes "MATJESFILÉER" et "MATJESSILL" servent aussi à désigner respectivement les filets et les petits morceaux de filet ("tidbits") de hareng islandais mariné avec du sucre; surtout en boîtes.

D Matjeshering, Matjesgesalzener Hering
GR
J
P Arenque em salmoira
YU Matjes soljena heringa

DK Matjessild
I Maatjes
N Matjestilvirket sild
S Matjessill

E
IS Matjesíld
NL Pekelmaatjes
TR

589 MATJE HERRING   MATJE (PAYS-BAS) 589

Young fat herring with gonads only slightly, or not, developed.

Used for the manufacture of + MATJE CURED HERRING.

Petit hareng gras dont les gonades ne sont que peu ou pas développées.

Utilisé pour la préparation de + MATJE CURED HERRING.

[CONTD.

589 MATJE HERRING (Contd.)   MATJE (PAYS-BAS) (Suite) 589

- **D** Matjeshering
- **GR**
- **J**
- **P**
- **YU**
- **DK** Matjessild
- **I** Aringhe maatjes
- **N** Matjessild
- **S** Icke könsmogen sill
- **E**
- **IS** Matjessíld
- **NL** Maatjes haring
- **TR**

590 MATTIE (G.B.) 590

A description applied to + HARD SALTED HERRING of a certain size-range; it is not an alternative to MATJE or + MATJE CURED HERRING.

See also + CROWN BRAND.

Correspond au + HARD SALTED HERRING (Hareng fortement salé, d'une certaine taille) ; ne pas confondre avec MATJE ou + MATJE CURED HERRING.

Voir aussi + CROWN BRAND.

591 MEAGRE   MAIGRE 591

Argyrosomus regius

(E. Atlantic/Mediterranean – W. Africa)

(Atlantique de l'Est/Méditerranée – Afrique occidentale)

Belongs to the family *Sciaenidae* (see + CROAKER and + DRUM).

Appartient à la famille des *Sciaenidae* (voir + TAMBOUR).

Also called MAIGRE, CROAKER, JEWFISH, SHADEFISH.

- **D** Adlerfisch, Adlerlachs
- **GR** Mayáticos aetós
- **J**
- **P** Corvina
- **YU** Grb, sjenka
- **DK** Ørnefisk
- **I** Bocca d'oro
- **N**
- **S** Havsgös
- **E** Corbina
- **IS** Baulfiskur
- **NL** Ombervis
- **TR** Sarı agız, işkine

592 MEDITERRANEAN LING   LINGUE 592

Molva dypterygia macrophthalma

(Atlantic/Mediterranean)

(Atlantique/Méditerranée)

Also called SPANISH LING.

See also + LING.

Voir aussi + LINGUE.

- **D** Mittelmeer-Leng
- **GR** Mourouna
- **J**
- **P** Donzela
- **YU** Manić morski
- **DK** Middelhavslange
- **I** Molva occhiona
- **N** Atlanterhavslange
- **S**
- **E** Arbitán
- **IS**
- **NL** Middellandse zee-leng
- **TR** Gelincik

593 MEDIUM SALTED FISH   POISSON MOYENNEMENT SALÉ 593

Fish cured by using 20 to 28 parts of salt to 100 parts of fish by weight; product contains 30% to 40% salt on a dry weight basis.

Poisson traité en utilisant 20 à 28 parties de sel en poids pour 100 parties de poisson; le produit sec contient de 30 à 40% de sel.

Also called + HALF SALTED FISH.

Appelé aussi + POISSON DEMI-SEL.

- **D** Mittelsalzung
- **GR**
- **J** Hitoshio-mono
- **P** Peixe mèdiamente salgado
- **YU** Srednje soljena riba
- **DK**
- **I** Pesce mediamente salato
- **N** Medium salted fisk
- **S**
- **E** Pescado semisalado
- **IS**
- **NL** Matig gezouten vis
- **TR**

594 MEGRIM — CARDINE 594
Lepidorhombus whiffiagonis

(N.E. Atlantic) (Atlantique Nord-Est)

Also called CARTER, MEG, SAIL-FLUKE, WEST COAST SOLE, WHIFF, + WHITE SOLE.

Appelée aussi LIMANDE SALOPE.

Marketed:
Fresh: whole gutted; fillets.
Smoked: hot-smoked, gutted.

Commercialisé:
Frais: entier et vidé; filets.
Fumé: vidé et fumé à chaud.

D Scheefschnut, Flügelbutt, Migram	**DK** Glashvarre	**E** Llíseria, gallo
GR	**I** Rombo giallo	**IS** Stórkjafta
J	**N** Glassvar	**NL** Schartong, steenscharre, steenschulle
P Areiro, pregado	**S** Glasvar	**TR**
YU		

595 MEIKOTSU (Japan) — MEIKOTSU (Japon) 595

Soft bone of shark or skate cut into pieces, boiled, then cooled in water; the remaining muscle and hard bone are removed, and then boiled again, dried in the sun. Exported to China.

Cartilage de requin ou de raie découpé en morceaux, bouilli puis refroidi dans de l'eau; le chair et le cartilage restants sont remis à bouillir, puis séchés au soleil. Exporté en Chine.

595.1 MEJI (Japan) — MEJI (Japon) 595.1

Japanese name for young stage of large-sized tuna, including + BLUEFIN, + BIGEYE and + YELLOWFIN tunas. Used commercially in the same manner as adults.

Désigne au Japon les jeunes thons de grande taille comprenant + THON ROUGE + THON OBÈSE PATUDO + ALBACORE. Utilisé commercialement comme les thons adultes.

596 MENHADEN — MENHADEN 596
BREVOORTIA spp.
Brevoortia tyrannus

(a) ATLANTIC MENHADEN (a)
(Atlantic) (Atlantique)

Brevoortia patronus

(b) LARGE SCALE MENHADEN (b)
(Atlantic) (Atlantique)

Belonging to the family *Clupeidae*.

De la famille des *Clupeidae*.

Also called BUNKER, POGY, MOSS-BUNKER, SHAD.

These spp. are sought solely for their value as raw material for fish meal and oil (U.S.A.).

Espèces destinées uniquement à la fabrication d'huile et de farine de poisson (E.U.).

D	**DK** Menhaden	**E** Menhaden, lacha
GR	**I** Alaccia americana	**IS** Menhaden
J	**N**	**NL**
P Menhadem	**S** Menhaden	**TR**
YU		

597 MENOMINEE — 597
Prosopium quadrilaterale

(Freshwater – U.S.A./Japan) (Eaux douces – États-Unis/Japon)

Belonging to the family *Salmonidae*; similar to + WHITEFISH.

De la famille des *Salmonidae*; semblable aux + CORÉGONE.

598 MERSIN (Turkey) — MERSIN (Turquie) 598

Salted sturgeon.

Esturgeon salé.

599 MIDDLE (U.S.A.)
Large piece of dried salted cod obtained after removal of napes, tail and thin part of belly.

Also called + STEAK.

MIDDLE (E.U.) 599
Gros morceau de morue salée et séchée, obtenu après l'enlèvement des flancs, de la queue et de la paroi abdominale.

Appelé aussi + STEAK.

600 MIETTES (France)
Small pieces of tuna meat obtained when cooked fish is cut into slices; the designation "miettes" is only permitted for tuna products.

MIETTES 600
Petits morceaux de chair de thon qui tombent lors du découpage en tranches du poisson préalablement cuit; le terme "miettes" n'est autorisé que pour des produits à base de thon.

- **D**
- **GR**
- **J**
- **P** Bocadós (de Atum)
- **YU**

- **DK**
- **I** Fiocchi di tonno
- **N**
- **S**

- **E** Migas (de tunidos)
- **IS**
- **NL**
- **TR**

601 MIGAKI-NISHIN (Japan)
Herring pandressed and cut into fillets, then dried in the sun without salting.

MIGAKI-NISHIN (Japon) 601
Hareng pané coupé en filets, puis séché au soleil sans salage préalable.

602 MILD CURED FISH
Fish that have been salted or smoked lightly and have limited keeping quality; e.g. MILD CURED SALMON.

See also + LIGHT CURE, applying specifically for salting, and + MILD SMOKED FISH.

602
Poisson qui a été légèrement salé ou fumé et n'a qu'une durée limitée de conservation; ex. MILD CURED SALMON.

Voir aussi + SALAGE LÉGER, et + POISSON LÉGÈREMENT FUMÉ.

- **D** Mild behandelter Fisch
- **GR**
- **J** Amajio, usujio
- **P** Peixe ligeiramente curado
- **YU** Lagano obradjena riba, lagano soljena riba

- **DK**
- **I** Pesce semi-conservato
- **N** Lettvirket fisk
- **S**

- **E**
- **IS** Lettverkaður fiskur
- **NL** Licht gezouten en/of licht gerookte vis
- **TR**

603 MILD SMOKED FISH
Fish that have been smoke-cured for only a short period to develop slightly smoky flavour; also called LIGHT SMOKED FISH.

See also + MILD CURED FISH as more general term applying to mild smoking and light salting.

POISSON LÉGÈREMENT FUMÉ 603
Poisson traité par fumage pendant une très courte durée afin de lui donner un léger goût de fumé.

Voir aussi + MILD CURED FISH, terme qui s'applique de façon générale pour un fumage et un salage légers.

- **D** Mild geräucherter Fisch
- **GR**
- **J** Karui kunsei
- **P** Peixe ligeiramente fumado
- **YU** Lagano dimljena riba

- **DK** Letrøget fisk
- **I** Pesce lievemente affumicato
- **N** Lettrøkt fisk
- **S** Lättrökt fisk

- **E** Pescado ligeramente ahumado
- **IS** Léttreyktur fiskur
- **NL** Licht gerookte vis
- **TR** Hafif tütsülü balık

604 MILKER HERRING (U.S.A.)

+ DUTCH CURED HERRING with gonads left in, packed in small barrels holding about twelve fish; for N. American delicatessen trade.

Also called MELKER, MILKER, NORWEGIAN MILKER.

D Milchnerhering
GR
J
P
YU

DK
I
N Melkesild
S

MILKER HERRING (E.U.) 604

Hareng façon Hollande (+ DUTCH CURED HERRING), avec les gonades, mis en petits barils contenant environ douze poissons; hors-d'œuvre prisé en Amérique du Nord.

Appelé aussi MELKER, MILKER, NORWEGIAN MILKER.

E
IS
NL Melkers
TR

605 MILKFISH

CHANIDAE

(Cosmopolitan)

Chanos chanos

(East Asia)

Also called BANDENG or BANDANG.

D Milchfisch
GR
J Sabahii
P
YU

DK
I Cefalone
N
S Mjölkfisk

CHANIDÉ 605

(Cosmopolite)

(Asie orientale)

E Sabalote
IS
NL Bandeng, melkvis
TR

606 MILT

Gonads from male fish, often called SOFT ROE; sold fresh, canned, particularly milts from herring, mackerel, etc.

See also + ROE.

D Milch
GR Taramás-avgó
J Shirako
P Lácteas
YU Mliječ ikra

DK Rogn
I Uovi di pesce
N Melke
S Mjölke

LAITANCE 606

Gonades de poisson mâle; commercialisées fraîches, en conserve (particulièrement les laitances de hareng, maquereau, etc).

Voir aussi + ROGUE.

E Criadillas
IS Svil
NL Hom
TR

606.1 MINCED FISH

Minced fish flesh used for further processing, free from skin and bones.

POISSON HACHÉ 606.1

Chair de poisson hachée, sans peau ni arêtes, utilisée pour des préparations variées.

607 MINKE WHALE

Balaenoptera acutorostrata

(Cosmopolitan)

Also called DAVIDSON'S WHALE, LESSER RORQUAL, LITTLE PIKED WHALE, PIKE-HEADED WHALE, SHARP HEADED FINNER WHALE.

Captured mainly off Norway.

See + WHALES

D Zwergwal
GR
J Koiwashikujira
P Rorqual-pequeno, rorqual-miúdo
YU

DK Vågehval
I Balenottera rostrata
N Vågehval
S Vikval, minkval

PETIT RORQUAL 607

(Cosmopolite)

Capturé surtout au large de la Norvège.

Voir + BALEINES.

E Ballena pequeña
IS Hrafnreyður, hrefna
NL Dwergvinvis
TR

608 MIRIN (Japan)

Sweet liquor brewed from rice. Used for various fish products in Japan, e.g. + MIRIN-BOSHI, + KAMABOKO, + KABAYAKI, + UOMISO.

MIRIN (Japon) 608

Alcool doux de riz utilisé pour de nombreux produits de poisson (Japon); ex. + MIRIN-BOSHI, + KAMABOKO, + KABAYAKI, + UOMISO.

609 MIRIN-BOSHI (Japan)

Also called SAKURABOSHI or SUEHIRO-BOSHI. Split fish usually without head, dried after soaking in seasonings consisting of either soy sauce, sugar and MIRIN or salt, sugar, MIZU-AME (millet jelly) and gelatine or agar-agar.

Fish used are sardine, round herring, saury, small porgy, puffer, small flatfish, barracuda, pollock meat, squid meat, etc.

MIRIN-BOSHI (Japon) 609

Appelé aussi SAKURABOSHI ou SUEHIROBOSHI. Poisson tranché généralement étêté, et séché après trempage dans des assaisonnements consistant soit en sauce de soja, sucre et + MIRIN soit en sel, sucre, MIZU-AME (gelée de millet) et gélatine ou agar-agar.

Les poissons utilisés sont la sardine, la shadine, le samma, le spare, l'orbe, le petit poisson plat, le barracouda, la chair de lieu, la chair de calmar, etc.

610 MOJAMA (Spain)

Strips of salted dried tuna.
See also + DESCARGAMENTO (Spain).

MOJAMA (Espagne) 610

Lanières de thon salé et séché.
Voir aussi + DESCARGAMENTO (Espagne).

D	DK	E Mojama
GR	I Musciame di tonno	IS
J	N	NL
P Muchara	S	TR
YU		

611 MOJARRA

GERRIDAE

BLANCHE 611

(Atlantic/Pacific – Japan/N. America)

Antilles.

J Amagi

(Atlantique/Pacifique – Japon/Amérique du Nord)

Antilles.

P Mucharra

611.1 MOKI

Latridopsis ciliaris

611.1

(New Zealand)

(Nouvelle-Zélande)

612 MOLA

MOLIDAE

POISSON-LUNE 612

(Cosmopolitan)

(Cosmopolite)

Mola mola

(a) OCEAN SUNFISH
(Atlantic/Pacific)
Also called MOLE-BUT.

(a) MOLE COMMUN
(Atlantique/Pacifique)

Masturus lanceolatus or/ou *Mola lanceolata*

(b) SHARPTAIL MOLA
(Atlantic)

(b)
(Atlantique)

D Mondfisch	DK Klumpfisk	E Pez luna
GR Fegarópsaro	I Pesce luna	IS Tunglfiskur
J Manbô	N Månefisk	NL Maanvis
P Peixe-lua, lua	S Klumpfisk	TR Pervane
YU Bucanj		

613 MOLUHA (Egypt)

Fermented fish product.

MOLUHA (Egypte) 613

Produit de poisson fermenté.

614 MONKFISH

(i) The name MONKFISH or MONK is commonly used for + ANGLERFISH (*Lophiidae*) particularly ANGLER (*Lophius piscatorius*).
(ii) Name also used for + ANGEL SHARK (*Squatina squatina*) belonging to the family *Squatinidae*.
(iii) In New Zealand refers to *Kathetostoma giganteum*.

Le terme "MONKFISH" (anglais)) est utilisé :
(i) Généralement pour les *Lophiidae* (+ BAUDROIE), particulièrement *Lophius piscatorius*
(ii) Pour *Squatina squatina* (+ ANGE DE MER), de la famille *Squatinidae*.
(iii) En Nouvelle-Zélande s'applique à *Kathetostoma giganteum*.

615 MOONFISH — ASSIETTE 615

(i) In North America the name refers to *Vomer* spp. belonging to the family *Carangidae* (see + JACK, etc.).

(i) Désigne les espèces *Vomer* de la famille des *Carangidae* (voir + CARANGUE). Aussi appelé LURE ou CORDONNIER.

Vomer declivitrons
(a) PACIFIC MOONFISH   (a)

Vomer setapinnis
(b) ATLANTIC MOONFISH   (b) ASSIETTE ATLANTIQUE

D	DK	E
GR	I Pesce ascia	IS
J	N	NL (b) Maanvis
P Mussolini	S	TR
YU		

(ii) In Europe, the name refers to + OPAH (*Lampris guttatus*) belonging to the family Lamprididae.
(iii) Name is also used for + TUSK (*Brosme brosme*) belonging to the family *Gadidae*.

(ii) En Europe, le nom "MOONFISH" (anglais) s'applique à *Lampris guttatus* (+ LAMPRIR).
(iii) Le nom "MOONFISH" (anglais) est aussi utilisé pour *Brosme brosme* (+ BROSME).

616 MORAY — MURÈNE 616

MURAENIDAE
(Atlantic/Pacific)   (Atlantique/Pacifique)
Also known as MORAY EEL.

Muraena helena
(a) MORAY   (a) MURÈNE
(Tropical Atlantic/Mediterranean)   (Atlantique tropical/Méditerranée)
Also called MURRY.

Gymnothorax mordax
(b) CALIFORNIA MORAY   (b)
(Tropical Pacific)   (Pacifique tropical)

Gymnothorax funebris
(c) GREEN MORAY   (c) MURÈNE VERTE
(Atlantic — N. America)   (Atlantique — Amérique du Nord)
See also + EEL.   Voir aussi + ANGUILLE.

D Muräne	DK Muræne	E Morena
GR Smérna	I Morena	IS Múrena
J Utsubo	N Murene	NL Murene
		(a) murene (c) groene murene, colebra (Ant).
P Moreia	S Muräna	TR Merina
YU Mrina		

617 MORT

Young + SEA TROUT.   Jeune + TRUITE DE MER.

617.1 MORWONG 617.1
Nemadactylus macropterus
(Australia) (Australie)
Marketed as fresh fish. Commercialisé frais.

618 MOTHER-OF-PEARL NACRE 618
Nacreous layer on the inside of the shell of a number of molluscs, used as an ornamental material. Couche nacrée tapissant l'intérieur de la coquille de certains mollusques; utilisée comme matériau ornemental.

- **D** Perlmutter
- **GR** Márgaron
- **J** Shinju-sô
- **P** Nácar
- **YU**
- **DK** Perlemor
- **I** Madreperla
- **N** Perlemor
- **S** Pärlemor
- **E** Nácar
- **IS** Perlumóðir
- **NL** Parelmoer
- **TR**

619 MOTHER-OF-PEARL SHELL 619
Pinctada maxima
Pinctada margaritifera
(Australia) (Australie)

Pinctada martensii
(Japan) (Japon)

- **D** Perlmuschel
- **GR** Margaritofóro strídi
- **J** Shirochôgai, kurochogai, akoyagai
- **P** Madre-pérola
- **YU**
- **DK** Perlemusling
- **I** Ostrica perlifera
- **N** Perlemorskjell
- **S**
- **E** Madreperla
- **IS** Perlumóðurskel
- **NL** Parelmoerschelp
- **TR**

620 MULLET MUGE ou MULET 620
MUGILIDAE
Various species in the Atlantic for which the recommended trade name in U.K. is GREY MULLET.
Il existe différentes espèces dans l'Atlantique, dont les noms varient suivant les pays.

Also called GOLDEN MULLET, SILVER MULLET (U.S.A.), JUMPING MULLET (U.S.A.); not to be confused with + SURMULLET (*Mullus surmuletus*).

Liza ramada

(a) GREY MULLET (a) MULET
(Atlantic – Europe) (Atlantique – Europe)

Liza saliens

(b) LEAPING GREY MULLET (b) MULET SAUTEUR
(Europe, especially Spain) (Europe, surtout Espagne)

Liza aurata

(c) LONG-FINNED GREY MULLET (c) MULET DORÉ
(Europe) (Europe)
Also called GOLDEN GREY MULLET.

Liza ramada

(d) THIN-LIPPED GREY MULLET (d) MULET PORC
(Europe) (Europe)

Liza labrosus

(e) THICK-LIPPED GREY MULLET (e) MULET LIPPU
(Europe) (Europe)

[CONTD.

620 MULLET (Contd.)   MUGE ou MULET (Suite) 620

Mugil cephalus

(f) COMMON GREY MULLET
(Atlantic/Freshwater/Pacific –
Europe/N. America/New Zealand)

Also called STRIPED MULLET (N. America), known as BLACK MULLET in Florida and SEA MULLET in Australia.

(f) MUGE CABOT
(Atlantique/Eaux douces/Pacifique –
Europe/Amérique du Nord/
Nouvelle-Zélande)

Mugil labrosus

(g) LESSER GREY MULLET
(Europe)

(g) MULET LABEON
(Europe)

Mugil curema

(h) WHITE MULLET
(Atlantic – N. America)

(h)
(Atlantique – Amérique du Nord)

Mugil gaimardiana

(j) REDEYE MULLET
(Atlantic – N. America)

(j)
(Atlantique – Amérique du Nord)

Mugil georgii

(k) SILVER MULLET
(Australia)

(k)
(Australie)

Valamugil seheli

(l) BLUETAIL MULLET
(Australia)

(l)
(Australie)

(m) To the family *Mugilidae* also belong *Aldrichetta*, *Liza* and *Myxus* spp. (Australia and New Zealand), e.g. YELLOW-EYE MULLET (*Aldrichetta forsteri*); GREEN-BACKED MULLET (*Liza dussumieri*), FLAT-TAIL MULLET (*Liza argentea*), DIAMOND-SCALED (*Liza vaigiensis*) and SAND MULLET (*Myxus elongatis*).

(m) À la famille des *Mugilidae* appartiennent aussi les espèces *Aldrichetta*, *Liza* et *Myxus* (Australie et Nouvelle-Zélande).

D Meeräsche	**DK** Multe	**E**	Lisa, galupe, capiton, mujol
GR Képhalos	**I** Cefalo, muggine	**IS**	Röndungur
J Bora	**N** Multe	**NL**	(a) Harder, aaldoe (Ant.)
			(c) gouharder, prasi (Sme.)
			(e) diklipharder,
			(f) grootkopharder
P Taínha, mugem	**S** Multe	**TR**	Kefal, (a) has kefal,
			(c) altınbaş kefal,
			pulatarina
YU Cipli			

Marketed:

Fresh: whole gutted, or fillets.
Smoked: split along the back and cold-smoked for several hours after salting and drying (U.S.A.).
Salted: split along the back and either dry-salted or brine-salted (U.S.A.).
Roe: dry-salted; or dry-salted, dried and pressed; may also be lightly smoked in addition; see + BOTTARGA (Italy), in Japan + KARASUMI.

Commercialisé:

Frais: entier et vidé; filets.
Fumé: fendu le long du dos et fumé à froid pendant plusieurs heures après salage et séchage (E.U.).
Salé: fendu le long du dos et salé soit à sec, soit en saumure (E.U.).
Œufs: salés à sec; ou salés à sec, séchés et pressés; peuvent être en outre légèrement fumés; voir + BOTTARGA (Italie) et + KARASUMI (Japon).

621 MUSCIAME (Italy)   MUSCIAME (Italie) 621

Dolphin flesh (*Delphinus delphis delphis*), salted and air dried.

Chair du dauphin (*Delphinus delphis delphis*) salée et séchée en plein-air.

622 MUSSEL — MOULE 622
MYTILIDAE

(Cosmopolitan)   (Cosmopolite)

These include *Mytilus*, *Modiolus* and *Volsella* spp.   Celles-ci comprennent les espèces *Mytilus*, *Modiolus* et *Volsella*.

Mytilus edulis

(a) + BLUE MUSSEL
(N. Atlantic – Europe)
(Pacific – New Zealand)

(a) + MOULE COMMUNE
(Atlantique Nord – Europe)
(Pacifique – Nouvelle-Zélande)

Mytilus californianus

(b) COMMON MUSSEL
(Pacific – N. America)
(Name also used for BLUE MUSSEL in Europe)

(b) MOULE COMMUNE
(Pacifique – Amérique du Nord)

Modiolus modiolus

(c) HORSE MUSSEL
(Europe)

(c)
(Europe)

Modiolus barbatus

(d) BEARDED HORSE MUSSEL
(Atlantic/Mediterranean)

(d)
(Atlantique/Méditerranée)

Mytilus galloprovincialis

(e) (Mediterranean – S.E. Europe)

(e) (Méditerranée – Europe du Sud-Est)

Mytilus canaliculus

(f) (New Zealand)

(f) (Nouvelle-Zélande)

Mytilus planulatus

(g) (Australia)

(g) (Australie)

D Miesmuschel	**DK** Blåmusling	**E** Mejillón
GR Mýdi	**I** Mitilo, (d) cozza pelosa	**IS** (a) Kræklingur, (c) aða
J Igai	**N** (a) Blåskjell, (c) oskjell	**NL** Mossel
P Mexilhão	**S** Blåmussla	**TR** Midye
YU Dagnje		

See also separate entry for (a).   Voir aussi la rubrique individuelle pour (a).

Marketed:
Live: whole with shells.
Fresh: cooked meats.
Smoked: meats may be canned in edible oil.

Canned: cooked meats, in mussel liquor, brine, vinegar solution; sauces, also with other ingredients, mussel in butter sauce, mussel paste.

Semi-preserves: cooked meats with vinegar-acidified brine and spices (e.g. + MARINADE); or packed with jelly (like + KOCHFISCHWAREN).

Salted: cooked meats bottled in brine; cooked meats packed in dry salt for transport.

Bait: used live extensively for baiting fish hooks for line fishing.

Commercialisé:
Vivant: en coquilles.
Frais: chairs cuites.
Fumé: chairs; peuvent être conservées avec de l'huile.

Conserve: chairs cuites dans le jus même des moules, en saumure, au court-bouillon; présentées farcies ou au beurre, sauces, également avec d'autres ingrédients, pâte de moules.

Semi-conserves: chairs cuites en saumure vinaigrée et épicée (ex: + MARINADE) ou recouvertes de gelée (comme les + KOCHFISCHWAREN).

Salé: chairs cuites mises en bocaux en saumure; chairs cuites couvertes de sel sec pour le transport.

Appât: couramment utilisé vivant pour la pêche sportive.

623 MUSTARD HERRING

Herring packed in mustard sauce marketed canned or as semi-preserve; formerly also called KAISER-FRIEDRICH HERING (obsolete).

HARENG À LA MOUTARDE 623

Hareng couvert de sauce-moutarde et commercialisé en conserve ou en semi-conserve. Appelé autrefois KAISER-FRIEDRICH HERING.

- **D** Senfhering
- **GR**
- **J**
- **P** Arenque em mostarda
- **YU** Heringa u umaku od slačice
- **DK** Sennepssild
- **I** Aringhe alla senapa
- **N** Sennepssild
- **S** Senapssill
- **E** Arenque a la mostaza
- **IS** Sinnepssíld
- **NL** Haring in mosterdsaus
- **TR** Hardal ringası

624 NAMARIBUSHI (Japan)

Small whole skipjack, or chunks of bigger ones, boiled and then slowly roasted to remove some of the moisture.

NAMARIBUSHI (Japon) 624

Petit listao entier ou tronçons de listaos plus gros bouillis, puis rôtis lentement pour les dessécher partiellement.

625 NAPING (U.K.)

Cutting through the nape, that is the flesh between the head and the belly of a fish such as cod, as a preliminary to gutting, so that when the belly is subsequently slit longitudinally to the vent, the belly wall can be laid open to expose the belly cavity for cleaning. Single naping is the severance of only one half of the belly wall; double naping means cutting through both halves.

See also + GIBBING, referring mainly to herring and similar species.

625

Incision faite de la tête à l'abdomen d'un poisson tel que la morue, avant l'éviscération; le ventre étant ainsi fendu longitudinalement, on peut procéder au nettoyage de la cavité abdominale. L'incision peut être simple ou double suivant qu'elle affecte un ou deux côtés du poisson.

- **D** Köpfen, Spalten
- **GR**
- **J** Harasaki
- **P** Abertura ventral
- **YU**
- **DK**
- **I** Decollaggio
- **N** Bløgging
- **S**
- **E**
- **IS** Blóðgun
- **NL** De keel doorsnijden, kelen
- **TR**

626 NARUTO (Japan)

Also called NARUTOMAKI.

Steamed + KAMABOKO prepared cylindrically with kneaded dyed red fish meat rolled into white meat, so that a spiral pattern appears on every cross section.

NARUTO (Japon) 626

Appelé aussi NARUTOMAKI.

Préparation cuite à la vapeur et présentée en un cylindre de chair de poisson pétrie, teintée en rouge, roulée dans une couche de chair blanche, de façon à former une spirale à chaque section.

Préparation à base de + KAMABOKO.

627 NARWHAL

Monodon monoceros

(Arctic)

Toothed cetacean, unimportant commercially.

NARVAL 627

Monodon monoceros

(Arctique)

Cétodonte, sans importance commerciale.

- **D** Narwal
- **GR**
- **J** Ikkaku
- **P** Narval
- **YU**
- **DK** Narhval
- **I** Narvalo
- **N** Narhval
- **S** Narval
- **E** Narval
- **IS** Náhvalur
- **NL** Narwal
- **TR**

628 NATIONAL CURE (Portugal)

Salt cod product in which the salted fish are washed and drained only long enough to remove excess water before drying naturally for several days; salt content after curing is about 20% (minimum 17%); also called NATURAL CURE.

P Bacalhau de cura nacional

NATIONAL CURE 628 (Portugal)

Morue salée, lavée et égouttée juste assez longtemps pour enlever l'eau en excès avant d'être séchée à l'air pendant plusieurs jours; teneur en sel après préparation: 20% (minimum 17%).

629 NATIVE OYSTER (U.K.)

Oysters grown on national beds (as opposed to imported oysters); in U.K. has become trade name for *Ostrea edulis* (see + COMMON OYSTER); might also be called ENGLISH OYSTER; often sold by name of locality, e.g. WHITSTABLE NATIVE, COLCHESTER, PYEFLEET, HELFORD, FAL or MERSEA.

See also + OYSTER.

HUÎTRE INDIGÈNE 629

Désigne en Grande-Bretagne l'espèce *Ostrea edulis* élevée sur les parcs anglais (voir + HUÎTRE PLATE); par opposition à l'huître importée.
Commercialisée souvent sous le nom de la localité d'élevage: WHITSTABLE NATIVE, COLCHESTER, PYEFLEET, HELFORD, FAL ou MERSEA.

Voir aussi + HUÎTRE.

D Auster	**DK** Østers	**E** Ostra inglesa
GR Stridia	**I** Ostrica inglese	**IS** Ostra
J	**N** Østers	**NL** Oester
P Ostra-redonda	**S** Ostron	**TR**
YU Kamenica		

630 NEEDLEFISH

(i) General term for the family *Belonidae* (Cosmopolitan); the most important species in Europe being + GARFISH (*Belone belone*) (N. Atlantic).

ORPHIE ou AIGUILLE DE MER 630

(i) Désigne globalement les espèces de la famille *Belonidae* (cosmopolite) dont l'espèce principale en Europe est *Belone belone* (Atlantique Nord).

D Hornhecht	**DK** Hornfisk	**E** Aguja
GR Zargána	**I** Aguglia	**IS** Hornfiskur
J Datsu	**N** Horngjel	**NL** Geep
P Peixe agulha	**S** Näbbgädd	**TR** Zargana
YU Igla		

(ii) Name is also used for SAURY PIKE (*Scomberesox forsteri*); see + SAURY which belong to the same order as (i).

(ii) Le nom ORPHIE se réfère aussi au *Scomberesox forsteri* (voir + ORPHIE et + BALAOU), qui fait partie du même ordre que (i).

631 NGA-BOK-CHAUK (Burma)

Pieces of fish allowed to putrefy before salting and sun-drying.

NGA-BOK-CHAUK (Birmanie) 631

Morceaux de poisson faisandés avant salage et séchage au soleil.

632 NGA-PI (Burma)

Fermented fish or shrimp paste; or pieces of fish fermented in brine, then packed in dry salt.

NGA-PI (Birmanie) 632

Pâte de poisson ou de crevettes fermentée; ou morceaux de poisson fermentés en saumure, puis mis dans du sel sec.

633 NIBBLER

GIRELLIDAE

(Pacific)

(a) OPALEYE
 (N. America)
 Also called RUDDERFISH.

633

(Pacifique)

Girella nigricans

(a)
 (Amérique du Nord)

[CONTD.

633 NIBBLER (Contd.) (Suite) 633

Girella tricuspidata

(b) (Australia/New Zealand)

Known as PARORE in New Zealand; also called BLACKFISH, BLACKPERCH

Known as LUDERICK in Australia; marketed as fresh fish.

J Mejina   **NL** (a) Opaaloog

(b) (Australie/Nouvelle-Zélande)

634 NIBE CROAKER 634

Nibea mitsukurii or/ou *Miichthys imbricatus*

(Japan)

Similar to + CROAKER or + DRUM.

Highly esteemed for food; marketed fresh, also for + KAMABOKO.

J Nibe

(Japon)

Semblable au + TAMBOUR.

Certaines espèces sont très appréciées pour la consommation; commercialisé frais; sert aussi à la préparation du + KAMABOKO.

635 NIBOSHI (Japan)   NIBOSHI (Japon) 635

Small whole fish, often sardine or similar spp. or shellfish broiled in salt solution (also seawater) and subsequently dried in the sun.

Also called NIBOSHI-HIN, which is an inclusive word for products dried after boiling or steaming, e.g. NIBOSHI-IWASHI (usually anchovy, sometimes sardine or round herring prepared this way); see also + MEIKOTSU, etc.

Petits poissons entiers, tels que sardines et espèces semblables ou crustacés bouillis dans une saumure (ou également dans de l'eau de mer) puis séchés au soleil.

Appelé encore NIBOSHI-HIN, désignation générale pour les produits cuits à l'eau ou à la vapeur, puis séchés; ex: NIBOSHI-IWASHI (généralement anchois, parfois sardines ou shadines préparés de cette façon); voir aussi + MEIKOTSU.

636 NOBBING   EVISCÉRATION 636

Removing the head and gut from fatty fish such as herring by partially severing the head and pulling the head away, together with the attached gut; the roe or milt is left in; e.g. + CUT HERRING (CLIPPED HERRING).

Opération par laquelle on vide le poisson tel que le hareng en incisant puis en tirant la tête à laquelle les viscères restent attachés; la rogue ou la laitance est laissée; ex: + CUT HERRING (CLIPPED HERRING).

D Nobben, köpfen
GR
J
P Arenque amanhado
YU

DK Hovedskæring
I Eviscerazione dalla testa
N Hodekappet, magedratt
S Huvudskärning och magdragning

E
IS Hausuð magadregin (síld)
NL Verwijderen van kop en ingewanden
TR

637 NONNAT   NONNAT 637
(France – Mediterranean)   (France – Méditerranée)

Brachyochirus pellucidus (PELLUCID SOLE; family of *Gobiidae*) mixed sometimes with some other *Gobius* spp.; eaten fried.

Friture de poissons de l'espèce *Brachyochirus pellucidus* (NONNAT; de la famille *Gobiidae*) parfois confondus avec d'autres espèces *Gobius*.

D
GR Goviodáki aphía
J
P Caboz
YU Mliječ crveni

DK
I Rossetti
N
S

E Chanquete
IS
NL
TR

638 NORI (Japan)

Dried red laver belonging to *Porphyra tenera* and allied species. They are cut into fine pieces, put in a frame on a mat and dried after removing the frame. The product has paper-like appearance.

Also called HOSHI-NORI, KURONORI.

Allied products: AONORI (dried green laver); MAZE-NORI (dried red laver mixed with other seaweeds); AJITSUKE-NORI (seasoned and re-dried red laver).

See also + LAVERBREAD.

NORI (Japon) 638

Algue rouge séchée de l'espèce *Porphyra tenera* et d'espèces voisines; coupées en fines lanières et étendues sur une natte dans un châssis; puis séchées après enlèvement du châssis. Le produit a l'apparence du papier.

Appelé aussi HOSHI-NORI, KURONORI.

Produits voisins: AONORI (algue verte séchée); MAZE-NORI (algue rouge séchée mélangée à d'autres algues); AJITSUKE-NORI (algue rouge assaisonnée et séchée à nouveau).

Voir aussi + LAVERBREAD.

639 NORTH ATLANTIC RIGHT WHALE   **BALEINE FRANCHE 639**

Eubalaena glacialis glacialis

(N. Atlantic)   (Atlantique Nord)

Also called BLACK RIGHT WHALE, RIGHT WHALE, BLACK WHALE, BISCAYAN RIGHT WHALE, NORTH CAPE WHALE.

Protected, not hunted commercially.   Sous protection, pas de prises commerciales.

See also + RIGHT WHALE.

D	Nordkaper	**DK**	Nordkaper	**E**	
GR		**I**	Balena artica, balena franca	**IS**	Íslandssléttbakur
J		**N**	Nordkaper	**NL**	Noordkaper
P	Baleia-franca	**S**	Nordkapare, biscayaval	**TR**	
YU					

640 NORTHERN ANCHOVY   **ANCHOIS DU PACIFIQUE 640**

Engraulis mordax

(Pacific – N. America)   (Pacifique – Amérique du Nord)

   Aussi appelé ANCHOIS DU NORD.

See also + ANCHOVY.   Voir + ANCHOIS.

D	Amerikanische Sardelle	**DK**	Ansjos	**E**	Anchoa del Pacifico
GR		**I**	Acciuga del nord pacifico	**IS**	
J		**N**	Ansjos	**NL**	Noord amerikaanse ansjovis
P	Biqueirão-do-norte	**S**	Amerikansk ansjovis	**TR**	
YU	Brgljun				

641 NORTHERN LOBSTER   **HOMARD ÁMÉRICAIN 641**

Homarus americanus

(Atlantic – N. America)   (Atlantique – Amérique du Nord)

Also frequently called AMERICAN LOBSTER

For marketing, see + LOBSTER.   Pour la commercialisation, voir + HOMARD.

D	Amerikanischer Hummer	**DK**	Hummer	**E**	Bogavante americano
GR	Astakós	**I**	Astice	**IS**	Humar (amerískur)
J		**N**	Hummer	**NL**	Kreeft
P	Lavagante	**S**	Amerikansk hummer	**TR**	Istakoz
YU	Rarog, hlap				

642 NORWAY LOBSTER

Nephrops norvegicus

LANGOUSTINE 642

(Atlantic/North Sea)

Belongs to the same family as + LOBSTER (*Nephropsidae*).

Also called DUBLIN BAY PRAWN, PRAWN, + SCAMPI, LANGOUSTINE.

Marketed:
Fresh: whole, tail meat with shell or shelled cooked or uncooked.
Freeze-dried: cooked tail meat.
Frozen: tail meat, cooked or uncooked; in shell or shelled; cooked potted in butter.
Semi-preserved: like SHRIMP, e.g. as salad.

Canned: meat, in own juice with light brine.
Paste: canned or semi-preserved.
Soup: SCAMPI BISQUE, canned.

(Atlantique/Mer du Nord)

De la même famille que le + HOMARD (*Nephropsidae*).

Appelée aussi + SCAMPI.

Commercialisé:
Frais: entier; queues décortiquées ou non, cuites ou crues.
Déshydraté: chair des queues cuite.
Congelé: chair des queues cuite ou crue; décortiqué ou non; cuit et mis en pots dans du beurre.
Semi-conserve: comme la CREVETTE, ex: en salade.
Conserve: chairs dans leur jus ou au naturel.
Pâte: en conserve ou en semi-conserve.
Soupe: BISQUE DE SCAMPI, en conserve.

D Kaisergranat, Norwegischer Schlankhummer, Tiefseehummer	**DK** Jomfruhummer, dybvandshummer	**E** Cigala, maganto
GR Karavída	**I** Scampi	**IS** Leturhumar
J Akazaebi	**N** Sjøkreps, bokstavhummer	**NL** Langoestine, noorse kreeft
P Lagostim	**S** Havskräfta, kejsarhummer	**TR** Nefrops
YU Škamp, norveški rak		

643 NORWAY POUT

Trisopterus esmarkii

TACAUD NORVÉGIEN 643

(N.E. Atlantic/North Sea)

Caught in Norway and Denmark mainly for reduction to fish meal.

See also + POUT.

(Atlantique N.E./Mer du Nord)

Capturé en Norvège et au Danemark principalement pour la préparation de sous-produits.

Voir aussi + TACAUD.

D Stintdorsch	**DK** Spærling	**E** Faneca noruega
GR	**I**	**IS** Spærlingur
J	**N** Øyepål	**NL** Kever
P	**S** Vitlinglyra	**TR**
YU		

644 NORWEGIAN CURED HERRING

HARENG SALÉ TYPE NORVÉGIEN 644

Hard cured herring made from fresh fat summer herring that have been kept alive in sea to empty stomachs sometimes packed in bulk for further processing; special quality.

Hareng gras d'été gardé vivant en eau de mer pour qu'il se vide l'estomac; ensuite fortement salé ou quelquefois transporté en vrac pour préparation ultérieure; spécialité.

D Hartgesalzener Hering nach norwegischer Art	**DK**	**E**
GR	**I** Aringhe stile norvegese	**IS**
J	**N** Norsktilvirket feitsild	**NL** Noors gezouten haring
P Cura norueguesa de arenque	**S** Norsk fetsill (sommarkvalitet)	**TR**
YU		

645 NORWEGIAN SILVER HERRING 645

Light-cured herring product; differs from matje-cured herring in that it keeps well at normal temperatures; no longer produced in Norway.

Hareng légèrement salé; se différencie du hareng-matje en ce qu'il se conserve bien à des températures normales; cette préparation ne se fait plus en Norvège.

- **D**
- **DK**
- **E**
- **GR**
- **I** Aringhe argentate norvegesi
- **IS**
- **J**
- **N** Sølvsild
- **NL** Noorse zilverharing
- **P** Arenque-prateado-norueguês
- **S**
- **TR**
- **YU**

646 NORWEGIAN SLOE 646

Hard-cured large herring.

Gros hareng fortement salé.

- **D**
- **DK** Slosild
- **E**
- **GR**
- **I** Aringhe salate dure
- **IS**
- **J**
- **N** Slosild, storsild
- **NL** Zwaargezouten sloeharing
- **P**
- **S** Norsk slofetsill, norsk storsill
- **TR**
- **YU**

647 NORWEGIAN TOPKNOT TARGEUR 647

Phrynorhombus norvegicus

(N. Atlantic/North Sea) (Atlantique Nord/Mer du Nord)

See also + TOPKNOT.

- **D** Norwegischer Zwergbutt
- **DK** Småhvarre
- **E**
- **GR**
- **I** Rombo peloso
- **IS**
- **J**
- **N** Småvar
- **NL** Dwergbot
- **P**
- **S** Småvar
- **TR**
- **YU**

648 NUOC-MAM NUOC-MAM 648
(Viet-Nam, Cambodia) (Vietnam, Cambodge)

Fermented fish sauce, clear amber in colour, made by fermenting small sea or freshwater fish (*Clupeidae, Carangidae*, etc.) stacked in alternative layers of salt, flavouring ingredients and spices added; the decanting of the digestible enzymes takes several months; also dried.

Similar in Japan is + SHOTTSURU.

Sauce de poisson fermenté, couleur d'ambre, obtenue en entassant des petits poissons de mer ou d'eau douce (*Clupeidae, Carangidae*, etc.) en couches alternées avec du sel, aromates et épices; la liquéfaction due aux enzymes digestifs demande plusieurs mois. Peut être déshydraté.

Produit semblable au Japon, le + SHOTTSURU.

649 NURSE SHARK 649

General name for species of the family *Orectolobidae*, especially refers to:

Désigne de façon globale les espèces de la famille des *Orectolobidae*, et particulièrement:

Ginglymostoma cirratum

VACHE (Antilles)

(Atlantic — Europe/N. America) (Atlantique — Europe/Amérique du Nord)

See also + SHARK. Voir aussi + REQUIN.

- **D** Ammenhai
- **DK**
- **E**
- **GR**
- **I** Squalo nutrice
- **IS**
- **J**
- **N**
- **NL** Kathaai (Sme.)
- **P** Tubarão-dormedor, tubarão-ama
- **S**
- **TR**
- **YU**

650 OARFISH — ROI DES HARENGS 650
Regalecus glesne

(Atlantic/Pacific – Europe/N. America)
Family of the *Regalecidae*; also called + KING OF THE HERRING.

(Atlantique/Pacifique – Europe/Amérique du Nord)

D Riemenfisch

651 OCEAN PERCH — 651

Name usually employed in N. America for + REDFISH (*Sebastes* spp., Atlantic). Refers also to *Sebastodes* spp. (Pacific), particularly *Sebastes alutus* (PACIFIC OCEAN PERCH).

See also + ROCKFISH (ii).

Voir + SÉBASTE.

652 OCEAN QUAHAUG — 652
Arctica islandica

(Atlantic – N. America)
Also spelt OCEAN QUAHOG.
Also called CYPRINE or ICELAND CYPRINE.
Marketed the same way as + CLAM.

(Atlantique – Amérique du Nord)

Pour la commercialisation, voir + CLAM.

D Islandmuschel	**DK** Molbøsters	**E**
GR	**I**	**IS** Kúfiskur
J	**N** Kuskjell	**NL** Noordkromp
P	**S** Islandsmussla, bollmussla	**TR**
YU		

653 OCTOPUS — POULPE 653
OCTOPUS spp.
POLYPUS spp.
ELEDONE spp.

(Cosmopolitan) (Cosmopolite)

Octopus vulgaris
Octopus macropus

(a) N.E. Atlantic/Mediterranean (a) Atlantique N.E./Méditerranée

Octopus punctatus

(b) Pacific – N. America (b) Pacifique – Amérique du Nord
Also called POULP.

Octopus maorum

(c) New Zealand (c) Nouvelle-Zélande

Eledone cirrosa

(d) CURLED OCTOPUS (d) ÉLÉDONE
(Atlantic/Mediterranean) (Atlantique/Méditerranée)

Polypus hongkongensis

(e) Pacific – N. America/Japan (e) Pacifique – Amérique du Nord/Japon

Polypus spp. (Japan) are also called DEVIL-FISH in U.S.A.

Marketed:
Fresh: used for soup (U.S.A.)
Dried: sun-dried, after gutting and removal of eyes (Japan: HOSHI DAKO).
Semi-preserved: pickled in vinegar after boiling (Japan: SUDAKO).

Commercialisé:
Frais: pour la préparation de soupes (E.U.).
Séché: après éviscération et enlèvement des yeux, séché au soleil (Japon: HOSHI DAKO).
Semi-conserve: après cuisson à l'eau, saumuré au vinaigre (Japon: SUDAKO).

[CONTD.

653 OCTOPUS (Contd.)   POULPE (Suite) 653

- **D** Krake, Tintenfisch
- **GR** Octapódi, Alidóna
- **J** Ma-dako tako
- **P** Polvo
- **YU** Hobotnica, traćan
- **DK** Blæksprutte (ottearmet)
- **I** (a) Polpo di scoglio (c) moscardino bianco
- **N** Blekksprut
- **S** Åttaarmad bläckfisk
- **E** Pulpo
- **IS** Kolkrabbi
- **NL** Kraak, inktvis
- **TR** Ahtapot

654 OELPRÄSERVEN (Germany)   OELPRÄSERVEN (Allemagne) 654

Antiquated term for + SALZFISCHWAREN IN OEL (salted fish products packed in oil); most important product; + SEELACHS IN OEL.

Terme ancien remplacé par + SALZFISCH-WAREN IN OEL (poisson mariné en saumure et recouvert d'huile) dont le produit le plus important est: + SEELACHS IN OEL.

- **D**
- **GR** Alípasto en elaío
- **J**
- **P** Semi-conservas em óleo
- **YU** Prezerve u ulju
- **DK**
- **I** Semi-conserve all'olio
- **N** Oljekonserve
- **S**
- **E** Semi-conserva en aceite
- **IS** Niðurlagður fiskur í olíu
- **NL** Vishalfconserven in olie
- **TR**

655 OIL SARDINE   655
Sardinella longiceps

(India/Pakistan/Philippines)

Also called TAMBAN (Philippines). Used for making + TINAPA.

See also + SARDINELLA.

(Inde/Pakistan/Philippines)

Sert à la préparation du + TINAPA.

Voir aussi + SARDINELLE.

- **D** Grosskopfsardine
- **GR**
- **J**
- **P** Sardinela
- **YU**
- **DK**
- **I**
- **N**
- **S**
- **E**
- **IS**
- **NL**
- **TR** Yağlı-sardalya

656 OPAH   LAMPRIR 656
LAMPRIDIDAE
Lampris guttatus

Atlantic/Pacific – Europe/N. America

Also called JERUSALEM HADDOCK, KINGFISH, + MOONFISH, + SUNFISH.

Atlantique/Pacifique – Europe/Amérique du Nord

- **D** Gotteslachs
- **GR**
- **J** Mandai, akamanbô
- **P** Peixe-cravo
- **YU**
- **DK** Glansfisk
- **I** Pesce ré
- **N** Laksestjørje
- **S** Glansfisk
- **E**
- **IS** Guðlax
- **NL** Koningvis, godszalm
- **TR**

657 ORIENTAL BONITO   BONITE ORIENTALE 657
Sarda orientalis

(West Pacific to Indian Ocean)

Also called BONITO, MEXICAN BONITO, STRIPED BONITO, ORIENTAL TUNA.

Marketed fresh.

See also + TUNA.

(Pacifique Ouest à l'Océan indien)

Désigne aussi *Gymnosarda unicolor* (voir + "RUPPEL'S BONITO").

Commercialisée fraîche.

Voir aussi + THON.

- **D** Pelamide
- **GR**
- **J** Hagatsuo, kitsunegegatsuo
- **P** Bonito-do-indo-pacífico
- **YU** Palamida, pastirica istočna
- **DK**
- **I** Palamita orientale
- **N**
- **S**
- **E** Bonito pacífico
- **IS**
- **NL**
- **TR**

658 ORIENTAL CURE
(N. America)

Salted ungutted herring produced for oriental trade.

In Japan KATASHIO-NISHIN is pickle salted herring which is afterwards cured in dry salt (+ HARD SALTED HERRING); HITOSHIO-NISHIN is herring cured with dry salt (medium salt content).

SALAISON À L'ORIENTALE 658
(Amérique du Nord)

Hareng non vidé et salé préparé pour l'exportation en Orient.

Au Japon, KATASHIO-NISHIN est du hareng saumuré puis salé à sec (+ HARENG FORTEMENT SALÉ); HITOSHIO-NISHIN est du hareng salé à sec (moyennement salé).

659 ORMER

Haliotis tuberculata

(Atlantic/Mediterranean/Channel Islands)

Also called SEA EAR, EAR SHELL. Mollusc eaten as + SCALLOP; sometimes pickled.

See also + ABALONE.

ORMEAU 659

(Atlantique/Méditerranée/Iles anglo-normandes)

Appelé encore OREILLE DE MER. Mollusque consommé comme les + COQUILLE SAINT-JACQUES, quelquefois mariné.

Voir + ORMEAU.

D Seeohr	**DK** Søøre	**E** Oreja de mar
GR Haliótis, achiváda chromasistí	**I** Orecchia marina	**IS** Sæeyra
J Awabi	**N**	**NL** Zee-oor
P Lapa-real	**S** Havsöra	**TR** Deniz kalağı
YU Petrovo uho, uho morsk		

660 OSETR

Acipenser gueldenstaedtii

(Caspian Sea/Danube)

See + STURGEON.

OSETR 660

(Mer Caspienne/Danube)

Aussi appelé ESTURGEON DU DANUBE.

Voir + ESTURGEON.

D Waxdick	**DK**	**E**
GR	**I** Storione danubiano	**IS**
J	**N**	**NL** Gweldenstaed steur
P	**S** Rysk stör, osetr	**TR** Karaca
YU		

661 OYSTER

OSTREIDAE

(Cosmopolitan)

HUÎTRE 661

(Cosmopolite)

Ostrea edulis

(a) + COMMON OYSTER
(Europe)

(a) + HUÎTRE PLATE
(Europe)

Crassostrea angulata

(b) + PORTUGUESE OYSTER
(Europe)

(b) + HUÎTRE PORTUGAISE
(Europe)

Crassostrea virginica

(c) + BLUE POINT OYSTER
(Atlantic – U.S.A.)
Also called AMERICAN OYSTER

(c) + HUÎTRE
(Atlantique – E.U.)

Crassostrea gigas

(d) PACIFIC OYSTER
(Pacific – N. America/Australia/New Zealand)

(d)
(Pacifique – Amérique du Nord/Australie/Nouvelle-Zélande)

Ostrea lurida

(e) WESTERN OYSTER
(Pacific – N. America)
Also called OLYMPIA OYSTER.

(e)
(Pacifique – Amérique du Nord)

[CONTD.

661 OYSTER (Contd.) **HUÎTRE** (Suite) **661**

Ostrea chilensis
(f) (South America) (f) (Amérique du Sud)

Ostrea laperousei
(g) (Japan) (g) (Japon)

Crassostrea commercialis
(h) SYDNEY ROCK OYSTER (h)
(Australia) (Australie)

Crassostrea glomerata
(i) ROCK OYSTER (i)
(New Zealand) (Nouvelle-Zélande)

Ostrea lutaria
(j) DREDGED OYSTER (j)
(New Zealand) (Nouvelle-Zélande)

Marketed: **Commercialisé:**
Live: in shell. **Vivant:** en coquilles.
Fresh: in shell or shelled meats, uncooked (shucked). **Frais:** en coquilles ou décoquillées, crues (écaillé).
Frozen: shelled meats, uncooked. **Congelé:** chair crue, décoquillée.
Dried: shelled meats, boiled and then sundried for 3 to 10 days before packing in boxes (Hong-Kong). **Séché:** chair décoquillée, cuite à l'eau et séchée au soleil pendant 3 à 10 jours avant l'emballage en caisses (Hong-Kong).
Smoked: meats, usually canned in edible oil. **Fumé:** chairs, généralement mises en conserve avec de l'huile.
Semi-preserved: meats cooked and packed in spiced vinegar. **Semi-conserve:** chairs cuites et recouvertes de vinaigre épicé.
Canned: meats removed from the shell by steaming, packed in weak brine; uncooked meats packed unprocessed, hermetically sealed. **Conserve:** chairs décoquillées à la vapeur et mises dans une saumure légère; chairs crues, sans préparation, et mises dans des récipients hermétiques.
Soups: oyster stew, oyster soup, oyster bisque, all in cans. **Soupes:** bouillon d'huîtres, soupe d'huîtres, bisque d'huîtres, toutes en conserve.

D	Auster	**DK**	Østers	**E**	Ostra, ostión
GR	Óstrea (strídia)	**I**	Ostrica	**IS**	Ostra
J	Kaki	**N**	Østers	**NL**	Oester
P	Ostra	**S**	Ostron	**TR**	Istiridye
YU	Kamenica				

For (a) to (c) see also these items. Pour (a) à (c) voir ces rubriques.

662 PACIFIC BONITO **BONITE DU PACIFIQUE 662**
Sarda chiliensis chiliensis
(Pacific – S. America) (Pacifique – Amérique du Sud)

Sarda chiliensis lineolata
(Pacific – California/Mexico) (Pacifique – Californie/Mexique)

Also called BONITO, CHILEAN BONITO, CALIFORNIAN BONITO, AUSTRALIAN BONITO.

Sometimes marketed fresh in Peru but otherwise used almost entirely for canning, it is the least desirable of the tuna-like fish since the flesh is darker and stronger than most; should not be labelled tuna.

Parfois commercialisée fraîche au Pérou, mais utilisée presque exclusivement pour conserves; sa chair est la moins prisée des espèces voisines du thon, car sa couleur et son goût sont trop forts; ne peut pas être étiquetée comme thon.

Smoked bonito-sticks are made from this fish (see + KATSUOBUSHI).

Utilisée pour la fabrication de bâtonnets fumés de bonite (voir + KATSUOBUSHI).

See also + BONITO and + TUNA. Voir aussi + BONITE et + THON.

D	Pelamide	**DK**	Bonit	**E**	Bonito chileño
GR		**I**	Bonito	**IS**	
J		**N**		**NL**	
P	Bonito-do-pacífico	**S**	Chilensk bonit	**TR**	
YU					

663 PACIFIC COD — MORUE DU PACIFIQUE 663

Gadus macrocephalus

(Pacific – Canada/Alaska/Japan)   (Pacifique – Canada/Alaska/Japon)

Also called GRAY COD, GRAYFISH.   Appelée aussi MORUE GRISE.

Marketed:
Fresh: whole gutted, fillets, sliced.
Frozen: round, dressed and as fillets, also kneaded meat (Japan).
Smoked: seasoned and smoked meat slice (Japan).
Dried: in Japan, sold as HIRAKIDARA or SUKIMIDARA.
Salted: lightly salted, sliced (Japan).

Commercialisé:
Frais: entier et vidé; en filets; en tranches.
Congelé: entier, paré et en filets; également chair pétrie (Japon).
Fumé: en tranches assaisonnées et fumées (Japon).
Séché: au Japon, vendu sous le nom de HIRAKIDARA ou SUKIMIDARA.
Salé: légèrement salé, en tranches (Japon).

- **D** Pazifischer Kabeljau
- **GR** Síko
- **J** Tara, madara
- **P** Bacalhau-do-Pacífico
- **YU**
- **DK**
- **I** Merluzzo del Pacifico
- **N**
- **S** Stillahavstorsk
- **E** Bacalao del Pacífico
- **IS** Kyrrahafs-þorskur
- **NL** Pacifische kabeljauw
- **TR**

664 PACIFIC GREY WHALE — BALEINE GRISE DE CALIFORNIE 664

Eschrichtius glaucus

(Pacific)   (Pacifique)

Also called GREY WHALE, GREY BACK, CALIFORNIAN GREY WHALE, HARD HEAD, MUSSEL DIGGER, RIP SACK; protected, not fished commercially.

Espèce protégée dont la chasse est règlementée.

- **D** Grauwal
- **GR**
- **J** Kokujira
- **P** Baleia-cinzenta-do-Pacífico
- **YU**
- **DK**
- **I** Balenottera grigia
- **N** Kalifornisk gråhval
- **S** Gråval
- **E**
- **IS** Gràhvalur
- **NL** Grijze walvis
- **TR**

665 PACIFIC HAKE — MERLU DU PACIFIQUE 665

Merluccius productus

(Pacific – N. America)   (Pacifique – Amérique du Nord)

See + HAKE.   Voir + MERLU.

- **D** Nordpazifischer Seehecht
- **GR**
- **J**
- **P** Pescada-do-Pacífico
- **YU**
- **DK** Kulmule
- **I** Nasello del Pacifico
- **N** Lysing (stillehavsk)
- **S** Kalifornisk kummel
- **E** Merluza pacífica norteamericana
- **IS**
- **NL**
- **TR**

666 PACIFIC HALIBUT — FLÉTAN DU PACIFIQUE 666

Hippoglossus stenolepis

For further details, see + HALIBUT.   Pour de plus amples détails, voir + FLÉTAN.

- **D** Pazifischer Heilbutt
- **GR**
- **J** Ohyô
- **P** Alabote-do-Pacífico
- **YU**
- **DK** Helleflynder
- **I** Halibut del Pacifico
- **N** Kveite
- **S** Stillahavs-helgeflundra
- **E** Halibut del Pacífico
- **IS** Kyrrahafs lúða
- **NL** Heilbot
- **TR**

667 PACIFIC HERRING — HARENG DU PACIFIQUE 667

Clupea harengus pallasi

(N. Pacific) (Pacifique Nord)
see + HERRING. voir + HARENG.

- **D** Pazifischer Hering
- **GR**
- **J** Nishin, kadoiwashi
- **P** Arenque-do-pacífico
- **YU** Srdela pacifička
- **DK** Sild
- **I** Aringa del pacifico
- **N** Sild
- **S** Stillahavssill
- **E** Arenque del Pacifico
- **IS** Kyrrahafs-síld
- **NL** Pacifische haring
- **TR**

668 PACIFIC MACKEREL — MAQUEREAU ESPAGNOL 668

Scomber japonicus

(Cosmopolitan) (Cosmopolite)

Species synonymous to the Atlantic species, usually referred to as + CHUB MACKEREL; also called + SPANISH MACKEREL. One of the most important fish in Japan; marketed fresh, salted, dried or canned; also for + FUSHI-RUI.

See also + MACKEREL.

Aussi appelé MAQUEREAU BLANC (Canada).
La désignation MAQUEREAU DU PACIFIQUE est utilisée pour les espèces *Rastrelliger*. L'un des poissons les plus importants au Japon; commercialisé frais, salé, séché ou en conserve; sert aussi à la préparation du + FUSHI-RUI.

- **D** Spanische Makrele
- **GR** Koliós
- **J** Honsaba, hirasaba, masaba
- **P** Cavala-do-Pacífico
- **YU** Lokarda, plavica
- **DK** Spansk makrel
- **I** Lanzardo, sgombro cavallo
- **N** Spansk makrell
- **S** Spansk och japànsk makrill
- **E** Estornino
- **IS** Spánskur makríll
- **NL** Spaanse makreel
- **TR** Kolyoz

669 PACIFIC OCEAN PERCH 669

Sebastes alutus

(Pacific – N. America/Japan) (Pacifique – Amérique du Nord/Japon)

Also commonly known as ROCKFISH or MENUKE ROCKFISH.

Also called BLACK BASS, ROCK SALMON, CANARY, SNAPPER, etc.

Marketed fresh or frozen (whole or fillets); liver for vitamin oil extraction.

See also + ROCKFISH.

Commercialisé frais ou congelé (entier ou en filets); extraction d'huile vitaminée de son foie.

Voir aussi + SCORPÈNE.

- **D** Pazifischer Rotbarsch
- **GR**
- **J** Arasukamenuke
- **P**
- **YU**
- **DK** Rødfisk
- **I**
- **N**
- **S**
- **E**
- **IS**
- **NL** Pacifische noodbaars
- **TR**

670 PACIFIC PRAWN — CREVETTE DU PACIFIQUE 670

The term PACIFIC PRAWN does not refer to a particular species, but to a product; shelled tails, canned or frozen.

Le terme ne se rapporte pas à une espèce particulière mais à un produit; queues décortiquées, en conserve ou congelées.

671 PACIFIC SAURY

Cololabis saira

BALAOU JAPONAIS 671

(Pacific – N. America/Japan)

Also called MACKEREL-PIKE or SKIPPER.

One of the most important food fish in Japan.

Marketed:
Fresh:
Frozen:
Salted: ungutted, pickle-salted, then packed in boxes with dry salt; also hard-salted.
Dried: split, air-dried after salting; also whole.
Smoked:
Canned: pandressed, cut or uncut; also fillets; sometimes water, acid, salt or sodium glutamate added.
Semi-preserved: vinegar-cured.
Oil: body oil used as hardened oil for margarine and soap manufacture.
Bait:
See also + SAURY.

(Pacifique – Amérique du Nord/Japon)

Aussi appelé SAMMA.

L'un des poissons les plus importants dans l'alimentation au Japon.

Commercialisé:
Frais:
Congelé:
Salé: non vidé, saumuré, puis mis en caisses avec du sel sec; également fortement salé.
Séché: tranché ou entier, salé et séché à l'air.
Fumé:
Conserve: coupé ou non et pané; en filets; parfois additionné d'eau, d'acide, de sel ou de glutamate de soude.
Semi-conserve: au vinaigre.
Huile: utilisée dans l'industrie de la margarine et du savon.
Appât:
Voir aussi + ORPHIE.

D Kurzschnabel-Makrelenhecht	**DK**	**E**
GR	**I** Aguglia saira	**IS**
J Samma	**N**	**NL**
P Sama	**S**	**TR** Zurna
YU		

672 PADDA (Malabar, India)

PADDA (Malabar, Inde) 672

Fish product consisting of slices of fish that have been dipped in paste of clarified butter or oil, with chillies, mustard and other spices and packed in jars.

Préparation faite de tranches de poisson plongées dans une pâte de beurre clarifié ou d'huile, et assaisonnée de piments, de moutarde ou autres épices, puis mise en bocaux.

P Pada

673 PADDLEFISH

POLYODONTIDAE

SPATULE 673

(Freshwater – U.S.A.)

(Eaux douces – E.U.)

Especially refers to *Polyodon spathula* en particulier

Also called SPOONBILLCATFISH, SPOONBILL CAT.

Marketed:
Smoked: pieces of skinned fillet, brined and hot-smoked.

Commercialisé:
Fumé: morceaux de filet sans peau, passés à la saumure et fumés à chaud.

D Löffelstör, Paddelfisch	**DK** Skestør	**E** Pez espátula, sollo
GR	**I** Pesce spatola	**IS**
J	**N**	**NL** Lepelsteur
P Peixe-espá-tula	**S** Skedstör	**TR**
YU		

674 PADEC (Laos)

PADEC (Laos) 674

Fermented fish paste made with rice husks.

Pâte de poisson fermenté, avec des cosses de riz.

675 PAINTED RAY 675
Raja microcellata

(Atlantic – Europe) (Atlantique – Europe)

Also called OWL RAY, SMALL-EYED RAY.

PAINTED RAY may also refer to *Raja undulata* (see + UNDULATE RAY).

See also + RAY and + SKATE. Voir + RAIE.

- **D** Kleinäugiger Rochen
- **GR** Salahi
- **J**
- **P** Paia-zimbreira
- **YU** Raža
- **DK** Småøjet rokke
- **I** Razza
- **N**
- **S** Småögd rocka
- **E** Raya
- **IS**
- **NL** Uilrog
- **TR**

676 PAKSIW (Philippines) PAKSIW (Philippines) 676

Gutted or ungutted fish, boiled with coconut or nipa vinegar, and other spices and simmered over a slow fire. The term is synonymous with + SINAENG (Philippines).

Poisson vidé ou non, cuit au court-bouillon avec du vinaigre de coco ou de nipa et d'autres épices, puis mijoté à feu doux. Le terme est synonyme de + SINAENG (Philippines).

677 PALE CURE (U.K.) HADDOCK 677

Haddock split as for + EYEMOUTH CURE, light-salted and lightly cold-smoked; also called PALE; + FINNAN HADDOCK, + GLASGOW PALE.

Églefin tranché comme pour la préparation du + HADDOCK EYEMOUTH, légèrement salé et légèrement fumé à froid; voir aussi + FINNAN HADDOCK, + GLASGOW PALE.

678 PALE SMOKED RED (U.K.) 678

Light smoked + RED HERRING, similar to + SILVER CURED HERRING.

+ HARENG ROUGE légèrement fumé, semblable au + SILVER CURED HERRING.

- **D**
- **GR**
- **J**
- **P** Arenque ligeiramente fumado
- **YU**
- **DK**
- **I** Aringa rossa leggermente affumicata
- **N**
- **S**
- **E** Arenque rojo, ligeramente ahumado
- **IS**
- **NL** Lichtgerookte zilverharing
- **TR**

679 PANDORA PAGEAU 679
Pagellus erythrinus

(Mediterranean) (Méditerranée)

Also called BECKER, KING OF THE BREAMS, SPANISH SEA BREAM.

Appelé aussi PAGEOT ROUGE.

See also + SEA BREAM. Voir aussi + DORADE.

- **D** Rotbrassen
- **GR** Lithríni
- **J**
- **P** Bica
- **YU** Rumenac
- **DK** Rød blankesten
- **I** Pagello fragolino
- **N** Pagell
- **S** Röd pagell
- **E** Breca, pajel
- **IS**
- **NL** Zeebrasem
- **TR** Mandagöz mercan, kırma, mercan

680 PAPILLON (France) PAPILLON 680

Trade name for salted cod of a weight less than 400 g at the time of landing.

Nom que l'on donne à la morue salée à bord, d'un poids inférieur à 400 g au moment de son arrivée à terre.

681 PARR

Young salmon before it leaves freshwater for the sea.

- **D** Salmling
- **GR**
- **J** Ginkeyamame
- **P** Salmão pequeno
- **YU**
- **DK**
- **I**
- **N** Parr (smolt)
- **S** Stirr

PARR 681

Jeune saumon avant qu'il ne quitte l'eau douce pour la mer.

- **E** Salmon joven
- **IS** Laxaseiði
- **NL** Zalmbroed
- **TR**

682 PARROT-FISH
SCARIDAE

(Cosmopolitan)

Various species in the tropical Atlantic, and one at least of commercial interest in the Mediterranean.

SCARE 682

(Cosmopolite)

Aussi appelé PERROQUET (Antilles). Il en existe plusieurs espèces dans l'Atlantique tropical et une au moins présentant un intérêt commercial en Méditerranée.

- **D** Papageifisch, Seepapagei
- **GR** Scáres
- **J** Budai
- **P** Peixe-papagaio
- **YU** Papigača
- **DK** Papegøjefisk
- **I** Pesci pappagallo
- **N**
- **S** Papegojfisk
- **E** Vieja
- **IS**
- **NL** Papegaaivis
- **TR** Iskaroz

683 PASTEURIZED FISH

Fish and seafood packed in cans, glass jars or other containers, absolutely airtight, preserved by heating at temperatures below 100 °C (212 °F) for a limited time; to be chill stored.

In some countries the term + SEMI-PRESERVES comprises pasteurized fish.

See also + IRRADIATION.

POISSON PASTEURISÉ 683

Poisson et autres animaux marins mis en boîtes métalliques, bocaux de verre ou autres récipients hermétiquement fermés, conservés par la chaleur à une température d'environ 100 °C (212 °F) pour un temps limité; doit être entreposé au froid.

Dans quelques pays le terme SEMI-CONSERVES s'applique aussi au poisson pasteurisé.

Voir aussi + IRRADIATION.

- **D**
- **GR**
- **J**
- **P** Peixe pasteurizado
- **YU**
- **DK** Pasteuriseret fisk
- **I** Pesce pastorizzato
- **N** Pasteurisert fisk
- **S** Pastöriserad fisk
- **E** Pescado pasteurizado
- **IS**
- **NL** Gepasteuriseerdevis
- **TR**

684 PASTEURIZED GRAIN CAVIAR

Caviar, packed with brine formed during salting into cans which are then pasteurized several times; no preservative added.

See + CAVIAR.

CAVIAR EN GRAINS PASTEURISÉ 684

Caviar mis en boîtes avec la saumure de salage, puis pasteurisé à plusieurs reprises; sans antiseptique.

Voir + CAVIAR.

- **D**
- **GR** Chaviari pasteurioméno
- **J**
- **P** Caviar pasteurizado
- **YU** Pasterizirani zrnati kavijar
- **DK** Pasteuriseret kaviar
- **I** Caviale pastorizzato
- **N**
- **S** Pastöriserad kaviar
- **E** Caviar pasteurizado
- **IS** Gerilsneyddur kavíar
- **NL** Gepasteuriseerde kaviaar in pekel
- **TR**

685 PATIS (Philippines)

Free liquid extracted during fermentation of + BAGOONG and used as a sauce.
Similar product in Japan is + SHOTTSURU.

PATIS (Philippines) 685

Liquide extrait pendant la fermentation du + BAGOONG et utilisé comme sauce.
Produit semblable au Japon; le + SHOTTSURU.

NL Petis

686 PEARL / PERLE 686

(i) Iridescent, nacreous concretion composed mostly of calcium carbonate formed inside the shell of certain pearl-bearing molluscs; when formed as part of the shell, is described as a BLISTER PEARL.

(i) Concrétion chatoyante de nacre composée principalement de carbonate de calcium, formée à l'intérieur de certains mollusques; lorsque la perle fait partie de la coquille même, on la nomme PERLE BAROQUE.

- **D** Perle
- **GR** Margaritári
- **J** Shinju
- **P** Pérola
- **YU** Biser
- **DK** Perler
- **I** Perla
- **N** Perle
- **S** Pärla
- **E** Perla
- **IS** Perla
- **NL** Parel
- **TR**

(ii) Term also employed for + BRILL.

687 PEARL ESSENCE / ESSENCE D'ORIENT 687

Liquid suspension of particles of guanin, the lustrous material extracted from scales of fish such as herring, sardine or their swim bladders. Also various other species, e.g. argentine, sturgeon.

Suspension de particules de guanine, matière brillante extraite des écailles de poissons tels que: hareng, sardine, ou de leurs vessies natatoires, et d'autres espèces comme l'argentine, l'esturgeon, etc.

- **D** Perlessenz
- **GR**
- **J** Gyorimpaku
- **P** Essência de pérola
- **YU** Biserna esencija
- **DK** Perlemorsessens
- **I** Essenza perlifera
- **N** Perleessens
- **S** Pärlessens
- **E** Esencia de perla
- **IS** Perlukjarni
- **NL** Viszilver
- **TR**

688 PEDAH (Thailand) / PEDAH (Thaïlande) 688

Salted fish of *Scomber* spp. Ripened by fermentation.

Poisson salé des espèces *Scomber* et laissé à fermenter.

Similar product in Japan + SUSHI.

Produit semblable au Japon, le + SUSHI.

689 PERCH / PERCHE 689

PERCIDAE

(Freshwater — Cosmopolitan)

(Eaux douces — Cosmopolite)

Also called DARTER.

These include also *Stizostedion* spp. (see + PIKE PERCH).

Celles-ci comprennent les espèces *Stizostedion* (voir + SANDRE).

Perca fluviatilis

(i) (a) (Europe)

(a) (Europe)

Perca flavescens

(b) + YELLOW PERCH (N. America)

(b) + PERCHE CANADIENNE (Amérique du Nord)

- **D** Barsch, Flussbarsch (a)
- **GR** Pérca chaní
- **J**
- **P** Perca
- **YU** Grgeč
- **DK** Aborre
- **I** Pesce, persico, perca
- **N** Abbor, åbor
- **S** Abborr
- **E** Perca
- **IS** Aborri
- **NL** Baars, rivierbaars, polderbaars, zwarte baars
- **TR** Tatlısu levregi

Plectroplites ambiguus

(ii) GOLDEN PERCH
(Australia)

(Australie)

Marketed as fresh fish.

Commercialisé frais.

(iii) Name might also refer to + CUNNER (*Tautogolabrus adspersus*) belonging to the family *Labridae*.

690 PERIWINKLE   BIGORNEAU 690
Littorina littorea

(Atlantic – Europe)   (Atlantique – Europe)

Also called BUCKIE (Scotland) or WHELK (Scotland), both names applying also to *Buccinum undatum* (see + WHELK).

Marketed fresh (in shell, cooked or uncooked).

Commercialisé frais (en coquilles, cuit ou cru).

See also + WINKLE.

Voir aussi + BIGORNEAU.

D Strandschnecke	**DK** Strandsnegl	**E** Bígaro
GR	**I** Chiocciola di mare	**IS** Fjöru doppa
J Tamakibi	**N** Strandsnegl, purpursnegl	**NL** Alikruik, kreukel
P Burrié, burrelho	**S** Strandsnäcka	**TR**
YU Pužić morski		

691 PETRALE SOLE   PLIE DE CALIFORNIE 691
Eopsetta jordani

(Pacific – N. America)   (Pacifique – Amérique du Nord)

Also called + BRILL which properly refers to *Scophthalmus rhombus*.

Marketed fresh or frozen (fillets).

Commercialisé frais ou surgelé (en filets).

692 PICAREL   PICAREL 692

Generally refers to species of the family *Centracanthidae* (*Maenidae*). (Atlantic – Europe/Africa).

Also known as SMARE.

Désigne de façon générale les espèces de la famille *Centracanthidae* (*Maenidae*). (Atlantique – Europe/Afrique).

Aussi appelé MENDOLE.

D Laxierfisch	**DK**	**E** Caramel, chucla
GR Marída, ménoula	**I** Zerro, mennola	**IS**
J	**N**	**NL** Zeeschijter
P Dobrada	**S**	**TR** Izmarit
YU Gera, modrak		

693 PICKED DOGFISH   AIGUILLAT ou CHIEN 693
Squalus acanthias

(Atlantic/Mediterranean/Pacific – Europe/N. America/Japan)

(Atlantique/Méditerranée/Pacifique – Europe/Amérique du Nord/Japon)

In North America commonly referred to as SPINY or SPRING DOGFISH; also known as COMMON SPINY FISH; also called PIKED DOGFISH, BLUE DOG, DARWEN SALMON, SPURDOG, ROCK SALMON.

The most common of the species handled in U.K. under the general description of dogfish (see + DOGFISH).

Appelé aussi AIGUILLAT TACHETÉ, AIGUILLAT COMMUN.

La plus commune des espèces, connues en France, sous le nom général de "CHIEN DE MER" (voir + AIGUILLAT).

Marketed:

Fresh: whole, gutted, skinned and headed; in Germany also skinned dorsal muscle (called "SEEAAL").
Frozen: whole, gutted, skinned and headed.
Smoked: hot-smoked dorsal muscle as "SEEAAL" (Germany); hot-smoked, skinned belly walls as "SCHILLERLOCKEN", also packed with edible oil and canned.

Semi-preserved: in jelly ("SEEAAL IN GELEE").
Liver: used for production of liver oil.
Skin: used for leather preparation.

Commercialisé:

Frais: entier, vidé, dépouillé et étêté; en Allemagne, également muscles dorsaux, sans peau (appelés "SEEAAL").
Congelé: entier, vidé, dépouillé et étêté.
Fumé: muscles dorsaux (en Allemagne; "SEEAAL") fumés à chaud; parois abdominales dépouillées ("SCHILLER-LOCKEN") fumées à chaud, également recouvertes d'huile et mises en boîtes.
Semi-conserve: en gelée ("SEEAAL IN GELEE").
Foie: on en extrait l'huile.
Peau: utilisée pour la préparation de cuir.

[CONTD.

693 PICKED DOGFISH (Contd.)   **AIGUILLAT ou CHIEN** (Suite) **693**

D	Dornhai, Dornfisch	DK	Pighaj
GR	Skylópsaro, kokálas, kedróni	I	Spinarolo
J	Aburatsunozame, tsunozame	N	Pigghå
P	Cação galhudo, melga	S	Pigghai
YU	Pas kostelj		

E Mielga, galludo
IS Háfur, svarthafur
NL Doornhaai
TR Mahmuzlu camgöz

694 PICKEREL **694**

(i) Name might refer to species of the family *Esocidae* (see + PIKE).
(ii) Name might also refer to *Stizostedion* spp. (see + PIKE-PERCH), belonging to the family *Percidae* (see + PERCH).

Le nom "PICKEREL" (anglais) s'applique aux :
(i) *Esocidae* (voir + BROCHET).
(ii) *Stizostedion* sp. de la famille *Percidae* (voir + SANDRE).

TR Turna

695 PICKLE CURED FISH   **POISSON EN SAUMURE 695**

Fish that have been treated with salt in a watertight container so that the fish are cured in the pickle that is formed ; to be distinguished from + DRY SALTED FISH ; synonymous term is : WET SALTED FISH.

A number of alternative names used ; BRINE CURED FISH, WET CURED FISH, BRINE PACKED FISH, PICKLE SALTED FISH, BUTT SALTED FISH, TANK SALTED FISH, BUTT CURE, BARRELLED SALTED COD in Canada ; see also + GASPÉ CURE, + FALL CURE.

See also + SALT CURED FISH which is a more general term for fish cured by salt.

Poisson traité au sel dans un récipient étanche de sorte qu'il macère dans la saumure ainsi formée (à distinguer de + POISSON SALÉ À SEC).

Voir aussi + GASPÉ CURE, + FALL CURE.

Voir aussi + POISSON SALÉ qui s'applique de façon générale au poisson traité par le sel.

D	Gepökelter Fisch	DK	Lagesaltet fisk
GR		I	Pesce salato in barile
J	Tanku-zuke, kairyô-zuke	N	Fisk saltet i tønner eller kummer
P	Peixe tratado em salmoira	S	Fatsaltad fisk, lakesaltad fisk
YU			

E
IS Pækilsaltaður fiskur
NL Vis in pekel, gepekelde vis
TR

696 PICKLED GRAINY CAVIAR   **CAVIAR EN GRAINS SAUMURÉ 696**

Caviar that has been immersed in a saturated salt brine pickle before packing.

Caviar qui a été mis dans une saumure concentrée avant la mise en bocaux.

D		DK	
GR		I	Caviale marinato
J		N	
P	Caviar salmourado	S	
YU			

E Caviar escabechado
IS Salthrogn
NL Kaviaar gedompeld in pekel
TR

697 PICKLED HERRING   **HARENG SAUMURÉ 697**

Gutted herring, dry salted in barrels to cure in the pickle that is formed ; for a mild cure the pickle is maintained at 90° brine strength ; for hard cure, maintained at 100° : + SCOTCH CURED HERRING, + ALASKA SCOTCH CURED HERRING.

Hareng vidé, salé à sec en barils de façon à macérer dans la saumure ainsi formée ; selon que la maturation désirée est moyenne ou forte, la saumure est maintenue respectivement à 90° ou à 100° de saturation ; voir aussi + SCOTCH CURED HERRING, + ALASKA SCOTCH CURED HERRING.

[CONTD.]

697 PICKLED HERRING (Contd.)   HARENG SAUMURÉ (Suite) 697

- **D** Salzhering aus dem Fass
- **GR**
- **J**
- **P** Arenque em salmoira
- **YU** Soljena heringa, marinirana heringa
- **DK** Saltsild
- **I** Aringa marinata
- **N** Saltsild
- **S** Saltad sill
- **E** Arenque escabechado
- **IS** Saltsíld
- **NL** Pekelharing
- **TR**

698 PICKLED SALMON   SAUMON SAUMURÉ 698

(i) Pacific salmon, washed, headed, split and pickle cured before packing in barrels; also called HARD SALTED SALMON; see + SALMON.

(i) Saumon du Pacifique lavé, étêté, tranché et salé à sec avant la mise en barils; appelé aussi SAUMON FORTEMENT SALÉ; voir + SAUMON.

- **D**
- **GR**
- **J**
- **P** Salmão em salmoira
- **YU** Soljeni losos, marinirani losos
- **DK**
- **I** Salmone marinato
- **N** Saltet laks
- **S** Saltad lax
- **E** Salmon escabechado
- **IS** Saltlax
- **NL** Gezouten zalm
- **TR**

(ii) Pieces of salmon fillet salted and cooked with vinegar and spices and packed in glass jars.

(ii) Morceaux de filets de saumon salés et cuits avec du vinaigre et des épices, puis mis en bocaux.

699 PICTON HERRING   SARDINE AUSTRALIENNE 699

Sardinops neopilchardus

(Australia/New Zealand)   (Australie/Nouvelle-Zélande)
Now called PILCHARD.   Appelé maintenant PILCHARD.

- **D** Australische Sardine
- **GR**
- **J**
- **P** Sardinopa
- **YU**
- **DK**
- **I** Sardina australiana
- **N**
- **S** Australisk sardin
- **E**
- **IS**
- **NL**
- **TR**

700 PIDDOCK   700

PHOLAS spp.

(Cosmopolitan)   (Cosmopolite)
Mollusc.   Mollusque.

- **D** Bohrmuschel
- **GR** Solinas
- **J** Kamomegai
- **P** Taralhão
- **YU**
- **DK** Knivmusling
- **I** Folade
- **N**
- **S** Borrmussla
- **E**
- **IS**
- **NL** Boormossel
- **TR** Folas

701 PIGFISH   701

Orthopristis chrysoptera

(Atlantic – U.S.A.)   (Atlantique – E.U.)
Belonging to the family *Pomadasyidae* (see + GRUNT).   De la famille des *Pomadasyidae*.

702 PIGMY WHALE   702

Carperea marginata

(Southern Seas)   (Mers du Sud)
No commercial importance.   Sans importance commerciale.

- **D** Zwergglattwal
- **GR**
- **J** Kosemikujira
- **P**
- **YU**
- **DK**
- **I** Balena pigmea
- **N** Dvergretthval
- **S**
- **E**
- **IS** Dverghvalur
- **NL** Dwergwalvis
- **TR**

703 PIKE-PERCH — SANDRE 703

(Freshwater – Europe/N. America) (Eaux douces – Europe/Amérique du Nord)

General name for *Lucioperca* and *Stizostedion* spp. (also known as + PICKEREL); belong to the family *Percidae* (see + PERCH).

Terme appliqué généralement aux *Lucioperca* et *Stizostedion* spp.; de la famille des *Percidae* (voir + PERCHE).

Stizostedion lucioperca

(a) PIKE-PERCH (Europe)
Also called PERCH-PIKE.

(a) SANDRE (Europe)

Stizostedion canadense

(b) + SAUGER (Canada)

(b) + SANDRE CANADIEN (Canada)

Stizostedion vitreum vitreum

(c) + WALLEYE (N. America)

(c) + DORÉ JAUNE (Amérique du Nord)

Stizostedion vitreum glaucum

(d) BLUE PIKE (N. America)

(d) DORÉ BLEU (Amérique du Nord)

Marketed:
Marketed fresh or frozen (whole gutted or fillets); also canned (U.S.S.R.).

Commercialisé:
Commercialisé frais ou congelé (entier, vidé ou filets); en conserve (U.R.S.S.).

D Hechtbarsch, Zander	**DK** Sandart	**E**
GR	**I** Lucioperca, sandra	**IS**
J	**N** Gjørs	**NL** (a) Zander, snoekbaars, (b) canadese snoekbaars, (c) amerikaanse snoekbaars
P Lúcio	**S** Abborrfisk, (a) gös	**TR** Levrek, sudak
YU Smud		

704 PIKE — BROCHET 704

ESOCIDAE

(Freshwater – Europe/N. America) (Eaux douces – Europe/Amérique du Nord)
Also referred to as PICKEREL (N. America).

Esox lucius

(a) NORTHERN PIKE (Europe/N. America)
Also called JACKFISH.

(a) BROCHET DU NORD (Europe/Amérique du Nord)

Esox americanus vermiculatus

(b) GRASS PICKEREL (N. America)

(b) BROCHET VERMICULE (Amérique du Nord)

Esox masquinongy

(c) MUSKELLUNGE (N. America)
Also spelt MASKINONGE.

(c) (Amérique du Nord)

Esox niger

(d) CHAIN PICKEREL (N. America)

(d) BROCHET MAILLÉ (Amérique du Nord)

Marketed fresh or frozen (whole gutted and fillets); also canned (U.S.S.R.).

Commercialisé frais ou congelé (entier vidé et en filets); également en conserve (U.R.S.S.).

[CONTD.

704 PIKE (Contd.)

D Hecht, (a) Flusshecht	DK Gedde	E Lucio
GR Toúrna	I Luccio	IS Gedda
J Kawakamasu	N Gjedde	NL (a) Snoek,
		(c) muskelunge,
		(d) oostelijke snoek
P Lúcio	S Gädda	TR Turna balığı
	(a) vahlig gädda	
YU Štuka	(b) maskalungen	

BROCHET (Suite) 704

705 PILCHARD — PILCHARD 705

Sardina pilchardus

(a) PILCHARD/SARDINE
(Atlantic – Europe)

(a) SARDINE/PILCHARD
(Atlantique – Europe)

Sardinops sagax

(b) + CALIFORNIAN PILCHARD
(Pacific)

(b) + SARDINE DU PACIFIQUE
(Pacifique)

Sardinops sagax sagax

(c) + CHILEAN PILCHARD
(Pacific – S. America)

(c) +
(Pacifique – Amérique du Sud)

Sardinops melanosticta

(d) + JAPANESE PILCHARD
(Japan)

(d) + PILCHARD DU JAPON
(Japon)

Sardinops ocellata

(e) + SOUTH AFRICAN PILCHARD
(Atlantic – W. Africa)

(e) +
(Atlantique – Afr. Occ.)

Sardinops neopilchardus

(f) + PILCHARD
(Australia/New Zealand)

(f) + PILCHARD
(Australie/Nouvelle-Zélande)

Marketed:
Fresh:
Frozen: fillets (South Africa).
Smoked: as for kippers (South Africa).
Salted: split, salted and pressed; whole or split, pickle-salted; dry-salted in barrels and pressed to one third of their original volume, additional quantities added, etc.; see + PRESSED PILCHARD.
Dried: salted and dried, gutted or ungutted, gibbed or split (Japan); tunnel-dried (South Africa).
Canned: headed, tailed, gutted or as fillets; like canned herring products in various sauces or edible oil; also seasoned meat (Japan).
Semi-preserved: vinegar- or spice-cured (Japan).
Meal and oil: main outlet for Pacific spp.

Note; The species *sardina pilchardus* is designated by both "Pilchard" and "Sardine" (see + SARDINE). Generally "Pilchard" refers to the bigger size species. In France the term "pilchards" is reserved for spp. of the Clupeid family of more than 50 g (or less than 20 per kg) if canned with oil and tomato sauce (e.g. "HARENG PILCHARD").

Commercialisé:
Frais:
Congelé: filets (Afrique du Sud).
Fumé: comme les kippers (Afrique du Sud).
Salé: tranché, salé et pressé; entier ou tranché, salé à sec; salé à sec en barils et pressé au tiers du volume original auquel on ajoute une quantité de poisson salé, pressé, etc. Voir + PILCHARD PRESSÉ.
Séché: vidé ou non, éviscéré ou tranché puis salé et séché (Japon); séchage en tunnel (Afrique du Sud).
Conserve: sans tête ni queue, vidé, ou en filets; en différentes sauces ou à l'huile comme le hareng; chair assaisonnée (Japon).
Semi-conserve: au vinaigre ou aux épices (Japon).
Farine et huile: principaux débouchés pour les espèces du Pacifique.

Note: L'espèce *sardina pilchardus* peut être désignée soit par "Pilchard" soit par "Sardine" mais le "Pilchard" est généralement plus grand. En France "Pilchard" désigne uniquement les espèces des Clupéidès de plus de 50 g (soit moins de 20 par kg) s'ils sont en conserve avec de l'huile et de la sauce tomate (ex. "HARENG PILCHARD").

[CONTD.

705 PILCHARD (Contd.)

- **D** Pilchard, Sardine
- **GR** Sardélla
- **J** Iwashi, maiwashi
- **P** Sardinha/sardinopa
- **YU** Srdela
- **DK** Sardin
- **I** Sardina
- **N** Sardin
- **S** Sardiner

PILCHARD (Suite) 705

- **E** Sardina/pilchards
- **IS** Sardínur
- **NL** Sardien, pilchard
- **TR** Sardalyo

706 PILOT FISH

Naucrates ductor

(Atlantic/Pacific — Europe/N. America)

PILOTE 706

(Atlantique/Pacifique — Europe/Amérique du Nord)

Aussi appelé FANFRE (Canada).

Naucrates indicus

(Indian Ocean)

Belongs to the family *Carangidae* (see + JACK, + SCAD or + POMPANO).

(Océan indien)

De la famille des *Carangidae* (voir + CARANGUE, + SAUREL et + POMPANO).

- **D** Lotsenfisch
- **GR** Gofari, kolaoúzos
- **J** Burimodoki
- **P** Peixe-piloto
- **YU** Pratibrod, fanfan
- **DK** Lodsfisk
- **I** Pesce pilota
- **N** Losfisk
- **S** Lotsfisk
- **E** Pez piloto
- **IS** Lóösfiskur
- **NL** Loodsmannetje
- **TR** Kılavuz balığı, malta palamutu

707 PILOT WHALE

GLOBICEPHALA spp.

(Cosmopolitan)

GLOBICÉPHALE 707

(Cosmopolite)

Globicephala melaena

(N. Atlantic species)

Captured commercially, for example Faroes.

See also + WHALES.

(Atlantique Nord)

Exploitée aux Iles Féroé.

Voir aussi + BALEINES.

- **D** Grindwale
- **GR**
- **J** Ma-gondo
- **P** Boca de-panela
- **YU**
- **DK** Grindehval
- **I** Globicefalo
- **N** Grindhval
- **S** Grindval
- **E** Calderón
- **IS** Marsvín, grindhvalur
- **NL** Griend
- **TR**

708 PINDANG (Indonesia)

Ungutted small fish or chunks of bigger fish, usually of mackerel or tuna families, salted and boiled or steamed.

PINDANG (Indonésie) 708

Petits poissons non vidés ou tronçons de poissons plus gros, généralement de la famille du maquereau ou du thon, salés et cuits à l'eau ou passés à la vapeur.

709 PINFISH

Lagodon rhomboides

(Atlantic — N. America)

Also called BREAM or SALT-WATER BREAM.

Belongs to the family *Sparidae* (see + SEA BREAM).

709

(Atlantique — Amérique du Nord)

De la famille des *Sparidae* (voir + DORADE).

710 PINK SALMON
Oncorhynchus gorbuscha
SAUMON ROSE 710

(Pacific)

Smallest of the five PACIFIC SALMON (see + SALMON).

Also called HUMPBACK SALMON or GORBUSCHA.

Almost the entire catch is canned: some quantities hard salted like + COHO.

(Pacifique)

La plus petite des cinq espèces de SAUMON du PACIFIQUE (voir + SAUMON).

Presque toute la production est mise en conserve: certaines quantités sont fortement salées comme le + SAUMON ARGENTÉ.

D Buckellachs	DK	E Salmon rosado
GR Solomós	I Salmone rosa	IS Bleiklax, hnúðlax
J Sepparimasu, masu, karafutomasu	N Pukkellaks	NL Pink zalm, rode zalm
P Salmão-rosa	S Puckellax	TR Pembe alabalık
YU		

711 PINK SHRIMP
CREVETTE ROSE 711

The name "CREVETTE ROSE" (French) applies to *Palaemon serratus* (+ COMMON PRAWN).

The name PINK SHRIMP is used for a number of species in different parts of the oceans:

Le terme CREVETTE ROSE s'applique en France à *Palaemon serratus* (+ COMMON PRAWN en Anglais).

Le terme "PINK SHRIMP" (Anglais) s'applique à plusieurs espèces dans différentes parties des océans:

Pandalus montagui

(a) N.E. Atlantic/Mediterranean – Europe

(a) Atlantique N.E./Méditerranée – Europe

Pandalus jordani

(b) N.E. and S.E. Pacific – America

(b) Pacifique N.E. et S.E. – Amérique

Penaeus duorarum

(c) S.W. and S.E. Atlantic/Mexican Gulf – America/Africa

(c) Atlantique S.O. et S.E./Golfe du Mexique – Amérique/Afrique

Penaeus brevirostris

(d) Pacific – S. America

(d) Pacifique – Amérique du Sud)

In North America the name PINK SHRIMP also refers to *Pandalus borealis*, which in Europe is designated + DEEP-WATER PRAWN.

See also + SHRIMP.

En Amérique du Nord "PINK SHRIMP" désigne aussi *Pandalus borealis* (+ CREVETTE NORDIQUE).

Voir aussi + CREVETTE.

D Tiefseegarnele, Teifseekrabbe	DK Reje	E Gamba rosada
GR Garída kókkini	I Gambero di fondale	IS Rækja
J Hokkai-ebi, toyamaebi	N Reke	NL Garnaal
P Camarão-rosa	S Räka	TR Pembe karides
YU Kozica		

712 PIPER
Trigla lyra
GRONDIN LYRE 712

(Atlantic)

Recommended trade name + GURNARD.

See also + GURNARD.

(Atlantique)

Voir + GRONDIN.

D Leyer-Knurrhahn	DK	E Garneo
GR Kapóni	I Capone lira	IS Urrari
J	N Knurr	NL Lierpoon
P Cabra	S Lyrknot	TR Öksüz
YU Lastavica-koste jača, kokot krkaja		

712.1 PIPI
Plebidonax deltoides

(Australia)
Marketed fresh, live.
In New Zealand the name refers to *Paphies australe*.

(Australie)
Commercialisé frais, vivant.
En Nouvelle-Zélande le terme "PIPI" s'applique à *Paphies australe*.

713 PISSALA (France) — PISSALA 713

Variety of + GARUM made in Nice area of France.
See + POUTINE.

Variante du + GARUM, préparée dans la région de Nice (France).
Voir + POUTINE.

D	**DK**	**E**
GR	**I** Pissala	**IS**
J	**N**	**NL**
P Pissala	**S** Pissala	**TR**
YU		

714 PLAICE — PLIE ou CARRELET 714
Pleuronectes platessa

(a) EUROPEAN PLAICE
(Atlantic – Europe)
Also called HEN FISH, PLAICE-FLUKE.

(a) CARRELET (ou PLIE)
(Atlantique – Europe)

Marketed:
Live: on ice, as live handled fish, must not have passed rigor mortis (Germany).
Fresh: gutted; fillets.
Frozen: gutted; fillets.
Smoked: ungutted or pieces, hot-smoked.

Commercialisé:
Vivant: et n'ayant pas atteint le "rigor mortis".
Frais: vidé, en filets.
Congelé: vidé, en filets.
Fumé: à chaud; entier non-vidé ou morceaux.

D Scholle, Goldbutt	**DK** Rødspætte	**E** Solla
GR Glossáki-chomatída	**I** Passera	**IS** Skarkoli
J	**N** Rødspette, gullflyndre	**NL** Schol
P Solha	**S** Rödspätta, rödspotta	**TR**
YU Iverak		

Pleuronectes quadrituberculatus

(b) ALASKA PLAICE
(Pacific – N. America)

(b)
(Pacifique – Amérique du Nord)

Hippoglossoides platessoides

(c) See also + AMERICAN PLAICE
(Atlantic – N. America)
Belongs to the same family *Pleuronectidae*.

(c) + BALAI
(Atlantique – Amérique du Nord)
Qui appartient aussi à la famille des *Pleuronectidae*.

S Lerskädda, lerflundra, glipskädda

715 PLAIN BONITO — PALOMÈTE 715
Orcynopsis unicolor

(i) (E. Atlantic/Mediterranean)
Also called PLAIN PELAMIS. Caught in Spain and Morocco; marketed similar to + TUNA. See also + BONITO.

(i) (Atlantique Est/Méditerranée)
Pêché en Espagne et au Maroc; commercialisé comme le + THON.
Voir aussi + BONITE.

[CONTD.

715 PLAIN BONITO (Contd.)   PALOMÈTE (Suite) 715

- **D** Einfarb-Pelamide
- **GR** Palamída monóchromi
- **J**
- **P** Palometa
- **YU** Pastirica atlantska
- **DK** Ustribet pelamide
- **I** Palamita bianca
- **N** Ustripet pelamide
- **S** Ostrimmig pelamid
- **E** Tasarte
- **IS**
- **NL** Boniter
- **TR**

(ii) Name might also refer to + FRIGATE MACKEREL (*Auxis thazard*), which belongs to the same family of *Scombridae*.

716 PLA-RA (Thailand)   PLA-RA (Thaïlande) 716

Headed, gutted fish or pieces of fish salted and then fermented.

Poissons étêtés et vidés ou morceaux de poissons salés, puis fermentés.

717 PLA THU NUNG (Thailand)   PLA THU NUNG 717 (Thaïlande)

Gutted fish, salted and then boiled in saturated brine.

See also + SHAKEII (Taiwan).

Poisson vidé, salé et ensuite bouilli dans une saumure saturée.

Voir aussi + SHAKEII (Formose).

718 PODPOD (Philippines)   PODPOD (Philippines) 718

Boiled, smoked, seasoned fish product.

Produit fait de poisson cuit à l'eau, fumé et assaisonné.

719 POLAR COD   SAÏDA 719
Boreogadus saida

(Atlantic/Pacific – N. America)

Also called ARCTIC COD.

See + COD.

(Atlantique/Pacifique – Amérique du Nord)

Aussi appelé MORUE POLAIRE.

Voir + CABILLAUD.

- **D** Polardorsch
- **GR**
- **J**
- **P**
- **YU**
- **DK** Polartorsk, uvak
- **I**
- **N** Polartorsk
- **S** Polartorsk
- **E**
- **IS** Ískóð
- **NL** Arctische kabeljauw, poolkabeljauw
- **TR**

720 POLLACK   LIEU JAUNE 720
Pollachius pollachius or/ou *Gadus pollachius*

(North Atlantic)

Also called CALLAGH, DOVER HAKE, GRASS WHITING, GREENFISH, LYTHE, MARGATE HAKE, POLLOCK.

(Atlantique Nord)

Appelé aussi COLIN JAUNE.

Marketed:
Fresh: whole gutted; fillets.
Salted: like + SAITHE, also for + SEELACHS IN OEL.

Commercialisé:
Frais: entier et vidé; en filets.
Salé: comme le + LIEU NOIR; voir aussi + SEELACHS IN OEL.

- **D** Pollack, Klamottendorsch
- **GR**
- **J**
- **P** Badejo, juliana
- **YU** Ugotica (sjeverna, atlanska)
- **DK** Lubbe
- **I** Merluzzo giallo
- **N** Lyr
- **S** Lyrtorsk, bleka
- **E** Abadejo
- **IS** Lýr
- **NL** Witte koolvis, pollak, vlas-wijting
- **TR**

721 POLLAN   CORÉGONE 721

Coregonus pollan
Coregonus altior
Coregonus elegans

(Freshwater – British Isles)   (Eaux douces – Îles Britanniques)

Also called FRESHWATER HERRING.
See also + WHITEFISH (i).   Voir aussi + CORÉGONE (i).

D Felchen, Maräne	**DK** Hælt	**E**
GR	**I** Coregone	**IS**
J	**N**	**NL** Marene
P	**S** Planktonsik	**TR**
YU		

722 POLLOCK   722

POLLOCK (Anglais) s'applique aux:

(a) Name used for + SAITHE (*Pollachius virens*), especially in N. America and ICNAF statistics.
(b) Name also used for + POLLACK (*Pollachius pollachius*).
(c) See also + ALASKA POLLACK (*Theragra chalcogrammus*).

All three species belong to the family *Gadidae*.

(a) + LIEU NOIR,

(b) + LIEU JAUNE et

(c) + MORUE DU PACIFIQUE OCCIDENTAL;

de la famille *Gadidae*.

723 POMFRET   CASTAGNOLE 723

(i) In N. America the name generally refers to the family *Bramidae*.

(i) En Amérique du Nord, s'applique généralement aux espèces de la famille des *Bramidae*.

Brama brama or/ou *Brama raji*

(a) POMFRET (Atlantic)

(a) GRANDE CASTAGNOLE (Atlantique)

In U.K. this species is mainly referred to as + RAY'S BREAM; also called BLACK SEA BREAM or ANGELFISH.

Brama japonica

(b) (Pacific)   (b) (Pacifique)

Taractes longipinnis

(c) BIGSCALE POMFRET (Cosmopolitan)

(c) CASTAGNOLE DE MADÈRE (Cosmopolite)

In U.K. mainly called LONG-FINNED BREAM; also called SEA BREAM.

D (a) Brachsenmakrele	**DK** (a) Havbrasen	**E** Castañeta, japuta, palometa negra
GR (a) Lestia	**I** (a) Pesce castagna	**IS** Bramafiskur
J (a) Echiopia	**N** (a) Havbrasme	**NL** Dekins
P Xaputa	**S** Havsbraxen	**TR**
YU Plotica morska		

(ii) In Europe the name POMFRET more generally refers to species of the family *Stromateidae* (which in N. America are referred to as + BUTTERFISH).

(ii) Voir + STROMATÉE.

Stromateus fiatola

(a) FIATOLON
(Atlantic/Mediterranean)

Stromateus niger

(b) BLACK POMFRET
(Indian Ocean)

[CONTD.

723 POMFRET (Contd.)   CASTAGNOLE (Suite) 723

                    Stromateus cinereus

(c) WHITE POMFRET
(Indian Ocean)

                    PAMPUS spp.

(d) SILVER POMFRET

Pomfrets are marketed fresh, frozen and canned (Spain); also salted (India).

Commercialisée fraîche ou congelée et, en Espagne, en conserve à l'huile; aussi salée (Indes).

D	DK	E Pampano
GR	I (a) Fieto	IS
J Managatsuo	N	NL
P Pampo	S Smörfisk	TR
	(a) fiatola	
YU Divlja bilizma		

724 POMPANO   POMPANO 724

(i) Name employed for *Carangidae* (also designated as + JACK or + SCAD), especially refers to *Trachinotus* spp.

(i) De la famille des *Carangidae* (dont font partie également les + CARANGUE) surtout les espèces *Trachinotus*).

                    Trachinotus carolinus

(a) COMMON POMPANO   (a)
    (Atlantic – N. America)   (Atlantique – Amérique du Nord)

                    Trachinotus falcatus

(b) PERMIT   (b)
    (Atlantic – N. America)   (Atlantique – Amérique du Nord)

                    Trachinotus glaucus

(c) GLAUCUS   (c) PALOMINE
    (Atlantic/Mediterranean)   (Atlantique/Méditerranée)

Also called GARRICK (Europe) or PALOMETA (N. America)

In Australia *Trachinotus* spp. are commonly known as DART.

D	DK	E Palometa
GR	I Leccia stella	IS
J Kobanaji	N	NL Pampano
P Pâmpano	S Pompano, taggmakrill	TR
	(a) vanlig pompano	
	(c) långfenad pompano, gaffelmakrill	
YU Lica modrulia		

                    Palometa simillina

(ii) PACIFIC POMPANO   (ii)
    (Pacific – N. America)   (Pacifique – Amérique du Nord)

Belongs to the family *Stromateidae* (see + BUTTERFISH)

Voir + STROMATÉE.

                    Neptomenus crassus

(iii) (Pacific – S. America)

725 POND SMELT   725

                    Hypomesus olidus

(Pacific/Freshwater – North America/Japan)   (Pacifique/Eaux douces – Amérique du Nord/Japon)

Belonging to the family *Osmeridae* (see + SMELT).

De la famille des *Osmeridae* (voir + ÉPERLAN).

Often reared in lakes (Japan).

Souvent cultivé dans les lacs (Japon).

Marketed fresh, frozen or dried (Japan).

Commercialisé frais, congelé ou séché (Japon).

J Wakasagi

726 POOR COD — CAPELAN DE FRANCE 726

Trisopterus minutus or/ou *Gadus minutus*

(N.E. Atlantic/Mediterranean) (Atlantique N.E. – Méditerranée)

Ne doit pas être confondu avec le + CAPELAN (*Mallotus oillosus*), de la famille des *Osmeridae* (voir + ÉPERLAN).

Marketed in Italy and Spain (mainly fresh). Commercialisé en Italie et en Espagne (généralement frais).

- **D** Zwergdorsch
- **GR** Sýko, bacaliaráki sýko
- **J**
- **P** Fanecão
- **YU** Mol
- **DK** Glyse
- **I** Merluzzo cappellano
- **N** Sypike
- **S** Glyskolja
- **E** Mollera
- **IS** Dvergþorskur
- **NL** Dwergboḷk
- **TR** Mezgit

727 PORBEAGLE — TAUPE 727

Lamna nasus or/ou *Lamna cornubica*

(Atlantic – Europe/N. America) (Atlantique – Europe/Amérique du Nord)

In Europe also called BEAUMARIS SHARK. Appelée aussi MARAICHE (Canada), TOUILLE, MUZERAILLE, LAMIE.

In North America also called BLUE DOG.

In international statistics, PORBEAGLE refers to all *Lamna* spp. (e.g. + SALMON SHARK); see + MACKEREL SHARK. Dans les statistiques internationales, s'applique à toutes espèces *Lamna*; voir + REQUIN-MAQUEREAU.

Marketed various ways, see + SHARK; special preparation see + KALBFISCH. Commercialisée de différentes façons, voir + REQUIN; spécialité, voir + KALBFISCH.

- **D** Heringshai
- **GR** Karcharías, skylopsaro
- **J** Mokazame
- **P** Anequim, sardo
- **YU** Psina atlanska, kučina
- **DK** Sildehaj
- **I** Smeriglio
- **N** Håbrand
- **S** Håbrand, sillhaj
- **E** Cailón marrajo
- **IS** Hámeri
- **NL** Haringhaai, neushaai
- **TR** Dikburun karkarias

728 PORGY — 728

Name commonly employed for + SEA BREAM in N. America. Voir + DORADE.

729 PORKFISH — DAURADE AMÉRICAINE 729

Anisotremus virginicus

(Atlantic – N. America) (Atlantique – Amérique du Nord)

Belongs to the family *Pomadasyidae* (see + GRUNT). De la famille des *Pomadasyidae* (voir + GRUNT).

730 PORPOISE — MARSOUIN 730

(N. and S. Atlantic) (Atlantique N. et S.)

Phocaena phocaena

Sometimes captured for extraction of body oils, and particularly the oil from the head fat and jaw fat; also called COMMON PORPOISE (U.K.) and HARBOUR PORPOISE (U.S.A.). Parfois chassé pour extraire les huiles du corps, en particulier de la tête et de la mâchoire; aussi appelé COCHON DE MER.

The term COMMON PORPOISE in N. America refers to + BOTTLENOSED DOLPHIN (*Tursiops truncatus*).

- **D** Kleiner Tümmler, Schweinsfisch
- **GR** Phókia
- **J** Iruka
- **P** Toninha
- **YU**
- **DK** Marsvin
- **I** Focena, marsuino
- **N** Nise
- **S** Tumlare
- **E** Focena
- **IS** Hnísa
- **NL** Bruinvis
- **TR** Fok

731 PORTUGUESE OYSTER — HUÎTRE PORTUGAISE 731
Crassostrea angulata

(Europe)   (Europe)

Sold as large, medium or small or cocktail grades; see also + OYSTER.

Triées par ordre de taille pour la vente; voir aussi + HUÎTRE.

- **D** Portugiesische Auster
- **DK** Portugisisk østers
- **E** Ostión, ostra portuguesa
- **GR** Strídia portogallicá
- **I** Ostrica portoghese
- **IS** P. ostra
- **J**
- **N** Portugisisk østers
- **NL** Portugese oester
- **P** Ostra-portuguesa
- **S** Portugisiskt ostron
- **TR**
- **YU** Kamenica portugalska

732 POUT — TACAUD 732
Trisopterus luscus or/ou *Gadus luscus*

(N.E. Atlantic)   (Atlantique N.E.)

Also called BIB, POUTING, WHITING-POUT.

Appelé aussi GODE (Normandie).

Not to be confused with OCEAN POUT of the family *Zoarcidae* (see + EELPOUT).

See also + NORWAY POUT.

Voir aussi + TACAUD NORVÉGIEN.

- **D** Franzosendorsch
- **DK** Skægtorsk
- **E** Faneca
- **GR**
- **I** Merluzzo francese
- **IS**
- **J**
- **N** Skjeggtorsk
- **NL** Steenbolk
- **P** Faneca
- **S** Skäggtorsk
- **TR**
- **YU** Ugotica mala

733 POUTASSOU — POUTASSOU 733
Micromesistius poutassou or/ou *Gadus poutassou*

(Atlantic/Mediterranean – Europe/N. America)   (Atlantique/Méditerranée – Europe/Amérique du Nord)

Also called + BLUE WHITING, COUCH'S WHITING.

Appelé aussi + MERLAN BLEU.

- **D** Blauer Wittling
- **DK** Sortmund, blåhvilling
- **E** Bacaladilla
- **GR** Sýko, gourlomáta
- **I** Merlu
- **IS** Kolmunni
- **J**
- **N** Kolmule, blågunnar
- **NL** Blauwe wijting
- **P** Pichelim
- **S** Kolmule, blåvitling
- **TR** Mezgit, mezit
- **YU** Ugotica pučinska

734 POUTINE (France) — POUTINE 734

Young of several spp. of fish, especially *Atherinidae* (see + SILVERSIDE).

Jeunes poissons de plusieurs espèces, particulièrement des *Atherinidae* (voir + POISSON D'ARGENT).

May be fried or used for making + PISSALA.

Peuvent être frits ou utilisés pour faire la + PISSALA.

735 POWAN — LAVARET 735
Coregonus lavaretus

(Freshwater – Europe)   (Eaux douces – Europe)

Also called GWYNIAD.

See + WHITEFISH (i).   Voir + CORÉGONE (i).

- **D** Lavaret, Grosse Maräne
- **DK** Helt
- **E**
- **GR**
- **I** Lavereto, coregone
- **IS**
- **J**
- **N** Sik
- **NL** Grote marene
- **P**
- **S** Sik, blåsik
- **TR**
- **YU**

207

M.D.F.   8

736 PRAHOC (Cambodia)

Fermented fish paste, made from *Cyprinidae* (see + CARP).

737 PRAWN

(i) The terms + PRAWN and + SHRIMP are often used indiscriminately, but commercially "prawn" refers to the larger species; though also the name shrimp is used in connection with them, "prawn" particularly refers to *Pandalidae, Penaeidae* and *Palaemonidae.*

In U.K. all species but two are designated as PRAWN in trade (see + SHRIMP).

Main species are listed below:

Palaemon serratus

(a) + COMMON PRAWN
(Atlantic/Mediterranean – Europe/N. Africa)

Pandalus borealis

(b) + DEEPWATER PRAWN
(N. Atlantic/Pacific – Europe/N. America/Japan)
In N. America also called + PINK SHRIMP

Penaeus japonicus

(c) KURUMA PRAWN
(Mediterranean/Atlantic/Indo-pacific – Near East/Japan)

Penaeus monodon

(d) GIANT TIGER PRAWN
(Indo-pacific – Asia/Australia)
Also called JUMBO TIGER SHRIMP

Penaeus esculentus

(e) COMMON TIGER PRAWN
(Indo-pacific – Asia/Australia)
Also called BROWN TIGER PRAWN.

Penaeus indicus

(f) INDIAN PRAWN
(Indo-pacific)

Penaeus plebejus

(g) EASTERN KING PRAWN
(Australia)

Penaeus kerathurus or/ou *Penaeus caramote*

(h)
(E. Atlantic)

Penaeus merguiensis

(j) BANANA PRAWN
(Indo-pacific – Asia/Australia)

PRAHOC (Cambodge) 736

Pâte de poisson fermenté, à base de *Cyprinidae* (voir + CARPE).

CREVETTE 737

(i) Les appellations "prawn" et "shrimp" sont souvent utilisées l'une pour l'autre, mais commercialement "prawn" désigne les espèces plus grandes, particulièrement les *Pandalidae, Penaeidae* et *Palaemonidae.*

Principales espèces ci-dessous:

(a) + CREVETTE
(Atlantique/Méditerranée – Europe/Afrique du Nord)

(b) + CREVETTE NORDIQUE
(Atlantique Nord/Pacifique – Europe/Amérique du Nord/Japon)

(c) (Méditerranée/Atlantique/Indo-pacifique – Proche-Orient/Japon)

(d) (Indo-pacifique – Asie/Australie)

(e) (Indo-pacifique – Asie/Australie)

(f) (Indo-pacifique)

(g) (Australie)

(h) CARAMOTE
(Atlantique Est)

(j) (Indo-pacifique – Asie/Australie)

[CONTD.

737 PRAWN (Contd.)   CREVETTE (Suite) 737

METAPENAEUS spp.
Penaeus latisulcatus

(k) WESTERN KING PRAWN   (k)
(Australia)   (Australie)

Penaeus semisulcatus

(l) GROOVED TIGER PRAWN   (Australie)
(Australia)

Macrobrachium carcinus

(m) + FRESHWATER PRAWN   (m) + CREVETTE D'EAU DOUCE
(Freshwater/Atlantic/Pacific –   (Eaux douces/Atlantique/Pacifique –
N. America)   Amérique du Nord)

Marketed: **Commercialisé:**
Fresh: in shell, cooked or uncooked;   **Frais:** non décortiqué, cuit ou non;
shelled cooked meats.   queues décortiquées.
Frozen: shelled meats, cooked or un-   **Congelé:** queues décortiquées, cuites ou
cooked; prepared dishes, e.g. PRAWN   crues; plats cuisinés, ex: COCKTAIL DE
COCKTAIL, usually meats in mayon-   CREVETTES, en général en mayonnaise.
naise.
Canned: meats: curried meats.   **Conserves:** queues, queues au cari.
Paste: **Pâte:**
See also + SHRIMP, + PACIFIC PRAWN.   Voir aussi + CREVETTE, + CREVETTE
                                               DU PACIFIQUE.

D Krabbe, Garnele   **DK** Reje   **E** Camarón, quisquilla
                                                       (h) langostino
GR Garída   **I** Gamberello   **IS** Rækjur
                                     (h) mazzancolla
J Ebi   **N** Reke   **NL** Garnaal
P Camarão   **S** Räka   **TR** Karides
YU Kozica

For (a), (b) and (l) see under these entries.   Pour (a), (b) et (l) voir
                                                   ces rubriques.

(ii) The name PRAWN might also be used for +   (ii) Voir + LANGOUSTINE.
NORWAY LOBSTER (*Nephrops
norvegicus*).

738 PRESS CAKE   GATEAU DE PRESSE 738

The residue after the pressing stage in the manu-   Matière solide issue de la presse après élimina-
facture of fish meal and oil from fatty fish;   tion de la partie liquide, lors de la fabrication de
contains about 60% water and 4 to 5% oil; it   farine de poisson par cuisson et pression; le
is usually further dried and ground to make   gâteau de presse contient environ 60% d'eau
meal.   et de 4 à 5% d'huile; il est d'habitude séché
                                                 puis broyé en farine.

D Presskuchen   **DK** Pressekage   **E** Torta de pescado
GR   **I** Residui di pesce   **IS** Pressukaka
                                  pressati
J Shime-kasu   **N** Presskake   **NL** Perskoek, filterkoek
P Pasta de peixe   **S** Presskaka   **TR**
   prensado
YU Prešani kolač,
     ribljeg brašna

739 PRESSED PILCHARDS   PILCHARDS PRESSÉS 739

Whole pilchards, dry salted packed in barrels   Sardines entières, salées à sec, mises en barils
and pressed to about one-third of the original   et pressées à environ un tiers de leur volume
bulk; further fish are added to the barrel and   initial auquel on ajoute du poisson salé,
the pressing continued until the barrel is full.   pressé, etc. jusqu'à ce que le baril soit plein.
    Also called + FUMADOES (U.K.),   Appelés aussi + FUMADOES (Grande-
SALACHINI or SALACHI (Italy, U.S.A.).   Bretagne), SALACHINI ou SALACHI (Italie
                                                 E.U.).

[CONTD.

739 PRESSED PILCHARDS (Contd.)   PILCHARDS PRESSÉS (Suite) 739

- **D**
- **GR** (Alípasti) sárdella toú varellioú
- **J** Assaku-iwashi
- **P** Sardinhas prensadas
- **YU** Soljena srdela, srdela soljena dalmatinskim ili grčkim načinom
- **DK**
- **I** Sardine pressate (salachini)
- **N**
- **S**
- **E** Sardinas prensadas
- **IS**
- **NL** Geperste pilchards
- **TR**

740 PUFFER   POISSON-ARMÉ 740

(Cosmopolitan)

Also called GLOBEFISH *Tetraodontidae* might also be designated as + LEATHERJACKET.

(Cosmopolite)

Aussi appelé POISSON-GLOBE (Canada).

Sphaeroides maculatus

(a) NORTHERN PUFFER
(Atlantic)

Also called SWELLFISH.

(a) SPHÉROÏDE DU NORD
(Atlantique)

(b) OCEANIC PUFFER
(Cosmopolitan in warm seas)

Some species highly esteemed as food in Japan; marketed fresh or alive.

(b) ORBE ÉTOILÉ
(Cosmopolite, eaux chaudes)

Certaines espèces sont très appréciées au Japon; commercialisés frais ou vivants.

- **D** Kugelfisch, Aufbläser
- **GR**
- **J** Fugu
- **P** Peixe-bola
- **YU**
- **DK** Kuffertfisk
- **I** Tetradonte
- **N**
- **S** Blåsfisk
- **E**
- **IS**
- **NL** Tamjakoe (Sme.), (a) noordelijke kogelvis
- **TR**

741 QUAHAUG   PRAIRE 741

Mercenaria mercenaria or/ou *Venus mercenaria*

(Atlantic – N. America/Europe)

Also known as + HARD CLAM.
Also called QUAHOG, ROUND CLAM; smaller sizes: CHERRYSTONE, LITTLENECK.

Larger species especially used for + CLAM CHOWDER.

See also + CLAM.

(Atlantique – Amérique du Nord/Europe)

Les espèces les plus grandes sont surtout utilisées pour la préparation de + SOUPE DE CLAMS.

Voir aussi + CLAM.

- **D** Venusmuschel
- **GR** Ahiváda
- **J**
- **P** Pé-de-burro
- **YU**
- **DK**
- **I** Vongola dura
- **N**
- **S**
- **E**
- **IS**
- **NL** Venusschelp
- **TR**

742 QUEEN SCALLOP   VANNEAU 742

Chlamys opercularis

(North Atlantic)

Also called QUEEN ESCALLOP.

Belonging to the family *Pectinidae* (Scallops), but smaller species.

For more details see + SCALLOP.

(Atlantique Nord)

De la famille des *Pectinidae* (coquilles St. Jacques) mais de plus petite taille.

Pour de plus amples détails, voir + COQUILLE SAINT JACQUES.

- **D** Kamm-Muschel
- **GR**
- **J** Akazaragai
- **P** Vieira
- **YU** Česljača
- **DK** Kammusling
- **I** Pettine
- **N** Haneskjell
- **S** Kammussla
- **E** Volandeira
- **IS**
- **NL** Kammossel, wijde mantel
- **TR** Tarak

743 QUEENFISH 743
Seriphus politus

(i) (Pacific – N. America)
(Belongs to the family *Sciaenidae* (see + CROAKER or + DRUM)
(ii) In Australia refers to *Chorinemus lysan*.

(Pacifique – Amérique du Nord)
De la famille des *Sciaenidae* (voir + TAMBOUR).

744 QUENELLES (France) QUENELLES 744

Paste prepared from starchy substance, eggs, fat and white meat of animals including freshwater fish and presented in a rolled form. Often canned.

Pâte préparée à base de substances amylacées, d'œufs, de matière grasse et d'une chair animale blanche, notamment de poisson d'eau douce et présentée sous forme de rouleaux; existe souvent en conserve.

745 QUILLBACK BRÈME (Canada) 745
Carpiodes cyprinus

(Freshwater – N. America)
Also called + SPEARFISH or SKIMFISH.
Belongs to the family *Catostomidae* (see + SUCKER).

(Eaux douces – Amérique du Nord)
Appelée aussi CYPRIN-CARPE. De la famille des *Catostomidae* (voir + CYPRIN-SUCET).

S Amerikansk sugkarp

746 RABBIT FISH CHIMÈRE 746
Chimaera monstrosa

(N.E. Atlantic)
Belonging to the family *Chimaeridae* (see + CHIMAERA).
Also called KING OF THE HERRING, RAT FISH, SEA RAT.
Little commercial importance; oil extracted from the liver.

(Atlantique Nord-Est)
De la famille des *Chimaeridae* (voir + CHIMÈRE).
Aussi appelée RAT DE MER.
Sans grande importance commerciale: on extrait l'huile de son foie.

D Seeratte, Spöke	**DK** Havmus	**E** Quimera, gato
GR Gatos, hímera	**I** Chimera	**IS** Geirnyt
J Ginzame	**N** Havmus, hågylling	**NL** Draakvis, zeerat
P Peixe-rato	**S** Havsmus	**TR**
YU Himera		

747 RACKLING (U.K.) 747

Sides of flatfish, especially halibut, with a fat content of about 2%, cut into long narrow strands about 1 in. (2.5 cm), wide and left joined at collarbone, brine-salted and air-dried.

Moitiés de poissons plats, particulièrement de flétans, contenant environ 2% de graisse, découpées en lanières d'environ 2,5 cm de large sans les détacher des arêtes scapulaires; salées en saumure et séchées à l'air.

D	**DK**	**E**
GR	**I**	**IS** Riklingur
J	**N** Rekling	**NL**
P	**S**	**TR**
YU		

748 RAINBOW TROUT

Salmo gairdnerii or/ou *Salmo irideus*

(Atlantic/Pacific/Freshwater)

In North America also commonly called + STEELHEAD TROUT, when they enter or return from the sea and large inland lakes.

In Europe also called FINGER TROUT. Cultivated in ponds.

See also + TROUT.

TRUITE ARC-EN-CIEL 748

(Atlantique/Pacifique/Eaux douces)

En Amérique du Nord aussi appelée + STEELHEAD TROUT, quand elle vient de la mer ou des grands lacs ou y retourne.

Cultivée en étangs.

Voir aussi + TRUITE.

- **D** Regenbogenforelle
- **GR** Pestropha
- **J** Nijimasu
- **P** Truta-arco-íris
- **YU** Pastrva
- **DK** Regnbueørred
- **I** Trota iridea
- **N** Regnbueaure, regnbueørret
- **S** Stålhuvudöring regnbågsforell, regnbågslax
- **E** Trucha arco iris
- **IS** Regnboga-silungur
- **NL** Regenboogforel
- **TR** Alabalık türü

749 RAKØRRET (Norway)

Fresh water trout, gutted, lightly salted and fermented.

RAKØRRET (Norvège) 749

Truite d'eau douce vidée, légèrement salée et fermentée.

750 RATFISH

Hydrolagus colliei

(Pacific – N. America)

The name might also refer to + RABBIT FISH (*Chimaera monstrosa*) which also belongs to the family *Chimaeridae* (see + CHIMAERA).

CHIMÈRE D'AMÉRIQUE 750

(Pacifique – Amérique du Nord)

Désigne aussi la + CHIMÈRE (*Chimaera monstrosa*) également de la famille des *Chimaeridae* (voir + CHIMÈRE).

- **D** Amerikanische Spöke
- **GR**
- **J** Ginzame
- **P** Peixe-rato
- **YU**
- **DK** Havmus
- **I** Chimera elefante
- **N**
- **S** Brunaktig, vitfläckig havsmus
- **E**
- **IS**
- **NL** Ratvis, zeerat
- **TR**

751 RAY

The name RAY has been generally applied to various families and species of the order *Rajiformes* (*Batoidei*), but more particularly refers to species of the family *Rajidae*; it is generally used synonymously with + SKATE.

Various species of *Rajidae* are listed under individual names:
+ BLONDE + CUCKOO RAY + PAINTED RAY + SANDY RAY + SHAGREEN RAY + SPOTTED RAY + STARRY RAY + THORNBACK RAY + UNDULATE RAY.

See also + SKATE for other species and for ways of marketing.

Other families than *Rajidae* are given under the following entries:

RAIE et POCHETEAU 751

Le nom RAIE s'applique de façon générale à différentes familles et espèces de l'ordre *Rajiformes* (*Batoidei*), mais se réfère plus particulièrement aux espèces de la famille des *Rajidae*.

Les différentes espèces des *Rajidae* sont répertoriées sous leur nom individuel : + RAIE LISSE + RAIE FLEURIE + RAIE RONDE + RAIE CHARDON + RAIE ÉTOILÉE + RAIE BOUCLÉE.

Voir ces rubriques et + RAIE (= + SKATE (Anglais)).

Les familles autres que *Rajidae* sont répertoriées sous :

TORPEDINIDAE

(i) + ELECTRIC RAY
(Cosmopolitan)

(i) + TORPILLE
(Cosmopolite)

MYLIOBATIDAE

(ii) + EAGLE RAY
(Cosmopolitan)

(ii) + AIGLE DE MER
(Cosmopolite)

[CONTD.

751 RAY (Contd.)
DASYATIDAE
(iii) + STINGRAY
(Cosmopolitan)
See under these entries.

Furthermore, the following families belong to the order *Rajiformes*: *Pristidae* (see + SAWFISH), *Rhinobatidae* (see + GUITARFISH), *Mobulidae* (see + MANTA).

RAIE et POCHETEAU (Suite) 751
(iii) + PASTENAGUE
(Cosmopolite)
Voir ces rubriques.

En outre, les familles suivantes appartiennent à l'ordre des *Rajiformes*: *Pristidae* (+ POISSON-SCIE), *Rhinobatidae* (+ GUITARE), *Mobulidae* (+ MANTE).

- **D** Rochen, Echter Rochen
- **GR** Seláchi
- **J** Ei, kasube, gangiei
- **P** Raia
- **YU** Raža, pas glavonja
- **DK** Rokke, skade
- **I** Razza
- **N** Skate, rokke
- **S** Rocka
- **E** Raya
- **IS** Skata, lóskata
- **NL** Rog vleten
- **TR** Vatoz

752 RAY'S BREAM

Brama brama or/ou *Brama raji*

(Atlantic)

Also called ANGEL FISH, or BLACK SEA BREAM or + POMFRET (N. America).
See also + POMFRET.

GRANDE CASTAGNOLE 752

(Atlantique)

Aussi appelée BRÈME DE MER.

Voir aussi + CASTAGNOLE.

- **D** Brachsenmakrele
- **GR** Lestia, léstika
- **J** Echiopia, shimagatsuo
- **P** Xaputa
- **YU** Grboglavka
- **DK** Havbrasen
- **I** Pesce castagna
- **N** Havbrase
- **S** Rays havsbraxen
- **E** Japuta, palometa negra, castañeta
- **IS** Stóri bramafiskur
- **NL** Braam
- **TR**

753 RAZOR SHELL
SOLENIDAE

(Cosmopolitan)

COUTEAU 753

(Cosmopolite)

Solen marginatus

(a) RAZOR CLAM
(Atlantic – Europe/North Africa)

(a) COUTEAU
(Atlantique – Europe/Afrique du Nord)

Siliqua patula

(Pacific – N. America)

(Pacifique – Amérique du Nord)

Ensis directus

(Atlantic – N. America)

(Atlantique – Amérique du Nord)

Solen vagina

(b) GROOVED RAZOR
(Atlantic/Mediterranean)

(b) COUTEAU DROIT
(Atlantique/Méditerranée)

Ensis siliqua

(c) SWORD RAZOR
(Atlantic/Mediterranean)

(c) COUTEAU DROIT
(Atlantique/Méditerranée)

Solen ensis or/ou *Ensis ensis*

(d) POD RAZOR
(Atlantic/Mediterranean)

(d) COUTEAU COURBE
(Atlantique/Méditerranée)

- **D** Meerscheide, Scheiden-Muschel
- **GR** Solína
- **J** Mategai
- **P** Faca, longueirão
- **YU**
- **DK** Knivmusling
- **I** Cannolicchío, (d) cappa lunga
- **N** Knivskjell
- **S** Knivmussla, skidmussla
- **E** Navaja, longeirón, muergo
- **IS**
- **NL** Scheermes, meerschede
- **TR**

754 RED ALGAE — ALGUE ROUGE 754

Important group of seaweeds; source of + AGAR and of + CARRAGEENIN; see also + IRISH MOSS.

Important groupe d'algues dont on extrait l' + AGAR et le + CARRAGHEENE; voir aussi + MOUSSE D'IRLANDE.

- **D** Rotalge
- **GR** Kókkino phýki
- **J** Kosorui
- **P** Alga vermelha
- **YU** Crvene alge
- **DK** Rødalge
- **I** Alga rossa
- **N** Rødalge
- **S** Rödalg
- **E** Alga roja
- **IS** Rauðþörungur
- **NL** Roodmeun
- **TR** Kırmızı alga

755 RED BREAM — BERYX 755
Beryx decadactylus

(i) (North Atlantic)

(i) (Atlantique Nord)

Occasionally landed as SEA BREAM (though not belonging to the family *Sparidae*; see + SEA BREAM).

- **D** Kaiserbarsch
- **GR**
- **J** Kimmedai
- **P** Imperador
- **YU**
- **DK** Nordisk beryx
- **I** Berice rosso
- **N** Brudefisk
- **S** Nordiska beryxen
- **E**
- **IS**
- **NL** Roodbaars
- **TR** Çipra, çipura, cupra

(ii) Name also used for + REDFISH (*Sebastes* spp.).

(ii) Voir + SÉBASTE.

756 RED CAVIAR (N. America) — CAVIAR ROUGE 756 (Amérique du Nord)

+ CAVIAR SUBSTITUTE made from salmon eggs.

+ SUCCÉDANÉ DE CAVIAR fait avec des œufs de saumon.

- **D** Keta-Kaviar, Roter Kaviar
- **GR** Kókkino chaviári (brique)
- **J** Ikura
- **P** Caviar vermelho
- **YU** Crveni kavijar
- **DK** Laksekaviar
- **I** Caviale di salmone
- **N** Laksekaviar
- **S**
- **E** Caviar de salmón
- **IS** Laxa kaviár
- **NL** Zalmkaviaar, rode kaviaar
- **TR** Kırmızı havyar

756.1 RED COD 756.1
Physiculus bachus

(New Zealand)

(Nouvelle-Zélande)

757 RED DRUM 757
Sciaenops ocellatus

(Atlantic – N. America)

(Atlantique – Amérique du Nord)

Also called CHANNEL BASS, SPOTTED BASS, + REDFISH.

Marketed:
Fresh: whole or dressed.
Salted: sides are washed, dredged in salt and immersed in brine in barrels, then air-dried in piles under pressure.
See also + DRUM.

Commercialisé:
Frais: entier ou paré.
Salé: moitiés lavées, saupoudrées de sel et mises en barils dans de la saumure, puis pressées en tas et séchées à l'air.
Voir aussi + TAMBOUR.

758 REDFISH — SÉBASTE 758

SEBASTES spp.
Sebastes marinus
Sebastes mentella
Sebastes viviparus

(i) (North Atlantic/Arctic) — (Atlantique Nord/Arctique)

For Pacific species, see + ROCKFISH (*Sebastodes* spp.).

Also called BERGHILT, BREAM, NORWAY HADDOCK, OCEAN PERCH, REDBARSCH, REDBREAM, REDPERCH, ROSEFISH, SEA BREAM, SEBASTE, SOLDIER.

Pour les espèces du Pacifique, voir + SCORPÈNE/RASCASSE (espèces *Sebastodes*).

Appelée aussi PERCHE ROSE (Canada), CHÈVRE, RASCASSE DU NORD.

Recommended trade name in U.S.A: OCEAN PERCH

Marketed:
Fresh: whole, ungutted; fillets skinned or with skin on.
Frozen: fillets, skinned or with skin (U.S.A.).
Smoked: skinned fillets, cold-smoked; hot-smoked pieces or steaks (Germany).
Canned: minced flesh or pieces with sauces, also with rice, etc., as "ready-for-plate" products (Germany).

Commercialisé:
Frais: entier, non vidé; filets avec ou sans peau.
Congelé: filets, avec ou sans peau (E.U.).
Fumé: filets sans peau, fumés à froid; morceaux ou tranches fumés à chaud (Allemagne).
Conserve: chair hachée ou morceaux en sauces, également accompagnés de riz, etc, en tant que "plats cuisinés" (Allemagne).

D Rotbarsch, Goldbarsch
GR Sebastós-Kokkinópsara
J Menuke

DK Rødfisk
I Scorfano di Norvegia
N Uer, rødfisk

E Gallineta nórdica
IS Karfi: stóri karfi, djúpkarfi, litli karfi
NL Roodbaars, rode zeebaars, noorse schelvis
TR

P Cantarilho, galinha do mar
YU Bodečnjak mali, jauk

S Rödfisk, kungsfisk

(ii) Name used for + RED DRUM (*Sciaenops ocellatus*).

759 REDFISH or NANNYGAI — BERYX AUSTRALIEN 759

Centroberyx affinis

(Australia) — (Australie)

760 RED GURNARD — GRONDIN ROUGE 760

Aspitrigla cuculus

(i) (North Atlantic) — (i) (Atlantique Nord)

Also called CUCKOO GURNARD, SOLDIER.
See + GURNARD.

Aussi appelé GRONDIN ROSE.
Voir + GRONDIN.

Currupiscis kumu

(ii) (Australia) — (ii) (Australie)

Marketed: Fresh; whole fish and fillets. Also smoked.
Commercialisé: Frais; entier et filets. Également fumé.

D Kuckucksknurrhahn, Seekuckuck
GR Kapóni
J
P Ruivo
YU Krkotajka

DK Tværstribet knurhane
I Capone imperiale, capone coccio
N Tverrstripet knurr
S Rödknot

E Arete, escacho
IS
NL Engelse poon, engelse soldaat
TR Kırlangıç

761 RED HAKE — MERLUCHE-ÉCUREUIL 761
Urophycis chuss

(Atlantic – N. America)　　　　　　　　(Atlantique – Amérique du Nord)

Also called SQUIRREL HAKE. Belongs to the family *Gadidae*.

De la famille des *Gadidae*.

See + HAKE.　　　　　　　　　　　　　Voir + MERLU.

D	DK Skægbrosmer	E Locha
GR	I Musdea atlantica	IS
J	N	NL
P Linguiça	S	TR
YU		

762 RED HERRING — HARENG ROUGE 762

Whole ungutted herring, heavily salted and cold smoked for two or three weeks until hard; also called HARD SMOKED HERRING.

Hareng entier, non vidé, fortement salé et fumé à froid pendant deux à trois semaines jusqu'à durcissement; appelé encore HARENG FORTEMENT SALÉ.

See also + GOLDEN CURE, + LACHSHERING (Germany), + HARD SMOKED FISH.

Voir aussi + GOLDEN CURE, + LACHSHERING (Allemagne), + POISSON FORTEMENT SALÉ.

D	DK	E Arenque entero fuertemente salado y ahumado
GR	I Aringhe dorate	IS
J	N	NL Dubbelgerookte steurharing
P Arenque-vermelho	S	TR Kırmızı ringa
YU		

763 RED MULLET 763

(i) Recommended trade name in U.K. for + SURMULLET (*Mullus surmuletus*).

(i) "RED MULLET" (anglais) est le nom recommandé en Grande Bretagne pour + ROUGET DE ROCHE (*Mullus surmuletus*).

(ii) (*Upeneichthys porosus*) (Australia).

(ii)

　　　　　　　　　　　　　　　　　　　TR Barbunya

764 RED SEA BREAM — DAURADE JAPONAISE 764
Chrysophrys major

(Japan)　　　　　　　　　　　　　　　(Japon)

Belongs to the family *Sparidae* (see + SEA BREAM).

De la famille des *Sparidae* (voir + DORADE).

One of the most important food fish in Japanese waters.

L'un des poissons les plus importants dans l'alimentation au Japon.

Marketed alive, fresh, frozen, also spicecured.

Commercialisé vivant, frais, surgelé; également en semi-conserve aux épices.

D	DK	E
GR Tsipoúra	I Orata del giappone	IS
J Tai, madai	N	NL Rode zeebrasem
P Sargo-vermelho	S	TR
YU		

765 RED SNAPPER — VIVANEAU 765
Lutjanus campechanus

(i) Atlantic – N. America. See also + SNAPPER.

Atlantique – Amérique du Nord. Voir aussi + VIVANEAU.

(ii) In Australia the name refers to *Trachichthodes gerrardii*, in New Zealand refers to *Trachichthodes affinis*.

(ii) En Australie le terme SNAPPER s'applique à *Trachichthodes gerrardii*, en Nouvelle-Zélande s'applique à *Trachichthodes affinis*.

766 RED SPRING SALMON

+ CHINOOK (spring salmon), whose flesh is red rather than pink or white.
See + CHINOOK.

SAUMON DE PRINTEMPS 766

+ SAUMON ROYAL dont la chair est rouge plutôt que rose ou blanche.
Voir + SAUMON ROYAL.

767 RED STEENBRAS

Petrus rupestris

(South Africa) (Afrique du Sud)

768 RED STUMPNOSE

Chrysoblephus gibbiceps

(S. Africa) (Afrique du Sud)

See also + ROMAN.

P Marreco

769 RENSEI-HIN (Japan)

Also called NERISEI-HIN. Inclusive term meaning the products made from kneaded fish meat, e.g. + KAMABOKO, + CHIKUWA, + HAMPEN.

RENSEI-HIN (Japon) 769

Appelé aussi NERISEI-HIN. Désigne de façon générale les produits à base de chair de poisson pétri, ex: + KAMABOKO, + CHIKUWA, + HAMPEN.

770 REPACK QUALITY HERRING

Salted herring that had not been passed on first inspection, but was passed after it had been repacked.

HARENG REPAQUÉ 770

Hareng salé, écarté lors d'une première inspection, et admis après reconditionnement.

D	**DK**	**E**
GR	**I**	**IS** Umlög og flokkuð saltsíld
J	**N** Ompakket sild	**NL**
P	**S** Ompackad sill	**TR**
YU Slana heringa druge kvalitete		

771 REQUIEM SHARK

General name applied to species of the family *Carcharhinidae*; these include *Carcharhinus, Galeorhinus, Prionace, Scoliodon* and other species, some of which are also referred to as + DOGFISH.

The name + BLUE SHARK might also generally apply to *Carcharhinidae*. Several species are listed under their individual names.

Note.—The MAN-EATING SHARK (MANGEUR D'HOMMES) are mainly restricted to *Carcharodon* spp. (see e.g. + WHITE SHARK).

For ways of marketing see + SHARK.

REQUIN MANGEUR D'HOMMES 771

Désigne de façon globale les espèces de la famille des *Carcharhinidae*; cette famille comprend les espèces *Carcharhinus, Galeorhinus, Prionace, Scoliodon* et autres dont quelques-unes sont désignées comme + AIGUILLAT.

Le terme + REQUIN BLEU peut également s'appliquer de façon générale aux *Carcharhinidae*.
Plusieurs espèces sont répertoriées individuellement.

Note.—Les REQUIN MANGEUR D'HOMMES (MAN-EATING SHARK) se réfèrent surtout au *Carcharodon* sp. (voir par exemple + RAMEUR).

Pour la commercialisation, voir + REQUIN.

D Blauhai	**DK** Blåhaj	**E**
GR Seláhia	**I** Carcarinidi	**IS**
J	**N** Blåhai	**NL** Mensenhaai blauwe haai
P Tubarão	**S** Haj	**TR**
YU Morsk psi		

772 RETAILLES (France) — RETAILLES 772

Pieces of muscle removed during filleting, consisting mainly of flap edges and strips from the back. Term only used for salted cod.

Fragments de muscles enlevés lors du découpage en filets, comprenant essentiellement les bords de la paroi abdominale et des bandes provenant du dos.

Terme employé exclusivement pour la morue salée.

```
D           DK              E
GR           I  Ritagli     IS
J            N              NL Afsnijdsel
P  Aparas    S              TR
YU
```

773 REX SOLE — SOLE AMÉRICAINE 773

Glyptocephalus zachirus

(Pacific – U.S.A.)

Belonging to the family *Pleuronectidae* (see + FLOUNDER).

Also called LONG-FINNED SOLE.

Marketed fresh or frozen (fillets).

(Pacifique – États-Unis)

De la famille des *Pleuronectidae* (voir + FLET).

Commercialisée fraîche ou surgelée (filets).

774 RIGG (U.K.) — 774

One of the recommended trade names for + DOGFISH in U.K.; may also be called FLAKE or HUSS.

Nom recommandé en Grande Bretagne pour + AIGUILLAT.

775 RIGHT WHALE — BALEINE FRANCHE 775

BALAENIDAE

(Cosmopolitan) (Cosmopolite)

Balaena mysticetus

(a) + GREENLAND RIGHT WHALE (a) + BALEINE FRANCHE
  (Arctic) (Arctique)

Eubalaena glacialis glacialis

(b) + NORTH ATLANTIC RIGHT WHALE (b) +
  (N. Atlantic) (Atlantique Nord)

Eubalaena glacialis australis

(c) + SOUTHERN RIGHT WHALE (c) +
  (Antarctic) (Antarctique)

Eubalaena glacialis japonicus

(d) NORTH PACIFIC RIGHT WHALE (d)
  (N. Pacific) (Pacifique Nord)

Protected, not hunted commercially.

See also + WHALE.

Sous protection, pas de prises commerciales.

Voir aussi + BALEINE.

```
D   Glattwal          DK  Slethvale                   E   Ballena
GR  Pháleana           I  Balena                      IS  Sléttbakur
J   Semikujira         N  Slettbakhval, retthval      NL  Baleinwalvissen
P   Baleia             S  Slätval, glattval,          TR
YU                        rättval
```

776 RIGOR MORTIS — RIGOR MORTIS 776

Death stiffening. — Raidissement consécutif à la mort.

- **D** Totenstarre
- **GR**
- **J** Shigo-kôchoku
- **P** Rigidez cadavérica
- **YU** Mrtvačka ukočenost
- **DK** Dødsstivhed
- **I** Rigor mortis
- **N** Rigor mortis, dødsstivhet
- **S** Rigor mortis, dödsstelhet
- **E** Rigidez post-mortal
- **IS** Dauðastirnun
- **NL** Lijkstijfheid
- **TR**

777 RIPE FISH — POISSON PLEIN 777

Fish ready to spawn. — Poisson proche de la fraie.

See also + SPAWNING FISH and + SPENT FISH. — Voir aussi + BOUVARD et + GUAI.

- **D** Voll. Laichreif
- **GR**
- **J** Seijuku-gyo
- **P** Ovado
- **YU** Riba pred mriještenjem
- **DK** Klar til gydning
- **I** Di corsa
- **N** Oyteferdig
- **S** Lekfisk
- **E** Próximo a la puesta
- **IS** Gotfiskur
- **NL** Paairijpe vis
- **TR**

778 RISSO'S DOLPHIN — DAUPHIN GRIS 778

Grampus griseus

(Cosmopolitan) — (Cosmopolite)

Also called PELORUS JACK (New Zealand).

See also + DOLPHIN. — Voir aussi + DAUPHIN.

- **D** Risso's Delphin
- **GR**
- **J**
- **P** Boto-raiado
- **YU**
- **DK** Havgrindehval
- **I** Grampo
- **N** Grampus
- **S**
- **E** Ballena de risso
- **IS**
- **NL** Gestreepte dolfijn
- **TR**

779 ROACH — GARDON 779

Rutilus rutilus

(i) (Freshwater – Europe) — (Eaux douces – Europe)

Sold occasionally fresh (whole gutted). — Commercialisé occasionnellement frais (entier et vidé).

- **D** Plötze, Rotauge
- **GR** Tsiróni
- **J**
- **P** Ruivaca
- **YU** Bodorka
- **DK** Skalle
- **I** Triotto
- **N** Mort
- **S** Mört
- **E** Bermejuela, calandino, pardilla
- **IS**
- **NL** Blankvoorn (i)
- **TR** Kızılgöz, kızıl sazan

(ii) In Australia refers to *Gerres ovatus*.

780 ROCK BASS — CRAPET DE ROCHE (Canada) 780

Ambloplites rupestris

(Freshwater – N. America) — (Eaux douces – Amérique du Nord)

Belonging to the family *Centrarchidae* (see + SUNFISH). — De la famille des *Centrarchidae*.

781 ROCK COD — 781

Eleginops maclovinus

(i) (Atlantic/Pacific – S. America) — (i) (Atlantique/Pacifique – Amérique du Sud)

(ii) Name also used synonymously for + COD in Northeastern U.S.A.

- **E** Róbalo, patagonico

782 ROCKFISH

(i) In U.K. usually called CATFISH (*Anarhichas* spp.).
(ii) In North America general term applying to the family *Scorpaenidae* (also designated as + SCORPIONFISH) but particularly refers to *Sebastodes* spp.; e.g. + PACIFIC OCEAN PERCH (*Sebastes alutus*); see also + KICHIJI ROCKFISH. The *Scorpaenidae* also includes *Sebastes* spp. (see + REDFISH).
(iii) In North America the name ROCKFISH is also used for + STRIPED BASS (*Morone saxatilus*) which belongs to the family *Serranidae* (see + SEA BASS).

782

(i) Nom utilisé en Grande Bretagne pour *Anarhichas* sp. (voir + LOUP).
(ii) En Amérique du Nord désigne en général la famille des *Scorpaenidae* (voir + RASCASSE SCORPÈNE).
La famille des *Scorpaenidae* comprend encore les espèces *Sebastes* (voir + SÉBASTE).
(iii) Le nom "ROCKFISH" (Américain) s'applique aussi au + BAR D'AMÉRIQUE *Morone saxatilus*, de la famille *Serranidae*.

783 ROCKLING

(i) Generally species of the genera *Gaidropsarus*, *Enchelyopus* and *Ciliata*, belonging to the family *Gadidae*, see:
+ THREEBEARD ROCKLING
+ FOURBEARD ROCKLING
+ FIVEBEARD ROCKLING.

MOTELLE 783

(i) Généralement les espèces *Gaidropsarus*, *Enchelyopus*, et *Ciliata* de la famille des *Gadidae*; voir:
+ MOTELLE À TROIS BARBILLONS
+ MOTELLE À QUATRE BARBILLONS
+ MOTELLE À CINQ BARBILLONS

D Seequappe	**DK** Havkvabbe	**E** Mollareta
GR Gaïdourópsaro	**I** Motella	**IS**
J	**N** Tangbrosme	**NL** Meun
P Laibeque	**S** Skärlånga	**TR** Gelincik
YU Ugorova mater		

(ii) (Australia) *Genypterus blacodes*.

(ii)

784 ROCK LOBSTER

The name ROCK LOBSTER is synonymously used for + CRAWFISH; in international statistics, it refers particularly to *Jasus* spp.

For details see + CRAWFISH.

LANGOUSTE 784

Le nom "ROCK LOBSTER" (anglais) est synonyme de "CRAWFISH", dans les statistiques internationales il s'applique particulièrement aux *Jasus* sp.

Voir + LANGOUSTE.

TR Kaya istakozu

785 ROCK SALMON

Name employed for various species of different families, e.g.
(i) + PICKED DOGFISH (*Squalus acanthias*) belonging to the family *Squalidae* (see + DOGFISH).
(ii) PACIFIC OCEAN PERCH (*Sebastes alutus*); see + ROCKFISH (ii) belonging to the family *Scorpaenidae*.
(iii) MARINE CATFISH (*Anarhichas* spp.) see + CATFISH, belonging to the family *Anarhichadidae*.
(iv) + SAITHE (*Pollachius virens*) belonging to the family *Gadidae*.

785

Le nom "ROCK SALMON" (anglais) est utilisé pour plusieurs espèces:
(i) + CHIEN (*Squalus acanthias*), de la famille *Squalidae*.
(ii) + SÉBASTE DU PACIFIQUE (*Sebastes alutus*), de la famille *Scorpaenidae*.
(iii) + LOUP (*Anarhichas* sp.) de la famille *Anarhichadidae*.
(iv) + LIEU NOIR (*Pollachius virens*), de la famille *Gadidae*.

TR Alabalık kaya

786 ROCK SOLE

Lepidopsetta bilineata

SOLE DU PACIFIQUE 786

(Pacific – N. America/Japan)

Belongs to the family *Pleuronectidae* (see + FLOUNDER).

Also called ROUGHBACK.

Marketed fresh or frozen (Japan).

(Pacifique – Amérique du Nord/Japon)

De la famille des *Pleuronectidae* (voir + FLET).

Commercialisée fraîche ou surgelée (Japon).

D	**DK**	**E**
GR	**I** Passera del Pacifico	**IS**
J Shumushugarei, shirogarei	**N**	**NL** Rotstong
P	**S**	**TR**
YU		

787 ROE

ROGUE 787

Usually refers to the FEMALE GONADS of fish (also called HARD ROE).

For MALE GONADS see + MILT.

Marketed in various ways, mentioned under individual species, e.g. + LUMP FISH, + COD, + HALIBUT, + HERRING, + MACKEREL, + MULLET, + SALMON, + STURGEON.

See also + CAVIAR and + CAVIAR SUBSTITUTES.

Désigne d'ordinaire les gonades de poissons femelles.

Pour les gonades mâles, voir + LAITANCE.

Commercialisée de différentes manières décrites sous l'espèce du poisson considéré, ex: + LOMPE, + CABILLAUD, + FLÉTAN, + HARENG, + MAQUEREAU, + MUGE, + SAUMON, + ESTURGEON.

Voir aussi + CAVIAR et + SUCCÉDANÉS DE CAVIAR.

D Rogen	**DK** Rogn	**E** Huevas
GR Taramàs-Avgó	**I** Uova di pesce	**IS** Hrogn
J Mako, harago	**N** Rogn	**NL** Kuit
P Ovas	**S** Rom	**TR**
YU Ikra		

788 ROKER

788

Another recommended trade name for + SKATE and + RAY (*Rajidae*) in U.K.

Nom recommandé in G.B. pour les + RAIE.

789 ROLLED FISH

789

Other name used for:
(i) + ROUSED FISH.
(ii) + SOUSED HERRING.
(iii) ROLLER DRIED FISH.

790 ROLLMOPS (Germany)

ROLLMOPS (Allemagne) 790

Marinated herring fillets or block fillets (like + BISMARCKHERING), wrapped round pickle or slices of onion and fastened with small sticks or cloves. Packed with mild vinegar acidified brine, also with spices etc., also with mayonnaise, remoulade or other sauces with various flavouring ingredients (e.g. mustard, tomato, horse radish).

Marketed SEMI-PRESERVED, also with preserving additives.

Filets de harengs ou filets entiers de harengs marinés (comme le + HARENG BISMARCK) enroulés sur un cornichon ou des tranches d'oignon et fixés par des bâtonnets ou des clous de girofle. Recouverts d'une saumure modérément vinaigrée, également avec des épices; préparés aussi avec de la mayonnaise, rémoulade ou autres sauces dont les aromates varient (moutarde, sauce tomate, raifort, etc.).

Commercialisés en SEMI-CONSERVES, également avec adjonction d'antiseptiques.

D Rollmops	**DK** Rollmops	**E** Rollmops, filetes enrollados
GR	**I** Rollmops	**IS** Rollmops
J	**N** Rollmops	**NL** Rolmops
P Arenque enrolado	**S** Rollmops	**TR**
YU Rolmops		

791 ROMAN

Chrysoblephus laticeps

(S. Africa) (Afrique du Sud)
Also called RED ROMAN.
See also + RED STUMPNOSE.

P Marreco

792 RORQUAL

General name employed for *Balaenopteridae*, but more specifically refers to :

Désigne les *Balaenopteridae* en général, et en particulier :

Balaenoptera physalus

+ FIN-WHALE
(Also designated COMMON RORQUAL.)
Others are : + BLUE-WHALE, + SEI-WHALE and + MINKE WHALE.
See also + WHALES.

+ RORQUAL COMMUN
(Ou BALEINE À TOQUET.)
Autres espèces : + BALEINE BLEUE, + RORQUAL DE RUDOLF et + PETIT RORQUAL.
Voir aussi + BALEINES.

D Furchenwal
GR
J Nagasukujira
P Rorqual
YU Kit plavetni
DK Finhval
I Balenottera
N Finnhval
S Fenval
E Rorcuale
IS Reyðarhvalir
NL Geowone walvis
TR

793 ROTSKJAER (Norway)

Fish that has been split in two, except for a short section of the tail, preparatory to hanging for natural air drying.

Poisson qui a été tranché en deux, sauf sur une courte partie de la queue, avant d'être suspendu pour le séchage en plein-air.

Special type of + STOCKFISH.

Type spécial de + STOCKFISH.

D Rotscheer
GR
J Futatsu-wari
P
YU
DK
I
N Rotskjær
S Rotskär
E
IS Raskerðingur (skreið)
NL geschaarde vis
TR

794 ROUELLES (France)

Thin slices of fish, cut perpendicularly to the backbone (sometimes boned) ; applied mainly to mackerel.

Tranches de poisson peu épaisses, coupées perpendiculairement à la colonne vertébrale (éventuellement désarêtées) ; s'applique surtout au maquereau.

See also + STEAK, + TRONÇON.

Voir aussi + TRANCHE et + TRONÇON.

D Happen, Stucke
GR
J
P Postas
YU
DK
I Trance
N
S
E Rajas
IS
NL Schijfjes vis
TR

795 ROUND FISH

(i) In North America : Fish that have not been gutted. See + WHOLE FISH (i).
(ii) In U.K. : Fish that are roughly circular in cross-section, as opposed to flatfish, rays, etc.
(iii) The Scandinavian term "RUNDFISK" might also refer to a special type of dried fish.

POISSON ROND

(i) En Amérique du Nord : poisson qui n'a pas été vidé. Voir + POISSON ENTIER.
(ii) En Grande Bretagne : poisson de section approximativement circulaire, par opposition aux poissons plats comme la raie, etc.
(iii) Le terme scandinave "RUNDFISK" peut aussi signifier une préparation spéciale de poisson séché.

[CONTD.

795 ROUND FISH (Contd.)   POISSON ROND (Suite) 795

- **D** Rundfisch
- **DK** Rund fisk
- **E** Pescado de sección circular
- **GR**
- **I** Pesce a sezione circolare
- **IS** Bolfiskur
- **J** Marui sakana, enkei gyo
- **N** Vanlig fisk i motsetning til flatfisk
- **NL** Rondvis
- **P** Peixe redondo
- **S** Rundfisk
- **TR** Yuvarlak balık
- **YU** Okrugla riba

796 ROUND HERRING   SHADINE 796
ETRUMEUS spp.

(Atlantic/Pacific)   (Atlantique/Pacifique)

Belongs to the family *Clupeidae*.   De la famille des *Clupeidae*.

Etrumeus sadina

(a) ATLANTIC ROUND HERRING   (a) SHADINE
(Atlantic – N. America).   (Atlantique – Amérique du Nord)

Etrumeus acuminatus

(b) CALIFORNIA ROUND HERRING   (b)
(Pacific – N. America).   (Pacifique – Amérique du Nord)

Etrumeus micropus

(c) (Pacific – Japan)   (c) (Pacifique – Japon)

Marketed, in Japan, fresh, lightly salted and dried.   Au Japon, commercialisée fraîche, légèrement salée et séchée.

- **J** Uremeiwashi
- **TR** Yuvarlak ringa

797 ROUNDNOSE FLOUNDER   PLIE JAPONAISE 797
Eopsetta grigorjewi

(Japan)   (Japon)

Belongs to the family *Pleuronectidae* (see + FLOUNDER).   De la famille des *Pleuronectidae* (voir + FLET).

Marketed fresh.   Commercialisée fraîche.

- **D**
- **DK**
- **E**
- **GR**
- **I** Passera del giappone
- **IS**
- **J** Mushigarei
- **N**
- **NL** Japanse bot
- **P** Solhão
- **S**
- **TR**
- **YU**

798 ROUSED FISH   798

Fish mixed with dry salt before further handling and curing operations; also called DREDGED FISH, + ROLLED FISH.   Poisson saupoudré de sel sec avant une préparation et maturation ultérieures.

- **D** Vorgesalzener Fisch
- **DK**
- **E** Pescado mezclado con sal seca
- **GR**
- **I** Pesce mescolato a sale
- **IS** Vöðlun
- **J** Furi-shio, maki-shio
- **N** Mjølvet (rørt) fisk
- **NL** Gewarde vis, droog gezouten vis
- **P** Peixe activado
- **S** Fisk mjölad i salt
- **TR**
- **YU** Posoljena riba, insalana riba

799 RUPPEL'S BONITO — BONITE ORIENTALE 799
Gymnosarda unicolor

(Indo-Pacific)
Belongs to the family *Scombridae*; see + BONITO (*Sarda* spp.).

Also called DOG-TOOTH TUNA.

Marketed fresh in Japan.
See also + TUNA.

(Indo-Pacifique)
Le nom BONITE ORIENTALE se réfère aussi à *Sarda orientalis* (voir + "ORIENTAL BONITO").

De la famille des *Scombridae*; voir + BONITE (espèces *Sarda*).

Commercialisée fraîche au Japon.
Voir aussi + THON.

D	**DK**	**E**
GR	**I**	**IS**
J Isomaguro	**N**	**NL**
P Bonito-dente-de-cão	**S**	**TR**
YU		

800 SABLEFISH — MORUE CHARBONNIÈRE (Canada) 800
Anopoploma fimbria

(Pacific)
Also called + BLACK COD, + BLUE COD, + BLUEFISH, CANDLEFISH, COAL COD, + COALFISH.

Marketed (N. America/Japan):
Fresh: whole gutted.
Frozen: whole gutted; headed and dressed.
Smoked: pieces of fillet, brined, drained, dyed and hot-smoked on trays; also called KIPPERED BLACK COD, BARBECUED ALASKA COD.
Salted: headed, gutted, split and boned, or filleted, dredged in salt and pickle-cured before packing in barrels.

(Pacifique)

Commercialisé (Amérique du Nord/Japon):
Frais: entier vidé.
Congelé: entier vidé; étêté et paré.
Fumé: morceaux de filet saumurés, égouttés, teints et fumés à chaud sur claies.

Salé: étêté, vidé, tranché et désarêté ou fileté, saupoudré de sel et laissé à macérer avant la mise en barils.

D	**DK**	**E**
GR	**I** Merluzzo dell' Alaska	**IS**
J Gindara, namiara	**N**	**NL** Sabelvis
P	**S**	**TR**
YU		

801 SAILFISH — VOILIER 801
ISTIOPHORUS spp.

(Cosmopolitan)
Belong to the family *Istiophoridae* (see + BILLFISH).

(Cosmopolite)
De la famille des *Istiophoridae* (voir + VOILIER & MARLIN).

Istiophorus albicans
(a) ATLANTIC SAILFISH
(Atlantic – N. America).

(a)
(Atlantique – Amérique du Nord)

Istiophorus greyi
(b) PACIFIC SAILFISH
(Pacific)

(b)
(Pacifique)

Istiophorus gladius
(c) INDO-PACIFIC SAILFISH
(Indo-Pacific)

(c)
(Indo-Pacifique)

Marketed fresh or frozen (Japan); also smoked.

Commercialisés frais ou congelés (Japon), également fumés.

D Segelfisch	**DK** Sejlfisk	**E**
GR	**I** Pesce vela	**IS**
J Bashokajiki	**N** Seilfisk	**NL** (a) Zeilvis
P Veleiro	**S** Segelfisk	**TR**
YU		

802 SAITHE — LIEU NOIR 802
Pollachius virens

(Atlantic – Europe/N. America) (Atlantique – Europe/Amérique du Nord)

Also known as + COALFISH and COLEY; in N. America and in ICNAF statistics + POLLOCK is used.

Also called BLACK COD, BLACK POLLACK, BLOCHAN, GREEN COD, ROCK SALMON, SCOTCH HAKE, SULLOCK (small species), BOSTON BLUEFISH and many other local names.

Appelé aussi COLIN NOIR (ex. Boulogne); denommé GOBERGE au Canada.
Le nom COLIN est utilisé quelquefois à tort pour + MERLU.

Marketed:

Fresh: as fillets, skinned or unskinned and as steaks (cutlets).
Frozen: skinned fillets, breaded uncooked or precooked sticks and portions.
Smoked: skinned fillets, or pieces (steaks, cutlets); also unskinned, in Germany mostly hot smoked.
Salted: split, then either wet salted or dried salted.
Salted and smoked: after finished curing, cut in slices, lightly smoked and packed in edible oil (+ SEELACHS IN OEL, Germany).
Dried: in brine (France).
Canned: fish balls in Norway (SIDE BOLLER). See + FISH BALLS.

Roe: pressed, canned or frozen, mixed with a small amount of edible oil, salt added.

Commercialisé:

Frais: filets avec ou sans peau; tranches.
Congelé: filets sans peau; bâtonnets ou portions panés crus ou cuits.
Fumé: filets sans peau, ou morceaux (tranches); également avec la peau, en Allemagne, principalement fumés à chaud.
Salé: poisson tranché puis salé soit en saumure, soit à sec.
Salé et fumé: après salage, découpé en tranches, légèrement fumé et recouvert d'huile (+ SEELACHS IN OEL, Allemagne).
Séché: au naturel en France.
Conserve: boulettes de poisson en Norvège (SIDE BOLLER). Voir + BOULETTES DE POISSON.
Œufs: pressés, surgelés ou mis en boîtes après adjonction de sel et d'huile en petite quantité.

D	Seelachs, Köhler, Blaufisch	**DK**	Sej	**E**	Palero, faneca plateada carbonero
GR	Bakaliaros	**I**	Merluzzo nero, m. carbonaro	**IS**	Ufsi
J		**N**	Sei	**NL**	Koolvis, zwartekoolvis
P	Escamudo	**S**	Sej, gråsej	**TR**	
YU					

803 SALAKA (U.S.S.R.) — SALAKA (U.R.S.S.) 803
Smoked fish product. Préparation de poisson fumé.

804 SALMON — SAUMON 804

Various species, the main are listed under their individual names:
Il existe différentes espèces dont les principales sont répertoriées sous leur nom individuel:

Salmo salar

(a) + ATLANTIC SALMON (Atlantic)
(a) + SAUMON ATLANTIQUE (Atlantique)

ONCORHYNCHUS spp.

PACIFIC SALMON: SAUMON DU PACIFIQUE:

Oncorhynchus tschawytscha

(b) + CHINOOK
Also called KING SALMON or SPRING SALMON.
Also called QUINNAT SALMON in New Zealand.

(b) + SAUMON ROYAL

[CONTD.

804 SALMON (Contd.)   SAUMON (Suite) 804

Oncorhynchus keta

(c) + CHUM SALMON
Also called DOG SALMON or KETA SALMON.

(c) SAUMON KETA
Appelé aussi SAUMON CHIEN.

Oncorhynchus kisutch

(d) + COHO SALMON
Also called SILVER SALMON.

(d) + SAUMON ARGENTÉ

Oncorhynchus gorbuscha

(e) + PINK SALMON
Also called HUMPBACK SALMON.

(e) + SAUMON ROSE

Oncorhynchus nerka

(f) + SOCKEYE SALMON
Also called RED SALMON.

(f) + SAUMON ROUGE

Oncorhynchus masou

(g) + CHERRY SALMON
Also called JAPANESE SALMON or MASU SALMON.

(g) + SAUMON JAPONAIS
ou MASOU.

Hucho hucho

(h) + DANUBE SALMON
(Danube and tributaries)

(h) + SAUMON DU DANUBE
(Danube et ses affluents)

Hucho taimen

(East Russia and Siberia)

(Russie Orientale et Sibérie)

D Lachs
GR Solomós
J Sake masu-rui
P Salmão
YU Losos, salmon

DK Laks
I Salmone
N Laks
S Lax

E Salmön
IS Lax
NL Zalm
TR Som balığı

See also under the individual items.

Voir aussi les rubriques individuelles.

805 SALMON BELLIES   VENTRES DE SAUMON 805

Ventral sections of Pacific Salmon (chinook, etc.), hard salted in pickle in barrels, in similar manner to + HARD SALTED SALMON; also called PICKLED SALMON BELLIES.

Sections ventrales de saumon du Pacifique (Royal, etc.), fortement salées en barils, de la même manière que pour le + SAUMON FORTEMENT SALÉ.

D
GR
J
P Ventresca salgada
YU Ventreska lososa

DK
I Ventresca di salmone salata
N
S

E Ventresca de salmön
IS Laxaþunnildi (söltuð)
NL Gezouten zalm buiken
TR

806 SALMON EGG BAIT   APPÂTS D'ŒUFS DE SAUMON 806
(N. America)   (Amérique du Nord)

Salmon eggs cured and used as bait for sport fishing.

Œufs de saumon préparés et utilisés comme appât pour la pêche sportive.

D
GR
J Ikura
P Isco de ovas de salmão
YU Mamac od lososovih jaja

DK
I Uova di salmone per esca
N
S Laxäggsagn

E Cebo de huevos de salmon
IS
NL Zalmkuitaas
TR

807 SALMON SALAD

Delicatessen product, made from cooked salmon meat, vegetables and sour cream sauce. In Germany also from cuttings (shreds) from sliced smoked salted salmon mixed with mayonnaise, + SALMON.

SALADE DE SAUMON 807

Hors d'œuvre à base de chair de saumon cuite, de légumes et de sauce à la crème. En Allemagne, se fait également avec les chutes provenant du découpage en tranches de saumon salé et fumé, mélangées avec de la mayonnaise.

Voir + SAUMON.

- **D** Lachssalat
- **GR**
- **J**
- **P** Salada de salmäo
- **YU** Salata od lososa
- **DK**
- **I** Insalata di salmone
- **N** Laksesalat
- **S** Laxsallad
- **E** Ensalada de salmon
- **IS** Laxasalat
- **NL** Zalmsalade
- **TR** Alabalık salatası

808 SALMON SHARK
Lamna ditropis
(Pacific – N. America/Japan)

Belongs to the family *Lamnidae* (see + MACKEREL SHARK).

In international statistics, included under + PORBEAGLE.

Marketed fresh and frozen in Japan.

TAUPE DU PACIFIQUE 808

(Pacifique – Amérique du Nord/Japon)

De la famille des *Lamnidae* (voir + REQUIN-MAQUEREAU).

Dans les statistiques internationales, est assimilée á + TAUPE.

Commercialisée au Japon, fraîche et congelée.

- **D** Pazifischer Heringshai
- **J** Môkazame, nezumizame
- **P** Anequim

809 SALT COD

LIGHT CURE or HEAVY SALTED, + KENCH or + PICKLE CURED split cod, dried to various moisture contents.

Details are given under separate entries; see + GASPÉ CURE, + FALL CURE, + LABRADOR CURE, + SHORE CURE (ii), + AMARELO CURE, + BRANCO CURE, + NATIONAL CURE, + SCANDINAVIAN SALTFISH, + PAPILLON.

MORUE SALÉE 809

+ POISSON LÉGÈREMENT SALÉ ou + FORTEMENT SALÉ, + SALÉ À SEC ou + SAUMURE, la morue éviscérée peut être séchée à différents degrés.

De plus amples détails sont donnés sous différentes rubriques, voir + GASPÉ CURE, + FALL CURE, + LABRADOR CURE, + SALAGE À TERRE (ii) + AMARELO CURE, + BRANCO CURE, + SCANDINAVIAN SALTFISH, + PAPILLON.

- **D** Gesalzener Kabeljau
- **GR** Xiralátos bakaliáros
- **J** Shiodara
- **P** Bacalhau salgado
- **YU**
- **DK** Saltfisk, klipfisk
- **I** Baccalà
- **N**
- **S** Saltad torsk
- **E**
- **IS** Saltfiskur
- **NL** Gezouten kabeljauw
- **TR**

810 SALT CURED FISH

Fish preserved or cured with dry salt (see + DRY SALTED FISH) or in brine (see + PICKLE CURED FISH); may or may not be dried afterwards.

The term + SALT FISH in U.K. usually refers only to salted white fish spp., e.g. cod, coalfish, haddock, hake, ling, etc., which may be marketed wet salted, washed and pressed (see + PICKLE CURED FISH) or dried salted (+ DRIED SALTED FISH).

ENZO-HIN (Japan) refers to salted products prepared from fish, shellfish, seaweeds, etc., e.g. ENZO-IWASHI (salted sardine), ENZO-SABA (salted mackerel).

POISSON SALÉ 810

Poisson conservé ou traité au sel sec (voir + POISSON SALÉ À SEC) ou en saumure (voir + PICKLE CURED FISH); facultativement séché par la suite.

En Grande-Bretagne, le terme + SALT FISH, s'applique généralement aux espèces de poisson maigre: morue, lieu noir, églefin, merlu, lingue qui peuvent être commercialisées salées, lavées et pressées (voir + POISSON EN SAUMURE) ou salées et séchées (+ POISSON SÉCHÉ SALÉ).

ENZO-HIN (Japon) désigne des produits salés faits avec du poisson, des coquillages, des algues, etc.; par exemple: ENZO-IWASHI (sardine salée ENZO-SABA (maquereau salé).

- **D** Salzung
- **GR** Alípasto psári
- **J** Enzô-gyo, enzô-hin
- **P** Peixe salgado
- **YU** Riba obradjena solju
- **DK** Saltet fisk
- **I** Pesce salato
- **N** Saltet fisk
- **S** Saltad fisk
- **E** Pescado salazonado
- **IS** Saltaður fiskur
- **NL** Soutevis, gezouten vis, gepekelde vis
- **TR** Tuzlanmis balik

811 SALTED ON BOARD

Salted cod or herring processed on board ship; e.g. + DUTCH CURED HERRING, + MILKER HERRING (U.S.A.).

The term "BRAILLES" in France refers to herring salted on board ship (25 kg salt to 100 kg fish) which have been neither headed nor gutted and which are later prepared or packed.

SALÉ À BORD 811

Morue ou hareng salé traité à bord du bateau; ex. + DUTCH CURED HERRING, + MILKER HERRING (E.U.)

Le terme français "BRAILLES" s'applique aux harengs salés à bord (25 kg de sel pour 100 kg de poisson) qui n'ont été ni étêtés ni vidés et qui seront par la suite préparés ou conditionnés.

- **D** Bordsalzung, Seesalzung
- **GR**
- **J**
- **P** Salga a bordo
- **YU** Riba soljena na brodu
- **DK** Søsaltet fisk
- **I** Pesce salato a bordo
- **N** Fisk saltet ombord
- **S** Sjösaltad fisk
- **E** Salado a bordo
- **IS** Saltaður um borð
- **NL** Op zee gezouten
- **TR**

812 SALTFISH

Fish of cod family preserved by salting alone. Might also be referred to as SCANDINAVIAN SALTFISH.

See also + SALT CURED FISH.

POISSON SALÉ 812

Poissons de la famille des *gadidae* (cabillaud, etc.) conservés par salage.

Voir aussi + POISSON SALÉ.

- **D** Salzfisch
- **GR** Alípasto psári
- **J** Enzo-gyo
- **P** Peixe salgado
- **YU** Riba obradjena solju
- **DK** Saltfisk
- **I** Pesce salato
- **N** Saltfisk
- **S** Saltad torskfisk
- **E** Pescado salado
- **IS** Saltfiskur
- **NL** Zoutevis
- **TR** Tuzlanmış balık

813 SALT ROUND FISH

Ungutted fish cured with salt; also called ROUND CURE, ROUND SALTED FISH, BULK CURE.

In Iceland the term "RÚNNSALTAÐUR" applies only to herring. For small white fish, the term "BÚTUNGUR" is used, but also for headed and gutted codling.

POISSON ENTIER SALÉ 813

Poisson non vidé, traité au sel.

En Islande, le terme "RÚNNSALTAÐUR" s'applique exclusivement au hareng; le terme "BÚTUNGUR" s'emploie pour le petit poisson blanc, et s'applique aussi à la petite morue étêtée et vidée.

- **D**
- **GR**
- **J**
- **P** Peixe inteiro salgado
- **YU** Soljena cijela riba
- **DK** Rundsaltet fisk
- **I** Pesce intero salato
- **N** Rundsaltet fisk
- **S** Rundsaltad fisk, stupsaltad fisk
- **E** Pescado entero salado
- **IS** Runnsaltaður fiskur, bútungur
- **NL** Gezouten ongestripte vis
- **TR**

814 SALZFISCHWAREN (Germany)

Products from salt cured fish, especially salted herring, also as fillets, bits, diced, with brine, acidified brine, edible oil, sauces, mayonnaise, rémoulades, etc.; also with spices and vegetables or other flavouring agents; e.g. + FISH SALAD, + MARINADE, + SEELACHS IN OEL (Germany), + OELPRÄSERVEN (Germany).

SALZFISCHWAREN (Allemagne) 814

Produits à base de poisson salé, particulièrement de hareng, présentés en filets, en morceaux, en dés, avec une saumure légère ou une saumure acidifiée, de l'huile comestible, en sauce mayonnaise ou rémoulade, également avec des épices, des légumes ou autres aromates; ex: + SALADE DE POISSON, + MARINADE, + SEELACHS IN OEL (Allemagne, + OELPRÄSERVEN (Allemagne).

815 SALZLING (Germany)

Salted herring without bones and heads, with tail, also in brine; the end product may include 20% milt or roe.

SALZLING (Allemagne) 815

Hareng salé sans tête ni arêtes auquel on a laissé la queue, mis parfois en saumure; le produit fini peut contenir 20% de laitance ou de rogue.

- **P** Arenque descabeçado e salgado
- **I** Aringhe spinate salate
- **NL** Zoute lappen

816 SAND DAB

Name used for + DAB (*Limanda limanda*) and + AMERICAN PLAICE (*Hippoglossoides platessoides*).

Le nom "SAND DAB" (anglais) s'applique aux *Limanda limanda* (voir + LIMANDE) et *Hippoglossoides platessoides* (voir + BALAI).

817 SANDEEL / LANÇON

AMMODYTIDAE

(N. Atlantic/N. Pacific)

In N. America more commonly referred to as SAND LANCE.
Also called LANCE, LAUNCE, SILE or SMELT.

(Atlantique Nord/Pacifique Nord)

Appelé aussi ÉQUILLE.

Hyperoplus lanceolatus

(a) + GREATER SANDEEL
 (N. Atlantic – Europe)

(a) + GRAND LANÇON
 (Atlantique Nord – Europe)

Ammodytes tobianus

(b) + SMALL SANDEEL
 (N. Atlantique – Europe)

(b) + LANÇON
 (Atlantique Nord – Europe)

Gymnammodytes cicerellus or/ou *Ammodytes cicerellus*

(c) SMOOTH SAND LANCE
 (Atlantic/Mediterranean)

(c) CICERELLE
 (Atlantique/Méditerranée)

Ammodytes americanus

(d) AMERICAN SAND LANCE
 (Atlantic – N. America)

(d) LANÇON D'AMÉRIQUE
 (Atlantique – Amérique du Nord)

Ammodytes hexapterus

(e) PACIFIC SAND LANCE
 (Atlantic/Pacific)

(e)
 (Atlantique/Pacifique)

Ammodytes dubius

(f) NORTHERN SAND LANCE
 (Atlantic – N. America)

(f) LANÇON DU NORD
 (Atlantique – Amérique du Nord)

Ammodytes personatus

(g) (Japan)

Important food fish in Japan; marketed fresh or dried.

In Europe, marketed fresh but mainly used for meal and oil manufacture.

(g) (Japon)

Important pour la consommation au Japon; commercialisé frais ou séché.

En Europe, commercialisé frais mais surtout pour la fabrication de farine et d'huile de poisson.

D Sandaal, Sandspierling, Tobis
GR Ammodýtis, loutsáki
J Ikanago
P Frachão, agulhão, geleota, sandilho
YU Hujka

DK Tobis
I Cicerello
N Tobis, siler
S Tobis, (f) djuptobis

E Lanzon
   (c) salton
IS Sandsíli, trönusíli
NL (a) Zandaal, zandspiering, smelt
TR Kum

For (a) and (b) see also individual entries.

Pour (a) et (b) voir aussi ces rubriques.

818 SANDFISH

TRICHODONTIDAE

(Pacific – N. America/Japan)

(Pacifique – Amérique du Nord/Japon)

Aretoscopus japonicus

(a) SAILFIN SANDFISH
 (Pacific)

(a)
 (Pacifique)

[CONTD.

818 SANDFISH (Contd.) (Suite) **818**

Trichodon trichodon

(b) PACIFIC SANDFISH
   (Pacific)
   Important species in Japan Sea; marketed fresh, or salted and dried.

   J Hatahata

(b)
   (Pacifique)
   Espèce importante dans la mer du Japon; commercialisée fraîche, ou salée séchée.

   S Sandfisk

819 SAND FLOUNDER   **SOLE DE NOUVELLE-ZÉLANDE 819**

Rhombosolea plebeia

(New Zealand)   (Nouvelle-Zélande)
Also called DIAMOND, DAB, SQUARE.

820 SAND SHARK   **REQUIN-TAUREAU 820**

General name for species of the family *Odontaspididae*, especially refers to:

Le nom s'applique de façon générale aux espèces de la famille *Odontaspididae*, mais plus particulièrement à l'espèce:

Odontaspis taurus

(Atlantic – Europe/N. America)
   See + SHARK.

(Atlantique – Europe/Amérique du Nord)
   Voir + REQUIN.

D Sandhai
GR Skylópsaro
J
P Tubarão-toiro, tubarão-de-areia
YU Psina zmijozuba, morski pas

DK Blåhaj
I Squalo toro
N Blåhai
S Gråhaj, allmän sandhaj

E Pez toro
IS
NL Zandhaai
TR

821 SANDY RAY   **RAIE RONDE 821**

Raja circularis

(N. Atlantic – Europe)
   See also + RAY and + SKATE.

(Atlantique Nord – Europe)
   Voir + RAIE.

D Sandroche
GR Salahi
J
P Raia-de-são-pedro
YU Raža smedjana

DK Sandrokke
I Razza rotonda
N Sandskate
S Sandrocka

E Raya falsavela
IS
NL Zandrog
TR Vatoz

822 SARDINE   **SARDINE 822**

Note.—The species "*Sardina pilchardus*" is designated by both "sardine" and "pilchard" (see + PILCHARD). Generally "sardine" refers to the smaller size species.

In some countries the term "sardine" is used to designate other species than "*Sardina pilchardus*", e.g. in North America "sardine" is defined as a generic term identifying a canned product made from several spp. of the *Clupeidae* family (in Maine: small *Clupea harengus harengus*); similarly "canned sild" (see + HERRING) or "canned brisling" (see + BRISLING).

Note.—"Sardine" et "Pilchard" désignent tous deux l'espèce "*Sardina pilchardus*" (voir + PILCHARD). "Sardine" s'applique généralement à la petite taille.

Dans certains pays, le terme "sardine" peut aussi désigner d'autres espèces que "*Sardina pilchardus*", ainsi en Amérique du Nord, "sardine" est un terme général servant à identifier les produits en conserve à base de *Clupeidae* variés (dans le Maine: petit hareng de l'Atlantique *Clupea harengus harengus*); de même "canned sild" (voir + HARENG) ou "canned brisling" (voir + BRISLING).

Sardina pilchardus

(a) (Mediterranean/Atlantic)   (a) (Méditerranée/Atlantique)

[CONTD.

822 SARDINE (Contd.)   SARDINE (Suite) 822

Sardinops sagax

(b) + CALIFORNIAN PILCHARD
(Pacific)
Also called PACIFIC SARDINE.

(b) SARDINE DU PACIFIQUE
(Pacifique)

Sardinops melanosticta

(c) + JAPANESE PILCHARD
(Japan)

(c) + PILCHARD DU JAPON
(Japon)

Sardinops neopilchardus

(d) + PILCHARD
(Australia/New Zealand)
"CELANS" in France, refer to small sardine (more than 20 fish per kg).

(d) + PILCHARD
(Australie/Nouvelle-Zélande)
En France, on appelle "CELANS" les petites sardines (plus de 20 par Kg).

Marketed:
Fresh: or lightly salted.
Frozen: whole or beheaded.
Salted: dry-salted in barrels and pressed.
Dried: Japan.
Semi-preserved: vinegar and spice-cured (Japan).
Canned: headed gutted whole fish, washed, salted, cooked (steamed, grilled or fried in oil etc.) and packed, either in oil or tomato sauce; fillets in oil or tomato sauce (N. America); cold-smoked fillets in oil or tomato sauce (N. America).
Paste: sardine only, or with tomato or pimento; butter may be added; in cans or jars.

Meal and oil: (Japan).

Commercialisé:
Frais: ou légèrement saumuré.
Congelé: entier ou étêté.
Salé: salé à sec en barils et comprimé.
Séché: au Japon.
Semi-conserve: traité au vinaigre et au épices (Japon).
Conserve: poisson entier étêté, vidé, lavé, salé, cuit (à la vapeur, au four ou frit à l'huile, etc.) et couvert soit d'huile, soit de sauce tomate; filets à l'huile ou sauce tomate (Amérique du Nord); filets fumés à froid, à l'huile ou sauce tomate (Amérique du Nord).
Pâte: sardine seule, ou avec tomate ou piment; on peut y ajouter du beurre; vendu en boîtes ou en bocaux.
Farine et huile: (Japon).

D Sardine, Pilchard		**DK** Sardin		**E** Sardina (a) pilchard (los demás)
GR Sardélla		**I** Sardina		**IS** Sardínur
J Iwashi, maiwashi		**N** Sardin		**NL** Pelser, sardien, sardientje (a)
P Sardinha, sardinopa		**S** Sardin		**TR** Sardalya
YU Srdela				

823 SARDINELLA   SARDINELLE/ALLACHE 823

SARDINELLA spp.

(Cosmopolitan)

(Cosmopolite)

Sardinella aurita

(a) + GILT SARDINE
(Mediterranean – West Africa)

(a) + ALLACHE
(Méditerranée – Afrique occidentale)

Sardinella longiceps

(b) + OIL SARDINE
(India/Pakistan/Philippines)

(b) + SARDINELLE
(Inde/Pakistan/Philippines)

Sardinella anchovia

(c) SPANISH SARDINE
(Atlantic – N. America)

(c)
(Atlantique – Amérique du Nord)

Sardinella fimbriata

(d) TUNSOY
(Philippines)

(d) TUNSOY
(Philippines)

[CONTD.

823 SARDINELLA (Contd.) / SARDINELLE/ALLACHE (Suite) 823

Sardinella perforata

(e) LAPAD (Philippines)

Sometimes processed in same way as + SARDINE. Special preparation: + TUYO and + TINAPA.

(e) LAPAD (Philippines)

Préparée de la même façon que la + SARDINE. Produits speciaux: + TUYO et + TINAPA.

- **D** Sardinelle
- **GR** Fríssa trichiós
- **J**
- **P** Sardinela
- **YU** Srdela golema
- **DK**
- **I** Alaccia
- **N** Sardinella
- **S**
- **E** Alacha
- **IS**
- **NL**
- **TR** Sardalya

824 SARGO / SARGUE 824

(i) Name used for + WHITE BREAM (*Diplodus sargus*), belonging to the family *Sparidae*.
(ii) *Anisotremus davidsoni* (Pacific – N. America), belonging to the family *Pomadasyidae* (see + GRUNT).

(i) Désigne l'espèce *Diplodus sargus* de la famille des *Sparidae* (voir + SAR).
(ii)

NL Zwartstaart

825 SASHIMI (Japan) / SASHIMI (Japon) 825

Raw fish meat sliced and eaten immediately. Also called TSUKURIMI.

Chair de poisson en tranches, mangée crue. Appelé aussi TSUKURIMI.

- **D**
- **GR**
- **J**
- **P**
- **YU**
- **DK**
- **I** Sascimi
- **N**
- **S**
- **E**
- **IS**
- **NL**
- **TR** Sashımı

826 SAUERLAPPEN (Germany) / SAUERLAPPEN (Allemagne) 826

Block herring fillets cured in vinegar acidified brine in barrels or other containers; used as raw material for manufacture of + MARINADE, + HERRING SALAD, etc. Semi-preserve.

Filets entiers de hareng, mis en barils ou autres récipients dans une saumure vinaigrée; utilisés comme matière première pour la préparation de + MARINADE, de + SALADE DE HARENG, etc. Semi-conserve.

See also + VINEGAR CURED FISH.

Voir aussi + POISSON AU VINAIGRE.

- **D**
- **GR**
- **J**
- **P** Arenque em filetes
- **YU**
- **DK** Syrnet sildefilet
- **I** Filetti di aringhe marinati
- **N**
- **S**
- **E**
- **IS** Súrsíldarflök
- **NL** Voorgezuurde haringfilet
- **TR**

827 SAUGER / SANDRE CANADIEN 827

Stizostedion canadense

(Freshwater – Canada)

(Eaux douces – Canada)

See also + PIKE PERCH (*Stizostedion* spp.) belonging to the family *Percidae* (see + PERCH).

Voir aussi + SANDRE (espèce *Stizostedion*) de la famille des *Percidae* (voir + PERCHE).

Also called SAND PIKE.
Marketed fresh or frozen.

Commercialisé frais ou congelé.

- **D** Kanadischer Zander
- **GR**
- **J**
- **P**
- **YU**
- **DK**
- **I**
- **N**
- **S** Kanadagös
- **E**
- **IS**
- **NL** Canadese snoekbaars
- **TR**

828 SAURER HERING (Germany)   SAURER HERING (Allemagne) 828

+ MARINADE from gutted fresh or salted herring with bones and head; also headed.

+ MARINADE à base de hareng frais ou salé, entier (avec tête et arêtes) et vidé; également sans tête.

D	DK	E
GR	I Aringhe marinate	IS Súrsíld
J	N	NL Gemarineerde haring
P	S	TR
YU		

829 SAURY   ORPHIE et BALAOU 829
SCOMBERESOX spp.
COLOLABIS spp.

(Cosmopolitan)   (Cosmopolite)

Scomberesox saurus

(a) ATLANTIC SAURY   (a) BALAOU
(N. Atlantic – N. America)   (Atlantique Nord – Amérique du Nord)
Also called NEEDLENOSE (U.S.A.), SAURY PIKE, SKIPPER, + BILLFISH.   Appelé aussi AIGUILLE DE MER.

Scomberesox forsteri

(b) SAURY PIKE   (b) ORPHIE
(New Zealand)   (Nouvelle-Zélande)
Also called NEEDLEFISH, DOUBLE BEAK, OCEAN PIPER.

Cololabis saira

(c) + PACIFIC SAURY   (c) BALAOU JAPONAIS
(N. America/Japan)   (Amérique du Nord/Japon)
Also called MACKEREL PIKE, SKIPPER.

For ways of marketing see + PACIFIC SAURY. See also + NEEDLEFISH (*Belonidae*), which are related to *Scomberesox* spp.

Pour la commercialisation, voir + BALAOU JAPONAIS. Voir aussi + AIGUILLE DE MER (*Belonidae*) qui sont reliées aux espèces *Scomberesox* et aussi désignées sous le terme + ORPHIE. Aux Antilles, "BALAOU" désigne les espèces *Hemiramphidae* (voir + DEMI-BEC).

D Makrelenhecht	DK Makrelgedde	E Paparda
GR Zargána	I Costardella, aguglia saira	IS Geirnefur
J Samma, saira	N Makrellgjedde	NL Makreelgeep, geep, (Sme)
P Agulhão, sama	S Makrillgädda	TR Zurna
YU Poskok		

830 SAWFISH   POISSON-SCIE 830
PRISTIDAE

(Cosmopolitan)   (Cosmopolite)

Pristis antiquorum

(a) (Atlantic)   (a) (Atlantique)

Pristis pectinata

(b) SMALLTOOTH SAWFISH   (b)
(Atlantic – N. America)   (Atlantique – Amérique du Nord)

[CONTD.

830 SAWFISH (Contd.)   POISSON-SCIE (Suite) 830
Pristis perotteti

(c) LARGETOOTH SAWFISH   (c)
(Atlantic – N. America)   (Atlantique – Amérique du Nord)
Belong to the order *Rajiformes*   Appartient à l'ordre des
(see + RAY).   *Rajiformes* (voir + RAIE).

D	Sägefisch	**DK**	Savrokke, savfisk	**E**	Pez sierra
GR	Prionópsaro	**I**	Pesce sega	**IS**	Sagarfiskur
J		**N**	Sagfisk	**NL**	(c) Zaagvis, krarin (Sme).
P	Peixe-serra	**S**	Sågfisk	**TR**	Destere balığı
YU	Riba pila				

831 SCABBARDFISH   JARRETIÈRE 831
Lepidopus xantusi

(Pacific – N. America)   (Pacifique – Amérique du Nord)
Belongs to the family *Trichiuridae* (see +   De la famille des *Trichiuridae* (voir +
CUTLASSFISH).   POISSON-SABRE).
See also + FROSTFISH.   Voir aussi + COUTELAS.

D	Degenfisch	**DK**	Strømpebåndsfisk	**E**	Pez cinto
GR		**I**	Pesce sciabola	**IS**	
J		**N**	Reimfisk	**NL**	
P	Peixe-espada-do-Pacífico	**S**		**TR**	Pala balığı
YU	Zmijičnjak repaš				

832 SCAD   832

(a) Another name for + HORSE MACKEREL (*Trachurus* and *Decapterus* spp.) in U.K.

(a) Le nom "SCAD" (anglais) désigne les espèces *Trachurus* et *Decapterus* (voir + CHINCHARD).

(b) In North America might also be more generally employed for fish of the family *Carangidae* to which *Trachurus* and *Decapterus* spp. belong.
See + JACK.

(b) En Amérique du Nord, désigne généralement les poissons de la famille des *Carangidae* dont font partie les espèces *Trachurus* et *Decapterus*.
Voir + CARANGUE.

833 SCALDFISH   ARNOGLOSSE 833
Arnoglossus laterna

(a) SCALDFISH   (a) FAUSSE LIMANDE
(N. Atlantic – Europe)   (Atlantique Nord – Europe)
Also spelt SCOLDFISH.

Arnoglossus thori

(b) GROHMANN'S SCALDFISH   (b) ARNOGLOSSE
(N. Atlantic – Europe)   (Atlantique Nord – Europe)
Very similar to + WITCH, but unimportant commercially.
Très ressemblant à la + PLIE GRISE, mais sans importance commerciale.

D	Lammzunge	**DK**	Tungehvarre	**E**	Serrandell, peludilla
GR	Zagéta, Glossa, Arnóglossa	**I**	Suacia (fosca)	**IS**	
J		**N**	Tungevar, glassvar	**NL**	Schurftvis
P	Areeiro	**S**	Tungevar	**TR**	Dil balığı
YU	Plosnatica blijedica, plosnatka, patarača				

834 SCALE FISH (U.S.A.)   834

Bottom-living fish other than *Gadus* spp. that have been cured by salting and drying.

Poissons de fond appartenant à des espèces autres que *Gadus*, préparés par salage et séchage.

835 SCALLOP   PECTINIDAE   COQUILLE ST. JACQUES 835

(Cosmopolitan)   (Cosmopolite)

Also called ESCALLOP, SCALLOP, FAN SHELL, FRILL, SQUIM; in Scotland also designated as + CLAM.

Pecten varius

(a) SCALLOP   (a) PECTEN
    (Atlantic)   (Atlantique)

Pecten maximus

(b) COQUILLE ST. JACQUES   (b) COQUILLE ST. JACQUES
    (N.E. Atlantic)   (Atlantique N.E.)

Chlamys islandica

(c) ICELAND SCALLOP   (c)
    (N. Atlantic)   (Atlantique Nord)

Argopecten irradians

(d) + BAY SCALLOP   (d) + PECTEN
    (West Atlantic)   (Atlantique Ouest)

Pecten caurinus

WEATHERVANE SCALLOP
(Pacific – N. America)   (Pacifique – Amérique du Nord)
Also called ALASKA SCALLOP.

Pecten aequisulcatus

(Pacific – N. America)   (Pacifique – Amérique du Nord)

Pecten laquaetus

(Pacific – Japan)   (Pacifique – Japon)

Pecten yessoensis

(e) COMMON SCALLOP   (e)
    (Japan)   (Japon)

Pecten magellanicus or/ou *Placopecten magellanicus*

(f) SEA SCALLOP   (f)
    (Atlantic – N. America)   (Atlantique – Amérique du Nord)
Also called GIANT, SMOOTH

Pecten meridionalis

(g) COMMERCIAL SCALLOP   (g)
    (Australia)   (Australie)

Pecten novaezealandiae

(h) (New Zealand)   (h) (Nouvelle-Zélande)

Pecten jacobaeus

(j) GREAT SCALLOP   (j)
    (Atlantic/Mediterranean)   (Atlantique/Méditerranée)

Aequipecten gibbus

(k) CALICO SCALLOP   (k)
    (Atlantic – N. America)   (Atlantique – Amérique du Nord)

Chlamys opercularis

(l) + QUEEN SCALLOP   (l) + VANNEAU
    (Atlantic)   (Atlantique)

[CONTD.

835 SCALLOP (Contd.)   COQUILLE ST. JACQUES (Suite) 835

Chlamys varius

(m) VARIEGATED SCALLOP   (m) PETONCLE
(Atlantic/Mediterranean)   (Atlantique/Méditerranée)

Amusium balloti

(n) SCALLOP SAUCER   (n)
(Australia)   (Australie)

Marketed: **Commercialisé:**

Live: **Vivant:**

Fresh: shelled meats (often only the adductor muscle or eye, and the roe are eaten).   **Frais:** décoquillé (on ne consomme souvent que les muscles adducteurs et les rogues ou corail).

Dried: peeled, gutted, boiled, smouldered and afterwards dried (Japan).   **Séché:** décoquillé, éviscéré, cuit à l'eau, saisi et ensuite séché (Japon).

Frozen: shelled meats.   **Congelé:** chairs sans coquille (noix).

Canned: in own juice, in sauce, butter, etc.   **Conserve:** au naturel, en sauce, beurre, etc.

D Kamm-Muschel, Pilger-Muschel	**DK** Kammusling	**E** Vieira
GR Cteni	**I** Ventaglio-pettine maggiore	**IS** Hörpudiskur
J Hotategai	**N** Kamskjell	**NL** Grote mantel, St. jacobsschelp
P Vieira	**S** Kammussla	**TR** Tarak
YU Kapica		

836 SCAMPI (Italy)   SCAMPI (Italie) 836

(i) Italian name for + NORWAY LOBSTER.   (i) Nom italien des + LANGOUSTINE.

(ii) Refers also especially to the tail meats fried in batter; name now used to describe the meats in any form.   (ii) Désigne aussi en particulier la chair des queues enrobées de pâte à frire et frites; nom employé maintenant pour désigner la chair des langoustines sous toutes ses formes.

D	**DK** Dybvandshummer	**E**
GR	**I** Scampi	**IS** Humarhalar
J	**N**	**NL** Staarten van langoestine
P	**S** Scampi	**TR** Ala balık
YU Škampi		

837 SCHILLERLOCKEN (Germany)   SCHILLERLOCKEN (Allemagne) 837

Strips of belly wall from dogfish hot smoked, also canned.   Parois abdominales d'aiguillat, coupées en lanières et fumées à chaud; également en conserve.

See + PICKED DOGFISH.   Voir + CHIEN.

D	**DK**	**E**
GR	**I**	**IS** Heitreykt, háfsþunnildi
J	**N**	**NL** Gerookte haaiwammen
P Ventresca de galhudo	**S**	**TR**
YU		

838 SCHOOL SHARK   838

Galeorhinus australis

(Australia/New Zealand)   (Australie/Nouvelle-Zélande)

Belongs to the family *Carcharhinidae* (see + REQUIEM SHARK).   De la famille des *Carcharhinidae* (voir + MANGEUR D'HOMMES).

Also called SCHNAPPER SHARK, SHARPIE SHARK.

[CONTD.

838 SCHOOL SHARK (Contd.) (Suite) 838

- **D** Australischer Hundshai
- **DK**
- **E**
- **GR**
- **I**
- **IS**
- **J**
- **N**
- **NL** Australische haai
- **P** Perna-de-moça
- **S**
- **TR**
- **YU**

839 SCORPIONFISH — RASCASSE/SCORPÈNE 839

General term applying to the family *Scorpaenidae* (also designated as + ROCKFISH) but particularly refers to *Scorpaena* spp.

Terme général pour la famille des *Scorpaenidae*; rascasse s'applique en particulier aux espèces *Scorpaena*.

Scorpaena guttata

(a) CALIFORNIAN SCORPIONFISH
(Pacific)

(a)
(Pacifique)

Scorpaena atlantica

(b) RED SCORPIONFISH
(Atlantic – N. America)

(b) RASCASSE
(Atlantique – Amérique du Nord)

Scorpaena cardinalis

(New Zealand)
Also called COBBLER.

(Nouvelle-Zélande)

Scorpaena porcus

(c) SMALL-SCALED SCORPIONFISH
(Mediterranean)

(c) RASCASSE NOIRE
(Méditerranée)

Scorpaena scrofa

(d) LARGE-SCALED SCORPION FISH
(Mediterranean)

(d) RASCASSE ROUGE
(Méditerranée)

- **D** Drachenköpfe
- **DK** Blåkæft
- **E** Rascacio, cabracho
- **GR** Scórpaena
- **I** Scorfano
- **IS**
- **J** Fusakasago
- **N** Blåkjeft
- **NL** Schorpioenvis
- **P** Rascasso
- **S** Skorpänfisk, drakhuvudfisk
- **TR** Lipsoz, iskorpit
- **YU** Bodeljke, jaukavica, skrpina

840 SCOTCH CURED HERRING — HARENG SALÉ À L'ÉCOSSAISE 840

Fresh herring, free from feed, unwashed, gibbed, roused and packed tightly in barrels, mild cured in their own blood pickle (90° brine); not repacked; limited keeping quality; pack about 700 fish to a barrel of 250 lb. nett capacity; as variety see + ALASKA SCOTCH CURED HERRING, + PICKLED HERRING, + MATJE CURED HERRING, + CROWN BRAND.

Harengs frais, à jeun, non lavés, vidés par les ouïes, serrés en barils avec du sel, et macérés dans la saumure ainsi formée (90° de saturation); non reconditionnés; durée de conservation limitée; environ 700 poissons par baril de 120 kg net.

Voir aussi + ALASKA SCOTCH CURED HERRING, + HARENG SAUMURÉ, + MATJE CURED HERRING, + CROWN BRAND.

- **D** Schottischer Matjeshering
- **DK**
- **E**
- **GR**
- **I** Aringhe alla scozzese
- **IS**
- **J**
- **N** Skotskbehandlet, fiskepakning
- **NL** Schotse maatjesharing
- **P** Arenque de cura escocesa
- **S** Skotsksaltad sill
- **TR**
- **YU**

841 SCROD (U.S.A.) — SCROD (États-Unis) 841

Term used in Boston (Mass.) for medium + HADDOCK (1½ to 2½ lb.).

See also + CHAT HADDOCK and + SNAPPER (iii).

Terme employé à Boston (Mass.) pour + ÉGLEFIN moyen (750 à 1250 g).

842 SCULPIN — CHABOT 842

COTTIDAE

(Cosmopolitan — Cold seas and freshwater) (Cosmopolite — Mers froides/eaux douces)

They include a great number of different species, some more important examples are listed below:

Comprennent un grand nombre d'espèces différentes, dont les principales sont citées ci-dessous:

Scorpaenichthys marmoratus

(a) CABEZONE (a)
 (Pacific — N. America) (Pacifique — Amérique du Nord)
 Also called MARBLED SCULPIN.

Cottus bairdi

(b) MOTTLED SCULPIN (b)
 (Freshwater — N. America) (Eaux douces — Amérique du Nord)
 Also called NORTHERN MUDDLER.

Hemitripterus americanus

(c) SEA RAVEN (c) HÉMITRIPTÈRE ATLANTIQUE
 (Atlantic — N. America) (Atlantique — Amérique du Nord)

Icelinus filamentosus

(d) THREADFIN SCULPIN (d)
 (Pacific — N. America) (Pacifique — Amérique du Nord)

Leptocottus armatus

(e) PACIFIC STAGHORN SCULPIN (e)
 (Pacific/Freshwater — N. America) (Pacifique/Eaux douces — Amérique du Nord)

Myoxocephalus octodecemspinosus

(f) LONGHORN SCULPIN (f) CHABOISSEAU À DIX-HUIT ÉPINES
 (Atlantic — N. America) (Atlantique — Amérique du Nord)

Myoxocephalus scorpius

(g) BULLHEAD (g)
 (Atlantic — N. America) (Atlantique — Amérique du Nord)

D Seeskorpion, Groppe **DK** Ulke **E**
GR **I** Scazzone **IS** Marhnútur
J Kajika rui **N** Ulke **NL** (a) Cabezon,
　　(c) zeeraaf,
　　(g) zeedonderpad

P Escorpião **S** Simpa, **TR**
　　(g) rötsimpa, ulk
YU

843 SCUP — SPARE DORÉ 843

Stenotomus chrysops

(Atlantic — N. America) (Atlantique — Amérique du Nord)

Might also be called by the more general name for the family (*Sparidae*), it belongs to + PORGY (see + SEA BREAM).

Appartient à la famille des *Sparidae*; voir aussi + DORADE.

Marketed fresh (whole gutted or as fillets).

Commercialisé frais (entier et vidé, ou en filets).

The name SCUP might also refer to + COUCH'S SEA BREAM.

NL Scup

844 SEA BASS — SERRANIDÉ ou BAR 844
SERRANIDAE

General name for the family *Serranidae* (which also are termed + GROUPER or + SEA PERCH), but more particularly refers to *Centropristis, Stereolepis, Acanthistius, Paralabrax* and *Roccus* (*Morone*) spp.

Terme général pour la famille des *Serranidae* qui s'applique en particulier aux espèces *Centropristis, Stereolepis, Acanthistius, Paralabrax* et *Roccus* (*Morone*).

Most important are the following:

+ BAR se réfère en particulier à:

Dicentrarchus labrax

(a) + BASS
(Mediterranean/North Sea)

(a) + BAR COMMUN
(Méditerranée/Mer du Nord)

Centropristis striata

(b) + BLACK SEA BASS
(Atlantic – N. America)

(b) +
(Atlantique – Amérique du Nord)

Serranus cabrilla

(c) + COMBER
(Red Sea/Mediterranean/Atlantic)

(c) + SERRAN
(Mer Rouge/Méditerranée/Atlantique)

Stereolepis gigas

(d) + GIANT SEA BASS
(Pacific – N. America)

(d) +
(Pacifique – Amérique du Nord)

Lateolabrax japonicus

(e) + JAPAN SEA BASS
(Pacific – Japan)

(e) +
(Pacifique – Japon)

Morone saxatilis

(f) + STRIPED BASS
(Atlantic/Pacific/Freshwater – N. America)

(f) + BAR D'AMÉRIQUE
(Atlantique/Pacifique/Eaux douces – Amérique du Nord)

Morone chrysops

(g) + WHITE BASS
(Freshwater – N. America)

(g) + BAR BLANC
(Eaux douces – Amérique du Nord)

Morone americanus

(h) + WHITE PERCH
(Atlantic/Freshwater – N. America)

(h) + PERCHE BLANCHE
(Atlantique/Eaux douces – Amérique du Nord)

Polyprion americanus

(j) + WRECKFISH
(Atlantic)

(j) + CERNIER ATLANTIQUE
(Atlantique)

Paralabrax clathratus

(k) KELP BASS
(Pacific – N. America)

(k)
(Pacifique – Amérique du Nord)

Centropristis philadelphica

(l) ROCK SEA BASS
(Atlantic – N. America)

(l)
(Atlantique – Amérique du Nord)

Paralabrax nebulifer

(m) SAND BASS
(Pacific – N. America)

(m)
(Pacifique – Amérique du Nord)

Diplectrum formosum

(n) SAND PERCH
(Atlantic – N. America)

(n)
(Atlantique – Amérique du Nord)

[CONTD.

M.D.F.

844 SEA BASS (Contd.)   **SERRANIDÉ ou BAR** (Suite) **844**

Roccus interrupta

(o) YELLOW BASS   (o)
(Freshwater – Europe)   (Eaux douces – Europe)

Morone mississippiensis

(Freshwater – N. America)   (Eaux douces – Amérique du Nord)
Also called BARFISH.
See also + GROUPER and + SEA PERCH.   Voir aussi + MÉROU.

D Zackenbarsch	**DK** Havaborre	**E** Mero, cherne
GR Hanos (m)	**I** Spigola, persicospigola, perchia	**IS** Vartari
J Hata	**N** Havabbor	**NL** Zeebaars, (a) zeebaars, (b) zwarte zeebaars, (f) gestreepte zeebaars, (g) witte zeebaars
P Robalo	**S** Havsabborre	**TR** Çizgili mercan
YU Kanjci, kirnje		

For (a) to (j) see under separate items.   Pour (a) à (j) voir ces rubriques.

845 SEA BEEF   **845**

Flesh of young whales.   Chair de jeunes baleines.

D Walfleisch	**DK** Kvalkød	**E**
GR	**I**	**IS** Hvalkjöt
J	**N** Hvalkjøtt	**NL** Walvisvlees
P Bife de baleia	**S** Valbiff, valkött	**TR**
YU Meso mladih kitova, morska govedina		

846 SEA BREAM   **DORADE 846**

SPARIDAE

(i) (Cosmopolitan)   (i) (Cosmopolite)

Another name in U.K. for *Sparidae*; also commonly known as + PORGY (North America).

Terme utilisé en France pour les *Sparidae*; le terme PAGRE est réservé aux espèces du genre *Pagrus*.

(a) In U.K. the name refers more particularly to: (a) En G.B., désigne plus particulièrement:

Pagellus bogaraveo

COMMON SEA BREAM   PAGRE COMMUN ou DORADE
(N. Atlantic)   (Atlantique Nord)
Also called BREAM, DORADE, CHAD.   Appelé aussi DAURADE.

(b) In Australia the name BREAM refers to *Acanthopagrus* spp.

(b) En Australie le terme BREAM s'applique aux espèces *Acanthopagrus*.

(c) In North America the name refers more particularly to: (c)

Archosargus rhomboidalis

(Atlantic)   (Atlantique)

The *Sparidae* include *Pagellus, Dentex, Sparus, Mylio, Spondyliosoma, Boops, Chrysophrys, Evynnis* and other species; see for example:

Les *Sparidae* comprennent entre autres les espèces *Pagellus, Dentex, Sparus, Mylio, Spondyliosoma, Boops, Chrysophrys* et *Evynnis*; à titre d'exemple voir:

[CONTD.

846 SEA BREAM (Contd.)   DORADE (Suite) 846

(a) + AXILLARY BREAM
(b) + BLACK SEA BREAM
(c) + BLUE SPOTTED BREAM
(d) + BOGUE
(e) + COUCH'S SEA BREAM
(f) + CRIMSON SEA BREAM
(g) + GILTHEAD BREAM
(h) + GOLDLINE
(j) + LARGE-EYED DENTEX
(k) + PANDORA
(l) + PINFISH
(m) + RED SEA BREAM
(n) + SCUP
(o) + WHITE BREAM (i)
(p) + YELLOW SEA BREAM

(a) +
(b) + GRISET
(c) + BOGARAVELLE
(d) + BOGUE
(e) + PAGRE
(f) +
(g) + DORADE
(h) + SAUPE
(j) + DENTÉ AUX GROS YEUX
(k) + PAGEAU
(l) +
(m) + DAURADE JAPONAISE
(n) + SPARE DORÉ
(o) + SAR
(p) +

Main marketing forms are:

Fresh: whole gutted; fillets.
Frozen: fillets.
Salted:
Dried:
Semi-preserved: spice-cured (Japan).
Canned: fillets in own juice.

Principales formes de commercialisation:

Frais: entier et vidé; filets.
Congelé: filets.
Salé:
Séché:
Semi-conserve: aux épices (Japon).
Conserve: filets au naturel.

D Meerbrasse,
   (a) Nordische Meerbrasse
GR Sparídi, synagrída, phagrí
J Tai
P Esparideo, goraz
YU Ljuskavke

DK Blankesteen
I Pagro, pagello occhialone
N Havkaruss
S Havsruda, sparid,
   (a) fläckpagell

E Espárido
IS
NL Zeebrasem,
   (a) rode zeebrasem
TR Fangri

(ii) The name SEA BREAM might also refer to + REDFISH (*Sebastes* spp.) or + RED BREAM (*Beryx decadactylus*) or some of the family *Bramidae* (see + POMFRET (i)).

847 SEA CABBAGE   LAMINAIRE 847
LAMINARIA spp.

Source of + ALGINIC ACID; has also been canned experimentally with vegetables in tomato sauce and with mussels in rice (U.S.S.R.).

Algue dont on extrait l' + ACIDE ALGINIQUE; a été mise en conserve, à titre d'essai, avec des légumes en sauce tomate et avec des moules au riz (U.R.S.S.).

D Zuckertange
GR
J Kombu
P Lamínária
YU Morski kupus (alge)

DK Bladtang
I Alga laminaria
N Sukkertare, tare
S Bladtång

E
IS Þari
NL Vingerwier, suikerwier
TR

848 SEA CATFISH   POISSON-CHAT 848
ARIIDAE

(i) (Cosmopolitan in warm seas)   (i) (Cosmopolite, eaux chaudes)

Also referred to as MARINE CATFISH (FAO).

Galeichthys felis

(a) SEA CATFISH

Bagre marinus

(b) GAFFTOPSAIL CATFISH
   Distinguish from + CATFISH.

[CONTD.

848 SEA CATFISH (Contd.)   POISSON-CHAT (Suite) 848

D Meerwelse	DK	E
GR	I Pescigutto di mare	IS
J	N	NL Stekelmeerval
P Gata	S (b) Toppsegelmal	TR
YU		

(ii) The term "POISSON-CHAT" in French refers also to FRESHWATER CATFISH (*Ictaluridae*).
See + CATFISH.

(ii) Le nom "POISSON-CHAT" s'applique aussi aux *Ictaluridae* (espèces d'eau douce).
Voir + LOUP.

849 SEA COW   JAMANTIN 849

DUGONG spp.

(Indo-Pacific)   (Indo-Pacifique)

TRICHECHUS spp.

(N. and S. Atlantic)   (Atlantique, Nord et Sud)

D Seekuh	DK Manat	E Vaca marina
GR	I	IS Sækýr
J	N Sjøku	NL Zeekoe
P Dugongo	S	TR
YU		

850 SEA CUCUMBER   HOLOTHURIE 850

HOLOTHUROIDAE

(Cosmopolitan)   (Cosmopolite)

STICHOPUS spp.

(Japan)   (Japon)

CUCUMARIA spp.

Also known as BECHE DE MER.   Plus connue sous le nom BÊCHE DE MER.

Also called SEA SLUG.

Marketed gutted, boiled and dried (Philippines, Japan, Far East); also called IRIKO in Japan (see + TREPANG).

Commercialisée vidée, cuite à l'eau et séchée (Philippines, Japon, Extrême-Orient); appelée aussi IRIKO au Japon (voir + TREPANG).

D Trepang, Seegurke	DK Søpølse, søagurk	E Cohombro de mar, trepang
GR Holothoúria-agouría tís thalássis	I Oloturia	IS Sæbjúgu
J Namako	N Sjøpølser	NL Zeekomkommer
P Holotúria	S Sjögurka	TR Deniz hıyarı
YU Morski krastavac-trp		

851 SEAFOOD COCKTAIL (U.S.A.)   COCKTAIL DE FRUITS DE MER 851 (E.U.)

Delicatessen product prepared from shellfish or crustacean meat with sauces based on tomato ketchup, seasoning etc.; bottled unprocessed or pasteurized.

Hors-d'œuvre à base de chair de mollusques ou de crustacés préparé avec des sauces à la tomate et assaisonné. Mis en bocal tel quel, ou pasteurisé.

D	DK Rejecoktail	E
GR	I Cocktail di crostacei in flacone	IS
J	N Skalldyrcocktail	NL Kreeftcocktail, schaaldierencocktail, garnalencocktail
P Acepipes de mariscos	S Skaldjurscocktail	TR
YU Koktel od mesa školjkaša i rakova		

852 SEA LAMPREY

Petromyzon marinus

(N. Atlantic)

Also called NANNIE NINE EYES, STONE SUCKER.

See also + LAMPREY.

- **D** Meerneunauge
- **GR** Petrómyzon
- **J**
- **P** Lampreia-do-mar
- **YU** Paklara morska
- **DK** Havlampret havniøje,
- **I** Lampreda marina
- **N** Havniøye
- **S** Havsnejonöga

GRANDE LAMPROIE MARINE 852

(Atlantique Nord)

Voir + LAMPROIE.

- **E** Lamprea de mar
- **IS** Sæsteinsuga
- **NL** Zeeprik, grote necenoog
- **TR**

853 SEAL — PHOQUE 853

Seals are captured to provide fur, sealskin, meal and oil; the most important species of fur seal is the PRIBILOF SEAL (*Callorhinus ursinus*) caught off Alaska; HAIR SEAL, the most important of which is the HARP SEAL (*Pagophilus groenlandicus*), are a valuable source of skins for leather, or of oil.

Les phoques sont chassés pour leur fourrure, leur peau, leur graisse; la plus importante des espèces à fourrure est le PHOQUE DE PRIBILOF (*Callorhinus ursinus*) capturé au large de l'Alaska.
L'espèce *Pagophilus groenlandicus* fournit les peaux (cuir) et l'huile.

- **D** Robbe
- **GR**
- **J** Ottosei, azarashi
- **P** Foca
- **YU** Tuljan
- **DK** Sæl
- **I** Foca
- **N** Sel
- **S** Säl
- **E** Foca
- **IS** Selir
- **NL** Zeehond, rob
- **TR**

854 SEA PERCH — 854

(i) General name for the family *Serranidae* (which also are designated by + GROUPER or + SEA BASS), but more particularly refer to *Epinephelus* spp., e.g. sea + DUSKY SEA PERCH (*Epinephelus gigas*).
See + GROUPER and + SEA BASS.

(ii) In New Zealand refers to *Helicolenus papillosus* (also called SCARPEE or JOCK STEWART), which belongs to the family *Scorpaenidae* (see + SCORPIONFISH and + ROCKFISH).

(iii) The name is also used for CUNNER which belongs to the family *Labridae* (see + WRASSE).

(i) Désigne de façon globale les espèces de la famille des *Serranidae* (+ MÉROU et + BAR) mais plus particulièrement les espèces *Epinephelus*, ex: voir + MÉROU (*Epinephelus gigas*).
Voir + MÉROU et + BAR.

(ii) Voir + SCORPÈNE/RASCASSE (*Scorpaenidae*).

(iii) Voir + LABRE (*Labridae*).

TR Levrek

855 SEA PIKE — 855

(i) Name used for + HAKE (*Merluccius merluccius*) belonging to the family Gadidae.

(ii) Name also used for + BARRACUDA (*Sphyraenidae*).

Le nom "SEA PIKE" (anglais) s'applique aux:
(i) + MERLU (*Merluccius merluccius*), de la famille *Gadidae*.

(ii) + BÉCUNE (*Sphyraenidae*).

856 SEA ROBIN — GRONDIN ou TRIGLE 856

Name used in North America generally for fish of the family *Triglidae*, especially those belonging to the genus *Prionotus*.

See + GURNARD.

Terme général désignant les poissons de la famille des *Triglidae*, et en particulier ceux appartenant au genre *Prionotus*.

Voir + GRONDIN.

857 SEASNAIL — LIMACE (Canada) 857

Some of the *Liparis* spp. (see + SNAIL-FISH) in the Atlantic and Pacific are termed SEASNAIL in North America, e.g.

En France: LIPARIDE.
Certaines espèces *Liparis* de l'Atlantique et du Pacifique (Amérique du Nord). Voir aussi + LOMPE.

Liparis atlanticus
ATLANTIC SEASNAIL — LIMACE ATLANTIQUE (Canada)

Liparis liparis
STRIPED SEASNAIL — LIMACE BARRÉE (Canada)

In South America the name SEASNAIL refers to *Concholepas concholepas*.

En Amérique du Sud "SEASNAIL", désigne l'espèce *Concholepas concholepas*.

D Scheibenbäuche	**DK** Læbefisk	**E**
GR	**I**	**IS**
J Kusauo	**N** Ringbuker	**NL** Slakdolf
P Lesma-do-mar	**S** Ringbuk	**TR**
YU		

858 SEA STICK (U.K.) 858

Herring salted at sea in barrels, repacked later on shore (obsolescent).
See also + SALTED ON BOARD.

Harengs salés en mer, en barils, pour être reconditionnés à terre (préparation périmée).
Voir aussi + SALAGE À BORD.

D Kantjespackung	**DK**	**E** Arenque salado a bordo
GR	**I**	**IS**
J	**N** Sjøpakket, ompakket sild	**NL** Omgepakte gezouten haring
P	**S**	**TR**
YU		

859 SEA TROUT — TRUITE DE MER 859

Salmo trutta

(i) (Freshwater/Atlantic – Europe/N. America)

In North America and Australia designated as BROWN TROUT.

Also called GALWAY SEA TROUT, ORKNEY SEA TROUT, ORANGE FIN, BLACKTAIL, FINNOCK, GILLAROO, PEAL, SEWIN, + WHITEFISH, WHITLING, HERLING, TRUFF, SCURF, BULL TROUT, MIGRATORY TROUT, RIVER TROUT.

For marketing forms, see + TROUT.

(i) Eaux douces/Atlantique – Europe/Amérique du Nord)

Appelée aussi TRUITE BRUNE en Amérique du Nord et en Australie.

Pour la commercialisation, voir + TRUITE.

D Meerforelle, Bachforelle	**DK** Havørred	**E** Trucha
GR Péstropha thalássis	**I** Trota di mare	**IS** Urriði, sjóbirtingur
J	**N** Sjøaure, sjøørret	**NL** Zeeforel, schotje
P Truta marinha, truta sapeira	**S** Öring, laxöring	**TR** Alabalık
YU Pastrva		

(ii) In U.S.A. also used for + WEAKFISH (*Cynoscion* spp.) which belong to the family *Sciaenidae* (see + DRUM and + CROAKER).

860 SEA TRUMPET

Eisenia bicyclis

(Japan) (Japon)
Seaweed. Algue.

D Seetang	DK Tang	E Alga
GR	I Alga	IS
J Arame	N	NL Zeetrompet
P Alga	S	TR Tirsi
YU		

860

861 SEA URCHIN — OURSIN 861

ECHINUS spp.

(Cosmopolitan) (Cosmopolite)

HELIOCIDARIS spp.
STRONGYLOCENTROTUS spp.
PSEUDOCENTROTUS spp.
etc.

E.g., *Echinus esculentus, Paracentrotus lividа Strongylocentrotus lividus, Loxechimus albus.*

Ex.: *Echinus esculentus, Paracentrotus livida Strongylocentrotus lividus, Loxechimus albus.*

Salted gonads highly esteemed in Japan (see + SHIOKARA).

Les gonades salées sont très appréciées au Japon (voir + SHIOKARA).

D Seeigel	DK Søpindsvin	E Erizo de mar
GR Achinós	I Riccio di mare	IS Ígulker
J Uni	N Kråkeboller, sjøpinnsvin	NL Zee-egel
P Oiriço-do-mar	S Sjöborre	TR
YU Morski jež, jestivi		

862 SEAWEED — ALGUE 862

The three main classes are the:
+ RED ALGAE (*Rhodophyceae*)
+ BROWN ALGAE (*Phaeophyceae*)
GREEN ALGAE (*Chlorophyceae*)

the first two groups are important commercially; the red algae are a source of + AGAR, + CARRAGEENIN, and are used for human food. The brown algae yield ALGIN, + LAMINARIN and + MANNITOL and are used for animal food and fertilizer.

Les trois classes principales sont:
les + ALGUE ROUGE (*Rhodophyceae*)
les + ALGUE BRUNE (*Phaeophyceae*)
les ALGUE VERTE (*Chlorophyceae*)

les deux premières sont commercialement importantes: les algues rouges fournissent l' + AGAR, et le + CARRAGHEENE, et sont utilisées pour la consommation humaine; les algues brunes *Laminaria, Ascophyllum Nodosum*) donnent L'ALGINE, LA + LAMINARINE et le + MANNITOL et sont employées comme aliment du bétail ou comme engrais.

See also + CARAGEEN + IRISH MOSS, + DULSE, + LAVERBREAD, + ALGINIC ACID.

Voir aussi + CARRAGHEEN, + MOUSSE D'IRLANDE, + DULSE, + LAVERBREAD, + ACIDE ALGINIQUE.

D Alge, Tang	DK Tang	E Alga marina
GR Phýkia	I Alga marina	IS Sæþörungur
J Kaiso	N Tang og tare	NL Zeewier
P Alga do mar	S Alg	TR Deniz yosunu
YU Alge, morsko bilje		

863 SEAWEED MEAL — POUDRE D'ALGUES 863

Raw material for animal feeding stuffs prepared from dried brown algae, particularly from *Ascophyllum nodosum, Fucus serratus, Fucus vesiculosus* (Norway, France, etc.).

Matière première pour l'alimentation du bétail à base d'algues brunes séchées en particulier d'*Ascophyllum nodosum, Fucus serratus, Fucus vesiculosus* (Norvège, France, etc.).

D Alginate	DK Tangmehl	E Harina de algas
GR	I Farina d'alghe	IS Þangmjöl
J	N Tangmel (Taremel)	NL Zeewiermeel
P Farinha de alga	S Bladtångmjöl	TR Deniz yosunu unu
YU Brašno dobiveno od morskih alga		

664 SEED HADDOCK (Scotland)

Very small haddock.   Très petit églefin.

- **D**
- **GR**
- **J**
- **P** Arinca miúda
- **YU**
- **DK**
- **I**
- **N** Utsortert småhyse
- **S**
- **E**
- **IS**
- **NL** Schelvis broed
- **TR**

865 SEELACHS IN OEL (Germany) — SEELACHS IN OEL (Allemagne) 865

Also called "SEELACHSSCHEIBEN IN OEL".

Product used as substitute for smoked salted salmon, usually made from + SALT-CURED coalfish (German: Seelachs), cod or pollack; salted sides or fillets are sliced, lightly desalted, dyed, then lightly cold-smoked and packed in edible oil, in cans, glass jars or other containers.

SEMI-PRESERVE, also with preserving additives; has to be designated as "LACHSERSATZ" (SALMON SUBSTITUTE).

The cutting waste from the manufacture of the slices is also used ("SEELACHSSCHNITZEL IN OEL") and marketed the same way.

See + SALZFISCHWAREN (Germany), + OELPRÄSERVEN (Germany).

Appelé aussi "SEELACHSSCHEIBEN IN OEL".

Produit de remplacement du saumon salé et fumé, et généralement du lieu noir salé (voir + POISSON SALÉ ou de la morue; les côtés ou filets sont coupés en tranches, légèrement dessalés, colorés, puis fumés légèrement à froid et mis en boîtes ou en bocaux ou autres récipients, dans de l'huile.

SEMI-CONSERVE, également avec adjonction d'antiseptiques; doit être étiqueté "LACHSERSATZ" (SUCCÉDANÉ DE SAUMON).

Les chutes provenant du découpage en tranches sont également utilisées ("SEELACHSSCHNITZEL IN OEL") et commercialisées de la même manière.

Voir + SALZFISCHWAREN (Allemagne), + OELPRÄSERVEN (Allemagne).

- **D** Seelachs in oel
- **GR**
- **J**
- **P** Sucedâneo de salmão fumado
- **YU**
- **DK** Sølaks
- **I** Falso salmone affumicato
- **N** Seilaks, lakseerstatning
- **S** Havslax i olja
- **E** Sucedaneo de salmon ahumado
- **IS** Sjólax
- **NL** Namaakzalm
- **TR**

866 SEER — THAZARD 866

Scomberomorus commersoni

(Indo-Pacific)   (Indo-Pacifique)

Also called DEIRAK, BARRED SPANISH MACKEREL, CYBIUM, COMMERSON'S MACKEREL.

See + KINGMACKEREL.   Voir + THAZARD.

- **D** Indische Konigsmakrele
- **GR**
- **J** Yokoshimasawara
- **P** Cavala-moira
- **YU**
- **DK**
- **I** Maccarello spagnolo
- **N**
- **S**
- **E**
- **IS**
- **NL** Indische koningsmakreel
- **TR**

867 SEI-WHALE — RORQUAL DE RUDOLF 867

Balaenoptera borealis

(Cosmopolitan)   (Cosmopolite)

Balaenoptera edeni

(BRYDE'S WHALE)

Also called POLLACK WHALE, COALFISH WHALE, RUDOLPH'S RORQUAL.

See also + WHALE.   Voir aussi + BALEINE.

- **D** Seiwal
- **GR**
- **J** Iwashikujira
- **P** Rorqual-boreal
- **YU** Kit
- **DK** Sejhval
- **I** Balenottera boreale, balenottera artica
- **N** Seihval
- **S** Sejval
- **E** Ballena boba
- **IS** Sandreyður
- **NL** Noorse vinvis
- **TR**

868 SEMI-PRESERVES

Semi-preserves are products consisting mainly of fish or fish products or other marine animals stabilized for a limited period by appropriate treatment and sealed in containers, light tight under normal pressure or not sealed in containers, the shelf-life being extended by + CHILL STORAGE.

Fish which is only dried, salted, smoked or frozen and raw material for further processing is excluded from this definition (OECD Sanitary Regulations).

Distinguish from + CANNED FISH.

There is a wide variety of semi-preserved fish products; preserving additives may be added; e.g. MARINADE, + KOCHFISCHWAREN, + BRATFISCHWAREN, + ANCHOSEN, + DELICATESSEN PRODUCTS, + CAVIAR, + CAVIAR SUBSTITUTES.

In Germany also + PASTEURIZED FISH and + SALZFISCHWAREN are included under this definition.

SEMI-CONSERVES 868

Les semi-conserves sont des produits préparés principalement avec du poisson ou des morceaux de poisson et autres animaux marins, stabilisés pour un temps limité par un traitement approprié et qui peuvent être mis dans des récipients relativement étanches sous pression normale; la durée d'entreposage pouvant être prolongée par un + STOCKAGE PAR REFRIGÉRATION.

Le poisson qui est simplement séché, salé, fumé ou congelé et la matière première destinée à un traitement ultérieur ne sont pas compris dans cette définition (Projet de règlementations sanitaires de l'O.C.D.E.).

Ne pas confondre avec + CONSERVES.

Il existe une grande variété de semi-conserves de poisson; des antiseptiques peuvent y être ajoutés; voir: + MARINADE, + KOCHFISCHWAREN, + BRATFISCHWAREN, + ANCHOSEN, + DELICATESSEN, + CAVIAR et + SUCCÉDANÉS DE CAVIAR.

En Allemagne, le + POISSON PASTEURISÉ et les + SALZFISCHWAREN sont compris dans cette définition.

D Halbkonserven
GR
J
P Semi-conservas
YU

DK Halvkonserves
I Semi-conserve
N Halvkonserver
S Halvkonserver

E Semi-conservas
IS Niðurlagður fiskur
NL Halfconserven
TR

869 SEVENTY-FOUR

Polysteganus undulosus

(S. Africa)   (Afrique du Sud)

870 SEVICHE   SEVICHE 870

Fish cured by marinating in sour lemon juice; species mostly used: + CORVINA (type of + DRUM).

In Peru, CEVICHE.

I Sevici

Poisson mariné dans du jus de citron; espèce généralement utilisée: + CORVINA (de l'ordre des + TAMBOUR).

Au Pérou, CEVICHE.

871 SEVRUGA   SEVRUGA 871

Acipenser stellatus

(Caspian Sea)   (Mer Caspienne)

Aussi appelé ESTURGEON ÉTOILÉ.

See + STURGEON.   Voir + ESTURGEON.

D Sternhausen
GR
J
P
YU Pastruga

DK
I Storione stellato
N
S Stjärnstör sevruga

E
IS
NL Spintssnuitsteur
TR Mersin

872 SHAD — ALOSE 872

ALOSA spp.

(i) Shads are also called KING OF THE HERRING. (i)

Alosa pseudoharengus

(a) + ALEWIFE
(Atlantic/Freshwater – N. America)

(a) + GASPAREAU
(Atlantique/Eaux douces – Amérique du Nord)

Alosa alosa

(b) + ALLIS SHAD
(N. Atlantic – Europe)

(b) + ALOSE
(Atlantique Nord – Europe)

Alosa sapidissima

(c) + AMERICAN SHAD
(Atlantic/Pacific/Freshwater)

(c) + ALOSE CANADIENNE
(Atlantique/Pacifique/Eaux douces)

Alosa fallax fallax

(d) + TWAITE SHAD
(Atlantic)

(d) + ALOSE FINTE
(Atlantique)

Alosa fallax nilotica or/ou *Alosa finta*

(Mediterranean)

(Méditerranée)

Alosa aestivalis

(e) BLUEBACK HERRING
(Atlantic/Freshwater – N. America)

(e) ALOSE D'ÉTÉ
(Atlantique/Eaux douces – Amérique du Nord)

Also called SHAD HERRING.

Alosa mediocris

(f) HICKORY SHAD
(Atlantic – N. America)

(f) MATOWACCA
(Atlantique – Amérique du Nord)

D Alse, Maifisch
GR Fríssa, sardellomána
J
P Sável
YU Lojka, Ščepa

DK Majsild, stamsild
I Alaccia, alosa
N Maisild, stamsild
S Majfisk

E Alosa
IS Augnasíld
NL Meivis
TR

For (a) to (d) and their marketing forms see under these entries.

Pour (a) à (d) et leur commercialisation voir les différentes rubriques.

DOROSOMA spp.

(ii) Shads may also refer to freshwater and anadromus *Clupeidae*, for example: + MENHADEN (*Brevoortia* spp.) or:

(ii) Peuvent désigner aussi certaines espèces de *Clupeidae* d'eau douce, ex.:

Dorosoma cepedianum

(a) + GIZZARD SHAD
(Atlantic/Freshwater – N. America)

(a) + ALOSE À GÉSIER
(Atlantique/Eaux douces – Amérique du Nord)

Dorosoma petenense

(b) THREADFIN SHAD
(Atlantic/Freshwater – N. America)

(b)
(Atlantique/Eaux douces – Amérique du Nord)

873 SHAGREEN — PEAU DE CHAGRIN 873

Pieces of rough leather made from skins of SHARK and DOGFISH, especially *Squatina* spp. (ANGEL SHARK); occasionally used for rasping and polishing.

Cuir grenu fait avec les peaux des REQUIN et AIGUILLAT, en particulier des espèces *Squatina*; parfois utilisé pour poncer et polir le bois.

D Chagrin
GR
J Same-yasuri, kawa-yasuri
P Pele de tubarão
YU Koža morskog psa, šagrin

DK
I Pelle di zigrino
N
S

E
IS Skrápur
NL Ruw haaienleer
TR

874 SHAGREEN RAY   RAIE CHARDON 874
Raja fullonica

(N. Atlantic/Mediterranean)   (Atlantique Nord/Méditerranée)
Also called FULLER'S RAY.
See also + RAY and + SKATE.   Voir + RAIE.

D Chagrinroche	**DK** Gøgerokke	**E** Raya cardadora
GR Salahi, raïa	**I** Razza spinosa	**IS**
J	**N** Nebbskate	**NL** Kaardrog
P Ria-pregada	**S** Gökrocka	**TR** Vatoz
YU Raža crnopjega		

875 SHAKEII (Taiwan)   SHAKEII (Formose) 875

Whole or gutted fish boiled in brine.   Poisson entier ou vidé, bouilli dans une saumure.
See also + PLA THU NUNG (Thailand).   Voir aussi + PLA THU NUNG (Thaïlande).

876 SHARK   REQUIN 876

The name SHARK refers to a great number of different families and species of the order *Squaliformes (Selachii)*.

To the same order belong the + DOGFISH which particularly refer to the families *Squalidae* and *Scyliorhinidae* and to the *Mustelus* spp. of the family *Triakidae*.

The main shark families are listed under individual entries as follows:

Le nom requin s'applique à un grand nombre de différentes familles et espèces de l'ordre des *Squaliformes (Selachii)*.

Les + AIGUILLAT, qui appartiennent au même ordre, comprennent particulièrement les familles des *Squalidae* et *Scyliorhinidae* et les espèces *Mustelus* de la famille des *Triakidae*.

Les principales familles de requins sont répertoriées séparément comme suit:

LAMNIDAE

(i) + MACKEREL SHARK
(Cosmopolitan)
include the + PORBEAGLE
(*Lamna* spp.)

(i) + REQUIN-MAQUEREAU
(Cosmopolite)
et comprennent les
+ TAUPE (*Lamna* spp.)

CARCHARHINIDAE

(ii) + REQUIEM SHARK
(Cosmopolitan)

(ii) + MANGEUR D'HOMMES
(Cosmopolite)

SPHYRNIDAE

(iii) + HAMMERHEAD SHARK
(Cosmopolitan)

(iii) + REQUIN-MARTEAU
(Cosmopolite)

SQUATINIDAE

(iv) + ANGEL SHARK
(Atlantic/Pacific)

(iv) + ANGE DE MER
(Atlantique/Pacifique)

In North America, species of the family *Squalidae* are generally called DOGFISH SHARK (see + DOGFISH); species of the family *Scyliorhinidae*: CAT SHARK (see + BROWN CAT SHARK), and species of the family *Hexanchidae*: COW SHARK (see + SIXGILL SHARK).

In Australia the name DOG SHARK refers to *Squalus megalops*.

Other shark families are:

En Amérique du Nord, les espèces de la famille *Squalidae* sont généralement appelées CHIEN DE MER (voir + AIGUILLAT), les espèces de la famille *Scyliorhinidae*: + REQUIN-TAPIS; pour la famille des *Hexanchidae*, voir + REQUIN-GRISET.

En Australie, le terme DOG SHARK s'applique à *Squalus megalops*.

Autres familles:

CHLAMYDOSELACHIDAE

(v) + FRILL SHARK
(Pacific)

(v) +
(Pacifique)

[CONTD.

876 SHARK (Contd.)   **REQUIN** (Suite) **876**

CARCHARIIDAE

(vi) + SAND SHARK   (vi) + REQUIN-TAUREAU
     (Atlantic)   (Atlantique)

ORECTOLOBIDAE

(vii) + NURSE SHARK   (vii) +
     (Atlantic)   (Atlantique)

CETORHINIDAE

(viii) + BASKING SHARK   (viii) + PÈLERIN
     (Cosmopolitan)   (Cosmopolite)

ALOPIIDAE

(ix) + THRESHER SHARK   (ix) + RENARD
     (Cosmopolitan)   (Cosmopolite)

Pristiophorus nudipinnis

(x) SAW SHARK   (x)
     (Australia)   (Australie)

Commercial uses are similar for many sharks and can be summarised as under:

Fresh: whole, gutted, or divided into skinned pieces; slices of fillet; also for + KAMABOKO and + HAMPEN (Japan).
Frozen: as fresh.
Dried: after broiling (YAKIZAME) or salting (TARE) (Japan); fermented and partly dried (Iceland).
Bones: see + MEIKOTSU (Japan).
Smoked; fillets; hot-smoked pieces.
Salted: fillets, or pieces of fillet, brined and packed in dry salt in a container; left in resulting pickle for about a week, then sun-dried (Central America, Pacific).

Fins: salted, sun-dried and pressed into bales; used to prepare shark's fin soup which may be canned (Far East); simply dried (FUKAHIRE) or boiled and used to make soup TAISHI).
Oil: Liver oil.

See also under individual species.

Les utilisations commerciales, communes aux différentes espèces, peuvent se résumer comme suit:

Frais: entier, vidé; ou en morceaux sans peau; tranches de filet; sert aussi à la fabrication du + KAMABOKO et du + HAMPEN (Japon).
Congelé: comme frais.
Séché: après cuisson (YAKI-ZAME) après salage (TARE) (Japon); fermenté et partiellement séché (Islande).
Os: voir + MEIKOTSU (Japon).
Fumé: filets; morceaux fumés à chaud.
Salé: filets ou morceaux de filet, saumurés et mis dans un récipient avec du sel sec; laissés à macérer dans la saumure ainsi formée pendant environ une semaine, puis séchés au soleil (Amérique centrale, Pacifique).
Ailerons: salés, séchés au soleil et pressés en ballots; utilisés pour préparer le potage aux ailerons de requin qui peut être mis en conserve (Extrême-Orient); seulement séchés (FUKAHIRE) ou cuits à l'eau pour la préparation du potage (TAISHI).
Huile: Huile de foie.

Voir aussi les espèces individuelles.

D	Haifisch, Hai	**DK**	Haj	**E**	Tiburone
GR	Skylópsaro-karcharias	**I**	Squalo	**IS**	Hákarl
J	Same, fuka	**N**	Hai	**NL**	Haai, (iv) schoorhaai
P	Tubarão	**S**	Haj	**TR**	Köpek balığı
YU	Morski pas				

See also under the individual items.   Voir aussi les rubriques individuelles.

877 SHARP FROZEN FISH   **POISSON CONGELÉ 877**

Fish that has been frozen usually by laying it out in a low temperature cold store or on refrigerated shelves; has no precise definition and its use should be discouraged.

Poisson congelé par entreposage dans une chambre froide à basse température ou sur une plaque froide; cette méthode n'est pas définie de manière plus précise et son emploi doit être déconseillé.

See + FROZEN FISH.   Voir + POISSON CONGELÉ.

D	Gefrierfisch	**DK**		**E**	Pescado congelado
GR		**I**	Pesce surgelato all'aria	**IS**	
J	Teion reitô-gyo	**N**		**NL**	Langzaam bevroren vis
P	Peixe congelado	**S**		**TR**	
YU	Brzo smrznuta riba				

878 SHARPNOSE SHARK   REQUIN À NEZ POINTU 878
(Canada)

Rhizoprionodon terraenovae

(a) ATLANTIC SHARPNOSE SHARK   (a) DE L'ATLANTIQUE
Also called NEWFOUNDLAND SHARK.

Rhizoprionodon longurio

(b) PACIFIC SHARPNOSE SHARK   (b) DU PACIFIQUE

Belong to the family *Carcharhinidae* (see + REQUIEM SHARK).   De la famille des *Carcharhinidae* (voir + MANGEUR D'HOMMES).

D	**DK**	**E**
GR	**I** Squalo di terranuova	**IS**
J	**N**	**NL** Spintssnuithaai
P Cação	**S**	**TR**
YU		

879 SHARPNOSE SKATE   RAIE BLANCHE 879

Raja lintea

(N. Atlantic)   (Atlantique Nord)

See also + SKATE and + RAY.   Voir aussi + RAIE.

D Weissroche	**DK** Hvidrokke	**E**
GR	**I** Razza bianca atlantica	**IS** Hvítskata
J	**N** Hvitskate	**NL** Witte rog
P Raia	**S** Blaggarnsrocka, vitrocka	**TR**
YU		

880 SHARP-TOOTHED EEL   MURÈNE JAPONAISE 880

Muraenesox cinereus

(Japan)   (Japon)

Highly esteemed as food in Japan; marketed fresh or alive, also used for + RENSEI-HIN.   Très appréciée au Japon; commercialisée fraîche ou vivante; sert aussi à la préparation du + RENSEI-HIN.

D Hechtmuräne	**DK**	**E**
GR	**I** Murena del Giappone	**IS**
J Hamo	**N**	**NL** Snoekaal
P Congro	**S** Grå knivtandsål	**TR**
YU		

881 SHEEPSHEAD   MALACHIGAN D'EAU DOUCE 881

Name used for different species:

Aplodinotus gruniens

(i) FRESHWATER DRUM   (i)

(Freshwater – N. America)   (Eaux douces – Amérique du Nord)

Belonging to the *Sciaenidae* (see + CROAKER and + DRUM). Also called WHITE or + SILVER PERCH.   De la famille des *Sciaenidae* (voir + TAMBOUR).

Archosargus probatocephalus

(ii) SHEEPSHEAD   (ii)

(Atlantic – N. America)

Belongs to the family *Sparidae* (see + SEA BREAM and + DRUM).

Pimelometopon pulchrum

(iii) CALIFORNIA SHEEPSHEAD   (iii)

(Pacific – N. America)

Belonging to the family *Labridae* (see + WRASSE).

882 SHELF STOWAGE

Stowage at sea of white fish laid side by side and head to tail, belly downwards in single layers on 5 to 10 cm of ice, but with no ice among or on top of the fish.

See also + BULK STOWAGE, + BOXED STOWAGE.

D Blanklagerung, Blankstauung
GR
J
P Armazenagem em camadas
YU
DK
I Stivaggio a strati
N
S Stuvning i hyllor

STOCKAGE SUR ÉTAGÈRES 882

Entreposage en mer de poissons (maigres) placés côté à côté, tête-bêche, sur le ventre, en une seule couche, sur 5 à 10 cm de glace sans les en recouvrir.

Voir aussi + STOCKAGE EN VRAC et + STOCKAGE EN CAISSES.

E
IS Hillulagning
NL Opslag in keeën
TR

883 SHELLFISH PASTE

Shellfish meats, salted, finely ground and allowed to ferment; spices and colouring may be added; see under individual species.

See also + FISH PASTE.

D Paste von Schal- und Weichtieren
GR
J
P Pasta de moluscos e crustáceos
YU Pasta od školjkaša i rakova
DK Skaldyrpasta
I Pasta di molluschi o di crostacei
N Skalldyrpostei
S Skaldjurspaste

PÂTE DE MOLLUSQUES 883 ET CRUSTACÉS

Chair de mollusques et crustacés, salée, finement broyée, fermentée éventuellement additionnée d'épices et de colorants; voir les espèces individuelles.

Voir aussi + PÂTE DE POISSON.

E Pasta de mariscos
IS
NL Pastei van schaal en weekdieren
TR Kabuklu balık macunu

884 SHELLS

Shells of:
(a) marine molluscs and
(b) crustaceans

can be used after grinding as addition to poultry and other animal foods or as a source of industrial CALCIUM CARBONATE; shells with pearl-like linings are used ornamentally, often cut and polished, also for shell buttons (KAIBOTAN – Japan); shells are also a source of CHITIN, GLUCOSAMINE and other pharmaceutical chemicals.

In French "SHELLED" is translated as "DÉCOQUILLÉS" for molluscs and "DÉCORTIQUÉS" for crustaceans.

D Schalen
(a) Molluskenschalen
(b) Krebsschalen
GR Kelýphi ostrákou
J (a) Kaigara, (b) kara
P Conchas e carapaças
YU Školjka
DK Skalle

I Conchiglie carapaci di crostacei
N Skjell, skall
S Skal

COQUILLES ET CARAPACES 884

(a) les coquilles de mollusques marins et
(b) les carapaces de crustacés.

peuvent être ajoutées, après broyage, aux aliments du bétail et des volailles, ou sont utilisées comme source industrielle de CARBONATE DE CALCIUM; les coquilles nacrées servent d'ornement, après découpage et polissage, et dans la fabrication de boutons (KAIBOTAN – Japon); les carapaces fournissent la CHITINE, la GLUCOSAMINE et autres produits chimiques.

Les termes "DÉCOQUILLÉS" pour les mollusques et "DÉCORTIQUÉS" pour les crustacés, se traduisent tous deux en anglais par "SHELLED".

E (a) Conchas,
(b) caparazones

IS Skeljar, kuðungar

NL Schelpen, pel
TR Kabuk

885 SHIDAL SUTKI (India)

Sun dried fish (+ SUTKI) immersed in water, drained and packed with fish oil in containers which are buried in the ground for several months.

SHIDAL SUTKI (Inde) 885

Poisson séché au soleil (+ SUTKI), plongé dans de l'eau, égoutté et mis, avec de l'huile de poisson, dans des récipients qui seront enterrés pendant plusieurs mois.

886 SHINING GURNARD   GRONDIN 886
Aspitrigla obscura
(Mediterranean/Atlantic)   (Méditerranée/Atlantique)

   Also called LANTHORN GURNARD, OFFING GURNARD, LONG-FINNED GURNARD, SMOOTHSIDES.

   See also + GURNARD.   Voir aussi + GRONDIN.

D		**DK**		**E** Lluerna
GR	Kapóni	**I**	Capone gavotta, capone negro	**IS**
J		**N**	Langfinnet knurr	**NL**
P	Ruivo	**S**		**TR** Kırlangıç
YU	Lastavica barjaktarka, kokun			

887 SHIOBOSHI (Japan)   SHIOBOSHI (Japon) 887

Also called ENKAN-HIN or SHIOBOSHI-HIN.

Product dried after soaking in salt water or dry salt. Whole or split fish such as sardine, anchovy, round herring, cod, mackerel, pollack, horse mackerel, saury, blanquillo, yellowtail, etc. are used.

Term "Shioboshi" is usually subjoined by the name of the fish, e.g. SHIOBOSHI-AJI (from horse-mackerel or mackerel scad), SHIOBOSHI-IWASHI (from sardine and allied species), or SHIOBOSHI-SAMMA (from saury).

   See + DRIED SALTED FISH.

Appelé encore ENKAN-HIN ou SHIOBOSHI-HIN.

Produit séché après trempage à l'eau salée ou salage à sec. Poissons (entiers ou tranchés) tels que sardine, anchois, shadine, cabillaud, maquereau, lieu, chinchard, orphie, sériole, etc. sont utilisés.

Le terme "Shioboshi" est généralement suivi du nom du poisson utilisé, ex.: SHIOBOSHI-AJI (avec le chinchard ou faux maquereau), SHIOBOSHI-IWASHI (avec des sardines ou espèces voisines), ou SHIOBOSHI-SAMMA (avec le samma).

   Voir + POISSON SALÉ SÉCHÉ.

888 SHIOKARA (Japan)   SHIOKARA (Japon) 888

Fermented fish product made from squid or guts of skipjack; also other species; brown, salty viscous paste made by fermenting the raw material with salt in containers for up to a month; product packed in glass or plastic containers; e.g. KATSUO-SHIOKARA (skipjack viscera), IKA-SHIOKARA (viscera and meat slices of squid), KAKI-SHIOKARA (oyster meat and viscera), UNI-SHIOKARA (ovary of sea urchin).

Produit de poisson fermenté fait avec du calmar ou des viscères de listao; pâte visqueuse, brune et salée, obtenue par fermentation de la matière première avec du sel pendant environ un mois; le produit est mis en récipients de verre ou de plastique; ex.: KATSUO-SHIOKARA (avec des viscères de thonine), IKA-SHIOKARA (viscères et tranches de calmar), KAKI-SHIOKARA (viscères et chair d'huîtres) UNI-SHIOKARA (ovaires d'oursins).

889 SHIRAUO ICEFISH   889
SALANGICHTHYS spp.
(Japan)   (Japon)

   Marketed fresh or boiled.   Commercialisé frais ou cuit à l'eau.

   J Shirauo

890 SHORE CURE   SALAGE À TERRE 890

(i) Salt curing of fish on shore as opposed to + SALTED ON BOARD.

(ii) In North America light salted Kench cured cod, hard dried to a content of 32–36% moisture and containing about 12% salt.

   See also + KENCH CURE, + SALT COD.

(i) Salage du poisson à terre, par opposition à + SALAGE À BORD.

(ii) En Amérique du Nord, s'applique à la morue légèrement salée à sec, séchée à une teneur en eau de 32 à 36%, et contenant environ 12% de sel.

   Voir aussi + SALAGE À SEC, + MORUE SALÉE.

D	Landsalzung	**DK**	Landsaltet (fisk)	**E**
GR		**I**	Baccalà san giovanni	**IS**
J		**N**		**NL** Walgezouten vis
P	Salga em terra	**S**	Landsaltning	**TR**
YU				

891 SHOTTSURU (Japan)

+ FERMENTED FISH SAUCE produced by pickling sandfish with salt and malted rice.

Similar products IKANAGO-SHOYU (from sand lance), IKA-SHOYU (from sardine), KAKI-SHOYU (from oyster) etc.

SHOTTSURU (Japon) 891

+ SAUCE DE POISSON FERMENTÉ à base de *Trichodontidae* (voir + SANDFISH) salés à sec, avec du riz malté.

Produits semblables: IKANAGO-SHOYU (à base de lançons), IKA-SHOYU (à base de sardines), KAKI-SHOYU (à base d'huîtres) etc.

892 SHREDDED COD (U.K.)

Small pickle cured cod, or trimmings obtained in boneless cod preparation, reduced to small fibres in shredding machine and dried; also called FLAKED COD FISH, FLUFF, DESICCATED CODFISH, FIBRED CODFISH, SKRIGGLED CODFISH.

Similar product in Japan is + SOBORO (also from other species).

MORUE EN FIBRES 892

Petite morue saumurée, ou retailles de morue désarêtées réduites en petites fibres par une machine à effilocher, puis séchées.

Produit semblable au Japon: le + SOBORO (avec d'autres poissons également).

D		DK		E	
GR		I	Fiocchi di baccalà	IS	Tættur saltfiskur
J		N		NL	Gedroogde, gezouten, kabeljauwreepjes
P	Bacalhau feito em tiras	S		TR	
YU					

893 SHRIMP

The terms SHRIMP and + PRAWN are often used indiscriminately, but commercially shrimp refer to the small species; though the name shrimp is used also in connection with various species of the families *Pandalidae, Peneidae* and *Palaemonidae,* it particularly refers to the family *Crangonidae.*

In U.K. the name shrimp is only used for *Crangon crangon* (BROWN SHRIMP) and *Pandalus montagui* (PINK SHRIMP); other spp. are called prawn in trade.

The names + BROWN SHRIMP, + PINK SHRIMP and + WHITE SHRIMP are used for various species, see under these individual entries; see also + COMMON SHRIMP.

Other species are for example;

CREVETTE 893

Les termes SHRIMP et + PRAWN sont souvent utilisés l'un pour l'autre, mais commercialement "shrimp" désigne les espèces plus petites de différentes familles, dont les *Pandalidae, Peneidae* et *Palaemonidae,* mais tout particulièrement de la famille des *Crangonidae.*

En Grande Bretagne, le nom shrimp est employé seulement pour *Crangon crangon* (CREVETTE GRISE) et pour *Pandalus montagui*; les autres espèces sont appelées prawn dans le commerce.

Voir aussi les + CREVETTE GRISE, + CREVETTE ROSE et + CREVETTE AMÉRICAINE qui se réfèrent à différentes espèces.

D'autres espèces sont par exemple:

Crangon septemspinosus

(a) SAND SHRIMP
    (Atlantic – N. America)

(a) (Atlantique – Amérique du Nord)

Crangon franciscorum
Crangon nigricanda
Crangon nigromaculata

(b) BAY SHRIMP
    (Pacific – N. America)

(b) (Pacifique – Amérique du Nord)

Pandalus dispar

(c) SIDE-STRIPE SHRIMP
    (N.E. Pacific – N. America)
    Also called GIANT RED SHRIMP.

(c) (Pacifique N-E – Amérique du Nord)

Pandalus platyceros

(d) SPOT SHRIMP
    (Pacific – N. America)

(d) (Pacifique – Amérique du Nord)

[CONTD.

893 SHRIMP (Contd.)   CREVETTE (Suite)

Pandalus hypsinotus

(e) COON-STRIPE (e)
(N. Pacific – N. America/U.S.S.R.)   (Pacifique Nord – Amérique du Nord/U.R.S.S.)

Pandalus goniurus

(f) HUMPY SHRIMP (f)
(N. Pacific – N. America/U.S.S.R.)   (Pacifique Nord – Amérique du Nord/U.R.S.S.)

Palaemonetes vulgaris

(g) GRASS SHRIMP (g)
(Atlantic – N. America)   (Atlantique – Amérique du Nord)

Penaeus stylirostris

(h) BLUE SHRIMP (h)
(Pacific – Central America)   (Pacifique – Amérique centrale)

Penaeus brasiliensis

(j) BRAZILIAN SHRIMP (j)
(Atlantic/Mexican Gulf – America)   (Atlantique/Golfe du Mexique – Amérique)

Hymenopenaeus robustus

(k) ROYAL RED SHRIMP (k)
(Atlantic/Mexican Gulf – America)   (Atlantique/Golfe du Mexique – Amérique)

Main ways of marketing: Différentes formes de commercialisation:

Live: **Vivant:**

Fresh: in shell, with or without heads, uncooked or cooked; shelled, cooked or raw; cooked, potted in butter; breaded meats, raw or cooked; shrimp mostly landed cooked.

Frais: en carapace, avec ou sans tête, cru ou cuit; décortiqué, cuit ou cru; cuit, et mis en pots avec du beurre; chair panée, crue ou cuite; généralement les crevettes arrivent à terre déjà cuites.

Frozen: frozen shelled, uncooked or cooked; cooked, potted in butter; uncooked tails in shell; uncooked shelled tails in butter; breaded meats, raw or cooked.

Congelé: décortiqué, cru ou cuit; cuit, mis en pots dans du beurre; queues crues en carapace; queues décortiquées additionnées de beurre; chairs panées, crues ou cuites.

Smoked: shelled, washed, boiled in brine, cold-smoked on trays and packed in glass either dry or with vegetable oil; unshelled, headed, brined, cooked and cold-smoked.

Fumé: décortiqué, lavé, cuit au court-bouillon, fumé à froid sur claies et mis en bocaux tel quel, ou avec de l'huile végétale; en carapace, étêté, saumuré, cuit et fumé à froid.

Dried: cooked and naturally dried in shell, sometimes dyed (Japan), then shelled; + FREEZE-DRIED meats.

Séché: cuit et séché à l'air puis décortiqué, parfois teint (Japon); chairs déshydratées (voir + CRYODESSICATION).

Canned: shelled meats in brine; or dry; smoked meats; brined cooked meats in evacuated containers; unprocessed.

Conserve: chairs en saumure ou au naturel; chairs fumées; chairs saumurées emballées sous vide; non-traitées.

Pasteurized or semi-preserved: vinegar cured: shelled meats cooked in salt and vinegar solution, packed in jars with vinegar solution and spices; also in jelly.

Pasteurisé ou semi-conserve: traité au vinaigre: chairs cuites au court-bouillon, mises en bocaux dans la solution vinaigrée et épicée; également en gelée.

Salted: shelled, cooked meat mixed with mayonnaise.

Salé: queues décortiquées et cuites, mélangées à de la mayonnaise.

Paste: shrimp only, or with salmon; smoked shrimp; in can or jar.

Pâte: crevettes seules, ou avec du saumon; crevettes fumées; en boîtes ou bocaux.

Soups and prepared dishes: shrimp bisque, shrimp Créole, shrimps in mayonnaise, etc.; usually canned.

Soupes et plats cuisinés: bisque de crevettes, crevettes à la créole, crevettes à la mayonnaise, etc., généralement en boîtes.

Meal: made from shrimp + BRAN (U.S.A.).   **Farine:** faite avec les carapaces (E.U.)

See also + PRAWN.

D Garnele, Krabbe	**DK** Reje	**E** Quisquilla, camarón
GR Garída	**I** Gamberetto, gambero	**IS** Rækjur
J Ebi	**N** Reke	**NL** Garnaal, (j) jumbo sara-sara (Sme.)
P Camarão	**S** Räka	**TR** Karides
YU Kozica		

894 SIERRA

(i) *Scomberomorus sierra* (Pacific – U.S.A.), see + KING MACKEREL.
Belongs to the family *Scombridae;* also used for some other *Scomberomorus* spp., e.g., + KINGFISH (i).

(ii) *Thyrsitops lepidopodea* (Pacific/Atlantic – Chile/Argentine).
Belonging to the family *Gempylidae* (see + BARRACOUTA).

Le nom "SIERRA" (anglais) s'applique aux espèces suivantes :

(i) *Scomberomorus sierra* ou *Scomberomorus cavalla* (voir + THAZARD).
De la famille des *Scombridae.*

(ii) *Thyrsitops lepidopodea* (voir + THYRSITE).
De la famille des *Gempylidae.*

895 SILD (Scandinavia)

Scandinavian name for herring; in U.K. and other countries applied to young, small herring.

Marketed:
Canned: in olive or other edible oil and in sauces, mainly tomato sauce.
Smoked: hot or cold smoked.
Vinegar cured: like + MARINADE.

See also + KRONSARDINER, + HERRING, + SARDINE.

SILD (Scandinavie) 895

Nom scandinave du hareng; en Grande-Bretagne et en d'autres pays, désigne le petit hareng jeune.

Commercialisé:
Conserve: à l'huile d'olive ou autre, en sauces, notamment à la sauce tomate.
Fumé: à chaud ou à froid.
Au vinaigre: comme les + MARINADE.

Voir aussi + KRONSARDINER, + HARENG + SARDINE.

D Sild, Silling	**DK** Sild	**E** Arenque
GR	**I** Aringa	**IS** Sild
J Konishin	**N** Sild	**NL** Haring
P Pequeno-arenque	**S** Sill	**TR**
YU		

896 SILVER CURED HERRING

Very heavily salted, mild smoked, old-fashioned + BLOATER (U.K.) (+ PALE SMOKED RED); also used to describe herring less heavily salted and smoked than + RED HERRING (U.K.); in Netherlands SILVER HERRING is hard dried, salted herring, not smoked.

+ CRAQUELOT à l'ancienne manière, très fortement salé, légèrement fumé (voir + PALE SMOKED RED); désigne aussi le hareng moins fortement salé et fumé que le + HARENG ROUGE (Grande-Bretagne); dans les Pays-Bas, le SILVER HERRING est fortement salé et séché, mais non fumé.

D	**DK**	**E** Arenque fuertemente salado y med. ahumado
GR	**I** Aringhe argentate	**IS** Mjög harðsöltuð léttreykt síld
J	**N** Lettrokt	**NL** Zilverharing, gedroogde steurharing
P Arenque de salga garregada fumado	**S**	**TR**
YU		

897 SILVERFISH

(i) *Argyrozona argyrozona* synonymous with: *Polysteganus argyrosomus* (South Africa)

(ii) Name also used to designate + TARPON (*Megalops atlantica*) belonging to the family *Elopidae.*

(i)

(ii) Voir + TARPON.

NL Tarpoen, trapon (Sme.)

898 SILVER HAKE   MERLU ARGENTÉ 898
Merluccius bilinearis

(N.W. Atlantic)   (Atlantique Nord-Ouest)
Also called + WHITING.   Appelé aussi + MERLAN (Canada).
Marketed frozen (headed or gutted).   Commercialisé surgelé (sans tête ou vidé).
See also + HAKE.   Voir aussi + MERLU.

D Nordamerikanischer Seehecht
DK Kulmule
E Merluza atlántica, merluza norteamericana
GR
I Nasello atlantico
IS Lýsingur
J
N Lysing
NL Wijting
P Pescada-branca-americana
S
TR
YU Ugotica

899 SILVER PERCH   899

(i) Refers mainly to: *Bairdiella chrysura* (Atlantic – N. America)

Belongs to the family *Sciaenidae* (see + CROAKER and + DRUM).

Name SILVER PERCH might also be used for FRESHWATER DRUM (see + SHEEPSHEAD (i)).

(i) Voir + TAMBOUR et MALACHIGAN D'EAU DOUCE.

(ii) *Bidyanus bidyanus* (Freshwater – Australia)

(ii)

900 SILVERSIDE   PRÊTRE 900
ATHERINIDAE

(i) (Cosmopolitan)   (i) (Cosmopolite)
Also known as SAND SMELT.   Aussi appelé POISSON D'ARGENT.

Atherina presbyter or/ou *Atherina boyeri*

(a) + ATHERINE (Atlantic – Europe)
(a) + PRÊTRE (Atlantique – Europe)

Menidia menidia or/ou *Menidia notata*

(b) ATLANTIC SILVERSIDE (Atlantic – N. America)
Marketed canned; also used for feeding fur-foxes.

(b) CAPUCETTE (Atlantique – Amérique du Nord)
Commercialisé en conserve; sert aussi à l'alimentation des renards à fourrure.

Menidia beryllina

(c) TIDEWATER SILVERSIDE (Atlantic/Freshwater – N. America)

Also called + WHITEBAIT.

(c) (Atlantique/Eaux douces – Amérique du Nord)

AUSTROMENIDIA spp.

(d) ARGENTINE SILVERSIDE (Atlantic)
(d) (Atlantique)

Leuresthes tenuis

(e) CALIFORNIAN GRUNION (Pacific)
(e) (Pacifique)

[CONTD.

900 SILVERSIDE (Contd.)
Labidesthes sicculus

PRÊTRE (Suite) **900**

(f) BROOK SILVERSIDE
(Freshwater – N. America)

The family *Atherinidae* includes also *Atheriscus, Basilichthys* spp. which might also be designated SILVERSIDE.

(f)
(Faux douces – Amérique du Nord)

La famille des *Atherinidae* comprend encore les espèces *Atheriscus* et *Basilichthys* qui peuvent aussi être appelées POISSON D'ARGENT.

D Ährenfisch	**DK** Stribefisk (a)	**E** Pejerreye, abichon
GR Atherína	**I** Lattarino	**IS**
J Tôgorðiwashi	**N**	**NL** (a) Koornaarvis
P Peixe rei	**S** Silversid	**TR** Aterina, gümüs
YU Zeleniši		

For (a) see under this entry.

Pour (a) voir aussi la rubrique individuelle.

(ii) The name "Silverside" might also refer to + COHO (SALMON).

(ii) Le terme "Silverside" (anglais) s'applique aussi à + SAUMON ARGENTÉ.

901 SILVERY POUT
Gadiculus argenteus thori

MERLAN ARGENTÉ 901

(N.E. Atlantic)

(Atlantique Nord-Est)

Gadiculus argenteus argenteus

(Mediterranean)
(Méditerranée)

Also called SILVERY COD.

D	**DK** Sølvtorsk	**E**
GR Gadículos	**I** Pesce fico	**IS** Silfurkóð
J	**N** Sølvtorsk	**NL** Zilverkabeljauw
P Badejinho	**S** Silvertorsk	**TR**
	(a) Nordlig silvertorsk	
	(b) Sydlig silvertorsk	
YU Ugotica srebrenka		

901.1 SINAENG (Philippines)

SINAENG (Philippines) 901.1

Gutted full grown mackerel packed in clay pots or other containers with or without spices steamed-cooked or simmered over a slow fire.
The term is synonymous with + PAKSIW.

Maquereau adulte vidé, mis dans des pots en argile ou autres récipients avec ou sans épices, cuit ensuite à la vapeur ou mijoté à feu doux.
Le terme est synonyme de + PAKSIW.

902 SIXGILL SHARK
Hexanchus griseus

REQUIN GRISET 902

(Atlantic/Pacific – Europe/America/Japan)

(Atlantique/Pacifique – Europe/Amérique/Japon)

For ways of marketing, see + SHARK; special preparation, see + SPECKFISCH (Germany).

Pour les formes de commercialisation, voir + REQUIN; préparations spéciales, voir + SPECKFISCH (Allemagne).

D Grauhai	**DK** Seksgællet haj	**E** Cañabota
GR Karharías	**I** Squalo capopiatto	**IS**
J Kagurazame	**N** Kamtannhai	**NL** Grauwe haai, koehaai
P Albafar	**S** Sexbågig kamtandhaj	**TR**
YU Pas sivonja		

903 SKATE

RAIE 903

General trade name for species of the family *Rajidae*; it is synonymously used with + RAY.

May also be called SKIDER, TINKER, GINNY, FLANIE, BANJO or ROKER.

Terme général pour les espèces de la famille des *Rajidae*.

[CONTD.

903 SKATE (Contd.)

Various species of *Rajidae* are listed under individual names:
+ BIG SKATE
+ FLAPPER SKATE
+ FLATHEAD SKATE
+ LITTLE SKATE
+ LONGNOSE SKATE
+ SHARPNOSE SKATE
+ SMOOTH SKATE
+ SPINYTAIL SKATE
+ STARRY SKATE
+ WHITE SKATE
+ WINTER SKATE

For other *Raja* spp. see + RAY.

Marketed:

Fresh: whole gutted, wings (fleshy pieces together with cartilage, cut from either side of the disc), skinned or unskinned; skate nobs (pieces of flesh).
Smoked: pieces, hot-smoked.
Salted: fermented and subsequently salted (Iceland).
Bones: see + MEIKOTSU (Japan).

D Rochen	**DK** Rokke	**E** Raya
GR Seláchi	**I** Razza	**IS** Skata, lóskata
J Gangiei, ei, kasube	**N** Skate, rokke	**NL** Rog, vleten
P Raia	**S** Rocka	**TR**
YU Raža, pas glavonja		

903 RAIE (Suite)

Il existe différentes espèces de *Rajidae* répretoriées individuellement sous:
+ RAIE
+ POCHETEAU GRIS
+
+ RAIE HÉRISSON
+ POCHETEAU NOIR
+ RAIE BLANCHE
+ RAIE LISSE
+ RAIE À QUEUE ÉPINEUSE
+ RAIE DU PACIFIQUE
+ RAIE BLANCHE
+ RAIE TACHETÉE

Pour d'autres espèces *Raja*, voir + RAIE.

Commercialisé:

Frais: entier et vidé; ailerons (parties charnues cartilagineuses coupées de chaque côté de l'os central) avec ou sans peau; morceaux.
Fumé: morceaux, fumés à chaud.
Salé: fermenté at puis salé (Islande).
Os: voir + MEIKOTSU (Japon).

904 SKINLESS FISH

Fish or fish fillets from which the skin has been removed; also called SKINNED FISH.

D Hautfrei, ohne Haut	**DK** Uden skind	**E** Pescado desollado
GR	**I** Spellato	**IS** Roðlaus, roðdreginn
J Kawamuki	**N** Skinnfri	**NL** Onthuid, gevild
P Sem pele	**S** Skinnfri	**TR**
YU Riba kojoj je skinuta koza		

904 POISSON DÉPOUILLÉ

Poisson ou filets de poisson dont la peau a été enlevée.

905 SKINNED COD

Dried salted cod from which the skin has been removed.

D	**DK**	**E** Bacalao salado y seco sin la piel
GR	**I** Baccalà spellato	**IS** Roðdreginn þorskur
J Sukimidara	**N** Røytet torsk	**NL** Gedroogde gezouten onthuide kabeljauw
P Bacalhau sem pele	**S**	**TR**
YU Oguljeni suhi bakalar		

905 MORUE DÉPOUILLÉE

Morue salée et séchée dont la peau a été enlevée.

906 SKINNING

Removing the skin.
See + SKINLESS.

D Enthäuten	**DK** Afskinding	**E** Desollar, despellejar
GR	**I** Spellamento	**IS** Roðdráttur
J Kawamuki	**N** Skinning	**NL** Onthuiden, villen
P Despelagem	**S** Flå	**TR**
YU Guljenje ribe, skidanje koze s ribe		

906 DÉPOUILLEMENT

Enlèvement de la peau du poisson.
Voir aussi + POISSON DÉPOUILLÉ.

907 SKIPJACK — BONITE À VENTRE RAYÉ 907
ou LISTAO

Euthynnus pelamis or/ou *Katsuwonus pelamis*

(Cosmopolitan)

Also called BONITO, OCEANIC BONITO, STRIPE-BELLIED BONITO, STRIPED TUNA; this species forms the largest part by volume of the catch of tunas, and together with + BLUEFIN and + YELLOWFIN TUNA, makes up the light meat pack; see + TUNA.

Marketed:
Fresh:
Frozen:
Dried: as + FUSHI, + KATSUOBUSHI.
Canned: in oil.
Liver oil: especially rich in Vitamin D.

Viscera: for insulin production.

See also + TUNA for various methods of marketing.

(Cosmopolite)

Appelée aussi BARIOLE; cette espèce forme la plus grande partie des captures de thons; comme le + THON ROUGE et l' + ALBACORE (À NAGEOIRES JAUNES), est utilisée dans l'industrie des conserves de + THON.

Commercialisé:
Frais:
Congelé:
Séché: voir + FUSHI, + KATSUOBUSHI
Conserve: à l'huile.
Huile de foie: particulièrement riche en vitamines D.

Viscères: pour la production d'insuline.

Voir aussi les formes de commercialisation des + THON

D Echter Bonito	**DK** Bugstribet bonit	**E** Listado, barrilete
GR Palamida	**I** Tonnetto striato	**IS**
J Katsuo	**N** Stripet pelamide	**NL** Gestreepte tonijn
P Gaiado, listão, listado	**S** Bonit	**TR**
YU Trup prugavac		

908 SLENDER TUNA 908

Allothunnus fallai

(New Zealand)

Marketed similar to + TUNA.

(Nouvelle-Zélande)

Commercialisation semblable à celle des + THON.

909 SLIME FLOUNDER 909

Microstomus achne

(Japan)

Marketed fresh.

(Japon)

Commercialisé frais

J Babagarei, nametagarei, nameta

910 SMALL SANDEEL — LANÇON 910

Ammodytes tobianus

(N. Atlantic – Europe)

Also called LESSER SANDEEL, LAUNCE.
Recommended trade name: LANCE.
See + SANDEEL.

(Atlantique Nord – Europe)

Voir + LANÇON.

D Kleiner Sandaal, Tobiasfisch, Tobis	**DK** Kysttobis	**E** Aguacioso
GR	**I** Cicerello	**IS** Sandsíli
J	**N** Tobis småsil	**NL** Zandaal
P Galeota	**S** Blåtobis, vanlig tobis	**TR** Kum balığı
YU Hujka		

911 SMELT — ÉPERLAN 911

OSMERIDAE

(i) (Cosmopolitan)

(i) (Cosmopolite)

Osmerus eperlanus

(a) EUROPEAN SMELT
(N.E. Atlantic)

(a) ÉPERLAN EUROPÉEN
(Atlantique Nord-Est)

[CONTD.

911 SMELT (Contd.)   ÉPERLAN (Suite) 911

Osmerus eperlanus mordax

(b) AMERICAN SMELT
(Atlantic/Freshwater – N. America)

(b) ÉPERLAN D'AMÉRIQUE
(Atlantique/Eaux douces – Amérique du Nord)

Osmerus dentex

(c) ARCTIC SMELT
(Pacific/Freshwater – N. America)

(c) ÉPERLAN DE L'ARCTIQUE
(Pacifique/Eaux douces – Amérique du Nord)

Marketed fresh or frozen.

Commercialisé frais ou congelé.

To the same family belong also + CAPELIN, + EULACHON, + SURF SMELT, + POND SMELT.

Appartiennent également à la même famille les + CAPELAN, + EULACHON, + "SURF SMELT", + "POND SMELT".

D Stint	**DK** Smelt	**E** Eperlános
GR	**I** Sperlano, eperlano	**IS** Silfurloðna
J Kyûrino	**N** Krøkle	**NL** (a) Spiering
		(b) amerikaanse smelt
P Biqueirão	**S** Nors	**TR**
	(b) amerikansk nors	
YU Gavun, zeleniš		

(ii) The name SMELT is also used for *Atherina* spp. (see + ATHERINE) and *Argentinidae* (see + ARGENTINE).

(ii) Voir + ARGENTINE.

(iii) SMELT might also refer to + SANDEEL (*Ammodytidae*).

(iii) Voir + LANÇON.

912 SMOKED FISH   POISSON FUMÉ 912

Fish cured by the action of smoke produced usually from slowly burning wood or other material (like peat) in order to partly dry the product and to give it some smoky taste.

Poisson traité par la fumée obtenue par combustion lente de bois non résineux ou d'autres produits ligneux (tourbe) de manière à déshydrater partiellement la denrée et à lui communiquer le goût de fumée.

Two main methods are defined under:

Il existe deux méthodes de fumage décrites sous:

+ COLD SMOKED FISH
+ HOT SMOKED FISH.

+ POISSON FUMÉ À FROID.
+ POISSON FUMÉ À CHAUD.

D Geräucherter Fisch	**DK** Røget fisk	**E** Pescado ahumado
GR Psári kapnistó	**I** Pesce affumicato	**IS** Reyktur fiskur
J Kunsei-gyo	**N** Røkt fisk	**NL** Gerookte vis, gestoomde vis
P Peixe fumado	**S** Rökt fisk	**TR** Tütsü (füme) balık
YU Dimljena riba		

913 SMOKIE   913

Haddock, headed, gutted and hot smoked; usually from fish that are too small for making + FINNAN HADDOCK.

Églefin étêté, vidé et fumé à chaud; généralement avec du poisson trop petit pour préparer le + FINNAN HADDOCK.

Also called ABERDEEN SMOKIE + ARBROATH SMOKIE.

Appelé encore ABERDEEN SMOKIE + ARBROATH SMOKIE.

D Warmgeräucherter Schellfisch	**DK** Varmrøget kuller	**E** Eglefino ahumado en caliente
GR	**I** Asinello affumicato a caldo	**IS** Reykt ýsa
J	**N** Varmrøkt hyse	**NL** Warmgerookte schelvis zonder kop
P Arinca fumada	**S** Varmrökt koljafilé	**TR**
YU		

914 SMOLT — TACON 914

Young + SALMON when it leaves fresh water for the sea for the first time.

Jeune + SAUMON d'eau douce à sa première migration vers la mer.

- **D** Salmling
- **GR**
- **J**
- **P** Salmão jovem
- **YU**
- **DK**
- **I** Salmone giovane
- **N** Smolt
- **S** Smolt
- **E** Joven salmon
- **IS** Gönguseiði
- **NL** Jonge zalm
- **TR**

915 SMOOTH FLOUNDER — PLIE LISSE 915
Liopsetta putnami

(Atlantic – N. America)

Belonging to the family *Pleuronectidae*.
See also + FLOUNDER.

(Atlantique – Amérique du Nord)

De la famille des *Pleuronectidae*.
Voir aussi + FLET.

- **D**
- **GR**
- **J**
- **P**
- **YU**
- **DK**
- **I** Passera 'iscia
- **N**
- **S**
- **E**
- **IS**
- **NL**
- **TR**

916 SMOOTH HOUND — ÉMISSOLE 916

(Atlantic/Mediterranean/Pacific – Europe/North America)

Name generally refers to some *Mustelus* spp. of the family *Triakidae* (see + DOGFISH).

(Atlantique/Méditerranée/Pacifique – Europe/Amérique du Nord)

Ce nom désigne généralement certaines espèces *Mustelus* de la famille *Triakidae* (voir + AIGUILLAT).

Mustelus mustelus

(a) SMOOTH HOUND
(Atlantic/Mediterranean)

(a) ÉMISSOLE LISSE
(Atlantique/Méditerranée)

Mustelus canis

(b) SMOOTH DOGFISH
(Atlantic – N. America)

(b) ÉMISSOLE
(Atlantique – Amérique du Nord)

Mustelus asterias or/ou *Mustellus vulgaris* or/ou *Mustelus stellatus*

(c) STELLATE SMOOTH HOUND
(Atlantic/Mediterranean)

(c) ÉMISSOLE TACHETÉE
(Atlantique/Méditerranée)

Mustelus californicus

(d) GRAY SMOOTH HOUND
(Pacific – N. America)

(d)
(Pacifique – Amérique du Nord)

See also + GUMMY SHARK (*Mustelus antarcticus*).

Voir aussi + GUMMY SHARK *Mustelus antarcticus*.

- **D** Glatthai
- **GR** Galéos
- **J**
- **P** Caneja
- **YU** Pas čukov, pas mekuš
- **DK** Glathaj
- **I** Palombo
- **N** Glatthai
- **S** Glatthaj
- **E** Musola
- **IS**
- **NL** Toonhaai, gladde haai
- **TR** Köpek balığı

917 SMOOTH SKATE — RAIE LISSE 917
Raja senta

(Atlantic – N. America)
See also + SKATE.

(Atlantique – Amérique du Nord)
Voir + RAIE.

918 SNAILFISH

General name used in North America for *Cyclopteridae*, which are also known as + LUMPFISH or LUMPSUCKER, but particularly refers to *Liparis* spp. (Atlantic/Pacific).

See also + SEASNAIL.

Le terme "SNAILFISH" (anglais) est généralement employé en Amérique du Nord pour les *Cyclopteridae*.

Voir + LIMACE ou + LOMPE.

919 SNAKE EEL — SERPENT DE MER

OPHICHTHIDAE

(Cosmopolitan)

Also called WORM EEL.

(Cosmopolite)

Aussi appelé DEMOISELLE.

D Schlangenaal	**DK**		**E** Culebra	
GR Fídi	**I**		**IS**	
J	**N**		**NL** Slangalen	
P Cobra-do-mar	**S**		**TR** Mirmir	
YU Morske zmije				

920 SNAKE MACKEREL — ESCOLAR

In North America generally refers to *Gempylidae*, particularly *Gempylus serpens* (Atlantic); species in the Mediterranean is SCOURER (*Ruvettus pretiosus*).

To this family also belong *Thyrsites* spp. (see + BARRACOUTA) which also might be designated SNAKE MACKEREL, e.g. *Thyrsites lapidopodes*, commonly referred to as + SIERRA.

En Amérique du Nord, se réfère généralement aux *Gempylidae*, et en particulier à *Gempylus serpens* (Atlantique); dans la Méditerranée: ROUVET (*Ruvettus pretiosus*).

A cette même famille appartiennent aussi les espèces *Thyrsites* (voir + THYRSITE), ex.: *Thyrsites lapidopodes* appelé + SIERRA.

D Schlangenmakrele	**DK**	**E** Escolar	
GR	**I** Ruvetto	**IS**	
J Sumiyaki	**N**	**NL** Slangmakrelen	
P	**S**	**TR**	
YU Ljuskotrn			

921 SNAPPER — VIVANEAU

LUTJANIDAE

(i) (Cosmopolitan)

The *Lutjanidae* include *Ocyurus* and *Rhomboplites* spp. Most important species are:

(i) (Cosmopolite)

La famille des *Lutjanidae* comprend les espèces *Ocyurus* et *Rhomboplites*. Les principales espèces sont:

Lutjanus griseus

(a) MANGROVE SNAPPER
    (Atlantic – Europe/N. America)

Also called GRAY SNAPPER
(N. America)

(a)
   (Atlantique – Europe/Amérique du Nord)

Lutjanus campechanus

(b) + RED SNAPPER
    (Atlantic – N. America)

(b) + VIVANEAU
    (Atlantique – Amérique du Nord)

Lutjanus analis

(c) MUTTON SNAPPER
    (Atlantic – N. America)

(c)
    (Atlantique – Amérique du Nord)

Lutjanus synagris

(d) LANE SNAPPER
    (Atlantic – N. America)

(d)
    (Atlantique – Amérique du Nord)

Lutjanus apodus

(e) SCHOOLMASTER
    (Atlantic – N. America)

(e)
    (Atlantique – Amérique du Nord)

[CONTD.

921 SNAPPER (Contd.)   VIVANEAU (Suite) 921

(f) BLACK SNAPPER
(Atlantic – N. America)

Apsilus dentatus
(f)
(Atlantique – Amérique du Nord)

(g) YELLOWTAIL SNAPPER
(Atlantic – N. America)

Ocyurus chrysurus
(g)
(Atlantique – Amérique du Nord)

(h) VERMILION SNAPPER
(Atlantic – N. America)

Rhomboplites aurorubens
(h)
(Atlantique – Amérique du Nord)

(j) PARGO COLORADO
(Pacific)

Lutjanus colorado
(j)
(Pacifique)

(k) RED EMPEROR
(Australia)

Lutjanus sebae
(k)
(Australie)

(l) TAIVA
(Pacific – Japan)

Lutjanus marginatus
(l)
(Pacifique – Japon)

D Schnapper	**DK** Snapper	**E**
GR Sinagrída, kokkinópsaro	**I** Lutianido	**IS**
J Tarumi fuedai	**N**	**NL** (b) Rode snapper,
		(g) geelstaartsnapper
P Castanhola, mero	**S** Snapperfisk	**TR**
YU		

(ii) The name is also used for + PACIFIC OCEAN PERCH (see + ROCKFISH (ii)).
(iii) The term "SNAPPER" is employed in Boston, Mass., to designate small haddock (less than 1½ lb.); see also + CHAT HADDOCK and + SCROD (U.S.A.).
(iv) In Australia and New Zealand refers to *Chrysophrys auratus* belonging to the family of *Sparidae*.
Marketed: as fresh fish.

(ii)
(iii) "SNAPPER" est employé à Boston, Mass., pour désigner le petit églefin (moins de 750 g).
(iv) En Australie et Nouvelle-Zélande s'applique à *Chrysophrys auratus* de la famille des *Sparidae*.
Commercialisé frais.

922 SNOEK (Netherlands)   SNOEK (Pays Bas) 922

(i) Dutch name for + PIKE (family of *Esocidae*).

(ii) Name used in Australia and S. Africa to designate + BARRACOUTA (family of *Gempylidae*).

(i) Nom néerlandais pour + BROCHET (*Esocidae*).

(ii) Nom employé en Australie et en Afrique du Sud pour désigner + THYRSITE (de la famille *Gempylidae*).

NL Snoekoe (Sme.)
amerikaanse zeesnoek

923 SNOOK   BROCHET DE MER 923

(Atlantic – North America.) Generally name applying to the family *Centropomidae*, more particularly refers to *Centropomus undecimalis*; other species are TARPON SNOOK (*Centropomus pectinatus*) or LITTLE SNOOK (*Centropomus parallelus*).

(Atlantique – Amérique du Nord/Antilles): *Centropomidae*.

924 SOBORO (Japan)

Fish meat such as cod, pollack, porgy, gurnard etc., boiled, picked into fibre and dried.

Applies also often to seasoned meat (with salt and sugar, often dyed with pink pigment) then called OBORO.

OBORO-KOMBU: dried seaweed product; see + KOMBU.

See also + SHREDDED COD.

SOBORO (Japon) 924

Chair de poissons tels que cabillaud, lieu noir, spare, grondin, etc., cuite à l'eau, effilochée et séchée.

Désigne aussi fréquemment la chair des poissons déjà assaisonnée (de sel, sucre, et souvent colorée en rose); appelé alors OBORO.

OBORO-KOMBU: produit à base d'algues séchées; voir + KOMBU.

Voir aussi + RETAILLES DE MORUE.

925 SOCKEYE SALMON

Oncorhynchus nerka

(Pacific — N. America)

One of the five PACIFIC SALMON (see + SALMON), most highly prized.

Also called RED SALMON; also known as BLUEBACK, QUINALT. Recommended trade name in U.K.: RED SALMON.

Almost all of the catch is canned; some quantities also hard-smoked (see + INDIAN CURE SALMON), or hard-salted, like + COHO.

SAUMON ROUGE 925

(Pacifique — Amérique du Nord)

L'une des cinq espèces de SAUMON du PACIFIQUE (voir + SAUMON), extrêmement appréciée.

Presque exclusivement destiné à la mise en conserves; parfois fumé en petites quantités (voir + INDIAN CURE SALMON), ou fortement salé, comme le + SAUMON ARGENTÉ.

D	Rotlachs, Blaurücken	**DK**		**E**	Salmon
GR		**I**	Salmone rosso	**IS**	Rauðlax
J	Benizake, benimasu, himemasu	**N**		**NL**	Rode zalm
P	Salmão-vermelho-do-Pacífico	**S**	Indianlax, sockeye	**TR**	
YU					

926 SOFT CURE 926

Salted white fish, particularly cod, whose moisture content after drying is higher than 40%.

(Compare with + HARD CURE.)

See for example: + FALL CURE (Canada), + LABRADOR CURE (Canada).

Poisson maigre salé, particulièrement morue, dont la teneur en eau, après séchage, est supérieure à 40%.

Comparer avec + HARD CURE.

Voir les exemples: + FALL CURE (Canada), + LABRADOR CURE (Canada).

D	Mild gesalzener fisch	**DK**	3/4 virket og 7/8 virket klipfisk	**E**	
GR		**I**	Pesce salato semi-seccato	**IS**	Léttsaltaður fiskur, léttsöltun
J	Namaboshi	**N**	Lettvirkning	**NL**	Matig gedroogde gezouten vis
P	Cura leve	**S**		**TR**	
YU					

927 SOFT (SHELL) CLAM MYE 927

Mya arenaria

(Atlantic/Pacific — N. America)

Also called GAPER, LONG CLAM, LONG NECK, MANANOSE, MANINOSE, NANNYNOSE, OLD MAID, SAND CLAM, SANDGAPER, SQUIRT CLAM, STRAND-GAPER.

See also + CLAM.

(Atlantique/Pacifique — Amérique du Nord)

Voir aussi + CLAM.

D	Sandklaffmuschel	**DK**	Sandmusling	**E**	Almeja de rio
GR	Achiváda-ostraka	**I**	Vongola molle	**IS**	Smyrslingur
J	Ônogai	**N**	Sandskjell	**NL**	Strandgaper
P	Clame	**S**	Vanlig. sandmussla	**TR**	Midye türü
YU					

928 SOHACHI FLOUNDER

Cleisthenes pinetorum herzensteini

(Japan) (Japon)
Marketed fresh. Commercialisé frais.

D Herzenstein's Flunder	**DK**		**E**
GR	**I**		**IS**
J Sohachigarei	**N**		**NL**
P	**S**		**TR**
YU			

929 SOLDIER

Le terme "SOLDIER" (anglais) s'applique aux:

(i) Name used for + REDFISH (*Sebastes* spp.).
(ii) Name also used for + RED GURNARD (*Aspitrigla cuculus*).
(iii) SOLDIERFISH might also apply to the family *Macrouridae* (also called GRENADIER – U.S.A.) and *Holocentridae* (also called SQUIRRELFISH).

(i) + SÉBASTE (espèces *Sebastes*).
(ii) + GRONDIN ROUGET (*Aspitrigla cuculus*).
(iii)

NL Soldatenvis

930 SOLE   SOLE 930

(i) The name refers generally to the family *Soleidae*, but more particularly to *Solea vulgaris vulgaris*.

(i) Le nom désigne généralement la famille des *Soleidae* mais plus particulièrement l'espèce *Solea vulgaris vulgaris*.

Solea vulgaris vulgaris

(a) + COMMON SOLE
(Atlantic/N. Sea)

(a) + SOLE COMMUNE
(Atlantique/Mer du Nord)

Solea lascaris

(b) + LASCAR
(Atlantic/Mediterranean)

(b) + SOLE
(Atlantique/Méditerranée)

Microchirus variegatus

(c) + THICKBACK SOLE
(Atlantic)

(c) +
(Atlantique)

Buglossidium luteum

(d) + YELLOW SOLE
(Atlantic/Mediterranean)

(d) + PETITE SOLE JAUNE
(Atlantique/Méditerranée)

Microchirus ocellatus

(e) EYED SOLE
(Mediterranean)

(e) SOLE OCELLÉE
(Méditerranée)

Quenselia azevia

(f) (Europe)
(g) The family *Soleidae* also includes *Achirus* and *Trinectes* spp. (see e.g. + LINED SOLE or + HOGCHOKER).
(h) In S. Africa SOLE refers to *Austroglossus* spp. (*Austroglossus microlepis* and *Austroglossus pectoralis*) which also belong to the family *Soleidae*. In Australia SOLE refers to *Pseudorhombus* spp. and in New Zealand to *Peltorhamphus novaezealandiae* (also called COMMON SOLE, NEW ZEALAND SOLE or ENGLISH SOLE).

(f) (Europe)
(g) La famille des *Soleidae* comprend encore les espèces *Achirus* et *Trinectes* (voir + SOLE AMÉRICAINE ou + HOGCHOKER).
(h) En Afrique du Sud SOLE désigne les esp. *Austroglossus* (*Austroglossus microlepis* et *Austroglossus pectoralis*) également de la famille des *Soleidae*. En Australie, désigne les esp., *Pseudorhombus* et en Nouvelle-Zélande, l'espèce *Peltorhamphus novaezealandiae*.

[CONTD.

930 SOLE (Contd.)   **SOLE** (Suite) **930**

D Seezunge	DK Tunge	E Lenguado, (e) soldado
GR Glóssa	I Sogliola, (e) sogliola occhiuta	IS Sólflura
J Shitabirame	N Tunge	NL Tong, (a) tong, (b) franse tong, (d) dwergtong
P Linguado, (f) azevia	S Tungor	TR Dil balığı
YU List		

For (a) to (d) see separate entries.

(ii) The name SOLE is also employed in connection with other flatfish families, especially *Pleuronectidae* and *Bothidae* (see + FLOUNDER); e.g. *Microstomus* spp. (see + DOVER SOLE (ii) or + LEMON SOLE).

See also + ENGLISH SOLE.

Pour (a) à (d) voir les rubriques individuelles.

(ii) Le mot "SOLE" est aussi employé en nom composé pour désigner d'autres poissons plats, spécialement des *Pleuronectidae* et des *Bothidae*; ex. + LIMANDE SOLE.

931 SOUPFIN SHARK   **931**

Galeorhinus zyopterus

(Pacific – N. America)   (Pacifique – Amérique du Nord)

Galeorhinus capensis

(South Africa)   (Afrique du Sud)

Belongs to the family *Carcharhinidae* (see + REQUIEM SHARK).

Liver has high Vitamin A content.

De la famille des *Carcharhinidae* (voir + MANGEUR D'HOMMES).

Son foie est très riche en vitamine A.

D Hundshai-arten	DJ	E
GR	I Canesca	IS
J	N	NL
P Perna-de-moça	S	TR
YU		

932 SOUSED HERRING (U.K.)   **932**

Herring pickled with salt, vinegar and spices; often rolled fillets so treated, and baked in oven, and sometimes sprayed with kipper dye after cooking; also called BAKED HERRING, POTTED HERRING, + ROLLED FISH.

Hareng mariné avec du sel, du vinaigre et des épices; souvent, les filets ainsi traités, sont roulés et cuits au four, et parfois, après cuisson, passés au colorant pour kipper.

D	DK	E Arenque escabechado
GR	I Aringa in salamoia	IS
J	N	NL Gekruide haring
P Arenque de escabeche	S	TR
YU		

933 SOUSED PILCHARDS   **933**

Pilchards pickled with salt, vinegar and spices.

Pilchards marinés avec du sel, du vinaigre et des épices.

D	DK	E Sardinas escabechadas
GR	I Sardine marinate	IS
J	N	NL Gekruide pilchards
P Sardinela de escabeche	S	TR
YU		

933.1 SOUTH AFRICAN PILCHARD   **PILCHARD SUD-AFRICAIN 933.1**

Sardinops ocellata

(Atlantic – West Africa)   (Atlantique – Afrique occidentale)

+ PILCHARD   + PILCHARD.

934 SOUTHERN KINGFISH

Jordanidia solandrii

(New Zealand) (Nouvelle-Zélande)
Also called + HAKE.

J Kagokamasu

935 SOUTHERN RIGHT WHALE

Eubalaena glacialis australis

(Antarctic) (Antarctique)
Protected, not hunted commercially. Sous protection, pas de prises commerciales.
See also + RIGHT WHALE. Voir aussi + BALEINE FRANCHE.

D Südlicher Glattwal
GR
J
P Baleia-franca-negra
YU
DK
I Balena antartica
N
S Sydkapare
E
IS
NL Zuidkaper
TR

936 SOUTHWEST ATLANTIC HAKE — MERLU SUD-AMÉRICAIN

Merluccius hubbsi

(S.W. Atlantic) (Atlantique Sud-Ouest)
For marketing see + HAKE. Pour la commercialisation, voir + MERLU.

D Argentinischer Seehecht
GR Bakaliáros
J
P Pescada-da-Argentina
YU Oslic
DK Kulmule
I Nasello
N Lysing
S
E Merluza sudamericana, merluza argentina
IS Lýsingur
NL Heek
TR

937 SPADEFISH — FORGERON

EPHIPPIDAE

(Atlantic/Pacific – N. America) (Atlantique/Pacifique – Amérique du Nord)

Chaetodipterus faber

(a) ATLANTIC SPADEFISH (a) FORGERON (Atlantique)

Chaetodipterus zonatus

(b) PACIFIC SPADEFISH (b) (Pacifique)

Might also be called + ANGELFISH, which name, in North America, more properly refers to the related family *Chaetodontidae* (see + BUTTERFLYFISH).

Famille voisine de celle des *Chaetodontidae* (voir + PAPILLON).

938 SPANISH MACKEREL

(a) Name used to designate + CHUB MACKEREL + PACIFIC MACKEREL (*Scomber japonicus*), e.g. in international statistics.

(b) Name also used for various *Scomberomorus* spp. (see + KINGMACKEREL), particularly *Scomberomorus maculatus* (Atlantic).

(a) and (b) belong to the same family *Scombridae*.

(a) Voir + MAQUEREAU ESPAGNOL.

(b) Voir + THAZARD.

(a) et (b) appartiennent à la même famille *Scombridae*.

TR Kolyoz balığı

939 SPAWNING FISH — BOUVARD 939

Fish in the act of spawning.

See also + RIPE FISH and + SPENT FISH.

Poisson en train de frayer.

Voir aussi + POISSON PLEIN et + GUAI.

- **D** Laichfisch
- **GR**
- **J** Sanran cyo
- **P** No acto da desova
- **YU** Riba za vrijeme mriješćenja
- **DK** Gydende
- **I** Pronti alla deposizione dei prodotti sessuali
- **N** Gytende
- **S** Lekande fisk, lekfisk
- **E** Durante la puesta
- **IS** Gjótandi (fiskur), hrygnandi
- **NL** Paaiende vis
- **TR**

940 SPEARFISH — MARLIN 940

TETRAPTURUS spp.

(i) (Cosmopolitan in warm seas)
Belong to the family *Istiophoridae*.
(See + BILLFISH.)

(Cosmopolite, mers chaudes)
De la famille *Istiophoridae*.
(Voir + VOILIER et MARLIN.)

Tetrapturus angustirostris

(a) SHORTBILL SPEARFISH
(Pacific – N. America)

(a)
(Pacifique – Amérique du Nord)

Tetrapturus pfluegeri

(b) LONGBILL SPEARFISH
(Atlantic – Europe/N. America)

(b) MARLIN
(Atlantique – Europe/Amérique du Nord)

- **D** Speerfisch
- **GR**
- **J** Furaikajiki
- **P** Peto
- **YU** Iglokljun, iglun
- **DK** Spydfisk
- **I** Aguglia imperiale
- **N**
- **S** Spjutfisk
- **E** Marlin
- **IS**
- **NL** Speervis, marlene
- **TR**

(ii) Name also used for + QUILLBACK (*Carpiodes cyprinus*), belonging to the family *Catostomidae* (see + SUCKER).

941 SPECKFISCH (Germany) — SPECKFISCH (Allemagne) 941

Trade name for hot-smoked pieces of SIXGILL SHARK, in Germany.

See also + KALBFISCH.

Morceaux de REQUIN GRISET fumé à chaud (spécialité allemande).

Voir aussi + KALBFISCH.

942 SPELDING — 942

Headed, gutted, split fish, usually whiting, dipped in weak brine (often the sea) and air dried.

Poisson, généralement merlan, étêté, vidé et tranché, plongé dans une saumure faible (souvent de l'eau de mer), puis séché à l'air.

943 SPENT FISH — GUAI 943

Fish having spawned.

See also + RIPE FISH and + SPAWNING FISH, + KELT.

Poisson ayant frayé.

Voir aussi + POISSON PLEIN et + BOUVARD + KELT.

- **D** Ausgelaichter Fisch, Yhle
- **GR**
- **J** Sanran-go-no-sakana
- **P** Desovado
- **YU** Izmriješćena riba
- **DK** Har gydt
- **I** Di ritorno
- **N** Utgytt
- **S** Utlekt fisk, tomfisk
- **E** Que ha realizado la puesta
- **IS** Hryngdur (fiskur), gotinn
- **NL** Ijle vis
- **TR**

944 SPERM OIL   HUILE DE CACHALOT 944

Obtained from the + SPERM WHALE, particularly the head; *spermaceti*, a solid, may be separated from crude sperm oil, the remaining liquid portion (which may still contain some spermaceti) being refined sperm oil; this is used mainly as a lubricant; see + WHALES.

Huile extraite du + CACHALOT, et particulièrement de la tête; le raffinage de l'huile de cachalot est obtenu en séparant les éléments solides (*spermaceti*) de l'huile brute; la partie liquide raffinée (qui peut contenir encore un peu de spermaceti) est utilisée surtout comme lubrifiant. Voir + BALEINES.

D	Spermöl	DK	Spermacetolie	E	Esperma de ballena
GR		I	Spermaceti	IS	Búrhvalslýsi
J	Makkô geiyu	N	Spermolje	NL	Potvisolie, spermolie
P	Óleo de cachalote	S	Spermacetiolja	TR	
YU	Ulje ulješure				

945 SPERM WHALE   CACHALOT 945

Physeter macrocephalus or/ou *Physeter catodon*

(Cosmopolitan)   (Cosmopolite)

Also called CACHALOT, POT WHALE.

This whale is the source of + AMBERGRIS, SPERMACETI and + SPERM OIL; teeth are a source of + IVORY.

See also + WHALES.

Cétacé donnant l' + AMBRE GRIS, le SPERMACETI et l' + HUILE DE CACHALOT, et dont les dents fournissent l' + IVOIRE.

Voir aussi + BALEINES.

D	Pottwal	DK	Kaskelot	E	Cachalote
GR		I	Capodoglio	IS	Búrhvalur
J	Makkôkujira	N	Spermhval	NL	Potvis
P	Cachalote	S	Kaskelottval, pottval, spermacetival	TR	
YU	Ulješura, ulješura glavata				

946 SPICED CURED FISH   946

Fish cured with salt to which a mixture of spices, and often sugar, is added; particularly herring and sprats.

Also used as raw material for manufacture of + ANCHOSEN, or + GAFFELBIDDER.

Poisson traité au sel auquel on ajoute un mélange d'épices et parfois de sucre; en particulier hareng et sprats.

Utilisé aussi comme matière première pour la préparation de + ANCHOSEN ou de + GAFFELBIDDER.

SEMI-PRESERVE.   SEMI-CONSERVE.

See also + SPICED HERRING.   Voir aussi + HARENG ÉPICÉ.

D	Kräuterfisch	DK	Krydret fisk	E	
GR		I	Pesce in salamoia e spezie	IS	Kryddsaltaður fiskur
J		N	Kryddersaltet fisk	NL	Gekruide vis
P	Peixe tratado com especiarias	S	Kryddsaltad fisk	TR	Baharatla olgunlaşmış balık
YU	Obradjena riba uz dodatak mirodija, posoljena riba sa mirodijama				

947 SPICED HERRING   HARENG ÉPICÉ 947

Herring cured with salt to which a mixture of spices and often sugar is added; various types known under individual names as e.g. GEWÜRZHERING or KRÄUTERHERING (Germany), KRYDDERSILD (Scandinavia); terms might also refer to spice-cured herring for further processing, e.g. into + ANCHOSEN or + GAFFELBIDDER.

Hareng traité au sel auquel on ajoute un mélange d'épices et souvent de sucre; il existe différentes préparations, ex.: GEWÜRZHERING ou KRÄUTERHERING (Allemagne), KRYDDERSILD (Scandinavie); termes utilisés aussi pour du hareng aux épices destiné à une préparation ultérieure, par ex. + ANCHOSEN ou + GAFFELBIDDER.

[CONTD.

947 SPICED HERRING (Contd.)   HARENG ÉPICÉ (Suite) 947

- **D** Kräuterhering, Gewürzhering
- **DK** Kryddersild
- **E** Arenque en salmuera con especias
- **GR**
- **I** Aringa di scandinavia alle spezie
- **IS** Kryddsíld
- **J**
- **N** Kryddersild
- **NL** Gekruide haring
- **P** Arenque com especiarias
- **S** Kryddsill
- **TR** Baharatlı ringa
- **YU**

948 SPILLANGA (Sweden)   SPILLANGA (Suède) 948

Dried fish, prepared from ling, headed, and most parts of the backbone removed; the ling is stretched by means of splints before it is hung for drying. Swedish speciality.

Lingue séchée, étêtée, privée de la plus grande partie de la colonne vertébrale, maintenue ouverte, puis suspendue pour séchage. Spécialité suédoise.

- **D** Getrockneter Lengfisch
- **DK**
- **E**
- **GR**
- **I**
- **IS** Spýttlanga
- **J**
- **N** Spillange
- **NL** Gedroogde leng
- **P** Lingue escalado seco
- **S** Spillånga
- **TR**
- **YU**

949 SPINOUS SPIDER CRAB   ARAIGNÉE DE MER 949

Maia squinado

Also called SPIDER CRAB, SPINY CRAB.

Marketed live. Important in French fishery.

Commercialisée vivante principalement en provenance des pêcheries françaises.

See also + CRAB.

Voir aussi + CRABE.

- **D** Seespinne
- **DK** Troldkrabbe
- **E** Centolla
- **GR** Kavouromána
- **I** Grancevola
- **IS**
- **J**
- **N**
- **NL** Spinkrab
- **P** Santola
- **S** Spindelkrabba
- **TR** Ayna
- **YU** Rakovica

950 SPINY COCKLE   SOURDON 950

Cardium aculeatum
Cardium echinatum

(Atlantic/Mediterranean) (Atlantique/Méditerranée)

For further details, see + COCKLE.

Pour de plus amples détails, voir + COQUE.

- **D** Stachlige Herzmuschel
- **DK** Hjertemusling
- **E** Berberecho espinoso
- **GR** Kardión, methýstra
- **I** Cuore spinoso
- **IS**
- **J**
- **N** Hjerteskjell
- **NL** Gedoornde hartschelp
- **P** Berbigão
- **S** Tagghjärtmussla
- **TR**
- **YU**

951 SPINY LOBSTER   LANGOUSTE 951

The name SPINY LOBSTER is synonymously used for + CRAWFISH; in international statistics it refers particularly to *Palinurus* and *Panulirus* spp.

Le nom "SPINY LOBSTER" (anglais) est synonyme de "CRAWFISH"; dans les statistiques internationales il s'applique particulièrement aux espèces *Palinurus* et *Panulirus*.

For details see + CRAWFISH.

Voir + LANGOUSTE.

952 SPINY SHARK   CHENILLE 952

Echinorhinus brucus or/ou *Echinorhinus spinosus*

(Atlantic/Mediterranean – Europe/North America)

(Atlantique/Méditerranée – Europe/Amérique du Nord)

Belongs to the family *Squalidae* (see + DOGFISH).

De la famille des *Squalidae* (voir + AIGUILLAT).

In North America referred to as BRAMBLE SHARK.

Also called SPINOUS SHARK.

[CONTD.

952 SPINY SHARK (Contd.)

D Stachelhai	DK	E Pex tachuela
GR Kavouromana	I Ronco	IS
J Kikuzame	N	NL Stekelhaai
P Peixe-prego	S	TR Civili köpek baliği
YU Pas zvjezdaš		

CHENILLE (Suite) 952

953 SPINYTAIL SKATE — RAIE À QUEUE ÉPINEUSE 953

Raja spinicauda

(Atlantic – Europe/N. America)   (Atlantique – Europe/Amérique du Nord)

See also + SKATE.   Voir + RAIE.

D Grönlandroche	DK	E
GR	I	IS
J	N Gråskate	NL
P Raia	S Grårocka	TR
YU		

954 SPLIT CURE HERRING
(Newfoundland)

Herring, heads on, split down the back, with gills and guts removed, lightly brined and packed in salt, in barrels for about a week, then repacked in 100° brine.

Harengs avec la tête, fendus le long du dos, ouïes et viscères retirés, légèrement saumurés et mis en barils avec du sel pendant une semaine environ puis reconditionnés dans une saumure à 100° de saturation.

955 SPLIT FISH — POISSON TRANCHÉ 955

Fish cut open from throat to vent or tail; or from nape to tail; gills, guts and roe removed; head may sometimes be removed; the backbone may be left in (e.g. for + FINNAN HADDOCK) or removed except for an inch or two at the tail for strength (e.g. for DRIED SALTED COD, see + KLIPFISH).

Poisson fendu de la gorge à l'anus ou à la queue, ou de l'abdomen à la queue, éviscéré et parfois étêté; l'arête centrale peut y être laissée entièrement (ex.: + FINNAN HADDOCK) ou partiellement sur le tiers postérieur pour donner plus de tenue (ex.: MORUE SALÉE SÉCHÉE, voir + KLIPFISH).

D Aufgeschnittener Fisch	DK Flækket fisk	E Pescado abierto
GR Petáli	I Pesce sventrato	IS Flattur fiskur
J Hiraki	N Flekket fisk	NL Gevlekte vis
P Peixe aberto	S Fläkt fisk	TR
YU Rasplaćena riba		

956 SPLITTAIL 956

Pogonichthys macrolepidotus

(Freshwater – U.S.A.)   (Eaux douces – États-Unis)

Belongs to the family *Cyprinidae* (see + CARP).

De la famille des *Cyprinidae* (voir + CARPE).

957 SPONGE — ÉPONGE 957

SPONGIA spp.
EUSPONGIA spp.
HIPPOSPONGIA spp.
DEMOSPONGIA spp.

(Cosmopolitan)   (Cosmopolite)

Commercial sponges are prepared from one group of these marine animals (*Demospongia* spp.) by killing and then washing and macerating to remove the skin and fleshy material, leaving the clean skeleton of the silk-like protein, SPONGIN, to be dried and sometimes bleached or dyed.

Les éponges commerciales sont préparées avec l'espèce *Demospongia*; après les avoir tuées et lavées, on les fait macérer jusqu'à ce que la peau et les chairs se détachent, laissant ainsi le squelette de SPONGINE, protéine ayant la consistance de la soie; squelette qui sera séché, puis quelquefois décoloré ou teint.

D Schwamm	DK Svamp	E Esponja
GR Spóngos	I Spugna	IS Svampur
J Kaimen	N Svamp	NL Sponzen
P Esponja	S Spongier, svamp	TR Sünger
YU Spužvo		

958 SPOT

Leiostomus xanthurus

(Atlantic – U.S.A.)   (Atlantique – États-Unis)

Belongs to the family *Sciaenidae* (see + CROAKER or + DRUM).

De la famille des *Sciaenidae* (voir + TAMBOUR).

959 SPOTTED RAY   RAIE 959

Raja montagui

(Atlantic – Europe)   (Atlantique – Europe)

Also called HOMELYN RAY.

See also + RAY and + SKATE.   Voir aussi + RAIE.

- **D** Fleckroche
- **GR**
- **J**
- **P** Raia-pintada
- **YU** Raža crnopježica
- **DK** Storplettet rokke
- **I** Razza maculata
- **N**
- **S** Fläckig rocka
- **E** Raya pintada
- **IS**
- **NL** Gladde rog
- **TR** Vatoz

960 SPOTTED SEA CAT   LOUP TACHETÉ 960

Anarhichas minor

(N. Atlantic/Arctic)   (Atlantique Nord/Arctique)

For more details see + CATFISH.

Pour de plus amples détails, voir + POISSON-LOUP.

- **D** Gefleckter Katfisch
- **GR**
- **J**
- **P** Gata
- **YU**
- **DK** Plettet havkat
- **I** Bavosa lupa
- **N** Flekksteinbit
- **S** Fläckig havkatt
- **E**
- **IS** Hlýri
- **NL** Gevlekte zeewolf
- **TR**

961 SPRAGG (U.K.)

Cod 63 cm or more in length, but less than 76 cm.

IS Stútungur

Cabillaud de 63 cm ou plus de longueur, mais n'atteignant pas 76 cm.

962 SPRAT   SPRAT 962

Sprattus sprattus sprattus

(N. Atlantic)   (Atlantique Nord)

Also called BRISLING (Scandinavia), GARVOCK (Scotland), STUIFIN (Ireland); recommended trade name: SPRAT.

Appelé aussi ESPROT (Belgique)

Marketed:

Fresh: whole, ungutted.
Frozen: whole, ungutted.
Smoked: whole, ungutted, hot-smoked; + KIELER SPROTTEN (Germany).
Canned: headed, tailed, gutted, packed in oil or tomato or other sauce; smoked, headed, packed in edible oil. In some countries sold as "sardine"; see + BRISLING.
Semi-preserved: like + MARINADE.
Spice-cured: see + ANCHOVIS, + ANCHOSEN, + APPETITSILD.
Meal and oil:
Paste: salt sprats, washed, headed, gutted and finely chopped, are mixed with spices and filled into tubes; dyed red to distinguish from sardine paste; up to 5% herring paste content allowed in manufacture (Germany); see + ANCHOVY PASTE.

Commercialisé:

Frais: entier, non vidé.
Congelé: entier, non vidé.
Fumé: entier, non vidé, fumé à chaud; + KIELER SPROTTEN (Allemagne).
Conserve: tête et queue coupées, vidé, couvert d'huile, de tomates ou autres sauces; fumé, étêté, couvert d'huile. Dans certains pays, vendu comme "sardine"; + BRISLING.
Semi-conserve: comme les + MARINADE.
Epicé: + ANCHOVIS, + ANCHOSEN, + APPETITSILD.
Farine et huile:
Pâte: les sprats salés, lavés, étêtés, vidés sont finement hachés, mélangés avec des épices et mis en tubes; teints en rouge pour distinguer de la pâte de sardine; addition de hareng autorisée à raison de 5% max. (Allemagne); voir + PÂTE D'ANCHOIS.

- **D** Sprotte, Sprott
- **GR** Papalína
- **J**
- **P** Espadilha, lavadilha
- **YU** Papalina
- **DK** Brisling
- **I** Spratto, papalina
- **N** Brisling
- **S** Skarpsill, vassbuk
- **E** Espadín
- **IS** Brislingur
- **NL** Sprot
- **TR** Caça, palatika

963 SQUAWFISH   CYPRINOÏDE 963

PTYCHOCHEILUS spp.

(Freshwater — N. America)   (Eaux douces — Amérique du Nord)

Belongs to the family *Cyprinidae* (see + CARP).   De la famille des *Cyprinidae* (voir + CARPE).

Ptychocheilus grandis

(a) SACRAMENTO SQUAWFISH   (a)

Ptychocheilus oregonensis

(b) NORTHERN SQUAWFISH   (b)

964 SQUETEAGUE   ACOUPA ROYAL 964

Cynoscion regalis

(Atlantic — N. America)   (Atlantique — Amérique du Nord)

Also called GRAY WEAKFISH, SEATROUT, GRAY SEA TROUT.
See also + WEAKFISH.   Voir aussi + WEAKFISH.

965 SQUID   CALMAR 965

LOLIGINIDAE

(Cosmopolitan)   (Cosmopolite)

OMMASTREPHIDAE

Also called INKFISH, SEA ARROW, CALAMARO.   Appelé encore ENCORNET, CALAMAR.

LOLIGO spp.
Loligo vulgaris

(a) COMMON SQUID   (a) CALMAR COMMUN
(Pacific/Mediterranean)   (Pacifique/Méditerranée)

Loligo opalescens

(b) (Pacific)   (b) (Pacifique)

Loligo reynaudi

(c) (South Africa)   (c) (Afrique du Sud)

Loligo pealei

(d) (Atlantic — N. America)   (d) (Atlantique — Amérique du Nord)

Todarodes sagittatus

(e) + FLYING SQUID   (e) + CALMAR
(Atlantic/Mediterranean)   (Atlantique/Méditerranée)

Ommastrephes sloani pacificus

(f) (Japan)   (f) (Japon)

Alloteuthis media

(g) LITTLE SQUID   (g) PETIT ENCORNET
(Mediterranean)   (Méditerranée)

Nototodarus sloani

(h) ARROW SQUID   (h)
(New Zealand)   (Nouvelle-Zélande)

Sepioteuthis bilineata

(j) BROAD SQUID   (j)
(New Zealand)   (Nouvelle-Zélande)

[CONTD.

965 SQUID (Contd.)

Marketed:
Fresh: whole, ungutted; split, gutted.
Frozen: whole, ungutted; split, gutted.
Salted: gutted, pickle-salted in barrels, sometimes after boiling; round, hard-salted; split, gutted, salted in brine, sometimes by sprinkling dry salt; afterwards half-dried in the sun.
Semi-preserved: pickled in vinegar after boiling.
Dried: sun-dried meat (Mediterranean, etc.);
+ SURUME (Japan)
Canned: whole, ungutted; split, gutted; may be canned raw or precooked; may be packed in own ink, or in oil; (Spain, U.S.A.).

Liver oil: (Japan).

CALMAR (Suite) 965

Commercialisé:
Frais: entier, non vidé; ouvert et vidé.
Congelé: entier, non vidé; ouvert et vidé.
Salé: vidé, salé en saumure en barils, parfois après cuisson; entier, salé à cœur; tranché, vidé, salé en saumure, parfois saupoudré de sel sec; ensuite à demi-séché au soleil.
Semi-conserve: traité en saumure vinaigrée après cuisson.
Séché: chair séchée au soleil (Méditerranée);
+ SURUME (Japon).
Conserve: entier, non vidé; tranché et vidé; peut être mis en boîte cru ou précuit, couvert ou non de son encre, ou d'huile (Espagne, Etats-Unis).

Huile de foie: (Japon).

D Kalmar	**DK** Blæksprutte	**E** Calamar, (g) lura
GR Kalamári, téftis	**I** Calamaro (g) Totariello	**IS** Smokkfiskur (kolkrabbi)
J Ika	**N** Blekksprut, (e) akkar	**NL** Inktvis, pijlinktvis
P Lula	**S** Bläckfisk, kalmar	**TR** Lübje, kalemarya
YU Lignja, lignjun		

For (e) see separate entry.

Pour (e) voir la rubrique individuelle.

966 STALE DRY FISH (Burma)

Gutted fish, first fermented, then sun-dried.

POISSON RASSIS (Birmanie) 966

Poisson vidé, d'abord fermenté, puis séché au soleil.

967 STARFISH — ÉTOILE DE MER 967

Asteroidea

(i) STARFISH (Cosmopolitan)

(i) ÉTOILE DE MER (Cosmopolite)

Ophiuroidea

(ii) BRITTLE STAR (Cosmopolitan)

(ii) OPHIURE (Cosmopolite)

D Seestern, Schlangenstern	**DK** Søstjerne, slangestjerne	**E** Estrella de mar
GR	**I**	**IS** Krossfiskur
J Hitode	**N** (i) Sjøstjerne, (ii) slangestjerne	**NL** Zeester
P	**S** Sjöstjärna, ormstjärna	**TR**
YU Morske zvijezde		

(iii) Name also used for AMERICAN BUTTERFISH, see + BUTTERFISH (*Stromateidae*)

(iii) Voir + STROMATÉE.

968 STARGAZER — URANOSCOPE 968

URANOSCIPIDAE

(Atlantic/Pacific — N. America)

(Atlantique/Pacifique — Amérique du Nord)

Astroscopus guttatus

(a) NORTHERN STARGAZER (Atlantic)

(a) (Atlantic)

Gnathagnus egregius

(b) FRECKLED STARGAZER (Atlantic)

(b) (Atlantique)

Note.—The SAND STARGAZER (Atlantic — N. America) are of the family *Dactyloscopidae*.

D Sterngucker	**DK**	**E** Rata
GR Lýchnos	**I** Pesce prete	**IS**
J Mishimaokoze	**N**	**NL** Sterrenkijker
P Aranhuço	**S** Stjärnkikare	**TR** Kurbağa balığı
YU Bežmek		

969 STARRY FLOUNDER

Platichthys stellatus

PLIE DU PACIFIQUE 969

(Pacific/Freshwater – North America/Japan)

(Pacifique/Eaux douces – Amérique du Nord/Japon)

Also called LONG-JAW FLOUNDER.

Belonging to the family *Pleuronectidae*; see also + FLOUNDER.

De la famille des *Pleuronectidae*; voir aussi + FLET.

- **D** Sternflunder
- **GR**
- **J** Numagarei
- **P** Solhão
- **YU**
- **DK**
- **I** Passera stellata
- **N**
- **S**
- **E**
- **IS**
- **NL** Sterrebot
- **TR**

970 STARRY RAY

Raja asterias or/ou *Raja punctata*

RAIE ÉTOILÉE 970

(a) (Atlantic/Mediterranean)

(b) In the U.K. this name is normally used for *Raja radiata* (Atlantic – Europe/N. America), which in N. America is referred to as THORNY RAY.

See also + RAY and + SKATE.

(a) (Atlantique/Méditerranée)

(b) (Atlantique – Europe/Amérique du Nord).

Voir + RAIE.

- **D** Mittelmeer – Sternroche
- **GR** Salahi
- **J**
- **P** Raia-radiada
- **YU** Ražica blije dopjega
- **DK**
- **I** Razza stellata
- **N**
- **S** Klorocka
- **E** Raya radiada, raya estrellada
- **IS** Tindaskata, tindabikkja
- **NL** Keilrog
- **TR** Vatoz

971 STARRY SKATE

Raja stellulata

RAIE DU PACIFIQUE 971

(Pacific – N. America)

See also + RAY and + SKATE.

(Pacifique – Amérique du Nord)

Voir + RAIE.

972 STEAK

TRANCHE 972

Portion of fish cut at right angles to the backbone of the fish so that it includes a piece of the backbone; may be cut from any round fish, and the larger flatfish, but particularly salmon, halibut, turbot, hake; also called + CUTLET.

In France a "TRANCHE" should have a thickness of no more than one-fifth of width; see + ROUELLES (France), + TRONÇON (France).

In Canada the term STEAK is sometimes applied to fillet portions.

In U.S.A. the term is also used synonymous to + MIDDLE.

Section de muscle de poisson coupée perpendiculairement à l'arête centrale, de sorte qu'elle peut comprendre un morceau de cette arête; peut provenir de tout poisson rond et de grands poissons plats, mais particulièrement de saumon, d'églefin, de turbot, de merlu.

En France, une "tranche" doit avoir une épaisseur ne dépassant pas le cinquième de sa plus grande dimension; voir + ROUELLES (France), + TRONÇON (France).

Au Canada, le terme "Steak" est parfois appliqué aux morceaux de filets.

Aux Etats-Unis, le terme est également employé comme synonyme de + MIDDLE.

- **D** Steak, Kotelett
- **GR** Phéta psári
- **J** Sutēku
- **P** Posta
- **YU** Odrezak
- **DK**
- **I** Trancia di pesce
- **N** Fiskeskive (koteletter)
- **S** Styckad fisk
- **E** Raja
- **IS** Pönnufiskur, fiskstykki
- **NL** Moot
- **TR** Pirzola

973 STEELHEAD TROUT

Synonym in North America with + RAINBOW TROUT (*Salmo gairdnerii* or *Salmo irideus*), refers mainly to species, when they enter or return from the sea and large inland lakes.
Also called STEELHEAD SALMON (Canada).
See + RAINBOW TROUT.

Voir + TRUITE-ARC-EN CIEL.

974 STERILISED SHELLFISH — COQUILLAGE STÉRILISÉ

Molluscs that have been heat-treated, usually by steaming or boiling to destroy non-sporing bacteria (usually clams, cockles, mussels, oysters, whelks, winkles).
See also + CLEANSED SHELLFISH.

Mollusques qui ont été traités par la chaleur, soit à la vapeur, soit bouillis, pour en détruire les bactéries sans spores ; généralement clams, coques, moules, huîtres et palourdes.
Voir aussi + COQUILLAGE ÉPURÉ.

975 STEUR HERRING (Netherlands) — STEURHARING (Pays-Bas)

Round cured herring, packed in barrels.

Hareng entier salé, conditionné en barils.

D	DK	E Arenque entero y salado
GR	I Aringa intera salata	IS Rúnnsöltuð sild
J	N	NL Steurharing
P Arenque inteiro salgado	S Rundsaltad sill, stupsaltad sill	TR
YU Cijela heringa obradjena i pakovana u barilima		

976 STINGRAY — PASTENAGUE

DASYATIDAE

(Cosmopolitan) — (Cosmopolite)

Examples are:

Dasyatis violacea

(a) BLUE STINGRAY (Cosmopolitan)
In N. America called PELAGIC STINGRAY.

(a) PASTENAGUE VIOLETTE (Cosmopolite)

Dasyatis centroura

(b) ROUGHTAIL STINGRAY (W. Atlantic – N. America)

(b) PASTENAGUE À QUEUE ÉPINEUSE (Atlantique Ouest – Amérique du Nord)

Dasyatis pastinaca

(c) COMMON STINGRAY (E. Atlantic/Mediterranean)

(c) PASTENAGUE (Atlantique Est/Méditerranée)

Dasyatis americana

(d) SOUTHERN STINGRAY (Atlantic – N. America)

(d) (Atlantique – Amérique du Nord)

Gymnura altavela

(e) BUTTERFLY RAY (Atlantic/Mediterranean – Europe/N. America)
Also called SPINY BUTTERFLY RAY.

(e) MOURINE BÂTARDE (Atlantique/Méditerranée – Europe/Amérique du Nord)

[CONTD.

976 STINGRAY (Contd.)

Urolophus halleri

(f) ROUND STINGRAY
(Pacific – N. America)

(f) PASTENAGUE (Suite) 976
(Pacifique – Amérique du Nord)

Dasyatis akajei

(g) WHIP RAY
(Japan)
Marketed fresh or alive (Japan): see also + RAY.

(g) (Japon)
Commercialisée fraîche ou vivante (Japon); voir aussi + RAIE.

D Stechrochen, Peitschenrochen	**DK** Pigrokke, pilrokke	**E** Pastinaca (c) vela latina
GR Sálahi trygéna, trigóna	**I** Pastinaca, trigono (e) altavela	**IS**
J Akaei (g)	**N** Pilskate	**NL** Stekelrog (c) pijlstaartrog (d) amerikaanse stekelrob
P Uge, (c) jamanta	**S** Stingrocka	**TR** Ignelivatoz
YU Šiba žutulja, volina		

977 STOCKER (U.K.)

Also called STOCKERBAIT.

Small fish in the catch, formerly given to apprentices as perquisites; now usually means either (i) fish that have been given extra preparation by crew for marketing, for example dogfish that have been skinned; or (ii) ROUGH FISH generally, that is less popular species such as CATFISH, DOGFISH, etc.

Petits poissons, autrefois donnés comme "boni" aux mousses; actuellement désigne (i) le poisson qui a reçu une préparation supplémentaire de la part de l'équipage avant la vente (par exemple dépouillement du chien de mer), (ii) du poisson des espèces les moins appréciées, tel que LOUP DE MER, AIGUILLAT, etc.

978 STOCKFISH

STOCKFISH 978

(i) Gutted, headed unsplit or split fish, such as cod, coalfish, haddock and hake, dried hard without salt in open air: also called TORRFISK; see + ROTSKJAER.

(i) Poisson vidé, étêté, tranché ou non, tel que morue, lieu noir, églefin, merlu, fortement séché sans sel en plein air; voir + ROTSKJAER (Norvège).

D Stockfisch	**DK** Stokfisk	**E**
GR	**I** Stoccafisso	**IS** Skreið, ráskerðingur
J	**N** Stokkfisk, tørrfisk,	**NL** Stokvis
P Peixe seco sem escala	**S** Torrfisk, torkad fisk	**TR**
YU Suhi bakalar		

(ii) Name also used to designate + CAPE HAKE (*Merluccius capensis*).

(ii) Le nom désigne parfois l'espèce *Merluccius capensis*.

979 STREAKED GURNARD

Trigloporus lastoviza

(Mediterranean/Atlantic)
Also called ROCK GURNARD.
See + GURNARD.

GRONDIN IMBRIAGO 979
(Méditerranée/Atlantique)

Voir + GRONDIN.

D Gestreifter Knurrhahn	**DK** Båndet knurhane	**E**
GR Kapóni	**I** Capone ubriaco, capone dalmato	**IS**
J	**N** Knurr	**NL** Gestreepte poon
P	**S** Tvärbandad knot	**TR** Mazak
YU Lastavica glavulja		

980 STREMEL (Germany)

Fillet strips from smoked salmon or coalfish (e.g. "STREMEL-LACHS", STREMEL-SEELACHS").

STREMEL (Allemagne) 980

Filets de saumon ou de lieu noir fumés et découpés en lanières (ex. "STREMEL-LACHS", "STREMEL-SEELACHS").

981 STRIP (U.S.A.)

Half of a dried salted cod cut down the middle, skinned and boned; napes, tail and edges are cut off, leaving an even thick piece.

STRIP (E.U.) 981

Moitié de morue salée et séchée, coupée par le milieu, sans peau ni arêtes ; les flancs, la queue et les côtés en ont été coupés de façon à ne laisser que la partie épaisse de la chair du poisson.

982 STRIPED BASS

Morone saxatilis

(Atlantic/Pacific/Freshwater – N. America)

Also called ROCKFISH, ROCK.

Belongs to the family *Serranidae* (see + SEA BASS).

BAR D'AMÉRIQUE 982

(Atlantique/Pacifique/Eaux douces – Amérique du Nord)

De la famille des *Serranidae*.

D	DK	E
GR	I Persico spigola	IS
J	N	NL Gestreepte zeebaars
P Robalo-muge	S	TR
YU		

983 STRIPED MARLIN

Tetrapturus audax

(Pacific)

Marketed fresh or sometimes frozen.

See also + MARLIN.

MAKAIRE 983

(Pacifique)

Commercialisé frais, quelquefois surgelé.

Voir aussi + MAKAIRE, + MARLIN.

D Gestreifter Marlin	DK Spydfisk	E
GR	I Pesce lancia striato	IS
J Makajiki, kajiki	N	NL Gestreepte marlijn
P Espadim-do-Pacífico	S Strimmig spjutfisk	TR
YU		

984 STÜCKENFISCH (Germany)

Hot-smoked pieces ("Stücken") or steaks (cutlets) of various fishes (mostly sea water fishes).

STÜCKENFISCH (Allemagne) 984

Morceaux ("Stücken") fumés à chaud ou tranches de différents poissons (principalement de poissons de mer).

985 STURGEON

ACIPENSERIDAE

(Cosmopolitan)

ESTURGEON 985

(Cosmopolite)

Acipenser sturio

(a) (Atlantic)

(a) (Atlantique)

Acipenser oxyrhynchus

(b) ATLANTIC STURGEON
   (W. Atlantic/Freshwater)

(b) ESTURGEON NOIR
   (Atlantique Ouest/Eaux douces)

[CONTD.

985 STURGEON (Contd.)   ESTURGEON (Suite) 985

Acipenser brevirostrum

(c) SHORTNOSE STURGEON (W. Atlantic/Freshwater)
(c) ESTURGEON À MUSEAU COURT (Atlantique Ouest/Eaux douces)

Acipenser transmontanus

(d) WHITE STURGEON (Pacific/Freshwater)
(d) ESTURGEON BLANC (Pacifique/Eaux douces)

Acipenser medirostris

(e) GREEN STURGEON (Pacific/Freshwater)
(e) ESTURGEON VERT (Pacifique/Eaux douces)

The various species of the Caspian Sea are usually called after their Russian name:

Les diverses espèces de la mer Caspienne sont généralement désignées sous leur nom russe :

Huso huso

(f) + BELUGA   (f) + BELUGA

Acipenser gueldenstaedtii colchicus

(g) + OSETR   (g) + OSETR

Acipenser stellatus

(h) + SEVRUGA   (h) + SEVRUGA

Acipenser nudiventris

(j) SHIP   (j) SHIP

Acipenser ruthenus

(k) STERLIAD   (k) STERLET

Marketed:
Fresh: steaks.
Frozen: whole gutted.
Smoked: pieces of fillet, with skin on, brined or dry-salted, cold-smoked and then hot-smoked (U.S.A.).
Canned: brined pieces, precooked and canned in tomato sauce or other sauces, also in own juice or in aspic; smoked pieces in oil (U.S.A.).
Semi-preserved: small pieces dredged in salt, oiled, grilled or broiled and packed in glass with wine, vinegar solution and spices.

Roe: see + CAVIAR.

Commercialisé:
Frais: en tranches.
Congelé: entier, vidé.
Fumé: morceaux de filet avec la peau, saumurés ou salés à sec, fumés à froid et ensuite fumés à chaud (Etats-Unis).
Conserve: tranches saumurées, précuites et mises en boîte avec de la sauce tomate ou autres sauces; également au naturel ou en aspic; morceaux fumés recouverts d'huile (E.U.).
Semi-conserve: petits morceaux saupoudrés de sel, passés à l'huile, grillés et mis en bocaux avec du vin, du vinaigre et des épices.

Rogue: voir + CAVIAR.

D Stör, (a) Gemeiner Stör (k) Sterlet
GR Mouroúna Stouriόni
J Chôzame

DK Stør sterlet
I Storione, (k) sterlet
N Stør

E Esturión
IS Styrja
NL Steur,
   (a) steur,
   (d) Pacific steur,
   (f) huso, kaspische zeesteur, (k) sterlet

P Esturjão solho
YU Moruna (a) jesetra (k) keciga

S Stör, (a) vanlig stör (k) sterlett

TR Mersin balığı, (a) kolan, (j) şip, (k) çuka

For (f), (g) and (h) see also separate entries.

Pour (f), (g) et (h) voir aussi les rubriques individuelles.

986 SUBOSHI (Japan)   SUBOSHI (Japon) 986

Also called SHIRABOSHI or SUBOSHI-HIN.

Unsalted fish, molluscs, crustacean, seaweed, etc., dried simply in the sun or by artificial methods, e.g. + SURUME, + BODARA.

Appelé aussi SHIRABOSHI ou SUBOSHI-HIN.

Poissons, mollusques, crustacés, algues, etc., non salés, simplement séchés au soleil ou artificiellement, ex. + SURUME, + BODARA.

987 SUCKER — CYPRIN-SUCET

CATOSTOMIDAE

(Freshwater — N. America) (Eaux douces — Amérique du Nord)

This family includes a number of species, the most important being *Carpiodes, Catostomus, Ictiobus, Moxostoma* and *Pantosteus* spp.; examples are:

Cette famille comprend différentes espèces dont les principales sont *Carpiodes, Catostomus, Ictiobus, Moxostoma* et *Pantosteus*; par exemple:

Carpiodes cyprinus
(a) + QUILLBACK   (a) + BRÊME

Catostomus commersoni
(b) WHITE SUCKER   (b) CYPRIN-SUCET
  Also called COMMON WHITE SUCKER or BUFFALOFISH.

ICTIOBUS spp.
(c) BUFFALOFISH   (c)

MOXOSTOMA spp.
(d) REDHORSE SUCKER

- **D**
- **GR**
- **J**
- **P**
- **YU**
- **DK**
- **I**
- **N**
- **S** Sugkarp
  (b) vit sugkarp, buffelfisk
- **E**
- **IS**
- **NL** Zuigkarper
- **TR** Vantuzlu balığı

988 SUGAR CURED FISH — POISSON TRAITÉ AU SUCRE

Fish particularly herring preserved with a mixture of salt and sugar. See also + ANCHOSEN, + SPICE CURED FISH.

Poisson, généralement hareng, conservé avec un mélange de sel et de sucre.
Voir aussi + ANCHOSEN et + SPICE CURED FISH.

- **D**
- **GR**
- **J**
- **P** Peixe tratado com açúcar
- **YU**
- **DK** Sukkersaltet fisk
- **I** Pesce in salamoia con zucchero
- **N** Sukkersaltet fisk
- **S** Sockersaltad fisk
- **E**
- **IS** Sykursaltaður fiskur
- **NL** Met zout en suiker geconserveerde vis
- **TR** Şekerle olgunlaşmış balık

989 SUMMER FLOUNDER — CARDEAU D'ÉTÉ

Paralichthys dentatus

(Atlantic — Canada)   (Atlantique — Canada)

Also called GULF FLOUNDER.
See also + FLUKE and + FLOUNDER.   Voir aussi + CARDEAU et + FLET.

- **D**
- **GR**
- **J**
- **P**
- **YU**
- **DK**
- **I** Rombo dentuto
- **N**
- **S**
- **E**
- **IS**
- **NL**
- **TR**

990 SUN-DRIED FISH — POISSON SÉCHÉ AU SOLEIL

Fish dried by exposure to sun and wind.

Poisson séché par exposition au soleil et au vent.

See also + DRIED FISH.   Voir aussi + POISSON SÉCHÉ.

- **D** Sonnengetrockneter Fisch
- **GR** Liokaftá
- **J** Hiboshi, nikkan
- **P** Peixe seco ao sol
- **YU** Riba sušena na suncu
- **DK** Soltørret fisk
- **I** Pesce seccato al sole
- **N** Soltørket fisk
- **S** Soltorkad fisk
- **E** Pescado secado al sol
- **IS** Sólþurrkaður fiskur
- **NL** Zon gedroogde vis
- **TR**

991 SUNFISH

Name used for different freshwater species especially *Centrarchidae*, but also + OPAH (*Lamprididae*) and + MOLA (*Molidae*) : see under these entries.

D	Sonnenbarsch	DK		E	
GR		I		IS	
J		N		NL	
P		S	Solaborre	TR	
YU					

POISSON-LUNE 991

Le terme "SUNFISH" (anglais) s'applique aux espèces de la famille *Centrarchidae*, mais aussi aux *Lamprididae* (voir + LAMPRIR) et *Molidae* (voir + POISSON-LUNE).

992 SUPERCHILLING

The practice of rapidly and uniformly cooling white fish stowed at sea to a selected temperature a few degrees below that of melting ice, and then holding the fish at that temperature under carefully controlled conditions.

SUR-RÉFRIGÉRATION 992

Refroidissement rapide et uniforme du poisson, stocké à bord, à une température légèrement inférieure à 0°C; température maintenue ensuite dans des conditions rigoureusement contrôlées.

D	Unterkühlung	DK		E	Super refrigeración
GR		I	Surrefrigerazione	IS	
J		N	Underkjöling	NL	Snelkoeling
P	Super-refrigeração	S	Snabbkylning	TR	
YU					

993 SURFPERCH 993
EMBIOTOCIDAE

(Pacific/Freshwater – N. America)

Also called SURFFISH.

Various species in North America.

(Pacifique/Eaux douces – Amérique du Nord)

Différentes espèces en Amérique du Nord.

NL Brandingvis

994 SURF SMELT 994
Hypomesus pretiosus

(Pacific – N. America)

Belongs to the family *Osmeridae* (see + SMELT).

(Pacifique – Amérique du Nord)

De la famille des *Osmeridae* (voir + ÉPERLAN).

NL Amerikaanse spiering

994.1 SURIMI (Japan)

Only used in Japan. A semi-processed wet fish protein, used for making "kamaboko" and fish sausage. There are two types of surimi; Frozen surimi is a frozen block of washed minced fish meat containing sugar and other ingredients such as polyphosphates. Fresh surimi contains no ingredients other than wet fish protein.

SURIMI (Japon) 994.1

Utilisé seulement au Japon. Protéine de poisson frais semi-transformée, utilisée dans la préparation du "kamaboko" et de la saucisse de poisson. Il existe deux sortes de surimi: le surimi congelé, bloc congelé de chair de poisson lavée et hachée contenant du sucre et d'autres ingrédients tels que les polyphosphates; e surimi frais, qui ne contient que de la protéine de poisson frais.

995 SURMULLET
Mullus surmuletus
ROUGET DE ROCHE 995

(Atlantic/Mediterranean)

Also known as RED MULLET.

Also called WOODCOCK OF THE SEA.

Belonging to the family *Mullidae* (see + GOATFISH); not to be confused with + MULLET (*Mugilidae*).

Marketed fresh.

(Atlantique/Méditerranée)

De la famille des *Mullidae* (voir + ROUGET).

Commercialisé frais.

[CONTD.

995 SURMULLET (Contd.)

D Meerbarbe, Streifenbarbe	**DK** Mulle	**E** Salmonete de roca
GR Barboúni	**I** Triglia di scoglio	**IS** Sæskeggur
J	**N** Mulle	**NL** Mul, zeebarbeel, koning van de poon
P Salmonete-vermelho	**S** Gulstrimmig mullus	**TR** Tekir
YU Trlja od kamena, Trlja kamenjarka		

996 SURSILD (Norway)

Brine salted herring pickled in spiced solution of vinegar and sugar, sliced onions added.

SURSILD (Norvége) 996

Hareng salé en saumure et mariné dans une solution vinaigrée avec épices et sucre à laquelle on ajoute de l'oignon en tranches.

D	**DK**	**E**
GR	**I** Aringhe marinate stile norvegese	**IS** Sýrð síld
J	**N** Sursild	**NL** Gekruide gezouten haring
P	**S** Marinerad sill	**TR**
YU		

997 SURUME (Japan)

Cuttlefish or squid, gutted, eyes removed: split and dried.

Also afterward boiled, pressed, and dried again, after seasoning (NOSHI-SURUME or NIOSHI-IKA).

SURUME (Japon) 997

Seiches ou encornets vidés, auxquels on a enlevé les yeux, tranchés et séchés.

Par la suite peuvent être aussi bouillis, pressés et séchés à nouveau, après avoir été assaisonnés (NOSHI-SURUME ou NIOSHI-IKA).

998 SUSHI (Japan)

(i) Products made by fermentation of pickled fish, boiled rice and salt.

Also called URE-ZUSHI.

(ii) The term SUSHI is also applied to a restaurant-food prepared by putting raw fish slice (+ SASHIMI) on boiled rice flavoured with vinegar.

SUSHI (Japon) 998

(i) Préparations à base de poisson salé, de riz cuit à l'eau et de sel qu'on laisse fermenter.

Appelé aussi URE-ZUSHI.

(ii) Le terme SUSHI désigne aussi un plat de restaurant préparé en mettant des tranches de poisson cru (+ SASHIMI) sur du riz cuit à l'eau et assaisonné de vinaigre.

999 SUTKI (India, Pakistan)

Salted or unsalted sun-dried fish; sometimes hard-smoked fish, e.g. smoked shrimp.

SUTKI (Inde, Pakistan) 999

Poisson, facultativement salé, séché au soleil et parfois fortement fumé. Même procédé pour les crustacés (par ex. les crevettes).

1000 SWIM BLADDER

Bladder containing gas, lying beneath the backbone of some bony fish; marketed fresh, frozen or dried, for manufacture of + ISINGLASS and + FISH GLUE; also called AIR-BLADDER, FISH BLADDER, FISH SOUND. Swim bladders when dried are also sometimes used for food; also salted (Canada).

VESSIE NATATOIRE 1000

Vessie contenant du gaz, située sous la colonne vertébrale de certains poissons osseux; commercialisées fraîches, congelées ou séchées, pour la fabrication d' + ICHTYOCOLLE, de + COLLE DE POISSON. Les vessies séchées sont parfois consommées; de même quand elles sont salées (Canada).

D Schwimmblase	**DK** Svømmeblære	**E** Vejiga natatoria
GR	**I** Vescica natatoria	**IS** Sundmagi
J Ukibukuro	**N** Svømmeblære	**NL** Zwemblaas
P Bexiga natatória	**S** Simblåsa	**TR**
YU Zračni mjehur		

1001 SWIMMING CRAB   ÉTRILLE 1001
Portunus puber

(Europe – Mediterranean)   (Europe – Méditerranée)

D Schwimmkrabbe	DK Svømmekrabbe	E Nécora
GR Siderokávouras	I Granchio di rena	IS
J	N	NL Fluwelen zwemcrab
P	S Simkrabba	TR
YU		

1002 SWORDFISH   ESPADON 1002
Xiphias gladius

(Cosmopolitan)   (Cosmopolite)

Also called BROADBILL (SWORDFISH).

Marketed: **Commercialisé:**
Fresh: whole, gutted: steaks.   **Frais:** entier et vidé; tranches.
Frozen: whole, gutted: steaks.   **Congelé:** entier et vidé; tranches.
Liver: used as source of vitamin.   **Foie:** importante source de vitamines.

D Schwertfisch	DK Sværdfisk	E Pez espada
GR Xiphías	I Pesce spada	IS Sverðfiskur
J Mekajiki	N Sverdfisk	NL Zwaardvis
P Espadarte	S Svärdfisk	TR Kılıç balığı
YU Sabljan, igo		

1002.1 TARAKIHI   1002.1
Cheilodactylus macropterus

(New Zealand)   (Nouvelle-Zélande)

1003 TARAMA (Greece, Turkey)   TARAMA (Grèce, Turquie) 1003

Fish roe, mostly from carp, mixed with salt, bread crumbs, white cheese, olive oil and lemon juice: also called ATARAMA.

Œufs de poisson, de carpe surtout, mélangés avec du sel, des miettes de pain, du fromage blanc, de l'huile d'olive et du jus de citron. Appelé aussi ATARAMA.

1004 TARPON   TARPON 1004
ELOPIDAE

(Pacific/Atlantic/Freshwater – N. America)   (Pacifique/Atlantique/Eaux douces – Amérique du Nord)

Also used: TEN POUNDER.   Aussi utilisé: GRANDES ÉCAILLES.

Megalops atlantica

(a) (Atlantic)   (a) (Atlantique)
Also called + SILVERFISH.

Elops saurus

(b) + LADYFISH   (b) + TARPON
(Atlantic)   (Atlantique)

Elops affinis

(c) + MACHETE   (c) +
(Pacific/Freshwater)   (Pacifique/Eaux douces)

Captured mainly by sport fishing.   Principalement pêche sportive.

D Tarpon	DK Tarpon	E Tarpón, pez lagarto
GR	I Tarpone	IS
J	N	NL Tarpoen
P Tarpão, peixe-prata-do-atlântico	S Tarpon	TR
YU		

For (b) and (c) see also separate entries.   Pour (b) voir aussi cette rubrique.

1005 TATAMI-IWASHI (Japan)

Larval fish of sardine or anchovy dried in a square frame, the product looks like a sheet of paper.

TATAMI-IWASHI (Japon) 1005

Larves de sardines ou d'anchois, séchées à l'intérieur d'un châssis de forme carrée; le produit a l'aspect du papier.

1006 TAUTOG

Tautoga onitis

TAUTOGUE NOIR 1006

(Atlantic – U.S.A.)

(Atlantique – E.U.)

Belonging to the family *Labridae* (see + WRASSE).

De la famille des *Labridae* (voir + LABRE).

1007 TENCH

Tinca tinca

TANCHE 1007

(Freshwater – Europe/Australia)

(Eaux douces – Europe/Australie)

Belongs to the family *Cyprinidae* (see + CARP).

De la famille *Cyprinidae* (voir + CARPE).

Marketed fresh, frozen, also canned (in sauces or in aspic).

Commercialisée fraîche, surgelée, également en conserve (en sauces ou en aspic).

D Schlei	**DK** Suder	**E** Tenca
GR Glínia	**I** Tinca	**IS** Grunnungur
J	**N** Suter, sudre	**NL** Zeelt
P Tenca	**S** Sutare, lindare	**TR** Kadife balığı, yeşil sazan
YU Linjak		

1008 TENGUSA (Japan)

Gelidium spp. of edible seaweed.

TENGUSA (Japon) 1008

Espèce *Gelidium* d'algues comestibles.

1009 TERRAPIN

MALACLEMYS spp.

TORTUE AMÉRICAINE 1009

Edible turtles (U.S.A.)

Tortues comestibles (E.U.)

D Salzsumpfschildkröte	**DK** Skildpadde	**E** Tortuga comestible
GR	**I** Testuggine	**IS**
J	**N**	**NL** Moerasschildpad
P Tartaruga	**S**	**TR**
YU Jestiva kornjača		

1010 THICKBACK SOLE

Microchirus variegatus

SOLE 1010

(Atlantic)

(Atlantique)

Also called BASTARD SOLE, LUCKY SOLE, VARIEGATED SOLE, THICKBACK.

Marketed fresh.

Commercialisée fraîche.

D Bastardzunge	**DK**	**E** Golleta
GR Glossa	**I** Sogliola variegata	**IS**
J	**N**	**NL** Franse tong
P Azevia	**S**	**TR**
YU List prugavac		

1011 THORNBACK RAY   RAIE BOUCLÉE 1011

Raja clavata

(Atlantic/Mediterranean)   (Atlantique/Méditerranée)

Also called MAIDEN RAY or ROKER.
See also + RAY and + SKATE.   Voir + RAIE.

D Nagelrochen	**DK** Sømrokke	**E** Raya de clavos, raya común
GR Sálahi, raïa, vátos	**I** Razza chiodata	**IS** Dröfnuskata
J	**N** Piggskate	**NL** Stekelrog, gewone rog
P Raia-pinta	**S** Knaggrocka	**TR** Vatoz
YU Raža kamenjarka		

1012 THREADFIN   BARBUR 1012

POLYNEMIDAE

(Atlantic/Pacific — N. America)   (Atlantique/Pacifique — Amérique du Nord)

Polydactylus approximans

(a) PACIFIC THREADFIN   (a) (Pacifique)

Polydactylus octonemus

(b) ATLANTIC THREADFIN   (b) (Atlantique)

(c) In Australia "THREADFIN" refers also to *Eleutheronema* spp., e.g. GIANT THREADFIN (*Eleutheronema tetradactylum*), belonging to the family *Polynemidae*.

(c) En Australie désigne aussi les espèces *Eleutheronema*, ex.: *Eleutheronema tetradactylum*, de la famille des *Polynemidae*.

D Fingerfisch	**DK**	**E**
GR	**I**	**IS**
J Tsubamekonoshiro	**N**	**NL** Draadvinnigen
P Barbudo	**S** Trådfisk	**TR**
YU		

1013 THREAD HERRING   FAUX HARENG (Antilles) 1013

OPISTHONEMA spp.

(Atlantic/Pacific — N. America)   (Atlantique/Pacifique — Amérique du Nord)

Belong to the family *Clupeidae*.   De la famille des *Clupeidae*.

Opisthonema libertate

(a) PACIFIC THREAD HERRING   (a) (Pacifique)

Opisthonema oglinum

(b) ATLANTIC THREAD HERRING   (b) (Atlantique)

1014 THREEBEARD ROCKLING   MOTELLE À TROIS BARBILLONS 1014

Gaidropsarus tricirratus or/ou *Onos tricirratus*

(Atlantic/Mediterranean)   (Atlantique/Méditerranée)

Belonging to the family *Gadidae* (see also + ROCKLING).

De la famille des *Gadidae* (voir aussi + MOTELLE).

Also called WHISTLER.

D Dreibärtelige Seequappe	**DK** Tretrådet havkvabbe	**E** Lota, mollareta
GR Gaïdouropsaro	**I** Motella	**IS** Blettabyrfill
J	**N** Tretrådet tangbrosme	**NL** Driedradige meun
P Laibeque	**S** Tretömmad skärlånga	**TR** Gelincik balığı
YU Ugorova mater		

1015 THRESHER SHARK — RENARD 1015

ALOPIIDAE
particularly *Alopias vulpinus* en particulier

(Cosmopolitan) (Cosmopolite)
(Atlantic/Mediterranean/Pacific – Europe/N. America/Japan) (Atlantique/Méditerranée/Pacifique – Europe/Amérique du Nord/Japon)

Also called FOX SHARK, GRAYFISH, SEA FOX, SLASHER, SWIVELTAIL.

Aussi appelé REQUIN-RENARD.

See also + SHARK. Voir aussi + REQUIN.

D Fuchshai, Drescher	**DK** Rævehaj	**E** Pez zorro
GR Skylópsaro, aleposkylos	**I** Squalo volpe	**IS**
J Onagazame, maonaga	**N** Revehai	**NL** Voshaai
P Zorra	**S** Rävhaj	**TR** Sapan balığı
YU Psina lisica		

1016 TIGER SHARK — REQUIN-TIGRE 1016

Galeocerdo cuvieri

(Atlantic/Pacific – N. America) (Atlantique/Pacifique – Amérique du Nord)

Also called LEOPARD SHARK.

Belongs to the family *Carcharhinidae* (see + REQUIEM SHARK).

De la famille des *Carcharhinidae* (voir + MANGEUR D'HOMMES).

D Tigerhai	**DK** Tigerhaj	**E**
GR	**I** Squalo tigre	**IS**
J Itachizame	**N** Tigerhai	**NL** Tijgerhaai
P Tubarão-tigre	**S** Tigerhaj	**TR**
YU		

1017 TIGHT PACK (U.S.A.) 1017

Gutted alewives, cured in strong brine for a week or more, packed in barrels with dry salt and marketed as a dry salted product; also called HARD CURE or VIRGINIA CURE.

Gaspareaux vidés, mis dans une saumure concentrée pendant au moins une semaine, et mis en barils avec du sel sec; commercialisé comme produit salé à sec.

Similar product in Canada: PICKLED ALEWIVES.

Produit semblable au Canada: PICKLED ALEWIVES.

See + ALEWIFE. Voir + GASPAREAU.

1018 TILAPIA — TILAPIA 1018

TILAPIA spp.

(Freshwater – Africa/Far East) (Eaux douces – Afrique/Extrême-Orient)

Tilapia nilotica

(Freshwater/Nile) (Eaux douces/Nil)

Known as BULTI or BOLTI (Egypt).

Connu sous le nom de BULTI ou BOLTI (Egypte).

Cultured in ponds in many tropical countries.

Cultivé en étangs dans de nombreux pays tropicaux.

D Tilapien	**DK**	**E**
GR	**I** Tilapia	**IS**
J Telapia	**N**	**NL** Tilapia (Sme.)
P Tilápia	**S** Munruvare	**TR**
YU		

1019 TILEFISH — TILE (Canada) 1019

BRANCHIOSTEGIDAE

(Cosmopolitan) (Cosmopolite)

Also known as BLANQUILLO.

[CONTD.

1019 TILEFISH (Contd.) **TILE (Canada)** (Suite) **1019**

Lopholatilus chamaelonticeps

(a) TILEFISH (a) TILE
(Atlantic – N. America) (Atlantique – Amérique du Nord)

Caulolatilus cyanops

(b) BLACKLINE TILEFISH (b)
(Atlantic – N. America) (Atlantique – Amérique du Nord)

Caulolatilus princeps

(c) OCEAN WHITEFISH (c)
(Pacific – N. America) (Pacifique – Amérique du Nord)

Prolatilus jugularis

(Pacific – S. America) (Pacifique – Amérique du Sud)

NL (a) Tegelvis

1020 TINABAL (Philippines) **TINABAL (Philippines) 1020**

Fish product similar to + BAGOONG, but with minor variations.

Produit semblable au + BAGOONG, avec quelques différences mineures.

1021 TINAPA (Philippines) **TINAPA (Philippines) 1021**

Herring-like fish, whole or gutted, dipped fresh into boiling brine and then smoked; usually made from TUNSOY, LAPAD and TAMBAN OIL SARDINE (all Sardinella spp.).

See + SARDINELLA.

Poisson de l'espèce des Sardinelles, semblable au hareng, entier ou vidé, plongé dans une saumure bouillante et ensuite fumé.

Voir + SARDINELLE.

1022 TJAKALANG (Indonesia) **TJAKALANG (Indonésie) 1022**

Skipjack (*Euthynnus pelamis*) or similar sp. eaten fresh, or dried and salted, locally.

Listao (*Euthynnus pelamis*) ou espèces voisines consommées fraîches, ou salées et séchées pour la consommation locale.

1023 TOHEROA **1023**

Mesodesma ventricosa

(New Zealand) (Nouvelle-Zélande)
Edible mollusc, sometimes canned. Mollusque comestible, parfois mis en conserve.

1024 TÔKAN-HIN (Japan) **TÔKAN-HIN (Japon) 1024**

Product dried after removing water by repeated freezing and thawing; e.g. TÔKAN-DARA (cod fillets processed this way).

See + FREEZE DRYING.

Produit séché après élimination de l'humidité par congélations et décongélations répétées ; ex.: TÔKAN-DARA (filets de morue ainsi traités).

Voir + CRYODESSICATION.

1025 TÔMALLEY **TÔMALLEY 1025**

Edible by-products of lobster, as e.g. roe, scraps of meat, etc., which have not been ground to a smooth consistency (Canada); may be minced and canned, used in lobster paste.

Sous-produits comestibles du homard, tels que œufs, miettes de chair, etc., laissés tels quels (Canada) ; peuvent être hachés et mis en conserve, ou servir dans la fabrication de pâte de homard.

1026 TOMCOD

MICROGADUS spp.

POULAMON 1026

(i) (Atlantic/Pacific – N. America)
Belonging to the family *Gadidae*.

(i) (Atlantique/Pacifique – Amérique du Nord)
De la famille des *Gadidae*.

Microgadus tomcod

(a) ATLANTIC TOMCOD

(a) POULAMON ATLANTIQUE

Microgadus proximus

(b) PACIFIC TOMCOD.

(b) (Pacifique).

D Tomcod	DK	E
GR	I	IS
J	N	NL
P Tomecode	S Frostfisk, tomcod	TR
YU		

(ii) Name also used for + WHITE CROAKER (*Genyonemus lineatus*) belonging to the family *Sciaenidae* (see + CROAKER or + DRUM).

1027 TOM KHO (Viet Nam)

Shrimp cooked in saturated brine and dried in sun.

TOM KHO (Vietnam) 1027

Crevettes cuites dans une saumure concentrée et séchées au soleil.

1028 TONGUE

LANGUE 1028

(i) Name used for + COMMON SOLE (*Solea vulgaris vulgaris*).

(ii) See + FISH TONGUE.

(i) Voir + SOLE COMMUNE.

(ii) Voir + LANGUE DE POISSON.

1029 TONNO (U.S.A.)

1029

Canned TUNA meat, more heavily salted than usual and packed in olive oil.

Chair de THON en conserve, plus salée qu'à l'ordinaire et recouverte d'huile d'olive.

D	DK	E Carne de atún en conserva
GR Tónnos consérva	I Tonno all'olio d'oliva	IS
J	N	NL Tonijn in olie
P Atum em conserva	S	TR
YU Konzervirani tunj – tunj u konzervi		

1030 TOPE

Galeorhinus galeus

MILANDRE 1030

(N.E. Atlantic/Mediterranean).

Belongs to the sharks (see + REQUIEM SHARK), but also commonly referred to as dogfish (see + DOGFISH).

(Atlantique N.E./Méditerranée)

De la famille des requins (voir + MANGEUR D'HOMMES), mais aussi fréquemment désigné comme aiguillat (voir + AIGUILLAT).

D Hundshai	DK Gråhaj	E Cazón, tollo
GR Galéos drossítis	I Canesca	IS
J	N Gråhai	NL Ruwe haai, grijze haai
P Perna-de-moça	S Gråhaj, bethaj, håstörje	TR Camgöz balığı
YU Pas butor		

1031 TOPKNOT   TARGEUR 1031
Zeugopterus punctatus

(N. Atlantic)   (Atlantique Nord)

Also called BASTARD BRILL, BROWNY, COMMON TOPKNOT, MULLER'S TOPKNOT; BLOCH'S TOPKNOT.

See also + NORWEGIAN TOPKNOT.

D Zwergbutt	**DK** Hårhvarre	**E**
GR	**I** Rombo camaso	**IS** Skjálgi
J	**N** Bergvar	**NL** Gevlekte griet
P Rodovalho	**S** Bergvar	**TR**
YU		

1032 TOP SHELL   1032
Monodonta turbinata

(a) Atlantic/Mediterranean   (a) Atlantique/Méditerranée)

Turbo cornutus

(b) Japan   (b) Japon

Marketed fresh or canned.   Commercialisé frais ou en conserve.

D	**DK**	**E** Caracol gris, caramujo
GR Tróchos	**I** Cornetto	**IS**
J Sazae	**N**	**NL**
P	**S** Snäcka	**TR**
YU Ogrc		

1033 TORSK   1033

Le terme "TORSK" s'applique :

(i) Scandinavian name for + COD (*Gadus morhua*).

(i) En Scandinavie au + CABILLAUD (*Gadus morhua*).

(ii) Alternative English name for + TUSK (*Brosme brosme*).

(ii) En Grande Bretagne terme alternatif pour le + BROSME (*Brosme brosme*).

1034 TRAN OIL   1034

Oil obtained from fish and aquatic animals by allowing them to decompose. The term "tran", in various languages also applies to the uncleaned fish fat or fish oil, see + FISH OIL.

Huile obtenue à partir de poissons et animaux aquatiques en les laissant se décomposer. Le terme "tran", en différentes langues, s'applique aussi aux graisses ou huiles de poisson non purifiées ; voir + HUILE DE POISSON.

D Tran	**DK**	**E** Aceite de pescados
GR	**I** Olio di pesce	**IS** Sjálfrunnið lýsi
J	**N** Tran	**NL** Traan
P Óleo de peixe em decomposição	**S**	**TR**
YU Trani		

1035 TRASH FISH (N. America)   POISSON DE REBUT 1035
(Amérique du Nord)

Fish or quantities of mixed species, incidentally caught and unwanted for human consumption ; also used synonymously to + INDUSTRIAL FISH.

Poissons d'espèces mélangées, non triés, refusés pour la consommation humaine ; synonyme de + INDUSTRIAL FISH.

See also + FISH WASTE.   Voir aussi + DÉCHETS DE POISSON.

D Futterfisch, Industriefisch	**DK** Industrifisk (foderfisk)	**E**
GR	**I**	**IS** Tros
J	**N** Skrapfisk	**NL** Voedervis, industrievis
P Lixo	**S** Skrapfisk	**TR**
YU Otpadna riba		

1036 TRASSI UDANG
(Indonesia)

Fermented shrimp paste; also called BELACHAN.

Similar product see + SHIOKARA (Japan).

NL Trassi

TRASSI UDANG 1036
(Indonésie)

Pâte de crevettes fermentée; appelée encore BELACHAN.

Produit semblable au Japon, le + SHIOKARA.

1037 TREPANG (Malaya, Philippines)

+ SEA CUCUMBER, gutted, boiled and dried, sometimes also smoked.

D Trepang		**DK** Trepang	
GR		**I** Trepang	
J Hoshi-namako		**N**	
P Holotúria		**S** Sjögurka	
YU			

TREPANG (Malaisie, Philippines) 1037

+ HOLOTHURIE (bêche de mer) vidée cuite à l'eau bouillante et séchée, parfois fumée.

E Trépang
IS
NL Tripang
TR

1038 TREVALLY

Name used in Australia and New Zealand for *Caranx* spp., which are also generally named + JACK; for example:

Caranx sexfasciatus

(a) GREAT TREVALLY

Usacaranx georgianus and/et *Usacaranx nobilis*

(b) SILVER TREVALLY

See + JACK.

Known as TREVALLY in Australia. Marketed fresh and smoked.

CARANGUE AUSTRALIENNE 1038

Voir + CARANGUE.

Commercialisée fraîche et fumée.

1039 TRIGGERFISH

Generally refers to *Balistidae* (North America) which are also named + FILEFISH.

Various species, e.g.:

Balistes capriscus

(a) GRAY TRIGGERFISH
(Atlantic)

Balistes forcipatus

(b) SPOTTED TRIGGERFISH
(Atlantic)

Xanthichthys mento

(c) REDTAIL TRIGGERFISH
(Pacific)

See also + FILEFISH.

BALISTE 1039

Espèces de la famille des *Balistidae*.

(a) BALISTE GRIS
(Atlantique)

(b)
(Atlantique)

(c)
(Pacifique)

Voir aussi + ALUTÈRE

D Drückerfisch	**DK**	**E** Pez ballesta
GR Gourounópsaro	**I** Pesce balestra	**IS**
J Mongarakawahagi	**N**	**NL** Trekkervis
		(a) grijze T.
		(b) gevlekte T.
P Cangulo	**S** Tryckarfisk, filfisk	**TR** Çütre balığı
YU Kostorog, mihača		

1040 TRIMMING — PARAGE 1040

Removal of inedible parts or anything which could spoil the appearance.

Enlèvement des parties non comestibles ou de tout ce qui pourrait nuire à la présentation.

- **D** Beschneiden, Trimmen
- **GR**
- **J**
- **P** Aparar
- **YU**
- **DK** Afpudsning
- **I**
- **N** Renskjæring
- **S** Trimning
- **E**
- **IS** Snyrting
- **NL** Bijwerken
- **TR**

1041 TRIPLETAIL — FEUILLE (Antilles) 1041

Lobotes surinamensis

(Warmer parts of Atlantic, Mediterranean, Japan).

(Parties chaudes de l'Atlantique, Méditerranée, Japon).

1042 TROCHUS — TROQUE 1042

TROCHUS spp.
Trochus niloticus

TROCHUS SHELL (Australia)

TROQUE (Australie)

- **D** Kreiselschnecke
- **GR** Tróchos óstracon
- **J** Takasegai
- **P**
- **YU**
- **DK**
- **I** Trocus
- **N**
- **S**
- **E**
- **IS**
- **NL** Tolkuren
- **TR**

1043 TRONÇON (France) — TRONÇON 1043

Portion of fish cut perpendicularly to the backbone; should have a thickness of at least the width.

Also called "DARNE" (French) which particularly refers to portions of TUNA, STURGEON, HAKE and SALMON.

See also + STEAK and + ROUELLES.

Morceau de poisson coupé perpendiculairement à l'arête centrale et dont l'épaisseur doit être au moins égale à la largeur.

Appelé encore "DARNE", terme qui s'applique particulièrement au THON, à l'ESTURGEON, au MERLU et au SAUMON.

Voir aussi + TRANCHE et + ROUELLES.

- **D**
- **GR**
- **J**
- **P** Posta de peixe
- **YU**
- **DK**
- **I** Trancia
- **N**
- **S**
- **E**
- **IS**
- **NL** Moot
- **TR**

1044 TROUT — TRUITE 1044

SALMO spp.

(i) Name usually refers to:
Most important are:

(i) Désigne généralement les espèces :
Dont les principales sont :

Salmo gairdnerii or/ou *Salmo irideus*

(a) + RAINBOW TROUT
(Atlantic/Freshwater/Pacific):
N. America; also called + STEELHEAD TROUT.

(a) + TRUITE ARC-EN-CIEL
(Atlantique/Eaux douces/Pacifique)

Salmo trutta

(b) + SEA TROUT
(Atlantic/Freshwater —
N. America/Europe)
In N. America called BROWN TROUT.

(b) + TRUITE DE MER
(Atlantique/Eaux douces —
Amérique du Nord/Europe)

[CONTD.

1044 TROUT (Contd.)

(c) CUTTHROAT TROUT
 (Pacific/Freshwater — N. America)

Salmo clarki

(d) GOLDEN TROUT
 (Freshwater — N. America)

Salmo aguabonita

(e) GILA TROUT
 (Freshwater — N. America)

Salmo gilae

Main marketing forms are as follows:
Fresh: whole, gutted or ungutted;
Frozen: whole gutted, breaded boneless (U.S.A.).
Smoked: whole gutted, also filleted, hot- or cold-smoked.
Canned: grilled in butter.
Paste: smoked trout paste.
See also + SALMON.

1044 TRUITE (Suite)

(c) TRUITE
 (Pacifique/Eaux douces — Amérique du Nord)

(d)
 (Eaux douces — Amérique du Nord)

(e)
 (Eaux douces — Amérique du Nord)

Principales formes de commercialisation:
Frais: entier, vidé ou non.
Congelé: entier, vidé, sans arête et pané.
Fumé: entier et vidé, ou en filets; fumé à chaud ou à froid.
Conserve: grillé, au beurre.
Pâte: pâte de truite fumée.
Voir aussi + SAUMON.

D Forelle		**DK** Ørred		**E** Trucha	
GR Péstropha		**I** Trota		**IS** Urriði, vatnaurriði, sjourriði	
J Masu		**N** Aure, ørret		**NL** Forel	
P Truta		**S** Öring, laxöring		**TR** Alabalık	
YU Pastrva					

(ii) The name trout is also used in connection with + CHAR (*Salvelinus* spp.) which belong to the same family *Salmonidae*.

(ii) On appelle parfois truite certaines espèces *Salvelinus* (+ OMBLE) qui appartiennent à la même famille, les *Salmonidae*.

1045 TSUKUDANI (Japan)

Whole small fish, shellfish meat or seaweed cooked in mixture of soya sauce and sugar; usually preceded by the name of the fish, e.g. NORI-TSUKUDANI (from laver).

Similar products are:
KAKUNI (from diced skipjack or tuna meat).

AMENI (from pond smelt, sand lance, etc), cooked in soya sauce with sugar and AME, a sweet millet jelly; usually preceded by the name of the fish.

1045 TSUKUDANI (Japon)

Petits poissons entiers, chair de crustacés ou algues cuits dans un mélange de sauce de soja et de sucre; habituellement précédé par le nom du poisson utilisé, ex.: NORI-TSUKUDANI (algues).

Produits similaires:
KAKUNI (à base de chair de thon ou de thonine coupée en dés).

AMENI (à base d'éperlans, de lançons, etc.), cuits dans de la sauce de soja, du sucre et de l'AME, gelée de millet sucrée; généralement précédé par le nom du poisson utilisé.

1046 TUNA HAM (Japan)

Smoked fish sausage: the encased mixture of tuna meat, salt, sugar, starch and spices is smoked for 12 hours before vacuum packaging; commonly packed in cylindrical or square plastic casings.

1046 TUNA HAM (Japon)

Saucisse de poisson fumée: le mélange de chair de thon, sel, sucre, amidon et épices est mis en boyau et fumé pendant 12 heures avant d'être conditionné sous vide; généralement présenté en emballages plastiques de forme cylindrique ou carrée.

D Tunfischwurst		**DK**		**E** Salchichas ahumadas de atún	
GR Avgó tónnou		**I** Salsicce affumicate di tonno		**IS**	
J Tsuna hamu		**N**		**NL** Tonijnworst	
P Salsichas de atum		**S**		**TR**	
YU					

1047 TUNA LINKS

Fish sausages made from tuna meat; may be cooked and frozen.

See + FISH SAUSAGE.

D Thunfischwürstchen
GR
J
P Salsichas de peixe
YU Kobasica od mesa tunja
DK
I Salsicce di tonno
N
S

SAUCISSES DE THON 1047

Saucisses de poisson à base de chair de thon; peuvent être cuites et surgelées.

Voir + SAUCISSE DE POISSON.

E Salchichas de atún
IS
NL Tonijnsaucijsjes
TR Ton pastırması

1048 TUNA

THUNNIDAE

(Cosmopolitan)

Also called TUNNY in U.K.

This family includes: *Thunnus* (or synonymously *Germo*), *Euthynnus*, *Kishinoella*, *Parathunnus* spp. etc.

The most important are:

THON 1048

(Cosmopolite)

Cette famille comprend les espèces *Thunnus* (synonyme: *Germo*), *Euthynnus*, *Kishinoella*, *Parathunnus*, etc.

Les principales espèces sont:

Thunnus alalunga

(a) + ALBACORE
(Cosmopolitan)

(a) + GERMON
(Cosmopolite)

Thunnus obesus

(b) + BIGEYE TUNA
(Cosmopolitan)

(b) + THON OBÈSE PATUDO
(Cosmopolite)

Thunnus thynnus

(c) + BLUEFIN TUNA
(Cosmopolitan)

(c) + THON ROUGE
(Cosmopolite)

Thunnus albacares

(d) + YELLOWFIN TUNA
(Cosmopolitan)

(d) + ALBACORE
(Cosmopolite)

Thunnus tonggol

(e) + LONGTAILED TUNA
(Indian Ocean)

(e) +
(Océan indien)

Thunnus maccoyii

(f) SOUTHERN BLUEFIN TUNA
(Australia/New Zealand)

(f)
(Australie/Nouvelle-Zélande)

Thunnus zacalles

(Pacific)

(Pacifique)

Euthynnus pelamis

(g) + SKIPJACK
(Cosmopolitan)

(g) + BONITE À VENTRE RAYÉ
(Cosmopolite)

Euthynnus alletteratus

(h) + LITTLE TUNA
(Atlantic/Mediterranean)

(h) + THONINE
(Atlantique/Méditerranée)

Euthynnus affinis

(Indo-Pacific)

(Indo-Pacifique)

[CONTD.

1048 TUNA (Contd.)

In commercial practice, most of the larger *Scombridae* species are included in the term "tuna", especially + BONITO (*Sarda* spp.) and to some extent + YELLOWTAIL (*Seriola* spp.), and + FRIGATE MACKEREL (*Auxis thazard*); in N. America the name might also refer to canned + HORSE MACKEREL (which is of the family *Carangidae* and not *Scombridae*).

The ways of marketing are summarised as under:

Fresh: whole, gutted, pieces of fillet.
Frozen: whole, gutted; pieces of fillet; also sausages.
Salted: fillets of light meat, dredged in salt and packed in dry salt for several days, then washed and air-dried.
Dried: see + FUSHI (Japan).
Semi-preserved: spice-cured (Japan).
Canned: pieces of light meat fillet, cooked or uncooked, packed with salt and edible oil, in brine or with tomato sauce; also in jelly (aspic), with sauces or with spiced vegetables.

The light meat pack for the canning industry comes from the BLUEFIN, the YELLOWFIN and the SKIPJACK; the most prized is the ALBACORE for the white meat pack.
U.S. Standard packs of canned tuna:

1. Fancy solid pack.
2. Standard solid pack.
3. Chunk style or bite size.
4. Grated or shredded pack.

Delicatessen: tuna meat, either fresh or smoked, is used for a variety of prepared dishes, such as TUNA SAUSAGES, TUNA WIENERS, TUNA ROLL, TUNA LOAF, TUNA PASTE, etc.

Also + KATSUOBUSHI.
Roe: dry-salted and air-dried, see + BOTTARGA (Italy).
Liver oil: vitamin; also for fish sausages.

THON (Suite) 1048

Dans la pratique commerciale, la plupart des plus grosses espèces des *Scombridae* sont désignées sous le nom de "thon", surtout les + BONITE (espèce *Sarda*), dans une certaine mesure les + SÉRIOLE (esp. *Seriola*) et l' + AUXIDE (*Auxis thazard*). Usage non admis en France.

En Amérique du Nord, le nom s'applique aussi au + CHINCHARD qui est un *Carangidae* et non un *Scombridae*.

Formes de commercialisation résumées ci-dessous.

Frais: entier vidé; tranches de filet.
Congelé: entier, vidé, tranches de filet saucisses.
Salé: filets dépourvus de muscles rouges, saupoudrés de sel et mis dans du sel sec pendant plusieurs jours, puis lavés et séchés à l'air.
Séché: voir + FUSHI (Japon).
Semi-conserve: traité aux épices (Japon).
Conserve: tranches de filet dépourvu de muscles rouges, cuites ou crues, couvertes d'huile, au naturel ou à la sauce tomate; en aspic, en sauces ou avec des légumes épicés.

La chair rose fournie aux conserveries provient du THON ROUGE, de l'ALBACORE et de la THONINE; la plus appréciée est celle du GERMON.
Les normes E.U. de conserves de thon distinguent:

1. Thon entier.
2. Thon normal.
3. Tronçon.
4. Miettes.

Hors d'œuvre: chair du thon, soit fraîche soit fumée, utilisée pour une grande variété de plats cuisinés tels que SAUCISSES DE THON, TUNA WIENERS, BOULETTES DE THON, PAIN DE THON, PÂTE DE THON, etc.

Voir aussi + KATSUOBUSHI.
Œufs: salés à sec puis séchés à l'air, voir + BOTTARGA (Italie).
Huile de foie: vitamines; également utilisée dans les saucisses de poisson.

D Thun, Thunfisch	**DK** Tunfisk, tun	**E** Atun
GR Tónnos	**I** Tonno	**IS** Túnfiskur
J Maguro-rui	**N** Stjørje, (c) makrellstjørje	**NL** Tonijn
P Atum	**S** Tonfisk	**TR** Ton balığı
YU Tunj, tunji, tuna		

1049 TUNA SALAD   SALADE DE THON 1049

Delicatessen product prepared from cooked tuna meat, vegetables, mayonnaise and seasoning; see + FISH SALAD.

Hors d'œuvre préparé à base de chair de thon cuite, de légumes, mayonnaise et assaisonnement; voir + SALADE DE POISSON.

D Thunfisch-Salat	**DK**	**E** Ensalada de atun
GR	**I** Insalata di tonno	**IS** Túnfisksalat
J	**N** Stjørjesalat	**NL** Tonijnsalade
P Salada de atum	**S** Tonfisksallad	**TR** Ton salatası
YU Tunj salata		

1050 TURBOT   TURBOT 1050

Psetta maxima

(i) (N.E. Atlantic)
Also called BUTT, BREET, BRITT.

(i) (Atlantique Nord-Est)

Marketed:
Fresh: whole, gutted; steaks; fillets with skin.
Frozen: whole, gutted; steaks; fillets with skin.

Commercialisé:
Frais: entier, vidé; tranches; filets avec la peau.
Congelé: entier, vidé; tranches; filets avec la peau.

D	Steinbutt	**DK**	Pighvarre	**E**	Rodaballo
GR	Rómbos-písci, kalkáni	**I**	Rombo chiodat	**IS**	Sandhverfa
J		**N**	Piggvar	**NL**	Tarbot
P	Pregado	**S**	Piggvar	**TR**	Kalkan balığı
YU	Plat				

Colistium nudipinnis

(ii) (New Zealand)

(ii) (Nouvelle-Zélande)

(iii) Name also used for various *Pleuronectidae* at the U.S. Pacific Coast. e.g. DIAMOND TURBOT (*Hypsopsetta guttulata*) or SPOTTED TURBOT (*Pleuronichthys itteri*).

(iii) Nom employé aussi pour divers *Pleuronectidae* de la côte pacifique.

1051 TURRUM   1051

Carangoides emburyi

(Australia)
Belongs to the family *Carangidae* (see + JACK and + POMPANO).

(Australie)
De la famille des *Carangidae* (voir + CARANGUE et + POMPANO).

1052 TURTLE   TORTUE 1052

CHELONIA spp.
Chelonia mydas

(a) GREEN TURTLE

(a) TORTUE VERTE

Eretmochelys imbricata

(b) HAWKBILL TURTLE

(b) CAHOUANE

Caretta caretta

(c) LOGGERHEAD TURTLE

(c) CARETTE

Dermochelys coriacea

(d) LEATHERY TURTLE

(d) TORTUE-CUIR

PSEUDEMYS spp.

(e) SLIDER

(e)

Marketed:
Fresh: meat (from GREEN or LOGGERHEAD TURTLE); see + CALIPASH.
Frozen: meat (like fresh).
Canned: meat; fins; soup; stew.
Dried: meat.
Smoked: meat.
Shell: "Tortoise" shell obtained from shells of HAWKBILL TURTLE (see e.g. + BÊKKO); some shells of the edible turtles are used for making soup stock.

Commercialisé:
Frais: chair (de la TORTUE VERTE et de la CARETTE); voir + CALIPASH.
Congelé: chair.
Conserve: chair, nageoires; soupe.
Séché: chair.
Fumé: chair.
Carapace: l' "écaille" provient des carapaces des tortues CAHOUANE (voir + BÊKKO); certaines carapaces des tortues comestibles sont utilisées comme base de potages.

D	Seeschildkröte	**DK**	Skildpadde	**E**	Tortuga
GR	Cheloni thalassia	**I**	Tartaruga	**IS**	Skjaldbaka
J	Kame, taimai	**N**	Skilpadde	**NL**	Zeeschildpad
P	Tartaruga	**S**	Sköldpadda	**TR**	Deniz kaplumbağası
YU	Kornjača morska, željva				

1053 TUSK — BROSME 1053

Brosme brosme

(North Atlantic) — (Atlantique Nord)

Also known as + CUSK (N. America), which is also used in ICNAF Statistics.
De la famille *Gadidae*.

Also called BRISMAK, TORSK, MOONFISH.
Belongs to the family *Gadidae*.

Marketed:
Fresh: whole, gutted; fillets with or without skin.
Frozen: fillets.
Smoked: cold-smoked fillets, with or without skin.
Salted: headed, gutted, split and either wet-salted or dry-salted and dried.
Canned:

Commercialisé:
Frais: entier, vidé; filets avec ou sans peau.
Congelé: filets.
Fumé: filets fumés à froid, avec ou sans peau.
Salé: étêté, vidé, tranché et salé en saumure ou à sec puis séché.
Conserve:

D Lumb, Brosme	**DK** Brosme	**E** Brosmio
GR	**I** Brosmio	**IS** Keila
J	**N** Brosme	**NL** Lom, torsk
P Bolota	**S** Lubb, brosme	**TR**
YU		

1054 TUYO (Philippines) — TUYO (Philippines) 1054

Dried product made from tunsoy or lapad (*Sardinella* spp.), brine salted whole, and sun dried.

See + SARDINELLA.

Produit séché à base de tunsoy ou de lapad (espèces *Sardinella*) salé entier en saumure puis séché au soleil.

Voir + SARDINELLE.

1055 TWAITE SHAD — ALOSE FINTE 1055

Alosa fallax fallax

(Atlantic) — (Atlantique)

Alosa fallax nilotica or/ou *Alosa finta*

(Mediterranean) — (Méditerranée)

Also called MAID.
See also + SHAD.

Voir + ALOSE.

D Finte, Maifisch	**DK** Stavsild, stamsild	**E** Saboga
GR Fríssa	**I** Cheppia	**IS** Augnasíld
J	**N** Stamsild	**NL** Milvis, fint
P Saboga	**S** Staksill	**TR** Tirsi balığı, dişli tirsi
YU Lojka		

1056 UNDULATE RAY — RAIE 1056

Raja undulata

(N. Atlantic – Europe) — (Atlantique Nord – Europe)

Also called + PAINTED RAY which also refers to *Raja microcellata*.
See also + RAY and + SKATE.

Voir + RAIE.

D Bänderrochen	**DK**	**E** Raya mosaica
GR Salahi, raïa	**I** Razza ondulata	**IS**
J	**N**	**NL** Mozaïekrog
P Raia-curva	**S** Brokrocka	**TR** Vatoz
YU Raža vijopruga		

1057 UO-MISO (Japan)

Fermented fish paste, prepared from boiled, dried white meat of cod, kneaded, mixed with soy "bean paste" (MISO), sugar, + MIRIN and starch; often sold as canned product.

Also other species used, e.g. sea-bream (TAI-MISO), crucian carp (FUNA-MISO), + GYOMISO.

UO-MISO (Japon) 1057

Pâte de poisson fermenté, préparée avec la chair blanche du cabillaud bouillie, séchée puis pétrie et mélangée avec du MISO (pâte de soja), du sucre, du + MIRIN et de l'amidon; vendu souvent en conserve.

D'autres espèces sont également utilisées, comme le pagre (TAI-MISO), la carpe (FUNA-MISO), + GYOMISO.

1058 VENDACE
Coregonus albula

(Freshwater – Europe)

Roe is used for preparing a caviar substitute in Sweden ("LÖJROM").

See also + WHITEFISH.

CORÉGONE BLANC 1058

(Eaux douces – Europe)

La rogue sert à la préparation d'un succédané de caviar en Suède ("LÖJROM").

Voir aussi + CORÉGONE.

D Kleine Maräne	**DK** Heltling	**E**
GR Korégonos	**I** Coregone bianco	**IS**
J	**N** Lagesild	**NL** Kleine marene
P	**S** Silklöja	**TR**
YU		

1059 VENTRÈCHE (France)

(i) Region of the abdomen in which the muscles divide into lamella separated by fatty inclusions.
Only applied to *Thunnidae*.

(ii) In Italy "Ventresca" is also a product: belly strips of tuna cooked in brine and packed with olive oil in barrels or cans.
"VENTRESCA" designates the products from albacore, and "TARANTELLO" from bluefin-tuna.

VENTRÈCHE 1059

(i) Région de l'abdomen dans laquelle les muscles s'effilent en lamelles séparées par des inclusions graisseuses.
S'applique exclusivement au thon et espèces voisines.

(ii) En Italie "Ventresca" est un produit: lamelles ventrales de thon cuites en saumure et couvertes d'huile d'olive, mises en boîtes ou en barils.
"VENTRESCA" désigne le produit à base de germon, et "TARANTELLO" celui à base de thon rouge.

D	**DK**	**E** Ventresca
GR	**I** Ventresca, tarantello	**IS**
J	**N**	**NL**
P Ventresca	**S**	**TR**
YU Ventreska		

1060 VINEGAR CURED FISH

Fish preserved in a medium containing vinegar and salt, with or without spices.

SEMI-PRESERVE.

See also + ACID CURED FISH, + MARINADE, + SAUERLAPPEN (Germany).

POISSON AU VINAIGRE 1060

Poisson conservé dans un milieu contenant du vinaigre et du sel, avec ou sans épices.

SEMI-CONSERVE.

Voir aussi + ACID CURED FISH, + MARINADE, + SAUERLAPPEN (Allemagne).

D Marinade	**DK** Syresaltet or marineret fisk	**E** Pescado en vinagre
GR Marináta	**I** Pesce all'aceto	**IS** Ediksöltuð síld
J Suzuke	**N** Eddikbehandlet fisk	**NL** In azijn ingelegde vis
P Peixe preparado em vinagre	**S** Marinerad fisk	**TR**
YU Obradjena riba octom		

1061 VIZIGA (U.S.S.R.)

Dried food delicacy in U.S.S.R. and Asia, made from spinal cords of dried sturgeon.

VIZIGA (U.R.S.S.) 1061

Hors d'œuvre séché, préparé en U.R.S.S. et en Asie avec des moelles épinières d'esturgeons séchés.

1062 WACHNA COD   MORUE ARCTIQUE 1062

Eleginus navaga or/ou *Gadus navaga*

(a) (N. Atlantic/White Sea)   (a) (Atlantique Nord/Mer Blanche)

Eleginus gracilis (navaga) or/ou *Gadus gracilis*

(b) (N. Pacific)   (b) (Pacifique Nord)

Also called NAVAGA, ARCTIC COD; the latter name might also refer to *Boreogadus saida* (+ POLAR COD).

See also + COD.   Voir + CABILLAUD.

D Navaga	**DK**	**E**
GR	**I**	**IS**
J	**N**	**NL**
P Bacalhau-do-arctico	**S** Navaga	**TR**
YU		

1063 WAHOO   THAZARD BATARD 1063

Acanthocybium solanderi

(Atlantic/Pacific – America/South Africa)   (Atlantique/Pacifique – Amérique/Afrique du Sud)

Belonging to the family *Scombridae*; similar to MACKEREL; also called PETO.

De la famille des *Scombridae*; semblable au MAQUEREAU.

Marketed fresh, salted or spice-cured (slices of meat).

Commercialisé frais, salé ou traité aux épices (tranches).

D	**DK**	**E**
GR	**I**	**IS**
J Kamasusawara	**N**	**NL** Mulatvis, moela (Ant.)
P Cavala-da-India	**S**	**TR**
YU		

1064 WAKAME (Japan)   WAKAME (Japon) 1064

Dried edible product made from brown seaweeds, e.g. HOSHI WAKAME (dried *Undaria pinnatifida*) SARASHI WAKAME (*Undaria*, dried after soaking in fresh water) or NARUTO WAKAME (*Undaria*, dried by sprinkling ashes on the surface, then washed and dried again).

Produit séché comestible fait avec des algues brunes; ex. HOSHI WAKAME (espèce *Undaria pinnatifida* séchée); SARASHI WAKAME (esp. *Undaria* séchée après avoir été trempée dans de l'eau fraîche) ou NARUTO WAKAME (*Undaria* séchée sous une couche de cendres, puis lavée et séchée à nouveau).

1065 WALLEYE   DORÉ JAUNE 1065

Stizostedion vitreum vitreum

(Freshwater – N. America)   (Eaux douces – Amérique du Nord)

Commonly known as YELLOW PIKE; also called + PICKEREL, YELLOW PICKEREL, WALLEYED PIKE, DORÉ (Canada), JACK SALMON, OKOW, GREEN PIKE.

Appelé aussi DORÉ COMMUN.

See also + PIKE-PERCH (*Stizostedion* spp.) belonging to the family *Percidae* (see + PERCH).

Voir + SANDRE (espèces *Stizostedion*) de la famille des *Percidae* (voir aussi + PERCHE).

D Amerikanischer Zander	**DK**	**E**
GR	**I**	**IS**
J	**N**	**NL** Amerikaanse snoekbaars
P	**S**	**TR**
YU		

1066 WALRUS — MORSE 1066
ODOBENUS spp.

Source of meat and ivory.   Source de chair et d'ivoire.

D Walross	**DK** Hvalros	**E** Morsa
GR	**I** Tricheco	**IS** Rostungur
J Seiuchi	**N** Hvalross	**NL** Walrus
P Morsa	**S** Valross	**TR**
YU Morž		

1066.1 WAREHOU
Seriolella brama
Seriolella punctata

(New Zealand)   (Nouvelle-Zélande)

1067 WEAKFISH — SCIAENIDÉ 1067
CYNOSCION spp.

(Atlantic/Pacific —   (Atlantique/Pacifique —
North and South America)   Amérique du Nord et du Sud)

Belonging to the family *Sciaenidae* (see + DRUM and + CROAKER).   De la famille des *Sciaenidae* (voir + TAMBOUR).

In U.S.A. also name + SEA TROUT (*Salmo trutta*) is used in connection with *Cynoscion* spp.

Cynoscion arenarius

(a) SAND SEATROUT   (a)
(Atlantic — U.S.A./Mexico)   (Atlantique — E.U /Mexique)
Also called SAND TROUT, WHITE WEAKFISH, WHITE SEATROUT, WHITE TROUT.

Cynoscion nebulosus

(b) SPOTTED WEAKFISH   (b)
(Atlantic — U.S.A.)   (Atlantique — E.U.)
Also called SPOTTED SEATROUT, SPECKLED SEATROUT.

Cynoscion regalis

(c) + SQUETEAGUE   (c) + ACOUPA ROYAL
(Atlantic — U.S.A.)   (Atlantique — E.U.)

Cynoscion nobilis

(d) WHITE SEA BASS   (d)
(Pacific — N. America)   (Pacifique — Amérique du Nord)
Also called WHITE WEAKFISH.

D	**DK**	**E** Corbina
GR	**I**	**IS**
J	**N**	**NL** (b) Gevlekte zeeforel, (d) witte zeebaars
P Peixe-fraco, corvina	**S** Havsgös	**TR**
YU		

1068 WEEVER — VIVE 1068
TRACHINIDAE

(Atlantic/Mediterranean — Europe)   (Atlantique/Méditerranée — Europe)

Most common species is + GREATER WEEVER (*Trachinus draco*); others are SPOTTED WEEVER (*Trachinus araneus*), LESSER WEEVER (*Trachinus vipera*), STREAKED WEEVER (*Trachinus lineatus*).   L'espèce la plus commune est la + GRANDE VIVE (*Trachinus draco*); les autres sont *Trachinus araneus*, *Trachinus vipera*, *Trachinus lineatus*.

Similar to + GURNARD.   Semblable á + GRONDIN.

1068 WEEVER (Contd.) — VIVE (Suite) 1068

- **D** Petermann, Petermännchen
- **GR** Drákena
- **J**
- **P** Peixe-aranha
- **YU** Pauk
- **DK** Fjæsing
- **I** Tracina
- **N** Fjesing
- **S** Fjärsing
- **E** Araña, escorpión
- **IS** Fjörsungur
- **NL** Pieterman, arend
- **TR** Trakonya, kumtrakonyası çarpan, varsam

1069 WET STACK

Salted fish before drying.　　Poisson salé, avant le séchage.

- **D**
- **GR**
- **J**
- **P** Peixes salgado
- **YU**
- **DK** Fuldvirket saltfisk
- **I** Pesce salinato
- **N** Saltfisk i stabel
- **S** Staplad saltfisk
- **E**
- **IS** Blautsaltaður fiskur
- **NL** Gestapelde zoute vis
- **TR**

1070 WHALE OIL — HUILE DE BALEINE 1070

Obtained from the blubber and other parts including bones of whales and similar marine animals; may be used in natural state for industrial purposes, but mainly used after hydrogenation and refining for manufacture of edible fats, e.g. margarine.

Obtenue à partir de lard et d'autres parties graisseuses (dont les os) de baleines ou animaux marins semblables; peut être utilisée à l'état brut à des fins industrielles, mais principalement après hydrogénation et raffinage, pour la fabrication de graisses comestibles telles que la margarine.

- **D** Walöl, Walfett, Waltran
- **GR** Phalaenélaion
- **J** Geiyu
- **P** Óleo de baleia
- **YU** Ulje kita
- **DK**
- **I** Olio di balena
- **N** Hvalolje
- **S** Valolja
- **E** Aceite de ballena
- **IS** Hvallýsi
- **NL** Walvisolie
- **TR** Balina yağı

1071 WHALES — BALEINES 1071

BALAENIDAE

(i) + RIGHT WHALE (Cosmopolitan)　　(i) BALEINE FRANCHE (Cosmopolite)

BALAENOPTERIDAE

(ii) + RORQUAL (Cosmopolitan)　　(ii) + RORQUAL (Cosmopolite)

Balaenoptera physalus

(a) + FIN-WHALE (Cosmopolitan)　　(a) + RORQUAL COMMUN (Cosmopolite)

Balaenoptera musculus

(b) + BLUE WHALE (Cosmopolitan)　　(b) + BALEINE BLEUE (Cosmopolite)

Balaenoptera borealis

(c) + SEI-WHALE (Cosmopolitan)　　(c) + RORQUAL DE RUDOLF (Cosmopolite)

Balaenoptera acutorostrata

(d) + MINKE-WHALE (Cosmopolitan)　　(d) + PETIT RORQUAL (Cosmopolite)

(iii) Other whales are:　　(iii) Autres espèces:

Physeter catodon

(a) + SPERM WHALE (Cosmopolitan)　　(a) + CACHALOT (Cosmopolite)

[CONTD.

1071 **WHALES** (Contd.)   **BALEINES** (Suite) 1071

Megaptera novaeangliae

(b) + HUMPBACK WHALE   (b) + JUBARTE
    (Cosmopolitan)   (Cosmopolite)

Eschrichtius glaucus

(c) + PACIFIC GREY WHALE   (c) + BALEINE GRISE DE CALIFORNIE
    (Pacific)   (Pacifique)

See under the individual items.

The principal product from the whale is + WHALE OIL; whale meat is frozen for consumption as human food, fur-bearing animal food, pet food; meat may also be canned or salted; other whale products include: WHALE MEAT MEAL, WHALE LIVER MEAL, + WHALE LIVER OIL, MEAT EXTRACT, + AMBERGRIS, + SPERM OIL, SPERMACETI, + IVORY, WHALEBONE, LIVER PASTE, PHARMACEUTICALS, etc.

Répertoriées individuellement.

Le principal produit tiré de la baleine est l'huile; la chair de baleine est congelée pour la consommation humaine, pour la nourriture des animaux à fourrure et des animaux domestiques; peut être aussi mise en conserve ou salée; les autres produits exploités sont la FARINE DE VIANDE et de FOIE, + l'AMBRE GRIS, + l'HUILE DE CACHALOT, le SPERMACETI, + l'IVOIRE, les OS, la PÂTE DE FOIE, les PRODUITS PHARMACEUTIQUES, etc.

D Wale, Walfische	**DK** Valer	**E** Ballenas
GR Phálaena	**I** Balena	**IS** Hvalir
J Kujira	**N** Hvaler	**NL** Walvissen
P Baleia	**S** Valar	**TR** Balinalar
YU Kit		

1072 WHELK   **BUCCIN 1072**

Buccinum undatum

(i) Also called BUCKIE (Scotland).

Marketed:

Fresh: in shell, cooked or uncooked; shelled cooked meats.

Semi-preserved: (in bottles) cooked shelled meats in vinegar and salt.

Canned: meats.

Appelé aussi BULOT.

Commercialisé:

Frais: dans sa coquille, cuit ou cru; décoquillé et cuit.

Semi-conserve: (en bocaux) décoquillé, la chair est cuite dans une solution vinaigrée e salée.

Conserve: chair.

D Wellhornschnecke	**DK** Konksnegl, konk	**E** Bocina
GR Bouroú	**I** Buccina	**IS** Beitukóngur
J Bai	**N** Kongsnegl	**NL** Wulk
P Búzio	**S** Valthornssnäcka	**TR**
YU		

(ii) In Scotland name also used for + PERIWINKLE (*Littorina littorea*).

1073 WHITEBAIT   **1073**

(i) Young of herring and sprat; mixture of very small fish of these and other spp.

Marketed:

Fresh: whole ungutted cooked or uncooked.

Dried: (Japan).

Frozen: whole ungutted.

(i) Jeunes harengs ou sprats; mélange de très petits poissons d'espèces différentes.

Commercialisé:

Frais: entier non vidé, cuit ou cru.

Séché: (Japon).

Congelé: entier, non vidé.

D	**DK**	**E**
GR	**I** Bianchetti	**IS** Seiði
J Shirasu	**N**	**NL** Puf
P	**S**	**TR**
YU		

(ii) In North America the term "whitebait" refers also to several other species especially to + SILVERSIDE (*Atherinidae*).

(iii) In New Zealand the name refers to *Galaxias attenuatus*.

(ii) En Amérique du Nord le terme s'applique aussi à plusieurs autres espèces notamment les *Atherinidae*.

(iii) En Nouvelle-Zélande, *Galaxias attenuatus*.

1074 WHITE BASS — BAR BLANC 1074

Morone chrysops

(Freshwater – N. America)
See also + SEA BASS.

(Eaux douces – Amérique du Nord)
Voir + BAR.

- **D**
- **GR**
- **J**
- **P** Robalo
- **YU**

- **DK**
- **I** Persico-spigola bianco
- **N**
- **S**

- **E**
- **IS**
- **NL** Steenbaars
- **TR**

1075 WHITE-BEAKED DOLPHIN — DAUPHIN À NEZ BLANC 1075

Lagenorhynchus albirostris

(North Atlantic)
See also + DOLPHIN.

(Atlantique Nord)
Voir + DAUPHIN.

- **D** Weissschnauziger Delphin
- **GR**
- **J**
- **P** Golfinho-branco
- **YU**

- **DK** Hvidnæse
- **I** Delfino muso-bianco
- **N** Kvitnos
- **S** Vitnos

- **E**
- **IS**
- **NL** Witsnuitdolfijn
- **TR**

1076 WHITE BREAM — SAR 1076

Diplodus sargus

(i)
(Atlantic/Mediterranean)
Also called SARGO: belonging to the family *Sparidae* (see + SEA BREAM).

(i) SAR
(Atlantique/Méditerranée)
Aussi appelé SARGUE; de la famille des *Sparidae* (voir + DORADE).

- **D** Bindenbrasse
- **GR** Sargós
- **J**
- **P** Sargo
- **YU** Crnoprugac, Šarag

- **DK**
- **I** Sarago maggiore
- **N**
- **S**

- **E** Sargo
- **IS**
- **NL**
- **TR** Tahta balığı

Blicca bjoerkna

(ii) (Freshwater – Europe)
Also called SILVER BREAM.

(ii) (Eaux douces – Europe)

- **D** Güster, Pliete
- **GR**
- **J**
- **P**
- **YU**

- **DK** Flire
- **I**
- **N** Flire
- **S** Björkna

- **E**
- **IS**
- **NL** Kòlblei
- **TR** Çapak, abdalca

1077 WHITE CROAKER — SCIAENIDÉ DU PACIFIQUE 1077

Designates two species, both belonging to the family *Sciaenidae* (see + CROAKER).

Désigne deux espèces, toutes deux de la famille des *Sciaenidae* (voir + TAMBOUR).

Argyrosomus argentatus

(a) (Pacific – Japan)
Marketed fresh; used for + KAMABOKO.

(a) (Pacifique – Japon)
Commercialisé frais; sert à la préparation du + KAMABOKO.

Genyonemus lineatus

(b) (Pacific – N. America)
Also called KING CROAKER, TOMCOD, RONCADOR, KINGFISH.

(b) (Pacifique – Amérique du Nord)

- **J** Ishimochi, shiroguchi

1078 WHITE FISH (U.K.)   POISSON MAIGRE 1078

Fish in which the main reserves of fat are in the liver (e.g. *Gadidae*) ; as distinct from + FATTY FISH.

Poisson dont les principales réserves de graisse sont dans le foie (ex.: *Gadidae*) par opposition à + POISSON GRAS.

D Magerfisch. (Frischfisch)	**DK**	**E** Pescado magro
GR	**I** Pesce magro, pesce bianco	**IS**
J	**N** Mager fisk, fettfattig fisk	**NL** Magere vis
P Peixe magro	**S** Mager fisk	**TR**
YU Mršava riba, bijela riba		

1079 WHITEFISH   CORÉGONE 1079

(i) (Atlantic/Freshwater)   (Atlantique/Eaux douces)

Generally refers to *Coregonidae* which are also by some authors referred to as *Leucichthys* spp.

Se réfère généralement aux *Coregonidae* qui sont aussi désignées, par certains auteurs, comme *Leucichthys*.

Coregonus clupeaformis

(a) LAKE WHITEFISH (Atlantic)   (a) CORÉGONE DE LAC (Atlantique)

Coregonus artedii

(b) + LAKE HERRING (Freshwater – Europe/N. America)   (b) + CISCO DE L'EST (Eaux douces – Europe/Amérique du Nord)

Coregonus hoyi

(c) + BLOATER (Freshwater – N. America)   (c) + (Eaux douces – Amérique du Nord)

Coregonus oxyrhynchus

(d) + HOUTING (Atlantic/North Sea)   (d) + CORÉGONE (Atlantique/Mer du Nord)

Coregonus albula

(e) + VENDACE (Freshwater – Europe)   (e) + CORÉGONE BLANC (Eaux douces – Europe)

Coregonus lavaretus

(f) + POWAN (Freshwater – Europe)   (f) + LAVARET (Eaux douces – Europe)

Coregonus pollan

(g) + POLLAN (Freshwater – Europe)   (g) + CORÉGONE (Eaux douces – Europe)

Marketed:
Fresh: whole, gutted, fillets.
Frozen: whole, gutted, fillets.
Smoked: split fish, wet- or dry-salted, drained and hot-smoked.
Roe: caviar substitute, canned.

Commercialisé:
Frais: entier, vidé ; en filets.
Congelé: entier, vidé ; en filets.
Fumé: tranché, salé en saumure ou à sec, égoutté et fumé à chaud.
Rogue: succédané de caviar, en conserve.

D Felchen, Maräne	**DK** Helt	**E** Coregono
GR Koregonos	**I** Coregone	**IS**
J	**N** Sik	**NL** Marene
P	**S** Sik	**TR**
YU		

(ii) Name also used for + SEA TROUT (*Salmo trutta*).

1080 WHITE FISH MEAL   FARINE DE POISSON MAIGRE 1080

Fish meal made from surplus non-fatty fish or from processing waste from such fish; see + FISH MEAL.

Farine obtenue de surplus ou de déchets de poissons non gras; voir + FARINE DE POISSON.

- **D** Fischmehl
- **GR**
- **J** Howaito mîro
- **P** Farinha de peixe magro
- **YU** Riblje brašno iz bijele ribe
- **DK** Fiskemel
- **I** Farina di pesce
- **N** Fiskemel
- **S** Fiskmjöl av mager fisk
- **E** Harina de pescado
- **IS** Fiskmjöl
- **NL** Meel van magere zeevis
- **TR**

1081 WHITE HAKE   MERLUCHE BLANCHE 1081
Urophycis tenuis

(Atlantic – N. America)
See also + HAKE.

(Atlantique – Amérique du Nord)
Voir + MERLU.

- **D**
- **GR**
- **J**
- **P** Linguiça
- **YU**
- **DK** Skægbrosmer
- **I** Musdea americana
- **N**
- **S**
- **E** Locha
- **IS**
- **NL** Witte heek
- **TR**

1082 WHITE MARLIN   MAKAIRE BLANC 1082
Tetrapturus albidus

(Atlantic – N. America)
See also + MARLIN.

(Atlantique – Amérique du Nord)
Voir aussi + MARLIN et + MAKAIRE.

- **D** Weisser Marlin
- **GR**
- **J**
- **P** Espadim-branco-do-Atlântico
- **YU** Marlin
- **DK** Marlin, spydfisk
- **I** Marlin bianco
- **N**
- **S** Spjutfisk
- **E** Aguja de costa
- **IS**
- **NL** Witte marlijn
- **TR**

1083 WHITE PERCH   PERCHE BLANCHE 1083
Morone americanus

(Atlantic – U.S.A.)
See also + SEA BASS.

(Atlantique – États-Unis)
Voir + BAR.

- **D**
- **GR**
- **J**
- **P** Robalo-americano
- **YU**
- **DK** Bars
- **I** Spigola americana
- **N** Havabbor
- **S** Vitabborre
- **E**
- **IS**
- **NL** Amerikaanse baars
- **TR**

1084 WHITE SHARK   REQUIN BLANC 1084
Carcharodon carcharias

(Cosmopolitan)

Belongs to the family *Lamnidae* (see + MACKEREL SHARK).

Also called MANEATER, WHITE POINTER, GREAT WHITE SHARK.

See also + SHARK.

(Cosmopolite)

De la famille des *Lamnidae* (voir + REQUIN-MAQUEREAU).

Voir aussi + REQUIN.

- **D** Menschenhai, Weisshai
- **GR** Skylópsaro sbríllios
- **J** Hôjiro, hohojirozame
- **P** Tubarão-de-São-Tomé
- **YU** Pas modrulj
- **DK** Blå haj
- **I** Pescecane
- **N**
- **S** Stora, vita hajen
- **E** Jaquetón
- **IS**
- **NL** Mensen haai
- **TR** Karkarias

1085 WHITE SHRIMP — CREVETTE AMÉRICAINE 1085

The name WHITE SHRIMP is used for several *Penaeus* spp.

Désigne plusieurs espèces *Penaeus*.

Penaeus setiferus
(a) Atlantic – N. America   (a) Atlantique – Amérique du Nord

Penaeus schmitti
(b) Atlantic – S. America   (b) Atlantique – Amérique du Sud

Penaeus occidentalis
(c) Pacific – S. America   (c) Pacifique – Amérique du Sud

See also + PRAWN and + SHRIMP.   Voir aussi + CREVETTE.

D	DK	E Langostino
GR	I Mazzancolla	IS
J	N	NL
P Camarão-branco	S	TR Karides türü
YU		

1086 WHITE-SIDED DOLPHIN — DAUPHIN À FLANCS BLANCS 1086

Lagenorhynchus acutus

(North Atlantic)   (Atlantique Nord)

See also + DOLPHIN.   Voir + DAUPHIN.

D Weisseiten-Delphin	DK Hvideside, hvidskæving	E
GR	I Delfino fianchi-bianchi	IS
J	N Kvitskjeving	NL Witflankdolfijn
P Golfinho-branco	S Vitsiding	TR
YU		

1087 WHITE SKATE — RAIE BLANCHE 1087

Raja alba

(Atlantic/Mediterranean)   (Atlantique/Méditerranée)

Also called BORDERED SKATE, BURTON SKATE, BOTTLENOSE SKATE, OWL SKATE, WHITE-BELLIED SKATE.

See also + SKATE and + RAY.   Voir + RAIE.

D	DK	E Raya blanca
GR Salahi	I Razza bianca	IS
J	N	NL Witte vleet
P Teiroga	S Spetsnosad rocka	TR Vatoz
YU Raža bjelica		

1088 WHITE SOLE 1088

Name is used for + MEGRIM (*Lepidorhombus whiffiagonis*) and + WITCH (*Glyptocephalus cynoglossus*): both belong to the family Pleuronectidae (see + FLOUNDER).

Le mot "WHITE SOLE" (anglais) s'applique aux *Lepidorhombus whiffiagonis* (voir + CARDINE) et *Glyptocephalus cynoglossus* (voir + PLIE GRISE).

1089 WHITE STEENBRAS 1089

Lithognathus lithognathus

(South Africa)   (Afrique du Sud)

I Mormora africana   P Bica

1090 WHITE STUMPNOSE 1090

Rhabdosargus globiceps

(S. Africa) (Afrique du Sud)

P Sargo

1091 WHITETIP SHARK REQUIN BLANC (Antilles) 1091

Carcharhinus longimanus

(Atlantic – N. America) (Atlantique – Amérique du Nord)

Aussi appelé RAMEUR (Canada).

See + REQUIEM SHARK. Voir + MANGEUR D'HOMMES.

D	**DK**	**E**
GR	**I** Squalo alalunga	**IS**
J	**N**	**NL** Witpunthaai
P Tubarão	**S**	**TR**
YU		

1092 WHITE WINGS 1092

Dried salted split cod that has had the black lining removed from the belly walls of the split fish.

Morue salée, séchée et tranchée dont la membrane noire tapissant les parois abdominales a été enlevée.

See also + WING. Voir aussi + AILE.

1093 WHITING MERLAN 1093

Merlangus merlangus

(i) North Atlantic/North Sea (i) Atlantique Nord – Mer du Nord

Also called MARLING.

The name is also used to designate + SILVER HAKE (*Merluccius bilinearis*) belonging to the same family of *Gadidae*.
See also + BLUE WHITING.

Le nom désigne parfois le + MERLU ARGENTÉ (*Merluccius bilinearis*) de la même famille des *Gadidae*.
Voir aussi + POUTASSOU.

Marketed:

Fresh: whole, gutted; single fillets or block fillets.
Frozen: fillets, single or block, with or without skin.
Smoked: cold-smoked block fillets, usually skinned, sometimes dyed, marketed fresh or frozen (+ GOLDEN CUTLET).
Canned: meat.

Commercialisé:

Frais: entier, vidé; filets séparés ou doubles.
Congelé: filets séparés ou doubles avec ou sans peau.
Fumé: filets doubles fumés à froid, parfois teints et vendus frais ou congelés.

Conserve: morceaux au naturel.

D Wittling, Merlan	**DK** Hvilling	**E** Merlán, plegonero
GR Bakaliaros	**I** Merlano, nasello atlantico	**IS** Lýsa
J	**N** Hvitting	**NL** Wijting
P Badejo	**S** Vitling	**TR** Bakalyaro
YU Ugotica		

(ii) In Australia the "WHITING" refers to *Sillago* spp. (which also might be called SILVER WHITING) belonging to the family *Sillaginidae*: GOLDEN-LINED WHITING (*Sillago analis*).
SAND WHITING (*Sillago ciliata*). SCHOOL WHITING (*Sillago bassensis*).
TRUMPETER WHITING (*Sillago maculata*).
KING GEORGE WHITING (*Sillaginodes punctatus*) is important in Australia.

(ii) En Australie "WHITING" désigne les *Sillaginidae*.

1094 WHOLE FISH — POISSON ENTIER 1094

(i) Fish as captured, ungutted. Also called + ROUND FISH (U.S.A.).

(ii) In U.K. the term is also employed for + GUTTED FISH as distinct from fillets, particularly in freezing.

(i) Poisson tel que pêché, non vidé. Appelé aussi + POISSON ROND (E.U.).

(ii) En Grande-Bretagne, le terme peut désigner aussi un + POISSON VIDÉ, pour le distinguer des filets, surtout dans les produits congelés.

- **D** Ganzer Fisch
- **DK** Hel fisk, urenset fisk
- **E** Pescado entero
- **GR**
- **I** Pesce intero non trattato
- **IS** Óslægður fiskur
- **J** Zengyotai, maru, hôru
- **N** Rund fisk
- **NL** Ongestripte vis, dichte vis
- **P** Peixe inteiro
- **S** Hel fisk
- **TR** Bütün balık
- **YU** Cijela riba

1095 WHOLE MEAL — FARINE ENTIÈRE ou COMPLÈTE 1095

+ PRESS CAKE mixed with + CONDENSED FISH SOLUBLES and dried along with it to give a WHOLE MEAL or FULL MEAL.

+ GÂTEAU DE PRESSE mélangé à des + SOLUBLES DE POISSON et séchés ensemble pour donner une FARINE ENTIÈRE ou COMPLÈTE.

See also + FISH MEAL.

Voir aussi + FARINE DE POISSON.

- **D** Vollmehl
- **DK** Helmel
- **E** Harina de pescado
- **GR**
- **I** Farina di pesce
- **IS** Kjarnamjöl
- **J** Gyo-Fun
- **N** Helmel
- **NL** Vol vismeel
- **P** Farinha de peixe
- **S**
- **TR**
- **YU** Potpuno riblje brašno

1096 WIND DRIED FISH — POISSON SÉCHÉ AU VENT 1096

Fish dried naturally in the wind, e.g. + STOCKFISH.

Poisson séché naturellement au vent, ex.: + STOCKFISH.

See also + DRIED FISH.

Voir aussi + POISSON SÉCHÉ.

- **D** Luftgetrockneter Fisch
- **DK** Lufttørret fisk
- **E** Pescado secado a pleno aire
- **GR**
- **I** Pesce seccato all' aperto
- **IS** Harðfiskur, skreið
- **J** Fû-kan gyo
- **N** Vindtørket fisk
- **NL** Windgedroogde vis
- **P** Peixe seco ao ar
- **S** Lufttorkad fisk
- **TR**
- **YU** Riba sušena na zraku

1097 WING — AILE 1097

Part of the body of some muscled flat fish, e.g. the edible part of skates; in France also refers to the belly walls of salted cod.

Partie du corps de certains poissons plats et musclés: ex.: partie comestible des raies. En France, le terme s'emploie aussi pour désigner les parois abdominales de la morue salée.

See also + WHITE WINGS.

Voir aussi + WHITE WINGS.

- **D** Flügel
- **DK** Vinger
- **E**
- **GR**
- **I** Ala
- **IS** Börð, þunnildi
- **J**
- **N** Vinge (rokkevinge)
- **NL** Vleugel
- **P** Asa
- **S** Vingar (ex. Rockvingar)
- **TR**
- **YU** Krilo ribe

1098 WINKLE — BIGORNEAU 1098

LITTORINIDAE
LUNATIA spp.

(Atlantic – Europe/North America)   (Atlantique – Europe/Amérique du Nord)
Most important single species is: L'espèce la plus importante est:

Littorina littorea

+ PERIWINKLE   + BIGORNEAU
(Atlantic – Europe)   (Atlantique – Europe)

In North America the name "WINKLE" is also used to designate + COCKLE (*Cardidae*).

D Strandschnecke	**DK** Strandsnegl	**E** Bígaro
GR	**I** Chiocciola di mare	**IS** Doppa, fjörudoppa
J Tamakibi	**N** Strandsnegl	**NL** Alikruik, kreukel
P Burríe, burrelho	**S** Strandsnäcka	**TR**
YU Pužić morski		

1099 WINTER FLOUNDER — PLIE ROUGE 1099

Pseudopleuronectes americanus

(Atlantic – North America)   (Atlantique – Amérique du Nord)

Belonging to the family *Pleuronectidae*.   De la famille des *Pleuronectidae*.

Also called BLACKBACK, + LEMON SOLE (when more than 2½ lb. weight).

See + FLOUNDER.   Voir + FLET.

S	**DK**	**E** Mendo limon
GR Chomatída	**I** Sogliola limanda	**IS** Þykkvalúra
J	**N**	**NL** Tongschar, steenschol
P Solhão	**S** Vinterflundra	**TR**
YU		

1100 WINTER SKATE — RAIE TACHETÉE 1100

Raja ocellata

(Atlantic – N. America)   (Atlantique – Amérique du Nord)

See also + SKATE.   Voir + RAIE.

D	**DK**	**E**
GR	**I** Razza occhiata	**IS**
J	**N**	**NL** Spiegelrog
P Raia-inverneira	**S**	**TR**
YU		

1101 WITCH — PLIE GRISE 1101

Glyptocephalus cynoglossus

(North Atlantic)   (Atlantique Nord)

Belonging to the family *Pleuronectidae* (see + FLOUNDER).   De la famille des *Pleuronectidae* (voir + FLET).

In North America called WITCH FLOUNDER; also called CRAIG FLUKE, GRAY SOLE (U.S.A.), PALE FLOUNDER, PALE DAB, TORBAY SOLE; WHITE SOLE, WHITCH. The name "RUSTY DAB" might also be used, but refers also to + YELLOWTAIL FLOUNDER (*Limanda ferruginea*).   Connue encore sous le nom de PLIE CYNOGLOSSE ou CYNOGLOSSE.

Marketed fresh (whole, gutted, or fillets).   Commercialisée fraîche (entière et vidée, ou en filets).

D Rotzunge	**DK** Skærising	**E** Mendo falsô lenguado
GR	**I** Passera lingua di cane	**IS** Langlúra
J	**N** Mareflyndre, smørflyndre	**NL** Witje, hondstong
P Língua	**S** Rödtunga	**TR**
YU		

1102 WOLFFISH 1102

Name mainly employed in North America for MARINE CATFISH (*Anarhichas* spp.).
See + CATFISH.

Nom employé principalement en Amérique du Nord pour les *Anarhichas* sp.
Voir + LOUP.

D Katfisch, Wasserkatze	**DK** Havkat	**E** Lobo
GR	**I** Bavosa lupa	**IS** Steinbítur
J	**N** Steinbit	**NL** Zeewolf
P Gata	**S** Havkattfisk	**TR**
YU		

1103 WRASSE LABRE 1103
LABRIDAE

(Atlantic/Mediterranean/Pacific – Europe/N. America)
More particularly:

(Atlantique/Méditerranée/Pacifique – Europe/Amérique du Nord)
Et en particulier:

Pimelometopon darwini

(Pacific – S. America)
This family includes also the following species:

(Pacifique – Amérique du Sud)
Cette famille comprend encore les espèces ci-dessous:

Labrus bergylta

(a) + BALLAN WRASSE
(Atlantic/Mediterranean)

(a) + VIELLE
(Atlantique/Méditerranée)

Pimelometopon pulchrum

(b) CALIFORNIA SHEEPSHEAD
(Pacific – North America)
See + SHEEPSHEAD.

(b)
(Pacifique – Amérique du Nord)
Voir + MALACHIGAN D'EAU DOUCE

Tautogolabrus adspersus

(c) + CUNNER
(Atlantic – U.S.A.)

(c) + TANCHE-TAUTOGUE
(Atlantique – États-Unis)

Lachnolaimus maximus

(d) HOGFISH
(Atlantic – U.S.A.)

(d) CAPITAINE
(Atlantique – États-Unis)

Ctenolabrus rupestris

(e) ROCK COOK
(Atlantic – Europe)

(e)
(Atlantique – Europe)

Tautoga onitis

(f) + TAUTOG
(Atlantic – U.S.A.)

(f) + TAUTOGUE NOIR
(Atlantique – États-Unis)

D Lippfisch	**DK**	**E**
GR Chilóu	**I** Labridi	**IS**
J Bera	**N** Leppefisker	**NL** Lipvis (a) varkensvis
P Bodião	**S** Läppfisk	**TR** Lâpin
YU Vrana		

For (a) and (c) see also separate entry.

Pour (a) et (c) voir aussi la rubrique individuelle

1104 WRECKFISH CERNIER ATLANTIQUE 1104
Polyprion americanus

(Atlantic)
Also called WRECK BASS, STONE BASS, BAFARO (South Africa).

(Atlantique)
Aussi appelé CERNIER BRUN.

[CONTD.

1104 WRECKFISH (Contd.)   CERNIER ATLANTIQUE (Suite) 1104

Polyprion morone
Polyprion oxygeneios

GROPER
(New Zealand)   (Nouvelle-Zélande)
Also called HAPUKU.

Belong to the family *Serranidae* (see +   De la famille des *Serranidae*.
SEA BASS).

D Wrackbarsch	**DK** Vragfisk	**E** Cherna
GR Vláchos	**I** Cernia di fondale	**IS** Blákarpi
J	**N** Vrakfisk	**NL** Wrakbaars, steenbaars
P Cherne	**S** Vrakfisk, vrakabborre	**TR** Iskorpit hanisi
YU Kirnja glavulja		

1105 YAKIBOSHI (Japan)   YAKIBOSHI (Japon) 1105

Products dried after boiling or toasting; fish such as porgy, sardine, anchovy, goby, pond smelt are processed as round, usually gutted and skewered with bamboo pins; in the case of conger eel, shark etc., split fish or meat slices are also used; Yakiboshi is usually subjoined by the name of fish, e.g. YAKIBOSHI-AYU (from ayu sweetfish), YAKIBOSHI-IWASHI (from sardine or anchovy), YAKIBOSHI-HAZE (from goby) etc.

Produits séchés après avoir été bouillis ou grillés; les poissons tels que spare, sardine, anchois, gobie, éperlan sont préparés entiers, généralement vidés et fixés sur des pousses de bambou; pour le congre, requin, etc., le poisson est tranché ou découpé en tranches; Yakiboshi est habituellement suivi du nom du poisson employé, ex.: YAKIBOSHI-AYU (d'ayu), YAKIBOSHI-IWASHI (de sardine ou d'anchois), YAKIBOSHI-HAZE (de gobie), etc.

1106 YAWLING   1106

Small herring.   Petit hareng.
    Also called + SILD.   Voir + HARENG.
    See + HERRING.

D	**DK**	**E** Arenque pequeño
GR	**I**	**IS** Smásíld
J Konishin	**N** Småsild	**NL** Toter
P	**S**	**TR**
YU		

1107 YELLOW CROAKER   1107

Pseudosciaena manchurica

(Japan/China/Korea)   (Japon/Chine/Corée)
    Marketed fresh; highly prized for Chinese dishes.   Commercialisé frais; très apprécié dans la cuisine chinoise.
    See also + CROAKER.   Voir aussi + TAMBOUR.
    J Kinguchi

1108 YELLOWFIN TUNA   ALBACORE 1108

Thunnus albacares or/ou *Neothunnus albacares*

(Cosmopolitan)   (Cosmopolite)

Also called AUTUMN ALBACORE, ALLISON'S TUNA.
Appelé aussi THON À NAGEOIRES JAUNES (statistiques internationales).

It should be noted that, in English, the name "ALBACORE" refers to *Thunnus alalunga* (see + ALBACORE).
Il faut remarquer que, en Anglais, le nom "ALBACORE" désigne l'espèce *Thunnus alalunga* (voir + GERMON ATLANTIQUE).

Second in importance to + SKIPJACK in world tuna catch.
Au second rang, après le + LISTAO pour l'importance des captures.

Together with + SKIPJACK and + BLUEFIN, forms the light meat pack for canning.
Mis en conserve, comme le + LISTAO et le + THON ROUGE.

+ TUNA.   Voir + THON.

[CONTD.

1108 YELLOWFIN TUNA (Contd.)   ALBACORE (Suite) 1108

- **D** Gelbflossenthun
- **DK** Gulfinnet tunfisk
- **E** Rabil
- **GR** Tonnos macrypteros
- **I** Tonno albacora
- **IS**
- **J** Kiwadamaguro, kiwada
- **N** Albacore
- **NL** Geelvintonijn
- **P** Albacora
- **S**
- **TR**
- **YU** Žutorepi tunj

1109 YELLOW FISH (U.K.)   1109

Any white fish, split or filleted, cold smoked.   Tout poisson maigre, tranché ou fileté, fumé à froid.

1110 YELLOW GURNARD   GRONDIN PERLON 1110
Trigla lucerna

(Atlantic/Mediterranean)   (Atlantique/Méditerranée)

Also called + LATCHET(T), SAPPHIRINE GURNARD, TUB, TUBFISH.   Appelé aussi GRONDIN GALINETTE.

See + GURNARD.   Voir + GRONDIN.

- **D** Roter Knurrhahn
- **DK** Knurhane
- **E** Bejel
- **GR** Kaponi
- **I** Capone gallinella
- **IS**
- **J**
- **N**
- **NL** Rode poon
- **P** Ruivo
- **S** Fenknot
- **TR** Kırlangiç balığı
- **YU** Lastavica balavica, kokot balavica

1111 YELLOW PERCH   PERCHE CANADIENNE 1111
Perca flavescens

(Freshwater – N. America)   (Eaux douces – Amérique du Nord)

See + PERCH.   Voir + PERCHE.

- **D** Amerikanischer Flussbarsch
- **DK**
- **E**
- **GR**
- **I** Persico dorato
- **IS**
- **J**
- **N**
- **NL** Amerikaanse gelebaars
- **P** Perca
- **S** Amerikansk abborre
- **TR**
- **YU**

1112 YELLOW SEA BREAM   1112
Taius tumifrons

(Japan and China)   (Japon et Chine)

Important food fish in Japan and China; marketed fresh or frozen.   Très important dans l'alimentation au Japon et en Chine; commercialisé frais ou surgelé.

See also + SEA BREAM.   Voir aussi + DORADE.

- **J** Kidai, renko, renkodai

1113 YELLOW SOLE   PETITE SOLE JAUNE 1113
Buglossidium luteum

(Atlantic/Mediterranean)   (Atlantique/Méditerranée)

Also called LITTLE SOLE, SOLENETTE.

Too small to be of interest commercially.   Trop petite pour être d'un intérêt commercial.

- **D** Zwergzunge
- **DK** Glastunge
- **E** Tambor
- **GR** Glóssa
- **I** Sogliola gialla
- **IS** Dvergsólflúra
- **J**
- **N** Glasstunge
- **NL** Dwergtong, gestreepte tong
- **P** Linguado-amarelo
- **S** Småtunga
- **TR** Dil balığı
- **YU** List piknjavac

1114 YELLOWTAIL FLOUNDER   LIMANDE À QUEUE JAUNE 1114

Limanda ferruginea

(Atlantic – N. America)   (Atlantique – Amérique du Nord)

Belonging to the family *Pleuronectidae* (see + FLOUNDER).

De la famille des *Pleuronectidae* (voir + FLET).

Also called SANDY DAB, RUSTY DAB, MUD DAB, YELLOWTAIL.

Marketed fresh or frozen.   Commercialisée fraîche ou congelée.

D
GR Chomatída
J
P Solha
YU Iverak
DK Ising
I Limanda
N Sandflyndre
S
E
IS
NL Zandschar
TR

1115 YELLOWTAIL KINGFISH   1115

Seriola grandis

(Australia)   (Australie)

I Ricciola australiana

1116 YELLOWTAIL   SÉRIOLE 1116

SERIOLA spp.

(i) (Cosmopolitan)   (Cosmopolite)

Also called AMBERJACK.

Marketed canned, sometimes as tuna, though not tuna family: family of *Carangidae* (see + JACK).

Commercialisée en conserve, parfois sous le nom de thon bien que n'appartenant pas à la famille des thons; de la famille *Carangidae* (voir + CARANGUE).

Seriola lalandi

(a) South Africa.   (a) Afrique du Sud.

Seriola dorsalis

(b) CALIFORNIA YELLOWTAIL   (b)
(Pacific – U.S.A.)   (Pacifique – États-Unis)

Seriola zonata

(c) BANDED RUDDERFISH   (c) SÉRIOLE À CEINTURE
(Atlantic – U.S.A.)   (Atlantique – États-Unis)

Also called JACK.

Seriola quinqueradiata

(d) (Japan and Korea)   (d) (Japon et Corée)

Cultured in Japan; marketed fresh, salted, dried, also canned (smoked meat packed in oil).

Cultivée au Japon; commercialisée fraîche, salée, séchée, également en conserve (chair fumée recouverte d'huile).

Seriola dumerili

(e) GREATER AMBERJACK   (e) SÉRIOLE
(Atlantic/Mediterranean)   (Atlantique/Méditerranée)

Seriola hippos

(f) SAMSON FISH   (f) SÉRIOLE AUSTRALIENNE
(Australia)   (Australie)

Also called SEA KINGFISH.

[CONTD.

1116 YELLOWTAIL (Contd.)

- **D** Gelbschwanz, Bernsteinfisch
- **DK**
- **GR** Magiatiko
- **I** Ricciola
- **J** Buri, warasa, inada
- **N**
- **P** Charuteiro
- **S**
- **YU** Orhani, gofi

(ii) Name also used for + SILVER PERCH (*Bairdiella chrysura*) (family *Sciaenidae*) and + YELLOWTAIL FLOUNDER (*Limanda ferruginea*) (family *Pleuronectidae*).

1116 SÉRIOLE (Suite)

- **E** Serviola
- **IS**
- **NL** (a) Barnsteenvis, geelstaartmakreel
- **TR** Sarı kuyruk

1117 ZANTHE
Abramis vimba

(Freshwater – Europe)
Occasionally eaten.

(Eaux douces – Europe)
Occasionnellement consommé.

- **D** Zährte
- **DK**
- **GR** Gadína mavromáta
- **I** Vimba
- **J**
- **N**
- **P**
- **S** Vimma
- **YU**

- **E**
- **IS** Strandslabbi
- **NL** Blauwneus
- **TR** Kara balık

INDEXES/INDEX

English/anglais	316	Icelandic/islandais (IS)	388
French/français	335	Japanese/japonais (J)	392
Scientific names/noms scientifiques	346	Norwegian/norvégien (N)	397
German/allemand (D)	362	Dutch/néerlandais (NL)	402
Danish/danois (DK)	369	Portuguese/portugais (P)	410
Spanish/espagnol (E)	373	Swedish/suédois (S)	416
Greek/grec (GR)	378	Turkish/turc (TR)	422
Italian/italien (I)	381	Serbo-croat/serbo-croate (YU)	426

ENGLISH/ANGLAIS

Note: Figures in index refer to item numbers/*Les nombres figurant dans l'index se réfèrent aux numéros des rubriques.*

A

aalpricken	1
abalone	2, 659
abbot	3
Aberdeen smokie	913
acid cured fish	4
agar	5
agar-agar	5
age-kamaboko	506
air-bladder	1000
ajitsuke-nori	638
Alaska deep sea crab	521
Alaska plaice	714
Alaska pollack	7
Alaska scallop	835
Alaska Scotch cured herring	6
albacore	8
alewife	9
alginates	10
alginic acid	10
alkaline cured fish	574
allice shad	11
Allison's tuna	1108
allis shad	11
allmouth	28
amarelo cure	12
ambergris	13
amberjack	1116
ambreine	13
ame	1045
American butterfish	163, 967
American eel	14
American goosefish	28
American John Dory	500
American oyster	661
American plaice	15
American sand lance	817
American shad	16
American smelt	911
anchosen	17
anchoveta	18
anchovis	20
anchovy	19
anchovy butter	21
anchovy cream	22
anchovy essence	23
anchovy paste	24
angel	25
angel fillet	315
angelfish	26
angel shark	27
angler	28, 614
anglerfish	28
angular rough shark	473
animal feeding stuffs	29
antibiotic ice	30
antibiotics	30
aoita-kombu	535
ao-nori	638
appertisation	31
appetitsild	32
arapaima	33
Arbroath smokie	34
Arctic char	35
Arctic cod	719, 1062
Arctic flounder	36
Arctic lamprey	548
Arctic right whale	412
Arctic smelt	911
argentine	37
argentine silverside	900
arkshell	38
armed gurnard	39
arrow squid	965
arrowtooth flounder	40
arrowtooth halibut	41
aspic herring	456, 534
atarama	1003
atherine	42
atka mackerel	43
Atlantic angel shark	27
Atlantic argentine	37
Atlantic bonito	44
Atlantic catfish	177
Atlantic croaker	45
Atlantic cutlassfish	253
Atlantic guitarfish	423
Atlantic halibut	436
Atlantic little tunny	565
Atlantic mako	581
Atlantic manta	584
Atlantic menhaden	596
Atlantic moonfish	615
Atlantic round herring	796
Atlantic sailfish	801
Atlantic salmon	46
Atlantic saury	79, 829
Atlantic seasnail	857
Atlantic sharpnose shark	878
Atlantic silverside	900
Atlantic spadefish	937
Atlantic sturgeon	985
Atlantic threadfin	1012
Atlantic thread herring	1013
Atlantic tomcod	1026
Atlantic torpedo	296
Atlantic tuna	102
Auchmithie cure	34
aureomycin	30
Australian bonito	662
Australian herring	47
Australian salmon	47, 504
Australian Spanish mackerel	524
autumn albacore	1108
axillary bream	48
ayu sweetfish	49

B

bacalao	50
bafaro	1104
bagoong	51
bagoong tulingan	52
bakasang	53
baked herring	54
balachong	55
balao	433
balbakwa	56
balik	57
ballan wrasse	58
ballyhoo	433
Baltic herring	59
balyk	57
banana prawn	737
bandang	605
banded guitarfish	423
banded rudderfish	1116
bandeng	605
banjo	903
barbecued Alaska cod	800
barbecued fish	60
bar clam	194
barfish	844
barnacle	61
barracouta	62
barracuda	63
barramundi	64
barred Spanish mackerel	866
barrelled salted cod	695
bartailed flathead	356
basking shark	65
bass	66
bastard brill	1031
bastard halibut	67
bastard sole	1010
bay anchovy	19
bay scallop	68
bay shrimp	893
beaked whale	69
bearded horse mussel	622
Beaumaris shark	727
bèche de mer	850
becker	679
beheaded fish	449
bekkô	70
belachan	1036
beleke	479
belted bonito	44
beluga	71
beluga caviar	179
beluga whale	72
berghilt	73
berghylt	73
bergylt	73
Bering wolffish	177
bernfisk	74
bervie cure	430
bib	732
bichir	75
bigeye	76
bigeye tuna	77
bigscale pomfret	723
big skate	**78**
billfish	79
binoro	80
Biscayan right whale	639
Bismark herring	81
bisque	82
blackback	1099
black-barred garfish	433
black bass	83
black bonito	201
black caviar	179
black cod	84
black crappie	234
black croaker	85
black dogfish	271
black drum	86
blackfish	433, 633
black grouper	419
black hake	432
black halibut	411
black Jewfish	389, 419
blackline tilefish	1019
blacklip abalone	2
black marlin	87
black-mouthed dogfish	88
black mullet	620
black perch	633
black pollack	802
black pomfret	723
black right whale	639
black salmon	191
black sea bass	89
black sea bream	90
Black Sea sprat	518
black skipjack	565
black snapper	921
black sole	221
blacktail	859
blacktip shark	91
black whale	639
blanquillo	1019
bleak	92
blister pearl	686
bloater	93
bloater paste	94
bloater stock	95
blochan	802
Bloch's topknot	1031
block fillet	254, 315, 400
blonde	96
blubber	97
bludger	98
blueback	210, 925
blueback herring	872
blue cod	99
blue crab	100
blue dog	101
bluefin tuna	102
bluefish	103
blue halibut	411
blue ling	104
blue mackerel	577
blue maomao	434
blue marlin	105
blue mussel	106
blue perch	249
blue pike	703
blue point oyster	107
blue runner	490
blue sea cat	108
blue shark	109
blue shrimp	893
blue skate	353
blue spotted bream	110
blue stingray	976
bluet	353
bluetail mullet	620
blue whale	111
blue whaler	109
blue whiting	111.1, 733
bodara	112
Boddam cure	430

boette	113	brill	144	burbot	160
bogue	114	brine	145	buro	161
bokkem	115	brine cured fish	695	Burton skate	1087
bolti	1018	brined fish	146	butt	162
Bombay duck	116	brine packed fish	695	butt cure	695
boned fish	117	brisling	147	butt salted fish	695
bonefish	118	brismak	1053	butter clam	194
boneless cod	119	brisoletten	319	butterfish	163
boneless fish	120	brit	148	butterfly fillet	315
boneless kipper	121	britt	1050	butterflyfish	164
boneless salt cod fillet	122	brittle star	967	butterfly ray	976
boneless smoked herring	123	broad barred mackerel	524	butterfly skate	247
bonga	124	broadbill (swordfish)	1002		
bonito	125	broad-nosed eel	294	**c**	
bonito shark	126	broad squid	965	cabezone	842
bony bream	143	bronze whaler	149	cabio	201
book	486	brook char	150	cabrilla	419
bordered skate	1087	brook lamprey	548	cachalot	945
Boston bluefish	802	brook silverside	900	caffeine	421
Boston mackerel	127	brook trout	150	calamaro	965
botargo	128	brown algae	151	calcium carbonate	884
bottarga	128	brown cat shark	152	calico bass	234
bottlenosed dolphin	129	brown shrimp	153	calico salmon	193
bottlenosed whale	130	brown tiger prawn	737	calico scallop	835
bottlenose skate	1087	brown trout	859, 1044	California corbina	526
bouillabaisse	131	browny	1031	California halibut	165
bow fin	132	Bryde's whale	867	California Moray	616
bowhead	412	buckie	690, 1072	Californian bluefin	102
boxed stowage	133	bückling	154	Californian bonito	662
brado	134	bücklingsfilet	155	Californian grey whale	664
brailles	291	buck mackerel	468	Californian grunion	900
braize	228	Buddha's ear	156	Californian pilchard	166
bramble shark	952	buffalo cod	563	Californian scorpionfish	839
bran	135	buffalofish	987	California round herring	796
branco cure	136	bulk cure	515, 812	California sheepshead	881, 1103
brandade	137	bulk salted fish	515	California sole	301
branded herring	138	bulk stowage	157	California yellowtail	1116
bratbückling	139	bullet mackerel	372	calipash	167
bratfischwaren	140	bull frog	158	calipee	167
brathering	141	bullhead	842	calagh	720
bratheringsfilet	141	bull huss	550	canary	669
bratheringshappen	141	bullnose ray	292	candlefish	304
bratmarinaden	140, 585	bull ray	292	canned brisling	147
bratrollmops	142	bull shark	159	canned fish	168
Brazilian shrimp	893	bull trout	272, 859		
bream	143	bulti	1018		
breet	1050	bumalo	116		
brett	144	bummalow	116		
		bunker	596		

canned herring	454	
canned sardine	454	
canned sild	454	
Cape Cod scallop	68	
Cape hake	169	
capelin	170	
caplin	170	
caqués	171	
cardinalfish	172	
carne a carne	173	
carpet shell	174	
carp	175	
carrageen	176	
carrageenin	176	
carrageen moss	484	
carter	594	
catfish	177	
cat shark	271, 876	
caveached fish	178	
caviar	179	
caviare	179	
caviar substitutes	180	
cero	181	
ceviche	870	
cervalle	490	
chad	846	
chain dogfish	271	
chain pickerel	704	
channel bass	757	
channel catfish	177	
char	182	
chat haddock	183	
cherry salmon	184	
cherrystone	741	
chicken halibut	436	
chikuwa	185	
Chilean bonito	662	
Chilean hake	186	
Chilean pilchard	187	
chilled fish	188	
chill storage	189	
chimaera	190	
chinook	191	
chitin	884	
chogset	249	
Christiania anchovy	20	
chub	543	
chub mackerel	192	
chub salmon	191	
chum	193	
chum salmon	193	
cigarfish	468	
cisco	543	
clam	194	
clam broth	196	
clam chowder	195	
clam extract	196	
clam juice	196	
clam liquor	196	
clam madrilene	194	
clam nectar	196	
cleanplate cut	197	
cleanplate herring	197	
cleansed shellfish	198	
clipped herring	252, 636	
clipped roe fish	199	
close fish	34	
clovis	174	
coal cod	800	
coalfish	200	
coalfish whale	867	
cobbler	201.1, 839	
cobia	201	
cockle	202	
cod	203, 419	
cod caviar	180	
cod cheeks	204	
cod dry	450	
cod extra hard dried	450	
codfish brick	205	
cod hard dried	450	
codling	206	
cod liver meal	207	
cod liver oil	208	
cod liver paste	209	
cod meal	332	
cod ordinary cure	450	
cod semi dry	450	
cod soft dried	450	
coho	210	
Colchester	629	
cold smoked fish	211	
cold storage	212	
coley	802	
Colombo cure	213	
comber	214	
comb shell	38	
commercial nape fillet		315
commercial scallop	835	
Commerson's mackerel		866
common bream	143	
common cockle	215	
common dab	258	
common dolphin	216	
common fin-back	318	
common grey mullet	620	
common hammerhead		439
common mussel	106, 622	
common oyster	217	
common pompano	724	
common porpoise		129, 730
common prawn	218	
common rorqual	318, 792	
common scallop	835	
common sea bream		275, 846
common shore crab	219	
common shrimp	220	
common sole	221	
common spiny fish	693	
common squid	965	
common stingray	976	
common tiger prawn	737	
common topknot	1031	
common white sucker		987
conch	222	
condensed fish solubles		223
conger	224	
conger eel	224	
cooked marinade	534	
coon-stripe	893	
coquille St. Jacques	835	
coquina clam	225	
coral	226	
corb	244	
corned alewives	227	
corvina	283, 870	
Couch's sea bream	228	
Couch's whiting	733	
count	229	
court-bouillon	230	
cow shark	876	
crab	231	
crab cakes	232	

crab meat	233	
crab Newburg	231	
Craig fluke	1101	
crappie	234	
crawfish	235	
crawfish butter	236	
crawfish flour	237	
crawfish meal	237	
crawfish soup	238	
crawfish soup extract	239	
crawfish soup powder	237	
crayfish	241	
crayfish bisque	240	
crevalle	242, 490	
crevalle Jack	242	
crimson sea bream	243	
croaker	244	
crocus	45	
crooner	416	
crosscut fillet	315	
Crown Brand	245	
crucian carp	246	
Cuban dogfish	271	
cub shark	159	
cuckoo gurnard	760	
cuckoo ray	247	
cultus cod	563	
cummalmum	248	
cunner	249	
curled octopus	653	
cusk	250	
cusk eel	251	
cut herring	252	
cutlassfish	253	
cutlet	254	
cut lunch herring	255	
cut spiced herring	256	
cutthroat trout	1044	
cuttlefish	257	
cybium	866	
cyprine	652	

D

dab	258
dab sole	258
daeng	259
Danube salmon	260
dark electric ray	296
dark torpedo	296
darter	689
dart	724
Darwen salmon	693
date shell	261
Davidson's whale	607
deep frozen fish	377
deep sea smelt	37
deep water prawn	262
deep water red shrimp	262
dehydrated fish	263
deirak	866
delicatessen fish products	264
delicatessild	264
delikatesill	264
delikatessild	264
descargamento	265
desiccated codfish	892
devilfish	266
devil ray	584
diamond	819
diamond-scaled mullet	620
diamond turbot	1050
diced fish	267
digby	454
digby chick	268
dinailan	269
djirim	270
dog cockle	38
dogfish	271
dogfish shark	271, 876
dog shark	876
dog salmon	193, 804
dog's teeth	549
dog-tooth tuna	799
dollar fish	163
Dolly Varden	272
Dolly Varden trout	272
dolphin	274
dolphinfish	273
dorade	275
dorado	273
dore	1065
dory	500
dottered filefish	314
double beak	829

double-lined mackerel	276
Dover hake	720
Dover sole	277
drawn fish	427
dredged fish	798
dredged oyster	661
dressed crab	278
dressed fish	279
dressed green fish	280
dressed lobster	278
dried fish	281
dried salted cod	955
dried salted fish	282
drizzie	562
drummer	86
drum	283
dry caviar	179
dry cure	284
dry herring salad	462
dry salt	284
dry salted fish	284
dry salted herring	285
Dublin Bay prawn	642
duckbill flathead	356
dulse	286
Dungeness crab	287
dusky dolphin	288
dusky sea perch	289
dusky shark	290
Dutch cured herring	291
dwarf goatfish	397

E

eagle ray	292
ear shell	659
eastern king prawn	737
eastern little tuna	565
eastern oyster	107
eastern rock lobster	235
edible crab	293
eel	294
eelpout	295
electric ray	296
elegant bonito	297
elephantfish	298
elver	299
emperor	300
English oyster	629

English sole	301	fin-whale	318	flapper skate	353
enkan-hin	887	fischfrikadellen	319	flatfish	354
enshô-hin	302	fischsülze	320	flathead flounder	355
entrails	426	fish "au naturel"	321	flathead	356
enzo-hin	810	fish ball	322	flathead sole	355
enzo-iwashi	810	fish bladder	1000	flathead skate	357
enzo-saba	810	fish cake	323	flat oyster	217
epicoprostanol	13	fish chowder	324	flat-tail mullet	620
escabeche	303	fish dumpling	322	fleckhering	358
escallop	835	fish eggs	29	fleckmakrele	577
eulachon	304	fish fingers	346	fletch	359
European eel	305	fish flakes	325	flitch	359
European flounder	360	fish flour	326	flounder	360
European lobster	306	fish glue	327	fluff	892
European oyster	217	fishing frog	28	fluke	361
European plaice	714	fish in jelly	328	flying fish	362
eviscerated fish	427	fish liver	329	flying gurnard	363
eyed electric ray	296	fish liver oil	330	flying squid	364
eyed sole	930	fish liver paste	331	foots	365
Eyemouth cure	307	fish meal	332	forkbeard	366
		fish offal	348	forked hake	366
		fish oils	333	fork tidbits	381
F		fish paste	334	fourbeard rockling	367
fair-maid	308	fish pie	335	fourspot flounder	361
Fal	629	fish portion	336	fox shark	1015
fall cure	309	fish protein concentrate		freckled stargazer	968
fall salmon	193		326	freeze drying	368
false albacore	77, 565	fish proteins	348	French sole	551
fan shell	835	fish pudding	337	fresh fish	369
fatty fish	310	fish salad	338	freshwater catfish	
fay dog	558	fish sausage	339		177, 848
fazeeq	311	fish scales	340	freshwater clam	194
feinmarinaden	264, 585	fish scrap	341	freshwater crayfish	241
female gonads	787	fish silage	342	freshwater dogfish	132
fermented fish paste	312	fish skin	343	freshwater drum	881, 899
fermented fish sauce	313	fish solubles	29	freshwater herring	721
fessikh	311	fish sound	1000	freshwater prawn	370
fiatolon	723	fish soup	344	fried fish	371
fibred codfish	892	fish spread	344	fried marinade	140
fiddle fish	27	fish stearin	345	frigate mackerel	372
filefish	314	fish sticks	346	frill	835
fillet	315	fish tongues	347	frill shark	373
Findon haddock	317	fish vitamins	348	frog	375
finger trout	748	fish waste	348	frog-fish	28
fining compound	316	fish wiener	349	frog flounder	374
Finnan	317	fivebeard rockling	350	frog-mouthed eel	294
Finnan haddie	317	fjord cod	203	frostfish	376
Finnan haddock	317	flake	351	frozen fish	377
finner	318	flaked codfish	352	fukahire	876
finnock	859	flanie	903	full	245

full cured fish	442	gillaroo	859	greater spotted dogfish		550
Fuller's ray	874	gilt head bream	391	greater stingfish	409	
full fish meal	223	gilt sardine	392	greater weaver	409	
full meal	1095	ginny	903	greater weever	409	
full nape fillet	315	gipping	390	great hammerhead	439	
full pickle fish	442	gisukeni	393	great lake trout	545	
fumadoes	308	gizzard shad	394	great northern rorqual		111
funa miso	1057	Glasgow pale	395			
funmatsu-kombu	535	glaucus	724	great polar whale	412	
funori	377.1	glazing	396	great scallop	835	
furikake	378	globefish	740	great silver smelt	37	
fushi-rui	379	glucosamine	884	great trevally	1038	
		goatfish	397	great white shark	1084	
		goby	398	green-backed mullet	620	
G		goby flathead	356	greenbone	383	
		golden carpet shell	174	green cod	563, 802	
gabelrollmops	380	golden cure	399	green cure	410	
gaffalbitar	381	golden cutlet	400	greenfish	410	
gaffelbidder	381	golden grey mullet	620	green fish	410	
gaffelbitar	381	golden-lined whiting	1093	green fish from the knife		280
gaffelbiter	381	golden mullet	620			
gafftopsail catfish	848	golden perch	689	Greenland cod	203	
gag	419	golden trout	1044	Greenland halibut	411	
Galway sea trout	859	goldfish	401	Greenland right whale	412	
gaper	382	goldline	402	Greenland shark	413	
gar	383	gonads	403	Greenland turbot	411	
garfish	383	goose barnacle	61	Greenland whale	412	
garos	384	goosefish	28	green laver	414	
garpike	383	gorbuscha	710	greenling	415	
garrick	724	gourami	404	green lip abalone	2	
garum	385	gowdy	416	green Moray	616	
garve	258	grainy caviar	179	green mussel	416.1	
garve fluke	258	grampus	519	green pike	1065	
garvock	962	grass pickerel	704	green salted fish	410	
Gaspé cure	386	grass shrimp	893	green shore crab	219	
geelbeck	387	grass whiting	720	green sturgeon	985	
gelatin	388	gravlax	405	green turtle	1052	
German caviar	180	gray cod	663	grenadier	929	
gewürzhering	947	grayfish	406	grey back	664	
ghost shark	388.1	grayling	407	grey gurnard	416	
giant perch	64	gray sea trout	964	grey mullet	620	
giant pike	63	gray smooth hound	916	grey skate	353	
giant scallop	835	gray snapper	921	grey trout	545	
giant sea bass	389	gray sole	1101	grey whale	664	
giant sea pike	63	gray triggerfish	1039	grilse	417	
giant threadfin	1012	gray weakfish	964	grindle	132	
giant tiger prawn	737	great blue shark	109	Grohmann's scaldfish		833
gibber	430	greater amberjack	1116			
gibbing	390	greater forkbeard	366	grooved carpet shell	418	
gila trout	1044	greater sandeel	408			

grooved razor	753	
grooved tiger prawn	737	
groper	1104	
ground shark	413	
grouper	419	
grunt	420	
grunter	420	
guanin	421	
guanine	421	
guffer eel	295	
guinamos alamang	422	
guitarfish	423	
gulf clam	194	
gulf flounder	361, 989	
gummy shark	424	
gurnard	425	
gurry	348	
guts	426	
gutted fish	427	
gwyniad	735	
gyomiso	428	

H

haberdine	429
haddock	430
haddock chowder	431
hair seal	853
hairtail	253
hake	432
halfbeak	433
half-fresh fish	435
halfmoon	434
half-salted fish	435
halibut	436
halibut liver oil	437
hamayaki-dai	438
hammerhead shark	439
hampen	440
hapuku	1104
harbour porpoise	730
hard clam	441
hard cure	442
hardhead	443
hard roe	787
hard salted herring	444
hard salted salmon	445
hard shell clam	194
hard smoked fish	446
hard smoked herring	762

hard smoked salmon	479
hardtail	490
hareng saur	447
harp seal	853
harvestfish	448
hawkbill turtle	1052
headed fish	449
headed fish with bone	449
headed herring	154
headless fish	449
head-off fish	449
Heaviside's dolphin	274
heavy salted cod	809
heavy salted fish	450
heavy salted soft cure	451
Helford	629
hen clam	194
henfish	452
heringsstip	463
herling	453
herring	454
herring in cutlets	455
herring in jelly	456
herring in sour cream sauce	457
herring in wine sauce	458
herring meal	459
herring milt sauce	460
herring oil	461
herring salad	462
herring smelt	37
herring tidbits	381
herring whale	318
hickory shad	872
hilsa	464
hilsah	464
hirakidara	663
hiraki-sukesodara	7
hirame	67
hitoshio-nishin	658
hobo gurnard	465
hogchoker	466
hogfish	1103
homelyn ray	959
homer	65
homogenised condensed fish	467
horse mackerel	468

horse mussel	622
horseshoe crab	231
horsetail tang	469
hoshi-dako	653
hoshigai	194
hoshi-kazunoko	511
hoshi-nori	638
hoshi-wakame	1064
hot marinated fish	470
hot smoked fish	471
houting	472
humantin	473
humpback salmon	710, 804
humpback whale	474
humpy shrimp	893
hunchbacked whale	474
huss	475

I

Iceland cyprine	652
Iceland scallop	835
ide	476
ikanogo-shoyu	891
ika-shiokara	888
ika-shoyu	891
ilkalupik	35
inasal	477
inconnu	478
Indian cure salmon	479
Indian hard cured salmon	479
Indian long-tailed tuna	572
Indian mackerel	259, 480
Indian porpoise	481
Indian prawn	737
Indian Spanish mackerel	524
Indian style salmon	479
Indo-Pacific sailfish	801
industrial fish	482
ink	483
inkfish	965
intestines	426
iriko	850
Irish moss	484
irradiation	485
isinglass	486

isukurimi	825	
Italian sardel	487	
ivory	488	

J

Jack	490	
jackfish	704	
Jack mackerel	489	
Jack salmon	210, 1065	
jacopever	491	
Japan sea bass	495	
Japanese anchovy	19	
Japanese angel shark	27	
Japanese canned fish pudding	492	
Japanese crab	521	
Japanese eel	493	
Japanese pilchard	494	
Japanese salmon	184, 804	
Japanese Spanish mackerel	524	
Japanese tuna sticks	510	
jellied eels	496	
jelly herring	456	
jerry fish	497	
Jerusalem haddock	656	
Jewfish	498	
Jock Stewart	854	
Joey	499	
John Dory	500	
Jonah crab	231	
josser	206	
jumbo	501	
jumbo tiger shrimp	737	
jumping mullet	620	

K

kabayaki	502
kabeljou	503
kahawai	504
kahi-shiokara	888
kaiboton	884
kaihô	2
Kaiser-Friedrich herring	623
kaki-shoyu	891
kalbfisch	505
kamaboko	506
Kamchatka flounder	41

kanagashira (gurnard)	507
kanzo matsu	207
kapi	508
karasumi	128
karavala	509
katashio-nishin	658
katsuobushi	510
katsuo-shiokara	888
kazunoko	511
kedgeree	512
kegani	231
kelp	513
kelp bass	844
kelt	514, 943
kench cure	515
keta caviar	193
keta salmon	193, 804
khao kriab	538
kichiyi rockfish	516
Kieler sprotten	517
kilka	518
killer whale	519
killifish	520
killo	518
king crab	521
king croaker	1077
kingfish	522
King George whiting	1093
kingklip	523
kingmackerel	522, 524
king of the breams	679
king of the herring	525
king salmon	191, 804
king whiting	526
kipper	527
kippered black cod	528, 800
kippered ling cod	528
kippered products	528
kippered salmon	529
kippered shad	528
kippered sturgeon	528
kipper fillet	530
kipper herring	527
kipper snacks	531
kipper-split	579
kitchen-ready fish	279
kite	144
klipfish	532

klippfish	532
klondyked herring	533
knotted cockle	202
knowd	416
kobumaki	535
kochfischwaren	534
kochmarinaden	534, 585
koikoku	175
kombu	535
Korean mackerel	524
kotlettfisk	28
krabbensalat	536
kräuterhering	947
krill	536.1
krill, Antarctic	536.2
kronsardinen	537
kronsardiner	537
kronsild	537
krupuk	538
kryddersild	947
kuruma prawn	737
kuro-nori	638
kusaya	539

L

laberdan	540
Labrador cure	541
Labrador fish	541
Labrador soft cure	541
lachsbückling	447
lachshering	447
ladyfish	542
la full	245
lakefish	543
lake herring	543
lakerda	544
lake trout	545
lake whitefish	1079
lamayo	546
laminarin	547
lampern	548
lamprey	548
lance	408, 817, 910
lane snapper	921
langouste	235
langoustine	642
lanthorn gurnard	886
lapad	823, 1021, 1054
large-eyed dentex	549

large haddock	430	
larger spotted dogfish	550	
larger yellow eel	294	
large-scaled scorpion-fish	839	
large scale menhaden	596	
large sole	221	
largetooth sawfish	830	
lascar	551	
latchet(t)	551.1, 1110	
launce	408, 817, 910	
laverbread	552	
leadenall	372	
leaping grey mullet	620	
leather	553	
leatherjacket	554	
leathery turtle	1052	
lefteye flounder	360	
lemon dab	556	
lemon fish	556	
lemon shark	555	
lemon sole	556	
leopard cod	563	
leopard shark	1016	
lesser cachalot	557	
lesser cuttlefish	257	
lesser electric ray	296	
lesser forkbeard	366	
lesser grey mullet	620	
lesser halibut	411	
lesser ling	104	
lesser rorqual	607	
lesser sandeel	910	
lesser silver smelt	37	
lesser spotted dogfish	558	
lesser weever	1068	
light cure	559	
light cure cod	809	
light salted fish	559	
light smoked fish	603	
limpet	560	
lined sole	561	
ling	562	
lingcod	563	
liquid fish	467	
little cuttlefish	257	
littleneck	741	
littleneck clam	194	
little piked whale	607	
little skate	564	
little snook	923	
little sole	1113	
little squid	965	
little tuna	565	
liver paste	1071	
lizardfish	566	
lobster	567	
lobster bisque	567	
lobster chowder	567	
lobster dip	567	
lobster paste	567	
locks	568	
loggerhead turtle	1052	
London cut cure	569	
longbill spearfish	940	
long clam	927	
longfin halfbeak	433	
long-finned albacore	8	
long-finned bream	723	
long-finned eel	294	
long-finned grey mullet	620	
long-finned gurnard	886	
long-finned sole	773	
long-finned tuna	8	
longhorn sculpin	842	
long-jaw flounder	969	
long neck	927	
longnose flathead	356	
longnose skate	570	
long rough dab	571	
long-tailed tuna	572	
lox	568	
lucky sole	1010	
luderick	633	
lumpfish	573	
lumpsucker	573, 918	
lumpsucker caviar	180	
lute	574	
lutefisk	574	
lyre	575	
lythe	720	

M

maasbanker	115, 468	
machuelo	576	
mackerel	577	
mackerel block fillet	315	
mackerel guide	383	

mackerel pike	671, 829	
mackerel scad	468	
mackerel shark	578	
mackerel style split fish	579	
mackerel tuna	565	
machete	576	
magarei	258	
maid	1055	
maiden ray	1011	
maigre	591	
mailed gurnard	39	
makassar fish	580	
mako (shark)	581	
male gonads	787	
malossol caviar	179	
mam-ruot	582	
mam	582	
mananose	927	
man-eating shark	771	
maneater	1084	
mangrove snapper	921	
maninose	927	
mannitol	583	
manta	584	
marbled electric ray	296	
marbled sculpin	842	
Margate hake	720	
marinade	585	
marinade (France)	586	
marine catfish	177, 785, 848, 1102	
market crab	237, 287	
marlin	587	
marling	1093	
marron	241	
Maru frigate mackerel	372	
Mary sole	556	
maskinonge	704	
masu salmon	184, 804	
matfull	245	
matje	590	
matje cured herring	588	
matje herring	589	
matjesfilet auf nordische art	588	
matjes fillets	588	
mattie	590	
maze-nori	638	
meagre	591	

meat extract (whale)	1071	
Mediterranean cure	399	
Mediterranean ling	592	
medium	245	
medium red salmon	210	
medium salted fish	593	
meg	594	
megrim	594	
meihô	2	
meikotsu	595	
meji	595.1	
melker	604	
menhaden	596	
menominee	597	
menuke rockfish	669	
merluce	432	
merry sole	556	
Mersea	629	
mersin	598	
Mexican bonito	657	
middle	599	
miettes	600	
migaki-nishin	601	
migratory trout	859	
mild cured fish	602	
mild cured salmon	602	
mild smoked fish	603	
milker	604	
milker herring	604	
milkfish	259, 605	
milt	606	
minced fish	606.1	
minke whale	607	
mirin	608	
mirin-boshi	609	
miso	1057	
mizu-ame	609	
mock halibut	411	
mogai clam	194	
mojama	610	
mojarra	611	
moki	611.1	
mola	612	
mole-but	612	
moluha	613	
momijiko	7	
monk	28, 614	
monk fish	614	
Monterey Spanish mackerel	524	
moonfish	615	
Moray	616	
Moray eel	616	
mort	617	
morwong	617.1	
moss-bunker	596	
mother-of-pearl	618	
mother-of-pearl shell	619	
mottled sculpin	842	
mountain trout	35	
mud crab	231	
mud dab	1114	
mud flounder	360	
mud shad	394	
Muller's topknot	1031	
mullet	620	
mulloway	283	
Murray crayfish	241	
murry	616	
musciame	621	
muskellunge	704	
mussel	622	
mussel digger	664	
mustard herring	623	
muttonfish	295	
mutton snapper	921	

N

namaboshi	281	
namaribushi	624	
namaycush	545	
nannie nine-eyes	852	
nannygai	759	
nanny nose	927	
nanny shad	394	
naping	625	
naruto	626	
narutomaki	626	
naruto wakame	1064	
narwhal	627	
Nassau grouper	419	
national cure	628	
natural cure	628	
navaga	1062	
needlefish	630	
needlenose	829	
nerisei-hin	769	
Newcastle kipper	527	
Newfoundland shark	878	

Newfoundland turbot		411
New Zealand sole		930
nga-bok-chauk		631
nga-pi		632
nibbler		633
nibe croaker		634
niboshi		635
niboshi-hin		635
niboshi-iwashi	19,	635
nioshi-ika		997
Noah's ark		38
nobbed (herring)		154
nobbing		636
nonnat		637
nori		638
nori-ameni		1045
nori-kakuni		1045
nori-tsukudani		1045
North Atlantic right whale		639
North Cape whale		639
northern anchovy		640
northern bluefin		572
northern dogfish		271
northern harvestfish		448
northern kingfish		526
northern king whiting		526
northern lobster		641
northern muddler		842
northern pike		704
northern puffer		740
northern sand lance		817
northern squawfish		963
northern stargazer		968
northern wolffish	108,	177
North Pacific anchovy		19
North Pacific herring		454
North Pacific right whale		775
Norway haddock		758
Norway lobster		642
Norway pout		643
Norwegian cured herring		644
Norwegian milker		604
Norwegian silver herring		645
Norwegian sole		646
Norwegian topknot		647

noshi-surume	997
nuoc-mam	648
nurse	550
nursehound	550
nurse-shark	649

O

oakettle	413
oarfish	650
oboro	924
oboro-kombu	535, 924
ocean bonito	907
ocean catfish	177
ocean perch	651
ocean piper	829
ocean pout	295, 732
ocean puffer	740
ocean quahaug	652
ocean quahog	652
ocean sunfish	612
ocean two-wing flying fish	362
ocean whitefish	1019
octopus	653
oelpräserven	654
offing gurnard	886
oil sardine	655
okettle	413
okow	1065
old maid	927
olympia oyster	661
opah	656
opaleye	633
orange filefish	314
orange fin	859
oriental bonito	657
oriental cure	658
oriental tuna	657
ori-kombu	535
Orkney sea trout	859
ormer	659
osetr	660
osetr-caviar	179
owl ray	675
owl skate	1087
oyster	661
oyster cracker	86
oyster drum	86

P

Pacific albacore	8
Pacific angel shark	27
Pacific argentine	37
Pacific barracuda	63
Pacific bay scallop	68
Pacific black sea bass	389
Pacific bonito	662
Pacific cod	663
Pacific cutlassfish	253
Pacific edible crab	287
Pacific electric ray	296
Pacific grey whale	664
Pacific hake	665
Pacific halibut	666
Pacific herring	667
Pacific Jewfish	389
Pacific littleneck	194
Pacific long-tailed tuna	572
Pacific mackerel	668
Pacific manta	584
Pacific moonfish	615
Pacific ocean perch	669
Pacific oyster	661
Pacific pompano	724
Pacific prawn	670
Pacific sailfish	801
Pacific salmon	191, 193, 210, 710, 804, 925
Pacific sandfish	818
Pacific sand lance	817
Pacific sardine	166, 822
Pacific saury	671
Pacific sharpnose shark	878
Pacific spadefish	937
Pacific staghorn sculpin	842
Pacific threadfin	1012
Pacific thread herring	1013
Pacific tomcod	1026
packhorse rock lobster	235
padda	672
paddle-cock	573
paddlefish	673
padec	674
painted crayfish	235

painted mackerel	181
painted ray	675
paksiw	676
pale	677
pale cure	677
pale dab	1101
pale flounder	1101
pale-smoked red	678
palometa	724
pandora	679
pan-ready fish	279
papillon	680
pargo Colorado	921
Parkgate sole	221
parore	633
parr	681
parrot-fish	682
pasteurized fish	683
pasteurized grain caviar	684
patis	685
patudo	77
paua	2
peal	859
pearl	686
pearl essence	687
pedah	688
pelagic stingray	976
pelamid	44
pellucid sole	637
pelorus Jack	778
perch	689
perch-pike	703
permit	724
periwinkle	690
Perth herring	454
Peruvian hake	186
Peruvian sardine	187
Peter-fish	500
peto	1063
petrale sole	691
pharmaceuticals	1071
picarel	692
picked dogfish	693
pickerel	694
pickle cured fish	695
pickled alewives	9, 1017
pickled grainy caviar	696
pickled herring	697
pickled salmon	698

pickled salmon bellies	805	pompano dolphin	273	rakorret	749
pickle salted fish	695	pond smelt	725	rat fish	750
pickling	154	poor cod	726	ray	751
pico	61	porbeagle	727	Ray's bream	752
picton herring	699	porgy	728	razorback	318
piddock	700	porkfish	729	razor clam	753
pigfish	701	porpoise	730	razor shell	753
pigmy whale	702	porpoise leather	72	ready-made dishes	512
piked dogfish	693	Portuguese oyster	731	red algae	754
piked (spring) dogfish	406	potted herring	932	red barsch	758
		pot whale	945	red bream	755
		poulp	653	red caviar	756
pike headed whale	607	pout	732	red cod	756.1
pike	704	poutassou	733	red crab	231
pike-perch	703	poutine	734	red drum	757
pilchard	705	pouting	732	red emperor	921
pilchard sardine	705	powan	735	redeye mullet	620
pilot fish	706	prahoc	736	redfish	758
pilot whale	707	prawn	737	redfish (nannygai)	759
pindang	708	prawn cocktail	737	red goatfish	397
pinfish	709	press cake	738	red grouper	419
pinger	183, 430	pressed caviar	179	red gurnard	760
pingpong	183	pressed pilchards	739	red hake	761
pink salmon	710	Pribilof seal	853	red herring	762
pink shrimp	711	pride	548	red herring salad	462
pintado	181	puffer	740	redhorse sucker	987
pinwiddie	34	pumpkin scad	163	red mullet	763
piper	712	pyefleet	629	red perch	758
pipi	712.1			red Roman	791
pirauku	33	**Q**		red salmon	804, 925
piraya	33			red scorpionfish	839
pismo-clam	194	quahaug	741	red sea bream	764
pissala	713	quahog	741	red snapper	765
plaice	714	qualla	193	red spring salmon	766
plaice-fluke	714	quarter cut fillet	315	red steenbras	767
plain bonito	715	quarter nape fillet	315	red stumpnose	768
plain pelamis	715	queen crab	231	redtail triggerfish	1039
pla-ra	716	queen escallop	742	red trout	150
pla thu nung	717	queen scallop	742, 835	rengi	97
podpod	718	queenfish	743	rensei-hin	769
pod razor	753	quenelles	744	repack quality herring	770
pogy	596	quick frozen fish	377	requiem shark	771
Polar cod	719	quillback	745	retailles	772
Polar plaice	36	quinalt	925	Rex sole	773
pollack	720	quinnat salmon	191, 804	rig	424
pollack whale	867			rigg	774
pollan	721	**R**		righteye flounder	360
pollock	722	rabbit fish	746	right whale	775
pomfret	723	rackling	747	rigor mortis	776
pompano	724	rainbow trout	748	ricklingur	177

ripe fish	777	round stingray	976	sandeel	817
rip sack	664	roused fish	798	sandfish	818
Risso's dolphin	778	royal red shrimp	893	sand flathead	356
river eel	305	rudderfish	633	sand flounder	819
river herring	9	Rudolph's rorqual	867	sandgaper	927
river lamprey	548	runner	490	sand lance	408, 817
river sole	221	Ruppel's bonito	799	sand mullet	620
river trout	859	Russian sardine	537	sand perch	844
roach	779	russlet	537	sand pike	827
rock	982	rusty dab	1114	sand scar	177
rock bass	780			sand seatrout	1067
rock cockle	194			sand shark	820
rock cod	781	**S**		sand shrimp	893
rock cook	1103	saba-bushi	379	sand smelt	42, 900
rock crab	231	sablefish	800	sand sole	551
rockfish	782	Sacramento rockfish	443	sand stargazer	968
rock gurnard	979	Sacramento squawfish		sand trout	1067
rock herring	11		963	sand whiting	1093
rockling	783	saikukombu	535	sandy dab	1114
rock lobster	784	sailfin sandfish	818	sandy ray	821
rock oyster	661	sailfish	801	sapphirine gurnard	1110
rock salmon	785	sail fluke	594	sarashi wakame	1064
rock sea bass	844	saithe	802	sardellen-butter	27
rock sole	786	sakuraboshi	609	sardine	822
rock turbot	177	salachi	739	sardinella	823
roe	787	salachini	739	sargo	824
Roe's abalone	2	salad	46	sashimi	825
roker	788	salaka	803	satsuma-age	506
rolled fish	789	salmon	804	sauerlappen	826
rollmops	790	salmon bellies	805	sauger	827
Roman	791	salmon caviar	179, 193	saurer hering	828
roncador	1077	salmon egg bait	806	saury	829
rorqual	792	salmon salad	807	saury pike	630, 829
rosefish	758	salmon shark	808	sawfish	830
Ross's cuttle	257	salmon trout	35, 150, 272	saw shark	876
rotskjaer	793	salt bulk	515	scabbardfish	831
rouelles	794	salt cod	809	scad	832
rough-back	15, 786	salt cured fish	810	scaldfish	833
rough dog	558	salted on board	811	scale fish	834
rough fish	977	saltfish	812	scallop	835
rough hound	558	salt round fish	813	scallop saucer	835
roughtail stingray	976	salt-water bream	709	scaly mackerel	577
round clam	741	salzfischwaren	814	scampi	836
round cure	812	salzling	815	scampi bisque	642
round fish	795	samma kabayaki	502	Scandinavian anchovy	20
round herring	796	Samson fish	1116	Scandinavian saltfish	813
roundnose flounder	797	sand bass	844	scarpee	854
round robin	468	sand clam	927	schillerlocken	837
round salted fish	812	sand crab	231	schnapper shark	838
round scad	468	sand dab	816	school mackerel	524

schoolmaster	921	sea trout	859	shio-kazunoko	511
school shark	838	sea trumpet	860	ship	985
school whiting	1093	sea urchin	861	shiraboshi	986
scoldfish	833	seaweed	862	shirauo icefish	889
scorpionfish	839	seaweed meal	863	shore cure	890
Scotch cured herring	840	sea wolf	177	shortbill spearfish	940
Scotch hake	802	sebaste	758	short-finned eel	294
Scotch matjes	588	seed haddock	864	short-finned sole	277
scourer	920	seelachs in oel	865	short-finned tunny	44
scrod (haddock)	841	seer	866	short-mackerel	480
sculpin	842	seerfish	524	short-necked clam	174
scup	843	sei-whale	867	shortnose sturgeon	985
scurf	859	semi-boneless cod	119	shottsuru	891
sea arrow	965	semi-preserves	868	shredded cod	892
sea bass	844	seventy-four	869	shrimp	893
sea beef	845	seviche	870	shrimp paste	269
sea bream	846	sevruga	871	Sibbald's rorqual	111
sea cabbage	513, 847	sevruga-caviar	179	side	315
sea cat	177	sewin	859	side boller	802
sea catfish	848	shad	872	side-stripe shrimp	893
sea cow	849	shadefish	591	sierra	894
sea cucumber	850	shad herring	872	sild	895
sea devil	28	shagreen	873	sile	817
sea drum	86	shagreen ray	874	silver bream	1076
sea ear	659	shakeii	875	silvery cod	901
seafood cocktail	851	shark	876	silver cured herring	896
sea fox	1015	shark ray	27	silver eel	253, 294
sea gar	383	sharp frozen fish	877	silverfish	897
sea garfish	433	sharp headed finner whale	607	silver hake	898
sea hen	573			silver herring	896
sea herring	454	sharpie shark	838	silver mullet	620
sea kingfish	1116	sharp-nosed eel	294	silver perch	899
sea lamprey	852	sharp nose mackerel shark	581	silver pomfret	723
seals	853			silver salmon	210, 804
sea luce	432	sharpnose shark	878	silverside	900
sea mullet	620	sharpnose skate	879	silver smelt	37
sea needle	383	sharptail mola	612	silver whiting	1093
sea partridge	221	sharp-toothed eel	880	silvery cod	901
sea perch	854	sheepshead	881	silvery pout	901
sea pike	855	shelf stowage	882	sinaeng	901.1
sea pout	295	shellfish paste	883	single fillet	315
sea rat	746	shells	884	sixgill shark	902
sea raven	842	shidal sutki	885	skate	903
sea robin	425, 856	shining gurnard	886	skider	903
sea salmon	504	shioboshi	887	skimfish	745
sea scallop	835	shioboshi-aji	887	skinned cod	905
sea slug	850	shioboshi-hin	887	skinned fish	904
sea smelt	42	shioboshi-iwashi	887	skinless fish	904
seasnail	857	shioboshi-samma	887	skinning	906
sea stick	858	shiokara	888	skipjack	907

skipper 671, 829	solenette 1113	spiny rock lobster 235
skriggled codfish 892	soupfin shark 931	spiny shark 952
slack salted fish 559	soused herring 932	spinytail skate 953
slasher 1015	soused pilchards 933	split cure herring 954
slender filefish 314	South African pilchard 933.1	split fish 955
slender tuna 908	southern bluefin 102	splittail 956
slider 1052	southern bluefin tuna 1048	sponge 957
slime flounder 909	southern eagle ray 292	spongin 957
slime sole 277	southern flounder 361	spoonbill cat 673
slip 221	southern harvestfish 448	spoonbill-catfish 673
slippery sole 277	southern kingfish 934	spot 958
small-eyed ray 675	southern king whiting 526	spotfin shark 91
small sandeel 910	southern mackerel 192	spot shrimp 893
small-scaled scorpionfish 839	southern right whale 935	spotted bass 757
small spotted dog 558	southern rock lobster 235	spotted cabrilla 419
smalltooth sawfish 830	southern stingray 967	spotted eagle ray 292
smare 692	Southport sole 221	spotted gummy shark 424
smear dab 556	Southwest Atlantic hake 936	spotted ray 959
smelt 911	spadefish 937	spotted sea cat 960
smoked anchovy paste 24	Spanish bream 110	spotted seatrout 1067
smoked fish 912	Spanish ling 592	spotted triggerfish 1039
smokie 913	Spanish mackerel 938	spotted turbot 1050
smolt 914	Spanish sardine 823	spotted weakfish 1067
smooth dogfish 406, 916	Spanish sea bream 679	spotted weever 1068
smooth flounder 915	sparling 911	sprag 961
smooth hammerhead 439	spawning fish 939	sprat 962
smooth hound 916	spearfish 940	spring dogfish 271, 693
smooth sand lance 817	speckfisch 941	spring lobster 235
smooth scallop 835	speckled seatrout 1067	spring salmon 191, 804
smoothside 886	speckled trout 150	spurdog 693
smooth skate 917	spelding 942	square 819
snailfish 918	spent fish 943	squaretail 150
snake eel 919	spermaceti 945	squawfish 963
snake mackerel 920	sperm oil 944	squeteague 964
snapper 921	sperm whale 945	squid 965
snapper haddock 183, 430	spice cured fish 946	squim 835
snoek 62, 922	spiced herring 947	squirrelfish 929
snook 923	spider crab 949	squirrel hake 761
snow crab 231	spiegel carp 175	squirt clam 927
snubnosed garfish 433	spiky dogfish 271	stale dry fish 966
soboro 924	spillanga 948	starfish 967
sockeye salmon 925	spinous shark 952	stargazer 968
soft (shell) clam 927	spinous spider crab 949	starry flounder 969
soft cure 926	spiny butterfly ray 976	starry ray 970
soft roe 606	spiny cockle 950	starry skate 971
sohachi flounder 928	spiny crab 949	steak 972
soldier 929	spiny dogfish 271, 693	steckerlfisch 60
soldierfish 929	spiny lobster 951	steelhead salmon 973
sole 360, 930		steelhead trout 973
		stellate smooth hound 916

sterilized shellfish	974	surströmming	59	thin-lipped grey mullet	
sterliad	985	surume	997		620
steur herring	975	sushi	998	thornback ray	1011
stingfish	409	sutki	999	thorny ray	970
stingray	976	sweep	434	threadfin	1012
stocker	977	sweet fluke	556	threadfin sculpin	842
stockerbait	977	swellfish	740	threadfin shad	872
stockfish	978	swim bladder	1000	thread herring	1013
stone bass	1104	swimming crab	1001	threebeard rockling	1014
stone crab	231	swine fish	177	thresher shark	1015
stone eel	548	swiveltail	1015	tidbits	381
stone sucker	852	swordfish	1002	tidewater silverside	900
strandgaper	927	sword razor	753	tiger shark	1016
streaked gurnard	979	Sydney rock oyster	661	tight pack	1017
streaked weever	1068			tilapia	1018
stremel	980			tilefish	1019
strip	981			tinabal	1020
stripe-bellied bonito	907	**T**		tinapa	1021
striped anchovy	19	tadpole fish	366	tinker	903
striped bass	982	tailor	103	tjakalang	1022
striped bonito	657	tai-miso	1057	togue	545
striped marlin	983	taishi	876	toheroa	1023
striped mullet	397, 620	taiva	921	tôkan-dara	1024
striped seasnail	857	tamban	655	tôkan-hin	1024
striped tuna	907	tamban oil sardine		tomalley	1025
strömming	59		655, 1021	tomcod	1026
stückenfisch	984	tangle	513	tom kho	1027
stuifin	962	tank salted fish	695	tongue	1028
sturgeon	985	tanner crab	231, 233	tonno	1029
suboshi	986	tarakihi	1002.1	tope	1030
suboshi-hin	986	tarako	7	topknot	1031
sucker	987	tarama	1003	top shell	1032
sudako	653	tare	502, 876	Torbay sole	1101
suehiroboshi	609	tarpon	1004	tororo-kombu	535
sugar-cured fish	988	tarpon snook	923	torrfisk	978
sukimidara	663	tatami-iwashi	1005	torsk	1033
su-kombu	535	tautog	1006	touladi	545
sullock	802	tempura	506	trade ling	10-
sulphur bottom	111	tench	1007	tran oil	103-
summer flounder	989	tengusa	1008	trash fish	1035
sun dried fish	990	tenpounder	542, 1004	trassi udang	1036
sunfish	991	terramycin	30	trepang	1037
superchilling	992	terrapin	1009	trevally	1038
surf clam	194	tetracycline	30	trifurcated hake	36
surffish	993	thickback	1010	triggerfish	1039
surfperch	993	thickback sole	1010	trimming	1040
surf smelt	994	thick-lipped grey mullet		tripletail	104
surimi	994.1		620	trochus	104
surmullet	995	thimble-eyed mackerel		trochus shell	104
sursild	996		192	tronçon	104

tropical rock lobster 235
tropical two-wing
    flyingfish 362
trout 1044
true skate 353
true sole 221
truff 859
trumpeter whiting 1093
tsukudani 1045
tub 1110
tubfish 1110
tullibee 543
tuna 1048
tuna ham 1046
tuna links 1047
tuna loaf 1048
tuna paste 1048
tuna roll 1048
tuna salad 1049
tuna sausages 1048
tuna wieners 1048
tunny 102, 1048
tunsoy 823, 1021, 1054
turbot 1050
turrum 1051
turtle 1052
tusk 1053
tuyo 1054
twaite shad 1055
tyee 191

U

undulate ray 1056
uni-shiokara 888
uomiso 1057
ure-zushi 998

V

variegated scallop 835
variegated sole 1010
vendace 1058
ventrèche 1059
vermillion snapper 921
vinegar cured fish 1060
Virginia cure 1017
viscera 426
viziga 1061

W

wachna cod 1062
wahoo 1063
wakame 1064
walleye 1065
walleyed pike 1065
walleye pollack 7
walrus 1066
warehou 490, 1066.1
warsow grouper 419
Washington clam 194
Watson's bonito 297
Watson's leaping bonito
    297
weakfish 1067
weathervane scallop 835
wedge shell 225
weever 1068
W. African Spanish
    mackerel 524
West Coast sole 594
western king prawn 737
western oyster 661
western rock lobster 235
wet cured fish 695
wet fish 188
wet salted fish 695
wet stack 1069
whalebone 1071
whale liver meal 1071
whale liver oil 1071
whale meat meal 1071
whale oil 1070
whales 1071
whelk 1072
whiff 594
whip ray 976
whistler 1014
whitch 1101
whitebait 1073
white bass 1074
white-beaked dolphin
    1075
white-bellied skate 1087
white bream 1076
white crappie 234
white croaker 1077
white fish 1078
whitefish 1079

white fish meal 1080
white fluke 360
white hake 1081
white herring salad 462
white marlin 1082
white mullet 620
white perch 1083
white pointer 1084
white pomfret 723
White Sea perch 66
white seatrout 1067
white shark 1084
white shrimp 1085
white sided dolphin 1086
white skate 1087
white sole 1088
white steenbras 1089
white stumpnose 1090
white sturgeon 985
white sucker 987
whitetip shark 1091
white trout 1067
white tuna 8
white weakfish 1067
white whale 72
white wings 1092
whiting 1093
whiting pout 732
whitling 859
Whitstable native oyster
    629
whole fish 1094
whole fish meal 223
whole meal 1095
wind dried fish 1096
wing 1097
winkle 1098
winter flounder 1099
winter shad 394
winter skate 1100
witch 1101
witch flounder 1101
wolf 177
wolffish 1102
woodcock of the sea 995
woof 177
worm eel 919
wrasse 1103
wreck bass 1104
wreckfish 1104

Y

yabbee	241
yakiboshi	1105
yakiboshi-ayu	1105
yakiboshi-haze	1105
yakiboshi-iwashi	1105
yaki-chikuwa	185
yaki-zame	876
yawling	1106
yellow bass	844
yellow croaker	1107
yellow cure	12
yellow-eye mullet	620
yellowfin croaker	244
yellowfin grouper	419
yellowfin tuna	1108
yellow fish	1109
yellow gurnard	1110
yellow perch	1111
yellow pike	1065
yellow pickerel	1065
yellow sea bream	1112
yellow sole	1113
yellowtail	1116
yellowtail flounder	1114
yellowtail kingfish	1115
yellowtail snapper	921

Z

zanthe	1117
zuwaigani	231

FRENCH/FRANÇAIS

Note: Figures in index refer to item numbers/Les nombres figurant dans l'index se réfèrent aux numéros des rubriques.

A

aalpricken	1
Aberdeen smokie	913
ablette	92
acide alginique	10
acoupa royal	964
agar	5
agar-agar	5
age-kamaboko	506
aigle de mer	292
aiglefin	430
aiguillat	271, 693
aiguillat commun	693
aiguillat noir	271
aiguillat tacheté	693
aiguille	383
aiguille de mer	630
aiguillette	383
aile	1097
ajitsuke-nori	638
albacore	1108
alginates	10
algine	862
algue	862
algue brune	151
algue rouge	754
alimentation des animaux	513
aliments simples pour animaux	29
alkaline cured fish	574
allache	823
alose	11, 872
alose à gésier	394
alose américaine	394
alose canadienne	16
alose d'été	872
alose finte	1055
alose savoureuse	16
alutère	314
alutère orange	314

amarelo cure	12
ambre gris	13
ambréine	13
ame	1045
amie	132
anchois	19
anchois américain	19
anchois du Nord	640
anchois du Pacifique	640
anchois du Pacifique nord	19
anchois italien	487
anchois japonais	19
anchois péruvien	18
anchosen	17
anchoveta	18
anchovis	20
ange de l'Atlantique	27
ange de mer	27
ange du Pacifique	27
anguille	294
anguille américaine	14
anguille de rivière	305
anguille d'Europe	305
anguille du Japon	493
anguilles en gelée	496
anoli de mer	566
ânon	430
antibiotiques	30
aoita-kombu	535
ao-nori	638
apocalle	413
apogon	172
appât d'œufs de saumon	806
appertisation	31
appetitsild	32
araignée de mer	949
arapaima	33
Arbroath smokie	34
arche	38

arche de Noé	38
argentine	37
arnoglosse	833
assiette	615
assiette atlantique	615
atarama	1003
auréomycine	30
auxide	372
ayu	49

B

bacalao	50
bagoong	51
bagoong tulingan	52
bakasang	53
balachong	55
balai	15
balai japonais	355
balane	61
balaou	829
balaou japonais	671
balbakwa	56
baleine à toquet	318, 792
baleine bleue	111
baleine franche	412, 639, 775
baleine grise de Californie	664
baleines	1071
balik	57
baliste	1039
baliste gris	1039
balyk	57
banane (de mer)	118
bar	844
bar blanc	1074
barbue	144
barbur	1012
bar commun	66
bar d'Amérique	982

bariole	907	
bâtonnets de poisson	346	
bâtonnets de thon du Japon	510	
baudroie	28	
baudroie d'Amérique	28	
bèche de mer	850	
bécune	63	
beignets de crabe	232	
bekkô	70	
belachan	1036	
beleke	479	
beluga	71	
beluga-caviar	179	
berardidé	69	
bernfisk	74	
bernicle	61	
bervie cure	430	
beryx	755	
beryx australien	759	
beurre d'anchois	21	
beurre de langouste	236	
bigorneau	690, 1098	
binoro	80	
bisque	82	
bisque d'écrevisses	240	
bisque de homard	567	
bisque de scampi	642	
blanche	611	
blanchet	418	
bodara	112	
Boddam cure	430	
boette	113	
bogaravelle	110	
bogue	114	
bokkem	115	
bolti	1018	
Bombay duck	116	
bonga	124	
bonite	125	
bonite à dos rayé	44	
bonite à ventre rayé	907	
bonite du Pacifique	662	
bonite orientale	657, 799	
Boston mackerel	577	
botargo	128	
bottarga	128	
bouffi	93	
bouillabaisse	131	
bouillon de clam	196	
boulettes de poisson	322
boulettes de thon	1048
bouvard	939
brado	134
brailles	291
branco cure	136
brandade	137
bratbückling	139
bratfischwaren	140
brathering	141
bratheringsfilet	141
bratheringshappen	141
bratmarinaden	140, 585
bratrollmops	142
brème	143
brème commune	143
brème de mer	752
brique de morue	205
brisling	147
brisure	63
brochet	704
brochet de mer	923
brochet du Nord	704
brochet maille	704
brochet vermicule	704
brosme	1053
buccin	1072
bückling	154
bücklingsfilet	155
bulot	1072
bulti	1018
bumalo	116
bummalow	116
buro	161

C

cabillaud	203
cabilo	201
cachalot	945
caféine	421
cahouane	1052
calamar	965
calipash	167
calmar	965
calmar commun	965
canned sild	454
canthare	90
capelan	170

capelan de France	726
capelan de Terre-Neuve	170
capitaine	1103
capucette	900
caqués	171
caramote	737
carangue	98, 490
carangue australienne	1038
carangue crevalle	242
carbonate de calcium	884
cardeau	361
cardeau à quatre ocelles	361
cardeau d'été	989
cardine	594
carette	1052
carne à carne	173
carpe	175
carraghéen	484
carragheene	176
carrelet	714
castagnole	723
castagnole de Madère	723
caveached fish	178
caviar	179
caviar allemand	180
caviar de cabillaud	180
caviar de lompe	180
caviar de saumon	179, 193
caviar en grains	179
caviar en grains pasteurisé	684
caviar en grains saumuré	696
caviar noir	179
caviar pressé	179
caviar rouge	756
centrine	473
cernier atlantique	1104
cernier brun	1104
ceviche	870
chaboisseau à dix-huit épines	842
chabot	842
chair de crabe	233
chanidé	605
chenille	952

chèvre	758	couteau courbe	753	déchets de poisson	348
chien	693	couteau droit	753	delicatessen	264
chien de mer	271, 876	coutelas	376	delicatessild	264
chien espagnol	88	crabe	231	delikatessild	264
chikuwa	185	crabe bleu	100	delikatesill	264
chimère	190, 746	crabe Newburg	231	demi-bec	433
chimère d'Amérique	750	crabe paré	278	demoiselle	919
chinchard	468	crabe royal	521	denté aux gros yeux	549
chitine	884	crabe vert	219	dépouillement	906
Christiana anchovy	20	crapet	234	descargamento	265
cicerelle	817	crapet calicot	234	diable de mer	266
cisco de l'est	543	crapet de roche	780	dinailan	269
civelle	299	craquelot	93	djirim	270
clam	194	crème d'anchois	22	Dolly Varden	272
clipped herring	636	crevette	218, 737, 893	donselle	251
clovisse	174	crevette américaine	1085	dorade	275, 391, 846
clovisse jaune	174	crevette d'eau douce	370	dorade royale	275, 391
cochon de mer	730	crevette du Pacifique	670	dorade tropicale	273
cocktail de crevettes	737	crevette grise	153, 220	doré bleu	703
cocktail de fruits de mer	851	crevette nordique	262	doré commun	1065
cod	203	crevette rose	218, 711	doré jaune	1065
Colchester	629	crosscut fillet	315	dormeur du Pacifique	287
colin	432, 802	cryodessication	368		
colinet	432	cuir	553	**E**	
colin jaune	720	cummalmum	248	écailles de poisson	340
colin noir	802	cynoglosse	1101	écrevisse	241
colle de poisson	327	cyprin	246	églefin	430
commercial nape fillet	315	cyprin-carpe	745	élédone	653
concentré de protéines de poisson	326	cyprin doré	401	émissole	916
congélation rapide	377	cyprinoïde	963	émissole lisse	916
congre	224	cyprin-sucet	987	émissole tachetée	916
coq	172			en cœur	486
coque	202	**D**		encornet	965
coque commune	215	dactyloptère	363	encre	483
coquillage épuré	198	daeng	259	en feuille	486
coquillage stérilisé	974	darne	1043	enkan-hin	887
coquilles et carapaces	884	datte de mer	261	en livre	486
coquille St. Jacques	835	dauphin	274	en lyre	486
corail	226	dauphin à flancs blancs	1086	enshô-hin	302
cordonnier	615	dauphin à gros nez	129	entrailles	426
corégone	472, 721	dauphin à nez blanc	1075	entreposage frigorifique	189, 212
corégone blanc	1058	dauphin blanc	72, 274	enzo-hin	811
corégone de lac	1079	dauphin commun	216, 274	enzo-iwashi	811
corvina	870	dauphin gris	778	enzo-saba	811
coryphène	273	daurade	846	épaulard	519
court-bouillon	230	daurade américaine	729	éperlan	911
couteau	753	daurade japonaise	764	éperlan d'Amérique	911
				éperlan de l' Arctique	911

éperlan européen 911
épicoprostanol 13
éponge 957
équille 817
escabèche 303
escolar 920
espadon 1002
espèces d'eau douce 177
espèces marines 177
esprot 962
essence d'anchois 23
essence d'Orient 687
esturgeon 985
esturgeon à museau
    court 985
esturgeon blanc 985
esturgeon du Danube 660
esturgeon étoilé 871
esturgeon noir 985
esturgeon vert 985
étoile de mer 967
étrille 1001
eulachon 304
éviscération 636
exocet (poisson volant)
    362
extrait de clam 196
extrait de soupe de
    langouste 239

F

Fal 629
fall-cure 309
fanfre 706
farine de foie 1071
farine de foie de morue
    207
farine de hareng 459
farine de langouste 237
farine de poisson 332
farine de poisson
    comestible 326
farine de poisson
    complète 223
farine de poisson entière
    223
farine de poisson maigre
    1080

farine de viande 1071
farine entière ou complète
    1095
fausse limande 833
faux flétan 15
faux hareng 1013
faux maquereau 468
fazeeq 311
feinmarinaden 264, 585
fessikh 311
feuille 1041
filet 315
filet de morue sans arête
    122
filet double 315
filet simple 315
filets de hareng 455
filets de kipper 530
finnan haddock 317
fischfrikadellen 319
fischsülze 320
fish scrap 341
fleckmakrele 577
flet 36
flétan 436
flétan de Californie 165
flétan de l'Atlantique 436
flétan du Groënland 411
flétan du Pacifique 40,
    41, 666
flétan noir 411
fletch 359
flie 418
flitch 359
flocons de morue 352
flocons de poisson 325
foie de poisson 329
fondule 520
forgeron 937
fork tidbits 381
fukahire 876
full 245
full nape fillet 315
fumados 308
funa-miso 1057
funmatsu-kombu 535
funori 377.1
furikake 378
fushi-rui 379

G

gabelrollmops 380
gaffalbitar 381
gaffelbidder 381
gaffelbitar 381
gaffelbiter 381
gardon 779
gáros 384
garum 385
gaspareau 9
gaspareau à rogue 199
gasparot 9
Gaspé cure 386
gâteau de presse 738
gélatine 388
germon 8
gewürzhering 947
gisukeni 393
givrage 396
glace antibiotique 30
globicéphale 707
glucosamine 884
goberge 802
gobie 398
gode 732
gonades 403
gourami 404
gournaud 416
grande argentine 37
grande castagnole 752
grande lamproie marine
    852
grande roussette 550
grandes écailles 1004
grand esturgeon 71
grande vive 409
grand lançon 408
grand requin-marteau 439
grand tambour 86
gravlax 405
greenfish 410
grenouille 375
grenouille japonaise 158
grilse 46
griset 90
grondeur 420
grondeur noir 86
grondin 425, 856
grondin galinette 1110

rondin gris	416	
rondin imbriago	979	
rondin japonais	465	
rondin lyre	712	
rondin perlon	1110	
rondin rose	760	
rondin rouget	760	
uai	943	
uanine	421	
uinamos alamang	422	
uitare	423	
yomiso	428	

addock 317, 677
addock coupé de Londres 569
addock "eyemouth" 307
amayaki-dai 438
ampen 440
areng 454
areng à la crème 457
areng à la moutarde 623
areng au four 54
areng Bismarck 81
areng braillé 95
areng de la Baltique 59
areng de lac 543
areng du Pacifique 667
areng en aspic 456
areng en conserve 454
areng en gelée 456
areng épicé 947
areng flaqué 358
areng fortement salé 444
areng fumé sans arête 123
areng kipper 527
areng mariné au vin 548
areng repaqué 770
areng rouge 762
areng salé à la hollandaise 291
areng salé à l'écossaise 840
areng salé à sec 285
areng salé type norvégien 644
areng saumuré 697

hareng saur 447
harengs frits au vinaigre 141
Helford 629
hémitriptère atlantique 842
heringsstip 463
herring tidbits 381
hirakidara 663
hiraki-sukesodara 7
hirame 67
hirondelle 363
hitoshio-nishin 658
holothurie 850
homard 567
homard américain 641
homard européen 306
homard paré 278
hoshi-dako 653
hoshigai 194
hoshi-kazunoko 511
hoshi-nori 638
hoshi-wakame 1064
huchon 260
huile de baleine 1070
huile de cachalot 944
huile de foie de flétan 437
huile de foie de morue 208
huile de foie de poisson 330
huile de hareng 461
huiles de poisson 333
huître 107, 661
huître indigène 629
huître plate 217
huître portugaise 731
hydrolysat 467
hyperoodon 130

I

ichtyocolle 486
ikanogo-shoyu 891
ika-shiokara 888
ika-shoyu 891
inasal 477
inconnu 478
Indian hard cured salmon 479
industrial fish 482
intestins 426

iriko 850
irradiation 485
isukurimi 825
ivoire 488

J

jamantin 849
jarretière 831
Jean doré 500
jelly herring 456
joël 42
joues de morue 204
jubarte 474
juif 76
julienne 562
jumbo 501
jus de clam 196

K

kabayaki 502
kahi-shiokara 888
kahi-shoyu 891
kaibotan 884
kaihô 2
Kaiser-Friedrich hering 623
kalbfisch 505
kamaboko 506
kanzo-matsu 207
kapi 508
karasumi 128
karavala 509
katashio-nishin 658
katsuobushi 510
katsuo-shiokara 888
kazunoko 511
kedgeree 512
kelt 46
keta kaviar 193
khao kriab 538
kieler sprotten 517
kilka 518
killo 518
kipper 527
kippered black cod 528
kippered ling cod 528
kippered products 528
kippered shad 528
kippered sturgeon 528

kipper sans arête	121	lavaret	735	mallarmat	3	
klipfish	532	leryard	566	malossol caviar	17	
klippfish	532	lieu jaune	720	mam	58	
komubaki	535	lieu noir	802	mam-ruot	58	
kochfischwaren	534	limace	857	mangeur d'hommes	77	
kochmarinaden	534, 585	limace atlantique	857	mannitol	583, 86	
koikoku	175	limace barrée	857	mante	58	
kombu	535	limande	258	mante atlantique	58	
kotlettfisk	28	limande à queue jaune	1114	mante du Pacifique	58	
krabbensalat	536	limande commune	258	maquereau	57	
kräuterhering	947	limande salope	594	maquereau blanc	192	
krill	536.1	limande sole	556		668	
krill, antarctique	536.2	limule	231	maquereau bleu	57	
kronsardinen	537	lingue	562, 592	maquereau-bonite	52	
kronsardiner	537	lingue bleue	104	maquereau d'Australie	57	
kronsild	537	liparide	857	maquereau du Pacifique		
krupuk	538	liqueur de clam	196		259, 48	
kryddersild	947	listao	907	maquereau espagnol	192	
kuro-nori	638	lompe	573		66	
kusaya	539	loquette	295	maraiche	72	
		loquette d'Amérique	295	marinade	58	
		lotte	28, 160	marinade frite	14	
L		lotte de rivière	160	marlin	79, 587, 94	
		loubine	66	marsouin	73	
laberdan	540	loup	177	matfull	24	
Labrador cure	541	loup à tête large	177	matje	58	
Labrador soft cure	541	loup atlantique	177	matjesfilet auf nordische		
labre	1103	loup de mer	177, 977	art	58	
lachsbückling	447	loup gélatineux	108	matjes fillets	58	
lachshering	447	loup tacheté	960	matowacca	87	
la full	245	lure	615	mattie	24	
laimargue	413	lute	574	maze-nori	63	
laitance	606	lutefisk	574	medium	24	
lakerda	544	lycode	295	medium red salmon	21	
lamayo	546	lyophilisation	368	méduse	49	
lambis	222	lyre	575	meihô		
lamie	727			meikotsu	59	
laminaire	847			meji	595.	
laminarine	547, 862	**M**		melker	60	
lamprir	656			melva	37	
lamproie de rivière	548	maasbanker	468	menhaden	59	
lamproie fluviale	548	magarei	258	mendole	69	
lançon	910	maigre	591	merlan	109	
lançon d'Amérique	817	makaire	587, 983	merlan argenté	90	
lançon du Nord	817	makaire blanc	1082	merlan bleu	111.1, 73	
langouste	235, 784, 951	makaire bleu	87, 105	merlu	43	
langoustine	642	mako	581	merlu argenté	89	
langues de poisson	347	malachigan d'eau douce	881	merluche	43	
lapad	823			merluche blanche	108	
lard de baleine	97					

merluche-écureuil	761	motelle à cinq barbillons	350	nori-tsukudani	1045
merluchon	432			norwegian milker	604
merlu du Cap	169	motelle à quatre barbillons	367	noshi-surume	997
merlu du Pacifique	665			nounat	637
merlu noir	432	motelle à trois barbillons	1014	nuoc-mam	648
merlu sud-américain	936				
mérou	289, 419	moule	229, 622		
mérou nègre	419	moule commune	106	**O**	
Mersea	629	mourine bâtarde	976	oboro	924
mersin	598	mourine vachette	292	oboro-kombu	535, 924
middle	599	mousse d'Irlande	484	oelpräserven	654
miettes	600	muge	620	ogac	203
migaki-nishin	601	muge cabot	620	olive de mer	225
milandre	1030	mulet	620	omble	182
mild cured salmon	602	mulet doré	620	omble chevalier	35
milker	604	mulet labeon	620	omble de fontaine	150
milker herring	604	mulet lippu	620	omble du Pacifique	272
mirin	608	mulet porc	620	omble moucheté	150
mirin-boshi	609	mulet sauteur	620	ombre	407
miso	1057	mullet	397	ombrine	244
mizu-ame	609	murène	616	ophiure	967
mojama	610	murène japonaise	880	orbe étoile	740
mole commun	612	murène verte	616	oreille de mer	659
moluha	613	musciame	621	ori-kombu	535
momijiko	7	muzeraille	727	ormeau	2, 659
morse	1066	mye	927	orphie	383, 630, 829
morue	203			orque	519
morue arctique	1062			os	1071
morue charbonnière	800	**N**		osetr	660
morue, demi-sec	450	nacre	618	osetr-caviar	179
morue dépouillée	905	namaboshi	281	oursin	861
morue du Pacifique	663	namaribushi	624		
morue du Pacifique occidental	7	naruto	626		
		narutomaki	626	**P**	
morue en fibres	892	naruto-wakame	1064	padda	672
morue, extra-sec	450	narval	627	padec	674
morue fraîche	203	national cure	628	pageau	679
morue grise	663	nectar de clam	196	pageot rouge	679
morue polaire	719	nerisei-hin	769	pagre	228
morue salée	809	Newcastle kipper	527	pagre commun (dorade)	275, 846
morue salée séchée	955	nga-bok-chauk	631		
morue sans arête	119	nga-pi	632	pain de thon	1048
morue, sec	450	niboshi	635	paksiw	676
morue, séchage faible	450	niboshi-hin	635	palomète	715
morue, séchage ordinaire	450	niboshi-iwashi	635	palomine	724
		nioshi-ika	997	palourde	174, 418
morue, très sec	450	nonnat	637	palourde japonaise	174
moruette	203	nori	638	papillon	164, 680
mostelle de roche	366	nori-ameni	1045	parage	1040
motelle	783	nori-kakuni	1045	parr	46, 681

pastenague	976	
pastenague à queue épineuse	976	
pastenague violette	976	
pâte d'anchois	24	
pâte d'anchois fumés	24	
pâte de crevettes	269	
pâte de foie	1071	
pâte de foie de morue	209	
pâte de foie de poisson	331	
pâte de hareng	94	
pâte de homard	567	
pâte de mollusques et crustacés	883	
pâte de poisson	334	
pâté de poisson	323	
pâté de poisson en conserve	492	
pâte de poisson fermenté	312	
pâte de thon	1048	
patelle	560	
patis	685	
patudo	77, 1048	
peau de chagrin	873	
peau de poisson	343	
pecten	68	
pedah	688	
pelamide	44	
pèlerin	65	
perche	689	
perche blanche	1083	
perche canadienne	1111	
perche rose	758	
perle	686	
perle baroque	686	
perroquet	682	
petit cachalot	557	
petite lamproie de mer	548	
petit encornet	965	
petite roussette	558	
petite sole jaune	1113	
petit rorqual	607	
pétoncle	835	
phoque	853	
phoque de Pribilof	853	
phycis	366	
piballe	299	
picarel	692	
pickling	154	
pico	61	
pilchard	705	
pilchard du Japon	494	
pilchards pressés	739	
pilchard sud-africain	933.1	
pilote	706	
pindang	708	
piquitinga	19	
piraroucou	33	
pissala	713	
pla-ra	716	
pla thu nung	717	
plie	714	
plie canadienne	15	
plie cynoglosse	1101	
plie du Pacifique	969	
plie grise	1101	
plie japonaise	797	
plie lisse	915	
plie rouge	1099	
pocheteau	751	
pocheteau blanc	353	
pocheteau gris	353	
pocheteau noir	570	
podpod	718	
poisson à la marinade	4	
poisson-armé	740	
poisson "au naturel"	321	
poisson au vinaigre	1060	
poisson-castor	132	
poisson-chat	848	
poisson congelé	377, 877	
poisson cuit mariné	534	
poisson d'argent	900	
poisson demi-sel	435	
poisson dépouillé	904	
poisson de rebut	1035	
poisson désarêté	117	
poisson déshydraté	263	
poisson en conserve	168	
poisson en cubes	267	
poisson en gelée	328	
poisson en saumure	695	
poisson ensilé	342	
poisson entier	1094	
poisson entier salé	812	
poisson étêté	449	
poisson éviscéré	427	
poisson fortement fumé	446	
poisson fortement salé	450	
poisson frais	369	
poisson frit	371	
poisson fumé	912	
poisson fumé à chaud	471	
poisson fumé à froid	211	
poisson-globe	740	
poisson gras	310	
poisson haché	606.1	
poisson Labrador	541	
poisson légèrement fumé	603	
poisson-lime	314	
poisson liquide	467	
poisson-loup	177	
poisson-lune	612	
poisson maigre	1078	
poisson mariné	585	
poisson mariné à chaud	470	
poisson moyennement salé	593	
poisson paré	279	
poisson pasteurisé	683	
poisson plat	354	
poisson-plein	777	
poisson rapidement congelé	377	
poisson rassis	966	
poisson réfrigéré	188	
poisson rond	795	
poisson-sabre	253	
poisson salé	810, 813	
poisson salé à sec	284	
poisson salé en vert	410	
poisson salé séché	282	
poisson sans arête	120	
poisson saumuré	146	
poisson-scie	830	
poisson séché	281	
poisson séché au soleil	990	
poisson séché au vent	1096	
poisson sur barbecue	60	
poisson surgelé	377	

poisson traité au sucre 988	rameur 1091	**S**
poisson tranché 955	rascasse 839	
poisson vidé 427	rascasse du Nord 758	saba-bushi 379
pollock 722	rascasse noire 839	sabre d'argent 376
pompano 724	rascasse rouge 839	saïda 719
portion de poisson 336	rat de mer 746	saiku-kombu 535
potage au poisson 324	renard 1015	saint-Pierre 500
pouce-pied 61	rengi 97	sakuraboshi 609
poudre d'algues 863	rensei-hin 769	salachi 739
poudre de langouste 237	requin 876	salachini 739
poudre de soupe de	requin à nez pointu 878	salade 46
langouste 237	requin à nez pointu de	salade de hareng 462
poulamon 1026	l'Atlantique 878	salade de hareng blanc
poulamon atlantique 1026	requin à nez pointu du	462
poule de mer 452	Pacifique 878	salade de hareng rouge
poulpe 653	requin blanc 1084, 1091	462
poutassou 733	requin bleu 109	salade de hareng sec 462
poutine 734	requin du Groënland 413	salade de poisson 338
prahoc 736	requin griset 902	salade de saumon 807
praire 741	requin mangeur	salade de thon 1049
prêtre 42, 900	d'hommes 771	salage à sec 515
produits pharma-	requin-maquereau 578	salage à terre 890
ceutiques 1071	requin-marteau 439	salage en vrac 515
protéines 348	requin-marteau commun	salage léger 59
Pyefleet 629	439	salaison à l'orientale 658
	requin-marteau lisse 439	salaka 803
	requin obscur 290	salé à bord 811
Q	requin-renard 1015	salé colombo 213
quarter nape fillet 315	requin-tapis 271	salzfischwaren 814
quenelles 744	requin-taureau 820	salzling 815
	requin-tigre 1016	samma 671
	retailles 772	samma kabayaki 502
	rigor mortis 776	sandre 703
R	riklingur 177	sandre canadien 827
raie 78, 751, 903,	rogue 787	sar 1076
959, 1056	roi des harengs 650	sarashi-wakame 1064
raie à queue épineuse 953	rollmops 790	sarde 44
raie blanche 879, 1087	rorqual 792	sardellenbutter 21
raie bouclée 1011	rorqual commun 318	sardine 822
raie chardon 874	rorqual de Rudolf 867	sardine australienne 699
raie du Pacifique 971	rotskjaer 793	sardine chilienne 187
raie étoilée 970	rouelles 794	sardine du Pacifique 166
raie fleurie 247	rouget 397	sardine en conserve 454
raie grise 353	rouget barbet 397	sardinelle 823
raie hérisson 564	rouget de roche 995	sardine péruvienne 187
raie lisse 96, 917	rouget doré 397	sardine pilchard 705
raie ronde 821	roussette 152	sardine russe 537
raie tachetée 1100	rouvet 920	sargue 824
akørret 749	russlet 537	sashimi 825
		satsuma-age 506

sauce de laitance de hareng	460	
sauce de poisson fermenté	313	
saucisse de poisson	339	
saucisse de thon	1047	
sauerlappen	826	
saumon	804	
saumon à l'indienne	479	
saumon argenté	210	
saumon australien	47	
saumon chien	193, 804	
saumon de l'Atlantique	46	
saumon de printemps	766	
saumon doré	37	
saumon du Danube	260	
saumon du Pacifique	191, 193, 210, 710, 804, 925	
saumon fortement fumé	479	
saumon fortement salé	445	
saumon fumé	529	
saumon japonais	184	
saumon keta	193	
saumon masou	184	
saumon rose	710	
saumon rouge	925	
saumon royal	191	
saumon saumuré	698	
saumure	145	
saupe	402	
saurel	468	
saurer hering	828	
scampi	836	
scandinavian anchovy	20	
scare	682	
schillerlocken	837	
sciaenidé	1067	
sciaenidé du Pacifique	1077	
scorpène	839	
scotch matjes	588	
scrod	841	
sébaste	758	
sèche	257	
seelachs in oel	865	
seiche	257	
semi-conserves	868	
sépiole	257
sériole	1116
sériole à ceinture	1116
sériole australienne	1116
serpent de mer	919
serran	214
serranidé	844
seviche	870
sevruga	871
sevruga-caviar	179
shadine	796
shakeii	875
shidal sutki	885
shioboshi	887
shioboshi-aji	887
shioboshi-hin	887
shioboshi-iwashi	887
shioboshi-samma	887
shiokara	888
ship	985
shiraboshi	986
shottsuru	891
sild	895
silver herring	896
sinaeng	901.1
smolt	46
snoek	922
soboro	924
sole	221, 277, 551, 930, 1010
sole américaine	561
sole commune	221
sole de Californie	691
sole de Nouvelle-Zélande	819
sole du Pacifique	786
sole ocellée	930
solubles de poisson	223
soupe de clam	195
soupe d'églefin	431
soupe de homard	567
soupe de langouste	238
soupe de poisson	344
sourdon	950
spare doré	843
spatule	673
speckfish	941
spermaceti	945, 1071
sphéroïde du Nord	740
spillanga	948
spongine	957
sprat	962
spring salmon	191
stéarine de poisson	345
steckerlfisch	60
sterlet	985
steurharing	975
stockage en caisses	13
stockage en vrac	157
stockage réfrigéré	189
stockage sur étagères	88
stockfish	978
stremel	980
strip	981
stromatée	16
stromatée à fossettes	16
strömming	5
stückenfisch	984
suboshi	986
suboshi-hin	986
succédanés de caviar	180
succédanés de saumon	86
sudako	65
suehiroboshi	605
sukimidara	66
su-kombu	53
surimi	994
sur-réfrigération	99
sursild	99
surströmming	5
surume	99
sushi	99
sutki	99

T

tacaud	73
tacaud norvégien	64
tacon	91
tai-miso	105
taishi	87
tambour	244, 28
tanche	100
tanche-tautogue	24
tanner crab	23
tarako	
tarama	100
tare	502, 87

argeur	647	torpille tachetée	296	**V**	
arpon	542, 1004	tortue	1052	vache	649
assergal	103	tortue américaine	1009	vanneau	742
atami-iwashi	1005	tortue-cuir	1052	varech	513
aupe	727	tortue verte	1052	vare	587
aupe du Pacifique	808	touille	727	varey	587
autogue noir	1006	touladi	545	ventrèche	1059
empura	506	tourteau	293	ventres de saumon	805
engusa	1008	tourte de poisson	335	véron	476
erramycine	30	tranche	972	vessie natatoire	1000
étarde	498	trassi-udang	1036	vielle commune	58
étracycline	30	trepang	1037	viscères	426
hazard	181, 522, 524, 866	trigle	425, 856	vitamines	348
		tronçon	1043	vivaneau	765, 921
hazard bâtard	1063	troque	1042	vive	1068
hon	1029, 1043, 1048	truite	1044	viziga	1061
hon à nageoires jaunes	1108	truite arc-en-ciel	748	voilier	79
		truite brune	859		
hon blanc	8	truite de lac	150, 545		
honine	565	truite de mer	859	**W**	
hon obèse	77	truite de ruisseau	150	wakame	1064
hon rouge	102	truite grise	545	Whitstable native	629
hyrsite	62	truite mouchetée	150		
dbits	381	truite rouge	150		
lapia	1018	truite saumonée	150	**Y**	
le	1019	tsukudani	1045	yakiboshi	1105
nabal	1020	tuna ham	1046	yakiboshi-ayu	1105
napa	1021	tuna wieners	1048	yakiboshi-haze	1105
akalang	1022	tunsoy	823	yakiboshi-iwashi	1105
ōkan-dara	1024	turbot	1050	yaki-chikuwa	185
ōkan-hin	1024	tuyo	1054	yaki-zame	876
omalley	1025				
om kho	1027	**U**			
onno	1029			**Z**	
ororo-kombu	535	uni-shiokara	888	zée	500
orpille	296	uo-miso	1057	zée bouclée d'Amérique	500
orpille marbrée	296	uranoscope	968		
orpille noire	296	ure-zushi	998		

SCIENTIFIC NAMES/NOMS SCIENTIFIQUES

Note: Figures in index refer to item numbers/Les nombres figurant dans l'index se réfèrent aux numéros des rubriques.

A

ABRAMIS spp.	143
Abramis brama	143
Abramis vimba	1117
Acanthistius	844
Acanthocybium solanderi	1063
ACANTHOPAGRUS spp.	846
Achirus	930
Achirus fasciatus	466
Achirus lineatus	561
Acipenser brevirostrum	985
Acipenser gueldenstaedtii colchicus	660, 985
ACIPENSERIDAE	71, 985
Acipenser medirostris	985
Acipenser nudiventris	985
Acipenser oxyrhynchus	985
Acipenser ruthenus	985
Acipenser stellatus	871, 985
Acipenser sturio	985
Acipenser transmontanus	985
Acmea testitudinales	560
Aequipecten gibbus	835
Aequipecten irradians	68
Aetobatus narinari	292
Aibula vulpes	118
ALBULIDAE	118, 542
Alburnus alburnus	92
Aldrichetta	620
Aldrichetta forsteri	620
Allothunnus fallai	908
Alluteuthis media	965
ALOPIIDAE	876, 1015
Aloplas vulpinus	406, 1015
ALOSA spp.	454, 525, 872
Alosa aestivalis	872
Alosa alosa	9, 11, 872
Alosa fallax fallax	872, 1055
Alosa fallax nilotica	872, 1055
Alosa finta	872, 1055

Alosa mediocris	87
Alosa pseudoharengus	9, 87
Alosa sapidissima	16, 87
Alutera schoepfi	31
Alutera ventralis	31
ALUTERIDAE	55
Ambloplites rupestris	78
Amblygaster postera	57
Amia calva	13
Ammodytes americanus	81
Ammodytes cicerellus	81
Ammodytes dubius	81
Ammodytes hexapterus	81
Ammodytes personatus	81
Ammodytes tobianus	817, 91
AMMODYTIDAE	817, 91
Amusium balloti	83
Anadara bronghtoni	3
Anadara subcrenata	38, 19
ANARHICHADIDAE	78
ANARHICHAS spp.	177, 782, 785, 110
Anarhichas denticulatus	108, 17
Anarhichas latifrons	10
Anarhichas lupus	17
Anarhichas minor	177, 96
Anarhichas orientalis	17
ANCHOA spp.	1
Anchoa hepsetus	1
Anchoa mitchilli	1
Anguilla anguilla	294, 30
Anguilla australis	29
Anguilla japonica	294, 49
Anguilla rostrata	14, 29
ANGUILLIDAE	29
Anisotremus davidsoni	82
Anisotremus virginicus	72
Anopoploma fimbria	34, 99, 200, 80
ANOPOPLOMATIDAE	99, 20
Aplodinotus grunniens	283, 88
Apogonidae	17

Apogon imberbis	172	AUSTROMENIDIA spp.	900
Apristurus brunneus	152	Auxis rochet	372
Apsilus dentatus	921	Auxis thazard	52, 125, 372, 715, 1048
Arca barbata	38		
Arca noae	38		
Archosargus probatocephalus	881		
Archosargus rhomboidalis	846	**B**	
ARCIDAE	38	Bagre marinus	848
Arctica islandica	652	Bairdiella chrysura	899, 1116
Aretoscopus japonicus	818	Balaena mysticetus	412, 775
Argentina kogoshimae	37	BALAENIDAE	775, 1071
Argentina semifasciata	37	Balaenoptera acutorostrata	607, 1071
Argentina sialis	37	Balaenoptera borealis	867, 1071
Argentina silus	37	Balaenoptera edeni	867
Argentina sphyraena	37	Balaenoptera musculus	111, 1071
ARGENTINIDAE	37, 911	Balaenoptera physalus	318, 792, 1071
Argopecten irradians	68, 835	BALAENOPTERIDAE	792, 1071
Argyrosomus argentatus	244, 1077	BALANUS spp.	61
Argyrosomus hololepidotus	283, 503	Balistes capriscus	1039
Argyrosomus nibe	85, 244	Balistes forcipatus	1039
Argyrosomus regius	283, 498, 591	BALISTIDAE	314, 1039
Argyrozona argyrozona	897	BASILICHTHYS spp.	900
ARIIDAE	177, 848	BATHYLAGIDAE	37
Arnoglossus laterna	833	Bathystoma	420
Arnoglossus thori	833	Batoidei	751
Arrhamphus sclerolepis	433	Belone belone	79, 383, 630
ARRIPIDAE	47	BELONIDAE	79, 383, 630, 829
Arripis georgianus	47	Bembros anatirostris	356
Arripis trutta	47, 504	Bembros gobioides	356
Ascophyllum nodosum	151, 862, 863	BERARDIUS spp.	69
Aspergillus oryzae	428	Beryx decadactylus	755, 846
Aspitrigla cuculus	425, 760, 929	Bidyanus bidyanus	899
Aspitrigla obscura	425, 886	Blicca bjoerkna	1076
ASTACUS spp.	235, 241	Boops	846
Astacus astacus	241	Boops boops	114
Astacus fluviatilis	241	Boreogadus saida	203, 719, 1062
Asteroidea	967	BOTHIDAE	144, 165, 360, 930
Astroscopus guttatus	968	Brama brama	26, 723, 752
Atheresthes evermanni	41	Brama japonica	723
Atheresthes stomias	40	Brama raji	90, 723, 752
ATHERINA spp.	911	BRAMIDAE	90, 723, 846
Atherina boyeri	42, 900	BRANCHIOSTEGIDAE	1019
Atherina presbyter	42, 148, 900	BREVOORTIA spp.	596, 872
ATHERINIDAE	42, 734, 900, 1073	Brevoortia patronus	596
Atheriscus	900	Brevoortia tyrannus	596
Atractoscion aequidens	387	Brosme brosme	250, 615, 1033, 1053
AUSTROGLOSSUS spp.	930	Buccinum undatum	690, 1072
Austroglossus microlepis	930	Buglossidium luteum	930, 1113
Austroglossus pectoralis	930	BUSYCON spp.	222

C

CALLINECTES spp.	231
Callinectes sapidus	100, 231
Callorhinus ursinus	853
Callorhynchus callorhynchus	298
Callorhynchus millii	298
CAMBARUS spp.	235, 241
CANCER spp.	231
Cancer borealis	231
Cancer irroratus	231
Cancer magister	231, 287
Cancer pagurus	231, 293
CANCRIDAE	231
CARANGIDAE	98, 468, 489, 490, 554, 615, 648, 706, 724, 832, 1048, 1051, 1116
Carangoides emburyi	1051
Carangoides gymnostethoides	98
CARANX spp.	489, 490, 1038
Caranx crysos	242, 490
Caranx hippos	242, 490
Caranx sexfasciatus	1038
Carassius auratus	175, 401
Carassius carassius	175, 246
CARCHARHINIDAE	109, 555, 771, 838, 876, 878, 931, 1016
Carcharhinus	771
Carcharhinus brachyurus	149
Carcharhinus leucas	159
Carcharhinus limbatus	91
Carcharhinus longimanus	1091
Carcharhinus obscurus	290
Carcharias taurus	820
CARCHARIIDAE	820, 876
CARCHARODON spp.	771
Carcharodon carcharias	578, 1084
Carcinus maenas	219, 231
Carcinus mediterraneus	219
CARDIDAE	202, 1098
Cardium aculeatum	202, 950
Cardium corbis	202, 215
Cardium echinatum	950
Cardium edule	202, 215
Cardium tuberculatum	202
Caretta caretta	1052
Carperea marginata	702
Carpiodes	987
Carpiodes cyprinus	745, 940, 987
CATOSTOMIDAE	745, 940, 987
Catostomus	987
Catostomus commersoni	987
Caulolatilus cyanops	1019
Caulolatilus princeps	1019
CENTRACANTHIDAE	692
CENTRARCHIDAE	83, 234, 780, 991
Centroberyx affinis	759
CENTROPOMIDAE	923
Centropomus parallelus	923
Centropomus pectinatus	923
Centropomus undecimalis	923
Centropristis	844
Centropristis philadelphica	844
Centropristis striata	89, 844
Centroscyllium fabricii	271
Cephalacanthus volitans	363
Cephalopoda	483
Cephalorhynchus heavisidei	274
CETORHINIDAE	65, 876
Cetorhinus maximus	65
Chaetodipterus faber	937
Chaetodipterus zonatus	937
CHAETODONTIDAE	26, 164, 937
CHANIDAE	259, 605
Chanos chanos	605
CHARYBDIS spp.	100, 231
Cheilodactylus macropterus	1002.1
Cheilotrema saturnum	85, 244
CHELIDONICHTHYS spp.	465
Chelidonichthys kumu	425
CHELONIA spp.	1052
Chelonia mydas	1052
Chelon labrosus	620
Cherax destructor	241
Cherax tenuimanus	241
Chimaera monstrosa	190, 525, 746, 750
CHIMAERIDAE	190, 746, 750
CHIONOECETES spp.	231
Chionoecetes bairdii	231
Chionoecetes opilio	231
Chionoecetes tanneri	231
CHLAMYDOSELACHIDAE	373, 876
Chlamydoselachus anguineus	373
Chlamys islandica	835
Chlamys opercularis	742, 835
Chlamys varius	835
CHLOROPHYCEAE	862
Chondrus	5
Chondrus crispus	484
Chorinemus lysan	743

Chrysoblephus gibbiceps	768
Chrysoblephus laticeps	791
Chrysophrys	846
Chrysophrys auratus	921
Chrysophrys major	764
Ciliata	783
Ciliata mustela	350
Cleisthenes pinetorum herzensteini	928
Clupea alosa	11
Clupea harengus harengus	454, 822
Clupea harengus palasii	6, 454, 667
Clupea ilisha	464
CLUPEIDAE	229, 310, 454, 525, 596, 648, 796, 822, 872, 1013
Clupeonella delicatula	518
Cnidoglanis macrocephalus	201.1
Colistium ammotretis guntheri	144
Colistium nudipinnis	1050
COLOLABIS spp.	829
Cololabis saira	671, 829
Concholepas concholepas	857
Conger conger	224
Conger oceanicus	224
CONGRIDAE	224
CORBICULA spp.	194
COREGONIDAE	478, 1079
Coregonus albula	1058, 1079
Coregonus altior	721
Coregonus artedii	543, 1079
Coregonus clupeaformis	1079
Coregonus elegans	721
Coregonus hoyi	93, 1079
Coregonus lavaretus	735, 1079
Coregonus oxyrhynchus	472, 1079
Coregonus pollan	721, 1079
Coridodax pullus	163
Coryphaena equisetis	273
Coryphaena hippurus	273
CORYPHAENIDAE	273
COTTIDAE	842
Cottus bairdi	842
Cottus scorpius	842
Crangon crangon	153, 220, 536, 893
Crangon franciscorum	893
CRANGONIDAE	893
Crangon nigricanda	893
Crangon nigromaculata	893
Crangon septemspinosus	893
Crangon vulgaris	153
Crassostrea angulata	661, 731
Crassostrea commercialis	661
Crassostrea gigas	661
Crassostrea glomerata	661
Crassostrea virginica	107, 661
Ctenolabrus rupestris	1103
CUCUMARIA spp.	850
Currupiscis kumu	760
CYBIUM spp.	524
CYCLOPTERIDAE	452, 573, 918
Cyclopterus lumpus	452, 573
CYNOSCION spp.	244, 283, 859, 1067
Cynoscion arenarius	1067
Cynoscion nebulosus	1067
Cynoscion nobilis	1067
Cynoscion regalis	964, 1067
CYPRINIDAE	143, 175, 246, 443, 736, 956, 963, 1007
Cyprinodon	520
CYPRINODONTIDAE	520
Cyprinus carpio	175
CYPSELURUS spp.	362

D

DACTYLOPERIDAE	363
Dactylopterus volitans	363
DACTYLOSCOPIDAE	968
DASYATIDAE	751, 976
Dasyatis akajei	976
Dasyatis americana	976
Dasyatis centroura	976
Dasyatis pastinaca	976
Dasyatis violacea	976
DECAPTERUS spp.	468, 489, 490, 539, 832
Decapterus macarellus	468
Decapterus punctatus	468
DELPHINAPTERIDAE	274
Delphinapterus leucas	72, 274
DELPHINIDAE	274
Delphinus delphis delphis	216, 274, 621
DEMOSPONGIA spp.	957
Dentex	846
Dentex macrophthalmus	549
Dermochelys coriacea	1052
Dicentrarchus labrax	66, 844
Diplectrum formosum	844
Diplodus sargus	824, 1076
DONAX spp.	194

Donax trunculus	225
Donax variabilis	225
DOROSOMA spp.	872
Dorosoma cepedianum	394, 872
Dorosoma petenense	872
DUGONG spp.	849

E

Echinorhinus brucus	952
Echinorhinus spinosus	952
ECHINUS spp.	861
Echinus esculentus	861
Eisenia bicyclis	860
ELEDONE spp.	653
Eledone cirrosa	653
Eleginops maclovinus	781
Eleginus gracilis	203
Eleginus gracilis (Navaga)	1062
Eleginus navaga	203, 1062
ELEUTHERONEMA spp.	1012
Eleutheronema tetradactylum	1012
ELOPIDAE	542, 576, 897, 1004
Elops affinis	576, 1004
Elops saurus	542, 1004
EMBIOTOCIDAE	993
Enchelyopus	783
Enchelyopus cimbrius	367
ENGRAULIDAE	19
Engraulis australis	19
Engraulis encrasicolus	19, 20
Engraulis japonica	19
Engraulis mordax	19, 640
Engraulis ringens	18, 19
Ensis directus	753
Ensis ensis	753
Ensis siliqua	753
Enteromorpha linza	414
Eopsetta grigorjewi	797
Eopsetta jordani	144, 691
EPHIPPIDAE	26, 937
EPINEPHELUS spp.	419, 854
Epinephelus analogus	420
Epinephelus gigas	289, 854
Epinephelus guaza	289
Epinephelus ingritus	419
Epinephelus itajara	419, 498
Epinephelus morio	419
Epinephelus striatus	419

Eretmochelys imbricata	1052
Erimacrus isenbeckii	231
Eschrichtius glaucus	664, 1071
ESOCIDAE	694, 704, 922
Esox americanus vermiculatus	704
Esox lucius	704
Esox masquinongy	704
Esox niger	704
Ethmalosa fimbriata	124
Ethmidium chilcae	576
Ethmidium maculatus	454
ETRUMEUS spp.	454, 796
Etrumeus acuminatus	796
Etrumeus micropus	796
Etrumeus sadina	796
Euastacus armatus	241
Eubalaena glacialis australis	775, 935
Eubalaena glacialis glacialis	639, 775
Eubalaena glacialis japonicus	775
Euphausia superba	536.1, 536.2
EUSPONGIA spp.	957
EUTHYNNUS spp.	125, 1048
Euthynnus affinis	52, 565, 1048
Euthynnus alletteratus	565, 1048
Euthynnus pelamis	907, 1022, 1048
Eutrigla gurnardus	416, 425, 443
EVYNNIS spp.	243, 846
EXOCOETIDAE	362
Exocoetus obtusirostris	362
Exocoetus volitans	362

F

Fluvialosa richardsoni	143
Fluvialosa vlaminghi	454
Fucus serratus	863
Fucus vesiculosis	863
Fundulus	520

G

Gadiculus argenteus argenteus	901
Gadiculus argenteus thori	901
GADIDAE	7, 200, 203, 350, 366, 367, 615, 722, 761, 783, 785, 812, 855, 1014, 1026, 1053, 1078, 1093
Gadus	834
Gadus aeglefinus	430
Gadus cailarius	203

Gadus gracilis	1062
Gadus luscus	732
Gadus macrocephalus	203, 406, 663
Gadus minutus	726
Gadus morhua	203, 1033
Gadus navaga	1062
Gadus ogac	203
Gadus pollachius	720
Gadus poutassou	733
Gaidropsarus	783
Gaidropsarus tricirratus	1014
Galaxias attenuatus	1073
Galeichthys felis	848
Galeocerdo cuvieri	1016
Galeorhinus	771
Galeorhinus australis	838
Galeorhinus capensis	931
Galeorhinus galeus	1030
Galeorhinus zyopterus	931
Galeus melastomus	88, 271
GELIDIUM spp.	5, 1008
Gemplus serpens	920
GEMPYLIDAE	62, 894, 920, 922
Genyonemus lineatus	244, 522, 1026, 1077
Genypterus blacodes	562, 783
Genypterus capensis	523
Germo	1048
Germo alalunga	8
Gerres ovatus	779
GERRIDAE	611
Geryon quinquedens	231
Gigartina	5
Gigartina steliata	484
Ginglymostoma cirratum	649
Girella nigricans	633
Girella tricuspidata	633
GIRELLIDAE	633
Glaucosoma hebraicum	498
GLOBICEPHALA spp.	707
Globicephala melaena melaena	707
GLOIOPELTIS spp.	377.1
Glycymeris glycymeris	38
Glyptocephalus cynoglossus	1088, 1101
Glyptocephalus zachirus	773
GOBIIDAE	398, 637
GOBIUS spp.	637
GRACILARIA spp.	5
Grammatorcynus bicarinatus	276
Grampus griseus	274, 778
Gymnammodytes cicerellus	817
Gymnosarda elegans	125, 297
Gymnosarda unicolor	657, 799
Gymnothorax funebris	616
Gymnothorax mordax	616
Gymnura altavela	976

H

HAEMULON spp.	420
HALIOTIDAE	2
Haliotis iris	2
Haliotis tuberculata	2, 659
Harpodon nehereus	116
Helicolenus papillosus	854
HELIOCIDARIS spp.	861
HEMICARANX spp.	490
HEMIRAMPHIDAE	433, 829
Hemiramphus	383
Hemiramphus australis	433
Hemiramphus balao	433
Hemiramphus brasiliensis	433
Hemiramphus far.	433
Hemiramphus saltator	433
Hemitripterus americanus	842
Heterosomata	354
HEXAGRAMMIDAE	43, 99, 415, 563
HEXANCHIDAE	876
Hexanchus griseus	902
Hippoglossoides dubius	355
Hippoglossoides elassodon	355
Hippoglossoides platessoides	15, 258, 571, 714, 816
Hippoglossus hippoglossus	436
Hippoglossus stenolepis	436, 666
HIPPOSPONGIA spp.	957
Holacanthus	26, 164
HOLOCENTRIDAE	929
HOLOTHUROIDAE	850
HOMARUS spp.	567
Homarus americanus	567, 641
Homarus gammarus	306, 567
Homarus vulgaris	306
Hucho hucho	260, 804
Hucho taimen	260, 804
Huso huso	71, 985
Hydrolagus colliei	190, 750

Hydrolagus novaezealandiae	388.1
Hymenopenaeus robustus	893
Hyperoodon rostratus	130
Hyperoplus lanceolatus	408, 817
Hypomesus olidus	725
Hypomesus pretiosus	994
Hyporhamphus unifasciatus	433
Hypsopsetta guttulata	1050

I

Icelinus filamentosus	842
ICTALURIDAE	177, 848
ICTALURUS spp.	177
Ictalurus punctatus	177
ICTIOBUS spp.	987
Iridea laminaroides	156
ISTIOPHORIDAE	79, 587, 801, 940
ISTIOPHORUS spp.	79, 801
Istiophorus albicans	801
Istiophorus gladius	801
Istiophorus greyi	801
Isurus	578
Isurus glaucus	126, 581
Isurus oxyrinchus	126, 578, 581

J

JASUS spp.	235, 784
Jasus edwardsii	235
Jasus lalandii	235
Jasus novaehollandiae	235
Jasus verreauxi	235
Jordanidia solandrii	934

K

Kathetostoma giganteurn	614
Katsuwonus pelamis	907
Kishinoella	1048
Kishinoella tongoll	572
Kishinoella zacalles	572
Kogia breviceps	557

L

Labidesthes sicculus	900
LABRIDAE	58, 73, 249, 689, 854, 881, 1006, 1103
Labrus bergylta	58, 73, 1103
Lachnolaimus maximus	1103
Lagenorhynchus acuius	274, 1086
Lagenorhynchus albirostris	274, 1075
Lagenorhynchus obscurus	274, 288
Lagodon rhomboides	143, 709
LAMINARIA spp.	10, 151, 523, 535, 547, 847, 862
LAMNA spp.	578, 727
Lamna cornubica	727
Lamna ditropis	578, 808
Lamna nasus	101, 578, 727
LAMNIDAE	101, 578, 581, 808, 876, 1034
Lampetra ayresi	548
Lampetra fluviatilis	548
Lampetra japonica	548
Lampetra planeri	548
LAMPRIDIDAE	522, 615, 656, 991
Lampris guttatus	522, 615, 656
Lateolabrax japonicus	495, 844
Lates calcarifer	64
LATIDAE	64
Latridopsis ciliaris	611.1
Leander serratus	218
LEIONURA spp.	62
Leionura atun	62
Leiostomus xanthurus	958
Lepidopsetta bilineata	786
Lepidopus caudatus	253, 376
Lepidopus xantusi	253, 831
Lepidorhombus whiffiagonis	594, 1088
LEPIDOTRIGLA spp.	507
LEPISOSTEIDAE	383
Leptocottus armatus	842
LETHRINUS spp.	300
LEUCICHTHYS spp.	1079
Leuciscus idus	476
Leuresthes tenuis	900
Limanda ferruginea	258, 1101, 1114, 1116
Limanda herzensteini	258
Limanda limanda	258, 816
LIMULUS spp.	231, 521
Liopsetta glacialis	36
Liopsetta putnami	915
LIPARIS spp·	857, 918
Liparis atlanticus	857
Liparis liparis	857
Lithognathus lithognathus	1089
Lithophaga lithophaga	261

Littorina littorea	690, 1072, 1098	*Makaira nigricans*	87, 105, 587
LITTORINIDAE	1098	MALACLEMYS spp.	1009
Liza	620	*Mallotus villosus*	170, 726
Liza argentea	620	*Manta birostris*	584
Liza aurata	620	*Manta hamiltoni*	584
Liza dussumieri	620	*Marinauris roei*	2
Liza ramada	620	*Masturus lanceolatus*	612
Liza salieus	620	*Medialuna californiensis*	434
Liza vaigiensis	620	*Megabalanus psittacus*	61
Lobotes surinamensis	1041	*Megalops atlantica*	897, 1004
LOLIGINIDAE	965	*Meganyctiphanes norvegica*	536.1
LOLIGO spp.	965	*Megaprion brevirostris*	555
Loligo opalescens	965	*Megaptera nodosa*	474
Loligo pealei	965	*Megaptera novaeanglia*	474, 1071
Loligo reynaudi	965	*Melanogrammus aeglefinus*	430
Loligo vulgaris	965	*Menidia beryllina*	900
LOPHIIDAE	614	*Menidia menidia*	900
LOPHIUS spp.	28, 266	*Menidia notata*	900
Lophius americanus	28	*Menippi mercenaria*	231
Lophius litulon	28	MENTICIRRHUS spp.	244, 283, 522,
Lophius piscatorius	3, 28, 160, 614		526
Lopholatlus chamaeleonticeps	1019	*Menticirrhus americanus*	526
Lota lacustris	160	*Menticirrhus saxatilis*	526
Lota lota	160	*Menticirrhus undulatus*	526
Lota maculosa	160	*Mercenaria mercenaria*	194, 441, 741
Loxechimus albus	861	MERETRIX spp.	194, 441
Lucioperca	703	*Meretrix lamareki*	441
LUNATIA spp.	1098	*Meretrix lusoria*	441
LUTJANIDAE	921	*Merlangus merlangus*	1093
Lutjanus analis	921	MERLUCCIIDAE	1078
Lutjanus apodus	921	*Merluccius bilinearis*	432, 898, 1093
Lutjanus campechanus	765, 921	*Merluccius capensis*	169, 432, 978
Lutjanus colorado	921	*Merluccius gayi*	186, 432
Lutjanus griseus	921	*Merluccius hubbsi*	432, 936
Lutjanus marginatus	921	*Merluccius mediterraneus*	432
Lutjanus sebae	921	*Merluccius merluccius*	432, 855
Lutjanus synagris	921	*Merluccius pelli*	432
		Merluccius productus	432, 665
M		*Merluccius senegalensis*	432
		Mesodesma donacium	441
Macrobrachium carcinus	370, 737	*Mesodesma ventricosa*	1023
MACROURIDAE	929	*Mesoplodon*	69
Macrozoarces americanus	205	METAPENAEUS spp.	737
Mactra sachalinensis	194	*Microcherus ocellatus*	930
MAENIDAE	692	*Microcherus variegatus*	930, 1010
Maia squinado	231, 949	MICROGADUS spp.	1026
MAJIDAE	231	*Microgadus proximus*	1026
MAKAIRA spp.	79, 587	*Microgradus tomcod*	1026
Makaira indica	87, 105, 587	*Micromesistius poutassou*	733
Makaira marlina	587		

Micropogon undulatus	45, 244, 443	*Mustelus stellatus*	916
MICROPTERUS spp.	83	*Mustelus vulgaris*	916
MICROSTOMUS spp.	930	*Mya arenaria*	194, 382, 927
Microstomus achne	909	*MYCTEROPERCA* spp.	419
Microstomus kitt	556	*Mycteroperca bonaci*	419
Microstomus pacificus	277	*Mycteroperca microlepis*	419
Miichthys imbricatus	634	*Mycteroperca venenosa*	419
Mobula hypostoma	584	*Mylio*	846
Mobula mobular	266, 584	*MYLIOBATIDAE*	292, 751
MOBULIDAE	266, 584, 751	*Myliobatis aquila*	292
Modiolus	622	*Myliobatis freminvillei*	292
Modiolus barbatus	622	*Myliobatis goodei*	292
Modiolus modiolus	622	*Mylio macrocephalus*	90
Mola mola	612	*Myoxocephalus octodecemspinosus*	842
Mola lanceolata	612	*Myoxocephalus scorpius*	842
MOLIDAE	612, 991	*MYTILIDAE*	622
MOLVA spp.	562	*Mytilus*	622
Molva byrkelange	104	*Mytilus californianus*	622
Molva dypterygia	104, 562	*Mytilus canaliculus*	622
Molva dypterygia macrophthalma	562, 592	*Mytilus edulis*	106, 622
		Mytilus galloprovincialis	622
Molva molva	562	*Mytilus planulatus*	622
Monacanthus cirrhifer	314	*MYXUS* spp.	620
Monacanthus tuckeri	314	*Myxus elongatus*	620
Monodon monoceros	627		
Monodonta turbinata	1032	**N**	
Morone americanus	844, 1083	*Narcine brasiliensis*	296
Morone chrysops	844, 1074	*Naucrates ductor*	706
Morone mississipiensis	844	*Naucrates indicus*	706
Morone saxatilus	782, 844, 982	*Nemadactylus macropterus*	617.1
MOXOSTOMA spp.	987	*Neomeris phocaenoides*	481
Mugil cephalus	620	*NEOPLATYCEPHALUS* spp.	356
Mugil curema	620	*Neothunnus albacares*	1108
Mugil gaimardiana	620	*NEPHROPSIDAE*	642
Mugil georgii	620	*Nephrops norvegicus*	642, 737
MUGILIDAE	397, 620, 995	*Neptomenus crassus*	724
Mugil labrosus	620	*NEPTUNUS* spp.	100, 231
MULLIDAE	397, 995	*Nibea mitsukurii*	634
Mullus auratus	397	*Notohaliotis ruber*	2
Mullus barbatus	397	*Nototodarus sloani*	965
Mullus surmuletus	397, 620, 763, 995		
Muraena helena	616	**O**	
Muraenesox cinereus	880		
MURAENIDAE	616	*OCTOPUS* spp.	653
MUSTELUS spp.	271, 876, 916	*Octopus macropus*	653
Mustelus antarcticus	424, 916	*Octopus maorum*	653
Mustelus asterias	916	*Octopus punctatus*	653
Mustelus californicus	916	*Octopus vulgaris*	653
Mustelus canis	406, 916	*Ocyurus*	921
Mustelus mustelus	916	*Ocyurus chrysurus*	921

ODOBENUS spp.	1066
ODONTASPIDIDAE	820
Odontaspis taurus	820
Oligoplites saurus	554
Ommastrephes sagittatus	364, 965
Ommastrephes sloani pacificus	965
OMMASTREPHIDAE	965
ONCORHYNCHUS spp.	804
Oncorhynchus gorbuscha	710, 804
Oncorhynchus keta	193, 804
Oncorhynchus kisutch	210, 804
Oncorhynchus masou	184, 804
Oncorhynchus nerka	804, 925
Oncorhynchus tschawytscha	191, 804
Onos cimbrius	367
Onos mustela	350
Onos tricirratus	1014
OPHICHTHIDAE	919
OPHIDIIDAE	251
Ophiodon elongatus	99, 415, 563
Ophiuroidea	967
OPISTHONEMA spp.	1013
Opisthonema libertate	1013
Opisthonema oglinum	1013
Orca gladiator	519
Orcinus orca	519
Orcynopsis unicolor	125, 715
ORECTOLOBIDAE	649, 876
Orthodon microlepidotus	443
Orthopristis chrysoptera	701
OSMERIDAE	170, 725, 726, 911, 994
Osmerus dentex	911
Osmerus eperlanus	911
Osmerus eperlanus mordax	911
Osphyronemus gourami	404
OSTEOGLOSSIDAE	33
Ostrea chiliensis	661
Ostrea edulis	217, 629, 661
Ostrea laperousei	661
Ostrea lurida	661
Ostrea lutaria	661
OSTREIDAE	661
Otholitus nebulosus	244
Oxynotus centrina	473

P

Pagellus	846
Pagellus acarne	48
Pagellus bogaraveo	110, 846
Pagellus erythrinus	679
Pagophilus groenlandicus	853
Palaemonetes vulgaris	893
PALAEMONIDAE	370, 737, 893
Palaemon serratus	218, 711, 737
PALINURUS spp.	235, 951
Palinurus mauretanicus	235
Palinurus vulgaris	235
Palometa simillina	724
PAMPUS spp.	723
PANDALIDAE	737, 893
Pandalus borealis	262, 711, 737
Pandalus dispar	893
Pandalus goniurus	893
Pandalus hypsinotus	893
Panadalus jordani	711
Pandalus montagui	711, 893
Pandalus platyceros	893
PANTOSTEUS spp.	987
PANULIRUS spp.	235, 951
Panulirus argus	235
Panulirus interruptus	235
Panulirus japonicus	235
Panulirus longipes cygnus	235
Panulirus ornatus	235
Panulirus regius	235
Panulirus versicolor	235
Paphia staminea	194
Paphies australe	712.1
Paracentrotus livida	861
Paralabrax	844
Paralabrax clathratus	844
Paralabrax nebulifer	844
PARALICHTHYS spp.	361
Paralichthys albigutta	361
Paralichthys californicus	165
Paralichthys dentatus	361, 989
Paralichthys lethostigma	361
Paralichthys oblongus	361
Paralichthys olivaceus	67
Paralithodes camchatica	521
Paralithodes camchaticus	231
Paralonchurus peruanus	244
PARANEPHROPS spp.	712.1
Parapercis colias	99
Parapristipoma	420
PARATHUNNUS spp.	1048
Parathunnus obesus	77
Parophrys vetulus	301, 556

Patella caerulea	560
PECTEN spp.	68, 226
Pecten aequisulcatus	68, 835
Pecten caurinus	835
Pecten jacobaeus	835
Pecten laqueatus	68, 835
Pecten magellanicus	835
Pecten maximus	835
Pecten meridional	835
Pecten novaezealandiae	835
Pecten varius	835
Pecten yessoensis	835
PECTINIDAE	742, 835
Pegusa lascaris	551
Pelotreis flavilatus	556
Peltorhamphus novaezealandiae	301, 930
PENAEUS spp.	1085
Penaeus artecus	153
Penaeus brasiliensis	893
Penaeus brevirostris	711
Penaeus californiensis	153
Penaeus canaliculatus	153
Penaeus caramote	737
Penaeus duorarum	711
Penaeus esculentus	737
Penaeus indicus	737
Penaeus japonicus	737
Penaeus kerathurus	737
Penaeus latisulcatus	737
Penaeus merguiensis	737
Penaeus monodon	737
Penaeus occidentalis	1085
Penaeus plebejus	737
Penaeus schmitti	1085
Penaeus semisulcatus	737
Penaeus setiferus	1085
Penaeus stylirostris	893
PENEIDAE	737
PEPRILUS spp.	448
Peprilus alepidotus	448
Peprilus triacanthus	163, 448
Perca flavescens	689, 1111
Perca fluviatilis	689
PERCIDAE	689, 694, 703, 827, 1065
PERCOPHIDIDAE	356
Peristedion cataphractum	39
Perna canaliculus	415.1
Petromyzon marinus	548, 852
PETROMYZONTIDAE	548
Petrus rupestris	767
PETRYGOTRIGLA spp.	465
PHAEOPHYCEAE	862
Phocaena phocaena	730
PHOLAS spp.	700
Phrynorhombus norvegicus	647
Phycis blennioides	366
Physeter catodon	945, 1071
Physeter macrocephalus	945
Physiculus bachus	756.1
Pimelometopon darwini	1103
Pimelometopon pulchrum	881, 1103
Pinctada margaritifera	619
Pinctada martensii	619
Pinctada maxima	619
Pitaria cordata	194
Placopecten magellanicus	835
Platichthys flesus	360, 361
Platichthys stellatus	969
PLATYCEPHALIDAE	356
Platycephalus indicus	356
Plebidonax deltoides	712.1
Plecoglossus altivelis	49
Plectroplites ambiguus	689
Pleurogrammus azonus	43
Pleurogrammus monopterygius	43
Pleuronectes platessa	452, 714
Pleuronectes quadrituberculatus	714
PLEURONECTIDAE	15, 36, 40, 41, 144, 277, 301, 355, 360, 361, 374, 551, 556, 714, 773, 786, 797, 915, 930, 969, 1050, 1088, 1099, 1101, 1114, 1116
Pleuronichthys cornutus	374
Pleuronichthys ritteri	1050
PNEUMATOPHORUS spp.	577
Pogonias cromis	86, 283
Pogonichthys macrolepidotus	956
Pollachius pollachius	720, 722
Pollachius virens	84, 200, 722, 785, 802
Pollicipes cornucopia	61
Polydactylus approximans	1012
Polydactylus octonemus	1012
POLYNEMIDAE	1012
Polyodon spathula	673
POLYODONTIDAE	673
Polyprion americanus	844, 1104
Polyprion morone	1104
Polyprion oxygeneios	1104
Polypterus bichir	75

POLYPUS spp.	266, 653
Polypus hongkongensis	653
Polysteganus argyrosomus	897
Polysteganus undulosus	869
POMACANTHUS spp.	26, 164
POMADASYIDAE	420, 701, 729, 824
Pomadasys	420
POMATOMIDAE	103
Pomatomus saltator	103
Pomatomus saltatrix	103
POMOXIS spp.	234
Pomoxis annularis	234
Pomoxis nigromaculatus	234
PORPHYRA spp.	552
Porphyra tenera	638
PORTUNIDAE	231
Portunus pelagicus	231
Portunus puber	231, 1001
PRIACANTHIDAE	76
Priacanthus arenatus	76
Prionace	771
Prionace glauca	109
Prionotus	856
PRISTIDAE	751, 830
Pristiophorus nuddipinis	876
Pristis antiquorum	830
Pristis pectinata	830
Pristis perotteti	830
Pristiurus melanostomus	88
PROGNICHTHYS spp.	362
Prolatilus jugularis	1019
Promicrops itajara	498
Prosopium quadrilaterale	597
Protothaca staminea	194
Protothaca thaca	194, 441
Psenopsis anomala	163
Psetta maxima	1050
Psettichthys melanostictus	551
PSEUDEMYS spp.	1052
PSEUDOCENTROTUS spp.	861
Pseudopleuronectes americanus	556, 1099
PSEUDORHOMBUS spp.	930
Pseudosciaena manchurica	244, 1107
Pteromylaeus bovinus	292
Pterygotrigla polyommata	551.1
PTYCHOCHEILUS spp.	963
Ptychocheilus grandis	963
Ptychocheilus oregonensis	963

Q

Quenselia azevia	930
Quenselia ocellata	930

R

Rachycentron canadum	201
RAJA spp.	903
Raja alba	1087
Raja asterias	970
Raja batis	353
Raja binoculata	78
Raja brachyura	96
Raja circularis	821
Raja clavata	1011
Raja erinacea	564
Raja fullonica	874
Raja macrorhynchus	353
Raja lintea	879
Raja microcellata	675, 1056
Raja montagui	959
Raja naevus	247
Raja ocellata	1100
Raja oxyrhinchus	570
Raja punctata	970
Raja radiata	970
Raja rhina	570
Raja rosispinis	357
Raja senta	917
Raja spinicauda	953
Raj stellulata	971
Raja undulata	675, 1056
RAJIDAE	751, 788, 903
Rajiformes	296, 423, 751, 830
Rana catesbeiana	158
Raniceps raninus	366, 383
RANIDAE	158, 375
RASTRELLIGER spp.	259, 480, 668
Rastrelliger brachysoma	480
Rastrelliger canagurta	213
REGALECIDAE	650
Regalecus glesne	525, 650
Reinhardtius hippoglossoides	411
Rhabdosargus globiceps	1090
RHINOBATIDAE	423, 751
Rhinobatus lentiginosus	423
Rhizoprionodon longurio	878
Rhizoprionodon terraenovae	878
RHODOPHYCEAE	862
Rhodymenia palmata	286

RHOMBOPLITES spp.	921
Rhomboplites aurorubens	921
RHOMBOSOLEA spp.	360
Rhombosolea plebeia	819
RHOPILEMA spp.	497
Rhopilema esculenta	497
Roccus interrupta	844
ROCCUS (*Morone*) spp.	844
Rossia macrosoma	257
Rutilus rutilus	779
Ruvettus pretiosus	920

S

SALANGICHTHYS spp.	889
SALMO spp.	1044
Salmo aguabonita	1044
Salmo clarki	1044
Salmo gairdnerii	748, 973, 1044
Salmo gilae	1044
Salmo irideus	748, 973, 1044
SALMONIDAE	182, 545, 597, 1044
Salmo salar	46, 804
Salmo trutta	859, 1044, 1067, 1079
SALVELINUS spp.	182, 1044
Salvelinus alpinus	35, 182
Salvelinus fontinalis	150, 182, 272, 545
Salvelinus malma	150, 182, 272
Salvelinus namaycush	150, 182, 545
Salvelinus willoughbii	182
SARDA spp.	125, 799, 1048
Sarda chiliensis	125
Sarda chiliensis chiliensis	662
Sarda chiliensis lineolata	662
Sarda orientalis	125, 657, 799
Sarda sarda	44, 125, 468, 544
Sardina pilchardus	705, 822
SARDINELLA spp.	823, 1054
Sardinella anchovia	823
Sardinella aurita	392, 823
Sardinella fimbriata	823
Sardinella longiceps	655, 823
Sardinella perforata	823
Sardinops melanosticta	494, 705, 822
Sardinops neopilchardus	699, 705, 822
Sardinops ocellata	705
Sardinops sagax	106, 187, 705, 822
Sargassum enerve	469
Sarpa salpa	402
Saxidomus giganteus	194
Saxidomus nuttali	194, 441
SCARIDAE	682
Schismotis laevigata	2
Sciaena antarctica	283
Sciaena gilberti	283
SCIAENIDAE	85, 244, 283, 443, 498, 503, 522, 526, 591, 743, 859, 881, 899, 958, 1026, 1067, 1077, 1116
Sciaenops ocellatus	283, 757, 758
Scolodion	771
SCOMBER spp.	577, 688
Scomber australasicus	577
SCOMBERESOX spp.	433, 829
Scomberesox forsteri	383, 630, 829
Scomberesox saurus	79, 829
Scomber japonicus	192, 577, 668, 938
SCOMBEROMORUS spp.	181, 192, 524, 894, 938
Scomberomorus cavalla	522, 524, 894
Scomberomorus commersoni	524, 866
Scomberomorus concolor	524
Scomberomorus guttatus	524
Scomberomorus maculatus	524, 938
Scomberomorus niphonius	524
Scomberomorus queenslandicus	524
Scomberomorus regalis	181, 524
Scomberomorus semifasciatus	524
Scomberomorus sierra	524, 894
Scomberomorus tritor	524
Scomber scombrus	577
SCOMBRIDAE	125, 715, 799, 894, 938, 1048, 1063
Scophthalmus rhombus	144, 148, 691
Scorpaena	839
Scorpaena atlantica	839
Scorpaena cardinalis	201.1, 839
Scorpaena guttata	839
Scorpaena porcus	839
Scorpaena scrota	839
Scorpaenichthys marmoratus	842
SCORPAENIDAE	782, 785, 839, 854
SCORPIDAE	434
Scorpis aequipinnis	434
SCYLIORHINIDAE	88, 152, 271, 876
Scyliorhinus canicula	271, 558
Scyliorhinus retiter	271
Scyliorhinus stellaris	271, 550
Scylla serrata	231

SEBASTES spp.	73, 148, 651, 758, 782, 846, 929
Sebastes alutus	651, 669, 782, 785
Sebastes marinus	768
Sebastes mentella	758
Sebastes viviparus	758
Sebastichthys capensis	491
SEBASTODES spp.	651, 758, 782
Sebastolobus macrochir	516
Selache maxima	85
Selachii	271, 876
Selenotoca multifasciata	163
SEPIA spp.	257
Sepia officinalis	257
SEPIOLA spp.	257
Sepiola rondeleti	257
Sepioteuthis bilineata	965
SERIOLA spp.	490, 1048, 1116
Seriola dorsalis	1116
Seriola dumerili	1116
Seriola grandis	1115
Seriola hippos	1116
Seriola lalandi	1116
Seriola quinqueradiata	1116
Seriola zonata	1116
SERIOLELLA spp.	490
Seriolella brama	1066.1
Seriolella punctata	1066.1
Seriphus politus	743
SERRANIDAE	214, 382, 419, 498, 782, 844, 854, 982, 1104
Serranus cabrilla	214, 382, 844
Siliqua patula	753
SILLAGINIDAE	1093
Sillaginodes punctatus	1093
SILLAGO spp.	1093
Sillago analis	1093
Sillago bassensis	1093
Sillago ciliata	1093
Sillago maculata	1093
Solea lascaris	551, 930
Solea vulgaris vulgaris	221, 277, 930, 1028
SOLEIDAE	277, 466, 561, 930
Solen ensis	753
SOLENIDAE	194, 753
Solen marginatus	753
Solen vagina	753
Somniosus microcephalus	413
SPARIDAE	90, 143, 243, 275, 402, 709, 755, 764, 824, 843, 846, 881, 1076
Sparus	846
Sparus aurata	391
Sparus pagrus	228
Spermoceti	944
Sphaeroides maculatus	740
Sphyraena argentea	63
Sphyraena jello	63
Sphyraena sphyraena	63
SPHYRAENIDAE	63, 855
Sphyrna mokarran	439
Sphyrna zygaena	439
SPHYRNIDAE	439, 876
Spisula solidissima	194
Spondyliosoma	846
Spondyliosoma cantharus	90
SPONGIA spp.	957
Sprattus sprattus sprattus	147, 962
SQUALIDAE	101, 271, 413, 473, 785, 876, 952
Squaliformes	271, 876
Squalus acanthias	101, 271, 406, 693, 785
Squalus blainvillei	271
Squalus cubensis	271
Squalus megalops	876
SQUATINA spp.	873
Squatina angelus	27
Squatina armata	27
Squatina californica	27
Squatina dumerili	27
Squatina japonica	27
Squatina nebulosa	27
Squatina squatina	3, 26, 27, 614
SQUATINIDAE	27, 614, 876
Stenodus leucichthys nelma	478
Stenotomus chrysops	843
Stereolepis	844
Stereolepis gigas	389, 844
STICHOPUS spp.	850
STIZOSTEDION spp.	689, 694, 703, 827, 1065
Stizostedion canadense	703, 827
Stizostedion lucioperca	703
Stizostedion vitreum glaucum	703
Stizostedion vitreum vitreum	703, 1065
Stolephorus indicus	51

STROMATEIDAE	163, 448, 723, 724, 967
Stromateus cinereus	723
Stromateus fiatola	723
Stromateus niger	723
STROMBUS spp.	222
STRONGYLOCENTROTUS spp.	861
Strongylocentrotus lividus	861
SYNODONTIDAE	566

T

Taius tumifrons	1112
Tandanus tandanus	177
TAPES spp.	174, 194
Tapes aureus	174
Tapes decussatus	174, 418
Tapes japonica	174
Tapes variegata	174
Tapes virginea	174
Taractes longipinnis	723
Tautoga onitis	1006, 1103
Tautogolabrus adspersus	249, 689, 1103
TETRAODONTIDAE	554, 740
TETRAPTURUS spp.	79, 587, 940
Tetrapturus albidus	587, 1082
Tetrapturus angustirostris	940
Tetrapturus audax	587, 983
Tetrapturus pfluegeri	940
Thaleichthys pacificus	304
Theragra chalcogramma	7, 180, 722
THUNNIDAE	310, 1048, 1059
Thunnus	1048
Thunnus alalunga	8, 1048, 1108
Thunnus albacares	8, 1048, 1108
Thunnus maccoyii	1048
Thunnus obesus	77, 1048
Thunnus thynnus	102, 1048
Thunnus tonggol	572, 1048
Thunnus zacalles	572, 1048
Thymallus arcticus	407
THYRSITES spp.	62, 920
Thyrsites atun	62
Thyrsites lapidopodes	920
Thyrsitops lepidopodea	62, 894
Thysandoessa inermis	536.1
TILAPIA spp.	1018
Tilapia nilotica	1018
Tinca tinca	1007
Tivela stuttorun	194
Todarodes sagittatus	364, 965
TORPEDINIDAE	296, 751
Torpedo californica	296
Torpedo marmorata	296
Torpedo narke	296
Torpedo nobiliana	296
Torpedo ocellata	296
Torpedo torpedo	296
Trachichthodes affinis	765
Trachichthodes gerrardi	765
TRACHINIDAE	1063
TRACHINOTUS spp.	724
Trachinotus carolinus	724
Trachinotus falcatus	724
Trachinotus glaucus	724
Trachinus araneus	1068
Trachinus draco	409, 1068
Trachinus lineatus	1068
Trachinus vipera	1068
TRACHURUS spp.	468, 489, 490, 832
Trachurus declivis	468, 489
Trachurus japonicus	468
Trachurus mediterraneus	468
Trachurus picturatus	468
Trachurus symmetricus	468
Trachurus trachurus	115, 468
TRIAKIDAE	271, 876, 916
TRICHECHUS spp.	849
TRICHIURIDAE	253, 376, 831
Trichiurus	253
Trichiurus lepturus	253
Trichiurus nitens	253
TRICHODONTIDAE	818, 891
Trichodon trichodon	818
TRIGLA spp.	425
Trigla lucerna	425, 1110
Trigla lyra	425, 712
TRIGLIDAE	425, 443, 856
Trigloporus lastoviza	425, 979
TRINECTES spp.	930
Trinectes maculatus	466
Trisopterus	203
Trisopterus esmarkii	643
Trisopterus luscus	732
Trisopterus minutus	203, 726
TROCHUS spp.	1042
Trochus niloticus	1042

TRUDIS spp.	356	*Venerupis decussatus*	418
Trudis bassensis	356	*Venus mercenaria*	194, 741
Trudis caeruleopunctatus	356	*Venus mortoni*	194, 441
Turbo cornutus	1032	*VOLSELLA* spp.	622
Tursiops truncatus	129, 274, 730	*VOMER* spp.	615
		Vomer declivifrons	615
		Vomer setapinnis	615

U

Umbrina cirrosa	244
Umbrina roncador	244
Undaria	1064
Undaria pinnatifida	1064
Upeneichthys porosus	763
Upeneus parvus	397
URANOSCOPIDAE	968
Urolophus halleri	976
Urophycis blennoides	366
Urophycis chuss	432, 761
Urophycis tenuis	432, 1081
Usacaranx georgianus	1038
Usacaranx nobilis	1038

X

Xanthichthys mento	1039
XANTHIDAE	231
Xiphias gladius	1002

Z

Zapteryx exasperata	423
ZEIDAE	500
Zenopsis ocellata	500
Zeugopterus punctatus	1031
Zeus capensis	500
Zeus faber	500
Zeus japonicus	500
Ziphias	69
Zoarces viviparus	295
ZOARCIDAE	295, 732

V

Valamugil seheli	620
VENERUPIS spp.	174

GERMAN/ALLEMAND (D)

Note: Figures in index refer to item numbers/Les nombres figurant dans l'index se réfèrent aux numéros des rubriques.

A

Aal	294
Aal in Gelee	496
Aalmutter	295
Aalpricken	1
Aalrutte	160
Adlerfisch	244, 283, 503, 591
Adlerlachs	591
Adlerrochen	292
Agar	5
Ährenfisch	42, 900
Aland	476
Alge	862
Alginate	10, 863
Alse	11, 872
Ambra	13
Amerik. Aal	14
Amerikanische Auster	107
Amerikanische Flusskrebs	241
Amerikanischer Flussbarsch	1111
Amerikanischer Hummer	641
Amerikanischer Maifisch	16
Amerikanischer Ochsenfrosch	158
Amerikanischer Zander	1065
Amerikanische Sardelle	640
Amerikanische Spöke	750
Ammenhai	649
Anchosen	17
Anchovis	20
Angler	28
Antarktischer Krill	536.2
Antibiotica	30
Anzahl Fische im Kilo	229
Appetitsild	323
Archenmuschel	38
Argentinischer Seehecht	936
Äsche	407
Aufbläser	740
Aufgeschnittener Fisch	280, 955
Ausgelaichter Fisch	943
Ausgenommener Fisch	427
Auster	217, 629, 661
Australischer Glatthai	424
Australischer Hundshai	838
Australische Sardine	699

B

Bachforelle	859
Bachsaibling	150
Bänderrochen	1056
Barracuda	63
Barsch	689
Bastardmakrele	468, 490
Bastardzunge	1010
Bearbeiteter Fisch	279
Bernsteinfisch	1116
Beschneiden	1040
Bestrahlung	485
Bestrahlungskonservierung	485
Bindenbrasse	1076
Bismarckhering	81
Blanklagerung	882
Blankstauung	882
Blauer Marlin	105
Blauer Wittling	733
Blaufisch	103, 802
Blauhai	771
Blaukrabbe	100
Blauleng	104
Blaurücken	925
Blauwal	111
Blonde	96
Bohrmuschel	700
Bordsalzung	811
Brachse	143
Brachsenmakrele	723, 752
Brasse	143
Bratbückling	139
Bratfisch	371
Bratfischwaren	140
Brathering	141
Bratheringsfilet	141
Bratheringshappen	141
Bratrollmops	142
Bratschellfisch	183
Braunalge	151, 513
Brosme	1053
Buckellachs	710
Buckelwal	474
Bückling	154
Bücklingsfilet	155
Butt	360

C

Carrageen	176
Chagrin	873
Chagrinroche	874
Chilenischer Seehecht	186
Cleanplate Herring	197
Conger	224
Congeraal	224
Crabmeat	233

D	**F**	Fleckroche 959
Damenfisch 118	Falscher Bonito 565	Fliegender Fisch 362
Degenfisch 376, 831	Felchen 721, 1079	Flösselhecht 75
Delikatess-Herings-	Fettfisch 310	Flügel 1097
happen 255	Fetthering 444	Flügelbutt 594
Delikatessild 264	Filet 315	Flughahn 363
Delphin 274	Fingerfische 1012	Flunder 360
Deutscher Kaviar 180	Finte 1055	Flussaal 294
Doggerscharbe 15	Finwal 318	Flussbarsch 689
Doppel-Filet 315	Fischabfälle 348	Flusshecht 703
Dornfisch 271, 693	Fischbouillon 230	Flusskrebs 241
Dornhai 271, 693	Fischbrühe 230	Flussneunauge 548
Dorsch 203, 206	Fischdauerkonserven 168	Forelle 1044
Dorschlebermehl 207	Fischfeinkost-	Forellenbarsch 83
Dorschleberöl 208	Erzeugnisse 264	Franzosendorsch 732
Dorschleberpaste 209	Fischfinger 346	Fregattmakrele 372
Dorschlebertran 208	Fischflocken 325	Frischfisch 369, 1078
Drachenköpfe 839	Fischfrikadellen 319	Frosch 375
Dreibärtelige Seequappe	Fischhaut 343	Froschquappe 366
1014	Fisch in Gelee 328	Fuchshai 1015
Drescher 1015	Fischklopse 322	Fünfbärtelige Seequappe
Drückerfisch 314, 1039	Fischklösse 322	350
Dunkler Delphin 288	Fischkuchen 323	Furchenwal 792
	Fischleber 329	Futterfisch 482, 1035
	Fischleberöl 330	Futtermittel 29
	Fischleberpaste 331	
	Fischleim 327	
	Fischmehl 332, 1080	
Echter Bonito 907	Fischmehl für menschliche	**G**
Echter Lachs 46	Ernährung 326	
Echte Rotzunge 556	Fisch ohne Gräten 120	Gabelbissen 256, 381
Echter Rochen 751	Fischöle 333	Gabeldorsch 366
Echtlachssalat 807	Fischpaste 334	Gabelrollmops 380
Edelkrebs 241	Fischpastete 335	Gados-Ogac 203
Eidechsenfisch 566	Fischsalat 338	Gammelfisch 482
Einfarb-Pelamide 715	Fischschuppe 340	Ganzer Fisch 1094
Eingedickte Fischsolubles	Fischsilage 342	Garnele 153, 220, 737,
223	Fischsticks 346	893
Eishai 413	Fischsülze 320	Garnelenschrot 135
Elephantfisch 298	Fischsuppe 324, 344	Gebackener Hering 54
Elfenbein 488	Fischvollkonserven 168	Gedärme 426
Engelhai 27	Fischvollkonserve	Gefleckter Fisch 579, 955
Entblutebad 146	Naturell (in	Gefleckter Katfisch 960
Entenwal 130	eigenem Saft) 321	Gefleckter Lippfisch 58
Entgräteter Fisch 117	Fischwurst 339	Gefrierfisch 377, 877
Enthäuten 906	Fischzunge 347	Gefriertrocknung 368
Essbare Herzmuschel 215	Fleckhai 88	Gefrorener Fisch 377
Europäischer Aal 305	Fleckhering 358	Gegrillter Fisch 60
	Fleckmakrele 577	Geigenrochen 423
		Geköpfter Fisch 449

Gekühlter Fisch (in Eis)	188	Grossaugen Thun	77	Heringshai	578, 727	
Gelatine	388	Grossaugen-Zahnbrasse	549	Heringskönig	500	
Gelbflossenthun	1108	Grossäugiger Thun	77	Heringsmehl	459	
Gelbschwanz	1116	Grosse Maräne	735	Heringsöl	46	
Gelbstriemen	114	Grosser Blauhai	109	Heringssalat	462	
Gemeiner Delphin	216	Grosser Katzenhai	550	Heringsstip	463	
Gemeiner Stör	985	Grosser Sandaal	408	Herzenstein's Flunder	928	
Gemeiner Tintenfisch	257	Grosser Tümmler	129	Herzmuschel	202	
Gepökelter Fisch	695	Grosskopfsardine	655	Hocken-Lagerung	15	
Geräucherte Fischwurst	349	Grundeln	398	Hocken-Stauung	15	
Geräucherter Fisch	912	Guanin	421	Holzmakrele	46	
Geräucherter Hering ohne Gräten	123	Güster	1076	Hornhecht	383, 63	
Gesalzener Kabeljau	809			Huchen	26	
Gestreifter Katfisch	177	**H**		Hummer	306, 56	
Gestreifter Knurrhahn	979	Haarschwanz	253	Hundshai	103	
Gestreifter Marlin	983	Hai	876	Hundshai-Arten	93	
Getrockneter Lengfisch	948	Haifisch	876	Hundslachs	19	
Getrockneter Pilchard	308	Halbkonserven	868			
Gewässerter Stockfisch	574	Halbschnabel-Hecht	433	**I**		
Gewürzhering	947	Hammerhai	439	Ihlenhering	44	
Glasaal	299	Happen	794	Indische Königsmakrele	86	
Glasauge	37	Hartgeräucherter Fisch	446	Indische Makrele	48	
Glasieren	396	Hartgesalzener Fisch	450	Indischer Tümmler	48	
Glattbutt	144	Hartgesalzener Hering	444	Industriefisch	103	
Glatthai	916	Hartgesalzener Hering nach Norwegischer Art	644	In Würfeln zerteilter Fisch	26	
Glattrochen	353	Hartgesalzener Lachs	445	Irisches Moos	48	
Glattwal	775	Hartsalzung	442	Islandmuschel	65	
Goldbarsch	758	Hausen	71			
Goldbrasse	391	Hausenblase	486, 575	**J**		
Goldbutt	714	Hautfrei	904	Japanischer Aal	49	
Goldfisch	401	Hecht	704	Japanische Sardine	49	
Goldlachs	37	Hechtbarsch	703	Judenfisch	49	
Goldmakrele	273	Hechtmuräne	880			
Goldstrieme	402	Heilbutt	436			
Gonaden	403	Heilbuttleberöl	437	**K**		
Gotteslachs	656	Heilbuttlebertran	437	Kabeljau	20	
Granat	153, 220	Heissgeräucherter Fisch	471	Kabeljau ohne Gräten	11	
Grauer Knurrhahn	416	Hering	454	Kahlhecht	13	
Grauhai	902	Hering in Gelee	456	Kaiserbarsch	75	
Grauwal	664	Hering in saurer Sahne	457	Kaiserfisch	16	
Grindwale	707	Hering in Weinsosse	458	Kaiser-Friedrich Hering	62	
Grönlandroche	953	Heringsbissen	455	Kaisergranat	64	
Grönlandwal	412			Kalbfisch	50	
Groppe	842					

Kalifornische Sardine 166	Köpfen 625, 636	Lodde 170
Kalmar 965	Kotelett 972	Löffelstör 673
Kaltgeräucherter Fisch 211	Krabbe 153, 737, 893	Lotsenfisch 706
	Krabbenfleisch 233	Luftgetrockneter Fisch 1096
Kaltgeräucherter Schellfisch 317	Krabbensalat 338, 536	
	Kragenhai 373	Lumb 1053
Kamm-Muschel 68, 742, 835	Krake 653	
	Krausenhai 373	
Kamschatka-Krabbe 521	Kräuterfisch 946	**M**
Kanadischer Zander 827	Kräuterhering 947	
Kantjespackung 95, 858	Krebsschalen 884	Magerfisch 1078
Kaphecht 169	Krebsmehl 237	Maifisch 11, 872, 1055
Kap-Rotbarsch 491	Krebs-Suppe 238	Mako 581
Karausche 246	Krebs-Suppenextrakt 239	Makrele 577
Kardinalfisch 172	Kreiselschnecke 1042	Makrelenhai 581
Karpfen 175	Krokodilfisch 356	Makrelenhecht 829
Katfisch 177, 1102	Kronsardinen 537	Maräne 721, 1079
Katzenhai 271	Kronsild 537	Marinade 4, 303, 585, 586, 1060
Kaviar 179	Kuckucksknurrhahn 760	
Kaviar-Ersatz 180	Kuckucks-Rochen 247	Marlin 587
Kehlen 390	Kugelfisch 740	Masu-Lachs 184
Kelp 513	Kühlhaus-Lagerung 189	Matjesfilet auf Nordische Art 588
Keta Kaviar 756	Kurzschnabel-Makrelenhecht 671	
Keta-Lachs 193		Matjesgesalzener Hering 588
Kieler Sprotte 517	Kurzschwanz-Krebs 231	
Kingclip 523		Matjeshering 588, 589
Kipper 527		Meeraal 224
Kipperfilets 530	**L**	Meeräsche 620
Kipper ohne Gräten 121		Meerbarbe 397, 995
Kistenware 133	Laberdan 540	Meerbrasse 846
Klamottendorsch 720	Lachs 46, 804	Meerdattel 261
Kleinäugiger Roche 675	Lachsbückling 447	Meerengel 27
Kleine Maräne 1058	Lachshering 447	Meerforelle 859
Kleiner Katzenhai 558	Lachssalat 807	Meerneunauge 852
Kleiner Sandaal 910	Laichfisch 939	Meersau 473
Kleiner Schellfisch 183	Laichreif 777	Meerscheide 753
Kleiner Teufelsrochen 266	Lake 145	Meerwelse 848
Kleiner Tümmler 730	Lammzunge 833	Menschenhai 1084
Kleist 144	Lamprete 548	Merlan 1093
Kliesche 258	Landsalzung 890	Miesmuschel 106, 622
Klippfisch 50, 532	Languste 235	Migram 594
Knochenhecht 383	Laube 92	Milch 606
Knochenzüngler 33	Lavaret 735	Milchfisch 605
Knurrender Gurami 404	Laxierfisch 692	Milchnerhering 604
Knurrhahn 425	Leder 553	Milchnersosse 460
Kochfischwaren 534	Leng 562	Milchnertunke 460
Kochmarinade 534	Lengfisch 562	Mild behandelter Fisch 602
Köhler 802	Leyer-Knurrhahn 712	
Königslachs 191	Limande 556	Mild geräucherter Fisch 603
Königsmakrele 522, 524	Lippfisch 1103	

Mild gesalzener Fisch	926	
Mildsalzung	559	
Mittelmeer-Leng	592	
Mittelmeer-Sternroche	970	
Mittelsalzung	593	
Molluskenschalen	884	
Mondfisch	612	
Muräne	616	

N

Nagelrochen	1011
Napfschnecke	560
Narwal	627
Navaga	1062
Neunauge	548
Nobben	636
Nordamerikanischer Seehecht	898
Nordatlantischer Krill	536.1
Nordische Meerbrasse	846
Nordkaper	639
Nordpazifischer Seehecht	665
Nordseekrabbe	220
Norwegischer Schlankhummer	642
Norwegischer Zwergbutt	647

O

Oelpräserven	654
Ohne Haut	904
Ostseehering	59

P

Paddelfisch	673
Panzerhahn	39
Papageifisch	682
Paste von Schal- und Weichtieren	883
Pazifische Limande	277
Pazifische Sardine	166
Pazifischer Heilbutt	666
Pazifischer Hering	667
Pazifischer Heringshai	808
Pazifischer Kabeljau	663
Pazifischer Rotbarsch	669
Pazifischer Taschenkrebs	287
Pazif. Pollack	7
Peitschenrochen	976
Pelamide	44, 125, 657, 662
Perle	686
Perlessenz	687
Perlmuschel	619
Perlmutter	618
Peru-Sardelle	18
Petermann	409, 1068
Petermännchen	409, 1068
Petersfisch	500
Pfahlmuschel	106
Pfeilhecht	63
Pfeilkalmar	364
Pfeilschwanz-Krebs	231
Pfeilzahn-Heilbutt	41
Pilchard	705, 822
Pilger-Muschel	68, 835
Plattfisch	354
Pliete	1076
Plötze	779
Polardorsch	719
Pollack	720
Portugiesische Auster	731
Pottwal	945
Presskuchen	738

Q

Quappe	160

R

Rauhe Scharbe	15
Regenbogenforelle	748
Riemenfisch	650
Riesenhai	65
Riesen-Zackenbarsch	289
Risso's Delphin	778
Robbe	853
Rochen	751, 903
Rogen	787
Rollmops	790
Rotalge	754
Rotauge	779
Rotbarsch	758
Rotbrassen	679
Roter Kaviar	756
Roter Knurrhahn	1110
Roter Thun	102
Rotlachs	925
Rotscheer	793
Rotzunge	1101
Rundfisch	795
Russische Sardine	537
Rutte	160

S

Sackbrasse	228
Sägefisch	830
Sägegarnele	218
Saibling	35, 182
Salm	46
Salmling	681, 914
Salzfisch	812
Salzfischwaren	814
Salzhering	291
Salzhering aus dem Fass	692
Salzhering aus Landsalzung	288
Salzlake	148
Salzling	818
Salzsumpfschildkröte	1009
Salzung	810
Sandaal	817
Sandhai	820
Sandklaffmuschel	194, 921
Sandroche	821
Sandspierling	817
Sandzunge	551
Sardelle	19
Sardellenbutter	2
Sardellencreme	21
Sardellenessenz	23
Sardellenpaste	24
Sardine	705, 822

Sardinelle	392, 823	Seeskorpion	842	Strandkrabbe	219
Sauerlappen	826	Seespinne	949	Strandschnecke	690, 1098
Saurer Hering	828	Seestern	967		
Schalen	884	Seetang	860	Streifenbarbe	995
Scharbe	258	Seeteufel	28	Streifenbrasse	90
Scheefschnut	594	Seezunge	221, 930	Stremel	980
Scheibenbäuche	857	Segelfisch	801	Struffbutt	360
Scheiden Muschel	753	Seite	315	Stücke	794
Schellfisch	430	Seiwal	867	Stückenfisch	984
Schellfisch-Suppe	431	Senfhering	623	Stumpfmuschel	225
Schillerlocke	837	Sepia	257	Südamerikanische	
Schlangenaal	919	Sibirischer Huchen	260	Sardine	187
Schlangenmakrele	920	Silberlachs	210	Südlicher Glattwal	935
Schlangenstern	967	Sild	894		
Schlei	1007	Silling	894		
Schmetterlingsfisch	164	Snoek	62	**T**	
Schnapper	921	Sonnenbarsch	991		
Schnepel, Schnäpel	472	Sonnengetrockneter Fisch		Tang	862
Scholle	714		990	Tarpon	1004
Schottischer Matjeshering		Spalten	625	Taschenkrebs	293
	840	Spanische Makrele	192, 668	Teppichmuschel	174, 418
Schwamm	957			Teufelsrochen	584
Schwarzbarsch	83	Speck	97	Thun	1048
Schwarzer Heilbutt	411	Speckfisch	941	Thunfisch	1048
Schwarzer Marlin	87	Speerfisch	587, 940	Thunfisch-Salat	1049
Schwarzer Zackenbarsch		Speisekrabbe	153	Thunfischwurst	1046
	89	Spermöl	944	Thunfischwürstchen	1047
Schweinsfisch	730	Spitzschnauzen-Delphin		Tiefkühllagerung	212
Schwertfisch	1002		69	Tiefseegarnele	262, 711
Schwertwal	519	Spitzschnauzenrochen		Tiefseehummer	642
Schwimmblase	1000		570	Tiefseekrabbe	711
Schwimmkrabbe	1001	Spöke	190, 746	Tigerhai	1016
Seebarsch	66	Sprott	962	Tilapien	1018
Seegurke	850	Sprotte	147, 962	Tinte	483
Seehase	573	Stachelhai	952	Tintenfisch	653
Seehecht	432	Stachlige Herzmuschel		Tobiasfisch	910
Seeigel	861		950	Tobis	817, 910
Seekuckuck	760	Steak	972	Tomcod	1026
Seekuh	849	Steinbutt	1050	Totenstarre	776
Seelachs	802	Stechrochen	976	Tran	1034
Seelachs in Oel	865	Sterlet	985	Transportsalzung	533
Seeohr	659, 2	Sternflunder	969	Trepang	850, 1037
Seepapagei	682	Sterngucker	968	Trimmen	1040
Seepocke	61	Sternhausen	871	Trockenfisch	281, 282
Seequappe	783	Stierhai	159	Trockensalzung	284, 515
Seeratte	190, 746	Stintdorsch	643	Trogmuschel	225
Seesaibling	35	Stint	911		
Seesalzung	811	Stöcker	468	**U**	
Seeschildkröte	1052	Stockfisch	978	Ukelei	92
		Stör	985	Unterkühlung	992

V

Vierbärtelige Seequappe	367
Venusmuschel	441, 741
Voll	777
Vollfetthering	444
Vollhering	444
Vollmehl	1095
Vorgesalzener Fisch	798

W

Wale	1071
Walfett	1070
Walfische	1071
Walfleisch	845
Walöl	1070
Walross	1066
Walspeck	97
Waltran	1070
Warmgeräucherter Schellfisch	913
Wasserkatze	108, 1102
Waxdick	660
Weissschnäuziger Delphin	1075
Weisseiten-Delphin	1086
Weisser Marlin	1082
Weisser Thun	8
Weissfisch	175
Weisshai	1084
Weisslachs	478
Weissroche	879
Weisswal	72
Wellhornschnecke	1072
Welse	177
Wittling	1093
Wolfsbarsch	66
Wrackbarsch	1104
Wrackhering	444

Y

Yhle	943
Yhlenhering	444

Z

Zackenbarsch	419, 844
Zahnkarpfen	520
Zährte	1117
Zander	703
Ziegenbarsch	214
Zitterrochen	296
Zuckertange	535, 847
Zunge	221, 930
Zwergbutt	1031
Zwergdorsch	726
Zwergglattwal	702
Zwergpottwal	557
Zwerg-sepia	257
Zwergwal	607
Zwergzunge	1113

DANISH (DK)

Note: Figures in index refer to item numbers/Les nombres figurant dans l'index se réfèrent aux numéros des rubriques.

A

aborre	689
afpudsning	1040
afskinding	906
agar	5
albacore	8
albueskæl	560
alginat	10
ambra	13
amerikansk østers	107
ansjos	19, 640
ansjospasta	24
antal fisk pr. kg	229
antarktiske lyskrebs	536.2
antibiotika	30
appetitsild	32
arapaima	33
auxide	372

B

barrakuda	63
bars	66, 1083
benfri filet	122
benfri røget sild	123
berggylt	58
bestråling	485
bikir	75
Bismarck sild	81
bisque	82
bladtang	535, 847
blæksprutte	257, 364, 965
blæksprutte (ottearmet)	653
blankesten	110, 846
blåhaj	109, 159, 771, 820, 1084
blåhval	111
blåhvilling	733
blåkæft	839
blåmusling	106, 622

blankesten	110, 846
bonit	662
brasen	143
bredflab	28
bredpandet havkat	108
brisling	147, 962
brosme	1053
brugde	65
brunalge	151, 513
bugstribet bonit	907
byrkelange	104
båndet knurhane	979

C

carragenin	176

D

delfin	216, 274
djævlerokke	266, 584
dobbeltfilet	315
dværgkaskelot	557
dværgmalle	177
dybhavsreje	262
dybvandshummer	642, 836
dyrefoder	29
dødsstivhed	776
døgling	130

E

elektrisk rokke	296

F

fed fisk	310
femtrådet havkvabbe	350
fersk fisk	369
ferskvandskvabbe	160
filet	315
finhval	318, 792
firtrådet havkvabbe	367

fish-solubles	223
fish sticks	346
fiskeaffald	348
fiskeboller	322
fiskeensilage	342
fiskekage	323
fiskelever	329
fiskeleverolie	330
fiskeleverpostej	331
fiskelim	327
fiskemel	332, 1080
fiskeolie	333
fiskepasta	334
fiskepie	335
fiskepølse	339
fiskesalat	338
fiskeskæl	340
fiskeskind	343
fiskestearin	345
fiskesuppe	344
fisketunger	347
fisk i egen kraft	321
fisk i gele	328
fisk i terninger	267
fisk naturel	321
fjældørred	35, 182
fjæsing	409, 1068
fladfisk	354
flækket fisk	280, 955
flækket makrel	579
flækket røget sild	358
flire	1076
flodkrebs	241
flodniøje	548
flynder	360
flynderfisk	354
flyvefisk	362
flyveknurhane	363
forsaltet fisk	146
forsaltning	515
frossen fisk	377

frostlagring	212	
frysetørring	368	
frø	375	
fuldsaltet og lettørret fisk	451	
fuldsaltet og tørret fisk	450	
fuldvirket saltfisk	1069	

G

gaffelbidder	256, 381
Gaspévirket klipfisk	385
gedde	704
gelatine	388
glansfisk	656
glasering	396
glashvarre	594
glastunge	1113
glasal	299
glathaj	916
glyse	726
gravlaks	405
grindehval	707
gryntefisk	420
gråhaj	1030
grå knurhane	416
Grønlandshval	412
grønsaltet fisk	410
guanin	421
guarami	404
guldfisk	401
guldlaks	37
guldmakrel	273
gulfinnet tunfisk	1108
gydende	939
gøgerokke	874

H

hælt	721
haj	876
halvkonserves	868
hammerhaj	439
har gydt	943
havaborre	214, 419, 844
havbrasen	723, 752
havengel	27
havgrindehval	778
havkal	413
havkat	177, 1102
havkvabbe	783
havlampret	852
havmus	190, 746, 750
havniøje	852
havrude	90
havtaske	28
havål	224
havørred	859
hel fisk	1094
helkonserves af fisk	168
hellefisk	411
helleflynder	436, 666
helleflynderleverolie	437
helmel	1095
helt	735, 1079
heltling	1058
hestemakrel	468, 490
hestereje	153, 220
hjertemusling	202, 215, 950
hornfisk	383, 630
hovedskæring	636
hovedskåret fisk	449
hovedskåret sild	252
hummer	306, 567, 641
husblas	486, 575
hvalhaj	423
hvalkød	845
hvalros	1066
hvaltand	488
hvideside	1086
hvidhval	72
hvidnæse	1075
hvidrokke	879
hvidskæving	1086
hvidvirket klipfisk	136
hvilling	430, 1093
håising	15
hårdtsaltet fisk	442
hårdtsaltet laks	445
hårdtsaltet sild	444
hårhale	253
hårhvarre	1031

I

industrifisk (foderfisk)	482, 1035
indvolde	426
Irsk mos	484

ising	258, 1114
isning i kasser	133
ispakket løst i lasten	157

J

Japan-krabbe	521
jomfruhummer	642

K

kammusling	68, 742, 835
karpe	175
karudse	246
kaskelot	945
kaviar	179
kaviarerstatning	180
kielersprot	517
kildeørred	150, 182
kipper	527
kipperfilet	530
kippersnacks	531
klar til gydning	777
klipfisk	50, 532, 809, 926
klumpfisk	612
knivmusling	700, 753
knude	160
knurhane	425, 1110
koldrøget fisk	211, 446
koldrøget kullerfilet	317
koldrøget laks	529
konk	1072
konksnegl	1072
krabbe	231
krabbekød	233
kravehaj	373
krebs	241
kronsardiner	537
kryddersild	947
krydret fisk	946
kuffertfisk	740
kuller	430
kulmule	186, 432, 665, 898, 936
kulso	573
kunstigt tørret fisk	263
kutling	398
kysttobis	910
køkkenklar fisk	279
kølelagring	189
kølet fisk (iset fisk)	188
kønsorganer	403

L

Labrador-tilvirket fisk	541
læbefisk	857
læder	553
lage	145
lagesaltet fisk	695
laks	46, 804
laksekaviar	756
lampret	548
landsaltet (fisk)	890
lange	562
languster	235
letrøget fisk	603
letsaltet fisk	435, 559
limvandskoncentrat	223
lodde	170
lodsfisk	706
lubbe	720
lufttørret fisk	1096
lyskrebs	536.1
løje	92

M

majsild	11
makrel	577
makrelgedde	829
manat	849
mannitol	583
marinade	303, 586
marineret fisk	585, 1060
marlin	587, 1082
marsvin	730
matjessild	588, 589
mavedragning	390
majsild	872
menhaden	596
middelhavslange	592
molboøsters	652
mulle	397, 995
multe	620
muræne	616

N

narhval	627
nedfaldslaks	514
niøje	548
nordisk beryx	755
nordkaper	639

O

okseøjefisk	114, 402

P

panserulk	39
papegøjefisk	682
pasteuriseret fisk	683
pasteuriseret kaviar	684
pelamide	125
perlemor	618
perlemorsessens	687
perlemusling	619
perler	686
pighaj	271, 693
pighvarre	1050
pigrokke	976
pilrokke	976
pletrokke	247
plettet havkat	960
plovjernsrokke	570
polartorsk	719
portugisisk østers	731
pressekage	738
pukkelhval	474

R

rævehaj	1015
rejecoktail	851
regnbueørred	748
reje	711, 737, 893
renset fisk	427
rimte	476
ringhaj	88
rogn	606, 787
rokke	751, 903
rollmops	790
roskildereje	218
rund fisk	795
rundsaltet fisk	813
rur	61
rygstribet pelamide	44
rødalge	286, 754
rød blankesten	679
rødfisk	669, 758
rødhaj	271
rødspætte	714
rødtunge	556
røget fisk	912
røget kullerfilet	317

S

sæl	853
St. Petersfisk	500
saltet	282
saltet fisk	695, 810
saltfisk	809, 812
saltsild	697
sandart	703
sandhest	153, 220
sandmusling	194, 927
sandrokke	821
sandtunge	551
sardin	166, 705, 822
savfisk	830
savrokke	830
sej	802
sejhval	867
sejlfisk	801
seksgællet haj	902
sennepssild	623
side	315
sild	59, 454, 667, 894
sildehaj	578, 581, 727
sildemel	459
sildeolie	461
sildesalat	462
sild i gele	456
skade	353, 751
skægbrosmer	432, 761, 1081
skælbrosme	366
skærising	1101
skætorsk	732
skaldyrpasta	883
skalle	779, 884
skestør	673
skildpadde	1009, 1052
skrubbe	360
slangestjerner	967
slethvale	775
slethvarre	144
slette	258
slosild	646
smelt	911
småhvarre	647
småøjet rokke	675
småplettet rødhaj	558
småtorsk	206
snæbel	472

snapper	921	syrnet fisk	4	tværstribet knurhane	760
soltørret fisk	990	syrnet sildefilet	826	tørret fisk	281, 282
sortmund	733	søagurk	850	tørsaltet fisk	284
sortvels	366	sølaks	865		
spækhugger	519	sølvtorsk	901		
spærling	643	sømrokke	1011	**U**	
spansk makrel	192, 668	søpindsvin	861	udbenet fisk	117
spermacetolie	944	søpølse	850	udbenet klipfisk	119
spiseligt fiskemel	326	søsaltet fisk	811	udbenet saltfisk	119
spydfisk	940, 983, 1082	søsaltet sild	291	uden skind	904
stærktrøget	446	søstjerne	967	ulke	842
stalling	407	søtunge	221	urenset fisk	1094
stamsild	11, 872, 1055	søøre	2, 659	ustribet pelamide	715
stavsild	1055			uvak	203, 719
stegt fisk	371				
stegt fisk i marinade	140	**T**			
stegt sild i marinade	141	tang	860, 862	**V**	
stenbider	573	tangmel	863	valer	1071
sterlet	985	tarpon	1004	varmrøget fisk	471
stokfisk	978	taskekrabbe	293	varmrøget kuller	913
storplettet rokke	959	thunnin	565	vinger	1097
storplettet rødhaj	550	tigerhaj	1016	virket klipfisk	926
strandkrabbe	219	tobis	817	vragfisk	1104
strandsnegl	690, 1098	tobiskonge	408	vågehval	607
stribefisk	42, 900	toppimusling	174		
strømpebåndsfisk	376, 831	torsk	203	**Å**	
		torskelevermel	207		
strømsild	37	torskeleverolie	208	ål	294, 305
stør	985	torskeleverpostej	209	ål i gele	496
suder	1007	torskeleverpasta	209		
sukkersaltet fisk	988	trepang	1037	**Ø**	
sværdfisk	1002	tretrådet havkvabbe	1014		
svamp	957	troldkrabbe	949	øresvin	129
svømmeblære	1000	tun	1048	ørnefisk	244, 283, 591
svømmekrabbe	1001	tunfisk	102, 1048	ørnerokke	292
syresaltet	1060	tunge	221, 930	ørred	1044
		tungehvarre	833	østers	217, 629, 661

SPANISH/ESPAGNOL (E)

Note: Figures in index refer to item numbers/Les nombres figurant dans l'index se réfèrent aux numéros des rubriques.

A

abadejo	720
abadejo de Alasca	7
abichón	900
aceite de arenque	461
aceite de ballena	1070
aceite de higado de bacalao	208
aceite de higado de halibut	437
aceite de higado de pescado	330
aceite de pescado	333, 1034
agar	5
aguacioso	910
aguja	383, 630
aguja de costa	1082
alacha	392, 823
albacora	8
albondigas de pescado	322
alburno	118
alga	860
alga marina	414, 862
alga parda	151, 513, 535
alga roja	286, 754
alginato	10
aligote	48
alitán	550
almacenamiento frigorífico	212
almeja	174, 194
almeja de rio	927
almeja fina	418
almeja Margarita	174
alosa	872
ambar gris	13
anchoa	19
anchoa del Pacífico	640
angelote	27
anguila	294, 305, 493
anguila americana	14
anguilas en gelatina	496
angula	299
anjova	103
antibioticos	30
aguila de mar	292
araña	409, 1068
arapaima	33
arbitán	592
arca de Noé	38
arenque	454, 894
arenque ahumado y sin espinas	123
arenque a la gelatina	456
arenque a la mostaza	623
arenque cocido	54
arenque de lago	543
arenque del Báltico	59
arenque del Pacífico	667
arenque descabezado en salmuera	252
arenque en salmuera con especias	947
arenque en salsa a la crema	457
arenque en salsa de vino	458
arenque entero fuertemente salado y ahumado	762
arenque entero y salado	975
arenque escabechado	697, 932
arenque pequeño	1106
arenque rojo	678
arenque salado	291
arenque salado a bordo	858
arenque seco salado	285
arenque fuertemente salado y med. ahumado	896
arenque sin espinas	121
arete	760
atún	1048
atún (rojo)	102
atún blanco	8

B

bacaladilla	733
bacaladito	206
bacalao	50, 203
bacalao del Pacífico	663
bacalao fuertemente salado	541
bacalao salado amarillo	12
bacalao salado y seco sin la piel	905
bacalao sin espinas	119
bacoreta	565
ballena azul	111
ballena blanca	72
ballena boba	867
ballena de aleta	318
ballena de risso	778
ballena hocico de botella	130
ballena jorobada	474
ballena nudosa	474
ballena pequeña	607
ballena	775, 1071
barracuda	63
barrilete	907
bejel	1110
bellota de mar	61
berberecho	202, 215
berberecho espinoso	950
bermejuela	779

bígaro	690, 1098	
bocina	1072	
boga	114	
bogarrabella	110	
bogavante	306, 567	
bogavante americano	641	
bonito	44, 125	
bonito chileño	662	
bonito del Pacífico	565	
bonito pacífico	657	
boquerón	19	
borracho	416	
breca	679	
briquetas de bacalao	205	
brosmio	1053	
brótola de fango	366	
brótola de roca	366	
buey	293	
burro	420	

C

caballa	577
caballa salada	127
cabete	507
cabezuda	42
cabracho	839
cabrilla	214
cachalote	945
cacho	476
cachucho	549
cachuelo	476
cailón	727
calamar	965
calandino	779
calderón	707
camarón	218, 241, 262, 737, 893
cañabota	902
cangrejo	231
cangrejo azul	100
cangrejo de mar	219
cangrejo de rio	241
cangrejo dungeness	287
cangrejo ruso	521
caparazones	884
capelan	170
capiton	620
caracol gris	1032

caramel	692
caramujo	1032
carbonero	802
carita	522, 524
carne de atún en conserva	1029
carne con carne	173
carpa	175
carpin	246
carragahen	176, 484
carragahenina	176
carrilleras de bacalao	204
castañeta	723, 752
caviar	179
caviar de salmón	756
caviar escabechado	696
caviar pasteurizado	684
cazón	1030
cebo de huevos de salmón	806
centolla	949
cerdo marino	473
cigala	642
cohombro de mar	850
cola de pescado	327, 486, 575
conchas	884
congrio	224
conservación en cajas	133
coquina	225
coral	226
corbina	244, 283, 503, 591, 1067
coregono	1079
crema de anchoas	21
criadillas	606
criodesecación	368
croque	202, 215
cuero	553
culebra	919

CH

chanquete	637
cherna	419, 1104
cherne	419, 844
chicharro	468
chopa	90
chopo	257

chucho	292
chucla	692

D

dátil de mar	261
delfín	216, 274
descargamento	265
despellejar	906
desperdicios de pescado	348
desollar	906
doncella	251
dorado	273, 391
durante la puesta	939

E

eglefino	430
eglefino ahumado	317
eglefino ahumado en caliente	913
embutido de pescado	339
ensalada de arenques	462
ensalada de atún	1049
ensalada de cangrejo	536
ensalada de salmón	807
eperláno	911
erizo de mar	861
escabeche	4, 303, 585, 586
escabeche frito	141
escacho	760
escamas de pescado	340
escolar	920
escorpión	409, 1068
esencia de anchoas	23
esencia de perla	687
espadarte	519
espadilla	376
espadín	147, 517, 962
espadines o arenques anchoados	20
espárido	846
esperma de ballena	944
espetón	63
esponja	957

estearina de pescado	345	
estornino	192, 668	
estrella de mar	967	
esturión	71, 985	
extracto de almejas	196	
extracto de sopa de langosta	239	

F

falso lenguado	1101
faneca	732
faneca noruega	643
faneca plateada	802
filete	315
filete de bacalao salado sin espinas	122
filetes anchoados de espadin	32
filetes de arenque ahumado	530
filetes de salmón con sal	405
filetes enrollados	790
fletán	436
foca	298, 853
focena	730
fumados	308

G

gallineta nórdica	758
gallo	594
galludo	271, 693
galupe	620
gamba	218
gamba rosada	711
garneo	712
gata	271, 550
gato	746
gato marino	558
gelatina	388
glaseado	396
globito	257
góbido	398
golayo	88
golleta	1010
gonadas	403
goraz	110

guanina	421
guitarra	423

H

halibut	436
halibut del Pacífico	666
harina de algas	863
harina de arenque	459
harina de higado de bacalao	207
harina de langosta	237
harina de pescado	332, 1080, 1095
harina de pescado para el consumo humano	326
higado de pescado	329
hipoglosa	436
hipogloso negro	411
huevas	787

I

ictiocola	316
irradiación	485

J

japuta	723, 752
jaquetón	1084
jibia	257
joven salmón	914
jurel	468

K

kipper	527
krill	536.1
krill antartico	536.2

L

lacha	596
lagarto	566
lamia	159
lamprea de mar	852
lamprea de rio	548
lampuga	273
langosta	235

langostino	737, 1085
lanzon	817
lapa	560
lenguado	221, 930
lengua lisa	556
lenguas de pescado	347
limanda	258
limanda nórdica	258
lisa	620
listado	907
lobo	108, 177, 1102
locha	761, 1081
longeirón	753
lota	1014
lubina	66
lubrigante	567
lucio	704
lura	965

LL

lliseria	594
lluerna	886

M

machuelo	576
madreperla	619
maganto	642
manitol	583
manta	266, 584
maragota	58
marfil	488
marlin	587, 940
marrajo	578, 581, 727
maruca	562
mejillón	106, 622
melva	372
mendo	1101
mendo limón	556, 1099
menhaden	596
merlán	1093
merluza	186, 432
merluza argentina	936
merluza atlántica	898
merluza del cabo	169
merluza norteamericana	898
merluza pacífica norteamericana	665

merluza sudamericana	936	
mero	289, 419, 844	
mielga	271, 693	
migas (de tunidos)	600	
mitad de pescado	315	
mojama	610	
mollareta	350, 783, 1014	
mollera	726	
morena	616	
morsa	1066	
muergo	753	
mujol	620	
musola	916	

N

nácar	618
narval	627
navaja	753
nécora	1001
número de peces por kilo	229

O

orca	2, 519
oreja de mar	659
ostión	661, 731
ostra	661
ostra inglesa	629
ostra (plana)	217
ostra portuguesa	731
ostra virginiana	107

P

pajel	679
palero	802
palometa	724
palometa negra	723, 752
pampano	163, 723
paparda	829
pardilla	779
pargo	228
pasta de anchoas	22
pasta de arenque ahumado	94
pasta de higado de bacalao	209
pasta de higado de pescado	331
pasta de mariscos	883
pasta de pescado	334
pasta de pescado fermentado	312
pasta fermentada de anchoas	24
pastel de pescado	323, 335
pastelillos de cangrejo	232
pastinaca	976
patagonico	781
patudo	77
pejerrey	37, 42, 900
peludilla	833
pepitona	38
pequeña caballa	499
pequeño eglefino	183
perca	689
percebe	61
peregrino	65
perla	686
perlón	416
perro del norte	177
pescado abierto	280, 955
pescado ahumado	912
pescado ahumado en caliente	471
pescado ahumado en frío	211, 446
pescado asado	60
pescado congelado	377, 877
pescado descabezado	449
pescado de sección circular	795
pescado deshidratado	263
pescado desollado	904
pescado en conserva	168
pescado en gelatina	328
pescado "ensilado"	342
pescado entero	1094
pescado entero salado	813
pescado en verde	410
pescado en vinagre	1060
pescado escabechado en caliente	470
pescado eviscerado	427
pescado fresco	369
pescado frito	371
pescado graso	310
pescado ligeramente ahumado	603
pescado magro	1078
pescado mezclado con sal seca	798
pescado pasteurizado	683
pescado refrigerado	188
pescado salado	284, 812
pescado salado y seco	282
pescado salazonado	810
pescado secado	281
pescado secado al sol	990
pescado secado a pleno aire	1096
pescado semi-salado	435, 593
pescado sin espinas	120
pescado sobresalado	450
pez ballesta	314, 1039
pez cinto	831
pez de plata	37
pez de San Pedro	500
pez espada	1002
pez espátula	673
pez lagarto	1004
pez luna	612
pez martillo	439
pez mular	129
pez piloto	706
pez plano	354
pez sable	253
pez sierra	830
pez tachuela	952
pez toro	820
pez volador	362
pez zorro	1015
picón	570
pieles de pescado	343
pilchard	822
pilchard california	166
pilchard chileña	187
pinchagua	9
pintarroja	558
pión	408
platija	360
platija americana	15

plegonero	1093
porción de pescado	336
pota	364
próximo a la puesta	777
pulpo	653

Q

quimera	190, 746
quisquilla	153, 220, 737, 893

R

rabil	1108
raja	972
rajas	794
rana	375
rape	28
rascacio	839
rata	968
raya	675, 751, 903
raya blanca	1087
raya boca de rosa	96
raya cardadora	874
raya común	1011
raya de clavos	1011
raya estrellada	970
raya falsavela	821
raya mosaica	1056
raya noruega	353
raya picuda	570
raya pintada	959
raya radiada	970
raya santiaguesa	247
rémol	144
rigidez post-mortal	776
róbalo	781
rodaballo	1050
roncador	420
rorcual	111, 318, 792
rubio	425
rubio armado	39

S

sábalo	11
sábalo americano	16
sabalote	605
saboga	1055
salado a bordo	95, 811
salazonado en verde	515
salazón ligera	559
salchichas ahumadas de atún	1046
salchichas de atún	1047
salchichas de pescado ahumado	349
salema	402
salmón	46, 804, 925
salmón ahumado	529
salmón chinook	191
salmón "chum"	193
salmón "coho"	210
salmon en salmuera	445
salmón escabechado	698
salmonete	397
salmonete de roca	995
salmón joven	681
salmón rosado	710
salmuera	145
salpicón de pescado	338
salsa de criadillas de arenque	460
salsa de pescado fermentado	313
saltón	817
salvelino	35, 182
sardina	705, 822
sardinas escabechadas	933
sardinas prensadas	739
sargo	1076
semi-conserva en aceite	654
semi-conservas	868
serrandell	833
seriola	1116
sierra	524
super refrigeración	992
soldado	930
solla	714
sollo	673
solubles de pescado	223
sopa de almejas	195
sopa de cangrejos de rio	240
sopa de eglefino	431
sopa de langosta	238
sopa de pescado	344
sucedáneo de salmón ahumado	865
sucedáneos de caviar	180

T

tacos de pescado	346
tambor	1113
tarpón	1004
tasarte	715
tenca	1007
tiburón	876
tiburón boreal	413
tinta	483
tintorera	109
tollo	1030
torta de pescado	738
tortuga	1052
tortuga comestible	1009
tremielga	296
trepang	850, 1037
trocitos de filetes de arenque	455
trozos de filetes de kipper envasados	531
trucha	859, 1044
trucha arco iris	748
trucha lacustre	545

V

vaca marina	849
vejiga natatoria	1000
vela latina	976
ventresca	1059
ventresca de salmón	805
vieira	68, 835
vieja	682
visceras	426
volador	364
volandeira	742

Z

zifido	69

GREEK/GREC (GR)

Note: Figures in index refer to item numbers/Les nombres figurant dans l'index se réfèrent aux numéros des rubriques.

A

achinós	861
achiváda	174, 194
achiváda chromasistí	659
achiváda-ostraka	927
aetós	292
aftí-thálassis	2
agar-agar	5
ahiváda	441, 741
aleposkylos	1015
algin	10
alidóna	653
alípasti	739
alípasto en elaío	654
alípasto psári	810, 812
almí	145
aminodýtes	408
ammodýtis	817
angelos	27
antivioticá	30
antjougópasta	312, 334
antjúga	19
apenteroméni ihthís	390, 427
apexiraméno alatismeno psári	282
aporrímata psarioú	348
arnóglossa	833
astakós	235, 306, 567, 641
atherína	42, 900
avgotáracho	128
avgó tónnou	1046

B

bacaliaráki sýko	726
bakaliáros	50, 186, 203, 430, 432, 802, 936, 1093
bálas	549
barboúni	397, 995
bouroú	1072

C

calognóni	38
chávaro	174, 418
chaviári	179
chaviári pasteurioméno	684
chéli	294, 305, 493
chelidonópsaro	362, 363
chelóni thalassía	1052
chematída	360
chilóu (papagállos)	58, 1103
chomatída	258, 1099, 1114
christópsaro	500
cténi	68, 835

D

daktíli	261
delphini	216, 274
dérma	553
dérmata ixthíos	343
drákena	409, 1068

E

elephantostoún	488
endósthia	426

F

fegarópsaro	612
fídi	919
filléto	315
políssa	11, 872, 1055
fríssa	11, 872, 1055
fríssa trichiós	392, 823

G

gadículos	901
gadína	1117
gádos	203
gádos sp.	430
gaïdourópsaro	350, 783, 1014
galázios kávouras	100
galéos	88, 916
galéos drossítis	1030
garída	153, 218, 220, 262, 737, 893
garída kókkini	711
gáros	384, 385
gátos	190, 550, 558, 746
gávros	19
genitiká proïónda	403
glasarísma	396
glínia	1007
glóssa	221, 551, 833, 930, 1010, 1113
glossáki-chomatída	15, 714
glossoïdí	354
gofári	103, 706
gópa	114
gourlomáta	733
gourlomátis	37
gourounópsaro	314, 473, 1039
govií	398
goviodáki aphía	637

H

haliótis	2, 659
hános	844
haviári	180
helidóna	292
hímera	190, 746

hippóglossa 436
holothoúria-agouría tís
    thalássis 850

I

ichthyálevron 332
ichthyélaia 333
ihthiókolla 486
ihthís en almí 146
ílios 253
  par ihthíos 329

K

kalamári 965
kalkáni 1050
kapóni 39, 416, 425,
    712, 760, 886,
    979, 1110
karavída 241, 642
karcharías 109, 727
kardión 950
karharías 578, 581, 902
karvoúni 565
katepsigméni ihthís 377
kávouras 219, 231
kavouromána 949, 952
kedróni 693
kelýphi ostrákou 884
képhalos 620
keratás 39
kidónia 202
kocáli 490
kohíli 225
kokálas 693
kókkino chaviári (brique)
    756
kókkino phýki 754
kokkinópsaro 921
kolaoúzos 706
koliós 192, 668
konsérva ihthíos 168
kopáni-vareláki 372
korégonos 472, 1058,
    1079
koutsomoúra 397
kránios 244, 283
kromídi tsiboúki 172

kydóni 215
kynygós 273
kyprínos 175

L

lakérda 544
laminária 513
lavráki 66
lépia psarioú 340
léstia 143, 723, 752
léstika 752
lethríni 110
leukískos-tsiróni 476
liokaftá 990
lithóphagos 261
lithríni 679
loutsáki 817
loútsos 63
lýchnos 968
lýra 27

M

magiátiko 1116
margaritári 686
margaritofóro stridi 619
márgaron 618
marída 692
marináta 4, 1060
mavromáta 1117
mayáticos aetós 591
meláni 483
ménoula 692
mertzáni 228
methýstra 950
moudiástra 296
mougrí (døgros) 224
mouroúna 592, 985
mourounélaion 208, 330
mýdi 106, 622

N

nárki 296
nopí ihthís 369

O

octapódi 653
óstrea (strídia) 661

P

palamída 44, 125, 907
palamída monóchromi
    715
papalína 962
pásta anchoúia 24
paterítsa 439
pentíki 562
pentikós 366
pérca chaní 689
péstropha 748, 1044
péstropha thalássis 859
petáli 280, 315, 955
petallída 560
petaloúda 246
petrómyzon 852
phágri 228, 846
phálaena 775, 1071
phalaenélaion 1070
phéta psári 972
phókia 730
phýcos phýcia 151
phýkia 862
pissi 144
prionópsaro 830
psári aképhalo 449
psári elafrá alatisméno
    435
psári hygrálato 410
psári kapnistó 446, 471,
    912
psári pagoméno 188
psári tiganitó 371
psári xeró alatisméno
    442, 450
psarócolla 327
psaróglosses 347
psarósoupa 344
psigia 212

R

raïa 247, 874, 1011,
    1056
régha 454
rína 27, 423
rómbos-písci 1050
rómvos 144
rophós 289, 419

S

saláhi	96, 247, 570, 584, 675, 821, 874, 970, 1011, 1056, 1087
saláhi-trygéna	976
salamoúra	145
sálpa-sárpa	402
sardélla	147, 166, 187, 705, 822
sardélla toú varellioú	739
sardellomána	11, 872
sargós	1076
savrídi	468
scáres	682
scarmós	566
scórpaena	839
scoumbrí	577
sebastós-kokkinópsara	758
seláchi	751, 903
seláhia	771
seláhi kephalóptero	266
seláhi-vathí	353
siderokávouras	1001
síko	663
sinagrída	921
skathári	90
skylláki	550, 558
skylópsaro	65, 271, 550, 558, 578, 693, 727, 820, 1015
skylópsaro-karcharias	876
skylópsaro sbríllios	1084
smérna	616
solínas	700, 753
solomós	46, 710, 804
soupiá	257
soupítsa	257
sparídi	846
spathópsaro	253
spathópsaro·ilios	376
spóngos	957
stidóna	61
stourióni	985
strídia	217, 629
strídia portogallicá	731
sýko	726, 733
synagrída	846

T

taramá	1003
taramás-avgó	606, 787
téftis	965
thrápsalo	364
tónnos	77, 102, 1048
tónnos consérva	1029
tónnos macrýpteros	8, 1108
toúrna	704
trigóna	976
tróchos	1032
tróchos óstracon	1042
tsipoúra	391, 764
tsiróni	779
tsironísirko	92

V

vassilikós kávouras	521
vátos	1011
vátrahi	375
vatrochópsaro	28
vióli	27
vláchos	1104

X

xános	214
xiphías	1002
xiralátos bakaliáros	809

Z

zagéta	833
zargána	383, 630, 829
zelatína	388
zýgaina	439

ITALIAN/ITALIEN (I)

Note: Figures in index refer to item numbers/Les nombres figurant dans l'index se réfèrent aux numéros des rubriques.

A

abramide	143
acciuga	19
acciuga del Cile	18
acciuga del Nord Pacifico	640
acciughe alla carne	487
affumicato a freddo	211
agar-agar	5
agone americano	543
aguglia	383, 630
aguglia imperiale	940
aguglia saira	671, 829
ala	1097
alaccia	11, 392, 823, 872
alaccia americana	16, 596
alalonga	8
alborella	92
alga	860
alga bruna	151
alga commestibile	414
alga laminaria	847
alga marina	862
alga rossa	286, 754
algina	10
alice	19
alimenti zootecnici	29
alla carne	173
alletterato	565
alosa	872
altavela	976
ambra grigia	13
ammarinato	585
ancioa	19
anguilla	294, 305
anguilla americana	14
anguilla giapponese	493
anguille in gelatina	496
antibiotici	30
aquila di mare	292
aragosta	235
arapaima	33
arca di Noè	38
arca pelosa	38
argentina	37
aringa	454, 894
aringa affumicata	447
aringa affumicata senza spine	121
aringa affumicata spinata	123
aringa arrostita	54
aringa del Baltico	59
aringa del Pacifico	667
aringa di Scandinavia alle spezie	947
aringa fritta marinata	141
aringa grassa intera dorata	154
aringa grassa preparata	93
aringa in gelatina	456
aringa in salamoia	932
aringa intera salata	975
aringa marinata	697
aringa rossa leggermente affumicata	678
aringa secca salata	285
aringhe alla Bismarck	81
aringhe alla crema acida	457
aringhe alla scozzese	840
aringhe alla senapa	623
aringhe alle spezie	256
aringhe all'olandese	291
aringhe al vino	255
aringhe al vino bianco	458
aringhe argentate	896
aringhe argentate norvegesi	645
aringhe decapitate in salamoia	252
aringhe dorate	399, 762
aringhe kipper	527
aringhe maatjes	589
aringhe marinate	828
aringhe marinate stile norvegese	996
aringhe salate dure	646
aringhe spinate salate	815
aringhe stile norvegese	644
aringhe sursalate	444
asinello	430
asinello affumicato	317
asinello affumicato a caldo	913
astice	306, 567, 641
avorio	488

B

baccalà	50, 809
baccalà bianco portoghese	136
baccalà Labrador	541
baccalà portoghese giallo	12
baccalà San Giovanni	386, 890
baccalà secco	532
baccalà spellato	905
baccalà spinato	119
balano	61
balena	775, 1071
balena antartica	935
balena artica	639
balena di Groenlandia	412
balena franca	639
balena pigmea	702
balenottera	792
balenottera artica	867
balenottera azzurra	111
balenottera boreale	867
balenottera comune	318

balenottera gobba 474
balenottera grigia 664
balenottera rostrata 607
barracuda 63
bavosa lupa 108, 177, 960, 1102
beluga 72
berice rosso 755
bianchetti 1073
bocca d'oro 503, 591
boccanegra 88
boga 114
bonito 662
bottarga 128
bottatrice 160
brama 143
brodo di pesce in scatola 344
brosmio 1053
buccina 222, 1072
burro 420
burro d'acciughe 21
burro d'aragosta 236

C

calamaro 965
canesca 931, 1030
cannolicchio 753
capodoglio 945
capodoglio pigmeo 557
capone coccio 760
capone dalmato 979
capone gallinella 1110
capone gavotta 886
capone gorno 416
capone imperiale 760
capone lira 712
capone negro 886
capone ubriaco 979
cappa lunga 753
carangidi 490
carassio 246
carcarinidi 771
carne di granchi 233
carpa 175
carragenina 176
caviale 179
caviale di salmone 756
caviale marinato 696

caviale pastorizzato 684
caviglione 507
cefalo 620
cefalone 605
cernia 289, 419
cernia di fondale 1104
cernia gigante 389, 498
cheppia 1055
chimera 190, 746
chimera elefante 750
chiocciola di mare 690, 1098
cicerello 408, 817, 910
ciclottero 573
cieche 299
ciprinodonti 520
ciprino dorato 401
civetta di mare 363
cocktail di crostacei in flacone 851
colatura 384
colla di pesce 486
colla liquida di pesce 327
conchiglie carapaci di crostacei 884
conservazione al freddo 212
corallo 226
coregone 721, 735, 1079
coregone bianco 1058
coregone musino 472
cornetto 1032
costardella 829
cotolette di aringa 455
court-bouillon 230
cozza pelosa 622
crema di acciughe all'olio 22
crema di crostacei 82
crema di gamberidi fiume 240
cuoio 553
cuore edule 202, 215
cuore spinoso 202, 950

D

dattero di mare 261
decollaggio 625
delfino 216, 274

delfino fianchi-bianchi 1086
delfino muso-bianco 1074
dentice occhione 549
diavolo di mare 266, 584
di corsa 777
di ritorno 943

E

eperlano 911
esoceto volante 362
essenza di acciughe alle erbe 23
essenza di vongole 196
essenza perlifera 687
essicazione per refrigerazione accelerata 368
estratto di zuppa di aragoste 239
eufausiacei 536.1 536.2
eviscerazione dagli opercoli 390
eviscerazione dalla testa 636

F

falsa-aringa atlantica 9
falso salmone affumicato 865
farina d'alghe 863
farina di aragoste per mangime 237
farina di aringhe 459
farina di fegato di merluzzo 207
farina di pesce 332, 1080, 1095
farina di pesce per alimentazione umana 326
fegato di pesce 329
ferro di cavallo 231
fieto 163, 723
filetti affumicati 400
filetti di aringhe kipper 530
filetti di aringhe kipper in scatola 531

filetti di aringhe marinati	826
filetti di baccalà	122
filetti di papalina marinati	32
filetti di pesce a dadi	267
filetti di salmone svedesi	405
filetto	315
filetto doppio	315
filetto singolo	315
fiocchi di baccalà	892
fiocchi di pesce	325
fiocchi di tonno	600
foca	853
focacce di granchi	232
focena	730
folade	700

G

gallettos	251
gamberello	218, 737
gamberello boreale	262
gamberetto	893
gamberetto grigio	153, 220
gambero	893
gambero americano d'aequa solce	370
gambero di fiume	241
gambero di fondale	711
garum	385
gattopardo	550
gattuccio	271, 558
gattuccio bruno	152
gelatina	388
ghiozzo	398
glassaggio	396
globicefalo	707
gobido	398
gonadi	403
grampo	778
grancevola	949
grancevola del Kamciatka	521
granchio	231
granchio comune	219
granchio di rena	1001

granchio nuotatore	100
granchio reale	521
granchio ripario	219
granciporro	293
grasso di balena	97
grongo	224
guance di merluzzo	204
guanina	421
gurami	404

H

halibut	436
halibut del Pacifico	666
halibut di Groenlandia	411

I

ido	476
inchiostro	483
insalata di aringhe	462
insalata di granchio	536
insalata di pesce	338
insalata di salmone	807
insalata di tonno	1049
interiora	426
iperodonte	130
irradiazione	485
ittiocolla	316, 575

L

labridi	1103
laminaria	513, 535
laminarina	547
lampreda di fiume	548
lampreda marina	852
lampuga	273
lanzardo	192, 668
lattarino	42, 900
lavareto	735
leccia stella	724
lemargo	413
limanda	258, 1114
lingue di pesce	347
luccio	704
luccio marino	63

lucio perca	703
lupa di mare	177
lutianido	921

M

maatjes	588
maccarello	577
maccarello spagnolo	866
madreperla	618
mannitolo	583
manta	584
marinata	586
marinata fritta	140
marlin azzurro	105
marlin bianco	1082
marlin nero	87
marsuino	730
martino	28
mattonelle di baccalà	205
mazzancolla	737, 1085
megattera	474
mennola	692
merlano	1093
merlu	733
merluzzo bianco	203
merluzzo cappellano	726
merluzzo carbonaro	802
merluzzo dell'Alaska	7,800
merluzzo del Pacifico	663
merluzzo francese	732
merluzzo giallo	720
merluzzo nero	802
mezzo-becco	433
minestra con vongole	195
minestrone di pesce	324
mitilo	106, 622
molva	562
molva azzurra	104
molva occhiona	592
morena	616
mormora africana	1089
moscardino bianco	653
motella	350, 783, 1014
muggine	620
murena del Giappone	880
muschio irlandese	484
musciame	621

musciame di tonno	610	
musdea americana	1081	
musdea atlantica	761	
musdea bianca	366	
mustella	366	

N

narvalo		627
nasello	432,	936
nasello atlantico		898, 1093
nasello del Capo		169
nasello del Cile		186
nasello del Pacifico		665
nero di seppia		483
numero dei pesci per chilogramma		229

O

olio di aringhe		461
olio di balena		1070
olio di fegato di halibut		437
olio di fegato di merluzzo		208
olio di fegato di pesce		330
olio di pesce	333,	1034
oloturia		850
orata		391
orata del Giappone		764
orca		519
orecchia marina	2,	659
ossirina		581
ostrica		661
ostrica della Virginia		107
ostrica europea piatta		217
ostrica inglese		629
ostrica perlifera		619
ostrica portoghese		731

P

pagello bastardo		48
pagello fragolino		679
pagello occhialone		846
pagro	228,	846

palamita	44,	125
palamita bianca		715
palamita orientale		657
palombo		916
palombo antartico		424
papalina	147,	962
papaline del Caspio		518
papaline di Kiel affumicate		517
passera		714
passera artica		36
passera canadese		15
passera del Giappone		797
passera del Pacifico		786
passera lingua di cane		1101
passera liscia		915
passera pianuzza		360
passera stellata		969
pasta d'acciughe		24
pasta d'acciughe affumicate		24
pasta d'acciughe con burro		21
pasta d'aringa grassa		94
pasta di fegato di merluzzo		209
pasta di fegato di pesce		331
pasta di molluschi o di crostacei		883
pasta di pesce		334
pasta di pesci fermentati		312
pasticcio di pesce		337
pastinaca		976
patella		560
pelamita orientale		657
pelle di pesce		343
pelle di zigrino		873
perca		689
perchia	214,	844
perchia striata		89
perla		686
persico dorato		1111
persico-spigola	844,	982
persico-spigola bianco		1074
persico trota		83
pesce affumicato		912

pesce affumicato a caldo		471
pesce affumicato duro		446
pesce alla brace		60
pesce all'aceto		1060
pesce al naturale		321
pesce angelo	27,	164
pesce aperto dal dorso		579
pesce ascia		615
pesce a sezione circolare		795
pesce azzurro		310
pesce balestra	314,	1039
pesce bianco		1078
pescecane		1084
pesce capone		425
pesce castagna	723,	752
pesce coltello		253
pesce congelato		377
pesce decapitato		449
pesce disidratato		263
pesce fico		901
pesce forca		39
pesce fortemente salato		450
pesce fortemente salato e asciugato		451
pesce fresco		369
pesce fritto		371
pesce fritto a bastoncini		346
pesce grasso		310
pesce in gelatina		328
pesce in salamoia con zucchero		988
pesce in salamoia e spezie		946
pesce in salamoia leggera		559
pesce in scatola		168
pesce intero non trattato		1094
pesce intero salato		813
pesce lancia (marlin)		587
pesce lancia striato		983
pesce lesso in palette		322
pesce lievemente affumicato		603
pesce luna		612

pesce magro	1078	
pesce marinato	4	
pesce marinato a caldo	470, 534	
pesce martello	439	
pesce mediamente salato	593	
pesce mescolato a sale	798	
pesce omogeinizzato condensato	467	
pesce pastorizzato	683	
pesce persico	689	
pesce pilota	706	
pesce porco	473	
pesce prete	968	
pesce previamente trattato in salamoia	146	
pesce pulito	279	
pesce ramarro	566	
pesce ré	656	
pesce refrigerato	188	
pesce salato	810, 812	
pesce salato a bordo	811	
pesce salato a secco	284	
pesce salato a secco e asciugato	442	
pesce salato e seccato	282	
pesce salato in barile	695	
pesce salato semi-seccato	926	
pesce salinato	515, 1069	
pesce salinato e sgocciolato	410	
pesce San Pietro	500	
pesce sciabola	376, 831	
pesce seccato all'aperto	1096	
pesce seccato al sole	990	
pesce secco	281	
pesce sega	830	
pesce semi-conservato	602	
pesce semi-salato	435	
pesce senza spine	120	
pesce serra	103	
pesce spada	1002	
pesce spatola	673	
pesce spinato	117	
pesce surgelato all'aria	877	
pesce sventrato	280, 427, 955	
pesce vela	801	
pesce violino	423	
pesce volante	362	
pescigutto di mare	848	
pesci pappagallo	682	
pettine	742	
pettine maggiore	835	
piccolo asinello	183	
piccolo merluzzo bianco	206	
piccolo sgombro	499	
pico	61	
piè d'asino	38	
pissala	713	
pleuronettiformi pesci ossei piatti	354	
polpettone di pesce	323	
polpo di scoglio	653	
porzione di pesce	336	
presalaggio	95	
pronti alla deposizione dei prodotti sessuali	939	

R

rana	375
rana pescatrice	28
rana toro	158
razza	675, 751, 903
razza a coda corta	96
razza bavosa	353
razza bianca	1087
razza bianca atlantica	879
razza chiodata	1011
razza fiorita	247
razza maculata	959
razza monaca	570
razza occhiata	1100
razza ondulata	1056
razza rotonda	821
razza spinosa	874
razza stellata	970
ré di triglie	172
residui di pesce	348
residui di pesce idrolizzati	342
residui di pesce pressati	738
riccio di mare	861
ricciola	1116
ricciola australiana	1115
rigor mortis	776
ritagli	772
rollmops	790
rombo camaso	1031
rombo chiodat	1050
rombo dentuto	989
rombo giallo	594
rombo liscio	144
rombo peloso	647
ronco	952
rospo	28
rossetti	637
rovello	110
ruvetto	920

S

salachi	739
salachini	739
salamoia	145
salmerino	182
salmerino artico	35
salmerino di fontana	150
salmone	804
salmone argentato	210
salmone del Reno	46
salmone di Danubio	260
salmone giapponese	184
salmone giovane	914
salmone in salamoia	445
salmone keta	193
salmone kipper	529
salmone marinato	698
salmone reale	191
salmone rosa	710
salmone rosso	925
salpa	402
salsa di latte di aringhe	460
salsa di pesci fermentati	313
salsiccia di pesce	339

salsicce affumicate di pesce	349	spellamento	906	terrina di pesce	335
		spellato	904	testuggine	1009
salsicce affumicate di tonno	1046	sperlano	911	tetradonte	740
		spermaceti	944	tilapia	1018
salsicce di tonno	1047	spigola	66, 844	tinca	1007
sandra	703	spigola americana	1083	tombarello	372
sarago maggiore	1076	spigola giapponese	495	tonnetto	565
sardina	705, 822	spinarolo	693	tonnetto striato	907
sardina australiana	699	spratto	962	tonno	102, 1048
sardina del Cile	187	spugna	957	tonno albacora	1108
sardina di California	166	squadro	27	tonno all'olio d'oliva	1029
sardina giapponese	494	squalo	876	tonno bianco	8
sardine marinate	933	squalo alalunga	1091	tonno indiano	572
sardine pressate	739	squalo capopiatto	902	tonno obeso	77
sardine seccate	308	squalo di Groenlandia	413	tordo marvizzo	58
sargasso	469	squalo di Terranuova	878	torpedine	296
sascimi	825	squalo elefante	65	totano	364
scabeccio	303, 586	squalo limone	555	totariello	965
scaglie di pesce	340	squalo mako	581	tracina	1068
scampi	642, 836	squalo nutrice	649	tracina drago	509
scazzone	842	squalo pinne nere	91	trance	794
sciarrano	419	squalo serpente	373	trancia	1043
scienidi	244, 283	squalo tigre	1016	trancia di pesce	972
scorfano	839	squalo toro	820	trepang	1037
scorfano di Norvegia	758	squalo volpe	1015	tricheco	1066
semi-conserve	868	stearina di pesce	345	triglia	397
semi-conserve all'olio	654	sterlet	985	triglia di scoglio	995
semi-conserve di pesce	264	stivaggio a bordo	157	trigoni	976
		stivaggio a strati	882	triotto	779
seppia	257	stivaggio in cassette	133	trocus	1042
seppiola	257	stoccafisso	978	trota	1044
seppiola grossa	257	storione	985	trota di lago americana	545
sevice	870	storione danubiano	660		
sgombro	577	storione ladano	71	trota di mare	859
sgombro cavallo	192, 668	storione stellato	871	trota iridea	748
sgombro indiano	480	suacia (fosca)	833	trotella	453
sgombro reale	522, 524	sugarello	468	tursione	129
sgombro salato	127	suro	468		
smeriglio	578, 727	surrefrigerazione	992		
sogliola	221, 930	surrogati di caviale	180	**U**	
sogliola del porro	551				
sogliola gialla	1113			uova di pesce	606, 787
sogliola limanda	556, 1099	**T**		uova di salmone per esca	806
sogliola limanda del Pacifico	301	tanuta	90		
sogliola occhiuta	930	tarantello	1059	**V**	
sogliola variegata	1010	tarpone	1004		
solubili condensati di pesce	223	tartaruga	1052	vaccarella	292
		tellina	225	ventaglio	68, 835
		temolo	407	ventresca	1059

ventresca di salmone		vongola dura	741	**z**	
salata	805	vongola molle	927	zerro	692
verdesca	109	vongola nera	418	zifio	69
vescica natatoria	1000	vongole	174, 194	zuppa di aragosta	238
vimba	1117	vongole dure	441	zuppa di asinello	431

ICELANDIC/ISLANDAIS (IS)

Note: Figures in index refer to item numbers/Les nombres figurant dans l'index se réfèrent aux numéros des rubriques.

A

aborri	689
aða	622
agar	5
alginat	10
áll	294, 305
áll í hlaupi	496
andarnefja	130
ansjósa	19
augnasíld	16, 872, 1055

B

barðaháfur	27
báruskeljar	202
baulfiskur	591
beinhákarl	65
beinhreinsaður fiskur	117
beinlaus fiskur	120
beinlaus kipper	121
beinlaus reykt síld	123
beinlaus saltfiskflök	122
beinlaus saltfiskur	119
beitukóngur	1072
bismarksíld	81
bita-skorinn fiskur	267
blágóma	108
blákarpi	1104
blákjafta	367
blálanga	104
blautsaltaður	451
blautsaltaður fiskur	1069
bleikja	35, 182
bleiklax	710
blek (úr smokkfisk)	483
blettabyrfill	1014
blóðgun	625
bolfiskur	795
bramafiskur	723
brislingur	147, 962
brúnþörungur	151
brynstirtla	468
búklýsi	333
búrhvalslýsi	944
búrhvalur	945
bútungur	813
börð	1097

C

cutsíld	252

D

dauðastirnun	776
djúpkarfi	758
doppa	1098
dröfnuskata	1011
dverghvalur	702
dvergþorskur	726
dvergsólflúra	1113
dýrafóður	29

E

ediksöltuð síld	1060

F

feitfiskur	310
ferskur fiskur	369
fiskbúðingur	335, 337
fiskflak	315
fiskibollur	322
fiskilím	327
fiskkæfa	334
fisklifrarkæfa	331
fisklifur	329
fiskmjöl	326, 332, 1080
fiskpylsa	339
fiskroð	343
fisksalat	338
fisk-skammtur	336
fiskstautar	346
fisk-sterin	345
fiskstykki	972
fisksuga	548
fisksúpa	324, 344
fiskúrgangur	348
fiskur í hlaupi	328
fjöldi fiska í vogeiningu	229
fjörsungur	409, 1068
fjörudoppa	690, 1098
fjörugrös	484
flatfiskur	354
flattur fiskur	280, 315, 955
fljótakrabbi	241
flugfiskur	362
flundra	360
flyðra	436
freðfiskur	377
froskur	375
frostþurrkun	368
frystigeymd	212
frystur fiskur	377
fúkalyf	30
fullþurrkaður fiskur	442
fullstaðinn fiskur	451
fullverkaður	50, 532

G

gaffalbitar	381
gedda	704
geirnefur	829
geirnyt	190, 746
geislun	485
gelatini	388
gellur	347
gerilsneyddur kavíar	684
gjótandi (fiskur)	939

gleráll	299	hrossarækja	153, 220	kryddsíld	947
gliteyra	2	hrúðurkarl	61	kryddsúrsaður fiskur	585
glóðarsteiktur fiskur	60	hrygnandi	939	kræklingur	106, 622
gotfiskur	777	hrygndur (fiskur)	943	kuðungar	884
gotinn	943	hrökkviskata	296	kúfiskur	652
graflax	405	humar	235, 306, 567	kyrrahafs lúða	666
gráhvalur	664	humar (amerískur)	641	kyrrahafs-þorskur	663
grálúða	411	humarhalar	836	kyrrahafs-síld	667
grásleppa	573	humarmjöl	237	kytlingur	398
grindhvalur	707	humarsúpa	238	kæling	189
grunnungur	1007	hús-þurrkaður fiskur	263		
grútur	365	hvalir	1071		
guanin	421	hvalkjöt	845	**L**	
guðlax	656	hvallýsi	1070	labri	541
gull-lax	37	hvalsauki (ambra)	13	langa	562
gönguseiði	914	hvalspik	97	langlúra	1101
		hvaltennur	488	langreyður	318
		hvítskata	879	lax	46, 804
		höfrungur	216, 274	laxakavíar	756
H		hörpudiskur	68, 835	laxasalat	807
hafáll	224			laxaseiði	681
háfsþunnildi	837			laxaþunnildi (söltuð)	805
háfur	271, 693			léttreyktur fiskur	603
háhyrna	519	**I**		léttsaltaður fiskur	559,
hákarl	413, 876	ígulker	861		926
hálfsaltaður fiskur	435	ísaður fiskur	188	léttsöltun	926
hámeri	578, 727	íshúðun	396	lettverkaður fiskur	602
harðfiskur	281, 1096	ískóð	719	leturhumar	642
harðsaltaður lax	445	íslandssléttbakur	639	lifrarmjöl	207
harðsaltur fiskur	450	ísun	189	lindableikja	150
harðsöltuð síld	444			linsaltaður fiskur	559
hausaður fiskur	449			litla brosma	366
hausskorin síld	252			litli karfi	758
hausuð	636	**K**		loðna	170
heilagfiski	436	kaldreyktur fiskur	211	lóðsfiskur	706
heitreykt	837	kampalampi	262	lóskata	751, 903
heitreyktur fiskur	471	karfi	758	lúðulýsi	437
hillulagning	157, 882	karpar	175	lúða	436
hjartaskel	215	kassaður fiskur	133	lútfiskur	574
hlýri	960	kavíar	179, 180	lýr	720
hnísa	730	keila	1053	lýsa	1093
hnúðlax	710	kinnar	204	lýsi	330
hnúfubakur	474	kipper	527	lýsingur	186, 432, 898,
hóplax	514	kjarnamjöl	1095		936
hornfiskur	383, 630	kolkrabbi	257, 364, 653,		
hrafnreyður	607		965		
hrefna	607	kolmunni	733	**M**	
hreistur	340	krabbi	219, 231	magadregin (síld)	636
hrogn	787	krossfiskur	967	makríll	577
hrognkelsi	573	kryddsaltaður fiskur	946	manitol	583

manneldismjöl	326	
marhnútur	842	
marsvín	707	
matjessíld	588, 589	
menhaden	596	
mjaldur	72	
mjósi	295	
mjög harðsöltuð léttreykt síld	896	
múrena	616	
murta	545	

N

náhvalur	627
niðurlagður fiskur	868
niðurlagður fiskur í olíu	654
niðursoðinn fiskur	168
norðhvalur	412
nætursaltaður fiskur	435

O

óslægður fiskur	1094
ostra	107, 217, 629, 661, 731

P

perla	686
perlukjarni	687
perlumóðir	618
perlumóðurskel	619
pétursfiskur	500
plógskata	570
pressukaka	738
pæki	145
pækilsaltaður fiskur	695
pæklaður fiskur	146
pönnufiskur	972

R

rákungur	44, 125
ráskerðingur	793, 978
rauðlax	925
rauðmagi	573
rauðþörungur	754
regnboga-silungur	748

rengi	97
reyðarhvalir	792
reyktar fiskpylsur	349
reykt síldarflök	530
reyktur fiskur	446, 912
reyktur lax	529
reykt ýsa	317, 913
riklingur	177, 747
roð	553
roðdráttur	906
roðdreginn	904
roðdreginn þorskur	905
roðlaus	904
rollmops	790
rostungstennur	488
rostungur	1066
rúnnsaltaður fiskur	813
rúnnsöltuð síld	975
rækja	218, 711
rækjur	737, 893
röndungur	620

S

sagarfiskur	830
saltaður fiskur	810
saltaður um borð	811
saltfiskur	50, 809, 812
salthrogn	696
saltlax	698
saltsíld	697
sandhverfa	1050
sandkoli	258
sandreyður	867
sandsíli	817, 910
sardína	166
sardínur	705, 822
seiði	1073
selir	853
síld	454, 894
síldarlýsi	461
síldarmjöl	459
síldarsalat	462
síld í hlaupi	456
síld í vínsósu	458
silfurkóð	901
silfurloðna	911
sinnepssíld	623
sjálfrunnið lýsi	1034
sjóbirtingur	859

sjólax	865
sjóurriði	1044
skarkoli	15, 714
skata	96, 353, 751, 903
skeljar	884
skinn	553
skjaldbaka	1052
skjálgi	1031
skrápur	873
skreið	281, 793, 978, 1096
skúffluð síld	291
skötuselur	28
sléttbakar	775
sléttbakur	412
slétthverfa	144
slóg	426
slógdráttur	390
slægður fiskur	427
smásíld	1106
smáýsa	183
smáþorskur	206
smokkfiskur	257, 364, 965
smyrslingur	194, 927
snyrting	1040
snyrtur fiskur	279
soðkjarni	223
solflúra	221, 930
solþurrkaður fiskur	990
spánskur makríll	192, 668
spýttlanga	948
spærlingur	643
staðinn fiskur	410
steikt síld	141
steiktur fiskur	371
steinbítur	177, 1102
steypireyður	111
stóri bramafiskur	752
stóri karfi	758
stórkjafta	594
stórþorskur	429
strandslabbi	1117
stútungur	961
styrja	985
sundmaga-hlaup	486
sundmagi	1000
súrsaður fiskur	4
súrsíld	828
súrsíldarflök	826

svampur	957	trönusíli	408, 817	**Y**	
svartháfur	693	túnfisksalat	1049	ýsa	430
sverðfiskur	1002	túnfiskur	102, 1048		
svil	606	tunglfiskur	612		
sviljasósa	460	tættur saltfiskur	892	**Þ**	
sykursaltaður fiskur	988	töskukrabbi	293		
sýrð síld	996			þangmjöl	863
sæbjugu	850			þari	513, 847
sæeyra	2, 659	**U**		þorska-lifrarkæfa	209
sækýr	849	ufsi	802	þorskalýsi	208
sæskeggur	397, 995	umlögð og flokkuð		þorskur	203
sæsteinsuga	852	saltsíld	770	þunnildi	1097
sæþörungur	862	urrari	39, 416, 425, 712	þurrfiskur	281
söl	286	urriði	859, 1044	þurrkaður rækjuúrgangur	135
				þurrkaður saltfiskur	282, 532
T		**V**		þurrsaltaður fiskur	284, 515
tindabikkja	970	vartari	66, 419, 844	þykkvalúra	556, 1099
tindaskata	970	vatnaurriði	1044	þyrsklingur	206
tros	1035	vöðlun	798		

JAPANESE/JAPONAIS (J)

Note: Figures in index refer to item numbers/Les nombres figurant dans l'index se réfèrent aux numéros des rubriques.

A

aburagarei	41
abura-mi	97
aburatsunozame	693
age-kamaboko	506
ainame	415
aji	468
ajitsuke-nori	638
akaei	976
akagai	38
akagarei	355
akamanbô	656
akame	64
akazaebi	642
akazaragai	742
akiaji	193
akoyagai	619
amagi	611
amajio	559, 602
amanori	552
ame	1045
ameni	1045
amikiri	103
anago	224
anchobi pêsuto	24
anko	28
aoita-kombu	535
aonori	638
aozame	581
arame	860
arasukamenuke	669
arugin-san	10
asari	174
assaku-iwashi	739
awabi	2, 659
ayu	49
azarashi	853

B

babagarei	909
bai	1072
bakazame	65
bandoiruka	129, 216
barazumi hyôzô	157
bashôkajiki	801
bekkô	70
benimasu	925
benizake	925
bera	1103
bincho	8
binnaga	8
binnagamaguro	8
bôdara	112
bokujû	483
bora	620
budai	682
buri	1116
burimodoki	706

C

chidai	243
chıkuwa	185
chôzame	985

D

dango-uo	573
dassui-gyo	263
datsu	630
doressu	279

E

ebi	737, 893
echiopia	723, 752
ei	751, 903
enkan-gyo	282
enkan-hin	887
enkei gyo	795
enshô-hin	302
en-sui	145
enzô-gyo	810, 813
enzô-hin	810
enzô-iwashi	810
enzô-nishin	285
enzô-saba	810
eso	566

F

firê	315
fisshu pêsuto	334
fisshu sôsêji	339
fisshu suchikku	346
fisshu sûpu	344
fuedai	921
fugu	740
fujinohanagai	225
fujitsubo	61
fuka	876
fukahire	876
fû-kan gyo	1096
fukko	495
funa	**246**
funa-miso	1057
funmatsu-kombu	535
funori	377.1
furaikajiki	940
furêku	325
furikake	378
furi-shio	798
furi-shiozuke	284
fusakasago	839
fushi-rui	379
futatsu-wari	793

G

gangiei	751, 903
gazami	100
geiyu	1070
gindara	800
ginkeyamame	681
ginmasu	210
ginzake	210
ginzame	190, 746, 750
gisukeni	393
guanin	421
guchi	244, 283
gureizu	396
guurami	404
gyodan	322
gyo-fun	332, 1095
gyo-hi	343
gyo-kanzô	329
gyokasu	348
gyokô	327, 486
gyomiso	428
gyoniku sôsêji	339
gyorimpaku	687
gyorin	340
gyo-rô	345
gyorui kansei-hin	281
gyorui kanzô	329
gyorui kanzume	168
gyorui-no-haikibutsu	348
gyo-shi	345
gyo-yu	333

H

hagatsuo	125, 657
hakozume hyôzô	133
hamaguri	441
hamayaki-dai	438
hamo	880
hampen	440
harago	787
harasaki	625
hata	419, 844
hatahata	818
haze	398
hiboshi	990
himeji	397
himemasu	925
hiraaji	490
hiraki	280, 955
hirakidara	663
hiraki-sukesôdara	7
hirame	67
hirame-karei-rui	354
hirasaba	192, 577, 668
hirasoda	372
hırekodai	243
hitode	967
hitoshio-mono	593
hitoshio-nishin	658
hôbô	425, 465
hohojirozame	1084
hôjiro	1084
hokkai-ebi	711
hokke	43
hokkigai	441
hokkokuakaebi	262
hokkyokukujira	412
hondawara	469
honmaguro	102
honmasu	184
honsaba	192, 668
hôru	1094
hoshi dako	653
hoshigai	194
hoshi-kazunoko	511
hoshi namako	1037
hoshi-nori	638
hoshi wakame	1064
hotate gai	835
hotchare	514
hotchari	514
howaito mîru	1080
hyôhzô	189
hyôhzô-gyo	188

I

ibodai	163
igai	622
ika	965
ikanago	817
ikanago-shôyu	891
ika-shiokara	888
ika-shôyu	891
ikkaku	627
ikura	756, 806
inada	1116
iriko	850
iruka	274, 730
isaki	420
ise-ebi	235, 567
ishimate	261
ishimochi	244, 283, 1077
ishinagi	389
isomaguro	799
itachizame	1016
itayagai	68
iwana	182
iwashi	166, 187, 494, 705, 822
iwashikujira	867

J

jinkô-kansô-gyo	263
jiryô	29

K

kabayaki	502
kado-iwashi	454, 667
kaeru	375
kagokamasu	934
kagurazame	902
kaibotan	884
kaigara	884
kaihô	2
kaimen	957
kai-no-nijiru	196
kairyô-zuke	695
kaisô	862
kajika-rui	842
kajiki	587, 983
kaki	217, 661
kaki-shiokara	888
kaki-shoyu	891
kakugiri	267
kakuni	1045
kamaboko	506
kamaboko kanzume	492
kamasu	63
kamasusawara	1063
kame	1052
kamomegai	700
kanagashira	425, 507
kani	231
kani-niku	233

kanten	5	
kanyu	330	
kanyu no niziru	365	
kanzô matsu	207	
kara	884	
karafutomasu	710	
karaiwashi	542	
karajio	442	
karashio	450	
karasugarei	411	
karasumi	128, 180	
karei	258, 360	
karui kunsei	603	
kashira otoshi	449	
kassorui	151	
kasube	751, 903	
kasuzame	27	
katakuchi-iwashi	19	
katami	315	
katashio	442, 450	
katashio-nishin	444, 658	
katsuo	907	
katsuo-bushi	510	
katsuo-shiokara	888	
kawahagi	314	
kawakamasu	704	
kawamasu	150	
kawamuki	904, 906	
kawa-yasuri	873	
kazunoko	511	
kegani	231	
kichiji	516	
kidai	1112	
kihôbô	39	
kikuzame	952	
kimmedai	755	
kinchakudai	164	
kinguchi	1107	
kingyo	401	
kintokidai	76	
kirimi	336	
kitanohokke	43	
kitatokkurikujira	130	
kitsunegegatsuo	125, 657	
kiwada	1108	
kiwadamaguro	1108	
kobanaji	724	
kobumaki	535	
kochi	356	
koi	175	
ko-ika	257	
koikoku	175	
koiwashikujira	607	
kokujira	664	
komakkô	557	
kombu	513, 535, 847	
konishin	894, 1106	
korozame	27	
kosaba	499	
kôseibusshitsu	30	
kosemikujira	702	
koshinaga	572	
kosorui	754	
kowajio	442, 450	
kuchibidai	300	
kujira	1071	
kujira no ha	488	
kunsei	446	
kunsei-gyo	912	
kurage	497	
kurobaginnanso	156	
kurocho-gai	619	
kurodai	90	
kuroguchi	85	
kurokawa	587	
kuro-maguro	102	
kuronori	638	
kusauo	857	
kusaya	539	
kyabia	179	
kyûrino	911	

M

ma-aji	468	
madai	764	
madara	203, 663	
magarei	258	
magondo	707	
maguro-rui	1048	
ma-ika	257	
ma-iwashi	705, 822	
makajiki	587, 983	
maki-shio	798	
maki-shio-zuke	284	
makkô geiyu	944	
makkôkujira	945	
mako	787	

managatsuo	723	
manbô	612	
mandai	656	
mannitto	583	
maonaga	1015	
maru	1094	
marui sakana	795	
marusaba	577	
masaba	192, 668	
masu	710, 1044	
masunosuke	191	
mategai	753	
matôdai	500	
maze-nori	638	
mebachi	77	
meihô	2	
meikotsu	595	
meitagarei	374	
meji	595.1	
mejina	633	
mekajiki	1002	
mekko	299	
menuke	758	
merulûsa	169	
meso	299	
mesoko	299	
migaki-nishin	601	
mirin	608	
mirin-boshi	609	
mishimaokoze	968	
miso	1057	
mizu-ame	609	
mogai sarubo	38	
môkazame	578, 727, 808	
momijiko	7, 180	
mongarakawahagi	1039	
mosokko	299	
murasaki-igai	106	
muroaji	468	
mushigarei	797	
mutô-gyo	449	

N

nagasukuzira	318, 792	
naizô	426	
namaboshi	281, 926	
namako	850	
namaribushi	624	
namazu	177	

nameta	909	reizô	212	shigo-kôchoku	776
nametagarei	909	renko	1112	shiira	273
namiara	800	renkodai	1112	shikinnori	484
naruto	626	rensei-hin	769	shimagatsuo	752
narutomaki	626	ryûzenkô	13	shime-kasu	738
naruto wakame	1064			shiniku	97
nerisei-hin	323, 769			shinju	686
nezumizame	808	**S**		shinju-sô	618
nibe	244, 283, 634	saba	577	shioboshi	282, 887
niboshi	635	saba-bushi	379	shioboshi-aji	887
niboshi-hin	635	sabahii	605	shioboshi-hin	887
niboshi-iwashi	19, 635	saba-hiraki-boshi	259	shioboshi-iwashi	887
nigisu	37	saiku-kombu	535	shioboshi-samma	887
nijimasu	748	saira	829	shiodara	809
nijôsaba	276	sakamata	519	shiokara	312, 888
nikkan	990	sakana-no-furai	371	shio-kazunoko	511
nimaigai	194	sakana no himono	281	shio-miru	145
nioshi-ika	997	sakana no kawa	343	shio-nishin	285
nishin	454, 667	sakana-no-tempura	371	shio-saba	127
nishin gyofun	459	sakana-no-uroko	340	shio-zake	445
nishin yu	461	sakatazame	423	shiraboshi	986
nori	638	sake	193	shirako	606
nori-ameni	1045	sakemasu-rui	804	shirasu	1073
nori-kakuni	1045	sakuraboshi	609	shirauo	889
nori-tsukudani	1045	sakuramasu	184	shirochogai	619
noshi-surume	997	same	271, 876	shirogarei	786
nôshuku fuisshu		same-yasuri	873	shiroguchi	1077
soryûburu	223	samma	671, 829	shiroiruka	72
numagarei	969	samma-kabayaki	502	shirokajiki	87
		sanran-go-no-sakana		shirokawa	87, 587
			943	shironagasukujira	111
O		sanran gyo	939	shiroshumoku	439
oboro	924	sarashi wakame	1064	shirozake	193
oboro-kombu	535, 924	sashimi	825	shiryô	29
ohyô	436, 666	satsuma-age	506	shitabirame	930
ohyô kanyu	437	sawara	524	shokuryô-gyofun	326
ôkamasu	63	sayori	433	shokuyô-gaeru	158
okiami	536.2	sazae	1032	shokuyô-gyofun	326
onagazame	1015	sebiraki	579	shôsha	485
onkun	471	seijuku-gyo	777	shottsuru	891
ônogai	927	seishokusen	403	shumokuzame	439
ori-kombu	535	seiuchi	1066	shumushugarei	786
ottosei	853	seiuchi no ha	488	soboro	924
		semi hôbô	363	soda-gatsuo	372
		semi-kujira	775	sodegai	222
R		sengyo	369	sohachigarei	928
rabuka	373	sepparimasu	710	sotoiwashi	118
reikun-gyo	211	shachi	519	suboshi	986
reikun-hin	446	shake	193	suboshi-hin	986
reitô-gyo	377	shibire-ei	1073	sudako	653

suehiroboshi	609	tatami-iwashi	1005	uo-shôyu		313
sugi	201	tateshio	146	ure-zushi		998
sugi-nori	484	teion reitô-gyo	877	urumeiwashi		796
suisan-hikaku	553	tekkui	67	usuba-aonori		414
sukesô	7	telapia	1018	usujio	435, 559,	602
sukesôdara	7	tempura	506	utsubo		616
suketôdara	7	tenagamizutengu	116			
sukimi	117, 120	tengusa	1008			
sukimidara	119, 663, 905	tenguzame	65	**W**		
su-kombu	535	tobiei	292	wagiri		315
sumi	483	tobiuo	362	wakame		1064
sumivaki	920	tôgorôiwashi	900	wakasagi		725
surimi	994.1	tôkan-dara	1024	warasa		1116
surume	997	tôkan-hin	1024	wata		426
sushi	998	tôketsu-kansô	368	wata-nuki		427
sutêku	972	tokishirazu	193			
suzuke	4, 1060	tokobushi	2			
suzuki	495	tombo	8	**Y**		
		torigai	202, 215	yakiboshi		1105
		tororo-kombu	535	yakiboshi-ayu		1105
T		toyamaebi	711	yakiboshi-haze		1105
		tsubamekonoshiro	1012	yakiboshi-iwashi		1105
tachi-no-uo	253	tsubonuki	390, 427	yaki-chikuwa		185
tachiuo	253	tsukudani	1045	yaki-zakana		60
tai	764, 846	tsukurimi	825	yak-zame		876
taimai	1052	tsunahamu	1046	yamazumi enzô-gyo		515
tai-miso	1057	tsunomata	484	yatsumeunagi		548
taishi	876	tsunozame	693	yokoshimasawara		866
taiwan-yaito	565			yomegakasa		560
takasegai	1042			yoshikirizame		109
tako	653	**U**				
tamakibi	690, 1098	ubazame	65			
tanku-zuke	695	ukibukuro	1000			
tara	203, 663	unagi	294, 493	**Z**		
tarabagani	521	uni	861	zarigani		241
tara kanyu	208	uni-shiokara	888	zatôkujira		474
tarako	7, 180	uo-dango	322	zengyotai		1094
tare	502, 876	uo-jiru	344	zeratchin		388
tarumi	921	uo-miso	1057	zômotsu		426
tashibô-gyo	310	uo no shita	347	zuwaigani		231

NORWEGIAN/NORVÉGIEN (N)

Note: Figures in index refer to item numbers/Les nombres figurant dans l'index se réfèrent aux numéros des rubriques.

A

abbor	689
agar	5
akkar	965
albacore	1108
albakor	8
albuskjell	560
alginat	10
ambra	13
anchoveta	18
ansjos	19, 640
ansjosessens	23
ansjoskrem	22
ansjospostei	24
ansjossmør	21
antall fisk pr. kg.	229
antarktisk krill	536. 2
antibiotika	30
appetittsild	32
arktisk røye	35
atlanterhavslange	592
aure	1044
auxid	372

B

bakt sild (ovnsbakt)	54
barrakuda	63
bekkerør	150
bekkerøyr	150
benfri fisk	117
benløs fisk	120
benløs saltet torskefilet	122
berggylt	58
bergvar	1031
bernfisk	74
bestråling	485
bismarksild	81
blagunnar	733
blekk fra blekksprut	483
blekksprut	257, 653, 965
bloater	93
blåhai	109, 771, 820
blåhval	111
blåkjeft	839
blåkrabbe	100
blåkveite	411
blålange	104
blåskjell	106, 622
blåsteinbit	108
bløgging	625
bokstavhummer	642
bottlenose	130
brasme	143
breiflabb	28
brisling	147, 962
brosme	1053
brudefisk	755
brugde	65
brunalge	151, 513
bøkling	154

C

caragenin	176
Christiania anchovies	20

D

delfin	216, 274
djevlerokke	584
dobbeltfilet	315
dvergretthval	702
dvergspermhval	557
dyphavsreke	262
dypvannsreke	262
dyrefor	29
dødsstivhet	776

E

eddikbehandlet fisk	1060
elfenben	488
elveniøye	548

F

femtrådet tangbrosme	350
fersk fisk	369
ferskvannskreps	241
fet fisk	310
fettfattig fisk	1078
filet	315
finnhval	318, 792
firskjegget tangbrosme	367
fish sticks	346
fiskeavfall	348
fiskeboller	322
fiskeensilage	342
fiskekake	323
fiskelever	329
fiskeleverpostei	331
fiskelim	327
fiskemel	332, 1080
fiskeolje	333
fiskepai	335
fiskepakning	840
fiskepasta	334
fiskeprotein-konsentrat	326
fiskepudding	337
fiskepølse	339
fiskesalat	338
fiskeskinn	343
fiskeskive (koteletter)	972
fiskeskjell	340

fiskestearin	345	gulål	299	**I**		
fiskesuppe	344	gyteferdig	777	industrifisk		482
fiskestykke	336	gytende	939			
fisketunger	347					
fisk i gelé	328			**J**		
fisk saltet i tønner eller		**H**		jødefisk		498
kummer	695					
fisk saltet ombord	811	hai	876			
fjesing	409, 1068	halvkonserver	868	**K**		
flatfisk	354	hammerhai	439			
flekket fisk	280, 955	haneskjell	742	kaldrøkt fisk		211
flekksteinbit	960	hardrøkt fisk	446	kalifornisk gråhval		664
flire	1076	harr	407	kamskjell	68,	835
flygefisk	362	havabbor	66, 419, 844,	kamtannhai		902
flyndrefisk	354		1083	karpe		175
forlaket fisk	146	havbrase	752	karuss		246
fot	365	havbrasme	723	kassepakket fisk		133
frosk	375	havengel	27	kaviar		179
frossen fisk	377	havkaruss	90, 846	kaviarerstatning		180
fryselagring	212	havmus	190, 746	ketalaks		193
frysetörking	368	havniøye	852	kippers		527
fullganing	390	havåbor	66	kippersfilet		530
		havål	224	kippersflekking		579
		helkonserve	168	kipper snacks		531
		helmel	1095	kjølt fisk		188
G		hestereke	153, 220	kjønnsorganer		403
gaffelbiter	256, 381	hjerteskjell	202, 215, 950	klareskinn		316
gapeflyndre	15	hodekappet	636	klippfisk	50,	532
gelatin	388	hodekappet fisk	449	knivskjell		753
gjedde	704	hodekappet sild	252	knurr	416, 712,	979
gjørs	703	hollandsk-behandlet sild		knurrfisk		425
glasering	396		291	knølhval		474
glasstunge	1113	horngjel	383, 630	kolje		430
glassvar	594, 833	hummer	306, 567, 641	kolmule		733
glatthai	916	husblas	486	kongsnegl		1072
glattrokke	353	hvaler	1071	krabbe	231,	293
grampus	778	hvalkjøtt	845	kragehai		373
gravlaks	405	hvalolje	1070	kronsardiner		537
grillet fisk	60	hvalross	1066	krusflik		484
grindhval	707	hvithval	72	kryddersaltet fisk		946
gråhai	1030	hvitskate	879	kryddersild		947
gråskate	953	hvitting	1093	kråkeboller		861
gråsteinbit	177	hyse	430	krøkle		911
grønlandshval	412	håbrand	727	kunstig tørket fisk		263
guanin	421	håbrann	578	kuskjell		652
gullfisk	401	hågjel	88	kutlinger		398
gullflyndre	714	hågylling	746	kveite	436,	666
gullskjell	174, 418	håkjerring	413	kveitetran		437
				kvitnos		1075
				kvitskjeving		1086

L

labradorbehandlet torsk	541
lær	553
lagesild	1058
lake	145, 160
laks	804
laks (atlantisk)	46
lakseabbor	83
lakseerstatning	865
laksekaviar	756
laksesalat	807
laksestjørje	656
laminarin	547
lange	562
langfinnet knurr	886
languster	235
laue	92
leppefisker	1103
lettrøkt	896
lettrøkt fisk	603
lettrøkt hardsaltet sild	896
lettsaltet fisk	435, 559
lettvirket fisk	602
lettvirkning	926
limvannskonsentrat	223
liten makrell	499
lodde	170
lomre	556
losfisk	706
lutefisk	574
lyr	720
lysing	186, 432, 898, 936
lysing (stillehavsk)	665

M

magedratt	636
mager fisk	1078
maisild	11, 872
makrell	577
makrellgjedde	829
makrellhai	578, 581
makrellstjørje	102, 1048
mannitol	583
mareflyndre	1101
marinade	303, 586
marinert fisk	4, 585
matjessild	589
matjestilvirket sild	588
medium salted fisk	593
melke	606
melkesild	604
mjølvet (rørt) fisk	798
mort	779
mulle	397, 995
multe	620
murene	616
månefisk	612

N

narhval	627
nebbhval	69
nebbsik	472
nebbskate	874
nise	730
nordkaper	639
norsktilvirket feitsild	644

O

okseøyefisk	114, 402
oljekonserve	654
ompakket sild	770, 858
oskjell	622

P

paddetorsk	366
pagell	110, 679
panserulke	39
parr (smolt)	681
pasteurisert fisk	683
pelamide	125
perle	686
perleessens	687
perlemor	618
perlemorskjell	619
pigghå	271, 693
piggskate	1011
piggvar	1050
pilskate	976
pir	499
polartorsk	719
portugisisk østers	731
presskake	738
pukkellaks	710
purpursnegl	690

R

rakørret	749
regnbueaure	748
regnbueørret	748
reimfisk	376, 831
reke	262, 711, 737, 893
rekling	747
renset fisk	279
renskjæring	1040
retthval	775
revehai	1015
rigor mortis	776
ringbuker	857
risp	340
rogn	787
rognkall	573
rognkjeks	573
rokke	903, 751
rollmops	790
rotskjær	793
rund fisk	1094
rundsaltet fisk	813
rur	61
russisk krabbe	521
rødalge	754
rødfisk	758
rødhå	271
rødspette	714
røkelaks	529
røkt fisk	912
røkt hyse	317
røye	182
røyr	35, 182
røytet torsk	905

S

sagfisk	830
St. Petersfisk	500
saltet fisk	810
saltet laks	698
saltet makrell	127
saltfisk	812
saltfisk i stabel	1069
saltsild	697
sandflyndre	258, 1114
sandskate	821
sandskjell	194, 927
sardin	166, 187, 705, 822
sardinella	823
saueskjell	215
sei	802
seihval	867
seilaks	865
seilfisk	801
sel	853
sennepssild	623
side	315
sik	472, 735, 1079
sild	454, 667, 894
sildemel	459
sildesalat	462
sildolje	461
siler	817
sjøaure	859
sjøkreps	642
sjøku	849
sjøpakket	858
sjøpinnsvin	861
sjøpølser	850
sjøstjerne	967
sjøørret	859
skall	884
skalldyrcocktail	851
skalldyrpostei	883
skarpsaltet fisk	450
skarpsaltet og tørket fisk	442
skarpsaltet sild	444
skate	751, 903
skilpadde	1052
skinnfri	904
skinning	906
skjeggtorsk	732
skjell	884
skjellbrosme	366
skotskbehandlet	840
skrapfisk	1035
skrei	203
skrubbe	360
slangestjerne	967
slettbakhval	775
slettvar	144
slo	426
slosild	646
sløyd fisk	427
smolt	914
småflekket rødhai	558
småhyse	183
småkrill	536.1
småsil	910
småsild	1106
småtorsk	206
småvar	647
smørflyndre	1101
soltørket fisk	990
spansk makrell	192, 668
spekelaks	445
spekk	97
spekkhogger	519
spermhval	945
spermolje	944
spillange	948
spiselig fiskemel	326
spisskate	570
stamsild	872, 1055
steinbit	177, 1102
stekt fisk	371
stjørje	1048
stjørjesalat	1049
stokkfisk	978
storflekket rødhai	550
storkrill	536.1
storsil	408
storsild	646
storskate	353
stortobis	408
stortorsk	429
strandkrabbe	219
strandreke	218
strandsnegl	390, 1098
stripet pelamide	44, 907
strømming	59
strømsild	37
stør	985
sudre	1007
sukkersaltet fisk	988
sukkertare	535, 847
sursild	996
suter	1007
svamp	957
sverdfisk	1002
svømmeblære	1000
sypike	726
syrebehandlet fisk	4
søl	286
sølvsild	645
sølvtorsk	901

T

taggmakrell	468, 490
tangbrosme	783
tangmel (taremel)	863
tang og tare	862
tare	513
taskekrabbe	293
tigerhai	1016
tobis	817, 910
torsk	203
torskelevermel	207
torskeleverpostei	209
torskelevertran	208
tran	330, 1034
tretrådet tangbrosme	1014
trådstjert	253
tumler	129
tunge	221, 930
tungevar	833
tunnin	565
tverrstripet knurr	760
tørket saltfisk	282
tørrfisk	281, 978
tørrsaltet fisk	284
tørrsaltet sild	285

U

uer	758
ulke	842
underkjöling	992

ustripet pelamide 715
utgytt 943
utsortert småhyse 864

V

vanlig fisk i motsetning
   til flatfisk 795
varmesterilisert fisk 168
varmrøkt fisk 471
varmrøkt hyse 913

vassild 37
vederbuk 476
vindtørket fisk 1096
vinge (rokkevinge) 1097
vorteflik 484
vrakfisk 1104
vågehval 607

W

wienerpølse av fisk 349

Å

åbor 689
ål 294, 305, 493
ålekone 295

Ø

ørneskater 292
ørret 1044
østers 217, 629, 661
øyepål 643

DUTCH/NÉERLANDAIS (NL)

Note: Figures in index refer to item numbers/Les nombres figurant dans l'index se réfèrent aux numéros des rubriques.

A

aal	294, 305
aaldoe	620
aantal vissen in een kilo	229
adelaarsroggen	292
afsnijdsel	772
agar	5
Alaska koolvis	7
alginaat	10
alikruik	690, 1098
alver	92
amber	13
Amerikaanse aal	14
Amerikaanse Atlantische oester	107
Amerikaanse baars	1083
Amerikaanse elft	16
Amerikaanse gelebaars	1111
Amerikaanse meerforel	545
Amerikaanse meivis	16
Amerikaanse moddersnoek	132
Amerikaanse smelt	911
Amerikaanse snoekbaars	703, 1065
Amerikaanse spiering	944
Amerikaanse stekelrog	976
Amerikaanse zeesnoek	923
amia	132
ansjovis	19
ansjovis boter	21
ansjovis essence (extract)	23
ansjovis pasta	22
ansjovis pastei	24
antibiotica	30
apikal	65
appetitsild	32
arapaima	33
Arctische kabeljauw	719
arend	1068
arendskoprog	292
arkschelp	38
Atlantische boniter	44, 125
Atlantische grondhaai	159
Atlantische zalm	46
Australische haai	838
Australische sardien	699

B

baars	689
balao di flambeeuw	433
baleinwalvis	775
bandeng	605
barnsteenvis	1116
barracouta	62
barrakoeda	63
bastaardgeep	433
beekprik	548
beekridder	35, 182
beloega	71
bestraling	485
bevroren vis	377
bijwerken	1040
Bismarck haring	81
bisque	82
blankvoorn	779
blauwbaars	103
blauwe haai	109, 771
blauwe krab	100
blauwe leng	104
blauwe marlijn	105, 587
blauwe vinvis	111
blauwe wijting	733
blauwe zeewolf	108, 177
blauwneus	1117
blauwvis	103
blijthaal	109
blokfilet	315
blonde rog	96
bokkingpastei	94
bokvis	114
boniet	125
boniter	715
bonito	44, 125
boormossel	700
bot	360
botervis	163
braadschelvis	183
braam	723, 752
brandingvis	993
brasem	143
bronforel	150, 182
bruine hondsaai	152
bruinvis	730
bruin zeewier	151, 513
brulkikvors	158
bultrug	474
butskop	130

C

cabezon	842
Californische jodenvis	389
Canadese snoekbaars	703, 827
carragenine	176
Chileense heek	186
Chileense sardien	187
chimera	190
chuchu aquila	292
colebra	616
congeraal	224
court-bouillon	230

D

dagoeboi	542
de keel doorsnijden	625
dekins	723
dichte vis	1094
diepvriesopslag	212
diervoedsel	29
diklipharder	620
djampao	419
dolfijn	216, 274
dolfijnvis	273
donauzalm	260
donderpad	842
doornhaai	271, 693
draadvinnigen	1012
draakvis	190, 746
driedradige meun	1014
droog gezouten gekruide zalm	405
droog gezouten vis	284, 798
droog nagezouten steurharing	285
dubbele filet	315
dubbel gerookte steurharing	399, 762
dubbel gerookte vis	446
duivelsrog	292, 584
dwergbolk	726
dwergbot	647
dwergpotvis	557
dwergtong	930, 1113
dwergtonijn	565
dwergvinvis	607
dwergwalvis	702

E

eendenmossel	61
eetbaar zeewier	414
elft	11
Engelse bokking	447
Engelse poon	425, 760
Engelse soldaat	760
Engelvis	164
enkele filet	315
Europese barrakoeda	63

F

filet	315
filets van kipper	530
filterkoek	738
fint	1055
fishsticks	346
fluwelen zwemkrab	1001
forel	1044
forelbaars	83
franjehaai	373
franse tong	551, 930, 1010

G

gaffelbitter	381
gaffelkabeljauw	366
garnaal	153, 220, 711, 737, 898
garnalencocktail	851
garnalen salade	536
gebakken bokking	139
gebakken gemarineerde haring	141
gebakken haring	54
gebakken vis	371
gedoornde hartschelp	950
gedroogde garnalen doppen	135
gedroogde gezouten kabeljauwreepjes	892
gedroogde gezouten kabeljauw zonder graat	122
gedroogde onthuide kabeljauw	905
gedroogde gezouten vis	282
gedroogde leng	948
gedroogde pilchard	308
gedroogde steurharing	896
gedroogde vis	281
geelstaartmakreel	1116
geelvintonijn	1108
geep	383, 630, 829
gefermenteerde vispasta	312
gefermenteerde vissaus	313
geitenbaars	214
gekoelde opslag	189
gekoelde vis	188
gekookte gemarineerde vis	534
gekruide gezouten haring	996
gekruide haring	932, 947
gekruide pilchards	933
gekruide sneedjes haringfilet	256
gekruide vis	946
gelatine	388, 575
gelubde vis	427
gemarineerde gebakken vis	140
gemarineerde haring	828
gemarineerde sneedjes haring	255
gemarineerde vis	585
gepasteuriseerde kaviar in pekel	684
gepasteuriseerde vis	683
gepekelde en gekruide ontkopte haring	252
gepekelde vis	695, 810
geperste pilchards	739
gerookte gemarineerde vis	534
gerookte haaiwammen	837
gerookte vis	912
gerookte visworst	349
gerookte zalm	529
geroosterde vis	60
geschaarde vis	793
gestapelde zoute vis	1069
gestoolde haring	54
gestoomde vis	471, 912
gestreepte bokvis	402
gestreepte dolfijn	778
gestreepte marlijn	587, 983
gestreepte poon	979
gestreepte tong	1113

gestreepte tonijn	907	
gestreepte zeebaars	844, 932	
gestreepte zeebarbeel	397	
gestripte vis	427	
gevild	904	
gevlekte griet	1031	
gevlekte lipvis	58	
gevlekte trekkervis	1039	
gevlekte vis	955	
gevlekte zeeforel	1067	
gevlekte zeewolf	960	
gewarde vis	798	
geweekte stokvis	574	
gewone rog	1011	
gewone vliegende vis	362	
gewone walvis	792	
gezouten ansjovis	487	
gezouten kabeljauw	809	
gezouten kabeljauw zonder graat	119	
gezouten makreel	127	
gezouten ongestripte vis	812	
gezouten vis	810	
gezouten zalm	698	
gezouten zalm buiken	805	
glaceren	396	
gladde haai	916	
gladde rog	959	
glasaal	299	
godszalm	656	
goerami	404	
gonaden	403	
goudbrasem	391	
goudharder	620	
goudharing	358	
goudmakreel	273	
goudvis	175, 401	
granmorgoe	498	
gratenvis	118	
graumurg	492	
grauwe haai	902	
grauwe poon	416	
griend	707	
griet	144	
grijze haai	1030	
grijze trekkervis	1039	
grijze walvis	664	
groene murene	616	
groengele haai	555	
Groenlandse haai	413	
Groenlandse kabeljauw	203	
Groenlandse walvis	412	
groenlingen	415	
grondels	398	
grootbek	448	
grootgevlekte hondshaai	550	
grootkopharder	620	
grootoogbaars	76	
grootoog tandbrasem	549	
grootoogtonijn	77	
grote mantel	835	
grote marene	735	
grote necenoog	852	
grote pieterman	409	
guanine	421	
gul	206	
gweldenstaed steur	660	

H

haai	876	
haché mat schelpdlervlees	195	
halfbek	433	
halfconserven	868	
hamerhaai	439	
hangstaartvis	273	
harder	620	
harderwijker	154	
haring	454, 894	
haringhaai	581, 727	
haringhomsaus	460	
haring in gelei	456	
haring in mosterdsaus	623	
haring in wijnsaus	458	
haring in zure roomsaus	457	
haringkoning	525, 650	
haringmeel	459	
haringolie	461	
haringsalade	462	
heek	432, 936	

heilbot	436, 666	
heilbot levertraan	437	
hengst	514	
Hollandse pekelharing	291	
hom	606	
hondshaai	271	
hondstong	1101	
hoofdkrab	293	
horsmakreel	468	
houting	472	
hozemond	28	
huso	985	

I

iers mos	484	
in azijn ingelegde vis	1060	
in bulk aangevoerd	157	
Indische bruinvis	481	
Indische koningsmakreel	866	
Indische makreel	480	
industrievis	482, 1035	
ingedampte vis	467	
ingelegd in hete azijn	470	
ingewanden	426	
inkt	483	
inktvis	257, 653, 965	
in lagen droog gezouten vis	515	
ivoor	488	

J

Jacobzalm	417	
jacoepepoe	419	
Japanse bot	797	
Japanse paling	493	
Japanse pilchard	494	
Japanse zalm	184	
jonge zalm	914	
jumbo sara-sara	893	

K

kaapse heek	169	
kaapsnoek	169	
kaardrog	874	

kabeljauw	203	
kabeljauwlevermeel	207	
kabeljauwleverpastei	209	
kaken	390	
kammossel	68, 742	
kamschelp	68	
Kamsjatka krab	521	
kardinaalvis	172	
karper	175	
karperachtigen	520	
Kaspische zeesteur	71, 985	
kathaai	649	
kaviaar	179	
kaviaar gedompeld in pekel	696	
kaviaarsurrogaat	180	
keilrog	970	
keinetong	221	
kelen	625	
kever	643	
Kieler sprot	517	
kikvors	375	
kipper	527	
kippersnacks	531	
kleine duivelsrog	266, 584	
kleine heilbot	411	
kleine hondshaai	558	
kleine leng	366	
kleine marene	1058	
kleine schelvis	183	
klipvis	50, 532	
knorvis	420	
koehaai	902	
koekoeksrog	247	
koetai	520	
kokhaan	202, 215	
kokkel	202, 215	
kolblei	1076	
kommeraal	224	
konevees	522	
Kongowimpelaal	75	
koningsmakreel	524	
koningsvis	201, 552, 556	
koningszalm	191	
koning van de poon	397, 995	
koolvis	802	
koornaarvis	42, 900	
koraal	225	
koudgerookte schelvis	317	
koudgerookte vis	211	
koudgerookte vlinders	400	
kousebandvis	376	
kraak	653	
krab	231	
krabbenvlees	233	
krarin	830	
kreeft	306, 567, 641	
kreeftcocktail	851	
kreeftensoep	240	
kreukel	690, 1098	
krielgarnaal	536.1, 536.2	
kroepoek	538	
kroeskarper	175, 246	
kromvis	490	
kuit	787	
kunstmatig gedroogde vis	263	
kwabaal	160	
kwastsnoek	75	

L

labberdaan	429, 540	
langoesten	235	
langoestenboter	236	
langoestenmeel	237	
langoestensoep	238	
langoestensoep extract	239	
langoestine	642	
langs de rug opengesneden vis	579	
langstaarttonijn	572	
langzaam bevroren vis	877	
leder	553	
leng	562	
lepelsteur	673	
levertraan	208, 330	
licht gedroogde vis	451	
licht gerookte vis	603	
licht gerookte zilverharing	678	
licht gezouten en/of licht gerookte vis	602	

lichtgezouten magere vis	410	
lichtzouten vis	559	
lierpoon	712	
lijkstijfheid	776	
lippen en kelen	204	
lipvis	1103	
lodde	170	
lom	1053	
loodsmannetje	706	
loogkruid	513	
los gestort	157	

M

maanvis	612	
maatjes haring	589	
magere vis	1078	
magge	295	
makreel	577	
makreelgeep	829	
makreelhaai	578	
mannitol	583	
marene	721, 1079	
marinade	303, 585, 586	
marlene	940	
marlijn	587	
marsbanker	468	
masonzalm	184	
matig gedroogde gezouten vis	926	
matig gezouten vis	435, 593	
meel van magere zeevis	1080	
meerschede	753	
meerval	177	
meivis	872, 1055	
melkers	604	
melkvis	605	
mensenhaai	771, 1084	
met zout besprenkelde verse haring	533	
met zout en suiker geconserveerde vis	988	
meun	350, 783	
middellandse zee leng	592	

moela	1063	oorsardientje	392	polderbaars		689
moerasschildpad	1009	oostelijke snoek	704	pollak		720
monikendammer	139	oostzee haring	59	poolbot		36
mooie meid	432	opaaloog	633	poolkabeljauw		203
moot	972, 1043	opengesneden vis voor		poon	29, 425
mossel	106, 622	de zouterij	280	Portugese oester		731
mozaiekrog	1056	opslag in keeën	882	potvis		945
mul	397, 995	op zee gezouten	811	potvisolie		944
mulatvis	1063	ork	519	prasi		620
murene	616	orka	519	puf		1073
muskelunge	704			puitaal		295
		P		puntkokkel		560
N		paaiende vis	939			
namaakzalm	865	paairijpe vis	777	**Q**		
nanaifisi	433	paapje	499	quinat		191
napslak	560	Pacific sardien	187			
narwal	627	Pacific steur	985	**R**		
Nassau koraalbaars	419	Pacifische haring	667			
negenoog	548	Pacifische kabeljauw	663	ratvis	190, 750
neushaai	727	Pacifische roodbaars	669	regenboogforel		748
Noord Amerikaanse		Pacifische zalm	193	reuzenhaai		65
ansjovis	640	paling	294, 305	rivierbaars		689
noordelijke kogelvis	740	paling in gelei	496	rivierharing		9
noordelijke konings		pampano	724	rivierkreeft		241
vis	283, 526	panklare vis	279	rivierprik		548
noordkaper	639	papegaaivis	682	rob		853
noordkromp	652	parel	686	rode kaviaar		756
noordzeekrab	293	parelmoer	618	rode poon	425, 1110
noorse garnaal	262	parelmoerschelp	619	rode trommelvis		283
noorse kreeft	642	pastei van schaal en		rode zalm	710, 925
noorse schelvis	758	weekdieren	883	rode zeebaars		758
noorse spiering	42	pekel	145	rode zeebrasem	764, 846
noorse vinvis	867	pekelharing	697	rog	751, 903
noorse zilverharing	645	pekelmaatjes	588	rolmops		790
noors gezouten haring		pel	884	rolmopsjes		380
	644	pelser	822	rondvis		795
		perskoek	738	roodbaars	755, 758
		persvocht concentraat		roodmeun		754
O			223	rotstong		786
oester	217, 629, 661	Peruaanse ansjovis	18	ruwe haai		1030
ombervis	244, 283, 591	petis	685	ruw haaienleer		873
omgepakte gezouten		Pieterman	409, 1068			
haring	858	pijlinktvis	965			
ongestripte vis	1094	pijlstaartrog	976	**S**		
ontgrate kipper	121	pijltandheilbot	41	sabelvis		800
ontgrate vis	117	pikoe	63	St. Jacobsschelp		835
onthuid	904	pilchard	166, 705	sardien	705, 822
onthuiden	906	pink zalm	710	sardientje		822
ontkopte vis	449	platvis	354	sardijn		147

schaaldieren cocktail	851	
schar	258	
scheermes	753	
schelpdiervocht	196	
schelpen	884	
schelvis	430	
schelvisbroed	864	
schelvis hutspot in blik	431	
scherpsnuit	570	
schijfjes vis	794	
schildpadden	167	
schoensmeer	90	
schol	15, 714	
schoorhaai	876	
schorpioenvis	839	
schotje	859	
Schotse maatjesharing	840	
schrapper	42	
schurftvis	833	
scup	843	
sergeantvis	201	
shartong	594	
sidderrog	296	
sint pietervis	500	
slakdolf	857	
slangalen	919	
slangmakrelen	920	
smelt	817	
snelkoeling	992	
snoek	704	
snoekaal	880	
snoekbaars	703	
snoekoe	923	
snotdolf	573	
soldatenvis	929	
Spaanse brasem	110	
Spaanse hondshaai	88	
Spaanse makreel	192, 524, 668	
speervis	940	
spekbokking	447	
spermolie	944	
spiegelrog	1100	
spiering	911	
spinkrab	949	
spintssnuithaai	878	
spitssnuitharinghaai	578	
spintssnuitsteur	871	

sponzen	957	
sprot	147, 962	
staarten van langoestine	836	
steenbaars	1074, 1104	
steenbolk	732	
steenkarper	175	
steenscharre	594	
steenschol	1099	
steenschulle	594	
stekelhaai	952	
stekelmeerval	848	
stekelrog	976, 1011	
sterlet	985	
sterrebot	969	
sterrenkijker	968	
steur	985	
steurgarnaal	218	
steurharing	95, 975	
steurkrab	218	
stierhaai	159	
stokvis	978	
stomkophaai	424	
ston sara-sara	370	
storje	77	
strandgaper	194, 927	
strandkrab	219	
strobokking	154	
stukjes haring in saus	455	
suikerwier	846	

T

tamboer	86	
tamjakoe	740	
tandbaars	289	
tandkarper	520	
tapijtschelp	174, 418	
tarbot	1050	
tarpoen	1004	
tegelvis	1019	
tienponder	542	
tienponni	542	
tijgerhaai	1016	
tilapia	1018	
tolkuren	1042	
tong	221, 930	
tongschar	556, 1099	
tonijn	102, 1048	
tonijn in olie	1029	

tonijnsalade	1049	
tonijnsaucijsjes	1047	
tonijnworst	1046	
toonhaai	916	
torsk	1053	
toter	1106	
traan	1034	
trapon	897	
trassi	1036	
trekkervis	314, 1039	
tri	19	
tribon blauw	109	
tribon mula	581	
triglalucerna	425	
tripang	1037	
trommelvis	86	
tuimelaar	129	

U

uilrog	675	

V

valse bonito	372	
varkensvis	1103	
Venusschelp	441, 741	
verse vis	369	
verwijderen van kop en ingewanden	636	
vette vis	310	
vierdradige meun	367	
villen	906	
vingerwier	847	
vinvis	318	
vioolrog	423	
visafval	348	
visballen	322	
visballetjes	322	
visbloem	326	
visblokjes	267	
viscake	323	
visdelikatessen	264	
visgelatine	316, 486	
vishalfconserven in olie	654	
vishuiden	343	
vis in eigen bouillon	321	
vis in gelei	4, 328	

vis in kisten aangevoerd	133	
vis in pekel		695
visleder		556
visleer		553
vislever		329
visleverpastei		331
vislijm		327
vismeel		332
visoliën		333
vismoot		336
vispasta		334
vispastei		335
vispudding		337
vissalade		338
visschubben		340
vissilage		342
vissoep	324,	344
visstearine		345
vistongen		347
visvingers		346
visvlokken		325
visvolconserven		168
visworst		339
viszilver		687
vis zonder graat		120
vlagzalm		407
vlas-wijting		720
vleet		353
vlekvinhaai		363
vleten	751,	903
vleugel		1097
vliegende poon		363
vliegende vis		362
voedervis	482,	1035
vol vismeel		1095
voorgepekelde vis		146
voorgezuurde haring-filet		826
vorskwab		366
voshaai		1015
vriesdrogen		368

W

walgezouten vis	890
walrus	1066
walvisolie	1070
walvissen	1071
walvisspek	97

warmgerookte gezouten haring	93
warmgerookte haring	154
warmgerookte haring zonder graat	123
warmgerookte schelvis zonder kop	913
warmgerookte vis	471
wijde mantel	742
wijting	898, 1093
winde	476
windgedroogde vis	1096
witflankdolfijn	1086
witje	1101
witpunthaai	1091
witsnuitdolfijn	1075
witte haai	578
witte heek	1081
witte koolvis	720
witte marlijn	1082
witte rog	879
witte tonijn	8
witte vleet	1087
witte walvis	72
witte zeebaars	844, 1067
wrakbaars	1104
wulk	1072

IJ

ijle vis	943
ijle zalm	514
ijshaai	413

Z

zaagje	225
zaagvis	830
zakbaars	228
zalm	804
zalmbokking	447
zalmbroed	681
zalmkaviaar	756
zalmkuitaas	806
zalmsalade	807
zandaal	408, 817, 910
zander	703
zandhaai	820
zandrog	821
zandschar	1114

zandspiering	408, 817
zandtong	551
zeebaars	66, 844
zeebarbeel	397, 995
zeebrasem	48, 110, 678, 846
zeedadel	261
zeedonderpad	842
zeeduivel	28
zee-egel	861
zeeëngel	27
zeeforel	453, 859
zeehaan	363
zeehond	853
zeekarper	90
zeekat	190
zeekoe	849
zeekomkommer	850
zeekreeft	306, 567
zeeleguaan	566
zeelt	1007
zee-oor	2, 659
zeepaling	224
zeepok	61
zeeprik	548, 852
zeeraaf	842
zeerat	190, 746, 750
zeeschijter	692
zeeschildpad	1052
zeesnoek	63
zeester	967
zeetijger	63
zeetrompet	860
zeevarken	473
zeewier	862
zeewierbrood	552
zeewiermeel	863
zeewolf	177, 1102
zeilvis	801
zilverbandvis	253
zilverharing	896
zilverkabeljauw	901
zilvervis	37
zilverzalm	210
zoetwatergarnaal	370
zoetwaterkreeft	241
zoetwater trommelvis	283
zomervogel	361
zon gedroogde vis	990
zonnevis	500

zoute lappen	815	
zoutevis	810, 813	
zuidelijke gladde haai	424	
zuidkaper	935	
zuigkarper	987	
zwaardvis	1002	
zwaar gezouten	451	
zwaar gezouten en/of gerookte vis	442	
zwaar gezouten haring	444	
zwaar gezouten sloe-haring	646	
zwaar gezouten vis	450	
zwaar gezouten zalm	445	
zwarte baars	689	
zwarte heilbot	411	
zwarte koolvis	802	
zwarte koraalbaars	419	
zwarte marlijn	87, 527	
zwarte zeebaars	89, 844	
zwarte zeesprot	518	
zwartstaart	824	
zwemblaas	1000	
zwemkrab	100	

PORTUGUESE/PORTUGAIS (P)

Note: Figures in index refer to item numbers/Les nombres figurant dans l'index se réfèrent aux numéros des rubriques.

A

abertura ventral 625
abrótia-do-alto 366
acepipes de mariscos 851
achigã 83
agar 5
agulhão 817, 829
alabote 436
alabote-da-Gronelândia 411
alabote-do-Pacífico 667
albacora 1108
albafar 902
alcaraz 132
alfonsim-de-rolo 76
alga 469, 860
alga castanha 151, 535
alga do mar 862
alga vermelha 286, 513, 754
alginato 10
alimentação de animais 29
almôndegas de peixe 322
âmbar cinzento 13
ameijoa 174, 418
anchova 19, 20, 103
anchova à italiana 487
anchoveta 18
anequim 578, 581, 727, 808
angulha 299
anjo 27
antibióticos 30
aparar 1040
aparas 772
aranhuço 968
arapaema 33
areeiro 833
areiro 594
arenque 454
arenque amanhado 636
arenque com especiarias 947
arenque cortado 252, 255
arenque cortado com especiarias 256
arenque cozido 54
arenque de cura escocesa 840
arenque de cura holandesa 291
arenque de escabeche 932
arenque-de-lago 543
arenque de salga garregada fumado 896
arenque descabeçado e salgado 815
arenque-do-Báltico 59
arenque doirado 399
arenque-do-Pacífico 667
arenque em creme ácido 457
arenque em filetes 826
arenque em geleia 456
arenque em marinada 141
arenque em molho de vinho 458
arenque em mostarda 623
arenque em salmoira 588, 697
arenque enrolado 790
arenque fresco 533
arenque fumado 527
arenque fumado sem espinhas 123
arenque inteiro salgado 975
arenque ligeiramente fumado 678
arenque muito salgado 444
arenque-prateado-norueguês 645
arenque salgado 95
arenque salgado e fumado 447
arenque seco salgado 285
arenque sem espinhas 121
arenque-vermelho 762
arinca 430
arinca fumada 317, 913
arinca miúda 864
arinca pequena 183
armazenagem a granel 157
armazenagem de congelados 212
armazenagem em caixas 133
armazenagem em camadas 882
armazenagem refrigerada 189
asa 1097
atum 102, 1048
atum-dente-de-cão 297
atum-do-Índico 572
atum em conserva 1029
azevia 556, 930, 1010

B

bacalhau 50, 203
bacalau de cura nacional 628

bacalhau-do-Árctico 1062
bacalhau-do-Pacífico 663
bacalhau feito em tiras 892
bacalhau graúdo 429
bacalhau pequeno 206
bacalhau salgado 809
bacalhau sem espinhas 119
bacalhau sem pele 905
badejinho 901
badejo 720, 1093
baleia 775, 1071
baleia-cinzenta-do-Pacífico 664
baleia-de-bossas 474
baleia-franca 639
baleia-franca-boreal 412
baleia-franca-negra 935
barbudo 1012
berbigão 202, 215, 950
besugo 48, 110
bexiga natatória 1000
bica 679, 1089
bico-de-garrafa 130
bicuda 63
bife de baleia 845
biqueirão 19, 911
biqueirão-branco 37
biqueirão-do-norte 640
boca-de-panela 707
bocados (de atum) 600
bocados de arenque enlatados 531
bodião 58, 1103
boga-do-mar 114
bolo de peixe 323
bolos de caranguejos 232
bolota 1053
bonito 125
bonito-dente-de-cão 799
bonito-do-Índo-Pacífico 657
bonito-do-Pacífico 662
boto-raiado 778

borrelho 690, 1098
burrié 690, 1098
búzio 1072

C

caboz 398, 637
cabra 425, 712
cabrinha-da-leque 363
cação 878
cação galhudo 693
cachalote 945
cachalote-anão 557
cachucho 549
cadelinha 225
caldo de peixe 230
camarão 262, 370, 737, 893
camarão-branco 1085
camarão-de-rio 218
camarão em maionese 536
camarão-mouro 153, 220
camarão-negro 153, 220
camarão-rosa 711
caneja 424, 916
cangueira 387
cangulo 1039
cantarilho 758
capelim 170
caranguejo 231
caranguejo-morraceiro 219
caranguejo-real 521
carapau 468
caras de bacalhau 204
carne-a-carne 173
carne de caranguejo 233
carne de peixe em cubos 267
carne de tartaruga 167
carpa 175
carragenina 176, 484
castanhola 38, 448, 921
cavala 524
cavala-da-Índia 1063
cavala-do-Índico 480
cavala-do-Pacífico 192, 668
cavala escalada 579

cavala-moira 866
cavala-real 522
caviar 179
caviar pasteurizado 684
caviar salmourado 696
caviar vermelho 756
charuteiro 1116
cherne 1104
chicharro 468
choco 257
choupa 90
clame 441, 927
cobra-da-fundura 373
cobra-do-mar 251, 919
coiro 553
cola de peixe 327, 486
conchas e carapaças 884
congro 224, 880
conserva de peixe 168
conserva de peixe ao natural 321
coral 226
corvina 244, 283, 503, 591, 1067
craca 61
creme de anchova 22
cura amarela 12
cura branca 136
cura carregada 442
cura do Gaspé 386
cura do Labrador 541
cura lenta de peixe de salga carregada 451
cura leve 559, 926
cura norueguesa de arenque 644

D

desovado 943
despelagem 906
desperdícios de peixe 348
diabo-do-mar 266, 584
dobrada 692
doirada 273, 391
donzela 160, 562, 592
donzela-azul 104
dugongo 849

E

eiró	294, 305
eiró-do-Japão	493
eiró em geleia	496
emprenhador	425
enguia	305
enguia-americana	14
ensopado de peixe com carne de porco	324
escabeche	303, 586
escalo	476
escamas de peixe	340
escamudo	802
escamudo-do-Alasca	7
escorpião	434, 842
espadarte	1002
espadilha	147, 962
espadilha fumada	517
espadim	587
espadim-azul	105
espadim-branco-do-Atlântico	1082
espadim-do-Pacífico	983
espadim-negro	87
esparideo	846
esponja	957
essência de anchova	23
essência de pérola	687
estearina de peixe	345
esturjão	985
evisceração	390
extracto de sopa de lagosta	239

F

faca	194, 753
faneca	732
fanecão	726
farinha de alga	863
farinha de arenque	459
farinha de fígado de bacalhau	207
farinha de lagosta	237
farinha de peixe	332, 1095
farinha de peixe magro	1080
farinha de peixe para o consumo humano	326
fateixa	542
fígado de peixe	329
filete	315
filete de bacalahau salgado sem espinhas	122
filete de espadilha com especiarias	32
filete fumado	400
filete inteiro	315
filetes de arenque	455, 530
filetes de salmão à sueca	405
flecha	118
flocos de peixe	325
foca	853
fogueteiro-galego	201
frachão	817
frade	65

G

gaiado	907
galeota	408, 817, 910
galhudo	271, 413
galinha-do-mar	573, 758
garo	384, 385
garoupa	214, 419, 498
gata	108, 177, 558, 848, 960, 1102
gelatina	388
gelatina de peixe	575
golfinho	216, 274
golfinho-branco	1075, 1086
golfinho-branco-do-Árctico	72
gónadas	403
guanina	421
guelha	109
guizado de lagostim	240

H

hilsa	464
holotúria	850, 1037

I

ictiocola	316
imperador	755
irradiação	485
isco de ovas de salmão	806

J

jamanta	976
judeu	372
juliana	720

L

lácteas	606
lagarto-do-mar	566
lagosta	235
lagostim	642
lagostim-do-rio	241
laibeque	350, 367, 783, 1014
lamínaria	847
laminarina	547
lampreia-do-mar	548, 852
lampreia-do-rio	548
lapa	560
lapa-real	659
lavadilha	962
lavagante	306, 567, 641
lebre	164
leitão	88
lesma-do-mar	857
licor de clame	196
língua	1101
linguado	221, 551, 930
linguado-amarelo	1113
línguas de peixe	347
lingue escalado seco	948
linguiça	761, 1081
lírio	253

listado	907
listão	907
lixo	1035
longueirão	753
lua	612
lúcio	703, 704
lula	965

M

madre-pérola	619
manitol	583
manteiga de anchova	21
marfim	488
marinada frita	140
marracho	91
marreco	768, 791
martelo	439
meia-agulha	433
melga	693
menhadem	596
merma	565
mero	289, 419
metade de peixe	315
mexilhão	106, 622
mixilhão-africano	261
molho de lácteas de arenque	460
molho de peixe fermentado	313
moreia	616
morsa	1066
muchama	610
mucharra	611
mugem	620
múle: numero de peixes por quilograma	229
mussolini	615

N

nácar	618
narval	627
navalheira-azul	100
no acto da desova	939

O

oiriço-do-mar	861
óleo de arenque	461
óleo de baleia	1070
óleo de cachalote	944
óleo de fígado de alabote	437
óleo de fígado de bacalhau	208
óleo de fígado de peixe	330
óleo de peixe	333
óleo de peixe em decomposição	1034
orelha	2
ostra	107, 661
ostra-plana	217
ostra-portuguesa	731
ostra-redonda	217, 629
ovado	777
ovas	787
ovas secas	128

P

pailona	413
pala	672
palitos de peixe	346
palometa	715
pâmpano	724
pampo	163, 723
pargo-legítimo	228
passarinho	300
pasta de anchova	24
pasta de arenque	94
pasta de fígado de bacalau	209
pasta de fígado de peixe	331
pasta de lagosta	236
pasta de moluscos e crustáceos	883
pasta de peixe	334
pasta de peixe cozida	335
pasta de peixe fermentado	312
pasta de peixe prensado	738
pata roxa	271
patarroxa	550
patudo	77

pedaços de bacalhau em forma de tijolos	205
pé-de-burro	741
peixe aberto	955
peixe activado	798
peixe-agulha	383, 630
peixe amanhado	279
peixe-amanhado em verde	280
peixe-aranha	409, 1068
peixe-bola	740
peixe-borboleta	164
peixe chato	354
peixe condensado homogeneizado	467
peixe congelado	377, 877
peixe cozido em molho	534
peixe-cravo	656
peixe curado em molho ácido	4
peixe descabeçado	449
peixe desidratado	263
peixe em escabeche	585
peixe em geleia	328
peixe em salmoira	146
peixe em vinagre quente	470
peixe ensilado	342
peixe-espada	376
peixe-espada-do-Pacífico	831
peixe-espátula	673
peixe eviscerado	427
peixe fortemente fumado	446
peixe fortemente salgado	450
peixe-fraco	1067
peixe-frade	65
peixe fresco	369
peixe frito	371
peixe fumado	912
peixe fumado frio	311
peixe fumado quente	471
peixe-galo	500

peixe gordo	310	
peixe grelhado	60	
peixe inteiro	1094	
peixe inteiro salgado	812	
peixe ligeiramente curado	602	
peixe ligeiramente fumado	603	
peixe-lua	612	
peixe magro	1078	
peixe-manteiga	163	
peixe médiamente salgado	593	
peixe-papagaio	682	
peixe para farinha	482	
peixe pasteurizado	683	
peixe-piloto	706	
peixe-porco-galhudo	314	
peixe-prata-do-Atlântico	1004	
peixe-prego	952	
peixe preparado em vinagre	1060	
peixe-rato	190, 746, 750	
peixe redondo	795	
peixe refrigerado	188	
peixe-rei	42, 900	
peixe salgado	810, 813, 1069	
peixe salgado a seco	284	
peixe salgado e seco	282, 532	
peixe seco	281	
peixe seco ao ar	1096	
peixe seco ao sol	990	
peixe seco sem escala	978	
peixe sem espinhas	117, 120	
peixe semi-salgado	435	
peixe-serra	830	
peixe tratado com açúcar	988	
peixe tratado com especiarias	946	
peixe tratado em salmoira	695	
peixe verde	410	
peixe-voador	362	
pele de peixe	343	
pele de tubarão	873	
pequeno arenque	894	
perca	689, 1111	
perceve	61	
perna-de-moça	159, 838, 931, 1030	
pérola	686	
pescada	186, 432	
pescada-branca	432	
pescada-branca-americana	898	
pescada-da-África-do-Sul	169	
pescada-da-Argentina	936	
pescada-do-Pacífico	665	
pescada-marmota	432	
pescadinha	432	
peto	940	
petruça	360	
pichelim	733	
pimpão	246	
pintarroxa	558	
pissala	713	
pudim de peixe	337	
polvo	653	
porção de peixe	336	
porco	473	
posta de peixe	1043	
postas	794, 972	
pota	364	
pregado	594, 1050	

R

rã	158, 375	
rabilo	102	
raia	751, 879, 903, 953	
raia-biscuda	570	
raia-curva	1056	
raia-de-dois-olhos	247	
raia-de-São-Pedro	821	
raia-inverneira	1100	
raia-oirega	353	
raia-pinta	1011	
raia-pintada	96, 959	
raia-pregada	874	
raia-radiada	970	
raia-zimbreira	675	
rainúnculo-negro	366	
rascasso	839	
ratão	292	
rigidez cadavérica	776	
roaz	69	
roaz-corvineiro	129	
roaz-de-bandeira	519	
robalo	66, 844, 1074	
robalo-americano	1083	
robalo-muge	982	
rodovalho	144, 556, 1031	
roncador	244, 283, 420	
rorqual	792	
rorqual-azul	111	
rorqual-boreal	867	
rorqual-comum	318	
rorqual-miúdo	607	
rorqual-pequeno	607	
ruivaca	92, 779	
ruivo	39, 416, 425, 507, 760, 886, 1110	

S

saboga	1055	
safio	224	
salada de arenque	462	
salada de atum	1049	
salada de peixe	338	
salada de salmão	807	
salema	402	
salga a bordo	811	
salga a seco	515	
salga em terra	890	
salmão	193, 210, 804	
salmão-do-Atlântico	46	
salmão-do-Pacífico	191	
salmão en salmoira	698	
salmão fumado	529	
salmão-japonês	184	
salmão jovem	914	
salmão muito salgado	445	
salmão pequeno	681	
salmão-rosa	710	
salmão-vermelho-do-Pacífico	925	
salmoira	145	

salmonete	397	
salmonete-vermelho	995	
salsicha de atum	1046	
salsicha de peixe	339, 1047	
salsicha de peixe fumado	349	
sama	671, 829	
sandilho	817	
santola	949	
sapateira	293	
sarda	577	
sardinela	392, 655, 823	
sardinela de escabeche	933	
sardinela seca	308	
sardinha	705, 822	
sardinhas prensadas	739	
sardinopa	166, 699, 705, 822	
sardinopa-da-África-do-Sul	187	
sardinopa-do-Japão	494	
sardo	727	
sargo	143, 1076, 1090	
sargo-vermelho	764	
sável	11, 872	
sável-africano	124	
sável-americano	16	
secagem por meio de refrigeraçao	368	
sedimentos	365	
semi-conserva de peixe	264	
semi-conservas	868	
semi-conservas em óleo	654	
sem pele	904	
senuca	62	

serrajão	44, 125	
solha	15, 714, 1114	
solha-de-pedras	360	
sohão	36, 41, 258, 797, 969, 1099	
solho	985	
solutos condensados de peixe	223	
sopa de arinca	431	
sopa de clame	195	
sopa de lagosta	238	
sopa de mariscos	82	
sopa de peixe	344	
substitutos de caviar	180	
sucedâneo de salmão fumado	865	
super-refrigeração	992	

T

taínha	620
tamboril	28
taralhão	700
tarpão	1004
tartaruga	1009, 1052
teiroga	1087
tenca	1007
tilápia	1018
tinta	483
tomecode	1026
toninha	481, 730
toucinho de baleia	97
tremelga	296
truta	453, 1044
truta-arco-íris	748
truta-das-fontes	150, 182
truta-de-lago	545
truta marinha	859

truta sapeira	859
tubarão	373, 771, 876, 1091
tubarão-ama	649
tubarão-castanho	152
tubarão-de-areia	820
tubarão-de-São-Tomé	1084
tubarão-dormedor	649
tubarão-limão	555
tubarão-tigre	1016
tubarão-toiro	820

U

uge	976

V

veleiro	801
ventresca	1059
ventresca de galhudo	837
ventresca salgada	805
vidragem	396
vieira	68, 742, 835
viola	423
vísceras	426
voador	8

X

xaputa	723, 752
xareu	490

Z

zorra	1015

SWEDISH/SUÉDOIS (S)

Note: Figures in index refer to item numbers/Les nombres figurant dans l'index se réfèrent aux numéros des rubriques.

A

abborre	689
abborrfisk	703
agar	5
agar-agar	5
albacora	8
albulider	118
alg	862
algbröd	552
alginat	10
allmän sandhaj	820
ambra	13
amerikansk abborre	1111
amerikansk ansjovis	640
amerikansk bäckröding	150
amerikansk hummer	641
amerikansk nors	911
amerikansk sugkarp	745
amerikansk sötvattensål	14
amerikanskt ostron	107
andval	130
ansjovis	20
ansjovisextrakt	23
ansjovis (fisk)	19
ansjovispastej	24
antalfisk per kg.	229
antarktisk krill	536.2
antibiotika	30
aptitsill	32
artificiellt torkad fisk	263
australisk sardin	699
auxid	372
avrens	426

B

barracuda	63
belugastör	71
belugaval	72
benad fisk	117
benfri fisk	120
benfri kipper	121
benfri rökt sill	123
benfri salttorsk	119
benfri salt torskfile	122
bengädda	383
berggylta	58
bergskädda	556
bergtunga	556
bergvar	1031
bernfisk	74
bethaj	1030
birkelånga	104
biscayaval	639
björkna	1076
bladtång	151, 513, 535, 847
bladtångmjöl	863
blaggarnsrocka	879
bleka	720
blomrocka	247
blåhaj	109
blå havkatt	108
blåkrabba	100
blålånga	104
blåmussla	106, 622
blåsfisk	740
blåsik	735
blåtobis	910
blåval	111
blåvitling	733
bläck	483
bläckfisk	257, 965
bollmussla	652
bonit	907
borrmussla	700
braxen	143
brokrocka	1056
brosme	1053
brugd	65
brunaktig	750
buffelfisk	987
bågfena	132
böckling	154

C

chileansjovis	18
chilensk bonit	662
chilesardin	187

D

danube	260
darrocka	296
delfin	274
djuptobis	817
djurföda	29
djävulsrocka	584
dolksvans	231
drakhuvudfisk	839
dubbelfilé	315
dubbelfilé sammanhängande i buken	579
dvärgkaskelot	557
dödsstelhet	776
dögling	130

E

egentliga tandkarpar	520
elektrisk rocka	296
elfenben	488
elopid	542
eulachonen	304
europeisk sötvattenål	305
europeiskt ostron	217

F

fatsaltad fisk	695
femtömmad skärlånga	350
fenknot	1110
fenval	318, 792
feta fiskslag	310
fiatola	723
filé	315
filfisk	314, 1039
fiskavfall	348
fiskbullar	322
fiskensilage	342
fiskfjäll	340
fiskflingor	325
fiskfodermjöl	332
fisk färdig för kokning eller stekning	279
fisk i gelé	328
fiskinläggningar	264
fiskkaka	323
fiskkorv	339
fisklever	329
fiskleverolja	330
fiskleverpastej	331
fisklevertran	330
fisklim	327
fisk mjölad i salt	798
fiskmjöl av mager fisk	1080
fiskmjöl till djurföda	332
fiskmjöl till människoföda	326
fiskolja	333
fiskpastej	334
fiskpinnar	346
fiskportion	336
fiskprotein-koncentrat	326
fiskpudding	335
fisksallad	338
fiskskinn	343
fisksoppa	344
fiskstearin	345
fiskstuvning	324
fiskstänger	346
fisktungor	347
fisktärningar	267
fjällbrosme	366
fjärilsfisk	164
fjärsing	409, 1068
flatfisk	354
flodkräfta (kräftor)	241
flodnejonöga	548
flundra	360
flundrefisk	354
flygfisk	362
flygsimpa	363
flå	906
fläckig havkatt	960
fläckig judefisk	498
fläckig rocka	959
fläckpagell	846
fläckrocka	247
fläkt fisk	280, 955
frostfisk	1026
fryslagring	212
fryst fisk	377
frystorkning	368
fullganing	390
fyrtömmad skärlånga	367
färsk fisk	369
försaltad fisk	146

G

gaffelbitar	381
gaffelmakrill	724
ganing	390
gelatin	388
glansfisk	656
glasering	396
glasvar	594
glasål	299
glatthaj	916
glattval	775
glipskädda	15, 714
glyskolja	726
gnoding	416
gonader	403
gravlax	405
grillad fisk	60
grindval	707
groda	375
grouper	419
grunt	420
gråhaj	820, 1030
grå knivtandsål	880
grårocka	953
gråsej	802
gråval	664
grönfisk	415
grönlandsval	412
grönsaltad fisk	410
guanin	421
guldbraxen	391
guldfisk	401
guldlax	37
guldmakrill	273
gulstrimmig mullus	995
gädd	704
gälning	390
gökrocka	874
gös	703

H

haj	271, 771, 876
hajrocka	423
halstrad fisk	60
halvkonserver	868
halvnäbb	433
hammarhaj	439
harr	407
havkatt	177
havkattfisk	177, 1102
havsaborre	66, 419, 844
havsbraxen	723
havsgös	244, 283, 503, 591, 1067
havskräfta	642
havslax i olja	865
havsmus	190, 746
havsnejonöga	852
havsruda	90, 846
havstulpaner	61
havsål	224
havsängel	27
havsöra	2, 659
hel fisk	1094
helgeflundra	436
helgeflundreleverolja	437
helkonserv av fisk	168
hjärtmusslor	202, 215
hornfisk	383
horngädda	383
hummer	306, 567
hundfisk	132

husbloss	486	kalmar	965	lakesaltad fisk	695
husbloss-stör	71	kammussla	68, 742, 835	laminarin	547
husen	71	kanadagös	827	landsaltning	890
huvudskuren fisk	449	kanadaröding	545	languster	235
huvudskuren sill	252	kanalmal	177	langustmjöl	237
huvudskärning och		karagenin	176	langustsoppa	238
magdragning	636	karp	175	langustsoppsextrakt	239
håbrand	727	kaskelottval	945	lax	46, 804
håbrandshaj	578	kaviar	180	laxsallad	807
hågäl	88	kejsarhummer	642	laxäggsagn	806
håkäring	413	keta	193	laxöring	859, 1044
hårdrökt fisk	446	kipper	527	lekande fisk	939
hårdsaltad fisk	450, 451	kipperfiléer	530	lekfisk	777, 939
hårdsaltad lax	445	klippfisk	282, 532	leopardrocka	292
hårdsaltad och torkad		klorocka	970	lerflundra	15, 714
fisk	442	klumpfisk	612	lerskädda	15, 714
hårdsaltad sill	444	knaggrocka	1011	lilla helgeflundran	411
hårstjärt	253	knivmussla	753	lilla hälleflundran	411
håstörje	1030	knorrhane	416, 425	limvattenkoncentrat	223
hälleflundra	436	knot	416, 425	lindare	1007
hästräka	153, 220	knölval	474	liten bläckfisk	257
		kolja	430	ljusa rockan	96
I		koljafilé	317	lodda	170
		koljestuvning	431	lotsfisk	706
icke könsmogen sill	589	kolmule	733	lubb	1053
ictalurider	177	kotlettfisk	28	lufttorkad fisk	1096
id	476	krabba	231, 293	lutfisk	574
indian lax	925	krabbkaka	232	lyrknot	712
industrifisk	482	krabbkött	233	lyrtorsk	720
inlagd ål	496	krabbtaska	293	långa	562
inälvor	426	krill	536.1	långfenad pompano	724
irländsk mossa	484	kronsardiner	537	läder	553
islandsmussla	652	kryddsaltad fisk	946	läppfisk	1103
		kryddsill	947	lättrökt fisk	603
J		kråshaj	373	lättsaltad fisk	559
		kräftor	241	löja	92
japansk jättekrabba	521	kräftsoppa	240		
japansk lax	184	kummel	432		
japansk sardin	494	kummelsläktet	432	**M**	
japansk ål	493	kungsfisk	758	mager fisk	1078
jäst fiskpastej	312	kungslax	191	majfisk	11, 872
jäst fisksås	313	kvabbso	573	makrill	577
jättemanta	584	kyld fisk	188	makrillgädda	829
		kyllagring	189	makrillhaj	581
K				mannitol	583
kabeljo	50, 282			marinad	303, 586
kalifornisk kummel	665	**L**		marinerad fisk	
kalifornisk sardin	166	Labradorsaltning	541		4, 585, 1060
kallrökt	317	lake	160	marinerad sill	996
kallrökt fisk	211	lakefri saltsill	285	marinerad stekt fisk	140

marinerad stekt sill	141	
marulk	28	
maskalungen	704	
matjessill	588	
menhaden	596	
minkval	607	
mjölke	606	
mjölkfisk	605	
mullus	397	
multe	620	
munruvare	1018	
muräna	616	
mussel extrakt	196	
mört	779	

N

narval	627
navaga	1062
nejonögon	548
nilfengädda	75
nordhavsräka	262
nordiska beryxen	755
nordkapare	639
nordlig silvertorsk	901
nordval	412
nors	911
norsk fetsill	644
norsk slotetsill	646
norsk storsill	646
nypning	390
näbbgädda	383, 630
näbbsik	472
näbbval	69, 130

O

ompackad sill	770
ormstjärna	967
osetr	660
osteoglossider	33
ostrimmig pelamid	715
ostron	629, 661
oxgroda	158
oxögonfisk	114, 402

P

paddtorsk	366
pagell	48, 110
pansarhane	39
papegojfisk	682
pastöriserad fisk	683
pastöriserad kaviar	684
pelamida	125
pigghaj	271, 693
piggvar	1050
pilgädda	63
pir	499
pissala	713
planktonsik	721
plattfisk	354
platt tarmtång	414
plogjärnsrocka	570
polartorsk	719
pompano	490, 724
portugisiskt ostron	731
pottval	945
presskaka	738
prästfisk	42
puckellax	710
puckelval	474
pärla	686
pärlemor	618
pärlessens	687

R

rankfoting	61
rays havsbraxen	752
regnbågsforell	748
regnbågslax	748
rensad fisk	427
rigor mortis	776
ringbuk	857
rocka	751, 903
rollmops	790
rom	787
rotskär	793
ruda	246
rundfisk	795
rundsaltad fisk	813
rundsaltad sill	975
ryggstrimmig pelamid	44
rysk kaviar	179
rysk stör	660
räka	711, 737, 893
rättval	775
rävhaj	1015
rödalg	754
rödfisk	758
rödhaj	271
röding	35, 182
rödknot	760
röd pagell	679
rödsallat	286
rödspätta	714
rödspotta	714
röd tonfisk	102
rödtunga	1101
rökt fisk	912
rökt fiskkorv	349
rötsimpa	842

S

St. persfisk	500
saltad fisk	810
saltad lax	698
saltad makrill av bostontyp	127
saltad sill	697
saltad torsk	809
saltad torskfisk	812
saltlake	145
saltlånga	282
sandfisk	818
sandmussla	194
sandrocka	821
sandräka	153, 220
sandskädda	258
sardell	487
sardin	705, 822
scampi	836
segelfisk	801
sej	802
sejval	867
senapssill	623
sevruga	871
sexbågig kamtandhaj	902
shad	16
sik	472, 735, 1079
siklöja	1058
sill	454, 894
sillhaj	727
sill i gele	456
sill i sur gräddsås	457
sill i vinsås	458

sillmjöl	459	
sillmjölkesås	460	
sillolja	461	
sillsallad	462	
silverfisk	37	
silversidor	900	
silvertorsk	901	
simblåsa	1000	
simkrabba	1001	
simpor	842	
sjurygg	573	
sjöborrar	861	
sjögurka	850, 1037	
sjösaltad fisk	811	
sjösaltad sill	291	
sjöstjärna	967	
sjötunga	221	
skal	884	
skaldjurscocktail	851	
skaldjurspastej	883	
skaldjurssoppa	82	
skarpsill	147, 962	
skedstör	673	
skidmusslor	753	
skinnfri	904	
skinnoch benfri ansjovis		32
skivsill	256, 455	
skorpänfiskar	839	
skotsksaltad sill	840	
skrapfisk	1035	
skrubba	360	
skrubb-flundra	360	
skrubbskädda	360	
skäggtorsk	732	
skärlånga	783, 1014	
sköldpadda	1052	
slätrocka	353	
slätval	775	
slätvar	144	
smolt	914	
småfläckig rödhaj	558	
småkolja	183	
småtunga	1113	
småvar	647	
småögd rocka	675	
smörbult	398	
smörfisk	163, 448, 723	
snabbkylning	992	
snäcka	1032	

sockersaltad fisk	988	
sockeye	925	
solabborre	991	
soltorkad fisk	990	
sommarkvalitet	644	
spansk och japansk makrill	192, 668	
sparid	846	
spermacetiolja	944	
spermacetival	945	
spetsnosad rocka	1087	
spillånga	948	
spindelkrabba	949	
spjutfisk	587, 940, 1082	
spongier	957	
springare	216	
sprotten	517	
späckhuggare	519	
staksill	1055	
stamsill	11	
staplad saltfisk	1069	
stekt fisk	371	
stenbit	573	
sterlett	985	
stillahavs-helgeflundra		666
stillahavssill	667	
stillahavstorsk	663	
stingrocka	976	
stirr	681	
stjärnkikare	968	
stjärnstör	871	
stora	1084	
storfläckig rödhaj	550	
strandkrabba	219	
strandsnäcka	690, 1098	
strimmig spjutfisk	983	
strumpebandsfisk	376	
strålkonservering	485	
strömming	59	
strömsill	37	
strösaltad sill	533	
stupsaltad fisk	813	
stupsaltad sill	975	
stuvning i bulk	157	
stuvning i hyllor	982	
stuvning i lådor ombord		133
styckad fisk	972	

stålhuvudöring	748	
stör	985	
större flygfisk	362	
sugkarp	987	
sutare	1007	
svamp	957	
svartabborre	83	
svart havsabborre	89	
svart rysk kaviar	179	
svärdfisk	1002	
sydkapare	935	
sydlig silvertorsk	901	
sågfisk	830	
säl	853	

T

tagghjärtmussla	950	
taggmakrill	468, 490, 724	
tapesmussla	174, 418	
tarpon	1004	
tigerhaj	1016	
tobisar	817	
tobiskung	408	
tomcod	1026	
tomfisk	943	
tonfisk	102, 1048	
tonfisksallad	1049	
toppsegelmal	848	
torkad fisk	281, 978	
torkat räkavfall	135	
torrfisk	281, 978	
torrsaltad fisk	284	
torrsaltning i stapel	515	
torsk	203	
torsklevermjöl	207	
torskleverolja	208	
torskleverpastej	209	
tretömmad skärlånga		1014
trimning	1040	
trumfisk	86	
tryckarfisk	314, 1039	
trådfiskar	1012	
tumlare	730	
tunga	930	
tungevar	833	
tunnina	565	

tvärbandad knot	979	vanlig sandmussla	927	vitval	72
tånglake	295	vanlig stör	985	vrakabborre	1104
tångräka	218	vanlig tobis	910	vrakfisk	1104
		varmmarinerad fisk	470	vraklax	514
U		varmrökt fisk	471		
		varmrökt koljafilé	913	**Å**	
ulk	842	vassbuk	147, 962		
ungstekt sill	54	vikval	607	ål	294, 305
utlekt fisk	943	vimma	1117	ål i gelé	496
uvak	203	vingar (ex. rockvingar)		ålkusa	295
			1097	åttaarmad bläckfisk	653
		vingsnäcka	222		
V		vinterflundra	1099		
valar	1071	vitaborre	1083	**Ä**	
valbiff	845	vita hajen	1084	äkta tunga	221
valkött	845	vitfläckig havsmus	750	älvsik	472
valolja	1070	vitling	1093		
valross	1066	vitlinglyra	643	**Ö**	
valspäck	97	vitnos	1075		
valthornssnäcka	1072	vitrocka	879	öresvin	129
vanlig delfin	216	vitsiding	1086	öring	859, 1044
vanlig gädda	704	vit sugkarp	987	örnrocka	292
vanlig pompano	724	vit tonfisk	8	östlig liten bonit	565

TURKISH/TURC (T)

Note: Figures in index refer to item numbers/Les nombres figurant dans l'index se réfèrent aux numéros des rubriques.

A

abdalca	1076
adi pullu	175
afalina	129
agar	5
ahtapot	653
alabalık	836, 859, 1044
alabalık (Atlantık)	46
alabalık (kaya)	785
alabalık salatası	807
alabalık türü	150, 260, 748
alinik asit	10
altınbaş kefal	620
antibiyotikler	30
asil hani	214
asil pavurya	293
asitlerle oldurulmuş balik	4
aterina	42, 900
ayıklanmiş balık	427
ayıklanmış ringa	252
ayna	949

B

baharatla olgunlaşmış balik	946
baharatlı ringa	947
bakalyaro	1093
balanus	61
balık	57
balık artıkları	348
balık böreği	335
balık çorbasi	324, 344
balık derisi	343
balık dili	347
balık ezmesi	334
balık karaciğeri	329
balık karaciğeri macunu	331
balık karaciğer yağı	330
balık keki	323
balık köftesi	322
balık porsiyonu	336
balık pulu	340
balık salatası	338
balık sosisi	339
balık stearini	345
balıktan puding	337
balık turşusu	585
balık tutkalı	327
balık unu	326, 332
balık yağı	330, 333
balinalar	1071
balina yağı	1070
Baltık ringası	59
barbunya	397
başı kesilmiş balık	449
benekli kırlangıç	416
berlâm	432
bıyıklı balık	177
Bismark ringası	81
Boston uskumrusu	127
böcek	232, 235
bütün balık	1094
büyük camgöz	65
büyük kaya balığı	398

C

camgöz balığı	1030
canavar balık	109

Ç

çaça	962
çaça-platika	147
çağanoz	231
çamuka	900
çapak	1076
çarpan	1068
çekiç	439
çıtari	402
çiga	985
çingene pavuryasi	219
çipra	755
çipura	391
çivili köpek balığı	952
çivisiz kalkan	144
çizgili mercan	844
çok tuzlu balık	450
çuka	985
çupra	755
çütre balığı	314, 1039

D

deniz alabalığı	859
deniz hıyarı	850
deniz kalağı	659
deniz kaplumbağası	1052
deniz kulağı	2
deniz yosunu	862
deniz yosunu unu	863
derepisisi	360
deri	553
destere balığı	830
dikburun	581
dikburun karkarias	727
dikenli oksüz	39
dil	221
dil baliği	551, 833, 930, 1113
dişi kalkan	144
dişli tirsi	1055
domuz balığı	473

dondurup kurutma 368
donmuş balık 377
dülger balığı 500

E

elektrik balığı 296
endüstriel balık 482

F

fangri 846
fener balığı 28
fermante balık macunu 312
fermante balık sosu 313
fırında ringa 54
fin balinası 318
fok 730
folas 700
folya 292
fulya 292

G

gelincik 350, 562, 592, 783
gelincik balığı 1014
gobene 372
göl ringası 543
guanin 421
gümüş 42, 900

H

hafif tütsülü balık 603
hamsi 19, 20
hamsi esansı 23
hamsi kremi 22
hamsi macunu 24
hamsi yağı 21
hardal ringası 623
has kefal 620
havyar 179
havyar benzerleri 180

I

ıstakoz çorbası 82
ızgara balık 60

i

iğnelikeler 423
iğnelivatoz 976
inci balığı 92
irigöz sinağrit 549
iri yengeç 521
irradiyasyon 485
iskarmoz 63
iskaroz 682
işkine 244, 283, 591
iskorpit 839
iskorpit hanisi 1104
izmarit 692
istakoz 306, 567, 641
istavrit 468
istiridye 661

J

jelâtinli balık 328
jöle içinde ringa 456

K

kabuk 884
kabuklu balık macunu 883
kadife balığı 1007
kahverengi alga 151
kahverengi karides 153
kalemarya 965
kalkan balığı 1050
kaplumbağa 1052
kara balık 1117
karaca 660
karagöz istavrit 489
karides 220, 737, 893
karides türü 1085
karkarias 1084
kayabalığı 398
kaya istakozu 784
kayış 251

kedi 271
kedi balığı 550, 558
kefal 620
kelebek balıkları 164
keler 27
kerevit 241
kılavuz balığı 706
kılçığı alınmıs balık filotosu 315
kılçıklı balık 117
kılçıksız balık 120
kılçıksız morina 119
kılçıksız tuzlu morina filotosu 122
kılıc balığı 1002
kılkuyruk 253
kırlangıç 425, 507, 760, 886
kırlangıç balığı 1110
kırma 228, 679
kırmızı alga 754
kırmızı balık 246
kırmızı havyar 756
kırmızı ringa 762
kızılgöz 779
kızıl sazan 779
kikla 58
kolan 985
kolyoz 192, 668
kolyoz balığı 938
konserve balık 168
köpek balığı 271, 424, 876, 916
köpek balığı türü 159
körfezde midye türü 68
kum 817
kum balığı 408, 910
kumtrakonyası 1068
kupes 114
kurbağa 375
kurbağa balığı 968
kurbaga türü 158
kurutulmuş balık 281

L

lakerda 544
lakerda veya tuzlu balık 442

lâpin 1103
lekeli kedi balığı 88
levrek 66, 703, 854
lipsoz 839
lopa 114
lübje 965
lüfer 103

M

mager vismeel 1080
mahmuzlu camgöz 693
Malta palamutu 706
mandagöz mercan 679
marinitol 583
mavi balina 111
mavi deniz kedisi 108
mavi midye türü 106
mavi yengeç 100
mavrusgil balığı 244
mazak 979
melanurya 859
mercan 228, 679
merina 616
merlu du Cap 169
mersin 598, 871
mersin balığı 985
mersin morinası 71
mezgit 726, 733
mezit 733
mığrı 222
midye 622
midye çorbası 195
midye suyu 196
midye türü 194, 441, 927
miğri 224
mirmir 919
morina 203
mürekkep 483
mürekkep balığı 257

N

nefrops 642
Nil barbunyası 397

O

orfoz 289, 419
orkinoz (ton) 102

Ö

öksüz 712

P

pala balığı 831
palamut-torik 44, 125
palatika 962
pamuk balığı 109
parçalanmış ringa 455
pavurya 231
pembe alabalık 710
pembe karides 711
pervane 612
pirzola 972
pisi balığı 258
pulatarina 620

R

ringa 454
ringa (ekşi krema içinde) 457
ringa salatası 462
ringa yağı 461

S

sapan balığı 1015
sardalya 392, 705, 822, 823
sarı ağız 591
sarı-hani 289
sarı kuyruk 1116
sarigöz 90
sarpan 402
sashımi 825
sazan 175
sepya 257
sert tuzlu alabalık 445
sert tuzlu ringa 444
sıcak marinasyon 470
sinarit 549
sivriburun vatoz 570
soğuk muhafaza 212
soğutulmuş balık 188
soğutulmuş muhafaza 189
som balığı 804

sudak 703
susuz balık 263
sübye 257
sünger 957

Ş

şarap soslu ringa 458
şekerle olgunlaşmış balık 988
şip 985

T

tahta balığı 143, 1076
tarak 742, 835
tatlısu levreği 689
tatlısu midye türü 370
tatlısu sardalyası 92
tavada balık kızartması 371
taze balık 369
teke 218
tekir 397, 995
tereyağı balığı 163
tibbî balık yağı 208
tirsi 11, 860
tirsi balığı 1055
tombile 372
ton balığı 1048
ton pastırması 1047
ton salatası 1049
torik 125
trakonya 409, 1068
turna 694
turna balığı 704
tuzla kurutulmuş balık 282
tuzlanmış balık 810, 812
tuzlu kuru balık 284
tuzlu kuru ringa 285
tütsü (füme) balık 912

U

uçan 363
uçan balık 362
uskumru 577

uskumru türü 489
uyuşturan 296

V

vantuzlu balık 987
varsam 1068
vatoz 247, 353, 751,
821, 874, 959,
970, 1011, 1056,
1087

Y

yağlı balık 310
yağlı-sardalya 655
yarım ay 434
yarı tuzlu balık 435
yassı balık 354
yayın 177
yazılı orkınos 565
yengeç 231, 293
yengeç eti 233

yeşil sazan 1007
yılan balığı 294
yılanbalığı (Amerika) 14
yunus 274
yuvarlak balık 795
yuvarlak ringa 796

Z

zargana 383, 630
zurna 566, 671, 829

SERBO-CROAT/SERBO-CROATE (YU)

Note: Figures in index refer to item numbers/Les nombres figurant dans l'index se réfèrent aux numéros des rubriques.

A

agar	5
alge	862
alginat	10
američka lojka	16
ambra	13
antarktički syjetlar	536.2
antibiotici	30
atlantska lojka	11

B

bakalar	50, 203
bakalar bez kože i kosti	119
bakalareva jetrena pašteta	209
bakalarevo jetreno brašno	207
bakalarevo jetreno ulje	208
baltička heringa	59
barakuda	63
barjaktarica	150, 182
bežmek	968
bijela riba	1078
bijeli tunj	8
biser	686
biserna esencija	687
Bizmark heringa	81
blouter	93
blouter pasta	94
bobica	257
bodečnjak mali	758
bodeljka	419
bodeljke	839
bodorka	779
brašno dobiveno od morskih alga	863
brašno od jastoga	237
brgljun	19, 640
broj riba u 1 kg.	229
brzo smrznuta riba	877
bucanj	612
bukva	114
butarga	128

C

cepurljica	507
cijela heringa obradjena i pakovana u barilima	975
cijela riba	1094
cipli	620
crnilo glavonožaca	483
crnoprugac	1076
crvene alge	754
crveni kavijar	756

Č

čepa	11
češljača	742

D

dagnjea	106, 622
dehidrirana riba	263
delikatesni proizvod	264
deverika	143
dimljena riba	912
dimljena riblja kobasica	349
dimljeni losos	529
divlja bilizma	723
dresirana riba	279
drhtulja	296
dugoperajni tunj	8
dupin	216, 274

E

ekstrakt juhe rakova	239
epinephelus	419

F

fanfan	706
fermentirana riblja pasta	312
fermentirani riblji sos	313
fermentirani riblji umak	313
filet	315

G

garum	385
gavun	911
gavuni	42
gera	692
glavoči	398
glaziranje	396
gofi	1116
golub	292
golub uhan	266, 584
grb	591
grboglavka	752
grdobina	28
grgeč	689
guanin	421
guljenje ribe	906
gusta juha od školjkaša	195

H

heringa	454
heringa soljena holandskim načinom	291

heringa u aspiku 456
heringa u kiselom
  umaku i
  dodatcima 457
heringa u umaku od
  slačice 623
heringa u umaku od
  vina 458
heringa u želeu 456
himera 190, 746
hladetina 388
hladno dimljena riba
  211
hlap 306, 567, 641
hobotnica 653
hrana za životinje 29
hujka 408, 817, 910
hujke 251

I

igla 630
iglica 383
iglokljun 940
iglun 940
igo 1002
ikra 128, 787
inćun 19
insalana riba 798
iverak 15, 258, 360, 714, 1114
izmriješćena riba 943

J

jako hladno dimljena
  riba 446
jako obradjena riba 442
jako soljena heringa 444
jako soljena ili
  dimljena riba
  442
jako soljena riba 450
jako soljeni losos 445
jandroga 360
jaram 439
jastog 235
jauk 758
jaukavica 839
jegulja 294, 305

jegulja japanska 493
jegulja u aspiku 496
jegulja u želeu 496
jesetra 985
jestiva kornjača 1009
jestivi 861
jež 476
juha od rakova 238

K

kamenica 217, 629, 661
kamenica portugalska
  107, 731
kamenotoč 261
kanadska pastrva 150
kanjac 214
kanjci 844
kantar 90
kapica 68, 835
karas 246
kavijar 179
keciga 985
kiljka 518
kirnja 289, 419
kirnja glavulja 1104
kirnje 844
kiselinom obradjena
  riba 4
kit 412, 867, 1071
kit plavetni 792
kit ubica 519
kobasica od mesa
  tunja 1047
kocke od mesa ribe 267
kokot 416
kokot balavica 1110
kokot krkaja 712
kokot letač 363
kokot turčin
  (lastavica) 39
koktel od mesa školjkaša
  i rakova 851
kokun 886
kolači od raka 232
komarča 391
koncentrat otpadne
  vode 223
koniski jezik 436
konzervirana riba 168

konzervirani riječni
  rak 240
konzervirani tunj 1029
kopančica 174
kornjača morska 1052
kostelj 271
kostorog 1039
kovač 500
kozica 262, 711, 737, 893
kozica obična 218
kozice 153, 220
koža morskih sisavaca
  i riba 553
koža morskog psa 873
kraljevski rak 521
krilo ribe 1097
krkotajka 760
kronsardine 537
kučica 174, 418
kučina 581, 727
kuhana marinada 534
kunjka 225

L

lagano dimljena riba
  603
lagano obradjena riba
  559, 602
lagano soljena riba
  559, 602
laminarin 547
lampuga 273
lastavica 425
lastavica balavica 1110
lastavica barjaktarka 886
lastavica glavulja 979
lastavica-kosteljača 712
lastavica prasica 425
lica modrulia 724
lignja 965
lignjun 364, 965
linjak 1007
liofilizacija 390
lipen 407
list 221, 930
list bradavkar 551
list piknjavac 1113
list prugavac 1010

lojka	872, 1055
lokarda	192, 668
losos	46, 804
lubin	66
luc	565
lupar	560

LJ

ljuskavke	846
ljuskotrn	62, 920

M

mačka bjelica	558
mačka mrkulja	550
mačka padečka	88
mačke	271
mala ugotica	183
mamac od lososovih jaja	806
manić	160
manić morski	592
manit	583
manjić morski	562
marinada	4, 585
marinirana heringa	697
marinirani losos	698
marlin	587, 1082
masna riba	310
matjes soljena heringa	588
matulić	172
meso mladih kitova	845
mihača	314, 1039
mlat	439
mliječ crveni	637
mliječ ikra	606
modrak	692
mol	726
morska govedina	845
morska mačka	550, 558
morske zmije	919
morske zvijezde	967
morski jež	861
morski krastavac-trp	850
morski kupus (alge)	847
morski pas	820, 876
morski prasac	473
morsko bilje	862
morsk psi	771
moruna	71, 985
morž	1066
mrina	616
mršava riba	368, 1078
mrtvačka ukočenost	776
mrvice od riba	325
mušala	38

N

nadomjestak za kavijar	180
norveški rak	642
nosatica	570

O

obična zakovica	219
oblić	144
obradjena riba octom	1060
obradjena riba uz dodatak mirodija	946
obrezana riba	449
očišćena riba	279
odrezak	972
ogrc	1032
oguljeni suhi bakalar	905
ohladjena riba	188
okrugla riba	795
orhani	1116
oslić	169, 186, 432, 936
osušena riba	263
otpadna riba	1035
ozimica	472

P

pagar crvenac	228
paklara morska	852
paklara riječna	548
palamida	44, 657
papak	38
papalina	147, 962
papigača	682
pas butor	1030
pas čukov	916
pas glavonja	751, 903
pasiraža	423
pas kostelj	693
pas mekuš	916
pas modrulj	109, 1084
pas sivonja	902
pasta inćuna s maslacem	21
pasta inćuna s uljem	22
pasta od školjkaša i rakova	883
pasterizirani zrnati kavijar	684
pastirica	44, 125
pastirica atlantska	715
pastirica istočna	657
pastruga	871
pas trupan	159
pastrva	545, 748, 859, 1044
pastrve	182
pas zvjezdaš	952
patarača	833
pauk	1068
pauk bijeli	409
pecatura	229
pečena heringa	54
pečena marinada	140
pečena marinada od heringe	141
pečena riba	60
petrovo uho	2, 659
plat	1050
plavica	192, 668
plavi kit	111, 318
pliskavica	216, 274
pliskavica (vrst)	129
pliskavica dobra	274
plosnatica blijedica	833
plosnatka	833
plotica morska	723
polanda	44
poletuša	362
polu-soljena riba	435
poskok	829

posoljena riba	798	ražopas	423	riblji jezik	347
posoljena riba sa mirodijama	946	riba kojoj je izvadjena utroba	427	riblji kolač	323
				riblji odrezak	336
postrižena riba	449	riba kojoj je skinuta koža	904	riblji otpaci	348
potočni (riječni)	241			riblji stearin	345
potpuno riblje brašno	1095	riba obradjena solju	810, 813	riblji trani	333
				riblji valjušci	322
pratibrod	706	riba očišćena od kostiju	117	rolmops	790
prešani kolač	738			rumbac	372
prezerve u ulju	654	riba pila	830	rumenac	679
priljepak	560	riba pred mriještenjem	777	rumenac okan	110
prosušena riba	281			rumeni	549
prstać	261	riba s gradela	60		
pržena marinada	140	riba soljena na brodu	811		
pržena marinada od heringe	141	riba sušena na suncu	990	**S**	
pržena riba	371			sablja	376
psi	271	riba sušena na zraku	1096	sabljan	1002
psina	578			salamura	145
psina atlanska	727	riba u konzervi	168	salamurena riba	146
psina dugonasa	581	riba za vrijeme mriješćenja	939	salata od heringe	462
psina golema	65			salata od lososa	807
psina lisica	1015	ribe u želeu	328	salmon	46, 804
psina ljudožder	91	riblja hladetina	328	salpa	402
psina zmijozuba	820	riblja jetra	329	scorpaena	419
pučinka skakavica	273	riblja jetrena pasta	331	sipa	257
pužić morski	690, 1098	riblja juha	344	sipica	257
		riblja koža	343	sjenka	591
		riblja pasta	334	skidanje kože s ribe	906
		riblja pita	335	sklat	27, 164
R		riblja porcija	336	skuša	577
račić svjetlar	536.1	riblja pulpa	342	slana heringa druge kvalitete	770
radijacija	485	riblja ulja	333		
rak	219, 231	riblje brašno	332	slana pasta od inćuna	24
rakovica	949	riblje brašno iz bijele ribe	1080	slani bakalar u barilima	75
rarog	306, 567, 641				
rasplaćena riba	315, 955	riblje brašno od heringe	459	slani inćun	487
rasplaćena riba vrste skuše	579	riblje brašno za ljudsku hranu	326	sledj	454
				slonovača morskih životinja	488
raža	96, 675, 751, 903	ribljeg brašna	738		
raža bjelica	1087	riblje jetreno ulje	330	smedja alga laminaria	151
raža crnopjega	874	riblje kobasice	339	smrznuta riba	377
raža crnopježica	959	riblje ljepilo	327	smudj	703
raža kamenjarka	1011	riblje ljuske	340	smudut	66
raža klinka	570	riblje ulje od heringe	461	soljena cijela riba	812
raža smedja	247			soljena heringa	697
raža smedjana	821	riblji bjelančevinasti koncentrat	326	soljena srdela	739
raža velika	353			soljeni losos	698
raža vijopruga	1056			soljenje ribe a carne	173
ražica blije dopjega	970				

spužvo	957	
srčanka	202, 215	
srdela	166, 187, 705, 822	
srdela golema	392, 823	
srdela pacifička	667	
srdela soljena dalmatinskim ili grčkim načinom	739	
srdelna pasta s maslacem	21	
srebrenica	37	
srednje soljena riba	593	
strijelka skakuša	103	
suhi bakalar	50, 978	
suho soljena heringa	285	
suho soljena riba	284	
sušena i soljena riba	282	
sušena riba	281	
sušena srdela	308	
svježa riba	369	

Š

šagrin	873
šarag	1076
šaran	175
šarun	468
sčepa	872
šiba žutulja	976
šilac	8
škamp	642
škampi	836
škaram	63
školjka	884
školjke	194
škrpina	839
šnjur	468
štuka	704

T

tabinja	366
tlitica	103
toplo dimljena masna papalina	517
toplo dimljena riba	471
toplo marinirana riba	470
totan	364
tračan	653
trani	1034
trilja (prasica)	416
trlja kamenjarka	995
trlje	397
trlje od kamena	397, 995
trnobok	468
trnobokan	490
trp	850
trup	372
trup prugavac	907
tuljan	853
tuna	1048
tunj	1048
tunj crveni	102
tunji	1048
tunj salata	1049
tunj u konzervi	1029

U

ugor	224
ugorova mater	350, 783, 1014
ugotica	203, 430, 898, 1093
ugotica (atlanska)	720
ugotica mala	732
ugotica pučinska	733
ugotica (sjeverna)	720
ugotica srebrenka	901
uho morsk	659
ukljeva	92
ulje kita	1070
ulješura	945
ulješura glavata	945
ulje ulješure	944

V

ventreska	1059
ventreska lososa	805
volina	353, 976
vrana	1103
vrana atlantska	58
vrsta crvene alge	286
vrsta kita	474
vrsta lososa	191, 193
vrsta pacifičkog lososa	210
vrsta tunja	572

Z

zelembac	566
zeleniš	911
zeleniši	42, 900
zmijičnjak	253
zmijičnjak repaš	376
zračni mjehur	1000
zubačić	549
zubatac	549

Ž

želatina	388
željva	1052
živorodac	295
žutoperajni tunj	77
žutorepi tunj	1108